“十四五”时期国家重点出版物出版专项规划项目

中国能源革命与先进技术丛书

信息能源系统

王　睿　胡旭光　孙秋野　著

机械工业出版社

本书是作者及其研究团队多年来在信息能源系统研究领域理论成果及工程经验的集成。在“碳达峰、碳中和”背景下，本书试图总结信息能源系统的研究工作，深度剖析了信息和能源深度耦合的信息能源系统的主流研究方向、核心技术和未来发展，建立起适用于实际复杂系统及应用场景的基础理论和工程分析方法。本书对信息能源系统领域的数据处理、机理建模、能量流计算、协同控制及优化运行等问题具有指导、借鉴作用。

本书内容全面、实用性强，既可作为高等院校控制工程、能源动力工程、电气工程、计算机等相关专业的研究生与本科生的实践应用性读物，也可作为相关领域科研工作者和工程技术人员的理论参考书。

图书在版编目（CIP）数据

信息能源系统/王睿，胡旭光，孙秋野著．—北京：机械工业出版社，2023.1（2024.1 重印）
（中国能源革命与先进技术丛书）
“十四五”时期国家重点出版物出版专项规划项目
ISBN 978-7-111-72086-7

Ⅰ．①信…　Ⅱ．①王…　②胡…　③孙…　Ⅲ．①信息技术-应用-能源工业-研究　Ⅳ．①TK01-39

中国版本图书馆 CIP 数据核字（2022）第 218289 号

机械工业出版社（北京市百万庄大街 22 号　邮政编码 100037）
策划编辑：汤　枫　　责任编辑：汤　枫　尚　晨
责任校对：肖　琳　张　薇　　责任印制：单爱军
北京虎彩文化传播有限公司印刷

2024 年 1 月第 1 版・第 2 次印刷
169mm×239mm・25.25 印张・421 千字
标准书号：ISBN 978-7-111-72086-7
定价：149.00 元

电话服务
客服电话：010-88361066
010-88379833
010-68326294

网络服务
机　工　官　网：www.cmpbook.com
机　工　官　博：weibo.com/cmp1952
金　书　网：www.golden-book.com
机工教育服务网：www.cmpedu.com

PREFACE 序

随着高比例可再生能源接入、信息化通信技术深度融合以及不同类型终端用能的多样化需求，能源生产、分配及消费形式都出现了显著地变化，从而使得能源系统呈现出时空异步、信能融合以及智物协同的新趋势，信息能源系统成为能源高速发展的新阶段和应用的新形态。信息能源系统通过信息与能源的融合、可再生能源的利用比例大幅度提高，推动了能源消费的低碳化转型，逐步成为解决现今能源危机和环境问题的有效途径。

信息能源系统具有能源互联网的典型特征，是信息和能源深度耦合的分布式复杂信息物理系统，其内部不同类型设备耦合的能量传递、区域间能量的控制实时性、安全可靠性和自适应能量协调优化是确保信息流和能量流融合的关键，从而得到高效低碳、多能互补的能源供应体系，完成了对不同时空尺度多重能源系统的统一管理，使得能源系统低碳、高效、可靠、最优运行成为现实。然而，随着能源主体的泛在感知、自主调控能力不断增强，高度融合的信息流和能量流为系统运行控制带来便利的同时，也给系统注入了大量潜在、未知的安全性信息风险。同时由智能化能源主体协作驱动构成的有机整体，也使得系统内源荷波动性、时空随机性、机理模糊性和控制复杂性愈发显著。因此在实现“人-机-信-物”协同控制下的多能源平衡过程中，针对下列信息能源主体深度融合所带来的研究变得尤为重要：

随着物联网、大数据、移动互联网等信息技术的快速发展，能源系统接入大量的信息监控、采集、传输与处理设备，信息网络规模呈几何级增长，决策单元数量大大增加。受到能源系统所处的未知气候及运行工况影响，容易导致采集的数据具有存在缺失情况；同时，由于系统长时间处于稳定运行状态，所以收集到的不同类型的数据数量存在较大偏差，难以直接应用于后续的状态感知、控制及优化问题的研究。因此需要对已有数据进行针对性处理，从而为整个系统的运行提供可靠的数据基础。

进而在此基础上，通过对信息能源系统的能量与信息关系进行梳理，对风力发电、光伏发电、燃气轮机、燃气锅炉、热泵、储能等设备的数学模型和运行特性实现定量化研究，从而掌握由于信息与能源深度耦合的交互影响，完成以横向电、气、冷、热等多种能源互补转化，纵向以电力系统为核心的源、网、荷、储等多资源协调控制的机理建模、能量流计算与静态稳定性分析。

对于信息网络来说，其已成为能源系统中存在的第二个拥有物理主体的网络，承载着类型众多、数量庞大的通信功能。虽然能源网络一方面能够充分利用信息资源，实现不同种能源间的相互转化，耦合互补；但是另一方面，能源网络对信息网络的依赖逐步加重，也给能源主体的运行带来了安全风险。信息空间的异常运行或失效，会导致通信阻塞与传输风险等问题发生，从而导致能量管理系统失效。由此可见，信息网络攻击类型分析及防御策略的研究是信息能源系统安全运行的基础。

对于能源网络来说，传统电力、天然气及热力等能源均处于独立运行状态，缺乏能量利用间的相互协调，容易造成资源浪费，能源利用率难以提高。虽然不同能源系统运行特性各有差异，在能源供应侧，风电、太阳能的间歇性与波动性对系统能量供应影响不可忽视；在能源消耗侧，用户行为习惯、需求响应等会受到天气状况、能源价格、激励机制等的影响而存在随机性和多重不确定性。但是，信息网络技术的发展，为能源领域的多类型能源综合利用创造了有利条件。基于大数据、人工智能、物联网技术的信息网络，需要通过对系统设备出力情况、负荷需求响应情况、储能设备出力情况、电动汽车充放电情况以及系统运行成本进行分析，从而实现能源网络内设备控制及能源主体的优化运行策略制定。在优化运行时考虑供用能特性，能够保证不同种类能源间相互转化，彼此协调，在满足不同能源需求情况下实现能源利用效率的大幅度提高。

王睿老师及其团队从事信息能源系统问题研究已逾 10 年，相关成果曾获得 IEEE Transactions on Energy Conversion 最佳论文奖、IEEE 国际会议最佳论文奖、中国科协“科创中国”装备制造领域先导技术榜、中国自动化学会科技进步一等奖和全国发明展金奖等。相关技术并已在国家电网等大型能源企业成功应用，取得了显著的经济效益和社会效益。

本书是王睿及其团队长期以来关于信息能源系统问题的理论与技术成果总结。书中以能源与信息强耦合的信息能源系统为对象，紧密结合能源转型发展的重大需求，以“碳达峰”及“碳中和”重大战略目标为导向，详细介绍了所提出的信息能源系统数据处理、能流计算、协同控制与优化等基础理论方法和关键工程技术。通过信息集成化反馈的多能源主体协同，突破了能源互济互补的关键技术，实现了不确定信息深度融合下信息能源系统运行控制，解决了信息能源系统的安全高效运行问题。书中成果为实现能源主体间能量互补互济，促进可再生能源高比例消纳提供了切实可行的方案，并且为多变量深度耦合的复杂多能源系统可靠性和稳定性问题的解决提供了行之有效的方式，对能源转型过程中的信息能源系统研究提供了创新性的理论方法指导和技术支撑。希望本书的出版能够给读者的研究带来启发与收获，并激发社会各界同仁投身信息能源系统建设的热情。

IEEE 新加坡区主席/IEEE Fellow
新加坡南洋理工大学终身教授
Wang Peng

PREFACE 前言

近年来，以风光等可再生能源为主要供能形式，建设信息能源系统，实现“碳达峰，碳中和”重大战略目标成为业界重要共识。习近平总书记在2021年主持中央财经委员会第九次会议时指出“要构建清洁低碳安全高效的能源体系，控制化石能源总量，着力提高利用效能，实施可再生能源替代行动，深化电力体制改革，构建以新能源为主体的新型电力系统。”多国政要、专家也认为“以分布式技术为特征的信息能源系统是驱动第三次工业革命的核心技术”，新能源并网和多能互联互通两项技术入选国际著名期刊《麻省理工科技评论》“21世纪全球100项突破性技术”榜单。可见，信息能源系统吸引了国内外学者的广泛关注和研究。

虽然越来越多的关于信息能源系统的研究论文见之于国内外期刊，但是尚未见到有系统性和工程化的著作问世。作者所在课题组较早地展开了信息能源系统的理论和应用技术的研究，在信息能源系统的工作原理、系统建模、控制方法、优化运行等方面进行了系统的研究。本书是作者所在课题组在此方面取得成果的总结，共分为9章，内容主要包括信息能源系统与智慧能源概述、信息能源系统数据处理、信息能源系统机理建模、能量流的计算与统一标度、信息能源系统的状态感知与静态稳定性分析、信息能源系统信息网络安全分析及防御策略、信息能源系统立体协同调控、多主体博弈条件下信息能源系统协同和信息能源系统耦合优化等。全书物理概念阐述清楚，图文并茂，条理清晰，系统性强，理论与实践紧密结合。

本书由王睿、胡旭光、孙秋野共同撰写，其中，第3、4、6、7、8章由王睿撰写，第2、5、9章由胡旭光撰写，第1章由孙秋野撰写，学生王一帆、任程泽、隋政麒、任一平、姚葭、翟美娜、胡杰、刘广亮、王丹璐参与了本书内容的校订工作，全书最后由王睿统稿。特此向一直以来支持与关心作者研究工作的所有单位和个人表示衷心的感谢，同时感谢出版界同仁为本书出版付出的辛勤劳动。

另外，本书在编写过程中参考了很多相关书籍，在此对这些书籍的作者谨表谢意。由于作者水平有限，书中难免存在不妥之处，请读者原谅，并提出宝贵意见。

作　者

CONTENTS 目录

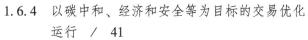

第9章
CHAPTER.9

第 1 章
信息能源系统与智慧能源概述

1.1 引言

能源对于全球经济社会的发展具有重要的推动意义，其与人类社会、经济、文化等各个方面都有着密切的联系。每一次人类社会的变革都伴随着能源的发展，新型能源的利用推动经济社会从第一次工业革命到第二次工业革命以及现在的第三次工业革命。人类的需求使其对社会经济发展的要求越来越高，促使其对能源的依赖性越来越大，而全球传统化石能源为不可再生能源，其本身的消耗速度已远远超过了自身的供应速度，致使传统化石能源面临枯竭的境况，同时由于能源的不充分利用，其产生的有害物质对环境也造成了巨大的影响。从长远的可持续发展角度出发，用清洁的可再生能源替代传统的化石能源将是能源结构改革的重要方针路线。

当前与综合能源相关的主要概念如下：

1）信息能源系统，来自于2006年美国国家科学基金会提出的信息物理系统（Cyber-Physical System，CPS），是以区域综合能源系统为核心网络，在信息层融入互联网的基础设施和技术，在物理层以能源站为枢纽、下级能源传输网络为路由通道、终端负荷为供能对象的综合能源系统，其范围涵盖能源站及下级输配网络。新一代信息能源系统在横向实现电-气-热-冷的多源耦合互补，纵向实现“源-网-荷-储”的资源协调控制，是一种面向用户的高效综合能源共享系统。

2）综合能源系统，又称多能系统，是指高比例可再生能源下的电-气-冷-热等多种能源耦合的能源体系。美国在2001年提出了综合能源系统发展计划，目标是促进分布式能源和热电联供（Combined Heating and Power，CHP）技术的推广应用以及提高清洁能源使用比重。综合能源系统具体是指一定区域内利用先进的物理信息技术和创新管理模式，整合区域内煤炭、石油、天然气、电能、热能等多种能源，实现多种异质能源子系统之间的协调规划、优化运行、协同管理、交互响应和互补互济，在满足系统内多元化用能需求的同时，有效地提升能源利用效率，促进能源可持续发展的新型一体化的能源系统。

3）能源互联网，是建立在互联网基础上构建的多能耦合的“广域网”，它将大电网作为“主干网络”，以开放对等的信息能源一体化架构，实现能源的双向流动和按需分配，以此提高能源利用率，并降低对传统能源的依赖，完成能源结构的生产方式及消费模式。在传统能源系统中，多种能源耦合并不紧密，不同能源系统之间较为独立，其混合系统中的电力系统、热力系统、天然气系统等分属不同能源系统管理和经营，迫使能源的应用效率不高。在能源和环境问题的日益严峻的情况下，如何提高能源效率以及对可再生能源的消纳能力问题备受关注，因此，急需实现多类能源协调运行和相互融合。美国学者杰里米·里夫金（Jeremy Rifkin）于2011年在其著作《第三次工业革命》中预言，以新能源技术和信息技术的深入结合为特征，一种新的能源利用体系即将出现，他将他所设想的这一新的能源体系命名为能源互联网（Energy Internet）。杰里米·里夫金认为，“基于可再生能源的、分布式、开放共享的网络，即能源互联网”。随后，随着我国政府的重视，杰里米·里夫金及其能源互联网概念在我国得到了广泛传播。

4）全球能源互联网，是坚强智能电网发展的高级阶段。其核心是以清洁能源为主导，以特高压电网为骨干网架，各国各洲电网广泛互联，能源资源全球配置，各级电网协调发展，各类电源和用户灵活接入的坚强智能电网；功能是将风能、太阳能、海洋能等可再生能源输送到各类用户；优势是服务范围广、配置能力强、安全可靠性高、绿色低碳；特征是网架坚强、广泛互联、高度智能、开放互动。全球能源互联网=特高压电网+泛在智能电网+清洁能源。全球能源互联网能够连接“一极一道”和各大洲、各国大型能源基地及各类分布式电源，突破资源瓶颈、环境约束和时空限制，将太阳能、风能、水能、海洋能等清洁能源转换为电能送到各类用户。2014年，中国提出了能源生产与消费革命的长期战略，并以电力系统为核心试图主导全球能源互联网的布局。2016年3月全球能源互联网发展合作组织成立，由国家电网独家发起成立，这是中国在能源领域发起成立的首个国际组织，也是全球能源互联网的首个合作、协调组织。

5）其他，如泛能网，是在泛能（从用户需求出发，以能量全价值链开发利用为核心，因地制宜，清洁能源优先、多能互补的用供能一体化的能源系统）理念的指导下，将能源设施互联互通，利用数字技术，为能源生态各参与方提供智慧支持，为用户提供价值服务，实现信息引导能量有序流动的能源生态操作系统；微能网，是为了解决大规模分布式生产的应用问题，提升分布式生产的应用而提出的具有并网运行和孤岛运行模式的小型电/热/气综合能源系统；智慧能源，是充分开发人类的智力和能力，通过不断技术创新和制度变革，在能源开发利用、生产消费的全过程和各环节融会人类独有的智慧，建立和完善符合生态文明和可持续发展要求的能源技术和能源制度体系，从而呈现出的一种全新能源运行形式，拥有自组织、自检查、自平衡、自优化等人类大脑功能，满足系统、安全、清洁和经济要求的能源形式。

上述名词都是针对综合能源，建立在信息与能源密切耦合的基础之上，但其核心均追求高占比可再生能源的有效消纳和多种类别能源的高效利用，通过先进的能源和信息技术解决能源可持续供应以及环境污染等问题。在很多场景下，它们表达的含义是接近的，由于本章中重点综述国内外相关领域的研究现状和进展情况，我们会尊重其原始定义，而在本书的其他章节，重点探讨与信息能源相关的技术部分，所以统称为信息能源系统。当其中涉及某一个子系统时，则称之为电力子系统、热力子系统和天然气子系统等。

电力系统的发展与能源密切相关，随着能源结构的变化以及清洁能源的渗透率提高，电力系统的结构及优化运行也将随之进行调整，同时也延伸出电能、天然气、热能之间的协同利用。此外，经济社会对电力的需求也日渐增多，传统的发电方式呈现出供不应求的趋势，同时也出现故障停电等情况，使系统的稳定性和可靠性得不到完全保障。为此，各国采取相应的政策将能源供应向可再生能源方向转移，并在科研领域掀起新一轮的研究热潮。

杰里米·里夫金在2011年所出版的《第三次工业革命》书中提到能源问题是第三次工业革命的重要研究问题，其主要讨论如何实现能源互联网中的可再生能源和传统能源协调供能，以及能源互联网的开放性，使得能源互联网中用户能够积极参与到能源生产过程中。

据英国石油公司（BP）的统计数据，2020年全球一次能源消费量达 137.9×10^{8} t（油当量），比2000年增长约37.2%，比1900年增长约16倍；1900年以来GDP增长约160%，人均能源消费量增长约80%；世界人口从1800年的10亿发展到2022年约80亿。从图1.1中可以看出，新能源占比非常之少，世界各大洲的清洁能源分布情况见表1.1。能源结构的转型最重要的趋势为集中式向分布式的转变。分布式能源系统相比于传统能源系统的特点为环境成本低、能源损耗小，能源可利用率高，其主要包括风能、太阳能、潮汐能等清洁能源。

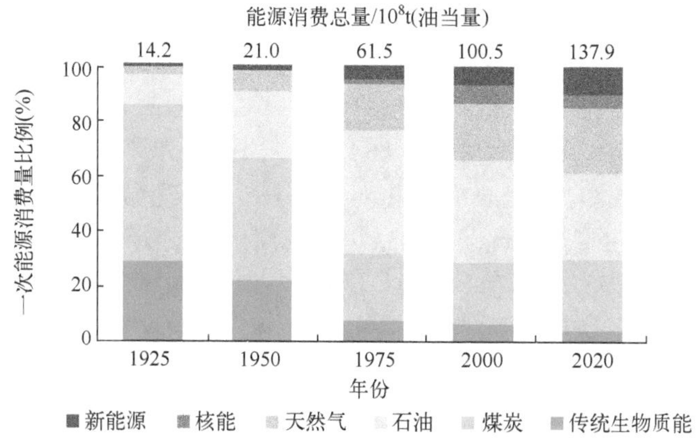

图 1.1　1925—2020 年全球一次能源消费结构变化趋势图

表 1.1　世界水能、风能、太阳能资源分布情况

地区	水能		风能		太阳能	
	理论蕴藏量/(万亿 kW · h/年)	占比(%)	理论蕴藏量/(万亿 kW · h/年)	占比(%)	理论蕴藏量/(万亿 kW · h/年)	占比(%)
亚洲	18	46	500	25	37500	25
欧洲	2	5	150	8	3000	2
北美洲	6	15	400	20	16500	11
南美洲	8	21	200	10	10500	7
非洲	4	10	650	32	60000	40
大洋洲	1	3	100	5	22500	15
合计	39	100	2000	100	150000	100

由表中可以看出，全球的清洁能源资源具有较大的储备量，每年粗略计算其可开发利用值为 150000 万亿 kW · h。但资源的地区分布差异较大，水能资源主要分布在亚洲、南北美洲、非洲等地区；风能资源受地形的影响较大，世界风能资源多集中在沿海和开阔大陆的收缩地带，8 级以上的风能高值区主要分布于南半球中高纬度洋面和北半球的北大西洋、北太平洋以及北冰洋的中高纬度部分洋面上，大陆上风能则一般不超过 7 级，其中以美国西部、西北欧沿海、乌拉尔山顶部和黑海地区等多风地带风能较大；太阳能资源多集中在距离赤道较近的中低维度地区。并且清洁能源的分布地区大多较为偏远。

目前，全球每年向大气排放约510亿t的温室气体，要避免气候灾难，人类需停止向大气中排放温室气体，实现零排放。《巴黎协定》所规定的目标，是要求联合国气候变化框架公约的缔约方，立即明确国家自主贡献减缓气候变化，碳排放尽早达到峰值，在21世纪中叶，碳排放净增量归零，以实现在21世纪末将全球地表温度相对于工业革命前上升的幅度控制在2℃以内。多数发达国家在实现碳排放达峰后，明确了碳中和的时间表，芬兰确认在2035年，瑞典、奥地利、冰岛等国家在2045年实现净零排放，欧盟、英国、挪威、加拿大、日本等将碳中和的时间节点定在2050年。作为世界上最大的发展中国家和最大的煤炭消费国，中国尽快实现碳达峰以及与其他国家共同努力到21世纪中叶左右实现二氧化碳净零排放，对全球气候应对至关重要。

改革开放以来，我国经济加速发展，目前已成为全球第二大经济体、绿色经济技术的领导者，全球影响力不断扩大。事实证明，只有让发展方式绿色转型，才能适应自然规律。同时，我国社会主要矛盾已经转化为人民日益增长的美好生活需要和不平衡不充分的发展之间的矛盾，而对优美生态环境的需要则是对美好生活需要的重要组成部分。为此，2020年，我国基于推动实现可持续发展的内在要求和构建人类命运共同体的责任担当，宣布了碳达峰、碳中和目标愿景。习近平在2021年3月15日主持召开的中央财经委员会第九次会议上强调："要把碳达峰、碳中和纳入生态文明建设整体布局；要推动绿色低碳技术实现重大突破，抓紧部署低碳前沿技术研究，加快推广应用减污降碳技术，建立完善绿色低碳技术评估、交易体系和科技创新服务平台。"未来，我国将着眼于建设更高质量、更开放包容和具有凝聚力的经济、政治和社会体系，形成更为绿色、高效的以消费与生产力为主要特征的可持续发展模式，共同谱写生态文明新篇章。

在这样的背景下，信息能源系统的概念应运而生。信息能源系统作为一种新型能源一体化的开放型系统，是能源互联网的主要载体。信息能源系统集多种能源的生产、输送、分配、转换、存储和消费各环节于一体，能够实现对电、热、气等的综合管理和经济调度，为实现能源的综合利用提供了一种重要解决方案。在信息能源系统下，各类能源转换设备如热电联产机组、电热锅炉和燃气锅炉等使电力、热力和天然之间紧密耦合，实现了多能源的互动及转换。

可再生能源高速发展、信息智能技术深度融合及终端用能的多样化需求使得能源生产、分配及消费形式均出现显著变化，呈现出时空异步、信能融合、多能互补以及智物协同的新趋势，这使得终端信息能源系统的平衡、协同、管控必须与之相适应。如何在需求侧通过源网荷储协同、多种能源互补、信息能源耦合实现终端的能源绿色高效利用成为全球广为关注的焦点问题。

1.2 能源系统与国家战略

1.2.1 国际能源发展战略

为了推动信息能源系统的利用，1983 年，国际能源署（IEA）率先开展区域供热冷及热电联产的研发与实证项目（IEA DHC/CHP），涵盖美国、英国、德国、加拿大、芬兰、韩国、瑞典、丹麦等国家。同时，从 1990 年起，各国对气候变化的重视程度越来越高，相继提出了多项政策和号召。联合国所发起的《气候变化框架公约》（UNFCCC）提出将热电联产作为节能减排的关键技术进行渗透并由此衍生出了国际热电联产联盟（ICA）。2002 年，ICA 将联盟改名为国际分布式能源联盟（WADE），以发展太阳能、风能等分布式能源为重要主旨。

近些年，在信息技术和能源技术的高速发展下，信息能源系统被越来越多的国家重视和支持。早在 2008 年，美国北卡罗来纳州立大学提出能源互联网理念雏形，并开展“未来可再生电能传输与管理系统”项目以实现能源的高效利用；同年，德国联邦经济和技术部提出 E-Energy 理念和能源互联网计划。2010 年，日本经济产业省启动“智慧能源共同体”计划，从能源、社会基础设施、智能电网等方面，开设了包含智慧城市示范项目、智慧能源网示范项目在内的能源发展战略实践，覆盖了横滨、东京、丰田、关西等多座城市，旨在协调电力、热能、运输范畴的能源使用，降低城市运行过程中碳排放量，并在 2030 年实现二氧化碳排放量削减 40%的目标；日本在 2016 年发布的《能源环境技术创新战略》中提出利用大数据分析、人工智能、先进传感和 IoT 技术构建多种智能能源集成的管理系统。欧盟在 2018 年提出了综合能源系统 2050 愿景，即建立低碳、安全、可靠、灵活、经济高效、以市场为导向的泛欧综合能源系统。2019 年，全球能源互联网发展合作组织发布了欧洲能源互联网规划研究报告，提出了欧洲能源互联网的发展规划方案、重点互联互通工程，并进行了效益评估；澳大利亚可再生能源署发布了新的可再生能源资助计划，把电网消纳、氢能和减少工业碳排放作为可再生能源优先发展领域。

近年来，信息能源系统成为能源领域发展的重要趋势之一，科研领域和工业领域都在此基础上进行了诸多研究和应用，尤其在欧洲等西方国家得到了大力发展。丹麦为了在2050年实现100%可再生能源的目标，特别强调电力、天然气及供暖的融合；德国有“电制氢”（Power to Gas）、“柏林区域能源系统”（Berlin District Energy System）项目、创新英国（Innovate UK）成立“能源系统弹射器”（Energy Systems Catapult），以用于为英国企业所研究和开发的信息能源系统课题提供支持等。除此之外，美国也相继推出了科研项目，其国家可再生能源实验室（NREL）在2013年成立了“能源系统集成”（Energy Systems Integration）研究组，IBM也拥有Smart City等项目，美国拜登总统推出一揽子清洁能源政策，如重返《巴黎协定》，成立白宫国内气候政策办公室制定气候政策，停止新的石油及天然气项目，以及在未来几年内拨款350亿美元用以“解决气候危机并使美国成为清洁能源技术领域全球领导者”等，并于2021年2月又提出2035年实现无碳发电、2050年碳中和。美能源部（DOE）加大对太阳能、生物燃料、地热能、碳捕集技术、耦合能源系统技术等项目的投资。欧洲理事会、欧洲议会及欧盟各成员国议会就《欧洲气候法》达成临时协议，拟通过立法实现2050年碳中和的承诺。日本国会参议院通过《全球变暖对策推进法》，以立法的形式明确了日本到2050年实现碳中和的目标。韩国设立了总统直属机构碳中和委员会，将在社会、经济等领域统揽气候环境政策。截至2021年4月，超过130个国家和地区提出了“零碳”或“碳中和”的气候目标，包括：已实现碳中和的2个国家，已立法的7个国家，处于立法中状态的欧盟（作为整体）和其他国家。另外，有20个国家（包括欧盟国家）发布了正式的政策宣示；提出目标但尚处于讨论过程中的国家和地区近100个。

在国际和国内能源系统发展战略的大力推进下，智慧能源的建设势在必行，而以信息驱动的能源系统高度清洁化、高效化、智能化发展是其至关重要的研究课题。

1.2.2 国内能源发展战略

2011年2月，由中国能源中长期发展战略研究项目组研究发布的《中国能源中长期（2030和2050）发展战略研究》由科学出版社出版，该研究从中长期能源战略的角度，结合大能源体系的发展，分析了国内外各类可再生能源的技术、产业和市场发展现状，在分析我国能源的现实与长远需求、资源保障、技术发展和产业支撑条件的基础上，提出了我国可再生能源中长期和长远期的发展愿景、目标、路线图、保障政策措施和建议等。针对新能源开发技术较为成熟的风力发电技术，国家发改委能源研究所与 IEA（2011）研究发布了《中国风电发展路线图 2050》，设立了中国风电未来 40 年的装机容量目标。2015 年 9 月 26 日，习近平主席在联合国发展峰会上宣布，“中国倡议探讨构建全球能源互联网，推动以清洁和绿色方式满足全球电力需求”，为世界绿色低碳发展提供了重要思路。到 2017 年底，有 87 个国家制定了适应经济发展的可再生能源发电目标，而我国政府也针对信息能源系统先后出台了一系列支持政策，开展重大研发项目进行技术研究，并部署了一批多能互补集成优化示范工程和“互联网+”智慧能源（能源互联网）示范项目。其主张大力发展能源科技，加快技术创新，充分开发和利用可再生能源，尤其是在新能源并网和储能、微电网等技术上的突破，提升电-热-气等系统的调节能力，增强新能源消纳能力，发展先进高效节能技术，实现资源优化配置，最终达到能源生产和消费的高度自动化、智能化。

随着全球气候变化对人类社会构成重大威胁，越来越多的国家将“碳中和”上升为国家战略，并提出了无碳未来的愿景。2020 年 9 月，中国基于推动实现可持续发展的内在要求和构建人类命运共同体的责任担当，明确提出 2030 年“碳达峰”与 2060 年“碳中和”目标。中国正陆续构建和发布“1+*N*”政策体系（即 1 个顶层设计文件，*N* 个分领域分行业实施方案），确保如期实现“双碳”目标，绿色低碳将成为中国未来数十年内经济社会发展主线之一。“双碳”目标提出有着深刻的国内外发展背景，必将对经济社会产生深刻的影响；“双碳”目标的实现也应放在推动高质量发展和全面现代化的战略大局和全局中综合考虑和应对。2020 年 11 月 3 日，“十四五”规划中提到，“加快壮大新一代信息技术、生物技术、新能源、新材料、高端装备、新能源汽车、绿色环保以及航空航天、海洋装备等产业。推动互联网、大数据、人工智能等同各产业深度融合”“推动能源清洁低碳安全高效利用”。因此，集中发展能源系统中的智能技术至关重要。

1.2.3 “双碳”目标和实现路径

2021 年 4 月 22 日，习近平主席以视频方式出席领导人气候峰会并发表重要讲话时指出，这是中国基于推动构建人类命运共同体的责任担当和实现可持续发展的内在要求作出的重大战略决策。中国承诺实现从碳达峰到碳中和的时间，远远短于发达国家所用时间，需要中方付出艰苦努力。实现“双碳”目标和路径以及面临的挑战方面概括如下。

1. 实现“双碳”面临的挑战

1）在能源网络方面：能源供应与能源消耗的地域跨度大和传统以煤为主的能源消费模式向绿色可持续发展的转型升级。

① 能源供应与能源消耗的地域跨度大

我国地域辽阔，能源分布不均匀，而改革开放的政策，让东部地区先发展起来，这就造成了我国能源的供需地域差异大：东部地区经济相对发达，但能源贫乏，对能源需求相当大，而西部地区经济相对落后，但蕴藏着丰富的资源。因此我国有着“西气东输”及“西电东送”等重大工程，实现能源的地域转移。能源转移的效率及安全性、能源网络的可靠性等仍是需要改进和解决的问题。

② 石油、天然气对外依赖程度过高

我国石油、天然气占一次能源消费能源比重约27%，受资源条件的限制，生产和消费的缺口不断扩大，对外依赖程度分别达到了72%和43%，过高的对外依赖程度，将对我国油气能源安全造成巨大的威胁。而且我国正处于工业化、现代化、城镇化的发展阶段，作为能源消耗大国和温室气体排放大国，“双碳”目标的实现也面临着双重压力和巨大挑战。因此，要加快信息能源系统的建设步伐，通过信息能源系统，实现清洁能源间接代替油气能源，弥补生产消费缺口。

③ 传统以煤为主的能源消费模式向绿色可持续发展的转型升级困难

化石能源依赖型的能源结构在短期内难以完成结构转型。能源结构调整是应对气候变化的关键，是实现“双碳”目标的重中之重。我国能源供应目前还是以煤炭、石油等不可再生能源为主，在经济快速发展的同时，能源的消耗和碳排放量也不断提升。因此，需要深化能源改革，不断往绿色、低碳方向发展，促进清洁的一次可再生能源的充分利用，使得能源体系“两条腿”走路。可以预见，尽管未来传统化石能源的比例将大幅下降，但我国能源结构的高碳特征无法在短期内彻底改变，我国很有可能仍是煤炭占能源结构比例很高的国家。能源领域短期内难以实现“低碳”或“脱碳”，这是我国实现“双碳”目标面临的巨大挑战。

高昂的碳减排成本是对我国经济社会发展的严峻挑战。我国工业化起步迟，城市化过程短，目前尚未完成碳达峰，而碳中和时点又几乎与欧美发达国家同步。这就导致我国“双碳”目标不能完全通过市场机制调节来实现，整个碳排放呈现倒“U”字形曲线，表现出高度的人为压缩状态。这意味着，相对于欧美国家，我国实现碳中和的碳减排成本会更高。研究表明，我国未来实现碳中和的综合成本可能要比美国高2~3倍。按照2020年清华大学的报告，我国要实现碳中和目标，需要新增约138万亿元投资。对于刚刚完成脱贫攻坚任务的我国而言，如此高昂的碳减排成本无疑是一个严峻的挑战，如果碳减排措施不当很可能会造成企业生产成本增加、商品价格上涨，进而制约经济的平稳增长和社会的转型升级。

2）在信息网络方面：能源网络覆盖广，导致泛在终端不足和不同能源系统的信息难于互联互通。

① 能源网络覆盖广导致的泛在终端不足

目前的能源终端在实际控制操作过程中，仍然是需要接收远程的控制系统集中的调控信息，对于环境与用户，只能实现基本的信息获取。为了应对新的智能管理要求，需要增加终端的智能性，主要体现在：具备数据预处理的功能，实现由数据往知识的转变；终端的态势感知要往自主认知的过程进行转变；同时，在实时控制上能实现自主控制功能，即实现机械自动化向人工智能化的转变。

② 不同能源系统的信息难于互联互通

多能源分属于不同的系统，在网侧实现数据的互联互通困难，并且各个能源网络的数据开发利用程度不够。目前我国的能源企业，针对业务系统的数据开发方式主要以统计分析为主，这就导致源头数据质量不高以及计算颗粒度大等问题。因此，需要建设信息开放共享的交流平台，同时以人的用能行为与设备机械产生的数据为源，共同为能源体系提供持续、高质量、小计算颗粒度的数据。

3）在价值网络方面：能源市场的开放程度和用户参与度还需要增强，以及能源市场用户能源企业的社会公益属性与企业属性之间需要协调发展。

① 能源市场的开放程度和用户参与度不够

能源市场用户参与程度不够，无法充分发挥用户侧调节能力。比如电价，我国合同电价、峰谷电价、实时电价等定价机制尚未有效形成，导致能源用户难以主动有效地参与能源价格制定。因此，需要不断地加强能源市场改革，提升用户的参与程度，制定更加科学灵活的能源价格，通过价格机制化解用能峰谷差的矛盾。

② 能源市场用户能源企业的社会公益属性与企业属性之间需要协调发展

能源公司的公益属性，使得居民用能能源价格具有倒挂的特色。在计划经济时代，发电厂和电网最初都是国家无偿投资建设，居民用电很大程度上被认为是一种福利政策。居民用电已经习惯低电价，无法理解现行电价是建立在无法满足成本的基础上，并且对电价敏感性较强，因此电价长期处于能源价格倒挂的水平。牺牲企业利益，成就社会公益，我国能源企业必须是国有企业占据主导地位，必须坚持党的领导，依托党的政策方针支持。同时，需要创造新的能源商业模式，降低用能成本，激发能源经济活力。

2. “双碳”面临的机遇

1）为提升国际竞争力带来机遇。“双碳”目标为中国经济社会高质量发展提供了方向指引，是一场广泛而深刻的经济社会系统性变革。快速绿色低碳转型为中国提供了和发达国家同起点、同起步的重大机遇，中国可主动在能源结构、产业结构、社会观念等方面进行全方位深层次的系统性变革，提升国家能源安全水平。若合理布局 5G、人工智能等新兴产业，将为自主创新与产业升级带来独特机遇，推动国内产业加快转型，有力提振中国经济竞争力，巩固科技领域国际领先者的地位。

2）为低碳、零碳、负碳产业发展带来机遇。2010—2019 年间，中国可再生能源领域的投资额达 8180 亿美元，成为全球最大的太阳能光伏和光热市场。2020 年中国可再生能源领域的就业人数超过 400 万，占全球该领域就业总人数的近 40%。“双碳”背景下，新能源和低碳技术的价值链将成为重中之重，中国也可借此机遇，进一步扩大绿色经济领域的就业机会，催生各种高效用电技术、新能源汽车、零碳建筑、零碳钢铁、零碳水泥等新型脱碳化技术产品，推动低碳原材料替代、生产工艺升级、能源利用效率提升，构建低碳、零碳、负碳新型产业体系。

3）为绿色清洁能源发展带来机遇。在我国能源产业格局中，煤炭、石油、天然气等产生碳排放的化石能源占能源消耗总量的 84%，而水电、风电、核能和光伏等仅占 16%。目前，我国光伏、风电、水电装机量均已占到全球总装机量的 1/3 左右，领跑全球。若在 2060 年实现碳中和，核能、风能、太阳能的装机容量将分别超过目前的5倍、12倍和70倍。为实现“双碳”目标，中国将进行能源革命，加快发展可再生能源，降低化石能源的比重，巨大的清洁、绿色能源产业发展空间将会进一步打开。

4）为新的商业模式创新带来机遇。“双碳”目标有助于中国提高工业全要素生产率，改变生产方式，加快节能减排改造，培育新的商业模式，从而实现结构调整、优化和升级的整体目标。环保产业将从纯粹依赖以投资建设为主要模式的末端污染治理方式，转向以运维服务、高质量绩效达标为考核指标的方式。企业也将加快制定绿色转型发展新战略，借助数字技术和数字业务推动商业模式转型和数字化商业生态重构，以体制与技术创新形成低碳、低成本发展模式及绿色低碳投融资合作模式。

3.“双碳”目标

基于推动生态文明建设的内在要求和构建人类命运共同体的大国担当，习近平主席在第七十五届联合国大会一般性辩论上宣布，“中国将提高国家自主贡献力度，采取更加有力的政策和措施，二氧化碳排放力争于2030年前达到峰值，努力争取2060年前实现碳中和”。这一重大战略决策涉及经济社会发展各领域，涉及我国经济社会发展中面临的诸多系统性、关键性、深层次问题。正如习近平总书记在主持召开中央财经委员会第九次会议时强调的，“实现碳达峰、碳中和是一场广泛而深刻的经济社会系统性变革”。实现“双碳”目标，既需要经济调节、技术改进、政策引导，也离不开法治固根本、稳预期、利长远的保障作用。

“双碳”目标事关中华民族永续发展和人类命运共同体的构建，对于我国实现“两个一百年”奋斗目标、引领全球气候治理具有重大深远的意义。

首先，“双碳”目标是我国引领全球气候治理、推动构建人类命运共同体的必然选择。工业革命以来，全球变暖引发的极端天气频发、海水酸化、海平面上升、生物多样性减少以及其他相关的自然灾害是人类社会迄今为止所面临的最具挑战性的全球问题。联合国研究报告显示，过去20年全球自然灾害的发生频率几乎是1980—1999年间的两倍，因气候变化导致的极端天气事件占了其中一大部分。为了应对气候危机，《巴黎协定》将全球平均温升控制在2℃以下并争取实现1.5℃以下的目标，呼吁各国尽快实现碳排放量达到峰值，争取21世纪下半叶实现净零排放。据此，占世界GDP总量75%和碳排放总量65%的国家纷纷提出了碳排放远景目标。可以说，“碳达峰”和“碳中和”已成为全球气候治理体系的新入场券，是构建人类命运共同体的新基石。我国近年温室气体排放量超过 100 亿 t，是全球实现碳中和、保护全球气候系统的关键。在此背景下，我国应当参与国际气候合作，如期并争取提前实现“双碳”目标，参与并重塑全球气候治理体系。

其次，“双碳”目标也是实现我国绿色低碳发展、经济高质量发展的内在要求。我国仍面临着严重的环境污染和生态破坏问题，同时也是易受气候变化影响的国家。环境污染与温室气体排放同根同源，很多大气污染物质或者其前体物本身就是温室气体或具有增温潜力的气体。因而，我国可以在应对环境污染的同时控制温室气体的排放。环境污染、生态破坏以及气候变化问题源于发展和技术应用，也需要通过高质量发展和科技创新来解决。“双碳”目标实现的唯一路径是绿色低碳和高质量发展。“双碳”目标在本质上就是要推动经济社会发展与碳排放逐渐“脱钩”，而构建绿色低碳发展经济体系则是实现“双碳”目标的关键举措。

4.“双碳”目标实现的路径

党的十八大以来，我国生态环境保护、生态文明建设和全面依法治国取得明显成效，这为“双碳”目标的实现夯实了基础，也为“双碳”目标的实现提供了良好条件。首先，习近平生态文明思想为我国“双碳”目标的实现提供了根本遵循；其次，绿色低碳发展理念为“双碳”目标的实现提供了正确路径；再次，能源结构转型和绿色低碳技术为“双碳”目标的实现提供了重要支撑。

实现碳达峰、碳中和不是一个可选项，而是必选项。中国推进碳达峰、碳中和，应放在推动高质量发展和全面实现现代化的战略大局和全局中综合考虑，按照源头防治、产业调整、技术创新、新兴培育、绿色生活的路径，加快实现生产生活方式绿色变革，推动如期实现“双碳”目标。

推进源头防治。按照“30、60 目标”加快推进减碳步伐，加强源头管控，防止经济被高碳发展模式锁定。深入打好污染防治攻坚战，将降碳作为源头治理的“牛鼻子”，坚持源头防治、综合施策，切实转变理念方法，强化多污染物协同控制和区域协同治理。推进精准、科学、依法、系统治污，严控高耗能、高污染“两高”项目，严把新建、改建、扩建高耗能、高排放项目的环境准入关，开展排查清理，协同推进减污降碳，加快推动生态环境治理模式由末端治理向源头防治转变。

调整产业结构。电力的脱碳必须先于更大范围的整体经济脱碳，要加快推进电力产业的脱碳和结构转型，加速能源清洁化和高效化的发展，逐步淘汰未采取碳捕集利用与封存（CCUS）技术的燃煤发电，快速增加以可再生能源为主，以核能、碳捕集、利用和封存为辅的多种技术组合发电。大力推进节能降碳重点工程，加快推进电力、钢铁、有色金属、建材、石化、化工等重点行业节能改造。推动终端制造产业电气化、数字化、智能化转型，在无法实现电气化或电气化经济效益不可行的情况下，在制造和交通领域改用氢能、生制质能等燃料。加快固碳等环保产业发展，对于难以脱碳的设施和工艺，采用去碳、固碳技术实现碳中和。着重加强生态农业、生态保护、生态修复等产业扶持力度，深入实施重点生态建设工程，完善碳汇体系，提升生态系统质量和固碳能力。

加强技术创新。支持科研人员对 CCUS、等离激元人工光合、微矿分离等关键技术的研发，整合减碳、零碳和负碳技术。采用创新工艺流程、使用热泵技术等改变现有设备、工艺的运作模式，推动节能减排。大力发展电化学储能等新型储能技术，积极推广不依赖化石燃料的关键技术、先进用能技术和智能控制技术，大幅提升资源循环利用效率，推进新型清洁能源回收循环再利用技术的突破和成熟。加快大数据、区块链、人工智能等前沿技术在绿色经济技术中的应用，提升重点行业用能效率，降低用能成本，助力能源高效化、清洁化、可持续化发展。

培育新兴产业。大力发展数字经济、高新科技产业和现代服务业，培育绿色低碳新产业。完善绿色产品推广机制，推广合同能源管理（EMC）服务，扩大低碳绿色产品供给。建设碳排放气候变化投融资政策体系，建立以企业为主体的碳交易市场。支持开发碳金融活动，大力发展绿色信贷、绿色债券、绿色保险等绿色金融产品，建立有利于低碳技术发展的投融资机制，探索碳期货等衍生产品和业务，设立碳市场有关基金，激活碳汇资产。

1.2.4 “双碳”与我们

近年来，世界各地极端天气频现。根据世界气象组织发布的《2020 年全球气候状况》报告，2020 年是有记录以来三个最热的年份之一，全球平均温度比工业化之前水平高出约 1.2℃，2011—2020 年是有记录以来最热的 10 年。导致全球变暖的主要原因是人类活动不断排放的二氧化碳等温室气体。

生态环境具有公共属性，环境治理需要全社会共同参与。只有全社会信仰法治、厉行法治，以高度的社会责任感认识碳达峰、碳中和这场广泛而深刻的经济社会系统性变革，才能真正推动这项工作在法治轨道上运行并取得实效。立法机关、司法机关应积极承担普法责任，实现国家机关普法责任制清单全覆盖，及时普及有关“双碳”目标方面的法律法规及相关国际公约，注重结合执法实践和司法案例增强普法效果。企业要以创新为驱动，大力推进经济、能源、产业结构转型升级，自觉遵守碳排放碳交易领域相关法律法规，特别是要发挥好先行上线交易企业示范引领作用，尽快把一些有益做法推广到更多领域和更广范围。公众要形成绿色低碳生产生活方式，倡导绿色采购、旧物回收、节水节电、“光盘行动”和零碳出行。总之，要形成实现“双碳”目标人人有责的良好氛围，以理念的更新和行为方式的转变为实现“双碳”目标提供坚实基础。

倡导绿色生活，开展碳达峰全民行动，加强政策宣传教育引导，提升群众绿色低碳意识，倡导简约适度、绿色低碳的生活方式，推动生活方式和消费模式加快向简约适度、绿色低碳、文明健康的方式转变。推广使用远程办公、无纸化办公、智能楼宇、智能运输和产品非物质化等技术，开展创建节约型机关、绿色家庭、绿色学校、绿色社区和绿色出行等行动，创建碳中和示范企业、示范园区、示范村镇。不断推广绿色建筑、低碳交通、生活节水型器具，深入广泛开展形式多样的垃圾分类宣传，普及垃圾分类常识，稳步推进垃圾精细化分类。培养市民形成绿色出行、绿色生活、绿色办公、绿色采购、绿色消费习惯，着力创造高品质生活，构建绿色低碳生活圈。

实现碳达峰、碳中和，必须汇聚全社会力量协同推动经济社会的系统性变革。实现碳达峰、碳中和不是政府唱“独角戏”，要促进有为政府与有效市场相结合，构建多元主体间紧密联系、相互配合、协同共进的碳减排利益共同体。应注重多中心多主体参与，构建出政府主导、企业主体、公众共同参与的多元共治新格局。

1.3 信息系统与能源系统的耦合——比特驱动的瓦特变革

“双碳”目标下，我国可再生能源机组容量与非化石能源消费占比需保持 10%和 5%以上的年均增速。无论从生产与消费量级、需求增长趋势还是能源结构看，能源电力的清洁化转型都是推动我国经济社会绿色高质量发展、落实“双碳”目标的核心要求。信息能源系统中风、光接入比例将显著增加，系统将呈现“双高”与“双随机”特点。

双高，即高比例可再生能源接入与高比例电力电子设备应用。“双碳”目标要求下，未来10年我国年均新增风、光发电装机容量需不少于7500万kW。相应地，伴随可再生能源的发展，大量风电、光伏电力电子变换器将接入电网，如直驱式风电机组变流器、光伏电站和分布式光伏逆变器等。

双随机，即供给侧随机性和需求侧随机性。传统电力系统可通过调整发电机组出力满足需求侧随机波动的负荷需求，呈现供应侧可控、需求侧随机的特征。随着波动性和间歇性的风能和光伏发电为主的可再生能源在电源结构中的占比持续增长，供应侧也将出现随机波动的特性，能源电力系统将由传统的需求侧单侧随机系统向双侧随机系统演进。

当前的能源系统正经历一个多世纪以来最大的“瓦特变革”。首先，双高特点使得信息能源系统的随机扰动性、对网络信息系统的依赖性明显增强，系统可控性降低，安全风险进一步增加，分布式的接入方式使其控制优化问题充满挑战。其次，产消者的兴起使用户由单一消费模式转变为生产消费一体化模式，能源的双向传输、双随机特性以及多能源网络的叠加使其交互模式更加复杂。再者，能源网络分布式、扁平化的发展态势使数据、分析和连通性成为能源网络外围产消者的重要决策信息。“瓦特变革”呈现出由“集中”向“分布”、“垂直”向“扁平”、“电源驱动”向“用户驱动”、“高碳”向“低碳”的发展特点，能源系统趋于自下而上的、以用户为主导的能源信息化发展模式。

同时，互联网技术、云技术、大数据技术、物联网技术等信息技术也进入阶跃式发展的快车道。信息时代的发展驱动自动化技术的进步，信息化、网络化、智能化的特征越来越明显。新兴信息技术和互联网生态为能源系统的发展提供了有力的支撑。“比特驱动”成为能源变革强大的推动力。

“比特驱动”主要体现在，大数据技术可快速、有效地处理海量能源信息，实现系统的精准建模和特征提取，从而保障能源系统协同控制的可靠性。人工智能技术可应对参与优化调度的能源终端更为智能化、灵活化、自主化的发展需求。云计算、边缘计算则可提高能源系统的计算能力，实现系统运行的低延时和高可靠性，由此满足能源系统在用户驱动下的实时管理和资源分配。5G无线技术、物联网技术在通信方面具有超可靠、低延时、广域连接的优势，有利于能源系统高度自动化和精准控制，可推动产业数字化和智慧城市的发展。

作为与国民经济、人民生活息息相关的重要领域，能源系统是信息技术发展的一个理想载体。清洁低碳、安全可靠、泛在互联、高效互动、智能开放的能源系统将推动信息技术与先进能源技术的深度融合。由此，实现信息和能源的一体化发展成为研究的热点。

国内外对于信息能源系统的研究主要从“比特驱动”和“瓦特驱动”两类视角分别进行。“比特驱动”主要从信息及互联网角度，研究如何利用先进的信息处理技术与能源系统相叠加，优化计算资源和信息处理能力，以人工智能、云计算、移动应用等新兴技术为手段，力争使能源系统运行在最优工作点。“瓦特驱动”从电气热多能互补网络的角度，研究如何通过现代优化控制及电力电子技术，实现多能梯次利用、可再生能源高效消纳以及源网荷储立体协同，达到保证信息能源系统安全高效运行的目的。

信息与能源系统的深度耦合协同、高度智能化仍然是一个亟待深入研究的广阔领域。随着未来一次能源逐步由有限化石能源转变为风光等永续清洁能源，能源的稀缺性将被打破。通过高速发展的现代信息技术，充分发挥能源终端的互动调节能力，构建互联网模式下的能源生态，将信息与能源深度融合，实现能源的安全、高效、经济消纳成为核心需求。

本节针对信息能源系统，运用科学知识图谱进行数据挖掘、信息处理、知识计量和图形绘制，从而研究和揭示信息能源系统的发展趋势，并进一步展示其相关热点领域的结构特点和研究内容。文中数据来源于中国知网（CNKI）和 Web of Science（WoS），针对 2000—2020 年的论文进行分析，其中，CNKI 检索关键词为“信息能源系统”“能源互联网”和“综合能源系统”共 1114 条中文文献记录（SCI 来源期刊、EI 来源期刊、核心期刊、CSSCI 和 CSCD）；WoS 检索关键词为“Cyber Energy System *”“Energy Internet”“Internet of Energy”“Integrat * Energy System”“Comprehensive Energy System”“Energy Integration”和“Energy Interconnect *”，共 2019 条英文文献记录（WoS 核心集，文献类型为 Article 或 Review）。通过对文献进行数据清洗，包括对文献合并除重、去除或补全缺失信息及去除领域不相关的文献，最终得到 675 篇密切相关中文文献和 1013 条密切相关英文文献。

通过对文章的参考文献数据进行分析，可以快速找到领域内的研究热点，见表 1.2。其中，GCS（Global Citation Score）表示全球施引次数，此处表示 WoS 网站上给出的引用次数；进一步计算可得到该文章的本地施引次数 LCS（Local Citation Score），表示该文章在本地文献库（即本节选取的密切相关文献）中的施引次数，通过这些值可以快速得到信息能源领域内的重要英文文献，例如，某文献的 LCS 值很高，意味着它可能是该研究领域内的重要文献。因此相比而言，LCS 比 GCS 能更清晰地反映该文献对于细分领域的贡献度，LCS 高的文章极有可能是研究领域内的里程碑文献。CR（Cited References）表示该文章引用的参考文献数量；LCR（Local Cited References）表示本地参考文献数量，即该文章引用的所有文献中，存在于当前本地文献库的文章数。通过 LCR 可以快速找出最新的文献中与领域内研究方向最相关的文章。

表 1.2　本地高被引文献

文　献	文献时间	LCS	GCS	LCR	CR
Mancarella P [MES (multi - energy systems): an overview of concepts and evaluation models]	2014	71	446	2	167
Huang A Q, Crow M L, Heydt G T, et al. [The future renewable electric energy delivery and management (FREEDM) system: the energy internet]	2011	62	667	0	32
Sun Q Y, Han R K, Zhang H G, et al. [A multiagent-based consensus algorithm for distributed coordinated control of distributed generators in the energy internet]	2015	32	152	2	44
Wang K, Yu J, Yu Y, et al. [A survey on energy internet: architecture, approach, and emerging technologies]	2018	23	72	6	113
Bui N, Castellani A P, Casari P, et al. [The internet of energy: a web-enabled smart grid system]	2012	20	113	0	15
Mathiesen B V, Lund H, Connolly D, et al. [Smart energy systems for coherent 100% renewable energy and transport solutions]	2015	19	384	0	120
Liu X Z, Mancarella P [Modelling, assessment and sankey diagrams of integrated electricity-heat-gas networks in multi-vector district energy systems]	2016	19	80	3	40
Sun Q Y, Zhang Y B, He H B, et al. [A novel energy function-based stability evaluation and nonlinear control approach for energy internet]	2017	17	52	2	44
Bao Z J, Zhou Q, Yang Z H, et al. [A multi time-scale and multi energy - type coordinated microgrid scheduling solution-part i: model and methodology]	2015	16	95	0	24
Zhou K L, Yang S L, Shao Z [Energy internet: the business perspective]	2016	16	79	3	137

通过 CiteSpace 软件对 CNKI 和 WoS 的混合数据进行关键词突现分析，得到表 1.3 中 2000 年后引文强度最高的 27 个关键词，这些关键词通常为某时间段的研究热点（表中蓝色加粗部分）。表中强度值越大表示该关键词在该领域某个时段的热点程度越高，起始时间和终止时间分别表示该关键词成为研究热点的开始和结束时间。

表 1.3　中英文混合关键词突现分析

关键词	强度	起始时间	终止时间	2001—2020
信息物理系统	9.39	2015	2017	
智能电网	7.90	2014	2016	
能源系统	5.10	2005	2015	
control	4.67	2003	2013	
分布式能源	4.64	2005	2016	
家庭能源管理系统	4.50	2014	2017	
分布式能源系统	4.12	2015	2016	
能源路由器	4.10	2015	2017	
电动汽车	4.01	2001	2017	
优化	3.93	2004	2017	
energy	3.89	2008	2014	
可再生能源	3.50	2007	2016	
全球能源互联网	3.21	2016	2017	
优化运行	3.19	2015	2018	
大数据	3.10	2015	2016	
新能源电力系统	3.10	2015	2016	
控制	3.01	2007	2016	
electricity market	2.93	2006	2017	
optimization	2.81	2009	2011	
优化规划	2.78	2004	2016	
coordination	2.75	2017	2018	
reduction	2.72	2016	2018	
smart grid	2.64	2014	2015	
design	2.40	2009	2010	

（续）

关 键 词	强 度	起始时间	终止时间	2001—2020
cyber-physical system	2.36	2010	2014	
能源管理	2.35	2011	2016	
solar	2.32	2009	2014	

统计2001—2019年CNKI及WoS每年发文的数量，如图1.2所示。可以发现信息能源系统密切相关的文献数量正处于稳步上升趋势，且2015年开始增长趋势加快。

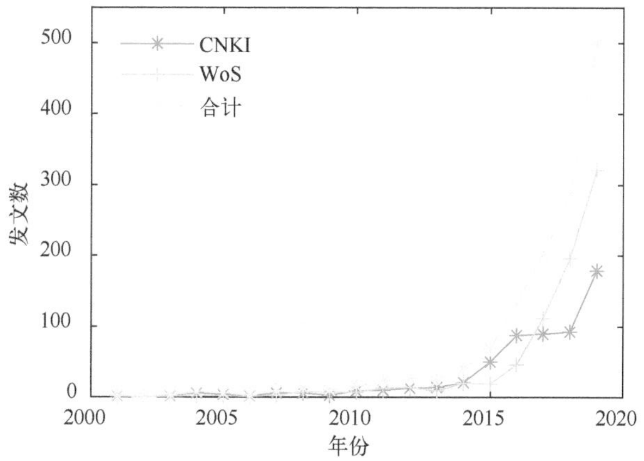

图1.2 发文的数量

通过关键词搜索和聚类，对其研究热点分布进行可视化展示，图1.3为基于CNKI的中文论文研究热点分布，图1.4为基于WoS的SCI论文研究热点分布。

图1.3和图1.4中，圆圈表示关键词，圆的大小表示关键词出现的频次高低；连线表示节点与节点间曾经共现过；连线的密集程度表示该研究主题与其他主题联系的紧密程度。图中，通过聚类可视化操作，将信息物理系统的研究领域聚集成不同的多个集群。这些集群将联系程度更紧密的关键词结合在一起，并根据其意义进行标注，标注排序代表该集群主题内文献的多少。

基于图1.3和图1.4的聚类分析可以看出，从信息的相关方法层面聚类，信息能源系统的热点研究领域主要包括：信息能源系统的感知建模与特性分析、信息能源系统的分布式协同控制、信息能源系统的分层优化管理。

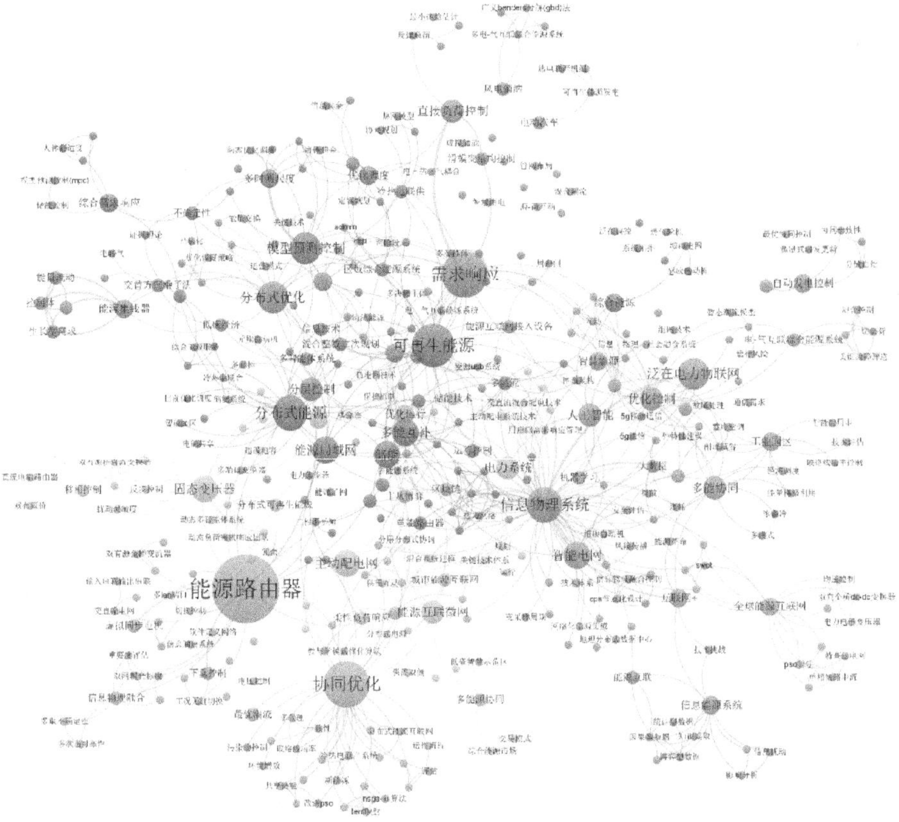

图 1.3 CNKI 关键词共现分析

如图 1.5 所示，协同控制的研究主要针对信息能源系统的底层能源终端，考虑如何实现设备间的协调运行；感知建模主要指从多而杂的数据中发现有效的故障数据以及从不同运行情况下的故障数据中找到有效的组合，对信息能源系统的机理特性进行准确的数学建模，从而保证系统的安全稳定运行及科学有效控制；优化管理的研究建立在能源网与信息网的交互环境下，研究多源信息融合的（准）实时的能源优化，以实现经济、高效、低碳运行；用户驱动的优化管理则进一步上升至云平台，研究在大数据、云计算支撑下，能源市场的配置和用户资源的管理。

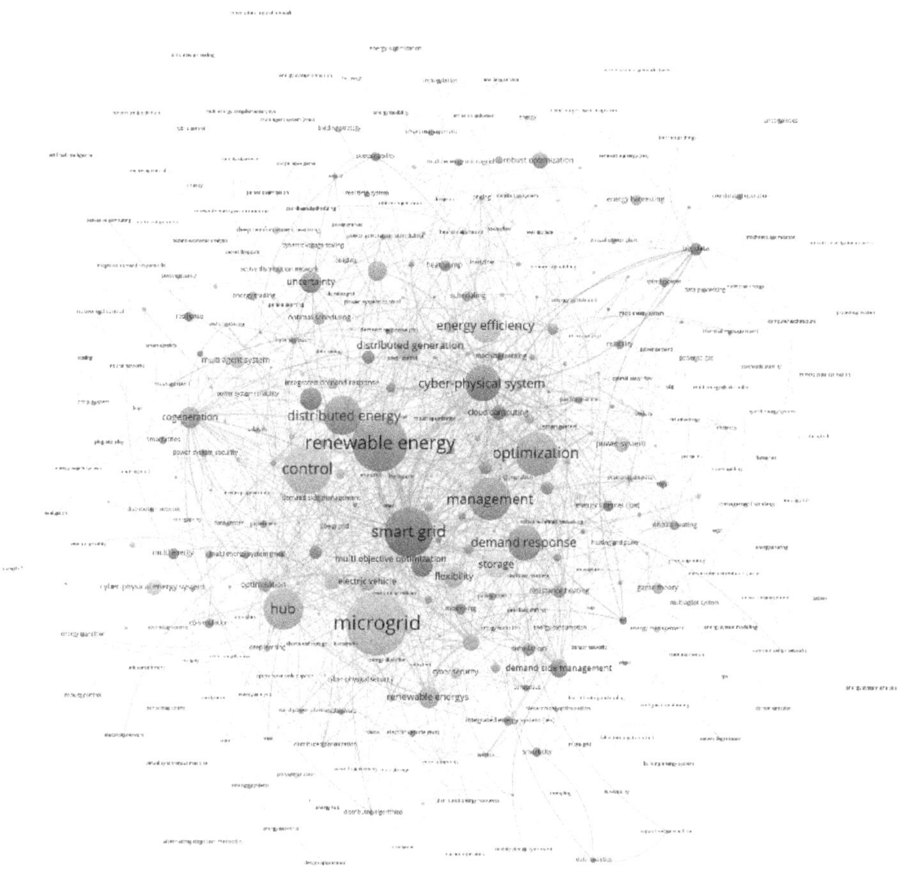

图 1.4 WoS 关键词共现分析

从能源领域的发展路径看，瓦特变革的初期，是由于社会的发展和技术的推进下，分布式能源大规模接入能源网络，终端能源主动参与的需求日益增加，能源结构由传统的单一能源向清洁的综合能源转变。随之，不同类型的能源终端之间耦合更加紧密，多种能源的时空差异使能源网络趋于复杂、灵活，催生出海量信息，对信息技术的依赖逐渐增强。在近几年信息技术的飞速发展下，以综合能源系统为依托，信息物理系统逐渐受到关注。由此，在总体技术路径的驱动下，上述重点研究领域对应于信息能源系统中的研究阶段，其从底层能源终端到能源网与信息网的交互，再到云平台的广域协同，最终延伸至信息和能源系统的深度融合，自下而上地反映了信息能源系统中各层级的研究重点和技术价值。

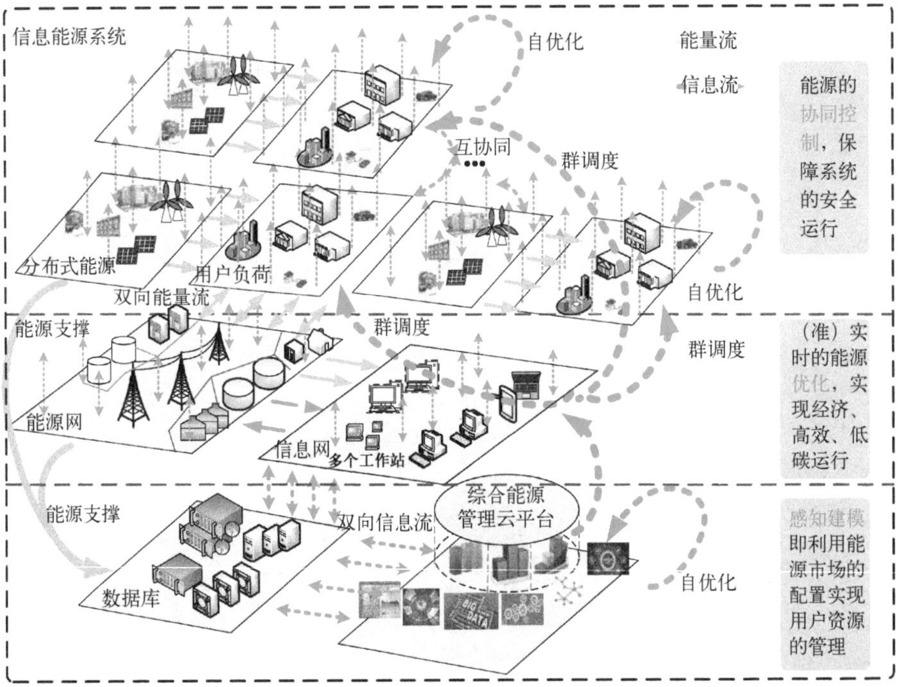

图 1.5　信息能源系统框架

接下来将结合这些热点研究领域的可视化分析，研究其发展趋势。

1.4　信息能源系统的感知建模与特性分析

“互联网+”技术逐渐渗透能源行业，为能源行业带来巨大的变革，通过能源系统受到传感、监控、控制、能量管理及调度等信息的作用，反映出信息流对能量流的强耦合融合背景下，能源互联网所构建的新一代信息能源系统的形态。截至 2020 年 8 月，通过聚类选出中外文献共计 86 篇。如图 1.6 所示，“建模”以及“网络攻击”与“信息安全”相互结合的核心关键词表明这两个研究方向得到了众多学者的关注。而从研究类型的角度来看，关键词“信息安全”“network attack”“cyber-physical energy system”“cyber-physical social system”等成为关注热点。2010 年，Marija D. Ilić等提出了一种依赖于支持物理系统的网络技术的动力学模型，较早地将快速发展的能源系统建模为基于网络的物理系统，后续众多研究者在这个基础上进行了更为深入的研究。

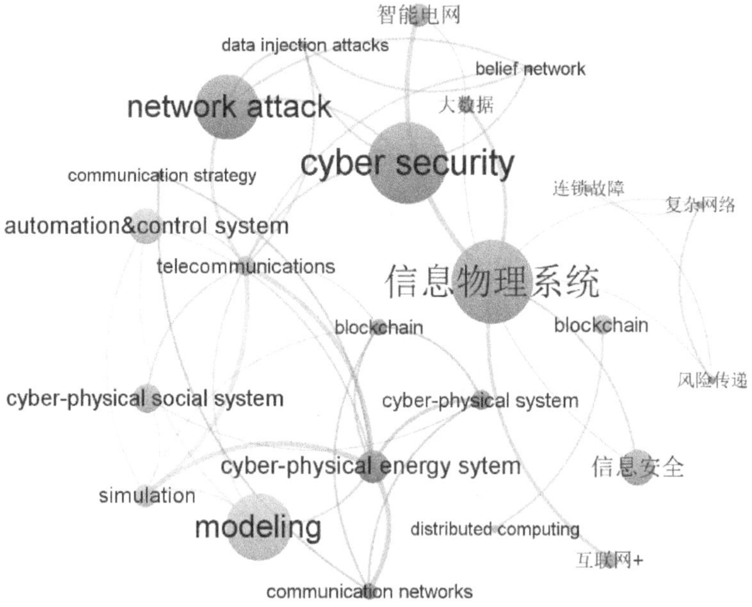

图1.6 CPS相关领域的聚类

上述分析结果表明，随着信息技术和能源系统融合逐步深入，能源系统正迅速发展成为复杂的信息能源融合系统，要实现未来能源系统的目标，就必须系统地嵌入能够监测、通信和控制不断发展的物理系统的网络技术。从论文的关键词可以看出，能源系统必须表现出适应性的性能，如灵活性、效率、可持续性、可靠性和安全性。不同能源实体之间日益复杂的相互作用需要一个安全、高效和强大的网络基础设施。针对这个方向，多数研究者基于信息能源融合系统建模与仿真、信息能源融合系统综合安全、信息物理能源系统（Cyber-Physical-Energy Systems，CPES）及信息物理社会系统（Cyber-Physical-Social Systems，CPSS）进行了研究。

1.4.1 信息能源系统数据与机理特性

信息能源系统的数据量多而复杂，且有效信息少而难识别。例如，在故障检测方向，很难有效剔除正常数据中的故障数据，而人为制造故障数据成本巨大，因此如何从多而杂的数据中发现有效的故障数据以及从不同运行情况下的故障数据中找到有效的组合是一大研究难题。对信息能源系统的机理特性进行准确的数学建模，从而保证系统的安全稳定运行及科学有效控制，是一直以来的研究热点。从信息能源系统的解耦入手，通过分析信息能源系统内不同动态尺度下的各类设备以及负荷的建模机理，获得高精度、高可靠性的群体智能模型，为实现多能源间的最优协同运行提供最准确的状态参量。

在信息能源系统中不同能源间的耦合关联机理方面，各国均进行了深入研究。英国研究理事会资助的英国能源网络领域最核心的“能源枢纽（Energy Hub）”项目中专门设立了能源系统主题。瑞士联邦理工大学提出的 Energy Hub 模型通过静态的转换效率连接多种能源需求和多种能源供给，得出满足能源需求条件下的最终能源供给方式。德国的 E-Energy 项目重点开发基于信息与通信技术（Information and Communication Technology，ICT）的能源系统，其目标是通过数字网络实现发电的高效、安全供给及能源供应系统优化，同时促进能源市场的自由化和分散化。美国国家新能源实验室正在开发可以仿真单独楼宇-配电网-区域互联电网的综合能源系统模型（Integrated Energy System Model，IESM），用于研究不同的市场模型、分布式发电、需求侧响应等对未来电力系统的影响。美国橡树岭国家实验室（Oak Ridge National Laboratory，ORNL）组建了一支跨学科研究团队，旨在研究如何从发电、配电、用电环节提供安全可靠的信息能源系统，内容主要集中于楼宇发电系统、储能系统以及综合能量的管理、控制及规划。国网电力科学研究院针对冷、热、电多种能源协调控制展开研究，探索热泵、蓄冷、储热锅炉等电能替代产品的简单应用模式。清华能源互联网研究院的能量管理与调控研究中心对冷、热、电多种能量的综合管理、运营模式与调控技术展开了研究。

1.4.2 信息能源系统建模与运行仿真

为有效应对传统物理机理建模、多能源耦合等引起的系统运行不确定问题，已有研究提出将机理分析与多源异构数据融合的群体智能模型。基于信息能源系统解耦映射机理，充分挖掘信息能源系统内各能源生产单元、储能单元等与各类通信单元之间的关联性，从信息能源系统中提取分析各能源设备数据之间的关联特征，对信息能源系统中冷、热、电、气等多源异构大数据进行有效融合，以提升信息能源系统的运行管理和性能优化水平，实现对信息能源系统各能源设备多方面、高精度的统一认识。

信息能源融合系统的建模与仿真是信息能源融合系统研究的热点之一，许多学者在系统异构问题、信息系统时间特性、信息模型等方面取得一定成果。天津大学基于奇异摄动理论的电-气耦合系统多时间尺度分层控制策略以及能源集线器模型的电-气耦合系统潮流分析与优化方法，提出了考虑电气系统动态与天然气动态的电-气耦合系统双时间尺度仿真分析模型。但以上研究只考虑两种能量系统的耦合，或只使用稳态网络计算模型，没有将冷、热、电、气等多种能源系统的动静态特性综合考虑，因此，需要通过建立动态管网模型精细化分析信息能源系统在能量传输上的差异，基于各能量系统的传输特性建立混合时间尺度优化运行模型，充分挖掘能源互补特性。基于机理与数据融合的群体智能建模可分为3部分，如图1.7所示。

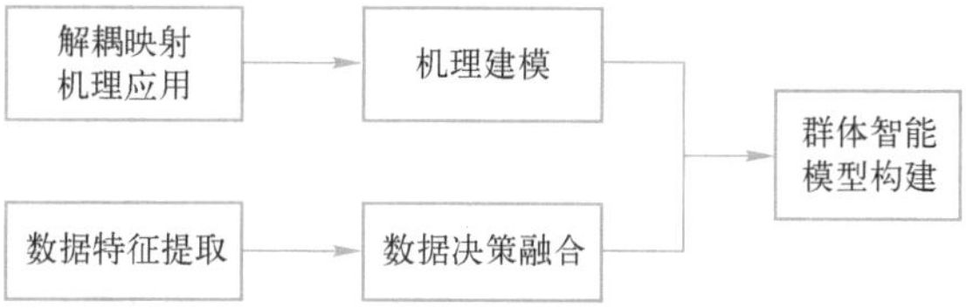

图1.7　基于机理与数据融合的群体智能建模

1）构建机理模型并基于海量历史数据提取单元对象特征和影响因素，利用深度学习、聚类分析等数据驱动技术，采用不确定性过程分类和自动辨识研究方法，在此基础上明确转移关系，同时考虑各类波动过程，以实现简约信息交互下能源系统各设备连通关系的群体智能感知。通过信息能源系统解耦映射机理和数据信息，充分发挥机理模型和数据驱动模型的优点，更好地反映建模对象的规律与特性并对历史和实时数据进行充分挖掘，以提升信息能源系统的运行管理和性能优化水平。采用互信息方法度量海量监测数据间的关联性，在数据预处理过程中筛选出关联特征，然后采用数据驱动的方式，基于回归神经网络进行多能源耦合网络的系统参数辨识，实现系统内各类能源转换系数的动态评估，对海量数据进行决策融合。

2）使用多能源网络系统下信息流向群体智能感知技术，分析信息流事件间的影响程度，建立概率论框架下的信息流链路代价方程，实现多系统网络链路信息流向形势的群体智能感知。在信息能源系统各设备有限感知的基础上，群体智能感知模块采用离散状态获取、全局形势推理、演化趋势预测的思路，实现“由点到面、由当前到未来、由个体智慧汇聚群体智能”的多域立体协同感知。

3）探索全局网络形势拼接机理，针对不同时间尺度的动态特性，建立电力系统、热力系统和天然气系统等多能源耦合网络，以可靠性最佳，系统购能成本、运行维护成本以及能量损耗成本之和最小等为目标，构建基于机理与数据融合的群体智能模型，掌握信息能源系统不同动态尺度下各类能源生产设备、储能设备以及响应负荷的高维分布式建模机理。

1.4.3 信息能源系统能量流动与安全分析

信息能源系统可将多种不同形式的能量进行耦合并对其进行协同规划，提高系统的能量综合利用效率；通过系统中多种能量互补并配合储能装置，可弥补可再生能源带来的能量波动问题，促进可再生能源的开发利用。此外，由于各种形式能量需求可由多条路径进行供应，且相互之间可进行转换，信息能源系统可提高能量供应的可靠性。发挥信息能源系统的优势，需要对其中的设备选取、能量调度等问题进行深入研究，以减少设备冗余带来的不必要成本，避免因能量流分配不合理造成能量利用率低下，并提高供能可靠性。因此，研究多种能量的转换与配置对信息能源系统的建设发展具有重要意义。

由于信息物理系统（CPS）借助大量传感设备与复杂通信网络，使现代电力系统形成一个实时感知、动态控制与信息服务的多维异构复杂系统，信息流交互使得信息能源融合系统面临更多潜在威胁。2016 年，东南大学汤奕团队提出了电力 CPS 领域中网络攻击的定义，从通信网络覆盖范围和网络攻击目的对攻击行为进行分类。西安交通大学刘烃团队通过分析 CPS 的安全现状，给出了 CPS 综合安全的定义，提出了 CPS 的综合安全威胁模型，对现有 CPS 攻击和防御方法进行了分类和总结，并探讨 CPS 综合安全的研究方向。James D. McCalley 考虑煤炭和天然气供应端到电力负荷中心的传输损耗，提出一种多阶段广义能量流模型及其仿真模型。在此基础上，Salman Mashayekh 针对电-热-冷耦合的多能源微电网，考虑电力流和热流的静态安全约束，建立了多能源微电网多节点模型。以下从信息能源系统状态估计、安全评估、可靠性分析和韧性分析 4 个方面对信息能源系统的能量流动与安全进行分析。

1）信息能源系统状态估计。作为现代电网能量管理系统（EMS）的核心，状态估计基于数据采集与监控系统（SCADA）的量测信息，为 EMS 后续安全分析与控制提供电网的实时状态感知信息。另一方面，基于实时的 SCADA 量测，天然气系统实时运行同样配置了状态估计功能。然而值得注意的是，电力系统一般采用静态状态估计器，而天然气系统一般采用动态状态估计器。

2）信息能源系统安全评估。综合能源系统安全评估侧重于定量评估单个系统的扰动对本系统及耦合系统的安全性影响，其中，扰动包括净负荷波动（小扰动）与系统设备故障（大扰动）等因素，通常采用信息能源系统稳态/暂态潮流分析某种扰动对系统运行的影响。

3）信息能源系统可靠性分析。建立考虑元件故障、负荷和风电功率随机性等多种指标的可靠性评估模型，对薄弱环节进行规划，提高计算效率，增强数值稳定性，增加适用性，最终提高信息能源系统的可靠性。

4）信息能源系统韧性分析。韧性是指系统遭受严重的故障/灾害时，系统通过调整运行策略以尽可能降低故障过程损失以及尽快恢复正常状态的能力。设计考虑恶意数据攻击的信息能源系统鲁棒防御策略，辨识系统薄弱环节，构建优化模型，可提高信息能源系统的韧性。

信息能源系统潮流模型为后续安全分析的基础，而信息能源系统的安全分析则为后续的优化控制决策提供了参考。

1.5 信息能源系统的分布式协同控制

控制是多能源主体的必要环节，如何利用恰当有效的信息一致控制，保证和实现系统安全、可靠、稳定且高效灵活运行是一个重要的研究目标。截至 2020 年 8 月，检索到相关论文 315 篇。如图 1.8 所示，核心关键词“可再生能源”与“控制”相互结合，表明此研究方向得到了众多学者的关注。而从研究方法的角度来看，由于系统结构的复杂性，关键词“协同控制”“智能控制”“预测控制”“优化控制”“模糊控制”等成为关注热点。其中，2015 年，东北大学孙秋野团队探讨了应用多智能体解决能源互联网领域参数协同控制问题，在该领域获得了较高关注。

上述分析结果表明，信息不仅仅只体现在数据上，还体现在边缘上先进的控制优化算法上。其中，通过分布式的无通信连接的控制方法实现精准的按容量比例分担是多能源网络研究中的一个关键问题。这在很大程度上能降低网络的投资成本，同时提高网络的可靠性和灵活扩展性。另外，针对下垂控制方法存在功率分担的不精确问题，基于多智能体一致性理论的分布式方法应运而生。考虑到工业过程往往具有非线性、时变性、强耦合和不确定性等特点，预测控制在工业实践过程中逐渐发展起来。针对协同一致控制问题，科研人员根据研究方法将其分为多能源终端的多主体主动致稳控制、多层级能量互补控制以及信息-物理交互的博弈控制三类。

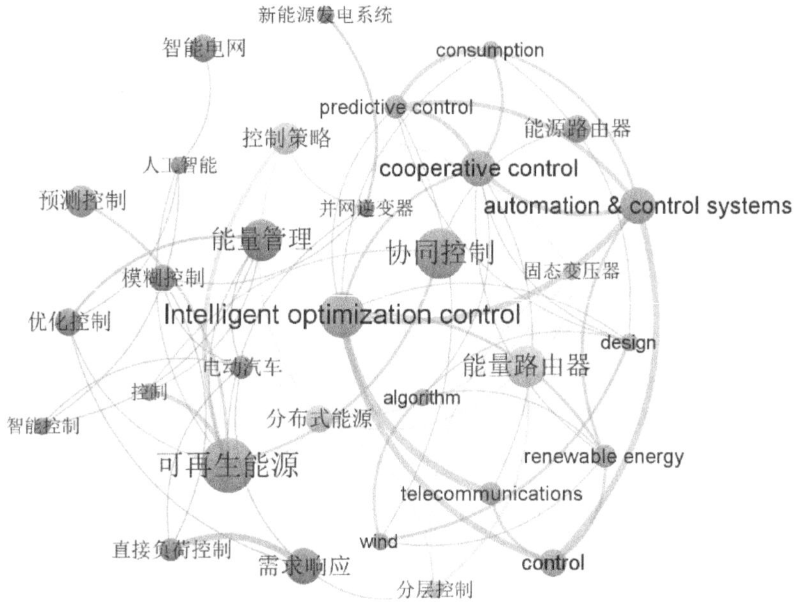

图 1.8　控制相关领域的聚类

1.5.1　多主体主动致稳控制

考虑信息网络在通信带宽和时延方面的限制，部分学者基于局部信息的分布式协同控制规律，从稳定性和安全性角度对多能源终端的信息能源系统的分布式协同控制进行了研究。2017 年，孙秋野团队研究了采取能量路由器的分布式协同控制策略，实现信息能源系统功率的优化调度和协调分配，同时使控制系统输出相角和频率偏差稳定在一定范围内，保证了网络的正常运行。然而，由于该策略并没有考虑通信、变延时等问题，面对实际工程中通信问题和更多的不确定因素而言，其实际应用的推广还有很大的距离。孙秋野在 2014 年较早提出并研究一种含有单相/单相可再生能源分布式发电系统的混合微电网结构及其在孤岛时的功率分担协同控制策略，但提出的解决方案需要额外安装功率分配单元（PSU）设备，这将会增加额外成本。进一步地，南京邮电大学窦春霞提出了一种基于多智能体系统的事件触发混合控制方法，并建立了 4 种差分混合 Petri 网控制机制来实现分层混合控制。考虑到信息能源系统之间的相互作用更加灵活和复杂，清华大学团队在 2019 年建立了集成电力和供热系统的准动态一体化模型。此外，中南大学团队通过研究信息能源系统的状态偏移率，通过分析策略选择最优运行模式，为充分利用热电联产的调节能力提供了一种有效的方法。

1.5.2 多层级能量互补控制

随着信息网络与能源网络的深度融合，数据处理能力向能源终端下沉，终端具备更强的与环境交互的能力，智能性逐步提升，这种变化使得信息能源终端的智能优化控制成为研究的热点。一般使用模糊逻辑方法、转化为优化的动态规划方法、滑模控制方法、PID 方法等协同管理多种互补能源和多层级能源，可以提高能源利用率，保证用能可靠性，提升用户满意度，解决能源可持续供应以及环境污染等问题。然而，综合能源系统具有多元大数据、源荷双端不确定、时空多维耦合等特征，亟需理论方法和关键技术的突破。对于综合能源系统，许多文章运用智能能源枢纽（Smart Energy Hub，SEH）、多能载波（Multi-Energy Carrier，MEC）、热电联产及冷热电三联产（Combined Cooling，Heating and Power，CCHP）的概念协调优化多种能源以实现经济性和社会性目标。

随着能源互联网的发展，综合能源系统中通信基础设施建设不断完善，信息网络日趋复杂，使得综合能源系统演变为典型的信息物理系统。信息能源系统中不仅存在电、气、热等多种能源形式的耦合，还存在能源网络和信息网络的耦合。信息网络中状态感知、数据传输、优化决策、指令执行的闭环过程中的任何一个环节出现问题都将会对能源网络的安全稳定运行产生不良影响。

从功能层面划分，信息能源系统可分为能源层、传输层和信息层。能源层负责电、热、气网能量流的传输与转换，此外还承担着能源网络实时运行数据的采集和控制指令执行的功能。能源网络的实时运行数据由远程控制终端（Remote Terminal Unit，RTU）的传感器采集后经上传通信信道上传至传输层中的通信子站（前置机），通信子站将信息转发至信息层的综合能源管理系统（控制中心），控制中心根据能源层实时运行状态做出优化决策指令并转发至通信子站，通信子站经下传通信信道再将指令发送至能源层的 RTU 执行器，实现控制指令的执行，更新能源层运行状态，从而实现状态感知—信息传输—优化决策—指令执行的整个闭环过程。为统一电、热、气网能量流模型的表达式，一般基于统一能路理论，将三个能源网络的能量流方程表示为统一的网络矩阵方程。然后，分别建立描述数据传输过程的传输层模型和描述控制中心优化决策过程的信息层模型，由此推导出信息能源系统的分层融合模型。

1.5.3 信息-物理交互的博弈控制

博弈论能够有效描述网络系统与外部环境的信息交互以及系统内部个体的耦合特性，根据网络系统控制与决策过程中涉及对象的差异化目标，分别建立关于其控制输入的收益函数，从全局的角度出发，解决系统内部的控制器设计和决策优化问题。例如，鲁棒控制可以建模为控制器和外部干扰两者间的零和博弈模型，并被广泛应用于外部干扰下控制器的设计；多智能体分布式优化以系统内部个体作为博弈的玩家，通过寻求纳什均衡策略，求解个体的最优控制输入，从而实现既定目标下系统的最优决策。博弈论为解决现代层级网络系统的决策和控制提供了强有力的理论支撑。

在物理层，实际物理系统动态行为大多可以建模为微分方程，由此，博弈论产生了一个重要的分支——微分对策。微分对策充分考虑物理层的动力学特点，是研究两个/多个玩家同时作用于一个由微分方程描述的动态系统，并最优化各自性能指标的理论。微分对策融合了博弈论和现代控制理论，是一个学科交叉的典范。它的本质是处理两个/多个玩家的最优控制问题。微分对策根据玩家之间关系的不同而衍生出多种类型，如零和微分对策、非零和微分对策、主从微分对策等，相应的成果广泛应用于经济、社会、工程等各个领域。例如，零和微分对策研究的是博弈中两个玩家支付函数之和为零的情况，既可用于玩家之间的对抗，也可用于研究系统内部控制器对不确定因素的对抗和抑制，被广泛应用于追逃、拦截等场景，以及鲁棒和最优控制等问题。

在信息层，大规模的网络系统中，信息的收集、交互、处理都对决策起着至关重要的作用。面向网络信息层的博弈需求是个体如何利用局部有限的信息做出合理的决策，从而使得群体智能涌现。在信息层，节点间往往存在资源共享、利益冲突的情形，倘若资源分配不协调、节点间不协作，则极有可能造成整体效益降低，甚至引发严重的干扰问题。博弈论为解决信息层的资源分配问题提供了强大的工具，催生出了大量的研究成果。其中，演化博弈论作为博弈论与生物学的交叉学科，模拟了生物感知环境并从中学习进化的过程，为解决大规模自组织网络系统中的资源分配问题提供了数学框架，解决了传统资源分配方案中信息量大、复杂度高的问题，同时保证了分配的公平性。此外，匹配博弈、讨价还价博弈、主从博弈等模型也被广泛地运用于解决通信资源的优化配置问题。例如，利用博弈论和合作控制方法解决风电场能源生产中的问题，使之能源生产效益最大化；利用分布式公式将不等式约束转化为可行的行动集，通过惩罚函数引入等式约束，并扩展到目标函数非凸或非光滑的实际情况，解决电力系统的经济调度问题；利用状态势博弈理论，设计分布式电力系统经济调度的一般方法，兼顾全网功率平衡约束与网络传输功率限制，同时实现主体间通信量极小化，因而具有较强的算法鲁棒性与实际应用价值。

现有研究结合多能源终端的分布式协同控制、信息能源终端的智能优化控制以及基于数据驱动的分布式能源预测控制等来实现信息物理系统的安全稳定运行。其中，美国工程院院士 G. Heydt 联合 3 位 IEEE Fellow 在国际权威刊物 *Proceedings of the IEEE*（99（1）：133-148）上指出“分布式多智能体协同控制方法是解决能源互联网相关问题的重要方向”。但在实现目标的过程中，还有一些困境问题和未来趋势有待深入和完善。例如，随着 5G 等先进通信技术的发展，大规模的问题不再受现有平台计算能力和问题计算复杂性的限制，可以实现在线优化控制。同时，随着信息与能源网络融合程度的加深，能源主体更具智慧和自主能力，多能源主体交互的网络变得更加复杂。因此，在此基础上如何全面地分析系统的稳定性并从理论上给出设计稳定控制系统的指导方法仍然值得深入研究。

1.6 信息能源系统的分层优化管理

研究信息能源系统的优化问题有助于发挥多能互补效应，保障系统高效安全运行。随着通信技术发展，信息能源耦合程度加深，如何适应通信技术发展带来的信息类型变化、信息能源深度融合带来的能源主体变化，实现信息能源系统的优化运行成为国内外学者的研究热点。截至 2020 年 8 月，检索到相关论文 1185 篇。如图 1.9 所示，核心关键词“优化运行”和“multi-energy systems”相互结合，表明此研究方向得到了众多学者的关注。早期通信网络低带宽、高延时限制了系统数据传输和处理的能力，针对少量的静态能流数据，“混合整数线性规划”是较为常用的方法。随着通信技术向高带宽、低延时的发展，可再生能源接入和电动汽车的随机充电行为所产生的实时数据可以被挖掘和利用，关键词“不确定性”“uncertainty”成为研究热点。信息网络和能源网络的深度融合赋予了能源终端更高的智能性，“能源枢纽”“energy hub”等成为优化研究领域的关注热点。对综合能源网络的优化运行进行初步研究可以追溯到 2004 年，以包含可逆供热模式的绿色供暖系统为背景，基于电热耦合多能网络的静态能流信息研究，以及后来的基于风力发电的实时信息，研究区间优化的电-气耦合网络优化运行策略，这些研究均获得了广泛关注。

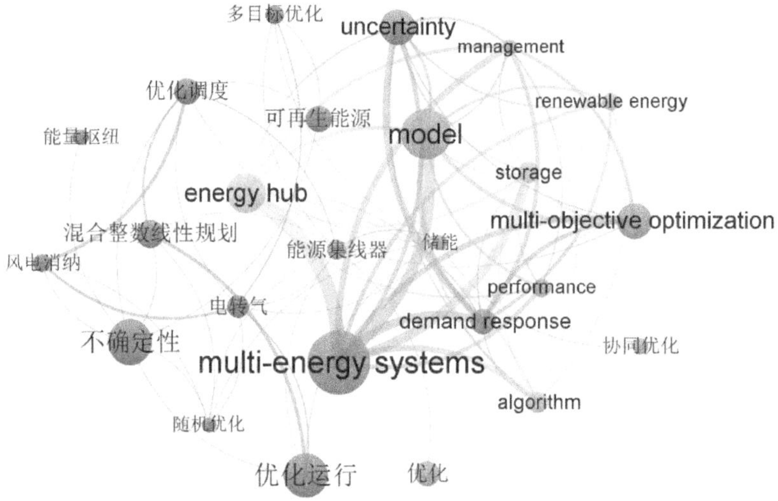

图 1.9 优化相关领域的聚类

上述分析结果表明，随着信息技术的发展，信息类型实现了从静态能流数据到实时动态数据的转变，这种转变驱动了优化从日前优化转向更实时的优化。然而，信息不仅体现在数据上，还体现在信息能源深度融合下终端能源的智慧性和自主能力，从论文的关键词可以看出，在这类信息驱动下，能源网络实现了从传统终端能源到智慧能源枢纽的变革。随着能源主体智慧性和自主性的提升，能源的交互不再是自上而下的模式，而是自下而上的。相应地，优化研究也从集中式优化逐渐转向分布式优化。针对信息能源系统的优化研究，国内外学者基于信息类型变化和终端能源发展，从静态能流信息、实时动态信息和新型信息能源耦合主体的角度入手，对能源网络优化运行进行了研究。

1.6.1 基于集中式管理的优化运行

集中式能源，亦称“中央能源供应系统”，即通过集中优化配置资源的方式，实现能源的综合利用。部分学者从经济性、安全性和环保性等角度对能源网络的优化进行了研究。信息能源系统的运行优化是指在系统运行过程中以运行成本最小化、降低污染物排放等为目标，综合考虑热、冷、电、气等多种能源介质的物理特性，对多种能源进行统一调配和管理，通过多能互补实现能源的高效利用。运行优化对保障信息能源系统的安全与高效运行有着重要作用。

1. 负荷预测

用户侧对不同类型能源的需求决定了能源供应端应供应多少能量、储存多少能量。而用户负荷将受到各方面因素的影响而产生许多波动，如天气因素、电价因素、政策因素等。因此，对用户负荷的准确预测是制定能源系统调度方案的先行条件之一，利用神经网络等算法，根据历史数据、气象数据、运行属性等相关因素建立负荷预测模型，从而提供较高精度的负荷预测数据。

2. 优化模型分析

对能源系统各个设备建立数学模型，将抽象问题转化为具体的数学、物理关系，简化了问题的复杂程度。根据能源系统的结构划分，需要建立 4 类模型：能源供应端设备出力模型，如光伏、风力发电功率模型等；能量转换设备模型，如电转气设备模型、电锅炉设备模型等；能量储存装置模型；能量输配动态模型，如热力网输配热损耗和延迟模型等。

3. 目标函数及约束条件设置

多能系统的调度优化模型本质上是一个多目标的优化问题，根据调度的最终目的不同，可以设置不同的目标函数，例如，运行成本最小化、环境效益最大化（碳排放量最小）、可再生资源占比最高、弃风弃光量最小等。系统实际运行过程中，设备本身存在许多约束条件，主要分为等式约束和不等式约束。等式约束主要指电力平衡、天然气平衡、热量平衡；不等式约束主要指 CHP 机组、热泵等设备热出力的上下限，燃气轮机等设备的爬坡约束，网络传输能力约束等。

4. 求解方法

调度模型是一个涵盖了多种系统优化问题的多耦合模型，且多个目标函数之间存在着深度耦合或冲突。对于此类非线性、多目标复杂模型的求解，通常有两种方式：一是对于不同目标设置权重系数，将其转为多个单目标优化问题；二是将模型内存在的非线性部分分段线性化，进而采用合适的求解器进行求解。常用集中式优化建模及求解方法见表 1.4。

表 1.4 常用集中式优化建模及求解方法

类　型	解析模型	数学优化模型
构建模型的技术方法	数学表达式，微积分方程	线性/非线性规划、混合/纯整数规划、区间规划、随机规划、参数规划、神经网络、多智能、启发式算法等
构建模型的理论原则	建立设计变量和目标函数关系式，应用数学推导演绎求解函数最值	基于能源供需平衡、额定功率、资源容量、设备安全等确立变量间约束，以经济、能源、环保三方面为优化目标构建数学模型，通过计算机求解满足最优解的可行域解

1.6.2 基于分布式策略的优化运行

随着多种信息能源深度耦合，新型能源主体应运而生，能源主体中能源产消角色一体化的转变、智慧程度的提升，改变了能源系统自上而下的优化模式，使得优化具有显著的分布式特征。

1. 分布式热电联产系统优化

20 世纪 90 年代初，日本大阪大学的 K. Ito 首次提出了分布式热电联产系统的优化决策问题。21 世纪初，胡文斌借鉴其构建的过程能源系统三环结构模型，创造性地提出了分布式热电联产系统的能流结构模型，确立了系统优化设计的基本思想和主要任务。随后，江丽霞基于中国著名工程热物理学家吴仲华院士所提出的总能系统的理念，率先展开了对冷热电三联供系统的特性分析与优化设计相关研究工作。

（1）运行策略优化

作为一种多产联供系统，分布式热电联产系统的能量调控与运行管理十分复杂，其运行调控对系统综合效益的实现至关重要。围绕分布式热电联产系统运行策略优化，相关研究已突破“以热定电”“以电定热”的常规运行模式，通过赋以优化模型足够的自由度，实现了供需两侧的互动、耦合。同时，设备部分负荷特性的考虑，也使得优化结果更具可靠性。

（2）设备配置与运行策略协同优化

分布式热电联产系统的经济性、节能性和环保性优势，除了取决于系统的运行策略，受设备容量配置的影响也较大。设备的容量配置过大，不仅会使设备初投资过大，而且会导致系统长期低负荷运行；而设备容量配置过小，会存在能源供应不足的软肋，二者都不能充分发挥分布式能源系统高效用能的优势。针对上述问题，许多学者在综合考虑能源负荷动态变化的前提下，应用多目标规划、智能优化算法等方法对分布式热电联产系统的设备容量进行优化配置，显著提升了系统性能。但这些研究在确立系统优化配置的同时，忽略了集成设备运行策略的潜在影响。为实现分布式热电联产系统效益的最大化，设备配置和运行策略的协同优化尤为重要。分布式热电联产系统的优化范畴不断扩大，研究重点已从运行策略优化发展到设备配置与运行策略的协同优化。同时，优化方法不断创新，从早期的线性规划、混合整数线性规划，发展到粒子群算法、遗传算法等智能优化方法。

2. 多能互补分布式能源系统优化

与常规单体型分布式能源系统相比，耦合可再生能源和化石能源互补利用所构建的多能互补分布式能源的优化决策问题则更为复杂，其包含了从系统能流结构设计和设备类型选择、容量和数量配置到运行策略的整个优化过程。

（1）耦合可再生能源和化石能源的分布式能源系统优化

美国能源部劳伦斯·伯克利国家实验室在 21 世纪初率先展开相关研究，其所开发的能对可再生能源和传统化石能源进行耦合分析的分布式能源用户侧模型（DER-CAM）得益于其灵活的建模框架、卓越的优化功能以及全世界众多应用实例，被供认为是分布式能源系统经济优化的最佳工具。分布式能源系统中，耦合化石能源的可再生能源主要有太阳能、风能和地热能等。多能互补分布式能源系统在解决可再生能源供能不连续、缓解化石能源紧张和减少环境污染等方面具有巨大的优势。然而，目前多能互补分布式能源系统的优化研究工作中，对实际运行中可再生能源出力间歇性和随机性以及负荷需求的不稳定性的考虑较少。因此，加强可再生能源出力预测和需求侧负荷预测是今后的研究重点。

(2) 基于微电网的多能互补分布式能源系统优化

在多能互补分布式能源系统中，增加储能装置是解决可再生能源出力不连续、不稳定的有效措施。微电网是指由多种分布式电源、储能装置、能量转换装置、相关负荷和监控、保护装置汇集而成的新兴发配电系统。微电网不仅能消纳大量随机性和间歇性的可再生能源，还能在保证电能质量的前提下，满足区域内负荷需求。因此，微电网为多能互补分布式联供系统提供了一个易于调节的平台，在满足热（冷）负荷的情况下，更有效地分配和储存电能，进一步提高能源利用率。所以，基于微电网的多能互补联供技术具有重要的研究意义和广阔的应用前景；同时，在此基础上的系统优化研究成为当前的又一个研究热点。基于微电网的多能互补分布式能源系统优化研究的重点主要集中在运行调度方面，对于系统稳定性方面的研究较少。未来可进一步考虑微电网内部可再生能源引起的分布式电源出力的不确定性及其与储能之间的协调作用，充分挖掘互动耦合机制在协调管理方面的重要作用，确保多能互补分布式能源微电网的高效、稳定运行。

3. 区域型分布式能源系统优化

迄今为止，分布式能源系统的优化研究大多以楼宇型分布式能源为研究对象。即使是针对覆盖多个用户的区域型分布式能源系统，在优化建模过程中也大多沿用了供给侧能源垂直化管理的传统“中心”主义思维，即假设全部能源负荷集中于某一节点，通过集中能源站满足其用能需求。基于以上假定，系统优化研究的重点主要集中在原动机的配置、冷热电负荷平衡调节等方面，而未能充分考虑供给侧分布式能源设备和需求侧能源负荷在时空上的匹配和平衡。实际的区域型分布式能源系统大多建立在区域供热供冷系统基础之上。因此，针对区域型分布式能源系统的优化设计，有必要对供热供冷系统，包括冷热管网输送系统的特性进行深入研究，将其纳入整个大系统的优化过程。

芬兰 Jarmo Söderman 于 2006 年对系统进行一系列简化的前提下，首次尝试了分布式能源系统设备配置与区域供热供冷管网的集成优化。然而，该课题的研究需要集成运用工程热力学、传热学、流体力学、能源经济学、系统工程、管理运筹学等多个学科的理论知识体系，近 10 年来，国内外在该研究方向的进展相对缓慢。伦敦帝国理工学院城市能源系统项目主任 Shah 教授课题组是该领域较为活跃的研究团队之一，其所开发的 DESDOP 模型通过对集中式能源站与楼宇型分布式能源的耦合解析，实现了分布式能源技术选型与区域供热供冷管网布局的集成优化作为分布式能源利用的新思路、新模式，分布式能源的网络化应用也引起了国内学者的广泛关注。对于分布式能源系统与区域能源系统的集成与耦合，目前国内外相关研究大多停留在概念叙述的大框架层面；关于系统的优化也是浅尝辄止，尚缺乏深入细化的方法论研究。

1.6.3 基于人工智能的优化运行

人工智能于 20 世纪 50 年代中期被首次提出，由于最早受软硬件应用的技术局限性，限制了其发展，但随着大规模并行计算、大数据、深度学习算法和人脑芯片技术的发展，在近 30 年里取得了飞速的进步，被广泛应用于计算机科学、经济贸易、机器人控制、通信、医学等领域，并取得了丰硕的成果。在信息化、智能化的全面推进下，人工智能技术在能源系统中也得到了充分的应用。

随着社会的发展和技术的进步，能源的结构从单一传统能源向多源清洁能源转变。而未来分布式电源的大规模接入的不确定性、不同类型的能源终端相互耦合以及多种能源的时空不同步特征使能源系统的结构趋向复杂和灵活。同时伴随我国市场经济的深入发展及智能电网的兴起，能源市场交易方式的变革是其发展的必然产物。在此情况下，能源系统呈现出复杂非线性、不确定性、时空差异性等特点，使传统分析方法在能源系统的调度、规划、交易方式等方面面临诸多挑战。以先进的传感器技术和计算机技术作为支撑的人工智能技术可能会改变传统的分析方法，形成一种更为灵活和自主的新模式，有助于促进现代能源系统安全、经济和可靠地发展。人工智能将是解决这一类控制与决策问题的有力措施之一。例如，可采用深度学习方法，辅助区间状态预测来提高能源互联网网络安全性；也可以采用生成式对抗网络方法对自能源系统进行非侵入式建模，提高系统的预测精度。

1. 基于源荷不确定性预测的运行优化

信息能源系统的源荷不确定性给系统的运行优化工作带来诸多困难，通过预测可再生能源和用能负荷的变化趋势可辅助制定系统最佳运行策略。通过给出针对源荷端不确定变量的预测结果，可建立信息能源系统的优化调度模型。

（1）时间序列预测

在信息能源系统运行过程中，被采集的源荷端不确定变量的数据通常为时间序列，可采用自回归的方式通过寻找变量自身历史数据中的变化规律来预测变量的未来变化趋势。针对光伏系统输出功率预测问题，采用深度长短期记忆（Long Short-term Memory，LSTM）模型挖掘时间序列中隐含特征以提高预测精度。另外，针对原始序列，首先进行小波变换将其分解为多个频率序列，再采用深度卷积神经网络（Artificial Neural Networks，ANNs）对每一序列进行建模。时间序列预测模型能够很好地描述数据本身的非线性关系，虽然其预测精度通常能够满足应用需求，但此类模型的可解释性偏低，限制了其在实际工程中的应用。

（2）多因素预测

多因素预测不同于时间序列预测中寻找变量自身变化规律的方式，而是通过建立其他系统变量与被预测变量之间的数学模型对变量进行预测。针对风电机组的预测问题，如以风速、风向和预测功率为特征变量，建立了在不同风向条件下风速-风电功率预测误差的联合概率密度分布模型。此类模型相较于时间序列预测提高了其可解释性，但由于所建模型仍为黑箱模型，可解释性要低于机理模型。

上述方法均是在对能源介质预测的基础上建立优化调度模型，然而数据驱动预测模型的建立依赖于大量与系统运行相关的历史数据，由于模型准确度不高等，预测结果不可避免地会带来误差，这种误差可能会对优化过程带来不利影响。

2. 基于自学习的运行优化

自学习是能源系统运行优化的一个重要研究方向，利用大量训练数据使得模型获得自主学习最优策略的能力。强化学习（Reinforcement Learning，RL）属于机器学习中一个重要的研究领域，与有监督和无监督学习相比，该方法基于定义的状态（State）执行动作（Action），通过在动态环境中“自主”地学习动作策略达到预期收益最大化的目的。由于 RL 方法中无须考虑优化过程的复杂约束条件，在含有可再生能源的智能微电网调度方面的应用较为广泛。此外，深度学习（Deep Learning，DL）与 RL 相结合的方法同样广泛应用于智能微电网优化调度中。

RL 方法大多应用于智能微电网的优化调度中，在多能耦合的信息能源系统中应用尚处于探索阶段。由于现有 RL 方法中通常采用相对简单的函数近似器，无法处理复杂任务，大多数此类方法被用于具有简单状态转移过程的优化场景，如电储能过程等，而对于信息能源系统中具有缓慢变化特征的气热耦合动态过程优化的研究较少。

1.6.4 以碳中和、经济和安全等为目标的交易优化运行

作为能源终端的用户侧是信息能源网络的重要环节，如何利用先进的信息技术以及能源市场机制实现用户侧的能源管理效力，进一步提高能源网络的灵活性是一个重要的研究方向。截至 2020 年 8 月，检索到相关论文 840 篇。如图 1.10 所示，核心关键词“需求侧管理”与“能源市场”相互结合，表明此研究方向得到了众多学者的关注。而从研究对象的角度来看，由于对象模型以及对系统影响的差异性，关键词“需求侧”“分布式电源”“综合能源系统”“Energy Internet”等成为关注热点。李晖在 2004 年提出了考虑用户满意度的需求侧管理价格决策模型，较早地将能源市场与用户管理进行结合。而 Alex Q. Huang 等在 2011 年提出能源互联网概念，并提出通过信息与电力电子技术结合、能量双向流动等手段提高用户在能源网络中的参与度，获得了能源互联网领域研究者的广泛关注。

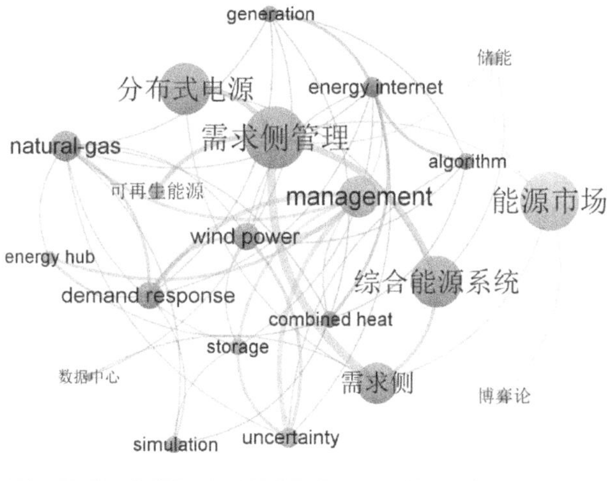

图 1.10 管理相关领域的聚类

随着信息技术的发展以及与能源系统的结合，能源系统优化管理也整体呈现出扁平化的趋势，用户在能源市场中的参与度大大提升，信息技术的发展推进了相应的变革。高速低时延的通信技术是需求侧大规模参与能源管理

的基础；大数据技术为用户行为驱动的优化管理提供了相应的数据支持；同时，边缘计算、云计算等技术降低了用户参与所需的信息处理成本。在多种先进信息技术的支持下，能源系统管理模式从过去的市场集中管理发展为用户行为驱动主导，管理方式由集中式发展向分布式过渡，对应研究的能源系统逐渐从大电网发展到分布式电网，进而发展为多能耦合的信息能源系统。针对优化管理的研究，众多科研人员对不同类型的能源系统模型以及不同的能源市场进行对比，根据研究对象差异与能源变革的发展趋势，可以分为直接需求侧、分布式电源以及综合能源系统三类。

1. 交易市场与评价指标

交易市场是气候与能源资源配置的高效手段，全球越来越多国家积极发展电力市场与碳市场。在电力市场方面，由交易中心组织发电企业、用电企业等交易主体开展电能的中长期与现货交易，平衡电能供需；并与电网企业开展输电权交易、辅助服务交易，实现电能配置和电力系统稳定运行；由金融机构提供衍生品交易，增强市场活力；总体实现电能的安全经济高效配置目标。仅用单一指标来评价具有一定的片面性，因此，多指标的综合评价方法被广泛应用。通过客观、多元的综合评价，将系统设计和运行优化进行量化，对于提高能源站的经济效益以及优化能源结构具有重大的现实意义。系统的评价主要包括技术、经济、环保几个方面。

技术性评价指标主要包括能源综合利用率、节能率、热电比等，可以比较不同类型、不同运行策略的燃气冷热电分布式能源系统，基于热力学第一、第二定律，分析系统的能耗、火用损、余热利用情况等方面的信息。能源综合利用率是衡量系统利用燃气发电及发电后余热有效利用情况的指标；节能率是以常规系统或“分供”系统为基准，分析分布式能源系统的节能效果；热电比则反映了余热利用程度，在一定的发电效率下，热电比越高，总热效率越高，热损失越小，余热利用程度越高。

经济性评价是决定项目能否实施的关键因素，其评价指标主要包括项目初投资、回收年限、运行费用、年运行时间等。项目初投资包括建筑工程费、设备购置费、安装工程费等。回收年限是项目投产后获得的收益总额达到该项目投入的投资总额所需要的时间。运行费用包括燃气等能源费（含水消耗等）、设备和设施折旧费、维护管理费（含人员工资、各项税收、材料和工具费等）。运行时间的长短与能源站的年收益密切相关，应对能源站的每台发电装置进行年运行小时的核算。

环保性评价主要是指在大气污染物排放和噪声方面的监控。对于以天然气为原料的分布式电站，SO_2和固体废弃物排放几乎为零，其中，大气污染物主要是指 CO_2 和 NO_x。大气污染物减排量是指在取得同等供电供热量情况下，与基准系统相比减少的污染物排放量。根据 GB 12348—2008《工业企业厂界环境噪声排放标准》规定，昼间等效声级不高于 65dB(A)，夜间不高于 55dB(A)。除此之外，废水、废热的排放也须按照当地有关政府部门规定进行正确处理。在碳市场方面，政府确定碳排放权额度，并以拍卖或免费配发的方式分配给排放企业，企业根据自身排放需求在交易中心买卖碳排放权，一定时期内由监管机构核查企业排放情况，对未达标企业进行惩罚，从而实现碳减排目标。

2. 直接需求侧管理与市场调节

大数据技术的推进与应用为能源系统提供了更精准的用户行为画像。部分研究从需求侧的角度出发，探讨对基于用户行为的直接调节会对大型电力网络的市场与运行产生的影响。薛禹胜等在 2007 年讨论了可中断负荷市场的经济补偿模型及报价清算规则，并且对可中断负荷的市场引导方式进行了分类分析，但用户在能源市场中的功能较为单一。在此基础上，卢强等在 2014 年讨论了市场与用户之间的关系，梳理了博弈论在需求侧管理中的应用，推进了博弈论在能源市场中的应用。

3. 分布式电网的能源市场与用户管理

随着新能源的开发以及低延时通信技术的发展，越来越多的研究开始关注于在新能源参与下，能源供给与需求呈现分布式时的能源市场与用户行为管理。主要体现在通过提高微网中用户深度参与市场交易的方式，并在奖惩机制上与博弈方式上有了进一步提升。例如，利用市场竞价策略来实现需求侧管理；在考虑动态能源价格和用户满意度的情况下讨论含风电的电力系统优化调度，将发电资源与负荷资源共同进行协调来实现对风能的消纳；基于多智能体的微电网群内电力市场交易策略，通过使用单纯形法和博弈论纳什均衡解来确定最优售电方案，再通过求解需求侧最优购电模型来确定最优购电方案。

4. 综合能源系统的能源市场与用户管理

在诸如 5G、云计算等先进信息技术的支撑下，不同能源网络结合得越来越紧密，更多的研究专注于分析在多能耦合的网络中能源市场的变化以及如何进一步提高用户参与度。例如，Henrik Lund 等在 2006 年首次在信息能源系统中利用区域能源市场进行调度与需求侧管理，文章从区域监管机制的角度出发，利用相应机制驱动用户行为；并且多角度分析了增加系统灵活性的方法，最终给出了一种利用 CHP 对风力发电进行消纳的方式。基于此，有学者建立了针对小规模冷-热-电系统的矩阵优化模型，为基于市场的信息能源系统需求侧管理提供模型基础；考虑多种不确定性的信息能源系统投资评价方式，利用数据分析了用户行为对投资价值的影响；探究信息能源系统特性，提出针对多时间尺度多能量形式的调度策略，利用能源特性与动态市场机制驱动用户行为实现最优调度。

从上述分析中可以看到，基于先进信息技术，现有研究中用户侧更加积极地与市场侧联动实现优化管理，同时用户参与的能源也从单一电能扩展到了综合能源系统。

1.7 本章总结

本章在“双碳”背景下，首先介绍了国际和国内的能源发展战略，“双碳”目标、面临的挑战以及实现路径，引入信息能源系统的概念；其次针对信息能源系统，运用知识图谱的方法，对 CNKI 和 WoS 所载 2000—2020 年文献进行计量分析，获取研究热点分布，并深入挖掘“信息”和“能源”的内在联系和潜在趋势。在当前的研究中，依托于我国在能源领域较为领先的研究基础，在以清洁、环保为目标的能源转型的迫切需求以及互联网良好的发展生态的背景下，以“信息”驱动“能源”的研究在信息能源系统的感知建模与特性分析、分布式协同控制、分层优化管理等多个层面都取得了较大的进展，同时，信息能源深度耦合的影响研究也获得了诸多关注。在包含泛在感知、数据中心、边缘计算等技术在内的新基建大力推进下，以清洁、高效、经济、智慧的能源系统支撑能源需求高速增长的信息系统的发展，并通过信息能源系统的耦合，实现对能源数据价值的充分挖掘显得尤为重要。信息与能源的深度融合将有效提高能源系统的安全高效经济运行能力，增强系统对可再生能源的接纳能力，提高用户的参与程度，加强能源系统的灵活性和扩展性，推动未来能源系统的高速发展，从而推动实现“双碳”目标。

第 2 章
信息能源系统数据处理

2.1 引言

在实现“碳中和”目标过程中，智能传感器及数字化通信传输技术的广泛应用，使得信息能源系统实现了电、气、冷、热等多种能源形式的互补融合，与此同时丰富的数字资源确保了分布式能源设备与能源消费侧多元主体的广泛参与。为了能够保证对碳排放有关的运行数据进行收集和管理，能源系统内以智能电表、能量管理终端为代表的新型终端设备投入应用，并且随着光纤通信和5G移动通信的高速发展，实现了高级感知、量测、传输及控制的全面信息连接，奠定了系统能耗减排的海量数据分析基础。然而现有数据分析体系大多面向特定运行场景及单一能源系统构建，相互之间缺少数据的协同和共享，数据分析壁垒和信息处理孤岛等问题突出；与外部环境变量的交互缺少有效途径，导致系统内庞大的数据量与连接的价值没有得到充分的挖掘；同时独立冗余的数据分析体系也耗费了大量计算资源，无法实现效率最大化。对于信息能源系统数据处理而言，既要实现系统内物理能源与信息数据的有机融合，又要实现系统不同运行变量间的协调交互；既要保证采集数据的可靠性与安全性，又要以统一共享的形态支撑全方位数据处理，由此带来了多方面挑战。

2.1.1 信息能源系统数据特征

信息能源系统数据是系统运行过程中以编码形式进行实时记录的变量数据，其特征符合大数据的4V显著特征，即量（Volume）、类（Variety）、速（Velocity）、值（Value）。“量”是指运行数据的维度及容量都足够大；“类”是指采集数据的种类呈现多源多态特性；“速”是指数据处理的实时性要求高；“值”是指存储的运行数据价值密度相对较低。在大规模全天候不间断的采集过程中，大部分数据为平稳运行数据，仅有少量数据存在异常情况，通过关联数据的挖掘、分析和提取，可以获得满足需求的高价值信息。

由于物理域、信息域相互耦合，数据的复杂性反映在多时间尺度上，动态过程包括毫秒（电磁）、秒（机电）、分钟（燃气）、小时（冷热）多个时间尺度；此外系统能源供给、存储、转换和消费都在不同终端完成，分布距离跨越从米到千米的多个空间尺度。在多时空尺度基础上，信息能源系统的数据特征总结归纳如下。

（1）开放交互的一体化耦合

在能源系统转型过程中，多能互补是实现系统脱碳的主要途径之一。信息能源系统中包含多种类型的电-热、电-气、气-热等异质能源耦合转换设备、传输网络（电网、供热网络、天然气网络），环境温度、大气压力、太阳辐照等外部条件会直接影响设备内部、设备之间、管网内部、管网之间的能流转换及传输的工况运行。多能流运行的多时间尺度、多主体利益、多目标约束特点，使得大规模海量异构能源主体的能量流和信息流互联互动更加紧密。在此基础上，遍布于整个系统的各种类型传感装置和智能终端，能够实时获取源端主体（如CCHP等）、中间主体（如P2G等）、终端主体（如水泵等）的多工况场景运行数据。由于所采集到的异构数据间状态参数形式各异且相互影响，因此数据特征表现出开放交互的一体化深度耦合特点。

（2）数据计算的边缘化

在清洁能源主导的系统控制及优化任务需求日益复杂、规模日益扩大的情况下，信息能源系统为实现海量数据的实时处理，将传统的复杂系统集中调控的辨识、感知、控制、协调等大部分功能转移到边缘终端，借助通信网络，通过边缘、边边、云边等多层级控制协同，保障复杂系统的自适应安全高效运行。其具体实施过程如下：利用边缘计算易于部署、实时性好及可靠性高的特点，根据5G时代云端算力下沉、终端算力上移的技术形态，在云端完成统一计划、规划、调度、决策、控制后，将部分任务放置在以能源主体为核心的边缘终端，对数据进行动态协作处理。在充分利用能源主体边缘算力的基础上，可以避免所有终端数据直接发往云端，导致通信成本和云端计算负担成倍增加。通过网络交互信息，在计算和存储资源约束下，可以实现复杂优化/学习与就地控制的有机集成，从而实现就近服务。由此可知，边缘化已成为信息物理系统数据计算的典型特征。

（3）数据感知的不确定性

不确定性一直是信息能源系统低碳/零碳运行过程中需要时刻面对的难点问题。在大规模感知互联的框架下，电-气-冷-热异构系统内源-网-荷-储的全面深度感知是系统显著特征之一。由于源侧可再生能源及荷侧用户负荷的高度不确定性，信息能源系统难以准确获取和预测下一时刻及后续数据变化情况。此外，在全域、多类型、多能源主体的互动场景中，为实现系统低碳高效的清洁能源运行目标，不仅需要分析外部环境的自然因素和随机用户行为带来的内生不确定性，还需要考虑低成本运行过程中，不同供能侧和用户侧的耦合主体带来的外生不确定性。这种多来源的不确定性会使得系统数据感知结果的不确定性大大增加；进一步，由于信息与能源系统的深度融合，大量传感装置的采集环节失效、网络通信传输堵塞及人为蓄意攻击等情况都会使得系统产生数据拥塞、延时及连锁故障，导致采集的数据不可靠，增加感知过程中数据的不确定性。综上可知，不确定性在数据特征中表现得尤为明显。

2.1.2 数据处理分类与基本方法

随着数据量测设备不断普及、数据处理技术不断提升，针对系统不确定性愈发凸显以及系统控制逻辑与参数模型不断复杂的情况，以数据处理为核心的基础性研究得到快速发展并显示出蓬勃的趋势。在总结归纳现有文献的研究对象选择及数据处理方法的基础上，信息物理系统数据处理可以主要归纳为以下 4 类。

(1) 数据清洗

数据清洗是通过填充缺失值、去除噪声数据等方法，解决采集数据不一致的问题。通过利用数据统计特征来进行缺失数据的填充，是目前缺失数据填充领域中研究得最深入、最广泛的方法，其中，均值填充、回归填充、最近距离填充和 EM 算法填充等方法均可得到单一数据补偿结果。均值填充法是用所研究数据属性（或变量）的已观测数据均值作为缺失值的替代值；回归填充是利用变量之间的关系建立回归模型，对于包含缺失值的变量，通过建立缺失项对观测项的回归方程，利用该方程得到的预测值来填补缺失值；最近距离填充法是通过选取没有缺失数据的变量作为辅助变量，利用自定义函数，得到缺失变量最近的无缺失变量的对应值作为填充值。EM 算法，也称为期望值最大化法，是由极大似然估计方法演化而来的，通过迭代计算得到的缺失数据条件期望值来代替缺失值。

此外，为了更好地体现缺失数据的不确定性及变量间关系，多重填充方法采用多次缺失值填充方式，综合分析得到统计推断结果，完成最终的参数估计。常用的多重填充方法有：①针对连续型变量的倾向得分法。该方法首先给予观测协变量特定的条件概率，然后用目标变量缺失值产生的倾向得分来表示采集数据缺失概率，并根据倾向得分对采集数据进行分组，最后对每一组数据应用近似贝叶斯自助法填充。②针对离散型变量的回归预测法。该方法以完备数据的变量和缺失数据关联的变量作为辅助变量，在建立回归模型的基础上，实现多变量的多重填充。③在任意缺失模式下的马尔可夫链蒙特卡罗方法。该方法先通过EM算法得到初步填充值，然后再根据数据扩增算法实现缺失值填充。

机器学习方法由于其广泛的应用场合及较好的数据拟合效果，近年来被普遍关注。其中，决策树填充、随机森林填充、支持向量机填充和深度神经网络是常见的填充方法。决策树填充是在建立决策树模型的基础上，将含有缺失数据的样本代入决策树模型，进而得到相应的插补结果。随机森林填充、支持向量机填充的步骤与决策树填充类似。深度神经网络方法是将除缺失数据以外的其余变量作为神经网络输入，将缺失数据作为输出，当神经网络训练完成后，通过输入对应的数据即可完成缺失值填充。

去除噪声数据是将混杂在数据信号中的干扰噪声过滤掉，还原采集数据信息。回归法是用一个函数拟合数据来光滑数据，用回归得到的函数值替代原始数据，从而避免噪声数据的干扰。均值平滑法是对具有序列特征的变量，用相邻数据的均值来替换原始含噪声的数据，对于具有正弦时序特征的数据具有很好的效果。此外快速傅里叶变换去噪、小波去噪、自适应去噪、经验模态分解等自适应滤波方法也得到了广泛应用。其本质是函数逼近问题，通过衡量标准找到对原始数据信号的“最优”逼近，区别原信号与噪声信号特征，然后通过特征提取与相应滤波处理即可得到去除噪声的数据信号。

（2）数据聚类/分类

数据聚类/分类是将具有相似特性的数据进行整体性分析，从而满足后续数据特性分析的需求。聚类/分类的目标均为实现“类内相似性，类间排他性”，因此欧几里得距离、曼哈顿距离、余弦相似度、二值/多值变量的汉明距离等不同距离计算，可以实现度量不同数据间的相似性。基于此，数据聚类算法可划分为传统聚类、智能聚类及大数据聚类三种不同算法。传统聚类主要以划分聚类和层次聚类为主。划分聚类是在创建初始划分的基础上，通过样本在类别间的迭代移动来改变聚类簇，最终通过设置的准则结束移动，完成聚类，其代表性算法是K-means、混合密度聚类、图聚类及模糊聚类等。此外，基于密度的划分聚类方法是将数据集看作低密度区域隔开的若干个高密度簇的集合，代表性算法有DBSCAN、OPTICAL及DBCLASD等。层次聚类是通过相似性或距离，将数据自底向上或自顶向下进行分层划分，从而得到分层的树形结构，其代表性算法有 BIRCH、CURE、ROCK 及 Chameleon 等。典型智能聚类有通过网格搜索和随机搜索调节参数的人工神经网络聚类、非线性映射核函数映射聚类、时间序列/时空轨迹聚类以及基于复杂网络的启发式/社区结构聚类。此外，针对大数据聚类需求，分布式聚类、并行聚类以及高维聚类成为处理计算复杂度和计算成本、可扩展性和速度之间关系的解决方案。分布式聚类主要是使用 MapReduce 框架实现聚类，其代表性算法有 PK-Means、MR-DBSCAN 等。并行聚类则对数据进行划分，并将其分布在不同的机器上，这使得单一机器上的聚类速度加快，具备可扩展性，其代表性算法有 DBDC、ParMETIS、G-DBSCAN 以及 G-OPTICS 等。高维聚类是先将数据进行降维处理，进而在特征子集中实现数据聚类，其代表性算法有 CLIQUE、ENCLUS、ORCLUS、FINDIT 以及 Bi-clustering 等。

数据分类通常包含两步，第一步是通过已有标签的数据集来构造和训练模型，进而采用训练好的模型对未知标签的数据进行分类。经典的分类算法主要有决策树、朴素贝叶斯、支持向量机以及神经网络算法等。决策树算法是通过从一系列无规则、无顺序的样本数据信息中推理出“树”型结构来进行预测的分类规则，代表性算法有 ID3、C4.5 及 CART 等。朴素贝叶斯算法是基于贝叶斯公式，通过训练获得类别总体的概率分布和各类样本的概率分布函数。支持向量机是通过寻找满足分类条件的最优超平面，使得其将两类甚至多类样本分开，代表性算法有选块算法、分解算法及模糊支持向量机算法等。神经网络算法则是在学习阶段通过调整连接权重，得到能够使得最终输出值与真实值接近的模型，训练完毕后对输入信息进行动态响应，进而从输出端得到分类结果，其代表性算法有 BP 神经网络、RBF 神经网络、自组织特征映射神经网络以及学习矢量化神经网络等。进一步针对不平衡数据分类，通过代价敏感法、单类学习法、集成学习法对分类算法进行改进，从而提高分类精度。基于代价敏感法的数据分类是以代价敏感理论为基础，关注错误代价较高类别的样本，并且以分类错误总代价最低为优化目标，相关算法有代价敏感直接学习和代价敏感元学习。基于单类学习的数据分类是只对多数类样本进行训练，形成一个针对该类别的数据模型，代表性算法有单类支持向量机、支持向量数据描述等。集成学习法是将多个基础分类器分类结果按设定的方式集成来提升分类器的泛化性能，其代表性算法有 Bagging、Boosting 等。

(3) 数据生成

数据生成是通过借助辅助数据或者辅助信息，对原有小样本数据集进行数据扩充，以增加数据的多样性。最基本的数据生成方法是增加噪声。在已有少量数据中，在不影响数据整体性质和标签信息情况下，对不同数据的取值随机地添加一定的噪声来生成新的数据，且最常被用来添加的噪声是高斯噪声。此外，还有随机过采样方法，即通过随机复制小样本数据，单纯地使数据集内不同类型的样本比例达到相对平衡。SMOTE 方法是经典的数据生成方法，其基本思想是在每一个小样本数据和其 K 邻近的小样本数据之间随机地生成一个新的样本，并且后续提出了如 Borderline-SMOTE、N-SMOTE 等一系列改进算法。考虑数据的整体分布信息，RACOG、wRACOG 及分布随机过采样方法保证了数据生成后联合概率分布情况。高斯混合模型通过多个高斯分布函数的组合，对已有小样本数据分布进行拟合，进而通过拟合函数得到所需的小样本数据。MAHAKIL 方法按照半监督的原理生成数据，计算每一个小样本数据和小样本中心的马氏距离，并按距离大小排序，通过迭代生成所需的样本数量。同时，为了减少噪声并提升生成样本的多样性，基于进化算法的数据生成是在选择合适小样本数据基础上，通过选择、交叉、变异等操作在问题空间寻找最优解，进而得到新的样本，代表性算法有 ECO-Ensemble。进一步地，深度神经网络也应用于数据生成。其思想是通过深度神经网络提取数据特征作为基本特征，学习隐编码空间与数据生成空间的特征映射，进而在基本特征上加入一部分伪特征，在输出端重构产生新的样本。该类方法可以通过伪特征的加入增加样本的多样性，其代表性算法有自编码器、生成对抗网络等。

(4) 数据决策

在获取完备数据情况下，为实现后续控制及优化需求，非侵入式检测通过事件检测、特征提取、设备辨识等步骤实现运行状态的准确感知。事件检测是通过一段时间内采集数据的变化情况，判断是否有事件发生。根据事件检测策略的不同，可以分为启发式、匹配滤波和概率模型三类不同的检测方法。启发式方法是基于简单的规则进行事件检测，通过与设定的阈值相比较，当变化值超过阈值时，即判定有事件发生。匹配滤波是指将特定的已知设备信号与采集的设备信号进行相关性分析，以检测对应的事件是否发生。基于概率模型的事件检测方法则通过事件发生前后的似然比测试进行判断，此外也可以采用基于序贯概率比检验的突变检测方法。针对特征提取步骤，可以细分为稳态特征、暂态特征和非传统特征三种不同情况。稳态特征是设备在各个稳定的工作状态下表现出来的特征，通过高斯混合模型、粒子滤波算法以及非负张量分解等方法分解得到功率、电压、电流等变化情况。暂态特征是指设备状态切换过程中采集的特征信息，也就是说，通过傅里叶变换、频谱分析、功率谱包络估计等变换技术，间接得到暂态变化过程中负荷功率变化、起动/停止设备电流波形等特征。非传统特征采用递归图分析、有限状态机及主成分分析等方式获得分解出的显著数据特征。设备辨识是实现非侵入式检测的最后一步，最终得到系统内设备运行情况。组合优化和模式识别是两类求解方法。组合优化是通过 0-1 化处理不同类型数据特征，在构建特征滤波器的基础上，将已有数据功率进行组合匹配，从而使得误差最小化。基于模式识别的方法则直接从已有数据集中学习设备的特征模式，进而完成对相关设备的辨识与分解。*K* 近邻算法、Adaboost 算法、稀疏编码等监督学习技术，*K*-means、DBSCAN 等聚类方法以及集成学习方法是常用的分解方法。其中，隐马尔可夫模型、图信号处理、深度学习方法由于其突出的性能而受到广泛关注，以长短期记忆网络、降噪自动编码、CNN、RNN 等神经网络为核心的深度学习方法通过大规模数据训练，增强了设备辨识的泛化性能。

2.2 信息能源系统多场景数据生成

2.2.1 数据生成的需求与关键问题

2.1 节介绍了碳中和转型过程中数据处理的分类以及基本方法，由于信息能源系统多时间尺度特性以及数据多元异构特性，它们都为其数据处理带来了不小的难度。不同于单一能源网络，在信息能源系统中，多种能源网络耦合使得系统出现能源运行机理不清、动态行为复杂等一系列问题。数据驱动的研究方法可以不依赖于精确的运行机理，而依靠大量数据及统计学知识发掘系统特征间规律，实现对系统的拟合、状态识别及预测。但是数据驱动方法对历史数据的依赖性较大，面对异常工况这类出现频率低、数据样本量小的情况，数据驱动方法将难以发挥作用，导致对异常工况识别准确性的降低。因此，生成不同运行场景的信息能源系统数据，解决运行数据样本数量小的问题，对信息能源系统数据处理的研究意义重大。

综合考虑信息能源系统的数据特征和多场景数据生成的任务目标，数据生成算法主要面对的问题有三个方面：一是数据量大，系统分布空间范围广；二是系统数据为多源异构数据；三是生成数据的场景多样性难以实现。只有在构建算法过程中充分考虑和解决上述三个问题，才能得到性能良好的信息能源系统多场景数据生成模型。

2.2.2 基于多网络混合协作的多场景数据生成方法

为了解决上述提到的三个问题，本节提出了一种基于多网络混合协作的生成对抗网络（mixed-GAN）结构。该结构具有强大的建模能力，可以学习原始数据的内在分布，而不会失去数据的多样性。传统生成对抗网络（Generative Adversarial Networks，GAN）需要同时构建并且训练两个模型：一个模型用来学习数据分布特征，称为生成模型，用 G 表示该模型；另一个模型是用来评估输入数据是来自训练数据集而不是来自生成模型 G 的输出的可能性，称为判别模型，在本节中用 D 来表示该模型。模型 G 的训练目标是使其生成的数据作为输入数据而让 D 无法判断来源，也就是使其无法区分输入是生成数据还是真实数据。整个训练目标的数学表达如下：

$$\min_{G}\max_{D}V(D,G)=E_{x\sim p_{\text{data}}(x)}[\log D(x)]+E_{z\sim p_z(z)}[\log(1-D(G(z)))] \tag{2.1}$$

式中，$x\sim p_{\text{data}}$和 $z\sim p_z$ 分别为真实数据分布和 G 输入的噪声分布；$G(\cdot)$和 $D(\cdot)$分别为 G 和 D 的输出。

然而，在传统生成对抗网络的训练方式下，生成器可以通过仅生成单一场景的数据就可以使判别器无法判断数据来源，而这种现象会造成模式塌陷，导致生成器生成的数据模式单一而不再多样化，偏离预期目标。为了让生成模型能更好地适应信息能源系统中数据的多源异构特性以及保证生成数据的多样性，本节提出了 mixed-GAN 相对于传统 GAN 进行的以下三点改进：

1）集成不同类型生成网络来生成多场景数据。需要注意的是，本方法是在不同类型生成网络混合协作的情况下生成数据，每个网络都可以共享其参数并且在每次迭代过程中寻找和更新全局最优参数，避免了梯度消失问题。

2）在迭代过程的执行中嵌入了能源子系统数据约束，促使每个生成的数据都能充分表达不同场景的特征和信息，从而为获得真实的生成数据并用于数据驱动的异常工况检测等数据处理奠定基础。

3）在生成模型的学习过程中引入了异构的参数更新机制，包括粒子群算法（Particle Swarm Optimization，PSO）和梯度下降算法。通过这种方式，基于多网络混合协作的多场景数据生成方法在训练过程中具有多样化的网络参数选择，扩大了参数搜索范围。

图 2.1 给出了 mixed-GAN 的网络结构。首先，利用多类型网络参数搜索方法寻找合适的参数，生成不同场景数据；然后，在数据评价准则中设计了数据时空约束和功率约束，以满足多场景工况数据在系统中的耦合要求。接着根据数据评价结果，选择最优参数并应用到 G 中，完成迭代过程。接下来，为了驱使 G 产生更好的异常工况数据，利用 D 来区分生成数据和原始数据。D 的损失函数对应公式为

$$L_D=-E_{x\sim p_{\text{data}}}[\log D(x)]-E_{z\sim p_z}[\log(1-D(G(x)))] \tag{2.2}$$

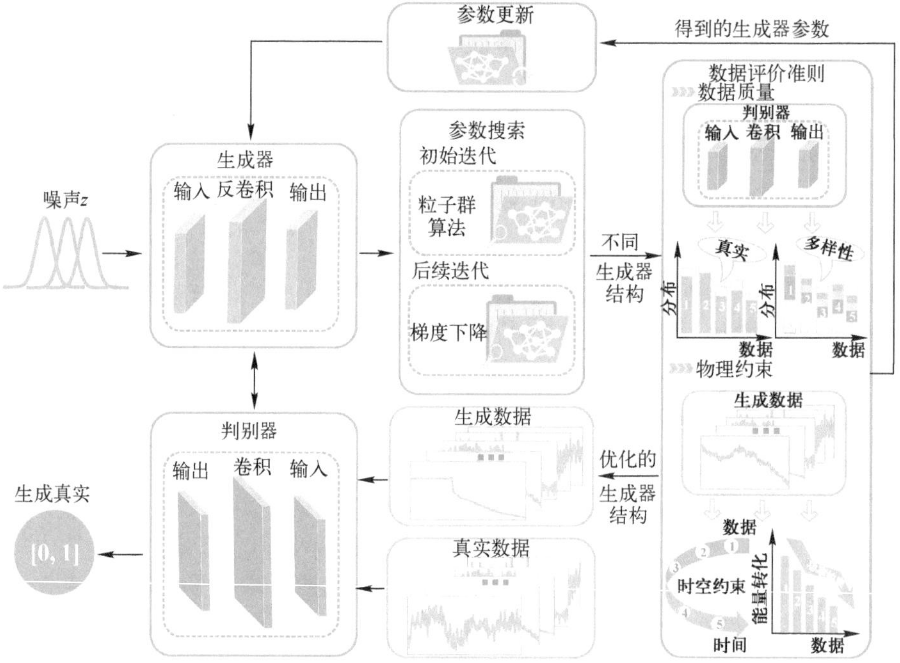

图 2.1 基于 mixed-GAN 的网络结构

多类型网络参数搜索方法的模型由不同类型的生成网络组成。在训练过程中，每个独立的生成网络各自探索如何更好地根据生成数据的评估结果来改进其参数，进而使得多类型的生成网络逐渐生成更真实的数据，最终获得与真实数据分布一致的分布。多类型网络参数搜索方法的细节描述如下：

1）进化函数。进化算法是一种有效的网络参数调整方法，具有鲁棒性强、收敛速度快、全局搜索能力强等优点。PSO 算法是一种通过迭代计算改变候选解的随机优化方法。该算法通过对一群粒子进行初始化，将粒子群的位置作为问题的候选解，通过移动粒子的位置在搜索空间中寻找适应度函数的最优解来解决问题。在更新过程中，每个粒子的运动受其当前最佳位置的影响，并被引导到搜索空间中的最佳位置。PSO 算法重复此过程，直到最终获得满意的解。

对于 mixed-GAN，在搜索空间中 G 参数的每个潜在解定义为粒子的位置 P，粒子在搜索空间中以速度（变化量）v 移动，以找到更好的解。将目标函数 D 作为 PSO 算法的适应度函数，更新粒子在第 $i+1$ 次迭代时的速度向量 $\boldsymbol{v}$ 和位置向量 $\boldsymbol{p}$ 如下：

$$\begin{gathered}\boldsymbol{v}_{i+1}=\omega_i\boldsymbol{v}_i+c_1r_1(\boldsymbol{p}_i^{\text{pbest}}-\boldsymbol{p}_i)+c_2r_2(\boldsymbol{p}_i^{\text{gbest}}-\boldsymbol{p}_i)\\ \boldsymbol{p}_{i+1}=\boldsymbol{p}_i+\boldsymbol{v}_{i+1}\end{gathered}\tag{2.3}$$

式中，i 为迭代次数；ω 表示惯量；c_1 和 c_2 分别为个体最佳位置 $\boldsymbol{p}_i^{\text{pbest}}$ 和全局最佳位置 $\boldsymbol{p}_i^{\text{gbest}}$ 的系数；r_1 和 r_2 是在[0,1]区间服从均匀分布的两个随机数。在迭代过程中，采用线性递减调整策略更新参数 ω，调整方程为

$$\omega_i=\omega_{\max}-(\omega_{\max}-\omega_{\min})\left(\frac{i}{i_{\max}^{\text{PSO}}}\right)\tag{2.4}$$

式中，$\omega_{\max}$ 和 $\omega_{\min}$ 分别为最大惯量和最小惯量；$i_{\max}^{\text{PSO}}$ 为 PSO 的最大迭代次数。

2）Minimax 函数。传统 GAN 采用 Minimax 目标函数来最小化生成数据分布与原始数据分布之间的 Jensen-Shannon 散度。虽然该方法存在梯度消失问题，但它可以有效地解决梯度下降的问题，并尽可能地缩小两个不同数据分布之间的距离。因此，本节选取了 Minimax 函数作为生成网络 G 的目标函数之一，定义为

$$L_G^{\text{MM}}=E_{z\sim p_z}[\log(1-D(G(z)))]\tag{2.5}$$

3）Nonsaturating 函数。由于 Heuristic 函数的目的是最大化 D 的对数概率，所以在梯度计算中不存在饱和。也就是说，与 Minimax 函数不同，Heuristic 函数可以在训练过程中提供有效的梯度来更新生成网络。因此，本节采用了 Heuristic 函数确保在训练过程中避免梯度消失，其定义如下：

$$L_G^{\mathrm{H}}=-E_{z\sim p_z}[\log(D(G(z)))] \tag{2.6}$$

4）Least-squares 函数：为了进一步避免梯度消失的问题，本节同时考虑了采用 Least-squares 距离帮助 G 提高生成数据质量。与 Jensen-Shannon 散度相比，Least-squares 距离保证了 G 不会在混淆 D 的情况下产生远离决策边界的数据，具体函数表达式为

$$L_G^{\mathrm{LS}}=E_{z\sim p_z}[\log(D(G(z))-1)^2] \tag{2.7}$$

综上所述，首先 PSO 算法用于搜索 G 网络参数的潜在解。由于 PSO 算法是一种进化算法，G 的更新依赖于启发式搜索，而不是损失函数。因此，在初始迭代中不存在生成损失及梯度消失情况。然后在后续迭代中，利用梯度算法实现 G 的参数更新。由于训练过程中有三种不同类型的生成器，因此生成损失函数由如下三部分组成：

$$L_G=\begin{cases}E_{z\sim p_z}[\log(1-D(G(z)))], & \text{Minimax}\\ -E_{z\sim p_z}[\log(D(G(z)))], & \text{Nonsaturating}\\ E_{z\sim p_z}[(D(G(z))-1)^2], & \text{Least-squares}\end{cases} \tag{2.8}$$

需要注意的是，在后续迭代中，有三种类型的生成器用于处理可能出现的梯度消失问题。当 D 以高可信度（$D(G(z))\to 0$）对生成数据进行区分时，Nonsaturating 函数和 Least-squares 函数可以提供用于更新 G 的有效梯度值，此外，Least-squares 函数也可以在一定程度上避免模式塌陷。当 D 无法区分数据源（$D(G(z))\to 1$）时，Minimax 函数可以为更新 G 结构提供有效梯度值。因此，对于梯度计算和更新问题，三种不同类型的网络函数是互补的。

虽然 D 能够区分不同生成器在同一迭代过程中生成数据的真实性，但它不能处理数据的多样性和数据物理约束问题。此外，为了在每次迭代中选择 G 的最优参数，本节提出了数据评价准则对不同类型生成器的生成数据进行评估。然后根据生成数据的评价结果，确定训练方向，并为每种类型的生成器赋予相应的参数，从而确保下一次迭代过程的顺利进行。数据评价准则首先考虑了生成数据真实性和多样性两方面内容。将 D 的输出衡量生成的数据是否足够真实，并且将对应的生成数据评判结果作为数据真实性指标。此外，D 的梯度用于评估生成器场景塌陷情况和提高训练稳定性。因

此，本节定义的数据质量函数 Φ_{d} 的表述如下：

$$\Phi_{\mathrm{d}}=E_{z\sim p_z}[D(G(z))]-\varsigma_1[\log\|\nabla D-E_{x\sim p_x}[\log D(x)]-E_{z\sim p_z}[\log(1-D(G(z)))]\|] \tag{2.9}$$

式中，∇D 表示 D 的梯度；ς_1 是生成数据真实性与多样性之间的权重系数；$\|\cdot\|$是 L2正则化算子。

式（2.9）中，第一项 $E_{z\sim p_z}[D(G(Z))]$表示输出值 D 的生成数据；第二项是生成多样性评价的一部分，以保证 G 能够生成不同类型场景的数据；第三项 $E_{z\sim p_x}[\log D(x)]$是计算数据多样性的对数形式表达。与 $D(G(Z))$相比，第三项采用了对数范数来缩小满足∇D 的取值范围。另外，第三项是数据多样性评价的一部分，第一项用于评价数据的真实性。所以式（2.9）中第一项和第三项的目的是不同的。因此，虽然在公式中存在相似表达，但式（2.9）中仍将第一项和第三项分开。

由于信息能源系统的多场景数据是工业数据，因此在数据评价准则中也考虑了物理约束。信息能源系统是由电力、天然气、热力子系统耦合而成的，不同能源系统内的能量变换传播速度不同，因此其时空相关性也不相同。在对天然气、热力系统采用时空约束的同时，本节也对不同子系统间存在的能量转换进行功率约束限制。

在天然气和热力系统中，若系统中出现泄漏或者出现其他使得压力改变的情况，那么相邻管道接收到数据变化情况的传播时间 t 为

$$t=l/a \tag{2.10}$$

式中，l 为管道长度，是常量。因为传播时间 t 由波速 a 来决定，所以波速 a 可表述为

$$a=\sqrt{\frac{K/\rho}{1+\frac{KDC}{Ee}}} \tag{2.11}$$

式中，K 为流体的体积弹性常数；E 为管道弹性模量；e 为管道壁厚；C 为管道约束相关修正系数。

此外，传播时间 t 不是一个固定值。如果相邻数据变化的时间差在允许时间内，也可以认为生成的数据能够满足时空约束的基本要求。生成数据的时空约束如下：

$$t^{\mathrm{inf}}\leqslant t\leqslant t^{\mathrm{sup}} \tag{2.12}$$

式中，t^{inf}和 t^{sup}分别表示管道的最小和最大允许传播时间。

接下来考虑功率约束问题。电、气、热子系统之间的节点以及系统和负载之间的节点在实际系统中是由不同种类的能量转换设备构成，根据功率平衡以及转换设备存在的能量损耗可知，节点的输入和输出关系存在关联。假设信息能源系统有 m 个能量输入端口以及 n 个能量输出端口，其能量关系可以表述为

$$\begin{bmatrix} p_{im\alpha} \\ \vdots \\ p_{im\zeta} \end{bmatrix} = \begin{bmatrix} C_{\alpha\alpha} & \cdots & C_{\zeta\alpha} \\ \vdots & & \vdots \\ C_{\alpha\zeta} & \cdots & C_{\zeta\zeta} \end{bmatrix} \begin{bmatrix} L_{in\alpha} \\ \vdots \\ L_{in\zeta} \end{bmatrix} \tag{2.13}$$

式中，$[\,p_{im\alpha} \quad \cdots \quad p_{im\zeta}\,] = \boldsymbol{P}_{im}$ 表示 m 个能量输入端口；$[\,L_{in\alpha} \quad \cdots \quad L_{in\zeta}\,] = \boldsymbol{L}_{in}$ 表示 n 个能量输出端口，$\begin{bmatrix} C_{\alpha\alpha} & \cdots & C_{\zeta\alpha} \\ \vdots & & \vdots \\ C_{\alpha\zeta} & \cdots & C_{\zeta\zeta} \end{bmatrix} = \boldsymbol{C}_{inm}$ 表示对应能量转换节点的能量转换效率。矩阵 $\boldsymbol{C}_{inm}$ 由系统中对应的能量转换设备的转换效率决定，且其中任意元素应满足 $0<C_{pq}<1(\alpha\leqslant q\leqslant\zeta,\alpha\leqslant p\leqslant\zeta)$。

因此，数据评价准则的物理约束函数表达式如下：

$$\boldsymbol{\Phi}_{\mathrm{c}} = \boldsymbol{E}_{z\sim p_z}[D(G(z))] \cdot (\xi_1 n_{\mathrm{s}}^{\mathrm{true}} + \xi_2 n_{\mathrm{d}}^{\mathrm{true}}) \tag{2.14}$$

式中，ξ_1 和 ξ_2 分别代表时空约束和功率约束的系数；$n_{\mathrm{s}}^{\mathrm{true}}$ 和 $n_{\mathrm{d}}^{\mathrm{true}}$ 分别为符合约束条件的生成数据。将数据质量和物理约束函数综合考虑可得最终的数据评估准则：

$$\boldsymbol{\Phi} = \boldsymbol{\Phi}_{\mathrm{d}} + \boldsymbol{\Phi}_{\mathrm{c}} \tag{2.15}$$

综上所述，本节所提的 mixed-GAN 算法流程如下所示。初始迭代中，利用 PSO 算法求解 G 的候选解。在每次迭代过程中，PSO 算法可以选择大量的候选解，但是在后续训练过程中容易陷入局部最优，产生收敛速度慢问题。进而在后续迭代中，采用梯度更新算法来避免这一问题，并进一步扩大搜索范围来调整相应的参数。为了缩小生成数据与原始数据之间的数据分布差距，根据引入的数据评价准则，选择 G 的最优参数参与下一次迭代过程。然后，对数据进行 n_D 次更新，以提高对生成的多场景数据识别和评判能力。最后，在交替迭代训练过程中，mixed-GAN 可以得到满意的结果。

算法 2.1 mixed-GAN

输入：最大迭代次数 n_m，批样本量 b，判别器更新次数 n_D

PSO 超参数 n_{PSO}、c_1、c_2、ω_{max}、ω_{min}、i_{max}^{PSO}，Adam 超参数 α、β_1、β_2

数据评价准则超参数 ς_1、δ^{inf}、δ^{sup}、ξ_1、ξ_2

输出：多场景生成数据

1：初始化 mix-GAN 参数（G 参数 θ_G，D 参数 θ_D）；

2：for 迭代次数 $i = 1$ to n_m do

3：　　　for $i_D = 1$ to n_D do

4：　　　　　选取生成器输入 $\{z^{(i)}\}_{i=1}^{b}$ 和真实数据 $\{x^{(i)}\}_{i=1}^{b}$

5：　　　　　通过 Adam 算法更新判别器参数：

6：
$$g_{\theta_D} \leftarrow \nabla_{\theta_D} \left[\frac{1}{m} \sum_{i=1}^{m} \log D(x^{(i)}) + \frac{1}{m} \sum_{i=1}^{m} \log(1 - D(G(z^{(i)}))) \right]$$

$$\theta_D \leftarrow \text{Adam}(g_{\theta_D}, \theta_D, \alpha, \beta_1, \beta_2)$$

7：　　　end for

8：　　　if 迭代次数 $i \leq i_{max}^{PSO}$ then

9：　　　　　for 粒子 $h = 1$ to n_{PSO} do

10：　　　　　　选取生成器输入 $\{z^{(i)}\}_{i=1}^{b}$

11：　　　　　　$\theta_{G_{PSO}^h} \leftarrow \text{PSO}(G_{PSO}^h(z^{(i)}))$

12：　　　　　　计算数据评价准则 $\Phi_{G_{PSO}^h}$

13：　　　　　end for

14：　　　　$\Phi_G \leftarrow \max\{\Phi_{G_{PSO}^1}, \Phi_{G_{PSO}^2}, \cdots, \Phi_{G_{PSO}^{n_{PSO}}}\}$

15：　　　　更新 G 参数 $\{\theta_{G_{PSO}^1}, \theta_{G_{PSO}^2}, \cdots, \theta_{G_{PSO}^{n_{PSO}}}\} \leftarrow \theta_G$

16：　　　else

17：　　　　for 生成器类型 $\hbar = 1$ to 3 do

18：　　　　　选取生成器输入 $\{z^{(i)}\}_{i=1}^{b}$

19：　　　　　$\theta_{G_{Adam}^h} \leftarrow \text{Adam}(G_{Adam}^h(z^{(i)}))$

20：　　　　　计算数据评价准则 $\Phi_{G_{Adam}^h}$

21：　　　　end for

22：　　　　$\Phi_G \leftarrow \max\{\Phi_{G_{Adam}^1}, \Phi_{G_{Adam}^2}, \Phi_{G_{Adam}^3}\}$

23: 更新 G 参数 $\{\theta_{G^1_{\text{Adam}}}, \theta_{G^2_{\text{Adam}}}, \theta_{G^3_{\text{Adam}}}\} \leftarrow \theta_G$

24: end if

25: end for

2.2.3 算例分析

为验证本节所提算法的有效性，采用 IEEE 14 节点电力网络、20 节点天然气网络和 14 节点热力网络构成的信息能源系统作为数据来源，各耦合节点的配置见表 2.1。选取电力系统节点电压、天然气系统节点气压及热力系统管道质量流为各子系统的测量参数进行研究。同时通过改变不同能源子系统负荷、输入、参数等变量，得到不同场景的原始数据，并将其作为本节所需的原始数据集。

表 2.1 信息能源系统各子系统耦合节点配置

耦合设备	电力系统	天然气系统	热力系统
燃气发电机	1	16	—
燃气发电机	2	7	—
燃气锅炉、循环泵	12	3	1
CHP、燃气锅炉、循环泵	6	15	4
CHP、燃气锅炉、循环泵	13	12	9
CHP、燃气锅炉、循环泵	14	6	10
CHP、燃气锅炉、循环泵	8	10	13
电动压缩机	4	9	—
电动压缩机	5	18	—

此外，G 和 D 的网络结构分别见表 2.2a、b。同时，仿真所需参数设置如下：$n_{\text{m}} = 100$，$b = 8$，$n_{\text{PSO}} = 10$，$c_1 = c_2 = 1.49$，$\omega_{\max} = 0.6$，$\omega_{\min} = 0.2$，$i_{\max}^{\text{PSO}} = 50$，$n_D = 3$，$\alpha = 0.0002$，$\beta_1 = 0.5$，$\beta_2 = 0.99$，$\zeta_1 = 0.002$，$\xi_1 = 0.05$，$\xi_2 = 0.05$。

表2.2 生成对抗网络结构参数

a）生成器网络结构参数

层	参数
输入	—
全连接层	神经元数：64×3×3 激活函数：ReLU
反卷积1	滤波器数：128 滤波器尺寸：3×3 步长：2 填充：1
反卷积2	滤波器数：128 滤波器尺寸：3×3 步长：2 填充：1
反卷积3	滤波器数：64 滤波器尺寸：3×3 步长：2 填充：1
反卷积4	滤波器数：64 滤波器尺寸：4×4 步长：2 填充：1
反卷积5	滤波器数：64 滤波器尺寸：4×4 步长：2 填充：1

b）判别器网络结构参数

层	参数
输入	—
卷积1	滤波器数：64 滤波器尺寸：4×4 步长：2 填充：1
卷积2	滤波器数：64 滤波器尺寸：4×4 步长：2 填充：1
卷积3	滤波器数：64 滤波器尺寸：3×3 步长：2 填充：1
卷积4	滤波器数：128 滤波器尺寸：3×3 步长：2 填充：1
卷积5	滤波器数：128 滤波器尺寸：3×3 步长：2 填充：1
全连接层	神经元数：1 激活函数：sigmoid

为验证本节提出算法的有效性，三种不同场景（电节点负荷变化、耦合节点参数及气节点输入改变）的数据变化用于实现生成数据的分析。图2.2展示了通过训练好的生成器得到的生成数据（实线）及对应的原始数据（虚线）。需要说明的是，为方便展示，数据均做了归一化处理。从直观曲线趋势可知，生成数据与原始数据有类似的数值变化情况，也就是说，生成数据的分布与原有数据分布具有相似性。

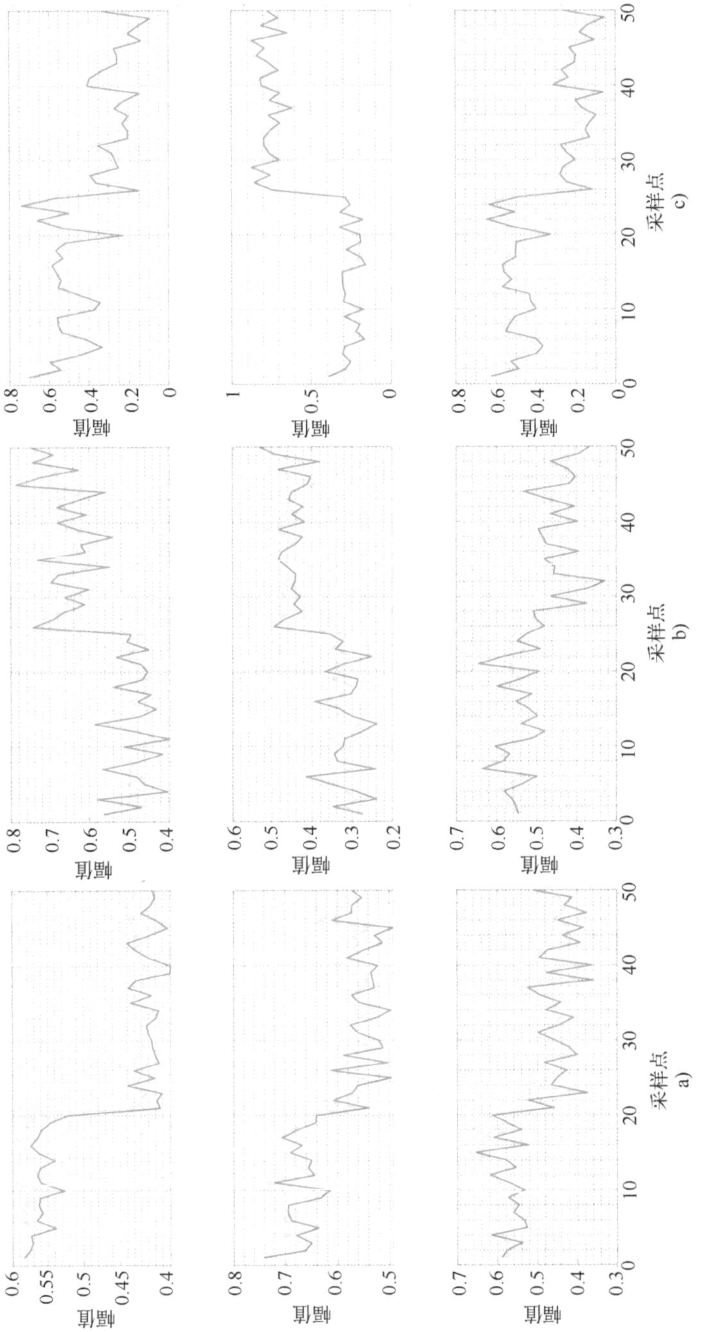

图 2.2 生成数据与原始数据
a) 场景 1 b) 场景 2 c) 场景 3

进一步地，为了更加准确地评价生成数据效果，不同的统计指标用于定量描述数据间的相似性。首先，图 2.3 采用柱状图的形式将生成数据和原始数据差值的平均值和标准差进行表示，其中，每个柱子均对应图 2.2 子图所得到的数据统计结果。从图中可知，生成数据与原始数据间的差值均值小于 0.03，说明生成数据能够较为准确地反映不同场景的数据生成情况，并且标准差的变化较为平缓，表明生成数据与原始数据间的差异性不大。此外，累积分布函数也用于评价生成数据与原始数据间的概率分布相似性，相应的比较结果如图 2.4 所示。从图中可以看到，生成数据与来自原始数据的分布情况近乎一致，相似的变化情况表明 mixed-GAN 方法在数据生成方面是有效的。

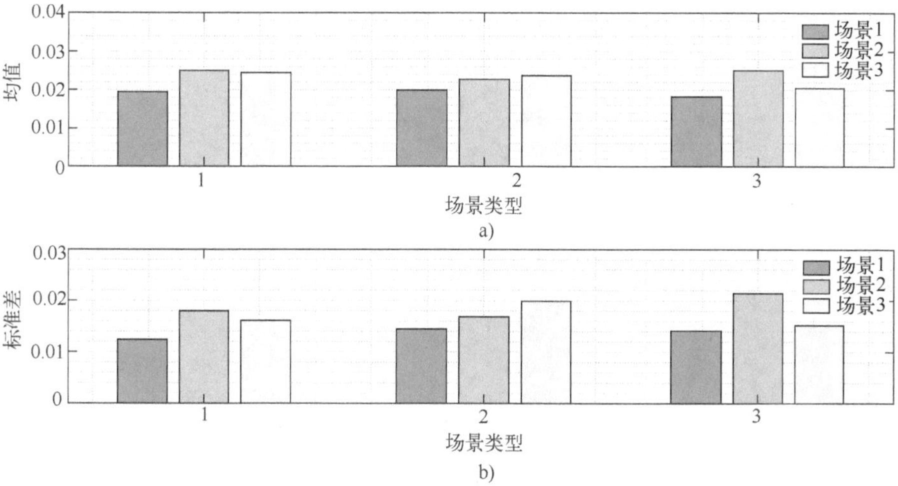

图 2.3 原始数据与生成数据间差值的统计值
a）均值 b）标准差

通过上述曲线展示及统计特性分析表明，在完成训练过程后，本节所提出的 mixed-GAN 能够充分考虑大规模信息能源系统的运行特征及数据特性，通过生成对抗网络生成不同场景数据，保证了数据的真实性与多样性。

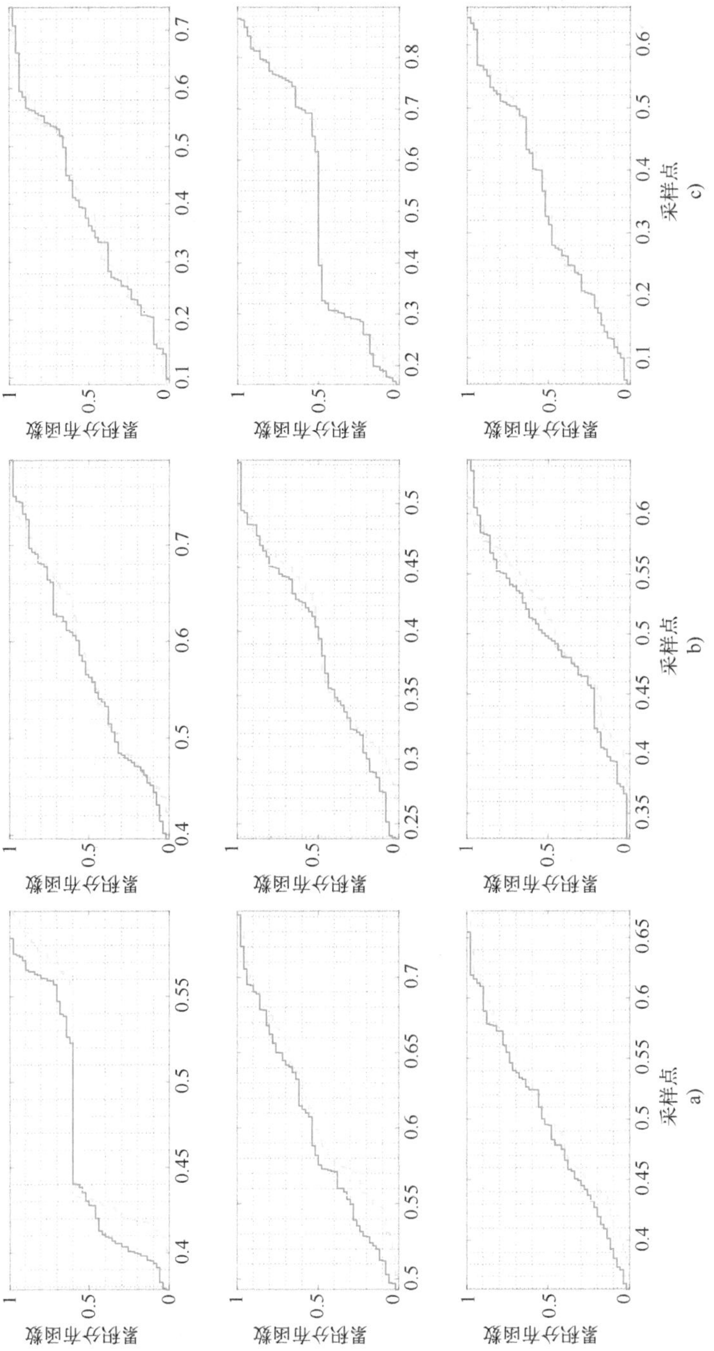

图 2.4 原始数据与生成数据的累积分布函数

a）场景 1 b）场景 2 c）场景 3

2.3 信息能源系统缺损数据补偿

2.3.1 缺损数据补偿的需求与关键问题

信息能源系统的安全高效运行离不开大规模信息化技术采集到的运行数据，然而在现实中由于传感器失效、网络通信中断造成数据缺损不可用的情况时有发生。此类情况的出现会直接影响用于碳排放计算的数据质量，因此数据完整性是必须要考虑的问题。

对于信息能源系统来说，采集的运行数据来源于不同能源子系统。单一节点的变化会通过耦合设备的连接，引起系统内跨时间、空间的一致性关联变化。因此，本节以耦合能源数据为基础，通过生成对抗网络（GAN）学习时空关联变化的能源数据抽象特征，实现缺损数据补偿。

2.3.2 基于时空关联变化的实时数据补偿方法

针对系统缺损数据，本节通过设计生成器及判别器网络结构，增强训练过程中生成器特征提取能力，从而提高数据补偿的精准性。具体实现过程如下。

假设信息能源系统中有 h 个采集到的能源数据变量，对于每个采集到的数据变量序列$\hat{\boldsymbol{x}}$而言，$\hat{\boldsymbol{x}}=(x_1,x_2,\cdots,x_j)\in\mathbf{R}^{1\times T_G}$，其中，$x_j$ 为 j 时刻采集的能源数据。进一步地，为了表征数据缺损情况，与数据变量序列对应的掩码序列定义为$\hat{\boldsymbol{m}}=(m_1,m_2,\cdots,m_j)\in\mathbf{R}^{1\times T_G}$，序列中的值为$\{0,1\}$。对于数据变量序列中的缺损数据来说，其对应的掩码序列值为 0。接着，考虑到多元数据变量序列的时空关联变化，相应的数据矩阵 $\boldsymbol{X}$ 和掩码矩阵 $\boldsymbol{M}$ 定义如下。

首先，构造 n 个$\hat{\boldsymbol{x}}$的相邻数据变量序列，描述为$\boldsymbol{x}_1,\boldsymbol{x}_2,\cdots,\boldsymbol{x}_n$。其中，相邻序列的采样时间差为$\hat{t}$。例如，假设$\boldsymbol{x}_2=(x_1,x_2,\cdots,x_j)$，那么$\boldsymbol{x}_1$和$\boldsymbol{x}_3$可以分别表示为$(x_{1-\hat{t}},x_{2-\hat{t}},\cdots,x_{j-\hat{t}})$和$(x_{1+\hat{t}},x_{2+\hat{t}},\cdots,x_{j+\hat{t}})$。相同地，$\boldsymbol{x}_1,\boldsymbol{x}_2,\cdots,\boldsymbol{x}_n$的掩码序列定义为$\boldsymbol{m}_1,\boldsymbol{m}_2,\cdots,\boldsymbol{m}_n$。然后根据数据补偿需求，选择 k 个数据变量序列重复上述步骤。最后，将 $R_G(R_G=k\times n)$个数据变量序列按照时间顺序进行排列，从而形成 $\boldsymbol{X}\in\mathbf{R}^{R_G\times T_G}$。通过类似的方式，可以得到用于数据补偿研究中的掩码矩阵 $\boldsymbol{M}\in\mathbf{R}^{R_G\times T_G}$。因此，针对信息能源系统的实时数据补偿问题就可以描述为当掩码矩阵 $\boldsymbol{M}$ 中元素为 0 时，对数据矩阵 $\boldsymbol{X}$ 中相应元素进行数据替换的问题。

由于卷积神经网络能够很好地提取数据矩阵 $\boldsymbol{X}$ 中隐含的时间演化特征和空间变化相似性，因此本节采用以卷积核为基础的深度神经网络结构进行数据补偿。图 2.5 展示了本节所提方法结构，其包含三个神经网络，分别为生成器 G、全域判别器 D_{ma} 和区域判别器 D_{mi}。在数据补偿问题中，由于生成器 G 的输入为高维矩阵 $\boldsymbol{X}$ 和 $\boldsymbol{M}$，无法直接对其进行操作，因此需要通过低维特征的联合共享及逐层反卷积采用实现缺损数据的补偿。基于此，本节采用 U 型卷积神经网络作为生成器结构。相较于普通自编码网络，U 型卷积神经网络通过跳跃连接将编码器第 i 层与解码器第 $n-i$ 层神经网络进行连接，将第 i 层网络拼接到第 $n-i$ 层中实现不同网络层的特征传递，形成对应特征强化，实现高维缺损数据的生成。

判别器 D_{ma} 和 D_{mi} 的功能是对原始矩阵和生成矩阵进行特征提取并实现样本来源的判断。如图 2.5 所示，考虑到提取的特征包含丰富的能源数据潜在特征，因此判别器 D_{ma} 用于分析全域数据特征，而 D_{mi} 则用于判断区域数据特征的变化情况。通过三个网络的共同训练，具有深度神经网络结构的 G 可以补偿 $\boldsymbol{X}$ 中的缺损数据部分。

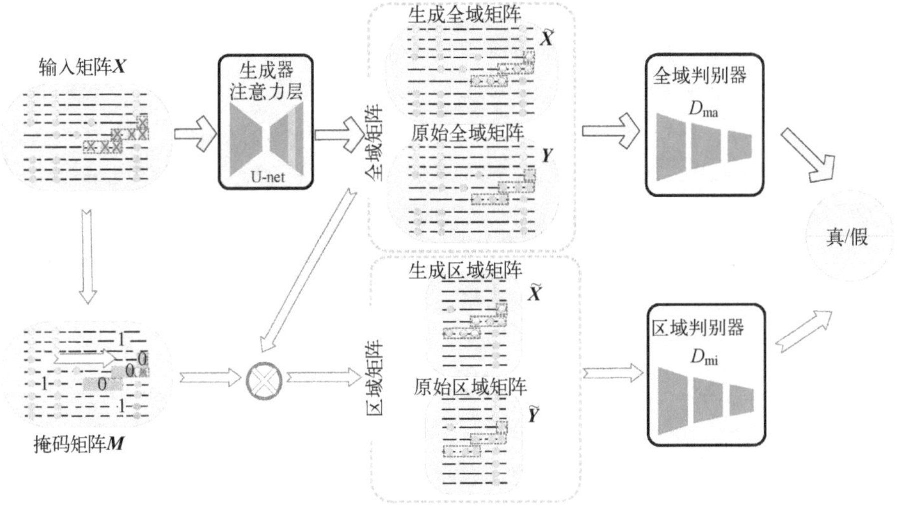

图 2.5　GAN 结构示意图

尽管卷积核可以通过局部感受野对复杂的数据分布进行建模，但建模的数据关系不能关注特征的全局范围。由于缺乏整个系统的时空信息，这种特征提取机制对于缺损的数据补偿是需要进一步完善的。为了能够使得 G 关注到系统全局时空关联变化，在原有U 型卷积神经网络的基础上，采用自注意力机制对生成器输入进行全局时空关联特征提取。如图 2.6 所示，通过添加位置注意力模块对所有位置的特征进行加权，进而选择性地聚合每个位置的特征。同时将通道注意力模块用于对所有通道映射的相关特征进行选择性地强调，从而确保相互依赖的通道映射关系。最终，通过注意力机制把两个模块的输出特征进行相加，完成特征表示，最终作为 G 中神经网络层的输入进行下一次的特征提取。

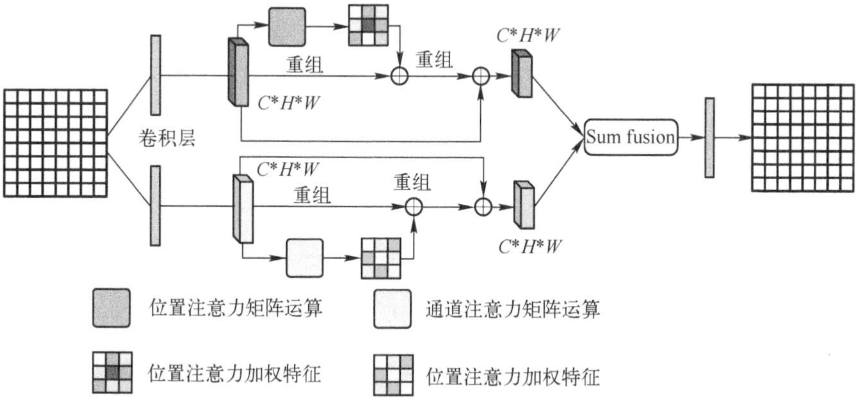

图 2.6 自注意力机制示意图

对于判别器结构，通过采用双判别器形式实现了全域-区域的时空关联变化一致性的判断，其具体结构如图 2.7 所示。全域判别器 D_{ma} 的输入为全域矩阵（$\overline{\boldsymbol{X}}$或 $\boldsymbol{Y}$），通过卷积神经网络提取系统整体性输入是否一致，从而驱使生成器 G 尽可能地接近缺损数据的原始值。因此 D_{ma} 保证了缺损数据在全局范围内的时空关联变化合理性。为了保证在局部范围内缺损数据与相邻数据间的时空关联变化一致性，区域判别器 D_{mi} 用于判断数据间的时间一致性和空间一致性。首先将全域矩阵（$\overline{\boldsymbol{X}}$或 $\boldsymbol{Y}$）进行分割，从而得到区域矩阵（$\widetilde{\boldsymbol{X}},\widetilde{\boldsymbol{Y}}\in \mathbf{R}^{R_G\times T_L}$），其中，$T_L$ 的值由实际需求确定。然后，对于区域时间关联分析，区域判别器 D_{mi} 的输入通过复制 $\widetilde{n}$ 个相邻数据变量序列形成一致性矩阵 $\widetilde{\boldsymbol{X}}_t$（$\widetilde{\boldsymbol{Y}}_t$），其中，每个数据变量序列的复制次数为 r。对于区域空间关联分析，区域判别器 D_{mi} 的输入是选择 $\widetilde{k}$ 个不同数据变量序列构成一致性矩阵 $\widetilde{\boldsymbol{X}}_s$（$\widetilde{\boldsymbol{Y}}_s$）$\in \mathbf{R}^{R_L\times T_L}$。在完成一致性矩阵构造的基础上，通过不同层卷积核进行特征提取，可以得到缺损数据在区域范围内的时空关联一致性情况。最终，采用 sigmoid 函数将双判别器的输出约束在[0,1]，并且将双判别器输出进行叠加，得到整个系统的时空关联一致性。

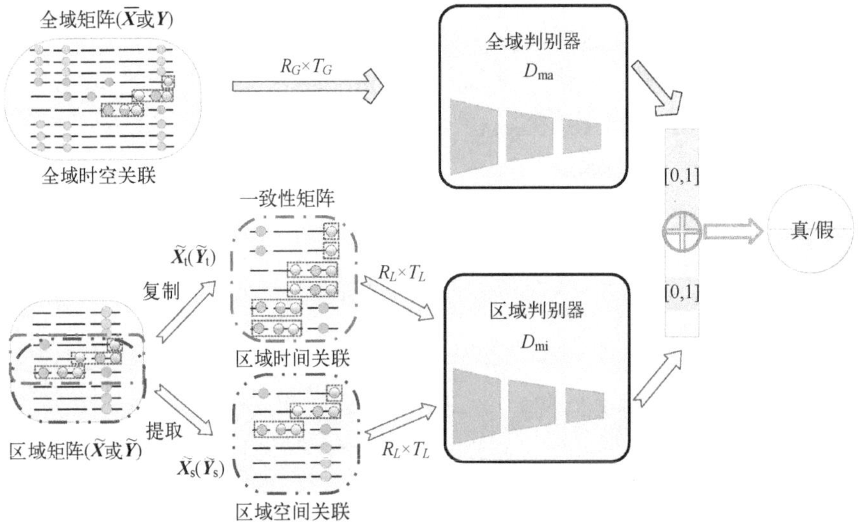

图 2.7　联合判别器结构示意图

在描述网络结构的基础上，接下来介绍生成器和双判别器的损失函数。在 GAN 中，G 的作用是尽可能使缺损数据相似于原始数据。因此为了得到更加精准的数据补偿结果，本节同时考虑了对抗损失和恢复损失两方面内容，对生成器损失函数 L_G 进行设计。对抗损失 L_a 是指生成全域矩阵$\overline{\boldsymbol{X}}$的真实性，其值反映了$\overline{\boldsymbol{X}}$与真实数据间的差距，其公式定义为

$$L_a = -E_{\boldsymbol{X},\boldsymbol{M}}[\log(D_{ma}(\overline{\boldsymbol{X}})) + \log(D_{mi}(\widetilde{\boldsymbol{X}}_t)) + \log(D_{mi}(\widetilde{\boldsymbol{X}}_s))] \tag{2.16}$$

恢复损失 L_r 是$\overline{\boldsymbol{X}}$和 $\boldsymbol{Y}$ 非缺损数据间的均方误差。因为缺损数据是通过$\overline{\boldsymbol{X}}$中非缺损数据的时空关联变化特征进行补偿得到的，因此需要确保生成器 G 能够准确地捕捉到数据中隐含的信息。针对非缺损数据的恢复损失 L_r 的表达式为

$$L_a = E_{\boldsymbol{X},\boldsymbol{M}}[\|\boldsymbol{X} \cdot \boldsymbol{M} - \overline{\boldsymbol{X}} \cdot \boldsymbol{M}\|_2] \tag{2.17}$$

式中，· 为点乘运算符。

最终，生成器 G 的损失函数 L_G 定义为

$$L_G = L_a + \lambda L_r \tag{2.18}$$

式中，λ 为权重参数。

双判别器的目标在于通过提取到的特征，区分输入数据是来自于生成器 G 还是原始数据。因此，全域判别器 D_{ma} 和区域判别器 D_{mi} 的损失函数定义为

$$L_{D_{\mathrm{ma}}}=-E_{\boldsymbol{Y}}[\log(D_{\mathrm{ma}}(\boldsymbol{Y}))]+E_{\boldsymbol{X},\boldsymbol{M}}[\log(1-D_{\mathrm{ma}}(\overline{\boldsymbol{X}}))] \tag{2.19}$$

$$L_{D_{\mathrm{mi}}}=-E_{\boldsymbol{Y}}[\log(D_{\mathrm{mi}}(\widetilde{\boldsymbol{Y}}_{\mathrm{t}}))+\log(D_{\mathrm{mi}}(\widetilde{\boldsymbol{Y}}_{\mathrm{s}}))]+E_{\boldsymbol{X},\boldsymbol{M}}[\log(1-D_{\mathrm{mi}}(\widetilde{\boldsymbol{X}}_{\mathrm{t}}))+\log(1-D_{\mathrm{mi}}(\widetilde{\boldsymbol{X}}_{\mathrm{s}}))] \tag{2.20}$$

综上所述，本节所提的数据补偿方法训练过程如下所示。在每次迭代训练过程中，首先通过式（2.18）对生成器 G 进行训练。然后将 G 中的网络参数固定，采用训练集中的数据对 D_{ma} 和 D_{mi} 进行训练，通过式（2.19）和式（2.20）更新两个判别器的网络参数。通过两个阶段的不断更替训练，三个网络的参数一同训练，直至达到最大训练次数 I_{train}。最后，训练好的 G 就可以用于实时数据补偿。

算法 2.2　本节所提方法的训练过程

1：初始化 G，D_{ma} 和 D_{mi} 的网络参数；
2：while 迭代次数 $i\leqslant I_{\mathrm{train}}$ do
3：　　从训练集中选取生成器 G 的输入 $\boldsymbol{X}$
4：　　阶段 1：
5：　　　　通过生成器 G 得到与输入 $\boldsymbol{X}$ 对应的输出 $\overline{\boldsymbol{X}}$
6：　　　　采用 Adam 算法，根据式（2.18）更新 G 参数
7：　　阶段 2：
8：　　　　从训练集中选取输入 $\boldsymbol{X}$ 的原始数据 $\boldsymbol{Y}$
9：　　　　通过生成器 G 得到与输入 $\boldsymbol{X}$ 对应的输出 $\overline{\boldsymbol{X}}$
10：　　　　采用 Adam 算法，通过交叉熵损失即式（2.19）和式（2.20）更新 D_{ma} 和 D_{mi} 参数
11：end while

2.3.3　算例分析

为了证明所提方法的有效性，本节采用 IEEE 33 节点、天然气 20 节点及热力 32 节点构建的信息能源系统进行仿真，其网络拓扑结构及耦合设备连接如图 2.8 所示，同时选取电力系统节点电压 v、天然气系统节点气压 $\varPi$

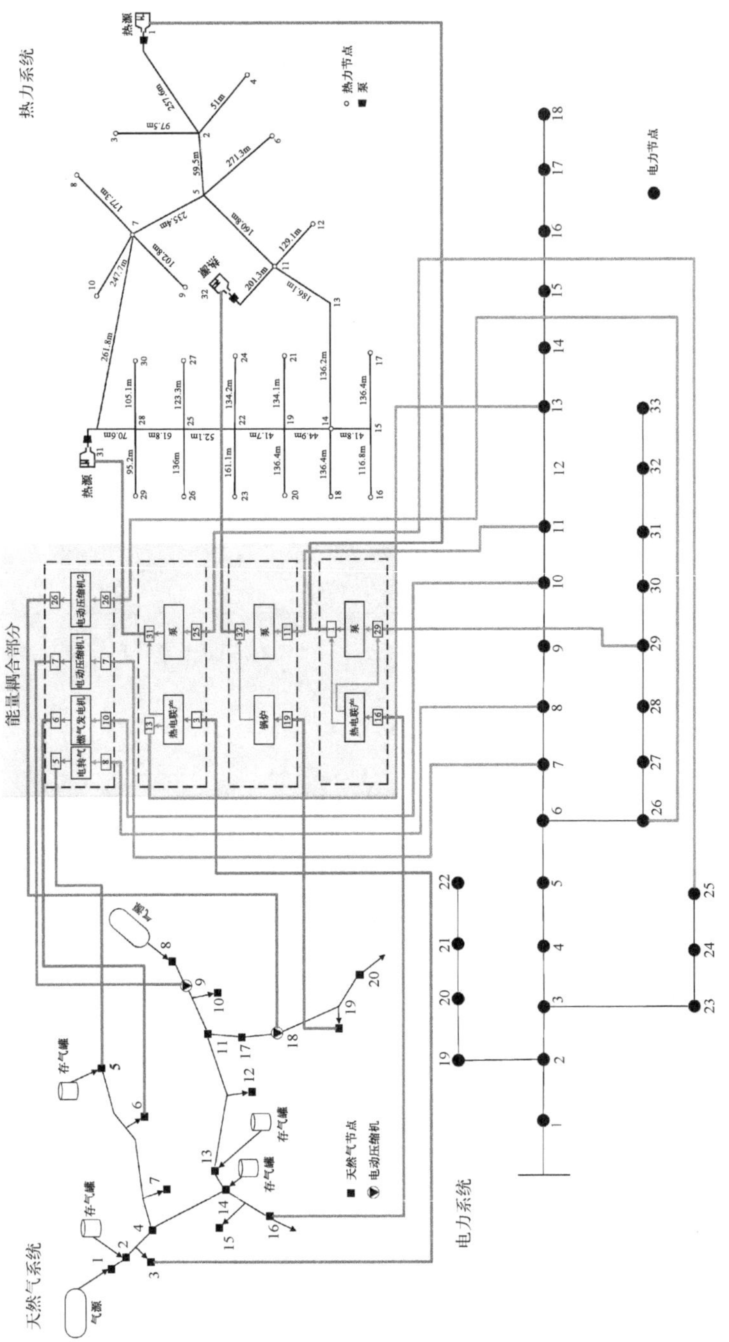

图 2.8 信息能源系统结构图

及热力系统管道质量流 m 为相应系统测量值进行研究，从而使得系统节点与测量变量间形成一一对应的关系。

为了能够提取采集的能源数据隐含特征，本节所构建的生成对抗网络除了每个网络最后一层卷积核步长为 1×1 以外，神经网络其余层的卷积核步长为 2×2。其余参数设置如下：最大训练次数 $I_{\text{train}}=9000$，$R_L=T_L=50$，$R_L=170$，$T_G=180$，$\lambda=100$。需要说明的是，生成对抗网络的输入数据尺寸取决于系统数据变量数量和序列长度。然后，根据输入数据的维数，确定生成对抗网络的结构和相关训练参数，得到补偿数据。在选择过程中，需要采用试错法以获得更好的实时数据补偿性能。总的来说，生成对抗网络的参数是根据训练过程和实际系统结构选取的。

在构建样本集的过程中，首先通过调整系统内能源节点需求，生成不同情况下的系统能源数据变量序列，从而得到 4600 个不同数据样本作为数据来源；为了能够更好地比较补偿效果，体现补偿数据与真实数据间的差距，并且考虑到不同节点、不同缺损数量的情况，本节将得到的 4600 个数据样本的不同节点数据进行随机性删除，并且将该部分数据设置为 0，也就是说，将节点缺损数据用 0 替换，从而保持数据维度不变，并且替换的长度在 20~50 之间；经过处理后，存在数值为 0 的节点数据即可认为是运行过程中出现的缺损数据。将原始数据和修改后的数据一一对应构成数据对，相应的 4600 个数据样本对即为构建的样本集，用于本节所提方法的训练和验证，其中随机选取 3680 个不同类型样本作为训练样本，其余样本为测试样本。

为了评价本节所提方法的数据补偿效果，算例结果采用平均绝对误差（Mean Absolute Error，MAE）、均方误差（Mean Squared Error，MSE）及平均百分比误差（Mean Percentage Error，MPE）三个不同的指标进行分析。其中，MAE 用于评估原始数据与生成数据间的绝对误差，反映了补偿值误差的实际情况；MSE 是原始数据与生成数据间的标准误差，体现了数据的变化程度；MPE 则是绝对误差的平均值，表明了补偿值与真实值间的偏离程度。三个指标的表达式定义如下：

$$\text{MAE}=\frac{1}{hv}\sum_{j=1}^{h}\sum_{i=1}^{v}\left|z(i,j)-\bar{z}(i,j)\right| \tag{2.21}$$

$$\text{MSE}=\frac{1}{hv}\sqrt{\sum_{j=1}^{h}\sum_{i=1}^{v}\left(z(i,j)-\bar{z}(i,j)\right)^2} \tag{2.22}$$

$$\mathrm{MPE}=\frac{1}{hv}\sum_{j=1}^{h}\sum_{i=1}^{v}\frac{|z(i,j)-\bar{z}(i,j)|}{z(i,j)} \tag{2.23}$$

式中，$z(i,j)$和$\bar{z}(i,j)$分别为第j个数据变量序列中第i个生成数据和原始数据；h为缺损数据变量序列的数量；v为缺损数据的长度。

进一步地，本节从缺损数据补偿有效性和多节点数据缺损补偿两个方面进行了分析。

1）缺损数据补偿有效性。假设在信息能源系统内电节点 17 负荷变化过程中，电节点 16 的网络通信传输存在间歇性中断情况，因此该节点的数据变量序列存在缺损情况。如图 2.9 所示，图 2.9a 和 c 分别展示了电节点

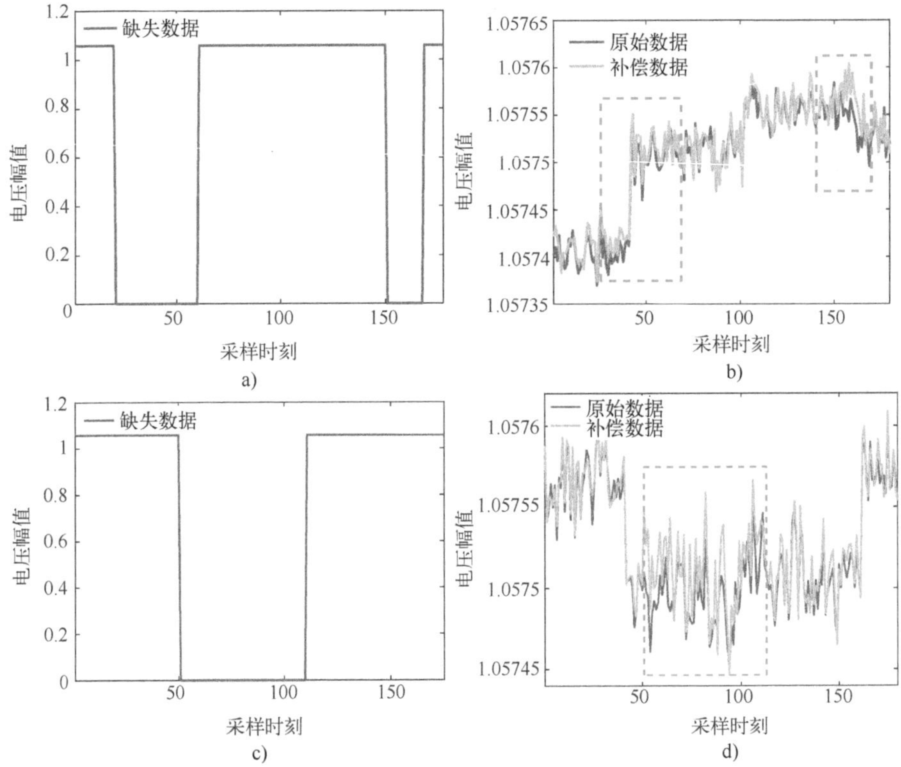

图 2.9　电节点 16 数据变量序列曲线
a）数据间断缺损　b）数据间断补偿　c）数据持续缺损　d）数据持续补偿

16 电压幅值间断缺损及持续缺损两种不同的情况，纵坐标为电压幅值，图 2. 9b 和 d 为相应数据补偿结果及原始数据。从输入输出关系出发，图 2. 9a 和 b 分别为电节点 16 数据间断缺损情况及通过所提方法得到的数据补偿情况。从直观上看，补偿数据和原始数据有很高的相似度并且部分数据可以基本实现重合。从统计指标上看，图 2. 9b 补偿结果的 MAE、MSE 及 MPE 分别为 1.5788×10^{-5}、1.4929×10^{-5}及 1.9434×10^{-5}；图 2. 9d 补偿结果的 MAE、MSE 及 MPE 分别为 1.7573×10^{-5}、1.6617×10^{-5}及 2.1693×10^{-5}。通过上述曲线展示及统计指标可知，对于不同情况的单一节点数据缺损情况，提出的方法均能够较好地实现缺损数据补偿。

2）多节点数据缺损补偿。为了进一步讨论所提方法对于不同数量的缺损数据变量序列的补偿效果，选取节点数量缺损情况分别为 1、3、5、7、9 的五种情况进行研究，具体结果见表 2. 3。

表 2. 3　不同数量的缺损数据补偿结果

缺损数量	MAE($\times10^{-5}$)	MSE($\times10^{-5}$)	MPE($\times10^{-5}$)
1	1. 5322	1. 5726	1. 5218
3	1. 6190	1. 5235	1. 6336
5	1. 6197	1. 6494	1. 6242
7	1. 6352	1. 5997	1. 6987
9	1. 6595	1. 6237	1. 6223

根据表 2. 3 可知，当系统内节点数量缺损少于 5 时，生成器对于缺损数据的补偿效果基本相同，但是随着缺损数量的增加，输入数据的缺损部分也越来越多，使得输入生成器中的完整数据变量序列的数量也越来越少，生成器 G 的深度神经网络无法从相邻数据中提取到充足的数据特征，因此相应的数据补偿性能指标也随之变差。但是从整体效果来看，所提方法仍然能够对缺损数据进行相应地补偿。

综上可得，本节所提方法对生成器和判别器结构进行改进，分别通过增加注意力机制及双判别器方式使其能够对全局数据特征进行提取；进而，在生成器损失函数方面，除原始损失函数以外，增加了原始数据补偿效果的评判，从而确保生成器能够准确得到系统隐含的时空关联变化情况。通过上述两个方面的考虑，所提方法能够适应于能源缺损数据变化特点，使得补偿后的数据能够进一步用于后续的研究当中。

2.4 信息能源系统非侵入式检测

2.4.1 非侵入式检测方法的需求与关键问题

自能源是集发-用-储-耦合设备于一体的能源自治区域，具有全双工特性。基于机理驱动的识别方法，是通过研究能源网络和能源设备的物理表征建立模型，这类侵入式检测方法需要已知自能源内部所有设备，不仅侵犯了用户的隐私，而且当用户增加设备时将影响建模的准确性。此外，自能源内部设备众多，通过大量安装智能仪表来收集设备数据、分析设备数据会耗费大量的人力物力，因此本节采用非侵入式检测方法对系统进行数据采集和设备监测。然而，随着可再生能源和储能设备的高比例渗透，系统内的发电行为会对用电行为产生干扰和抵消，传统非侵入式建模不再适用。此外，现有自能源端口的能源监测装置对电、热、气三种能源进行数据采集时存在时间异步问题，会导致能源耦合设备无法精确识别，从而极大影响了自能源非侵入式检测的精度。

2.4.2 发-用-储-耦合设备一体化区域的非侵入式检测方法

本节通过对量测数据进行拟合，结合机理模型的可解释性优势，建立自能源的输入-输出模型，该模型属于非侵入式模型。相对于侵入式机理建模而言，该方法保护了用户隐私，降低了成本和部署难度，当用户设备增加时更能适应用户用能行为的改变。由 2.4.1 节可知，自能源中可再生能源和储能设备均具有发电特性，其发电行为会抵消部分负荷的用电行为，同时，可再生能源的随机波动会对其他设备的识别精度造成影响。因此，本节首先采用梯度分离的方式对自能源系统进行非侵入式建模，如图 2.10 所示。

其具体步骤如下：

1）数据采集。通过智能仪表采集电端口功率 P_E、热端口功率数据 P_H、气端口功率数据 P_Q、风速 v、辐照幅度 M、温度 T。

2）数据处理。对采集到的数据进行去噪和归一化处理，并利用 GAN 对数据进行同步。

3）事件探测。利用神经网络和联合滑动方法对风电、光伏、储能、耦合设备的模型进行识别。

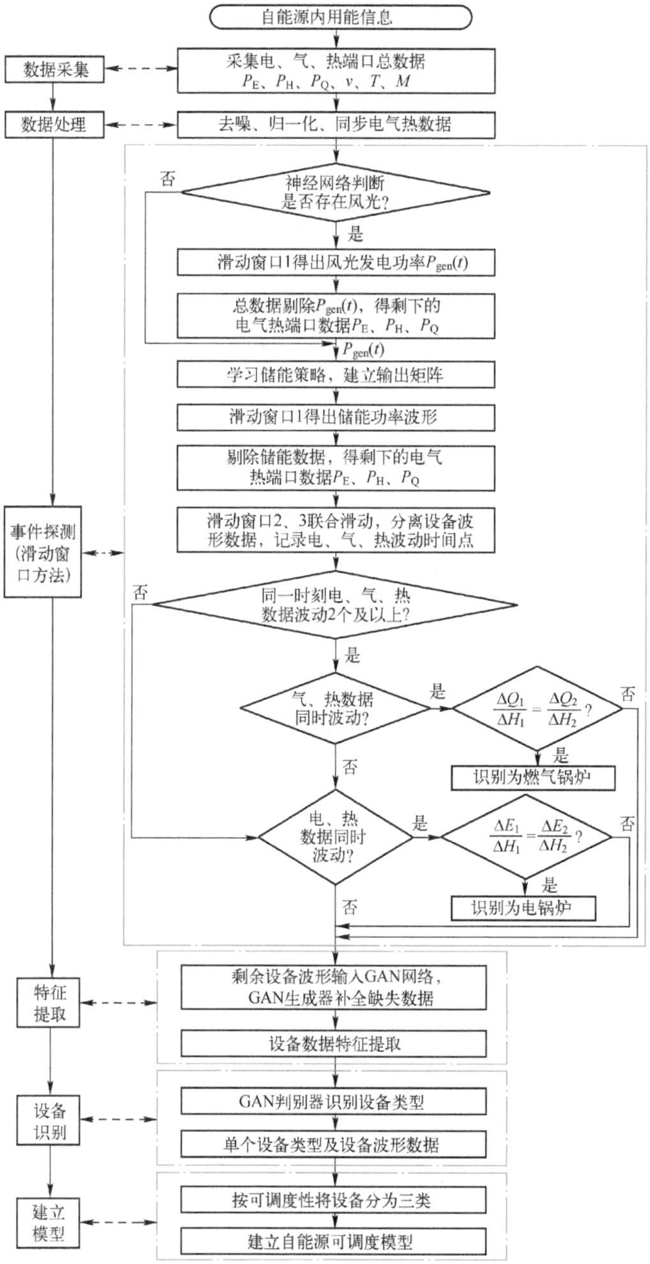

图 2.10 非侵入式建模流程图

4）特性提取。将分离的数据输入 GAN 网络，训练生成器生成更多的数据，进行设备特征提取。

5）设备识别。将生成的完备数据输入判别器中进行设备识别，最终识别自能源系统中的电、气、热的所有设备。

6）设备分类。按可调度性将设备进行分类，输出非侵入式检测结果，为后续建模、控制和优化奠定基础。

（1）联合滑动方法

首先，为了准确识别自能源中的产能行为，本节提出一种联合滑动的方法分离风电、光伏、储能和耦合设备。如图 2.11 所示，窗口 1 对气象数据、电端口输出功率和电价数据进行滑动，用于识别风电、光伏和储能设备；窗口 2 对气热数据进行联合滑动，用于识别燃气锅炉；窗口 3 对电热数据进行联合滑动，用于识别电锅炉；窗口长度 m 取值为 5，时间窗口在时刻 t 提取的功率序列表示为

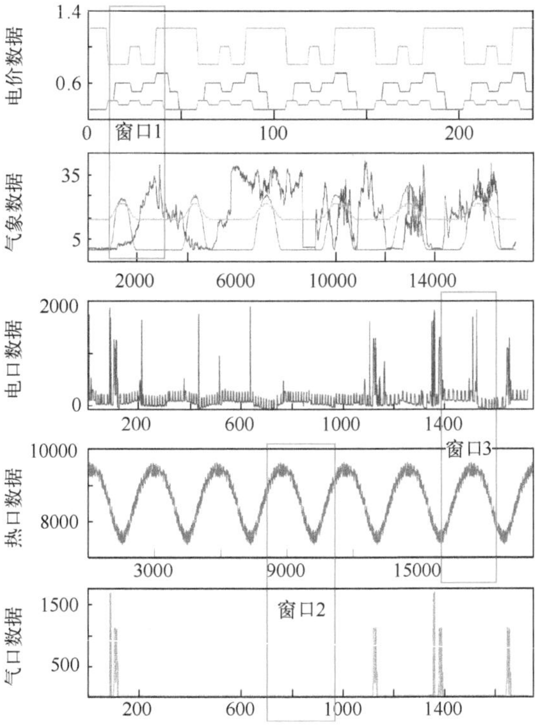

图 2.11　联合滑动窗口示意图

$$\begin{cases}P_{\mathrm{E}}(t)=\{p_{\mathrm{E}}(t-m),\cdots,p_{\mathrm{E}}(t),\cdots,p_{\mathrm{E}}(t+m-1)\}\\P_{\mathrm{H}}(t)=\{p_{\mathrm{H}}(t-m),\cdots,p_{\mathrm{H}}(t),\cdots,p_{\mathrm{H}}(t+m-1)\}\\P_{\mathrm{Q}}(t)=\{p_{\mathrm{Q}}(t-m),\cdots,p_{\mathrm{Q}}(t),\cdots,p_{\mathrm{Q}}(t+m-1)\}\end{cases}\tag{2.24}$$

式中，$P_{\mathrm{E}}(t)$为电端口功率时间序列；$P_{\mathrm{H}}(t)$为热端口功率时间序列；$P_{\mathrm{Q}}(t)$为气端口功率时间序列；$k=1,2,\cdots,n$，n 为数据集中数据点的总个数。通过时间窗口按采样间隔 T 向后滑动，可以将数据转化为若干时间功率序列。

在窗口滑动过程中，提取窗口内功率序列的最大值和最小值，若两者差值超过设定阈值，则判定此时有设备切入/切出，并提取该时刻差值作为该设备运行功率。为避免人工设定阈值的片面性，本节采用长短时记忆网络来训练神经网络的参数，从而获得最优阈值。

（2）可再生能源发电识别

可再生能源发电受天气影响，具有较强的随机性和波动性，在自能源中其发电行为与用电行为相互抵消，造成其他设备识别难度大、精度低等问题，因此需研究风光发电特性对风光进行精确识别。风电和光伏特性分析和识别步骤如下：

1）风光存在识别。将风速 v、光照幅度 M、温度 T、总功率 P_{i}的数据输入神经网络中进行训练，输出为矩阵$[c_1\ c_2\ c_3\ c_4]$，矩阵由 0 和 1 组成。当输出矩阵中 $c_1=1$ 时，数据中存在光伏不存在风电，$c_2=1$ 时数据中存在风电不存在光伏，$c_3=1$ 时数据中不存在光伏和风电，$c_4=1$ 时数据中同时存在光伏和风电。

2）确定风电和光伏的发电功率。风力发电和光伏发电模型如下：

$$P_{\mathrm{WT}}(t)=k_4v^3\tag{2.25}$$

$$P_{\mathrm{PV}}(t)=k_1G^2(t)+k_2T(t)G(t)+k_3G(t)\tag{2.26}$$

式中，P_{WT}为风电出力；P_{PV}为光伏出力；v 为风速；G 为太阳光辐照强度；T 为温度；k_1、k_2、k_3、k_4为比例系数。

将窗口 1 记录的风速变化 Δv 和总功率数据变化 ΔP 代入式（2. 25），计算 k_4，计算结果概率最大的数值为 k_4的唯一解。将 k_4代回式（2. 25）计算风力发电的发电功率。光伏发电的参数计算方法与风力发电类似，将幅度变化 ΔM、温度变化 ΔT、总功率变化 ΔP 代入式（2. 26）求出 k_1、k_2、k_3的唯一解。

3）建立发电设备功率模型。建立总发电功率与风速、光伏的关系：

$$P_{\text{gen}}(t)=k_1G^2(t)+k_2T(t)G(t)+k_3G(t)+k_4v^3 \tag{2.27}$$

（3）储能识别

自能源中蓄电池兼具用电和发电特性，其充放电行为由可再生能源的发电量 $P_{\text{gen}}(t)$、端口输出功率 $x(t)$ 和电价 $p(t)$ 决定。同时，各自能源不同的储能策略会造成不同的充放电行为，导致无法通过一个统一储能策略对所有自能源进行储能识别。因此，本节采用 BP 神经网络学习自能源的储能策略，从而实现储能行为的识别。储能设备识别过程如下：

1）学习储能策略。将储能行为按充放电功率大小分为 k 类，$P_{\text{gen}}(t)$ 在区间 $[0,\max(P_{\text{gen}}(t))]$ 内分为 n 类，$x(t)$ 在区间 $[x_{\min},x_{\max}]$ 内分为 m 类，$p(t)$ 在区间 $[\min(p(t)),\max(p(t))]$ 内分为 l 类，上述分类满足 $k\leqslant n\times m\times l$，将 $n\times m\times l$ 种情况作为储能设备的决策变量输入 BP 神经网络进行训练。

2）建立输出矩阵。输出矩阵 $[c_1\ c_2\ c_3]$ 由 0 和 1 组成，其中，$c_1=1$ 时储能充电，$c_2=1$ 时储能放电，$c_3=1$ 时储能不工作。

3）分离储能波形。窗口 1 记录输出矩阵变化时刻 $[t_1,t_2,\cdots,t_n]$，并计算变化时刻端口输出功率的差值作为储能波形。

（4）耦合设备识别

自能源中耦合设备主要包括电锅炉和燃气锅炉，电锅炉消耗电能产生热能，其工作时会引起电热数据波动，燃气锅炉消耗气能产生热能，其工作时会引起气热数据波动。单一窗口滑动不能精准地识别耦合设备，为解决识别精度问题，采用多窗口联合滑动的方法对耦合设备进行识别。根据窗口数据同时发生波动的类型来判断耦合设备的种类。

自能源中，燃气锅炉通过消耗气能产生热能，其单位时间内所产生的热能与进气量的关系为

$$P_{\text{H,MT}}=\eta_{\text{g2h}}H_{\text{u}}\,\dot{m}_{\text{g}} \tag{2.28}$$

式中，$P_{\text{H,MT}}$ 为微燃气轮机的输出热功率；η_{g2h} 为微燃气轮机产热效率；H_{u} 为天然气热值；$\dot{m}_{\text{g}}$ 为进气量。

电锅炉消耗电能产生热能，输入电功率为 $P_{\text{E,EB}}$ 时，其热功率 $P_{\text{Q,EB}}$ 表达式如下：

$$P_{\text{Q,EB}}=\eta_{\text{EB}}P_{\text{E,EB}} \tag{2.29}$$

式中，$P_{\text{E,EB}}$ 为电锅炉输入功率；η_{EB} 为电锅炉热效率。

电转热、气转热实质上均为通过消耗电能、天然气对锅炉内炉水加热的

过程，水温升高到一定温度会消耗一定的时间，即能源转换设备在运行过程中存在一定的延时。根据热量公式可知：

$$\tau = cm\Delta t/\eta P_{\mathrm{H}} \tag{2.30}$$

式中，τ 为延时时间；c 为比热容；m 为电锅炉内筒炉水质量；Δt 为温差；η 为热效率；P_{H}为热功率。

窗口 2 和窗口 3 对 P_{E}的波动时间点进行记录，形成时间矩阵 $\boldsymbol{T}_{\mathrm{E}}=[t_{\mathrm{e}_1},t_{\mathrm{e}_2},\cdots,t_{\mathrm{e}_x}]$，对 P_{Q}的波动时间点进行记录，形成时间矩阵 $\boldsymbol{T}_{\mathrm{Q}}=[t_{\mathrm{q}_1},t_{\mathrm{q}_2},\cdots,t_{\mathrm{q}_n}]$，对 P_{H}的波动时间点进行记录，形成时间矩阵 $\boldsymbol{T}_{\mathrm{H}}=[t_{\mathrm{h}_1}-\tau,\ t_{\mathrm{h}_2}-\tau,\cdots,t_{\mathrm{h}_m}-\tau]$。耦合设备分类判定：

$$\begin{cases} \boldsymbol{T}_{\mathrm{Q}}=\boldsymbol{T}_{\mathrm{H}}\cap\dfrac{\Delta Q_1}{\Delta H_1}=\dfrac{\Delta Q_2}{\Delta H_2},t\text{ 时刻为燃气锅炉} \\ \boldsymbol{T}_{E}=\boldsymbol{T}_{H}\cap\dfrac{\Delta E_1}{\Delta H_1}=\dfrac{\Delta E_2}{\Delta H_2},t\text{ 时刻为电锅炉} \end{cases} \tag{2.31}$$

当 $\boldsymbol{T}_{\mathrm{Q}}=\boldsymbol{T}_{\mathrm{H}}$并且前一时刻 ΔQ（气值变化）与 ΔH（热值变化）的比值与此刻气热数据波动的比值相等时，判定为燃气锅炉波动；进而对波动时间点进行记录，形成时间矩阵 $\boldsymbol{T}_{\mathrm{W}}=[t_1,t_2,\cdots,t_c]$，根据 $\boldsymbol{T}_{\mathrm{W}}$，将燃气锅炉在气热中的波形变化分离并识别出来。当 $\boldsymbol{T}_{\mathrm{E}}=\boldsymbol{T}_{\mathrm{Q}}$时并且前一时刻 ΔE（电值变化）与 ΔH（热值变化）与此刻电热数据波动的比值相等时，判定为电锅炉数据波动；进而对波动时间点进行记录，形成时间矩阵 $\boldsymbol{T}_{\mathrm{EH}}=[t_1,t_2,\cdots,t_x]$，根据 T_{EH}，将电锅炉在电气热中的波形变化分离并识别出来。

（5）用能设备识别

自能能源存在电、气、热三种形式能源，由于三种能源采集频率不同，电端口采样周期为 9 s/个，热端口为 3 min/个，气端口为 5 min/个，而公共数据集数据采样周期为 3 s/个，在进行联合扫描时，采集数据不同步将直接影响非侵入式识别精度和建模的准确度。

本节利用 GAN 的数据生成能力对电、气、热数据进行填补和同步，如图 2.12 所示，将分离的各个设备数据输入 GAN 网络，通过生成器对数据采样周期不一致的部分进行补全，并且在对判别器增加 softmax 全连接层基础上，实现对补全的设备数据进行分类处理，从而提高设备识别精度和模型建立准确度。

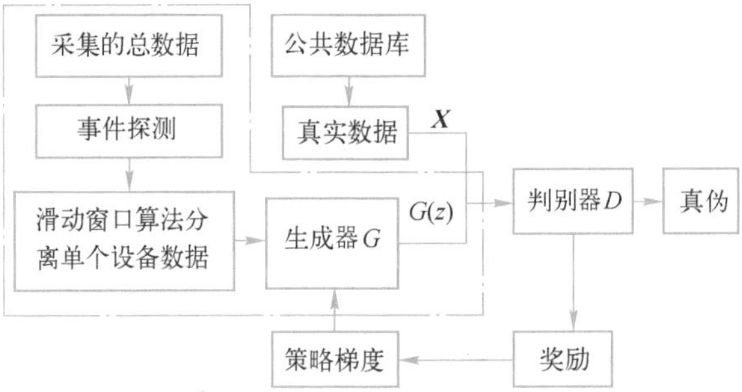

图 2.12　GAN 网络模型

传统 GAN 只能给出整个连续序列的得分/损失，不能很好地评估当前生成的离散数据的好坏和对后续生成的影响，因此本节采用强化学习与 GAN 结合的方法来训练模型，生成模型被视为强化学习的媒介，其状态是到目前为止已生成的序列，而动作是要生成的下一个序列。判别器根据工作要求的特定任务的序列得分来给予不同的奖励，实现评估序列并反馈评估以指导学习生成模型。为了解决输出离散时梯度不能返回到生成模型的问题，将生成模型视为一种随机参数化策略。在策略梯度中，采用蒙特卡罗搜索来近似状态作用值。

本节所提方法识别出的设备中存在大量可控设备，如空调、电暖气、电热水器、电冰箱、耦合设备、储能设备等，这些设备工作方式灵活可控、分布空间广泛，具有较大的可调度潜力。同时，在以激励为基础的能源互联网调度中，对自能源中一些允许运营商直接控制的设备进行合理调度，可以达到优化负荷波形、削峰平谷等目的。因此本节在对自能源进行非侵入式监测的基础上，通过分析自能源用能规律和设备特征，将相关设备按照可调度性可分为以下三类：

1）不可调度设备，主要包括不可平移和不可调节的负荷设备。例如，风力发电、光伏发电、电视、夜间照明灯等。

2）可平移设备。在一天中，可平移电负荷总用电量不变，只是改变设备的用电时间段，例如，洗碗机、消毒柜等。

3）可调节设备。在用户设定的可调节程度范围内，可调节设备可以被动调节功率大小。例如，耦合设备（电锅炉、燃气锅炉）、储能设备、空调等。

2.4.3　算例分析

为了验证 2.4.2 节所提方法在自能源系统设备非侵入式检测中的应用效

果，本节选取我国北方一别墅区进行训练和测试，并且选取 90 家别墅的电、气、热数据作为训练集，另外 10 家别墅作为测试集，训练集别墅包括风机、光伏、电储能、冰箱、空调、洗碗机、洗衣机、供水暖气、电锅炉、燃气灶、燃气锅炉等设备。测试别墅分解得到各个设备在每个时刻的功率（或者热量）并通过别墅 91 进行仿真展示。

图 2. 13 为不可调度设备数据库数据和识别数据的对比曲线，识别值和数据库值基本吻合，说明算法分离识别的准确度高。

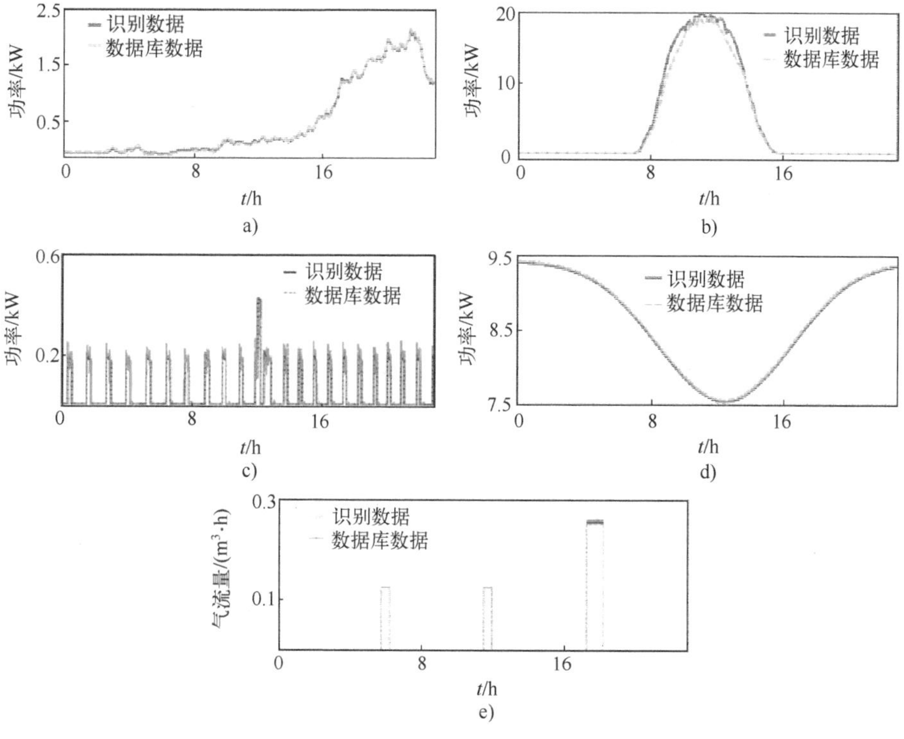

图 2.13 不可调度设备数据库数据与识别数据对比曲线
a) 风电功率 b) 光伏功率 c) 冰箱功率 d) 热负荷功率 e) 燃气灶

图 2. 14 为可调度设备的数据库数据和识别数据的对比曲线，图 2. 14a 为运用储能设备的决策变量进行储能行为的识别的电储能充放电功率。购电量大时，蓄能电池放电；购电量较低时，蓄电池充电。

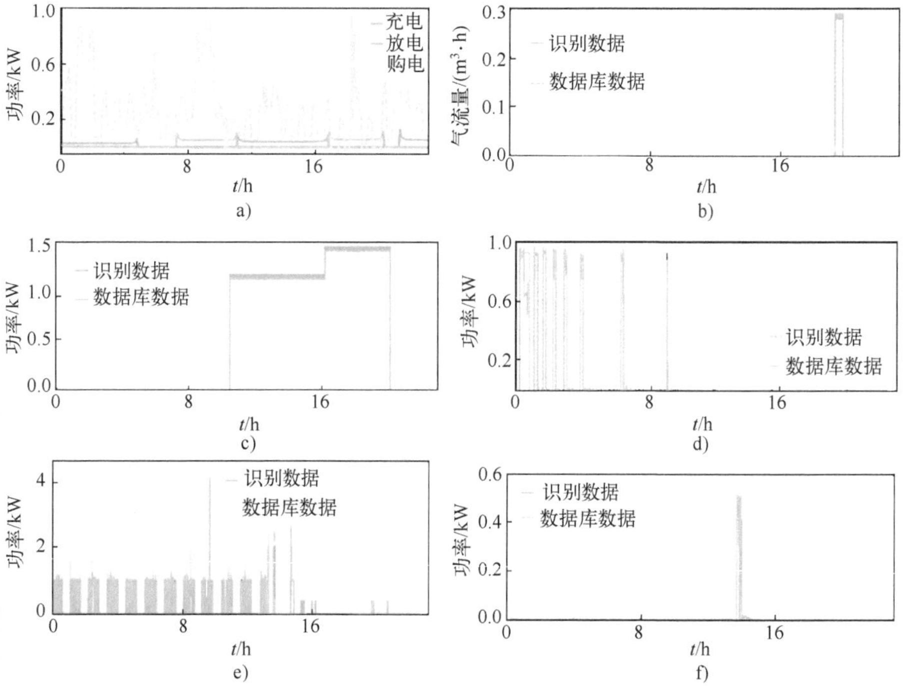

高清图 2.14

图 2.14 可调度设备数据库数据与识别数据对比图形

a) 电储能 b) 燃气锅炉 c) 电锅炉 d) 空调 e) 洗碗机 f) 洗衣机

图 2.15 为生成器和判别器的损失函数随训练次数增加的变化情况。从图 2.15 可以看出，生成器和判别器的损失函数随着训练次数的增加，两个图都呈现下降的趋势，训练中都出现大幅度振荡，这是生成器和判别器进行对抗的结果。

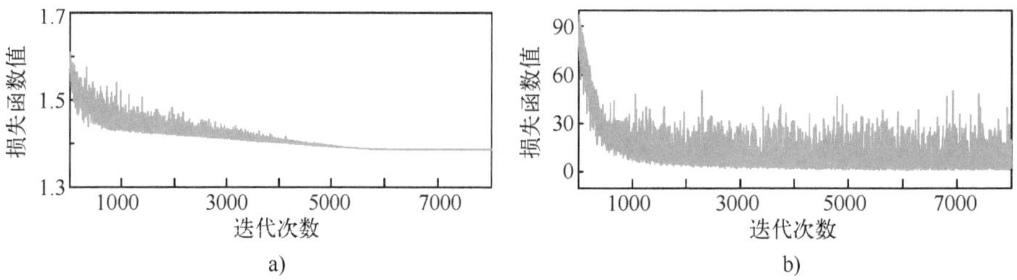

图 2.15 GAN 网络损失函数图形

a) 判别器 b) 生成器

为了对分解算法进行全面的评价，选取4个参数作为评价算法的指标，分别为准确度、召回率、F1分数和平均绝对误差，其具体计算方法如下：

$$\mathrm{PRE}=\frac{T_{\mathrm{P}}}{T_{\mathrm{P}}+F_{\mathrm{P}}} \tag{2.32}$$

$$\mathrm{REC}=\frac{T_{\mathrm{P}}}{T_{\mathrm{P}}+F_{\mathrm{N}}} \tag{2.33}$$

$$\mathrm{F1}=2\times\frac{P_{\mathrm{RE}}R_{\mathrm{EC}}}{P_{\mathrm{RE}}+R_{\mathrm{EC}}} \tag{2.34}$$

$$\mathrm{MAE}=\frac{1}{T_1-T_0}\sum_{t=T_0}^{T_1}\mathrm{abs}(y_{t_2}-y_t) \tag{2.35}$$

式中，PRE为准确度；REC为召回率；F1代表F1分数，也叫平衡分数；T_{P}表示设备实际工作状态且算法分解结果也为该工作状态的序列总点数；F_{P}表示设备实际工作状态但是算法分解结果为非该工作状态的序列总点数；F_{N}表示用电器未工作但算法分解结果为该用电器在工作状态的序列点总数；y_t为t时刻设备的真实功率；y_{t_2}为t时刻模型分解的设备功率；MAE为时间段T_0到T_1内功率分解值的平均绝对误差。

PRE、REC、F1分数反映算法判断设备处于工作状态的准确度，MAE反映模型分解功率值的准确性。以别墅91为例，相应的评价指标计算结果见表2.4。由表2.4可知，本节提出的GAN分解识别方法在各种设备上都取得了很好的判别效果。

表2.4　别墅91设备识别的评价指标

可调度性	不可调度设备					可调度设备					
指标	风电	光伏	冰箱	供水暖气	燃气灶	电储能	燃气锅炉	电锅炉	空调	洗衣机	洗碗机
PRE	0.998	0.967	0.999	0.991	0.998	0.985	0.996	0.993	0.784	0.926	0.991
REC	0.971	0.984	0.972	0.987	0.985	0.995	0.993	0.995	0.766	0.768	0.833
F1分数	0.993	0.995	0.994	0.998	0.982	0.995	0.994	0.997	0.796	0.826	0.859
MAE	0.96	0.931	0.964	0.951	0.962	0.963	0.937	0.934	3.001	2.236	2.012

进一步地，为验证2.4.2节方法的准确性，对别墅91~别墅100进行了仿真验证的测试，表2.5列举了别墅91、别墅95、别墅100的验证结果，

结果证明模型准确度均在90%以上，验证了模型的准确性。

表 2.5 三个别墅验证模型准确度评价指标

房屋	可调整性	数据库功率/W	模型功率/W	准确度
别墅91	可调节	1600	1562	0.9763
	可削减	900	834	0.9267
	可平移	500	501	0.998
	不可调整	12200	11000	0.9527
别墅95	可调节	1586	1511	0.9527
	可削减	862	854	0.9907
	可平移	532	500	0.9398
	不可调整	12040	12127	0.9928
别墅100	可调节	1482	1500	0.988
	可削减	763	759	0.9947
	可平移	552	513	0.9293
	不可调整	13024	13651	0.9541

根据上述算例结果可知，针对含有风电、光伏、储能及耦合设备的非侵入式检测，通过提出的GAN能够对自能源中风电、光伏、储能及耦合设备进行特性分析、特征提取，最终利用联合滑动窗口方法进行梯度分离，实现了自能源非侵入式检测。

2.5 本章总结

信息能源系统正在向着以电力系统为核心，以可再生能源为主要能源，电、气、冷、热多能源互补协调，一次系统与信息系统高度融合的零碳/低碳方向发展。随着能源系统与信息系统的深度耦合，其数据处理的重要性会逐渐凸显。数据处理是研究能源数据的采集、传播、存储、分析及应用的全过程，其核心目标是从大量历史及实时运行数据中，通过数据挖掘方式获取有价值的知识。

本章概述了数据特征、现有数据处理类型及方法，进而着重介绍了数据生成、缺损数据补偿及非侵入式检测三类典型性数据处理实例，通过深度学习方法融合了监督式与非监督式学习。基于多隐含层、多类型神经元网络结构，从输入数据中提取到抽象的数据特征，进而利用服从不同概率分布但相互关联的数据集来提高学习精度，并最终得到需求的输出数据。借助于上述方法中统计型、因果型及博弈型等不同类型知识的融合碰撞，可以实现能源数据价值应用的提升。数据处理的有效实施不仅有助于能源的高效利用，而且为能源协同控制、优化及管理的高效协调运行和可持续发展奠定了可靠的分析基础。

第 3 章

信息能源系统机理建模

3.1 引言

当前，国内外对自能源系统的概念、物理架构及相关模型已经进行了较为深入的研究，但已有研究大多是针对某一特定/假定的区域能源系统进行建模，对自能源系统中各类典型物理设备及其数学模型并未进行系统性的梳理和总结。同时，自能源系统存在多种形式的能源子系统，其内部设备结构不同，系统属性、功能和运行特点也有着很大的差别。而且传统的建模仿真技术、运行优化策略、控制和保护技术已经难以解决多结构、多层次、多模态、多时空、非线性的自能源系统所遇到的各种问题。

目前现有的研究，较多是关于电-气耦合的网络建模。如张义斌等对电力-天然气混合系统进行了分析与优化，且侧重于对混合系统中的天然气网络各元件与管网建立其数学模型，并提出了一种混合负荷的统一求解方法；孙秋野等也对电-气混合系统进行了稳态分析，但与张义斌不同的是，它将温度列入了天然气网络的状态变量之中；Liu 等分析的是电-热耦合的网络，不仅针对电网和热网建立了稳态模型，还针对热电联产机组、热泵和电锅炉等电-热耦合单元进行建模，提出了一种分立求解法来对电-热耦合系统进行多能流分析，并且与统一求解法的结果进行对比以分析二者优劣；孙秋野等最先开始分析电力网络、天然气网络及热力网络三者结合的综合能源系统，并考虑了循环泵、燃气锅炉、燃气轮机、电动压缩机等耦合单元；王英瑞等提出了电-气-热耦合系统的多能流求解法，基于统一能路理论，针对天然气网络与供热网络，提出了相适应的潮流计算方法；陈彬彬等和孙秋野等基于电路理论中“场”到“路”的推演方法论，提出了综合能源系统的统一能路理论；陈彬彬等还基任务于统一能路理论，提出了相适应的潮流计算方法；胡旌伟等对能源互联网信息-物理-能源-经济系统建模的同时，给予了自能源系统的动态模型，但模型较小，无法展示信息能源系统全貌，不具有普适性。

为了解决上述问题，本章从静态模型和动态模型两方面出发。在静态模型方面研究了节点模型和支路模型。其中，节点模型根据各个节点处的功率平衡条件建立模型，并加入了多种耦合设备，实现自能源系统的多能协同。支路模型以各个支路为模型，类比电路模型、借鉴电路分析理论，以电路模型为基础，在一定前提条件下建立自能源网络的支路静态模型。在动态模型方面，引入了微型燃气轮机作为耦合设备，建立了自能源系统整体状态空间模型。同时，为了响应国家“碳达峰，碳中和”的号召，建立了自能源系统的碳排放流模型，为自能源系统发展低碳/零碳提供了理论模型。

其次，虽然自能源系统的模型能够准确地描述系统的动态行为，但模型维数可能会达到成千上万维，分析和控制策略制定过程的计算耗时往往难以估计。这就造成了目前一些先进、有效但又复杂的分析控制方法仅在小规模电力系统中得到很好的应用，却无法适应大规模系统。为提高自能源系统模型应用的便捷性，采用降阶方法对自能源系统建模中获得的动态方程进行降阶，用一个简单、低维度的动态系统模型来代替复杂、高维度的动态系统模型并保留原有系统的重要特征，以满足现代自能源系统安全稳定分析和实用性需求。

本章中采用了 Krylov 子空间模型降阶方法。此方法是模型降阶中的一类基本方法，通常采用所构造的标准列正交向量基对原始系统进行降阶。相对于平衡截断降阶方法，Krylov 子空间模型降阶方法算法稳定、实现简单，能够保持原始系统一定数量的矩，并且 Krylov 子空间模型降阶方法可以广泛应用于非线性系统。而平衡截断降价方法仅限应用于线性系统，而且在面对高维系统时，计算量巨大，难以得到较为准确的结果。

本章最后对降阶结果进行了仿真验证，实现了自能源系统的降阶处理，并验证了建立的自能源系统动态模型的正确性。

3.2 自能源系统节点静态模型的建立

自能源中，能源载体形式各种各样，包括电能、热能、天然气和交通，自能源可以是拥有分布式发电、储能、冷热电联产等能源生产、转换和存储设备的个人、别墅、企业或社区，也可以是具有能源质量调节能力的电厂、供热站等。与传统能源系统（微电网、直供热网、直供气网）相比，自能源强耦合性和互补性使得自能源具有将不同种类能源转换成自己所需能源的能力。

自能源间通过能源端口与其他自能源交换能量。图 3.1 为涵盖电能、热能、天然气的自能源结构，负荷（电负荷、热负荷和天然气负荷）由本地能量生产单元供能，多余能源不仅可以通过能量存储设备进行储能，还可以通过能源端口进行能量交换。

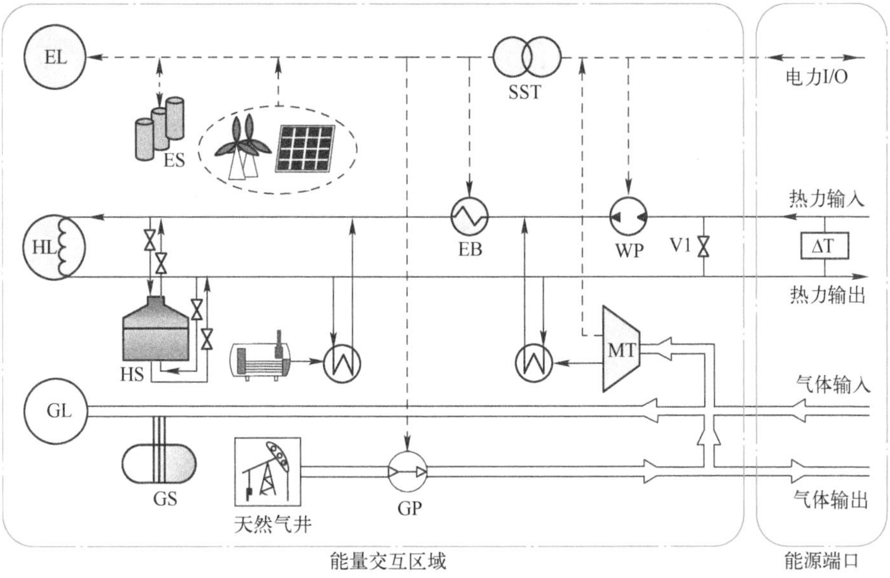

图 3.1 自能源结构

3.2.1 电力网子系统模型

根据图 3.1 所示自能源结构，其中，电力网子系统模型包括分布式电源、储能设备、负荷及能量转换单元。储能设备充放电过程带有一定的计划性，因此可以联合分布式电源统一被视为电力子网中的 PQ 节点，将分布式电源联储模块等效成输出功率可控的微电源，经过逆变器向本地负荷和其他区域输送功率。负荷单元是由网络中众多用电设备和用户组成的综合对象，具有非线性和异构性，根据负荷特性可以分为静态负荷和动态负荷。本节中涉及的电能转换单元主要包括电锅炉、水泵、天然气压缩机，这些转换单元的能量输入波动会影响耦合网络的能源输出，因此其模型不能视为常规负荷或电源，其等效模型如图 3.2 所示。

从自能源端口来看，分布式电源联储模块可以描述为

$$\widetilde{S}_{DG}=-(P_{DG}+jQ_{DG}) \tag{3.1}$$

式中，$\widetilde{S}_{DG}$为分布式电源联储模块输出的复功率；P_{DG}为有功功率；Q_{DG}为无功功率。

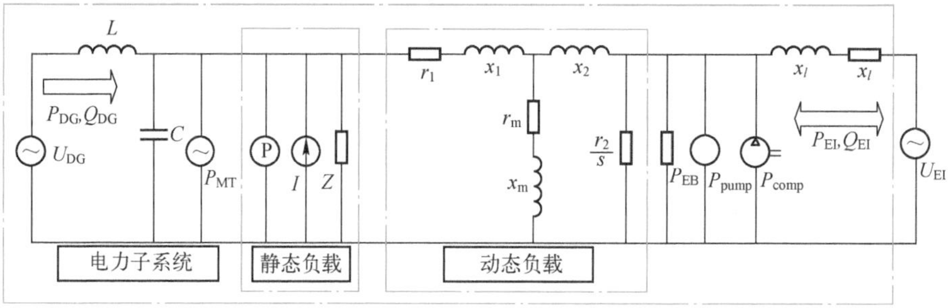

图3.2 电力网子系统模型

为了更好地协调自能源系统中的有功和无功功率分配，系统采用下垂控制方法来控制逆变器功率输出：

$$\begin{aligned} P_{DG} &= P_{DG,0} - \frac{1}{m}(f - f_0) \\ Q_{DG} &= Q_{DG,0} - \frac{1}{n}(U_{DG} - U_0) \end{aligned} \tag{3.2}$$

式中，m 为频率下垂系数；n 为频率下垂系数；f_0 和 f 分别为逆变器额定频率和输出频率；U_0 和 U_{DG} 分别为额定电压和输出电压；$P_{DG,0}$ 和 $Q_{DG,0}$ 分别为逆变器的有功和无功额定容量。

在自能源中，微燃气轮机通过燃烧天然气产生热能，其中，具有较高压力和温度的高品位热能转换为电能，低品位热能通过热交换器供给热负荷，其单位时间内所产生的电能与进气量的关系为

$$P_{E,MT} = \eta_{g2e} H_u m_g \tag{3.3}$$

式中，$P_{E,MT}$ 为微燃气轮机的输出电功率；η_{g2e} 为微燃气轮机发电效率；H_u 为天然气燃烧低位发热值；m_g 为单位时间天然气的进气量。

自能源中电力系统的静态负荷按特性分为恒定阻抗（Z）、恒定电流（I）和恒定功率（P）三种负载，按一定比例将其组合，可以表示为电压的二次函数，即

$$\widetilde{S}_{L0} = P_{L0} + jQ_{L0} \tag{3.4}$$

自能源中电力系统的动态负荷主要由感应电动机组成，根据感应电动机机械暂态过程，其模型可以描述为

$$\widetilde{S}_{\mathrm{L}}=\frac{R_{\mathrm{L}}}{R_{\mathrm{L}}^{2}+X_{\mathrm{L}}^{2}}U^{2}+\mathrm{j}\frac{X_{\mathrm{L}}}{R_{\mathrm{L}}^{2}+X_{\mathrm{L}}^{2}}U^{2} \tag{3.5}$$

式中，R_{L} 为感应电动机的等效电阻；X_{L} 为感应电动机的等效电抗。

自能源中的电锅炉可以将电能转换为热能，为热力管网提供热量，其电功率 $P_{\mathrm{E,EB}}$表达如下：

$$P_{\mathrm{E,EB}}=UI_{\mathrm{EB}} \tag{3.6}$$

式中，$P_{\mathrm{E,EB}}$为电锅炉输入功率；I_{EB}为电锅炉电流。

自能源中的水泵和空气压缩机将电能转换为机械能，从而增加热力管网和天然气管网对介质的输送能力，其耗电功率可以表示为

$$\begin{aligned}P_{\mathrm{E,pump}}&=UI_{\mathrm{pump}}\\P_{\mathrm{E,comp}}&=UI_{\mathrm{comp}}\end{aligned} \tag{3.7}$$

式中，$P_{\mathrm{E,pump}}$和 $P_{\mathrm{E,comp}}$分别为水泵和压缩机的输入功率；I_{pump}和 I_{comp}分别为水泵和压缩机电锅炉的电流。

根据系统结构，电力子系统中线路损耗 $\Delta\widetilde{S}_{1}=\Delta P_{1}+\mathrm{j}\Delta Q_{1}$ 可表示为

$$\begin{aligned}\Delta P_{1}&=\frac{r_{1}}{r_{1}^{2}+x_{1}^{2}}(U_{\mathrm{EI}}-U)^{2}\\\Delta Q_{1}&=\frac{x_{1}}{r_{1}^{2}+x_{1}^{2}}(U_{\mathrm{EI}}-U)^{2}\end{aligned} \tag{3.8}$$

式中，$r_{1}+\mathrm{j}x_{1}$ 为自能源端口到负荷的线路阻抗。

$$\begin{aligned}P_{\mathrm{E}}&=P_{\mathrm{L0}}+P_{\mathrm{L}}+P_{\mathrm{E,EB}}+P_{\mathrm{pump}}+P_{\mathrm{comp}}+\Delta P_{1}-P_{\mathrm{DG}}-P_{\mathrm{E,MT}}\\Q_{\mathrm{E}}&=Q_{\mathrm{L}}+Q_{\mathrm{L0}}+\Delta Q_{1}-Q_{\mathrm{DG}}\end{aligned} \tag{3.9}$$

3.2.2 热力网子系统模型

在供热系统中，由信息能源系统提供带有一定温度和质量流率的水，经过水泵、电锅炉和热交换器等设备加压升温后向自能源中的热负荷提供热量，最后经由回水管流回信息能源系统。目前，集中供热系统的经济收益大多来自采暖用户每年固定缴纳的采暖费，而非用户有关实时采暖热量的价格函数。因此，本节从供热子系统功率平衡的角度出发对自能源建模，通过调整设备输入功率控制系统中的各状态变量，从而对自能源热网系统进行控制，同时根据本节所建模型对供热系统进行实时经济性分析，其等效模型如图 3.3 所示。

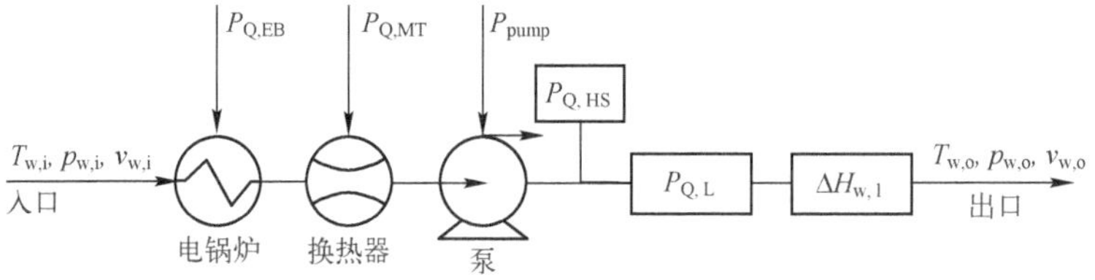

图 3.3 热力网子系统模型

在图 3.3 所示热力子系统中，无能源耦合设备时测得进水后流体状态变量为 $T_{w,i}$、$p_{w,i}$ 和 $v_{w,i}$。由于管道中的水带有流动性，为方便计算热网热功率对流体温度变化的影响，本节从热力学角度对热功率给出如下定义。

定义 3.1 在理想情况下，管道的热功率是指单位时间内管道中流体通过某一截面时流体所具有的热量，单位为 W。热功率表征管道输送热量的快慢，其计算公式为

$$P_Q = c\dot{m}T \tag{3.10}$$

式中，c 为比热容（J/kg · K）；$\dot{m}=\rho vS$ 为流体的质量流率（kg/s），ρ 为流体密度，v 为速度，S 为管道横截面积；T 为流体的温度（K）。

电锅炉作为热力管网中的升温设备，可以将电能转换为热能，为热力管网提供热量。当接入输入电功率为 $P_{E,EB}$ 的电锅炉时，其热功率 $P_{Q,EB}$ 表达如下：

$$P_{Q,EB} = \eta_{EB} P_{E,EB} \tag{3.11}$$

式中，η_{EB} 为电锅炉热效率；$P_{E,EB}$ 为电锅炉输入功率。

在自能源中，微燃气轮机在向电力子系统提供电能的同时也向热力子系统提供热能，其单位时间内所产生的热能与微燃气轮机进气量的关系为

$$P_{Q,MT} = \eta_{g2h} H_u \dot{m}_g \tag{3.12}$$

式中，$P_{Q,MT}$ 为微燃气轮机的输出热功率；η_{g2h} 为微燃气轮机产热效率；H_u 为天然气低热值；$\dot{m}_g$ 为微燃气轮机进气质量流量。

在热力管网中，水泵的输入功率 P_{pump} 与泵的转速 ω 的三次方成正比，而泵转速的改变会直接影响热力管网中流体的流速与压强：

$$P_{pump} = \frac{\dot{m}_w H_w}{1000\eta_{pump}} \tag{3.13}$$

式中，$\dot{m}_w$ 为水泵进水的质量流量；H_w 为水泵扬程；η_{pump} 为水泵效率。

假设水泵进水口与出水口高度相等，即 $h_1 = h_2$，若水泵的输入功率为

P_{pump}，由于进出水管管径不变，管道内流体流速不突变，因此水泵扬程瞬间转化为流体压强，由式（3.13）及带有机械能输入的伯努利方程可得到加压后水泵出水后压强 p_{w} 为

$$p_{\text{w}}=p_{\text{w,i}}+\frac{1000\eta_{\text{pump}}\rho_{\text{w}}gP_{\text{pump}}}{\dot{m}_{\text{w,1}}} \tag{3.14}$$

式中，g 为加压系数；$\dot{m}_{\text{w,1}}$为水泵加压之前流体质量流率。

对整个热力管网，假设出水后压强 $p_{\text{w,o}}$不变，则根据式（3.14），管道中流体流速经水泵加压后变为

$$v_{\text{w}}^2=v_{\text{w,1}}^2+\frac{2000\eta_{\text{pump}}gP_{\text{pump}}}{\rho_{\text{w}}S_{\text{pipe}}v_{\text{w,1}}}+\frac{2p_{\text{w,i}}-2p_{\text{w,o}}}{\rho_{\text{w}}} \tag{3.15}$$

基于以上分析，当管道中加入功率为 P_{pump}的水泵时，其输出热功率为

$$P_{\text{Q,pump}}=c_{\text{w}}\rho_{\text{w}}S_{\text{pipe}}(v_{\text{w}}-v_{\text{w,1}})T_{\text{w}} \tag{3.16}$$

在实际工程中，由于建筑的能耗与室内室外温度、建筑结构等多方面因素有关，采暖用户的热负荷很难得到一个精准的模型。本节采用热力学中较为通用的单位面积指标法对热负荷进行建模，由于供热系统中的燃煤锅炉和热储能设备具有一定的计划性，对其控制可等效为控制建筑采暖面积，因此锅炉用户储能联合模型可表示为

$$\begin{gathered}P_{\text{Q,L}}=\chi_{\text{Q,L}}F_{\text{Q,L}}\\F_{\text{Q,L}}\in\left(\frac{\chi_{\text{Q,L}}F_{\text{Q,L}}^{\min}-P_{\text{Q,B}}^{\max}-P_{\text{Q,HS}}^{\max}}{\chi_{\text{Q,L}}},\frac{\chi_{\text{Q,L}}F_{\text{Q,L}}^{\max}+P_{\text{Q,HS}}^{\max}}{\chi_{\text{Q,L}}}\right)\end{gathered} \tag{3.17}$$

式中，$P_{\text{Q,L}}$为建筑物采暖热负荷；$\chi_{\text{Q,L}}$为建筑单位面积耗热指标；$F_{\text{Q,L}}$为可控建筑面积；$P_{\text{Q,B}}^{\max}$和 $P_{\text{Q,HS}}^{\max}$分别为燃煤锅炉最大热功率和热储能最大存储（释放）功率。

由于流体在运动时存在黏性，在管道中流动会产生摩擦力，使得流体一部分机械能转换为热能，因此虽然管道中流体由于摩擦阻力减小了流速，但温度却增加了，从功率平衡角度来看，流体的热功率损失非常小，可忽略不计。

根据本节所建立的热力子系统结构，自能源热力子系统的输出功率为

$$P_{\text{Q,o}}=P_{\text{Q,i}}+P_{\text{Q,EB}}+P_{\text{Q,MT}}+\Delta P_{\text{Q,pump}}-P_{\text{Q,L}} \tag{3.18}$$

3.2.3 天然气网子系统模型

在天然气管网中作为一个可控气源，天然气气井联合储气罐输出具有一

定 $v_{g,1}$、$p_{g,1}$和 $\rho_{g,1}$的天然气，经过空气压缩机升压后与天然气管网汇流，与电网中功率流动规律类似，经压缩机升压后天然气压力大于信息能源系统端压强时，自能源向信息能源系统输出天然气，反之信息能源系统向自能源输入。自能源内天然气子系统模型如图 3.4 所示，其中，$v_{g,1}$、$p_{g,1}$和 $\rho_{g,1}$为自能源端口天然气状态变量，$\dot{m}_{g,L}$为天然气负荷。

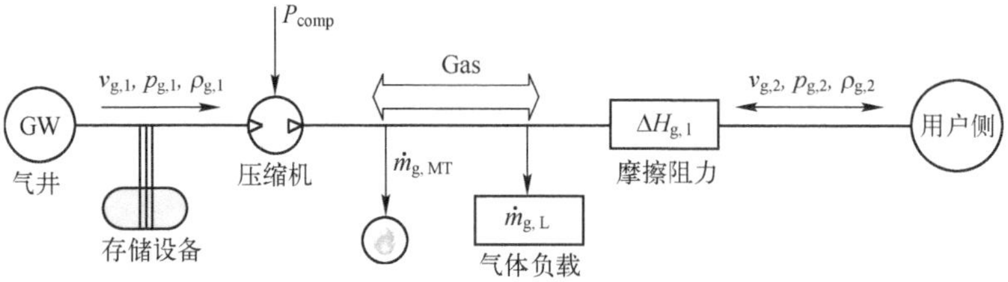

图 3.4 天然气网子系统模型

本节根据天然气管网中总能量守恒和气体状态变量转化规律研究天然气的流量变化。其中，天然气压缩机的输入功率与电力网络耦合，其工作原理与水泵类似，但由于天然气是可压缩的，加压后天然气的密度和流速等都会发生改变，因此，压缩机输入功率对天然气管网的影响与热力管网不同。假设压缩机的输入功率为 P_{comp}，由于气体流速、密度不能瞬变，其功率变化全部转化为 H_g。由伯努利方程可得到天然气压力瞬时变化量 $\Delta p_{g,1}$为

$$\Delta p_{g,1}=\rho_{g,1}gH_g \tag{3.19}$$

引理 3.1 在理性气体中，管道中压缩机输入功率 P_{comp}与管道中气体流速变化量 Δv_g、气体压强变化量 Δp_g 的关系为

$$p_{g,1}\Delta v_g+v_{g,1}\Delta p_g+\Delta p_g\Delta v_g=\gamma_1 P_{comp} \tag{3.20}$$

式中，$\gamma_1=\dfrac{1000g\eta_{comp}}{1+c/RZ}$。

证明：在不考虑气体对外热损失的条件下，根据能量守恒定律，压缩机对气体所做功的一部分以机械能形式传给气体的理论能头，另一部分以热能形式传给气体，因此，管道中气体的总功率 $P_{g,tot}$为

$$P_{g,tot}=P_M+P_Q \tag{3.21}$$

式中，P_M 为气体的机械功率。

当压缩机功率为 P_{comp}时，根据式（3.21），气体总功率变化为

$$\Delta P_{g,tot}=\Delta p_{g,1}Sv_1 \tag{3.22}$$

由式（3.19）、式（3.21）可得压缩机的输入功率为 P_{comp}时，管道中气

体的功率平衡方程为

$$(p_{g,1}+\Delta p_{g,1})v_{g,1}S+c\dot{m}_{g,1}T_{g,1}=p_{g,2}v_{g,2}S+c\dot{m}_{g,2}T_{g,2} \tag{3.23}$$

根据理想气体状态方程可得

$$\rho_g T_g=\frac{M}{R}p_g \tag{3.24}$$

式中，M 为气体的摩尔质量；R 为气体常数。

将式（3.19）、式（3.24）及 $p_{g,2}=p_{g,1}+\Delta p_g$ 代入式（3.23），即可得出 P_{comp} 与 Δv_g、Δp_g 的关系。

根据式（3.20），当天然气管网接入输入功率为 P_{comp} 的压缩机时，若系统稳定，管道中天然气压强变化量与速度变化量的乘积可以表示为

$$\Delta p_g\Delta v_g=\gamma_1 P_{comp}+2p_{g,1}v_{g,1}-p_{g,1}v_g-v_{g,1}p_g \tag{3.25}$$

在天然气管网中，微燃气轮机和天然气负荷出气口均有测速装置，其输出天然气量可控，假设微燃气轮机和天然气负荷出气口压强均为标准大气压，则微燃气轮机和天然气负荷的气流量可以表示为

$$\begin{aligned}V_{g,MT}&=S_{g,MT}v_{g,MT}\\V_{g,L}&=S_{g,L}v_{g,L}\end{aligned} \tag{3.26}$$

假设经压缩机升压后的气体状态变量为 $v_{g,s}$、$p_{g,s}$ 和 $\rho_{g,s}$，且天然气管网水平放置，根据图3.4所示天然气管网沿程流量变化可列出天然气总流的伯努利方程为

$$\begin{aligned}\dot{m}_{g,2}\left(\frac{p_{g,2}}{\rho_{g,2}g}+\frac{v_{g,2}^2}{2g}\right)&=\dot{m}_{g,s}\left(\frac{p_{g,s}}{\rho_{g,s}g}+\frac{v_{g,s}^2}{2g}\right)-\\&\dot{m}_{g,MT}\left(\frac{p_{g,MT}}{\rho_{g,MT}g}+\frac{v_{g,MT}^2}{2g}\right)-\dot{m}_{g,L}\left(\frac{p_{g,L}}{\rho_{g,L}g}+\frac{v_{g,L}^2}{2g}\right)-\dot{m}_{g,L}\Delta H_{g,l}\end{aligned} \tag{3.27}$$

式中，$\dot{m}_{g,s}>0$ 代表压缩机向自能源端口输气，反之为储气罐储气；$\dot{m}_{g,2}>0$ 代表信息能源系统向自能源输气，反之为自能源向信息能源系统输气。

天然气管道中，天然气流动会产生摩擦力使其流速减小，但因此增大了管道压强，因此本节忽略天然气黏性对管道状态变量的影响。同时，在实际工程中，天然气的压力势能远远大于其动能，因此可假设天然气在稳定时各节点流速相等。基于以上假设，式（3.27）可以简化为

$$p_{g,2}\dot{V}_{g,2}=p_{g,s}\dot{V}_{g,s}-p_{g,MT}\dot{V}_{g,MT}-p_{g,L}\dot{V}_{g,L} \tag{3.28}$$

式中，$\dot{V}_{g}=v_{g}S_{g}$ 为天然气的体积流率。

这里，类比电力学中的电功率为电压与电流的乘积，在信息能源系统中将天然气管网中天然气压力与体积流率的乘积给出如下定义。

定义 3.2　在标准大气压下，气体的容压是指单位时间内管道某一截面处通过气体体积的多少，单位为 bar · m³/s。容压表征管道输送气体的能力，其计算公式为

$$Z_{g}=p_{g}\dot{V}_{g}\times10^{-5} \tag{3.29}$$

根据本节所建天然气管网结构，自能源天然气子系统模型可以表示为

$$Z_{g,2}=Z_{g,1}-Z_{g,MT}-Z_{g,L}+\Delta Z_{g,comp} \tag{3.30}$$

3.2.4　自能源整体模型

根据对自能源各个子网络中的电功率平衡方程、热功率平衡方程及容压平衡方程进行整理，可得到自能源的整体机理模型：

$$\begin{aligned}
&P_{E}=\theta_{11}U^{2}+\theta_{12}U+\theta_{13}f-\theta_{14}v_{g,MT}+\theta_{15}\\
&Q_{E}=\theta_{21}U^{2}+\theta_{22}U+\theta_{23}U_{DG}+\theta_{24}\\
&P_{Q}=\theta_{31}v_{w}T_{w}-\theta_{32}T_{w}+\theta_{33}v_{g,MT}-\theta_{34}F_{Q,L}+\theta_{35}+\eta_{EB}P_{EB}\\
&Z_{g}=(\theta_{41}v_{g}+\theta_{42}p_{g}+\theta_{43}v_{g,MT}+\theta_{44}v_{g,L}+\theta_{45}P_{comp}+\theta_{46})\times10^{-5}
\end{aligned} \tag{3.31}$$

式中，θ 为自能源系统模型参数，可根据各网络中具体参数求得。

其中，有功功率参数具体形式为

$$\theta_{11}=\frac{R_{L}}{R_{L}^{2}+X_{L}^{2}}+\frac{P_{0}P_{Z}}{U_{0}^{2}}+\frac{r_{1}}{r_{1}^{2}+x_{1}^{2}}$$

$$\theta_{12}=\frac{P_{0}P_{I}}{U_{0}}-\frac{2r_{1}U_{EI}}{r_{1}^{2}+x_{1}^{2}}$$

$$\theta_{13}=\frac{1}{m}$$

$$\theta_{14}=\eta_{g2e}H_{u}\rho_{g,MT}S_{g,MT}$$

$$\theta_{15}=P_{0}P_{P}+P_{EB}+P_{pump}+P_{comp}+\frac{2r_{1}U_{EI}^{2}}{r_{1}^{2}+x_{1}^{2}}-\frac{f_{0}}{m}-P_{DG,0}$$

无功功率参数具体形式为

$$\theta_{21}=\frac{X_{L}}{R_{L}^{2}+X_{L}^{2}}+\frac{Q_{0}Q_{Z}}{U_{0}^{2}}+\frac{x_{1}}{r_{1}^{2}+x_{1}^{2}}$$

$$\theta_{22}=\frac{Q_0 Q_{\mathrm{I}}}{U_0}-\frac{2x_1 U_{\mathrm{EI}}}{r_1^2+x_1^2}$$

$$\theta_{23}=\frac{1}{n}$$

$$\theta_{24}=Q_0 Q_{\mathrm{P}}+\frac{2x_1 U_{\mathrm{EI}}^2}{r_1^2+x_1^2}-\frac{U_0}{m}-Q_{\mathrm{DG},0}$$

热功率方程参数具体形式为

$$\theta_{31}=c_{\mathrm{w}}\rho_{\mathrm{w}}S_{\mathrm{w,pipe}}$$

$$\theta_{32}=c_{\mathrm{w}}\rho_{\mathrm{w}}S_{\mathrm{w,pipe}}v_{\mathrm{w,i}}$$

$$\theta_{33}=\eta_{\mathrm{g2h}}H_{\mathrm{u}}\rho_{\mathrm{g,MT}}S_{\mathrm{g,MT}}$$

$$\theta_{34}=\chi_{\mathrm{Q,L}}$$

$$\theta_{35}=\rho_{\mathrm{w}}v_{\mathrm{w,i}}S_{\mathrm{w,1}}T_{\mathrm{w,i}}$$

天然气容压方程参数具体形式为

$$\theta_{41}=-S_{\mathrm{g,pipe}}p_{\mathrm{g,1}}$$

$$\theta_{42}=-S_{\mathrm{g,pipe}}v_{\mathrm{g,1}}$$

$$\theta_{43}=p_{\mathrm{g,0}}S_{\mathrm{g,MT}}$$

$$\theta_{44}=p_{\mathrm{g,0}}S_{\mathrm{g,L}}$$

$$\theta_{45}=\gamma_1 S_{\mathrm{g,pipe}}$$

$$\theta_{46}=p_{\mathrm{g,1}}v_{\mathrm{g,1}}S_{\mathrm{g,pipe}}+2S_{\mathrm{g,pipe}}p_{\mathrm{g,1}}v_{\mathrm{g,1}}$$

3.3 自能源系统支路静态模型的建立

自能源系统的网络传输动态特性对自能源系统集成有重要影响。构建对自能源系统网络特性的描述，可以为多个自能源系统间的协同优化运行提供有效的数学基础，促进系统的合理决策。

在宏观层面，自能源网络具有相同的“网络属性”，即节点物质平衡与回路能量守恒。然而，微观层面不同类型能量流物理特性迥异、传输特性差异巨大，给自能源系统的整体性分析带来了很多困难。同时也注意到，自能源系统的异质能量流存在许多相似的特性，特别是与电路分析领域中的 *RLC* 电路存在诸多共性。

基于自能源网络能量流的差异及其与电路的相似性，可类比电路模型、借鉴电路分析理论，以电路模型为基础，在一定前提条件下建立自能源网络的支路静态模型。

3.3.1 电力流方程

电力流是指沿着电网支路传输的电功率，也就是通常所说的潮流，是研究电力子系统支路模型的基本对象。通常情况下认为电力系统支路的传输路径的介质是均匀的，交流电力流的传送满足麦克斯韦方程，经典的数学模型为

$$\frac{\partial U}{\partial x}=-RI-L\frac{\partial I}{\partial t} \tag{3.32}$$

$$\frac{\partial I}{\partial x}=-GU-C\frac{\partial U}{\partial t} \tag{3.33}$$

式中，U 和 I 分别为电力流在传输线路位置 x 时刻 t 的电压和电流；G 和 C 分别为单位长度运输线路对地的导纳和电容；R 和 L 分别为单位长度运输线路的电阻和电感。

电力流均匀传输线路的经典电路模型如图 3.5 所示。

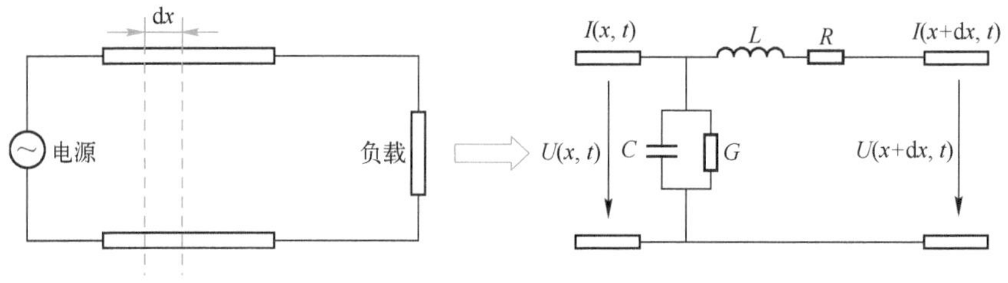

图 3.5 电力流均匀传输线模型

根据欧姆定律可得，图 3.5 电路模型中单位长度运输线路的电压降、电流差分别为

$$U(x,t)-U(x+\mathrm{d}x,t)=RI(x,t)\mathrm{d}x+L\frac{\partial I(x,t)}{\partial t}\mathrm{d}x \tag{3.34}$$

$$I(x,t)-I(x+\mathrm{d}x,t)=GU(x,t)\mathrm{d}x+C\frac{\partial U(x,t)}{\partial t}\mathrm{d}x \tag{3.35}$$

3.3.2 热力流方程

热力流是指沿着集中供热管网传输的热功率。集中供热管网中热量的传递是靠环境-管网的热交换和工质载体运输带来的热量转移这一复合过程。

热力流在一维管道中传输的具体形式是不同位置的水温随时间的变化，如图3.6所示，数学方程表示为

$$c\rho S\frac{\partial T}{\partial t}+cm\frac{\partial T}{\partial x}-\gamma_0\frac{\partial^2 T}{\partial x^2}+\lambda T=0 \tag{3.36}$$

式中，c 为水的比热容；ρ 为水的密度；S 为热力管道横截面积；T 为热力管道内的水流在位置 x 时刻 t 与管道外环境的温度差，是关于 x 和 t 的函数；m 为水流的质量流量；λ 为管道的导热系数；γ_0 为水流径向热扩散系数。

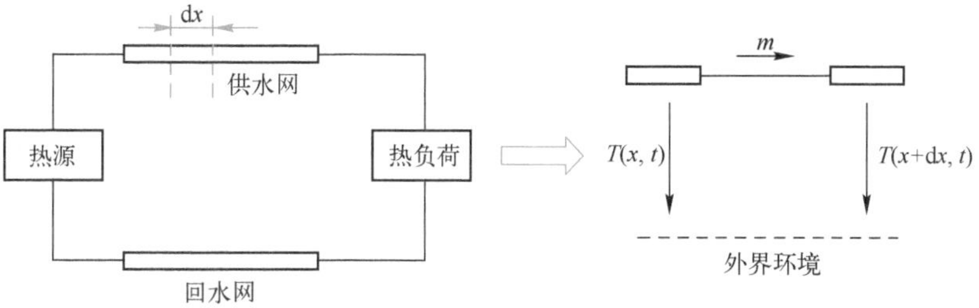

图3.6 热力管网热力流模型

等式（3.36）中左边的第一项和第二项为强制对流热传导，第三项为水流内部的静态热传导，第四项为传输过程中产生的热损耗。因为水的热导率约为0.59 W/mK，非常低，远远小于常见金属（铁的热导率为86.5 W/mK，铜的热导率为403 W/mK）的热导率，所以水流内部的静态热传导通常可以忽略不计，式（3.36）可以化简为

$$c\rho S\frac{\partial T}{\partial t}+cm\frac{\partial T}{\partial x}+\lambda T=0 \tag{3.37}$$

因为高温水流在放热过程中温度始终高于环境温度，所以水流所存储的热量高于环境温度部分的热量。那么，管道中水流在单位时间内通过某一横截面所释放的热量可以用热流功率 ϕ 来表示，根据比热容的定义可得

$$\phi=cmT \tag{3.38}$$

除此之外，为了不改变管网的水利分布，仅依靠改变热源处的温度来满足负荷要求，可以采用质调节的运行方式，该方式运行管理简单且运行时水利工况稳定，在中国、北欧部分国家、俄罗斯等地区都有普遍的应用。因此，水流的质量流量 m 可当作常数。结合式（3.37）和式（3.38），可以得到以 ϕ 和 T 为变量的一维热力流的数学模型：

$$\frac{\partial T}{\partial x}=-\frac{\lambda}{c^2m^2}\phi-\frac{\rho S}{cm^2}\frac{\partial\phi}{\partial t} \tag{3.39}$$

$$\frac{\partial \phi}{\partial x}=-\lambda T-c\rho S\frac{\partial T}{\partial t} \tag{3.40}$$

3.3.3 燃气流方程

燃气流是指在压力的驱动下，沿着天然气网管道传输的天然气流。因为天然气在燃烧过程中会产生热量，所以管道中天然气的流动可以等效成能量的流动。假设燃气管道的高度和温度变化忽略不计，那么燃气流的流量和压力沿程变化，符合非理想气体伯努利定律和质量守恒定律，如图 3.7 所示，数学方程可以描述为

$$\frac{\partial \pi^2}{\partial x}=-\frac{zR_g T\rho_{st}^2}{S^2 D}f^2-\frac{\rho_{st}\pi}{S}\frac{\partial f}{\partial t} \tag{3.41}$$

$$\frac{\partial f}{\partial x}=-\frac{S}{\rho_{st}R_g T}\frac{\partial \pi}{\partial t} \tag{3.42}$$

式中，π 为燃气流在管道位置 x 时刻 t 的压力；f 为燃气流在管道位置 x 时刻 t 的流量（均为在标准状况下，即 1 个大气压、温度为 25℃）；z 为管道的摩擦系数，是导致天然气传输过程中压力损失的主要影响因素；D 为管道的内径；ρ_{st} 为天然气密度，$\rho_{st}f$ 即为质量流量；R_g 为天然气的比气体常数，即气体常数与天然气摩尔质量之比。

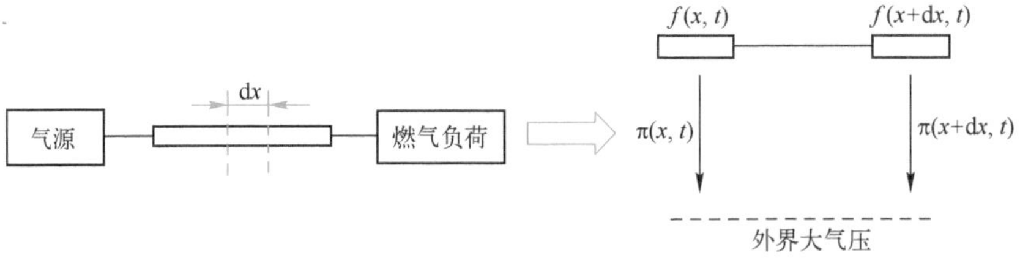

图 3.7 天然气管网燃气流传输模型

式（3.41）中流量对时间所求的偏导数对于方程精度产生的影响非常小，尤其是在管道中气体流量不发生剧烈变化且管道中容量很大时，对精度产生的影响不足 1%。因为在信息能源系统中，燃气与电力系统的耦合主要通过电转气（P2G）设备和燃气电厂实现，两者的输出（输入）通常直接接入高压输气网，所以，本节主要的研究对象是大容量跨区输气网络，此时，便可以忽略流量关于时间的偏导数，式（3.41）和（3.42）可以近似为

$$\frac{\partial \pi^2}{\partial x}=-\frac{zR_g T\rho_{st}^2}{S^2 D}f^2 \tag{3.43}$$

$$\frac{\partial f}{\partial x}=-\frac{S}{\rho_{st}R_g T}\frac{\partial \pi}{\partial t} \tag{3.44}$$

因为燃气流方程中含有二次项 π^2 和 f^2，导致燃气流方程和电力流、热力流有所不同，这会使信息能源系统的协同优化产生很多困难。实际上，在信息能源系统的研究中，其他能源子系统状态量的变化对燃气网的影响以及燃气网状态量变化对其他能源子系统的影响更受关注。因此，在燃气网的平衡工作点附近进行泰勒展开，将原方程线性化来研究燃气流方程中各变量之间的近似关系。假设当前燃气管道在各个位置的管道气压 π_0、流量 f_0 均已知，且燃气流正处于稳定状态，那么 π_0 和 f_0 满足式（3.43）和式（3.44），令 $\Delta\pi=\pi-\pi_0$，$\Delta f=f-f_0$，则有

$$\frac{\partial \Delta\pi}{\partial x}=-\frac{zR_g T\rho_{st}^2 f_0}{S^2 D\pi_0}\Delta f \tag{3.45}$$

$$\frac{\partial \Delta f}{\partial x}=-\frac{S}{\rho_{st}R_g T}\frac{\partial \Delta\pi}{\partial t} \tag{3.46}$$

3.4 自能源系统碳排放流建模

发展低碳是自能源系统实现可持续发展的必经之路。碳排放流是将碳排放依附于潮流而存在的虚拟网络流，碳排放流概念的提出，使自能源系统中的碳不仅是能源生产的环境成本，更成为表征自能源系统各个环节低碳特征的重要指标。碳排放流也成为在自能源系统中具有明确物理意义并可详细描述能源生产与消费过程中碳排放转换关系的基础性分析工具，为自能源的低碳领域分析的拓展提供了良好的思路。

3.4.1 电力系统碳排放流

电力系统碳排放流可以定义为一种依附于电力潮流存在且用于表征电力系统中维持任一支路潮流的碳排放所形成的虚拟网络流。

已知电力系统存在 N 个节点，其中有 K 个节点存在发电机组注入功率，M 个节点存在电力负荷，网络拓扑结构已知。因为碳排放流和潮流之间存在依附关系，所以需要在已有的电力系统潮流计算体系下提出碳排放流的数

学模型。

（1）支路潮流分布矩阵

支路潮流矩阵用来描述电力系统的有功潮流分布，为 N 阶方阵，用 $\boldsymbol{P}_{\mathrm{B}}=(P_{\mathrm{B}ij})_{N\times N}$ 表示。该矩阵既包括了电力系统的拓扑结构信息，又包含了系统稳态有功潮流的分布信息。矩阵中的元素描述如下：

若节点 i 与节点 $j(i,j=1,2,\cdots,N)$ 间有支路，且在此支路上从节点 i 流向节点 j 的有功潮流为 p，那么 $P_{\mathrm{B}ij}=p$，$P_{\mathrm{B}ji}=0$；若经过该支路的潮流为反向潮流，即从节点 j 流向节点 i 的潮流，那么 $P_{\mathrm{B}ij}=0$，$P_{\mathrm{B}ji}=p$；其他情况下，$P_{\mathrm{B}ij}=P_{\mathrm{B}ji}=0$。特别地，对角元素 $P_{\mathrm{B}ii}(i=1,2,\cdots,N)$ 都为 0。

（2）发电机组注入矩阵

发电机组注入矩阵描述的是所有向电力系统注入有功功率的发电机组，为 $K\times N$ 矩阵，用 $\boldsymbol{P}_{\mathrm{G}}=(P_{\mathrm{G}kj})_{K\times N}$ 表示。矩阵中的元素描述如下：

若发电机组 $k(k=1,2,\cdots,K)$ 向节点 j 注入有功潮流 p，那么 $P_{\mathrm{G}kj}=p$，否则，$P_{\mathrm{G}kj}=0$。

（3）电力负荷矩阵

电力负荷矩阵描述的是所有从电力系统吸收有功潮流的负载，为 $M\times N$ 矩阵，用 $\boldsymbol{P}_{\mathrm{L}}=(P_{\mathrm{L}mj})_{M\times N}$ 表示。矩阵中的元素描述如下：

若节点 j 向负荷 $m(m=1,2,\cdots,M)$ 注入有功潮流 p，那么 $P_{\mathrm{L}mj}=p$，否则，$P_{\mathrm{L}mj}=0$。

这里特别指出，在自能源的天然气网中，天然气的流动是由于管道中的气泵和压缩机等给予的动力，而气泵和压缩机可视为电力系统的负荷，所以天然气网无须单独构建碳排放流模型。

（4）节点有功通量矩阵

节点有功通量矩阵为 N 阶对角矩阵，用 $\boldsymbol{P}_{\mathrm{N}}=(P_{\mathrm{N}ij})_{N\times N}$ 表示。在潮流分析中，任意一个节点的净注入功率都为 0，但在碳流计算中，任意节点的碳势只受注入潮流的影响，从节点流出的潮流不会对该节点的碳势产生任何影响。因此，在碳流计算中，更关注的是流入节点有功潮流的“绝对量”，称为节点有功通量。节点有功通量矩阵中的元素描述如下：

对于节点 i，令 I^{+} 表示有潮流流入节点 i 的支路集合，$p_{\mathrm{B}s}$ 为支路 s 的有功功率，可以得到

$$P_{\mathrm{N}ii}=\sum_{s\in I^{+}}p_{\mathrm{B}s}+p_{\mathrm{G}i}$$

式中，p_{Gi}表示节点 i 有发电机组接入并注入有功功率，若该节点无发电机组接入或者发电机组没有注入有功功率，那么p_{Gi}则为0。在该矩阵中，除了对角元素外，其余元素 P_{Nij}均为0，其中，$i \neq j$。

对比前面提到的三个矩阵，可以发现矩阵 $\boldsymbol{P}_{N}$ 的第 i 行对角元素等于矩阵 $\boldsymbol{P}_{B}$ 和 $\boldsymbol{P}_{G}$ 第 i 列元素之和。

若令 $\boldsymbol{P}_{Z}=[\boldsymbol{P}_{B} \quad \boldsymbol{P}_{G}]^{T}$，不难发现

$$\boldsymbol{P}_{N}=\text{diag}(\boldsymbol{\kappa}_{N+K}\boldsymbol{P}_{Z})$$

式中，$\boldsymbol{\kappa}_{N+K}$为 $N+K$ 阶行向量，向量中所有的元素均为1。上式表明，当电力系统中的 $\boldsymbol{P}_{B}$ 和 $\boldsymbol{P}_{G}$ 已知时，$\boldsymbol{P}_{N}$ 可以通过矩阵 $\boldsymbol{P}_{B}$ 和 $\boldsymbol{P}_{G}$ 直接生成。

（5）发电机组碳排放强度向量

不同的发电机组拥有不同的碳排放特性，在碳流计算过程中为已知条件，可以组成系统的发电机组碳排放强度向量。设第 $k(k=1,2,\cdots,K)$ 台发电机组的碳排放强度为 e_{Gk}，那么发电机组的碳排放强度向量可以表示为 $\boldsymbol{E}_{G}=[e_{G1} \quad e_{G2} \quad \cdots \quad e_{GK}]^{T}$。

（6）节点碳势向量

电力系统中碳排放流的首要计算目标为所有节点的碳势。设第 $i(i=1,2,\cdots,N)$ 个节点的碳势为 e_{Ni}，则节点碳势向量可以表示为 $\boldsymbol{E}_{N}=[e_{N1} \quad e_{N2} \quad \cdots \quad e_{NK}]^{T}$。

（7）支路碳流率分布矩阵

支路碳流率分布矩阵的元素定义和支路潮流分布矩阵相似。支路碳流率分布矩阵为 N 阶方阵，用 $\boldsymbol{R}_{B}=(R_{Bij})_{N\times N}$表示。矩阵中的元素描述如下：

若节点 i 与节点 $j(i,j=1,2,\cdots,N)$ 之间有支路连接，且此支路上从节点 i 流向节点 j 的正向碳流率为 R，那么 $R_{Bij}=R$，$R_{Bji}=0$；若流经该支路的为反向碳流率，那么 $R_{Bij}=0$，$R_{Bji}=R$；其他情况下，$R_{Bij}=R_{Bji}=0$。特别地，所有的对角元素均为0。根据上文的分析可以得到 $\boldsymbol{R}_{B}=\boldsymbol{P}_{B}\text{diag}(\boldsymbol{E}_{N})$。

（8）负荷碳流率向量

计算得到节点碳势向量后，节点负荷的用电碳排放强度与该节点碳势相等。结合负荷分布矩阵，可得所有负荷对应的碳流率，其物理意义是，发电侧为供应节点负荷每单位时间产生的碳排放量。对第 $m(m=1,2,\cdots,M)$ 个存在负荷的节点，与其对应的碳流率为 R_{Lm}，则负荷碳流率向量可表示为 $\boldsymbol{R}_{L}=[R_{L1} \quad R_{L2} \quad \cdots \quad R_{LM}]^{T}$。根据上文的分析可以得到 $\boldsymbol{R}_{L}=\boldsymbol{P}_{L}\boldsymbol{E}_{N}$。

由节点碳势的定义，可得系统中节点 i 的碳势 e_{Ni} 为

$$e_{Ni}=\frac{\sum\limits_{s\in I^+}p_{Bs}\rho_s+p_{Gi}e_{Gi}}{\sum\limits_{s\in I^+}p_{Bs}+p_{Gi}} \tag{3.47}$$

式中，ρ_s 为支路 s 的碳流密度。

式（3.47）的物理意义为，节点 i 的碳势由接入该节点的发电机组产生的碳排放流和从其他节点流入该节点的碳排放流共同作用决定。其中，等号右端分子和分母的含义分别为节点 i 上述两类节点的碳排放流和潮流的贡献。根据碳排放流的性质，支路碳流密度 ρ_s 可由支路始端节点碳势替代，将式（3.47）改写为以下矩阵形式：

$$e_{Ni}=\frac{\boldsymbol{\eta}_N^{(i)}(\boldsymbol{P}_B^T\boldsymbol{E}_N+\boldsymbol{P}_G^T\boldsymbol{E}_G)}{\sum\limits_{v=1}^{N}P_{Bvi}+\sum\limits_{t=1}^{K}P_{Gti}} \tag{3.48}$$

式中，$\boldsymbol{\eta}_N^{(i)}=(0,0,\cdots,1,\cdots,0)$，为 N 维单位行向量，其中第 i 个元素为 1（下文同）。

根据节点有功通量矩阵的定义，可得 $\sum\limits_{v=1}^{N}P_{Bvi}+\sum\limits_{t=1}^{K}P_{Gti}=\boldsymbol{\eta}_N^{(i)}\boldsymbol{P}_N(\boldsymbol{\eta}_N^{(i)})^T$。

由上两式可以得到 $\boldsymbol{\eta}_N^{(i)}\boldsymbol{P}_N(\boldsymbol{\eta}_N^{(i)})^Te_{Ni}=\boldsymbol{\eta}_N^{(i)}(\boldsymbol{P}_B^T\boldsymbol{E}_N+\boldsymbol{P}_G^T\boldsymbol{E}_G)$。

由于 $\boldsymbol{P}_N$ 矩阵为对角阵，将上式扩充至全系统维度，可得 $\boldsymbol{P}_N\boldsymbol{E}_N=\boldsymbol{P}_B^T\boldsymbol{E}_N+\boldsymbol{P}_G^T\boldsymbol{E}_G$。

整理后可得电力系统所有节点的碳势计算公式为 $\boldsymbol{E}_N=(\boldsymbol{P}_N-\boldsymbol{P}_B^T)^{-1}\boldsymbol{P}_G^T\boldsymbol{E}_G$。

3.4.2 热力系统碳排放流

类比于电力系统碳排放流，可以将热力系统碳排放流定义为一种依附于热力潮流存在且用于表征热力系统中维持任一支路潮流的碳排放所形成的虚拟网络流。但与电力系统不同的是，电力系统的碳排放流是建立在有功功率流的基础上，而热力系统的碳排放流是依附于热流功率的。

因此，对于具备 N 个节点，其中有 K 个节点存在发热机组注入热流功率、M 个节点存在热力负荷、网络拓扑结构已知的热力系统，同样可以建立如下的分布矩阵。

（1）支路潮流分布矩阵

支路潮流矩阵为 N 阶方阵，用 $\boldsymbol{\varphi}_B=(\varphi_{Bij})_{N\times N}$ 表示。矩阵中的元素描述如下：

若节点 i 与节点 $j(i,j=1,2,\cdots,N)$ 间有支路，且在此支路上从节点 i 流向节点 j 的热流功率的大小为 ϕ，那么 $\varphi_{\mathrm{B}ij}=\phi$，$\varphi_{\mathrm{B}ji}=0$；若经过该支路的潮流为反向潮流，即从节点 j 流向节点 i 的潮流，那么 $\varphi_{\mathrm{B}ij}=0$，$\varphi_{\mathrm{B}ji}=\phi$；其他情况下，$\varphi_{\mathrm{B}ij}=\varphi_{\mathrm{B}ji}=0$。特别地，对角元素 $\varphi_{\mathrm{B}ii}(i=1,2,\cdots,N)$ 都为 0。

(2) 供热机组注入矩阵

供热机组注入矩阵描述的是所有向热力系统注入热流功率的供热机组，为$K\times N$ 矩阵，用 $\boldsymbol{\varphi}_{\mathrm{G}}=(\varphi_{\mathrm{G}kj})_{K\times N}$表示。矩阵中的元素描述如下：

若供热机组 $k(k=1,2,\cdots,K)$ 向节点 j 注入热流功率 ϕ，那么 $\varphi_{\mathrm{G}kj}=\varphi$，否则，$\varphi_{\mathrm{G}kj}=0$。

(3) 热力负荷矩阵

热力负荷矩阵描述的是所有从热力系统吸收热流功率的负载，为 $M\times N$ 矩阵，用 $\boldsymbol{\varphi}_{\mathrm{L}}=(\varphi_{\mathrm{L}mj})_{M\times N}$表示。矩阵中的元素描述如下：

若节点 j 向负荷 $m(m=1,2,\cdots,M)$ 注入有功潮流 ϕ，那么 $\varphi_{\mathrm{L}mj}=\phi$，否则，$\varphi_{\mathrm{L}mj}=0$。

(4) 节点有功通量矩阵

节点有功通量矩阵为 N 阶对角矩阵，用 $\boldsymbol{\varphi}_{\mathrm{N}}=(\varphi_{\mathrm{N}ij})_{N\times N}$表示。节点有功通量矩阵中元素的具体信息定义如下：

对于节点 i，令 I^{+}表示有潮流流入节点 i 的支路集合，$\phi_{\mathrm{B}s}$为支路 s 的热流功率，可以得到

$$\varphi_{\mathrm{N}ii}=\sum_{s\in I^{+}}\phi_{\mathrm{B}s}+\phi_{\mathrm{G}i}$$

式中，$\phi_{\mathrm{G}i}$表示节点 i 有发热机组接入并注入有功功率，若该节点无发热机组接入或者发热机组没有注入有功功率，那么 $\phi_{\mathrm{G}i}=0$。在该矩阵中，除了对角元素外，其余元素 $\varphi_{\mathrm{N}ij}$均为 0，其中，$i\neq j$。

对比前面提到的三个矩阵，可以发现 $\boldsymbol{\varphi}_{\mathrm{N}}$ 矩阵的第 i 行对角元素等于矩阵 $\boldsymbol{\varphi}_{\mathrm{B}}$ 和 $\boldsymbol{\varphi}_{\mathrm{G}}$ 第 i 列元素之和。

若令 $\boldsymbol{\varphi}_{\mathrm{Z}}=[\boldsymbol{\varphi}_{\mathrm{B}}\quad\boldsymbol{\varphi}_{\mathrm{G}}]^{\mathrm{T}}$，不难发现

$$\boldsymbol{\varphi}_{\mathrm{N}}=\mathrm{diag}(\boldsymbol{\kappa}_{N+K}\boldsymbol{\varphi}_{\mathrm{Z}})$$

式中，$\boldsymbol{\kappa}_{N+K}$为 $N+K$ 阶行向量，向量中所有的元素均为 1。上式表明，当热力系统中的 $\boldsymbol{\varphi}_{\mathrm{B}}$ 和 $\boldsymbol{\varphi}_{\mathrm{G}}$ 已知时，$\boldsymbol{\varphi}_{\mathrm{N}}$ 可以通过矩阵 $\boldsymbol{\varphi}_{\mathrm{B}}$ 和 $\boldsymbol{\varphi}_{\mathrm{G}}$ 直接生成。

(5) 发热机组碳排放强度向量

设第 $k(k=1,2,\cdots,K)$ 台发热机组的碳排放强度为 $e_{\mathrm{G}k}$，那么发热机组的

碳排放强度向量可以表示为 $\boldsymbol{E}_{\mathrm{G}}=[e_{\mathrm{G1}}\quad e_{\mathrm{G2}}\quad\cdots\quad e_{\mathrm{G}K}]^{\mathrm{T}}$。

(6) 节点碳势向量

设第 $i(i=1,2,\cdots,N)$ 个节点的碳势为 $e_{\mathrm{N}i}$，则节点碳势向量可以表示为 $\boldsymbol{E}_{\mathrm{N}}=[e_{\mathrm{N1}}\quad e_{\mathrm{N2}}\quad\cdots\quad e_{\mathrm{N}K}]^{\mathrm{T}}$。

(7) 支路碳流率分布矩阵

支路碳流率分布矩阵为 N 阶方阵，用 $\boldsymbol{R}_{\mathrm{B}}=(R_{\mathrm{B}ij})_{N\times N}$ 表示。矩阵中的元素描述如下：

若节点 i 与节点 $j(i,j=1,2,\cdots,N)$ 之间有支路连接，且此支路上从节点 i 流向节点 j 的正向碳流率为 R，那么 $R_{\mathrm{B}ij}=R$，$R_{\mathrm{B}ji}=0$；若流经该支路的为反向碳流率，那么 $R_{\mathrm{B}ij}=0$，$R_{\mathrm{B}ji}=R$；其他情况下，$R_{\mathrm{B}ij}=R_{\mathrm{B}ji}=0$。特别地，所有的对角元素均为 0。根据上文的分析可以得到 $\boldsymbol{R}_{\mathrm{B}}=\boldsymbol{P}_{\mathrm{B}}\mathrm{diag}(\boldsymbol{E}_{\mathrm{N}})$。

(8) 负荷碳流率向量

计算得到节点碳势向量后，节点负荷的碳排放强度与该节点碳势相等。结合负荷分布矩阵，可得所有负荷对应的碳流率，其物理意义为，发热侧为供应节点负荷每单位时间产生的碳排放量。对第 $m(m=1,2,\cdots,M)$ 个存在负荷的节点，与其对应的碳流率为 $R_{\mathrm{L}m}$，则负荷碳流率向量可表示为 $\boldsymbol{R}_{\mathrm{L}}=[R_{\mathrm{L1}}\quad R_{\mathrm{L2}}\quad\cdots\quad R_{\mathrm{L}M}]^{\mathrm{T}}$。根据上文的分析可以得到 $\boldsymbol{R}_{\mathrm{L}}=\boldsymbol{\varphi}_{\mathrm{L}}\boldsymbol{E}_{\mathrm{N}}$。

由节点碳势的定义，可得系统中节点 i 的碳势 $e_{\mathrm{N}i}$ 为

$$e_{\mathrm{N}i}=\frac{\sum\limits_{s\in I^{+}}\phi_{\mathrm{B}s}\rho_{s}+\phi_{\mathrm{G}i}e_{\mathrm{G}i}}{\sum\limits_{s\in I^{+}}\phi_{\mathrm{B}s}+\phi_{\mathrm{G}i}}\tag{3.49}$$

式中，ρ_s 为支路 s 的碳流密度。

式 (3.49) 的物理意义为，节点 i 的碳势由接入该节点的发热机组产生的碳排放流和从其他节点流入该节点的碳排放流共同作用决定。其中，等号右端分子和分母的含义分别为节点 i 上述两类节点的碳排放流和潮流的贡献。根据碳排放流的性质，支路碳流密度 ρ_s 可由支路始端节点碳势替代，将式 (3.49) 改写为以下矩阵形式：

$$e_{\mathrm{N}i}=\frac{\boldsymbol{\eta}_{\mathrm{N}}^{(i)}(\boldsymbol{\varphi}_{\mathrm{B}}^{\mathrm{T}}\boldsymbol{E}_{\mathrm{N}}+\boldsymbol{\varphi}_{\mathrm{G}}^{\mathrm{T}}\boldsymbol{E}_{\mathrm{G}})}{\sum\limits_{v=1}^{N}\varphi_{\mathrm{B}vi}+\sum\limits_{t=1}^{K}\varphi_{\mathrm{G}ti}}\tag{3.50}$$

根据节点有功通量矩阵的定义，可得

$$\sum_{v=1}^{N}\varphi_{\mathrm{B}vi}+\sum_{t=1}^{K}\varphi_{\mathrm{G}ti}=\boldsymbol{\eta}_{\mathrm{N}}^{(i)}\boldsymbol{\varphi}_{\mathrm{N}}(\boldsymbol{\eta}_{\mathrm{N}}^{(i)})^{\mathrm{T}}$$

由上两式可以得到

$$\boldsymbol{\eta}_{\mathrm{N}}^{(i)}\boldsymbol{\varphi}_{\mathrm{N}}(\boldsymbol{\eta}_{\mathrm{N}}^{(i)})^{\mathrm{T}}e_{\mathrm{N}i}=\boldsymbol{\eta}_{\mathrm{N}}^{(i)}(\boldsymbol{\varphi}_{\mathrm{B}}^{\mathrm{T}}\boldsymbol{E}_{\mathrm{N}}+\boldsymbol{\varphi}_{\mathrm{G}}^{\mathrm{T}}\boldsymbol{E}_{\mathrm{G}})$$

由于 $\boldsymbol{\varphi}_{\mathrm{N}}$ 矩阵为对角阵，将上式扩充至全系统维度，可得

$$\boldsymbol{\varphi}_{\mathrm{N}}\boldsymbol{E}_{\mathrm{N}}=\boldsymbol{\varphi}_{\mathrm{B}}^{\mathrm{T}}\boldsymbol{E}_{\mathrm{N}}+\boldsymbol{\varphi}_{\mathrm{G}}^{\mathrm{T}}\boldsymbol{E}_{\mathrm{G}}$$

整理后可得热力系统所有节点的碳势计算公式为

$$\boldsymbol{E}_{\mathrm{N}}=(\boldsymbol{\varphi}_{\mathrm{N}}-\boldsymbol{\varphi}_{\mathrm{B}}^{\mathrm{T}})^{-1}\boldsymbol{\varphi}_{\mathrm{G}}^{\mathrm{T}}\boldsymbol{E}_{\mathrm{G}}$$

3.5 电-气-热动态方程建立

自能源系统的动态模型是自能源系统进行动态特性和稳定性分析的主要途径，而数学模型是分析自能源动态特性的基础。通过建立自能源系统各个子系统的全阶模型，可以对自能源系统的运行特性进行全面、有效地分析。

本节讨论的自能源系统如图 3.8 所示，包括微型燃气轮机、电力网子系统、热力网子系统、天然气子系统及电/气/热负荷，微型燃气轮机是各能源系统的耦合环节。简单起见，电网考虑逆变器部分，输出为电负荷的恒压源；天然气供应部分以供应管道为主体，输出为管道的输出压力，忽略燃气输配管道的调整时间；热网供应部分依据质量和能量守恒定律，部分物理参数采用集总方法计算，忽略传输延迟影响；燃气轮机只考虑燃气入口流量的动态特性。

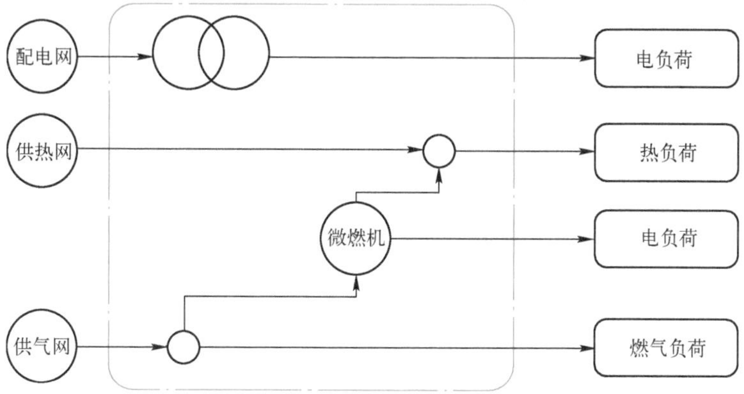

图 3.8 自能源系统结构示意图

3.5.1 电力网子系统

如图 3.9 所示，DC-AC 逆变器通常采用三相三线制的拓扑结构。通过逆变器并网实现了分布式电源的动态特性与电网的解耦。因此，在交流电网系统中，通常可以将包含一次能源和储能设备的逆变器接口型电源简化为网侧逆变器进行研究。

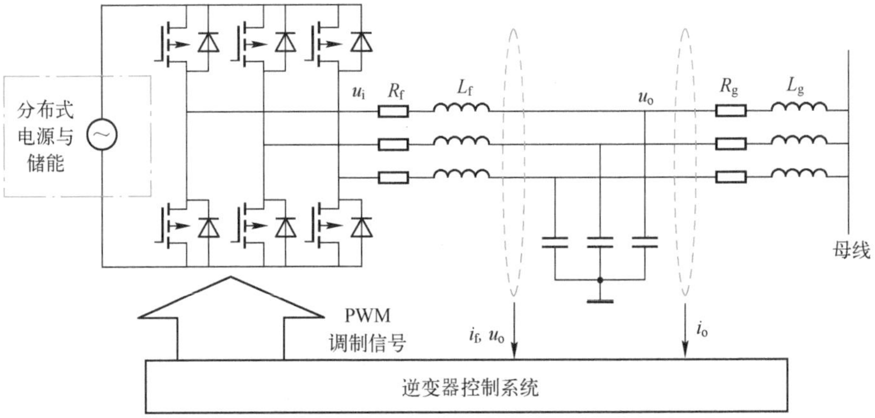

图 3.9 三相逆变器拓扑结构图

在交流电网中，交流侧测得的物理量均为交流时变的变量，无法直接用于稳定性分析和参数设计。为此，需要将三相 abc 静止坐标系下的电网模型转换到与电网基波同步旋转的 Odq 坐标系中，经过 3s/2r 坐标变换后，三相对称交流系统中的基波正弦变量可以转变为同步旋转坐标系下的直流变量，从而系统在稳态时可以获得稳定的平衡点用于稳定性分析，同时便于参数设计。根据图 3.10 所示，从 abc 三相静止坐标系得到 Odq 两相旋转坐标系的 3s/2r 等幅值变换可以表示为

$$T=\frac{2}{3}\begin{bmatrix} \cos\theta & \cos\left(\theta-\frac{2}{3}\pi\right) & \cos\left(\theta+\frac{2}{3}\pi\right) \\ -\sin\theta & -\sin\theta\left(\theta-\frac{2}{3}\pi\right) & -\sin\theta\left(\theta+\frac{2}{3}\pi\right) \\ \frac{1}{2} & \frac{1}{2} & \frac{1}{2} \end{bmatrix} \tag{3.51}$$

式中，θ 为旋转坐标系 d 轴与静止坐标系 a 轴的夹角。

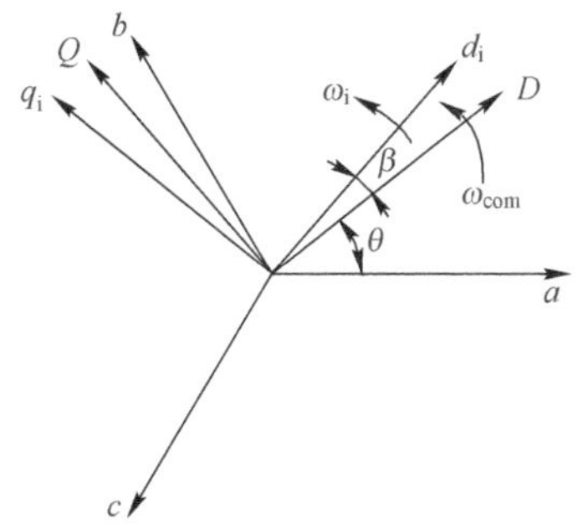

图 3.10 从三相静止坐标系到两相旋转坐标系下的坐标变换

对于三相对称系统来说，变换矩阵中的第三行可以忽略。逆变器的模型通常建立在当地坐标系下。假设系统的公共坐标系 Odq 的旋转角速度为 ω_{com}，则在旋转坐标系 Od_iq_i 上的变量可以在 Odq 坐标系下表示为

$$\begin{bmatrix} x_{Di} \\ x_{Qi} \end{bmatrix} = T_i \begin{bmatrix} x_{di} \\ x_{qi} \end{bmatrix} = \begin{bmatrix} \cos\beta & -\sin\beta \\ \sin\beta & \cos\beta \end{bmatrix} \begin{bmatrix} x_{di} \\ x_{qi} \end{bmatrix} \tag{3.52}$$

并网逆变器无法单独为支撑孤岛电网的电压和频率提供足够的功率。因此，电压控制型逆变器需采用对等、协同的工作模式。电压控制型逆变器通过模拟同步发电机组的有功-频率下垂和无功-电压下垂运行特性可以实现功率在逆变器之间有效分配。采用下垂控制的逆变器模拟了传统同步发电机组一次调频下垂特性和励磁电压调节特性。逆变器的输出电压频率、幅值和输出的有功功率、无功功率呈线性的下垂关系。这种下垂特性使得并联逆变器之间能够自主地进行功率分配，并可以无缝接入大电网运行。由于下垂控制的控制结构简单，易于实现，且不依赖逆变器之间的通信，所以在电网中广泛使用。

下垂控制逆变器的控制框图如图 3.11 所示。下垂控制系统通过改变逆变器的端口基波电压分量，对一个采用电感-电容-电感(*LCL*)滤波结构的逆变器进行控制。整个控制系统可以分为下垂功率控制器、电压控制器和电流控制器三个部分。控制系统需要测量机侧滤波电感的电流 $i_{1,abc}$、滤波电容上的输出电压 $u_{o,abc}$ 和网侧滤波电感上的输出电流 $i_{o,abc}$。整个控制系统是基于矢量控制的原理搭建在两相同步旋转坐标系 Odq 上。Odq 坐标系的 d 轴与滤波电容上的输出电压矢量重合。因此，3s/2r 变换将 *LCL* 滤波器上的测量值变换为直流变量。

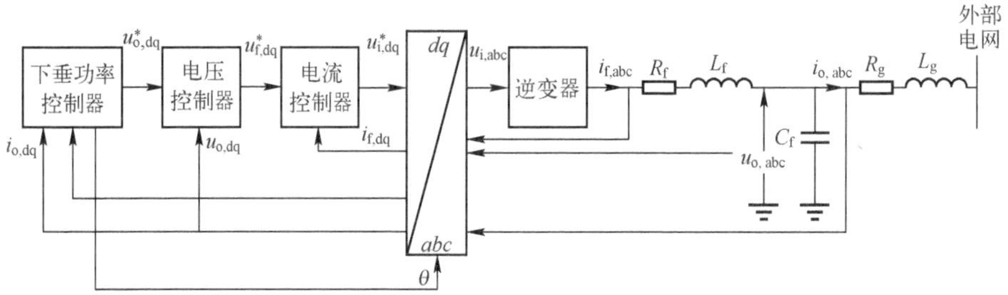

图 3.11 下垂控制逆变器的控制框图

图 3.11 展示了典型下垂控制器的控制框图，下垂控制器通过 P-f 下垂和 Q-V 下垂实现有功和无功电压的均分。下垂方程可以描述为

$$\begin{cases}\omega=\omega_n-m_p(P-P_n)\\ u_{od}^*=U_n-m_qQ\end{cases}\tag{3.53}$$

式中，ω_n、U_n 和 P_n 分别为额定角频率、额定电压和额定功率；m_p 和 m_q 分别为有功下垂系数和无功下垂系数；P 和 Q 分别为滤波后的瞬时有功功率和无功功率。

根据式（3.53），下垂控制器输出电容电压参考值的角频率和幅值，其中，电压幅值信号传送给电压控制环，参考角频率随时间的积分作为相角信号传输给 3s/2r 坐标变换模块。一阶低通滤波器通常被用作过滤瞬时功率中的高频分量，并为下垂控制逆变器提供一定的控制惯性。根据图 3.12 中的下垂功率控制器的控制框图，可以得到关于一阶低通滤波的状态方程：

$$\begin{cases}\dfrac{dP}{dt}=\omega_c(1.5u_{od}i_{od}+1.5u_{oq}i_{oq}-P)\\[2ex] \dfrac{dQ}{dt}=\omega_c(1.5u_{od}i_{od}-1.5u_{oq}i_{oq}-Q)\end{cases}\tag{3.54}$$

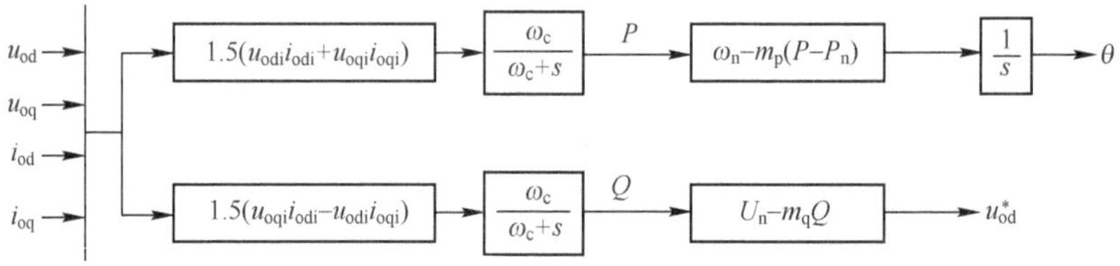

图 3.12 下垂功率控制器的控制框图

为了获得良好的输出电压动态特性和质量，如图 3.13 所示，变流器的控制采用电压-电流的双闭环控制结构。为了实现对电压电流的无静差跟

踪，电压与电流控制环均采用 PI 控制。同时，采用前馈解耦控制策略，实现了对 d 轴和 q 轴分量的解耦控制。

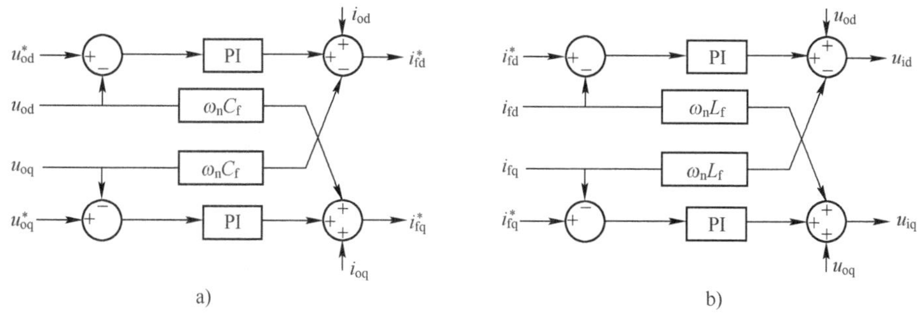

图 3.13 电压–电流双闭环的控制框图
a）电压外环控制 b）电流内环控制

关于内环控制的状态方程可以表示为

$$\begin{cases}\dfrac{\mathrm{d}x_1}{\mathrm{d}t}=K_{vi}(u_{od}^*-u_{od})-x_3\\ \dfrac{\mathrm{d}x_2}{\mathrm{d}t}=K_{vi}(0-u_{oq})-x_4\\ \dfrac{\mathrm{d}x_3}{\mathrm{d}t}=K_{ci}(i_{fd}^*-i_{fd})\\ \dfrac{\mathrm{d}x_4}{\mathrm{d}t}=K_{ci}(i_{fq}^*-i_{fq})\end{cases} \tag{3.55}$$

式中，K_{vi} 为电压 PI 控制器的积分系数；K_{ci} 为电流 PI 控制器的积分系数。电压控制环输出机侧滤波电感电流的参考值 i_f^* 为

$$\begin{cases}i_{fd}^*=i_{od}-\omega C_f u_{oq}+K_{vp}(u_{od}^*-u_{od})+x_1\\ i_{fq}^*=i_{oq}+\omega C_f u_{od}+K_{vp}(0-u_{oq})+x_2\end{cases} \tag{3.56}$$

式中，u_{od} 和 u_{oq} 分别为线路中电压在 d 轴和 q 轴分量；i_{od} 和 i_{oq} 分别为线路中电压在 d 轴和 q 轴分量；u_{od}^* 为电压环给定值在 d 轴的分量；C_f 为滤波电容；K_{vp} 为电压 PI 控制器的比例系数。

滤波电流控制环输出逆变器端口电压的调制值 u_i^* 为

$$\begin{cases}u_{id}^*=-\omega L_f i_{fq}+K_{cp}(i_{fd}^*-i_{fd})+x_3\\ u_{iq}^*=\omega L_f i_{fq}+K_{cp}(i_{fq}^*-i_{fq})+x_4\end{cases} \tag{3.57}$$

式中，i_{fd}、i_{fq}分别为逆变器输出电流在 d 轴和 q 轴分量；i_{fd}^*、i_{fq}^*分别为电压环输出电流在 d 轴和 q 轴分量；L_{f} 为滤波电感；K_{cp}为电流 PI 控制器的比例系数。

在大功率并网逆变器中，通常采用 LCL 滤波电路。相比 L 滤波器，LCL 滤波器具有较小的滤波电感设定，减小系统体积。同时，逆变器可以采用较低的开关频率，从而降低电能损耗。忽略 PWM 调制环节的高频谐波分量，假设逆变器直接输出端口电压参考值为 u_{i}，LCL 滤波器可以由如下状态方程组描述：

$$\begin{cases}\dfrac{\mathrm{d}i_{\mathrm{fd}}}{\mathrm{d}t}=(-R_{\mathrm{f}}i_{\mathrm{fd}}+u_{\mathrm{id}}-u_{\mathrm{od}}+\omega_{\mathrm{i}}L_{\mathrm{f}}i_{\mathrm{fq}})/L_{\mathrm{f}}\\ \dfrac{\mathrm{d}i_{\mathrm{fq}}}{\mathrm{d}t}=(-R_{\mathrm{f}}i_{\mathrm{fq}}+u_{\mathrm{iq}}-u_{\mathrm{oq}}-\omega_{\mathrm{i}}L_{\mathrm{f}}i_{\mathrm{fd}})/L_{\mathrm{f}}\\ \dfrac{\mathrm{d}u_{\mathrm{od}}}{\mathrm{d}t}=(i_{\mathrm{ld}}-i_{\mathrm{od}}+\omega u_{\mathrm{oq}}C_{\mathrm{f}})/C_{\mathrm{f}}\\ \dfrac{\mathrm{d}u_{\mathrm{oq}}}{\mathrm{d}t}=(i_{\mathrm{lq}}-i_{\mathrm{oq}}-\omega u_{\mathrm{oq}}C_{\mathrm{f}})/C_{\mathrm{f}}\\ \dfrac{\mathrm{d}i_{\mathrm{od}}}{\mathrm{d}t}=(-R_{\mathrm{g}}i_{\mathrm{od}}+u_{\mathrm{od}}-u_{\mathrm{bd}}+\omega L_{\mathrm{g}}i_{\mathrm{oq}})/L_{\mathrm{g}}\\ \dfrac{\mathrm{d}i_{\mathrm{oq}}}{\mathrm{d}t}=(-R_{\mathrm{g}}i_{\mathrm{oq}}+u_{\mathrm{oq}}-u_{\mathrm{bq}}-\omega L_{\mathrm{g}}i_{\mathrm{od}})/L_{\mathrm{g}}\end{cases} \tag{3.58}$$

式中，u_{bd}、u_{bq}分别为母线电压在 d 轴和 q 轴分量。

描述单个下垂控制逆变器的全阶数学模型共有 12 阶，可以由微分代数方程组来描述，其中，式（3.54）、式（3.55）与式（3.58）是模型的微分方程部分，式（3.53）、式（3.56）和式（3.57）组成方程的代数部分。

如图 3.14 所示，可以建立 n 个逆变器并联结构的电网系统，系统的全阶模型可以用下式进行描述：

$$\begin{aligned}x_{\mathrm{g}1}&=[P_1,Q_1,x_{11},x_{21},x_{31},x_{41},i_{\mathrm{fd}1},i_{\mathrm{fq}1},u_{\mathrm{od}1},u_{\mathrm{oq}1},i_{\mathrm{od}1},i_{\mathrm{oq}1}]^{\mathrm{T}}\\ x_{\mathrm{g}2}&=[P_2,Q_2,x_{12},x_{22},x_{32},x_{42},i_{\mathrm{fd}2},i_{\mathrm{fq}2},u_{\mathrm{od}2},u_{\mathrm{oq}2},i_{\mathrm{od}2},i_{\mathrm{oq}2}]^{\mathrm{T}}\\ x_{\mathrm{g}3}&=[P_3,Q_3,x_{13},x_{23},x_{33},x_{43},i_{\mathrm{fd}3},i_{\mathrm{fq}3},u_{\mathrm{od}3},u_{\mathrm{oq}3},i_{\mathrm{od}3},i_{\mathrm{oq}3}]^{\mathrm{T}}\\ &\vdots\end{aligned} \tag{3.59}$$

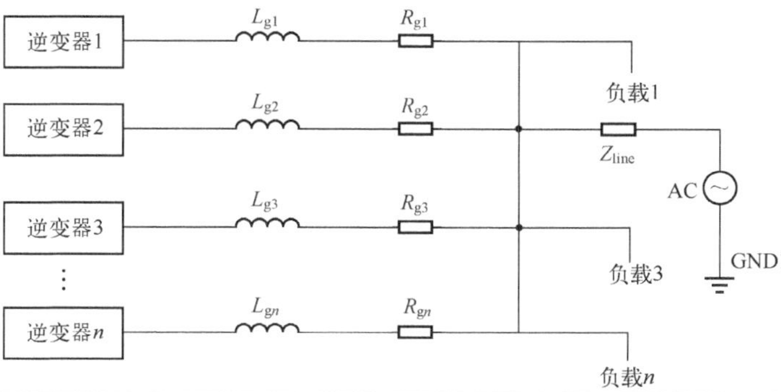

图 3.14 n 个逆变器组合的电网结构示意图

3.5.2 天然气网子系统

天然气网的状态方程模型依据管内气体动力学方程进行推导，其中有两处简化假设：①输送过程中气体温度场变化忽略不计；②忽略动量方程中对流项的影响。以下推导以刚性管道的一元流动为基础，针对控制体的动力学方程，即连续性方程、运动方程和能量方程，并且加上气体状态方程构成方程组。

$$\begin{cases}\dfrac{\partial\left(\dfrac{p}{ZRT}\right)}{\partial t}+\dfrac{1}{A}\dfrac{\partial m}{\partial x}=0\\ \dfrac{\partial p}{\partial x}=-\dfrac{1}{A}\dfrac{\partial m}{\partial t}-\lambda\dfrac{m|m|}{2DA^2p}ZRT-g\dfrac{\Delta h}{L}\dfrac{P}{ZRT}\\ \dfrac{p}{\rho}=ZRT=c^2\end{cases}\tag{3.60}$$

式中，m 为气体的质量流量（kg/s）；p 为气体的压力（Pa）；A 为管道流通截面面积（m^2）；ρ 为气体的密度（kg/m^3）；D 为管道内径（m）；g 为重力加速度（m/s^2）；Δh 为管道与水平面的垂直高度（m）；L 为管道的长度（m）；R 为气体常数（kJ/kg·K）；λ 为管道水力摩阻系数；Z 为气体压缩因子；c 为气体的波速（m/s）；x 为管道位置变量（m）；t 为时间变量（s）；T 为管道温度（℃）。

天然气长输管道中气体运行大多在阻力平方区，摩阻系数 λ 可以通过科尔布鲁克公式计算，也可以用 Hofer 得到的适用于阻力平方区的近似显式公式（3.61）计算；当气体确定时，压缩因子 Z 是气体压力和温度的函数，可通过公式（3.64）进行计算。

$$\lambda=\left[2\lg\left(\frac{4.518}{Re}\lg\left(\frac{Re}{7}\right)+\frac{r}{3.71D}\right)\right]^{-2}\tag{3.61}$$

$$
\begin{aligned}
&Z=1+ap-\frac{bp}{T}=\frac{1}{1+\rho(b^{*}-a^{*}T)}\\
&a=0.257/p_{c},\quad b=0.533T_{c}/p_{c}\\
&a^{*}=aR,\qquad b^{*}=bR
\end{aligned}
\tag{3.62}
$$

式中，Re 为输气管道的雷诺数；r 为管壁的绝对当量粗糙度（m）；p_c 为气体的临界压力（Pa）；T_c 为气体的临界温度（K）。

管段的传递函数则是在方程组（3.60）的基础上推导得到，是关于上游的压力、流量和下游压力、流量的频域表达式。对管段的动力学方程线性化并进行拉普拉斯变换，可获得频域上的常微分方程组。通过假设指定管道的进口压力和出口流量为边界条件，虽然可获得高阶的传递函数表达式，但通过这种方式获得的传递函数很难求得时域解析解，因此需要采用泰勒展开得到简化的传递函数表达式：

$$
\begin{aligned}
&\Delta p_{out}(s)=k_1\frac{1}{1+a_1s+a_2s^2}\Delta p_{in}(s)-k_2\frac{1+T_{21}s}{1+a_1s+a_2s^2}\Delta m_{out}(s)\\
&\Delta m_{in}(s)=\frac{T_{11}s}{1+a_1s+a_2s^2}\Delta p_{in}(s)+\frac{1}{1+a_1s+a_2s^2}\Delta m_{out}(s)
\end{aligned}
\tag{3.63}
$$

式中

$$
\begin{aligned}
&k_1=e^{\gamma}\\
&k_2=e^{\frac{\gamma}{2}}\frac{\lambda L|\widetilde{w}|}{DA}\left(1+\frac{1}{24}\gamma^2\right)\\
&a_1=e^{\frac{\gamma}{2}}\frac{\lambda L^2|\widetilde{w}|}{2D\widetilde{c}^2}\left(1-\frac{1}{6}\gamma+\frac{1}{24}\gamma^2\right)\\
&a_2=e^{\frac{\gamma}{2}}\left[\frac{\lambda L^2|\widetilde{w}|}{24D\widetilde{c}^2}\ \frac{\lambda L^2|\widetilde{w}|}{D\widetilde{c}^2}\left(1-\frac{1}{10}\gamma\right)+\frac{L^2}{\widetilde{c}^2}\left(1-\frac{1}{6}\gamma+\frac{1}{24}\gamma^2\right)\right]\\
&T_{11}=e^{\frac{\gamma}{2}}\frac{AL}{\widetilde{c}^2}\left(1+\frac{1}{24}\gamma^2\right)\\
&T_{12}=e^{\frac{\gamma}{2}}\frac{\lambda L^2|\widetilde{w}|}{6D\widetilde{c}^2}\left(1+\frac{1}{40}\gamma^2\right)\\
&T_{21}=\frac{D}{\lambda|\widetilde{w}|}+\frac{\lambda L^2|\widetilde{w}|}{D\widetilde{c}^2}\left(1+\frac{1}{40}\gamma^2\right)\frac{1}{1+\frac{1}{4}\gamma^2}\\
&T_{22}=\frac{1}{1+\frac{1}{24}\gamma^2}\left(\frac{D}{\lambda|\widetilde{w}|}\ \frac{\lambda L^2|\widetilde{w}|}{6D\widetilde{c}^2}\ \frac{1}{1+\frac{1}{40}\gamma^2}+\frac{\lambda L^2|\widetilde{w}|}{120D\widetilde{c}^2}\ \frac{\lambda L^2|\widetilde{w}|}{D\widetilde{c}^2}+\frac{L^2}{6\widetilde{c}^2}\ \frac{1}{1+\frac{1}{40}\gamma^2}\right)
\end{aligned}
\tag{3.64}
$$

状态空间模型表达式如下：

$$\begin{cases}\dot{\boldsymbol{x}}=\boldsymbol{A}\boldsymbol{x}+\boldsymbol{B}\boldsymbol{u}\\ \boldsymbol{y}=\boldsymbol{C}\boldsymbol{x}+\boldsymbol{D}\boldsymbol{u}\end{cases} \tag{3.65}$$

式中，控制输入向量 $\boldsymbol{u}=(p_{\text{in}} \quad m_{\text{out}})$；输出向量 $\boldsymbol{y}=(p_{\text{out}} \quad m_{\text{in}})$。其中，状态空间表达式中的 $\boldsymbol{A}$、$\boldsymbol{B}$、$\boldsymbol{C}$、$\boldsymbol{D}$ 表达如下：

$$\boldsymbol{A}=\begin{bmatrix}-\dfrac{a_1}{a_2} & 1 & & \\ & -\dfrac{1}{a_2} & & \\ & & -\dfrac{a_1}{a_2} & 1 \\ & & -\dfrac{1}{a_2} & \end{bmatrix},\ \boldsymbol{B}=\begin{bmatrix}0 & -\dfrac{k_2T_{21}}{a_2}\\ \dfrac{k_1}{a_2} & -\dfrac{k_2}{a_2}\\ \dfrac{T_{11}}{a_2} & 0\\ 0 & \dfrac{1}{a_2}\end{bmatrix} \tag{3.66}$$

$$\boldsymbol{C}=\begin{bmatrix}1 & 0 & 0 & 0\\ 0 & 0 & 1 & 0\end{bmatrix},\ \boldsymbol{D}=\boldsymbol{0}$$

该模型是一个集总参数模型，即将一整段管道作为一个对象进行建模和分析。由于管道的分布参数特性，当管道简化为某一点的状态集合进行分析时，管道的长度将对模型的精度和适用性产生直接影响。

3.5.3 热力网子系统

本供热系统热源为燃煤锅炉房，供热面积为 13.5 万 m^2，并建有一座换热站，末端用户散热装置为散热器。供热系统工艺流程如图 3.15 所示。

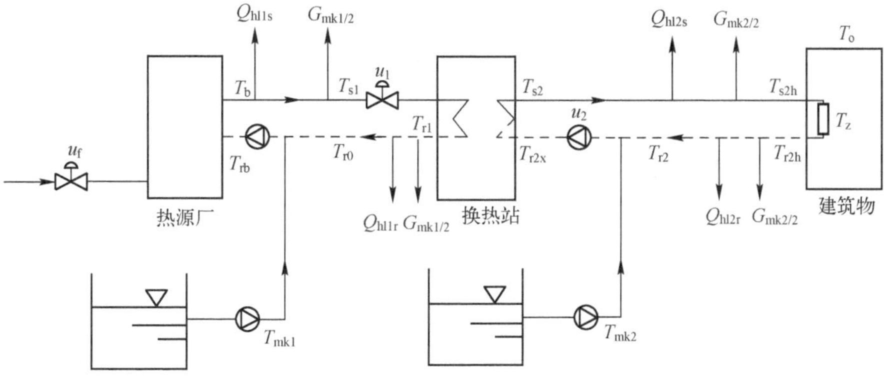

图 3.15 集中供热系统工艺流程

图中，u_1、u_2 分别为一次网和二次网循环流量控制变量；T_b、T_{rb} 分别为锅炉出口和入口温度（℃）；T_{s1}、T_{r1} 分别为换热器一次侧进口和出口温度（℃）；T_{r0} 为一次网补水前回水温度（℃）；Q_{hl1s}、Q_{hl1r} 为一次网供回水管网保温损失（W）；G_{mk1} 为一次网补水量（kg/s）；T_{mk1}、T_{mk2} 分别为一次和二次网补水温度（℃）；T_{s2}、T_{r2x} 分别为换热器和二次侧出口和入口温度（℃）；T_{s2h}、T_{r2h} 分别为末端散热器进口和出口温度（℃）；T_{r2} 为二次网补水前回水温度（℃）；Q_{h12s}、Q_{h12r} 为二次网供回水管网保温损失（W）；G_{mk2} 为二次网补水量（kg/s）；T_z、T_o 分别为室内和室外温度（℃）。

本节依据质量和能量守恒定律，建立供热系统动态数学模型。为简化建模过程，并保持系统主要特性，做以下假设：

1）部分物理参数采用集总方法计算。

2）忽略传输延迟影响。

3）热网失水量为回水量的一半。

4）直埋管网接触土壤的平均温度不变。

5）补水温度不变。

6）热功当量按发 1 kW · h 电消耗 350 gce（克标准煤）进行计算。

根据供热系统传热过程，将系统划分为 8 个控制体和 1 个输出体：热源锅炉、一次供水管网、一次回水管网、换热器一次侧、换热器二次侧、二次供水管网、二次回水管网、散热器和室内空气。

根据能量和质量守恒原理，存储于控制体内的净热量等于其得热量与放热量之差，各控制体动态数学方程描述如下。

（1）热源锅炉模型

$$C_b \frac{d(T_b)}{dt} = u_f G_{fd} HV \eta_b - c_w (u_1 G_{1d} + 0.5 G_{mk1})(T_b - T_{rb}) \tag{3.67}$$

式中，C_b 为锅炉热容量（J/℃）；t 为时间（s）；G_{fd} 为锅炉额定燃料量（kg/s）；HV 为燃料低位发热值（J/kg）；η_b 为锅炉热效率；c_w 为水的比热容（J/kg · ℃）；G_{1d} 为一次网设计流量（kg/s）；T_b、u_f、u_1、G_{mk1}、T_{rb} 与图 3.15 中的符号含义相同。

（2）一次供水管网模型

$$C_{p1} \frac{d(T_{s1})}{dt} = c_w (u_1 G_{1d} + 0.5 G_{mk1}) T_b - Q_{hl1s} - 0.25 c_w G_{mk1} (T_b + T_{s1}) - c_w u_1 G_{1d} T_{s1} \tag{3.68}$$

式中，C_{p1} 为一次网供水（回水）管道热容量（J/℃）；T_{s1}、u_1、G_{mk1}、Q_{hl1s}、T_b 与图 3.15 中的符号含义相同。

（3）换热器一次侧模型

$$C_{x1}\frac{d(T_{r1})}{dt}=c_w u_1 G_{1d}(T_{s1}-T_{r1})-f_x U_x \mathrm{LMTD} \tag{3.69}$$

式中，C_{x1}为换热器一次侧热容量（J/℃）；f_x 为换热器传热面积富裕系数；U_x 为换热器综合传热系数（W/℃）；LMTD 为换热器对数平均差（℃）；T_{r1}、u_1 与图 3.15 中的符号含义相同。

（4）一次回水管网模型

$$C_{p1}\frac{d(T_{r0})}{dt}=c_w u_1 G_{1d} T_{r1}-Q_{hl1r}-0.25c_w G_{mk1}(T_{r1}+T_{r0})-c_w(u_1 G_{1d}-0.5G_{mk1})T_{r0} \tag{3.70}$$

式中，T_{r0}、u_1、T_{r1}、Q_{hl1r}、T_{r1}与图 3.15 中的符号含义相同。

（5）换热站二次侧模型

$$C_{x2}\frac{d(T_{s2})}{dt}=f_x U_x \mathrm{LMTD}-c_w(u_2 G_{2d}+0.5G_{mk2})(T_{s2}-T_{r0}) \tag{3.71}$$

式中，C_{x2}为换热器二次侧热容量（J/℃）；G_{2d}为二次网设计流量（kg/s）；T_{s2}、u_2、G_{mk2}、T_{r2}与图 3.15 中的符号含义相同。

（6）二次供水管网模型

$$C_{p2}\frac{d(T_{s2h})}{dt}=c_w(u_2 G_{2d}+0.5G_{mk2})T_{s2}-Q_{hl2s}-0.25c_w G_{mk2}(T_{s2}+T_{s2h})-c_w u_2 G_{2d} T_{s2h} \tag{3.72}$$

式中，C_{p2}为二次网供水（回水）管道热容量（J/℃）；T_{s2h}、u_2、G_{mk2}、T_{s2}、Q_{hl2s}与图 3.15 中的符号含义相同。

（7）散热器模型

$$C_{ht}\frac{d(T_{r2h})}{dt}=c_w u_2 G_{2d}(T_{s2h}-T_{r2h})-f_{ht}U_{ht}[0.5(T_{s2h}+T_{r2h})-T_z]^{(1+cht)} \tag{3.73}$$

式中，C_{ht}为末端散热器热容量（J/℃）；f_{ht}为散热器散热面积富裕系数；U_{ht}为散热器综合传热系数（W/℃）；cht 为散热器传热系数实验中的系数。T_{r2h}、u_2、T_{s2h}、T_{r2h}、T_z 与图 3.15 中的符号含义相同。

（8）二次回水管网模型

$$C_{p2}\frac{d(T_{r2})}{dt}=c_w u_2 G_{2d} T_{r2h}-Q_{hl2r}-0.25c_w G_{mk2}(T_{r2h}+T_{r2})-c_w(u_2 G_{2d}-0.5G_{mk2})T_{r2} \tag{3.74}$$

式中，T_{r2}、u_2、T_{r2h}、Q_{hl2r}、G_{mk2}与图 3.15 中的符号含义相同。

(9) 室内空气模型

$$C_z T_z = f_{ht} U_{ht} [0.5(T_{s2h} + T_{r2h}) - T_z]^{(1+cht)} + q_{sols} F_s + q_{int} F - U_{en}(T_z - T_o) \tag{3.75}$$

式中，C_z 为室内空气热容量（J/℃）；q_{sols}、q_{int}分别为南向外窗面积和供热面积（m^2）；U_{en}为建筑物围护结构综合传热系数（W/℃）；T_z、T_{s2h}、T_{r2h}、T_o 与图 3.15 中的符号含义相同。

综上，供热系统理想动态数学模型由 8 个动态方程和 1 个平衡方程组成。根据运行特性、固有特性和历史运行数据，可将理想动态数学模型转化为实际动态模型，即将理想动态数学模型中转换器换热面积和各散热器散热面积的富裕系数、一次网实际循环流量与设计流量比、二次网实际循环流量与设计流量比的实际值代入方程。

3.5.4 微型燃气轮机模型

微型燃气轮机的工作过程是一个复杂的起动热力学过程，微型燃气轮机模型的实质为微型燃气轮机设计参数、部件特性以及共同工作条件的数学关系。

为了简化微型燃气轮机模型的推导，特给出以下假设：

1）只考虑微型燃气轮机转子的机械能存储，忽略气体与结构部件之间的热交换，忽略部件通道容腔内气体质量与能量的存储。

2）腔内气体为理想气体，且同一截面上气体参数均匀，采用相同的参数表示此截面的参数。

3）在全工况范围内，回热器冷热侧的总压恢复系数和换热系数不变。

4）回热器分段建模时，认为每个区段内燃气、空气比定压热容不变。

对微型燃气轮机系统进行模块化分解，分成压气机、燃烧室、涡轮等静态环节和回热器金属壁的蓄温环节、转子惯性环节等典型动态环节。

(1) 压气机模型

$$\begin{aligned}
&P_2 = \pi_c P_1 \\
&W_{a,cor} = F(n_{c,cor}, \beta_c) \\
&\eta_c = F(n_{c,cor}, \beta_c) \\
&T_2 = f(T_1, \pi_c, \eta_c) \\
&N_c = W_a(h_2 - h_1)
\end{aligned} \tag{3.76}$$

式中，$n_{c,cor}$为压气机换算转速（r/min）；π_c 为压气机增压比；函数 F 表示双线性插值计算；为了插值计算更加精确而引入 β 辅助线，β_c 为辅助线的值；$W_{a,cor}$为压气机出口换算流量（kg/s）；η_c 为压气机效率；W_a 为压气机实际流量(kg/s)；h_2 和 h_1 分别为压气机进、出口比焓（J/kg）；N_c 为压气机消耗功率（J/s）。

（2）燃烧室模型

$$\begin{aligned} p_4 &= \sigma_b p_3 \\ h_4 &= \frac{W_a h_3 + W_f E_f + W_f H_u \eta_b}{W_a + W_f} \\ T_4 &= f_{T\text{-}H}\left(h_4, \frac{W_f}{W_a}\right) \end{aligned} \tag{3.77}$$

式中，σ_b 为燃烧室总压恢复系数；W_f 为燃料的质量流量（kg/s）；H_u 为燃料低发热量（J/kg）；η_b 为燃烧效率；E_f 为天然气物理焓（J/kg）；h_3 和 h_4 分别为燃烧室进、出口气体比焓（J/kg）；函数 $f_{T\text{-}H}$为比焓求温度的经验公式。

（3）涡轮模型

$$\begin{aligned} P_5 &= \frac{P_4}{\pi_t} \\ W_{t,cor} &= F(n_{t,cor}, \beta_t) \\ \eta_t &= F(n_{t,cor}, \beta_t) \\ T_5 &= f(T_4, \pi_t, \eta_t) \\ N_t &= W_g(h_5 - h_4)\eta_t \end{aligned} \tag{3.78}$$

涡轮部件各参数的含义与压气机类似，这里不做详细介绍。N_t 为涡轮驱动功率（J/s）。

（4）回热器金属壁的蓄温环节

$$\begin{aligned} Q_a &= W_a c_{pa}(T_{ai3} - T_{ai2}) = a_a A_a\left(T_w - \frac{T_{ai2} + T_{ai3}}{2}\right) \\ Q_g &= W_g c_{pg}(T_{gi5} - T_{gi6}) = a_g A_g\left(\frac{T_{gi2} + T_{gi3}}{2} - T_w\right) \\ Q_g - Q_a &= M_w c_w \frac{dT_w}{dt} \end{aligned} \tag{3.79}$$

式中，Q_a、Q_g 分别为单位时间内金属壁面向空气传递的热量和燃气向金属壁面传递的热量（J/s）；W_a、W_g 分别为空气侧、燃气侧流量（kg/s）；c_{pa}、c_{pg}分别为空气、燃气的比定压热容（J/kg · K）；T_{ai2}、T_{ai3}分别为空气侧进、出口温度（K）；T_{gi5}、T_{gi6}分别为燃气侧进、出口温度（K）；a_a、a_g 分别为空气与金属壁面、燃气与金属壁面的换热系数；A_a、A_g 分别为空气侧和燃气侧的换面面积（m^2）；T_w 为金属壁面温度（K）；M_w 为参与换热的金属质量（kg）；c_w 为金属壁面的比热容（kJ/kg · K）。

（5）转子的惯性环节

$$\frac{\mathrm{d}n}{\mathrm{d}t}=\frac{N_t\eta-N_c-N_L}{J\left(\frac{\pi}{30}\right)^2 n} \tag{3.80}$$

式中，J 为转子转动惯量（$kg \cdot m^2$）；N_t、N_c、N_L 分别为涡轮的驱动功率、压气机的消耗功率、负载功率（J/s）；η 为转轴的机械效率。

由以上各部件模型的方程组联立化简，可得

$$\begin{cases} f_1(W_c,\beta_c,P_5)=0 \\ f_2(W_c,\beta_c,P_5)=0 \\ f_3(W_c,\beta_c,P_5)=0 \end{cases} \tag{3.81}$$

$$\begin{cases} \dfrac{\mathrm{d}n}{\mathrm{d}t}=\dfrac{N_t\eta-N_c-N_L}{J\left(\dfrac{\pi}{30}\right)^2 n} \\ M_w c_w \dfrac{\mathrm{d}T_w}{\mathrm{d}t}=Q_g-Q_a \end{cases} \tag{3.82}$$

3.5.5 信息能源系统整体动态模型

3.5.1~3.5.3 节中分别介绍了自能源系统中各子网络的状态空间模型，并对各网络的拓扑结构的动态模型进行了推导。同时，为了实现各个网络之间的设备耦合，在 3.5.4 节中介绍了耦合设备微型燃气轮机的模型。

如图 3.8 所示，自能源系统包括微型燃气轮机、电力子系统、热力子系统、天然气网子系统及电/热/气负荷，其中，微型燃气轮机是各子能源系统的耦合环节。

微型燃气轮机的输入和天然气的输入相同，即天然气进口压力为 p_{in}，在已知理想天然气体积 V 和温度 T 的情况下，天然气质量 m 的求解遵循克拉伯龙方程：

$$m=\frac{MPV}{RT} \tag{3.83}$$

式中，M 为气体的摩尔质量；R 为普适气体常量，$R=8.31$ J/mol。

质量为 m 的天然气完全燃烧释放出的热量为

$$Q=mq \tag{3.84}$$

式中，Q 为天然气完全燃烧所释放出的热量（J）；q 为天然气的热值（J/kg）。

将式（3.84）和式（3.83）代入式（3.82）中可得

$$M_{\mathrm{w}}c_{\mathrm{w}}\frac{\mathrm{d}T_{\mathrm{w}}}{\mathrm{d}t}=\frac{MmV}{RT}p_{\mathrm{in}}-Q_{\mathrm{a}} \tag{3.85}$$

基于此，完成了天然气网和微型燃气轮机之间的耦合。

微型燃气轮机的输出为电能和热能。输出的电能可以是交流电，也可以是直流电，输出交流电可以直接并入电网输送到用户端；输入的直流电可以沿另一条支路输送到用户端。以上两项均属于和电网系统的耦合。根据转速和输出功率的关系可得

$$P=9550nT \tag{3.86}$$

式中，P 为微型燃气轮机的输出功率（kW）；n 为微型燃气轮机转子的转速（r/min）；T 为微型燃气轮机的转矩（N·m）。

微型燃气轮机输出的热能部分为加热管网中循环水所需的热能。微型燃气轮机将循环水的温度加热到与换热器出口相同的水温 T_{s2}，通过此方式，循环水可进入热网管道中，为热负荷供热，实现了设备之间的耦合。在加热循环水的过程中，微型燃气轮机金属壁面的温度为 T_{w}，单位时间内金属壁面向空气传递的热量为 Q_{a}，忽略传递过程中的热损耗，即单位时间内金属壁面向循环水传递的热量为 Q_{a}，由此可得

$$Q_{\mathrm{a}}=c_{\mathrm{s}}m_{\mathrm{s}}(T_{\mathrm{w}}-T_{\mathrm{s2}}) \tag{3.87}$$

式中，c_{s} 为循环水的比热容；m_{s} 为循环水的质量。

将式（3.87）代入式（3.85）可得

$$M_{\mathrm{w}}c_{\mathrm{w}}\frac{\mathrm{d}T_{\mathrm{w}}}{\mathrm{d}t}=\frac{MmV}{RT}p_{\mathrm{in}}-c_{\mathrm{s}}m_{\mathrm{s}}(T_{\mathrm{w}}-T_{\mathrm{s2}}) \tag{3.88}$$

综上所述，在微型燃气轮机的耦合下，得到了形如下式所示的 5 输入、6 输出，含有 26 个状态变量的信息能源系统的整体状态空间模型：

$$\begin{aligned} \mathrm{d}\boldsymbol{x} &= f(\boldsymbol{x}) + \boldsymbol{B}\boldsymbol{u} \\ \boldsymbol{y} &= \boldsymbol{C}^{\mathrm{T}}\boldsymbol{x} \end{aligned} \tag{3.89}$$

式中，$\boldsymbol{B}$ 为 5×26 的常数矩阵；$\boldsymbol{C}$ 为 6×26 的常数矩阵；$\boldsymbol{x}(t) \in \mathbf{R}^n$ 为状态变量；$\boldsymbol{u}(t)$ 为输入变量；$\boldsymbol{y}(t)$ 为输出变量；$\mathrm{d}\boldsymbol{x}(t)$ 为 $\boldsymbol{x}(t)$ 的导数。

3.6 自能源系统模型非线性降阶

虽然 3.5 节建立了自能源系统的整体动态模型，但随着电–气–热三个子网络的紧密互联，使得自能源网络的规模日益庞大，导致自能源系统规模快速增加，甚至会到达数千维。对如此大规模的动态模型进行动态仿真、稳定性分析与控制时，相应的计算耗时往往不可估量。而动态模型降阶技术则利用数学方法，将原有高维度的全阶系统投影到一个降阶低维度的子空间上，并且保证降阶的小系统与原系统具有相近的动态特性。这样，利用降阶系统模型可以替代原有系统模型进行分析与控制，从而提高时域仿真、频域仿真、动态分析与控制等应用的计算性能。

本节首先用二次形式逼近原始系统，然后利用 Krylov 子空间法生成正交投影矩阵 $\boldsymbol{V}$，对系统进行降维处理。

3.6.1 降阶方法

非线性输入–输出状态空间方程的标准形式如下：

$$\mathrm{d}\boldsymbol{x}(t) = f(\boldsymbol{x}) + \boldsymbol{b}\boldsymbol{u}(t), \quad \boldsymbol{y}(t) = \boldsymbol{c}^{\mathrm{T}}\boldsymbol{x}(t) \tag{3.90}$$

式中，$\boldsymbol{b}, \boldsymbol{c} \in \mathbf{R}^{n\times m}$ 为常数矩阵向量；$\boldsymbol{x}(t) \in \mathbf{R}^n$ 为状态变量；$\boldsymbol{u}(t)$ 为输入变量；$\boldsymbol{y}(t)$ 为输出变量；$\mathrm{d}\boldsymbol{x}(t)$ 为 $\boldsymbol{x}(t)$ 的导数。

$\otimes$表示 Kronecker 积，colspan$\{\boldsymbol{V}\}$ 表示由矩阵 $\boldsymbol{V}$ 的列张成的空间，$f_i(\boldsymbol{x})$ 表示 $\boldsymbol{f}(\boldsymbol{x})$ 的第 i 个分量。$\boldsymbol{x}^{(k)}(t)$ 表示 $\boldsymbol{x}(t)$ 的 k 阶导。$\langle \boldsymbol{a}, \boldsymbol{b} \rangle$ 表示 Hilbert 空间的内积，其中，$\boldsymbol{a}, \boldsymbol{b} \in \mathbf{R}^n$。$\boldsymbol{I}$ 表示单位矩阵。$\kappa_q(\boldsymbol{A}, \boldsymbol{r})$ 表示由 q 列序列张成的 Krylov 子空间，为 $\kappa_q(\boldsymbol{A}, \boldsymbol{r}) := \mathrm{colspan}\{\boldsymbol{r}, \boldsymbol{A}\boldsymbol{r}, \cdots, \boldsymbol{A}^{q-1}\boldsymbol{r}\}$，其中，$\boldsymbol{A} \in \mathbf{R}^{n\times n}$，$\boldsymbol{r} \in \mathbf{R}^n$。

对于模型降维，首先用二次形式逼近原始系统，然后利用 Krylov 子空间法生成正交投影矩阵 $\boldsymbol{V}$，对系统进行降维处理。

两个矩阵 $\boldsymbol{A}\in\mathbf{R}^{m\times n}$ 和 $\boldsymbol{B}\in\mathbf{R}^{l\times k}$ 的张量 Kronecker 乘积，用 $\boldsymbol{A}\otimes\boldsymbol{B}$ 来表示，是由 $ml\times nk$ 矩阵形成的：

$$\boldsymbol{A}\otimes\boldsymbol{B}:=\begin{bmatrix} a_{11}\boldsymbol{B} & a_{12}\boldsymbol{B} & \cdots & a_{1n}\boldsymbol{B} \\ a_{21}\boldsymbol{B} & a_{22}\boldsymbol{B} & \cdots & a_{2n}\boldsymbol{B} \\ \vdots & \vdots & & \vdots \\ a_{m1}\boldsymbol{B} & a_{m2}\boldsymbol{B} & \cdots & a_{mn}\boldsymbol{B} \end{bmatrix}$$

式中，a_{ij}是矩阵 $\boldsymbol{A}$ 中的第(i,j)个元素。如果 $\boldsymbol{\xi}\in\mathbf{R}^{n}$ 和 $\boldsymbol{\eta}\in\mathbf{R}^{k}$，很容易得出 $(\boldsymbol{A}\otimes\boldsymbol{B})(\boldsymbol{\xi}\otimes\boldsymbol{n})=\boldsymbol{A}\boldsymbol{\xi}\otimes\boldsymbol{B}\boldsymbol{\eta}$。

定义 $n^{\times_i}=\underbrace{n\times\cdots\times n}_{i\text{-terms}}$，就可以得到 $L^{\otimes_i}=\underbrace{L\otimes\cdots\otimes L}_{i\text{-terms}}$，其中，$n$ 和 i 都是整数，$\boldsymbol{L}$ 是一个向量或矩阵。对于非线性函数$f(\boldsymbol{x})$，在泰勒级数的初始点 $\boldsymbol{x}_0$ 展开：

$$f(\boldsymbol{x})=f(\boldsymbol{x}_0)+\boldsymbol{W}_{01}(\boldsymbol{x}-\boldsymbol{x}_0)+\frac{1}{2!}\boldsymbol{W}_{02}(\boldsymbol{x}-\boldsymbol{x}_0)^{\otimes_2}+\cdots$$

式中，$\boldsymbol{W}_{0i}\in\mathbf{R}^{n^{\times_{i+1}}}(i=1,2,\cdots)$是$f(\boldsymbol{x})$在 $\boldsymbol{x}=\boldsymbol{x}_0$ 处的第 i 阶导数系数矩阵。很明显，$\boldsymbol{W}_{01}\in\mathbf{R}^{n\times n}$和 $\boldsymbol{W}_{02}\in\mathbf{R}^{n\times n\times n}$分别是雅可比矩阵和黑塞矩阵。如果把$f(\boldsymbol{x})$近似成$f(\boldsymbol{x})\approx f(\boldsymbol{x}_0)+\boldsymbol{W}_{01}(\boldsymbol{x}-\boldsymbol{x}_0)+\frac{1}{2}\boldsymbol{W}_{02}(\boldsymbol{x}-\boldsymbol{x}_0)^{\otimes_2}$，那么式（3.90）可以近似成一个二次系统：

$$\begin{cases}\dot{\boldsymbol{x}}(t)=f(\boldsymbol{x}_0)+\boldsymbol{W}_{01}(\boldsymbol{x}-\boldsymbol{x}_0)+\frac{1}{2}\boldsymbol{W}_{02}(\boldsymbol{x}-\boldsymbol{x}_0)^{\otimes_2}+\boldsymbol{b}\boldsymbol{u}(t) \\ \boldsymbol{y}(t)=\boldsymbol{c}^{\mathrm{T}}\boldsymbol{x}(t)\end{cases} \tag{3.91}$$

需要说明的是，矩阵 $\boldsymbol{W}_{01}$ 是非奇异的，通过 Krylov 子空间 $\kappa_q(\boldsymbol{W}_{01}^{-1},\boldsymbol{W}_{01}^{-1}\boldsymbol{b})$，可以生成一个正交投影矩阵 $\boldsymbol{V}_0\in\mathbf{R}^{n\times q}(q<<n)$。

为了实现模型降维，取 $\boldsymbol{x}(t)\approx\boldsymbol{V}_0\tilde{\boldsymbol{x}}(t)$ 替换式（3.91）中 $x(t)$，式（3.91）表示为

$$\begin{cases}\boldsymbol{V}_0\dot{\tilde{\boldsymbol{x}}}(t)=f(\boldsymbol{x}_0)+\boldsymbol{W}_{01}(\boldsymbol{V}_0\tilde{\boldsymbol{x}}(t)-\boldsymbol{x}_0)+\frac{1}{2}\boldsymbol{W}_{02}(\boldsymbol{V}_0\tilde{\boldsymbol{x}}(t)-\boldsymbol{x}_0)^{\otimes_2}+\boldsymbol{b}\boldsymbol{u}(t) \\ \boldsymbol{y}(t)=\boldsymbol{c}^{\mathrm{T}}\boldsymbol{V}_0\tilde{\boldsymbol{x}}(t)\end{cases} \tag{3.92}$$

在式（3.92）的第一个等式两边左乘矩阵 $\boldsymbol{V}_0^{\mathrm{T}}$，记 $\boldsymbol{V}_0^{\mathrm{T}}\boldsymbol{V}_0=\boldsymbol{I}$，则

$$\begin{cases}\dot{\tilde{\boldsymbol{x}}}(t)=\tilde{f}(\tilde{\boldsymbol{x}}_0)+\widetilde{\boldsymbol{W}}_{01}(\tilde{\boldsymbol{x}}(t)-\tilde{\boldsymbol{x}}_0)+\dfrac{1}{2}\widetilde{\boldsymbol{W}}_{02}(\tilde{\boldsymbol{x}}(t)-\tilde{\boldsymbol{x}}_0)^{\otimes 2}+\tilde{\boldsymbol{b}}\boldsymbol{u}(t)\\ \boldsymbol{y}(t)=\tilde{\boldsymbol{c}}^{\mathrm{T}}\tilde{\boldsymbol{x}}(t)\end{cases} \tag{3.93}$$

式中，$\tilde{\boldsymbol{x}}(t)\in\mathbf{R}^q$，$\tilde{f}(\tilde{\boldsymbol{x}}_0)=\boldsymbol{V}_0^{\mathrm{T}}f(\boldsymbol{x}_0)$，$\widetilde{\boldsymbol{W}}_{01}=\boldsymbol{V}_0^{\mathrm{T}}\boldsymbol{W}_{01}\boldsymbol{V}_0$，$\tilde{\boldsymbol{b}}=\boldsymbol{V}_0^{\mathrm{T}}\boldsymbol{b}$，$\tilde{\boldsymbol{c}}=\boldsymbol{V}_0^{\mathrm{T}}\boldsymbol{c}$，$\widetilde{\boldsymbol{W}}_{02}=\boldsymbol{V}_0^{\mathrm{T}}\boldsymbol{W}_{02}\boldsymbol{V}_0^{\otimes 2}$。

综上所述，式（3.93）即为降维后的非线性输入-输出状态空间方程。

3.6.2 仿真实验

本节以 3.5 节获取的信息能源系统 26 阶非线性状态空间方程为例，实现 26 阶到 12 阶的降阶过程。为便于仿真，将系统简化为 3 输入、4 输出的非线性模型。3 输入分别为电力网输入、热力网输入和天然气网输入，其中，天然气网输入和微型燃气轮机的输入为同一输入；4 输出分别为逆变器输出电压、室内温度、天然气网的气体输出压强和微型燃气轮机输出的直流/交流电的功率。

整个系统变为 3 输入、4 输出含有 26 个状态变量的非线性状态空间模型，那么，建立的 Krylov 子空间的形式为$(\boldsymbol{W}_{01}^{-1},\boldsymbol{W}_{01}^{-1}\boldsymbol{b},\boldsymbol{W}_{01}^{-2}\boldsymbol{b},\boldsymbol{W}_{01}^{-3}\boldsymbol{b})$，生成的正交投影矩阵 $\boldsymbol{V}_0$ 是一个 12×26 的常数矩阵。

降阶前后的输出如图 3.16 所示，从图中对比可以看出，降阶后的模型和原系统的模型非常接近。而且，建立的状态空间方程可以很好地模拟实际信息能源系统的动态特性。

通过对比可以发现，虽然在前期原始输出与降维后输出有较明显误差，但是当系统达到稳态后，两者的输出基本趋于一致。

为了更直观地表现出降阶前后的误差，在得到两者输出基础上对两者间差值进行了研究，仿真结果如图 3.17 所示，在前期，两者之间的误差较大，但达到稳态后两者的误差趋于零。需要说明的是，电网输出误差在零附近振荡，幅值大约是±0.4。该误差是在计算 Krylov 子空间矩阵和矩阵相乘时引入的舍入误差，因此可以忽略不计。通过仿真结果可知，本节提出的降阶模型可以很好地应用于实际工程中。

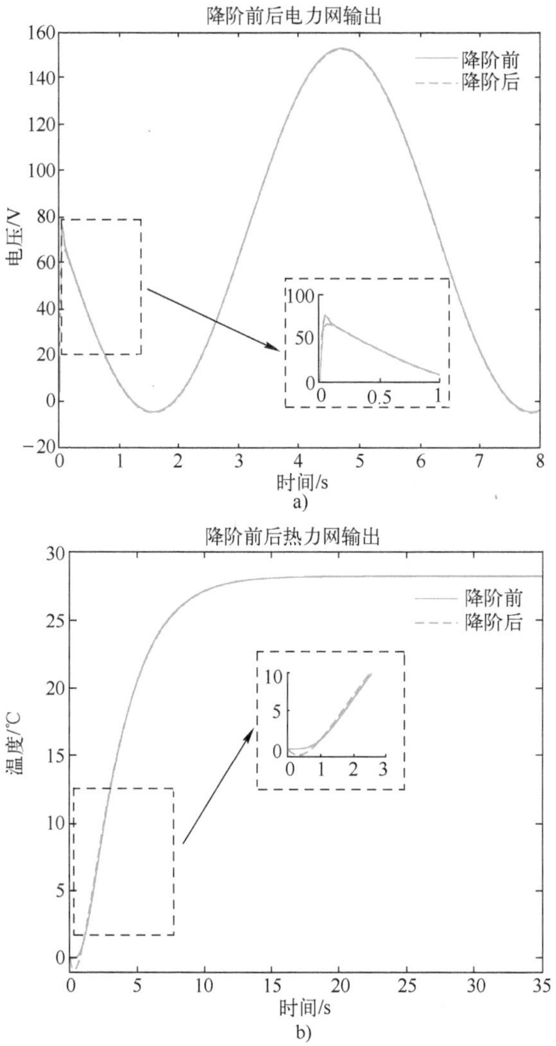

图 3.16 降阶前后输出对比图
a) 电力网输出 b) 热力网输出

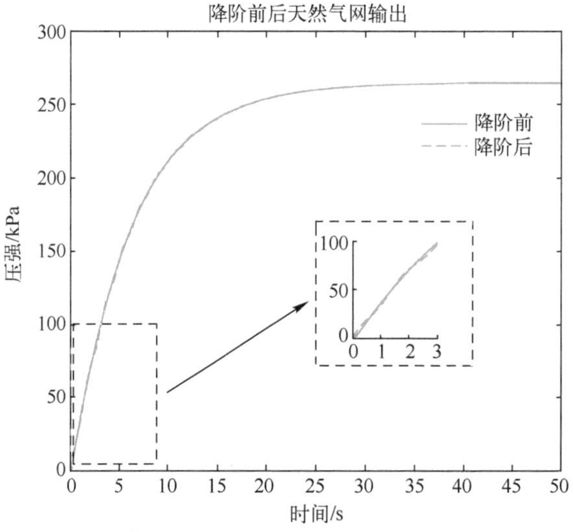

c)

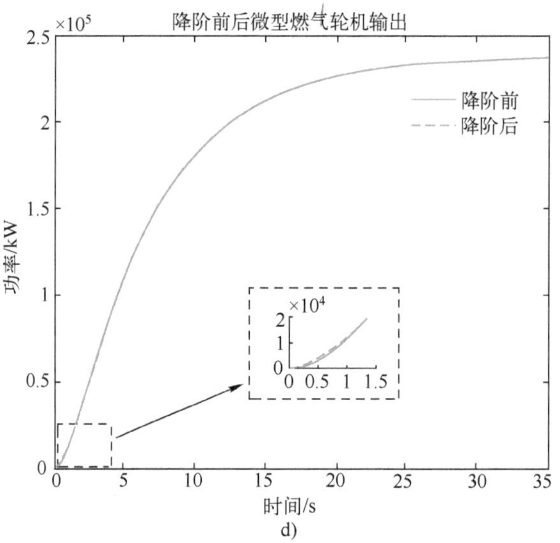

d)

图 3.16 降阶前后输出对比图（续）
c）天然气网输出 d）微型燃气轮机输出

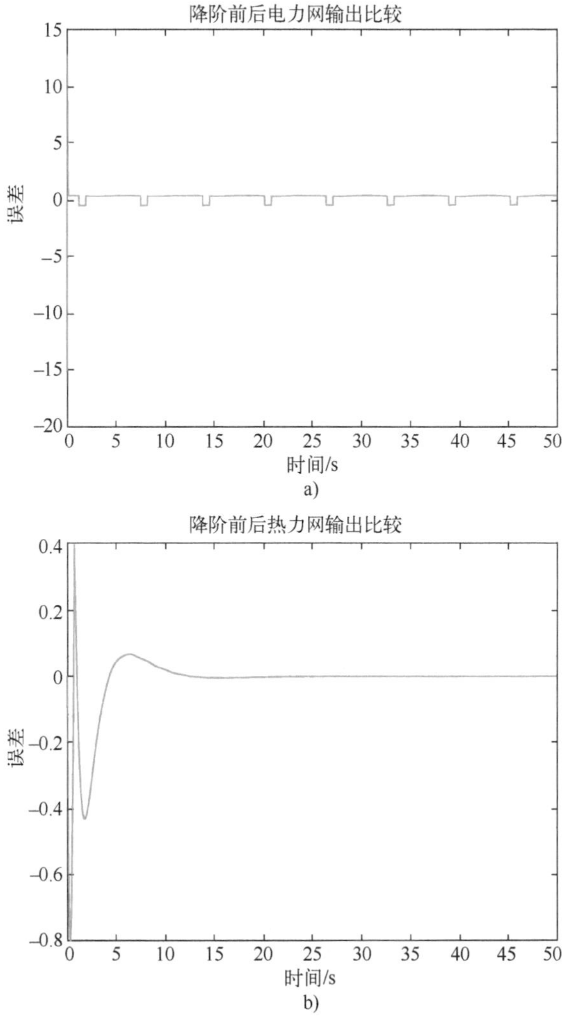

b)

图 3.17 降阶前后输出误差曲线

a）电力网输出 b）热力网输出

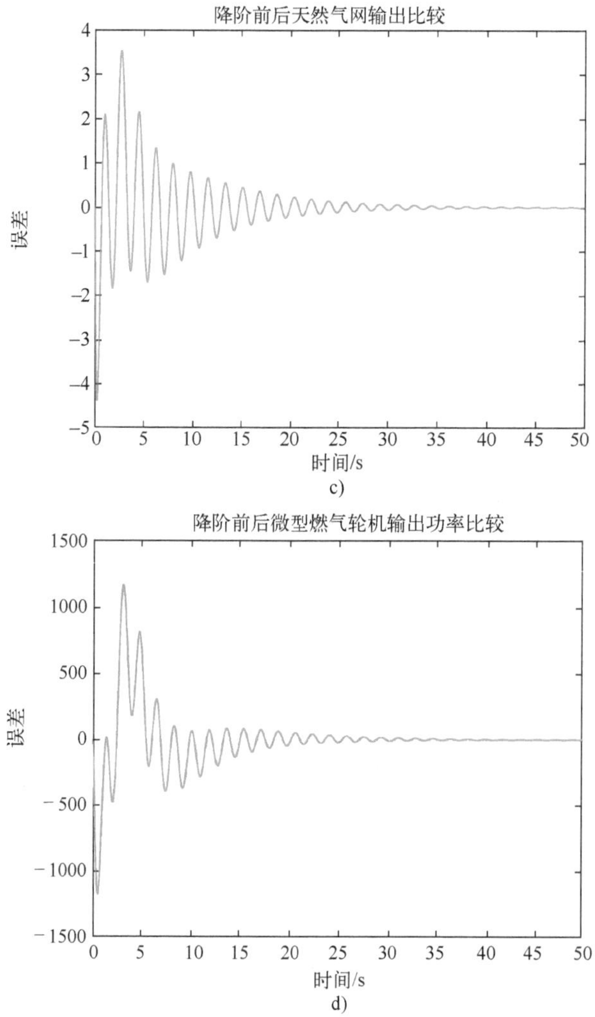

图 3.17　降阶前后输出误差曲线（续）

c）天然气网输出　d）微型燃气轮机输出

3.7　本章总结

自能源系统作为信息能源系统的主要载体，是建立环境友好型社会的重要发展方向，也是“碳中和，碳达峰”的重要实现方式。与单一供能系统不同，自能源系统包含多个载体，其耦合形式和运行机理更加复杂，研究针对自能源系统的机理建模，对电、气、热、冷等各类能源统一规划、统一调度问题具有重要的作用。因此，本章从数学模型出发，建立了自能源系统的静态节点模型、静态支路模型和动态模型，并响应“碳达峰，碳中和”的号召，建立了自能源系统的碳排放流模型，对真实自能源系统运行特性进行了全面、有效地分析，从而为制定满足安全稳定要求的规划方案、运行方式以及控制策略提供了分析模型。同时，为提高自能源系统模型应用的便捷性，3.6 节中采用非线性降阶方法对自能源系统建模中获得的动态方程进行降阶，在保留原有系统重要特征基础上，用一个低维度动态系统模型来代替高维度动态系统模型，仿真验证了降阶方法的有效性以及自能源系统的可降阶性。

第 4 章

能量流的计算与统一标度

4.1 引言

能源是当今信息时代经济增长和社会发展的重要物质根本，是满足人类生活需求、提高人们生活质量的关键保障。在全球性能源危机以及环境污染的背景下，环境以及资源问题逐渐变为全球经济发展的制约条件，大力发展可再生清洁能源是推进社会转型及能源产业发展的必然趋势，低碳发展逐渐成为全球各国所一致认同的目标。在传统能源系统中，供求双方的信息不能够得到有效的沟通，导致能源不能得到有效匹配，因此需要通过信息能源系统实现能源的整体控制和有效利用。

本章中，根据信息能源网络的物理结构和运行机理，充分研究网络之间的互联关系，建立了电力、天然气、热力网络及耦合设备的数学模型；基于牛顿-拉夫逊法进行了统一能量流计算，由于该方法对初值的敏感性，提出了收敛定理，可以在迭代之前判断初值能否使能量流获得收敛结果；面对低碳发展的需求，提出了碳流计算的方法分析网络中的碳排放；同时考虑到信息能源系统源、网、荷的不确定性，提出了一种混合模糊-概率能量流评估不确定性的方法；此外，考虑到信息能源系统中多种能量相互耦合，网络环节复杂，评估其能量利用率较为困难，因此基于能量的流动分析信息能源系统，提出了一种适用于复杂系统的综合能源评价指标，并针对碳排放情况评估网络性能。

4.2 信息能源系统的稳态模型

信息能源系统是由电力网络、天然气网络、热力网络及多种耦合设备构成的能源系统。为了能够分析信息能源系统中的能量流动，首先要认识各个子网络和耦合设备的机理并进行建模。本节分别建立了电力网络、天然气网络、热力网络以及各个网络之间耦合设备的稳态模型，并对信息能源系统节点类型进行分类，为后续研究提供了理论支撑。

4.2.1 电力网络模型

如图 4.1 所示，基于电力网络中欧姆定律和基尔霍夫定律，考虑元件特性约束和网络拓扑约束，形成网络矩阵，得到通过电压和电流描述的网络方程。其中，U_k 和 I_k 分别为支路 k 的电压和电流，Z_k 为支路 k 的阻抗，$k\in l$ 表示构成回路 l 的支路集合，$k\in j$ 表示与节点 j 相连的支路集合。

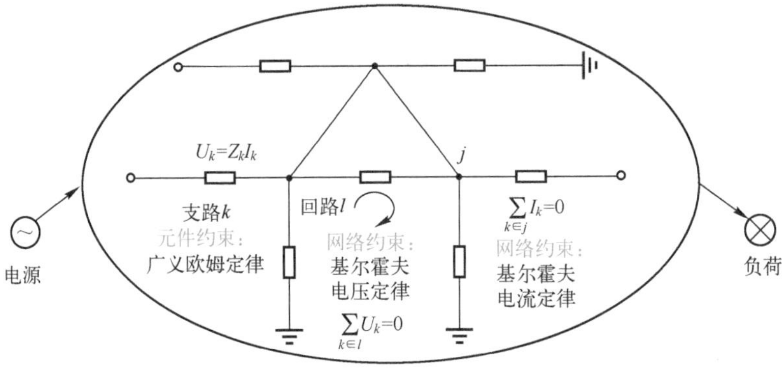

图 4.1　电力网络模型

母线 i 处的电压 U_i 在极坐标系下表示为

$$U_i=|U_i|\angle\theta_i=|U_i|\mathrm{e}^{\mathrm{j}\theta_i}=|U_i|(\cos\theta_i+\mathrm{j}\sin\theta_i) \tag{4.1}$$

式中，θ_i 为电压相角，j 代表虚部。那么，注入母线 i 的电流可以表达为

$$\dot{I}_i=\sum_{j=1}^{n}Y_{ij}\dot{U}_j \tag{4.2}$$

式中，U_j 为母线 j 的电压；Y_{ii}是节点 i 的自导纳，其值为与节点 i 连接的所有支路导纳的和；$Y_{ij}(i\neq j)$为互导纳，即连接节点 i,j 的支路导纳的负数。当系统网络中节点 i 与节点 j 不直接相连时，此节点导纳矩阵中的元素 $Y_{ij}(i\neq j)$ 应是零，其中

$$I=\begin{bmatrix}\dot{I}_1\\ \dot{I}_2\\ \vdots\\ \dot{I}_n\end{bmatrix},\quad U=\begin{bmatrix}\dot{U}_1\\ \dot{U}_2\\ \vdots\\ \dot{U}_n\end{bmatrix}\quad Y=\begin{bmatrix}Y_{11} & Y_{12} & \cdots & Y_{1i} & \cdots & Y_{1n}\\ Y_{21} & Y_{22} & \cdots & Y_{2i} & \cdots & Y_{2n}\\ \vdots & \vdots & & \vdots & & \vdots\\ Y_{n1} & Y_{n2} & \cdots & Y_{ni} & \cdots & Y_{nn}\end{bmatrix} \tag{4.3}$$

结合节点电压、电流公式，可得注入母线 i 的复功率为

$$S_i=P_i+\mathrm{j}Q_i=\dot{U}_i\dot{I}_i^*=\dot{U}_i\sum_{j}(Y_{ij}\dot{U}_j)^* \tag{4.4}$$

P_i 和 Q_i 分别为节点 i 注入的有功功率和无功功率，可展开如下：

$$\begin{cases}P_i=U_i\sum\limits_{j\in i}U_j(G_{ij}\cos\theta_{ij}+B_{ij}\sin\theta_{ij}), & i=1,2,\cdots,N\\ Q_i=U_i\sum\limits_{j\in i}U_j(G_{ij}\sin\theta_{ij}-B_{ij}\cos\theta_{ij}), & i=1,2,\cdots,N\end{cases} \tag{4.5}$$

式中，$\dot{U}_i$ 和 $\dot{U}_j$ 分别是节点 i 和节点 j 的电压；$\dot{I}_i$ 是节点 i 的电流；Y_{ij}是支路 ij 的传输导纳；$*$ 代表共轭。式（4.5）既包括了元件参数，又表现出节点元件间的连接关系。

4.2.2 热力网络模型

热力网络由供水网络和回水网络构成，管道中通常以热水的形式传递能量。对于热力网络的建模需要考虑管道中的水力平衡关系和热力平衡关系，因此对热力网络的建模可以分为网络水力模型和热力模型。

（1）水力模型

热力网络的建模过程与电力网络很相似。基于基尔霍夫定律，对电、热力网络的节点和回路模型类比见表 4.1。

表 4.1 电、热力网络中节点和回路模型类比

载　体	针对节点	针对回路
电力网络	基尔霍夫电流定律	基尔霍夫电压定律
热力网络	节点流量连续定律	回路压力平衡方程

由于供水网络和回水网络是统一的，所以在水力模型中只简述供水网络。热力网中，节点流量连续性方程可类比为电路中的基尔霍夫电流定律，定义为进入节点 i 的质量流等于离开该节点的质量流加上节点处负荷消耗流量，公式表达为

$$\left(\sum \dot{\boldsymbol{m}}\right)_{\text{in}}^{i} - \left(\sum \dot{\boldsymbol{m}}\right)_{\text{out}}^{i} = \dot{\boldsymbol{m}}_{\text{q}}^{i} \tag{4.6}$$

式中，$\dot{\boldsymbol{m}}$ 为管道质量流矢量（kg/s）；$\left(\sum \dot{\boldsymbol{m}}\right)_{\text{in}}^{i}$ 为节点 i 连接的所有管道的流量流入该节点的总和；同理 $\left(\sum \dot{\boldsymbol{m}}\right)_{\text{out}}^{i}$ 为流出该节点的质量流总和；$\dot{\boldsymbol{m}}_{\text{q}}^{i}$ 为节点处由源注入或负载消耗的质量流（kg/s），源注入时，该值为负，负荷消耗时，该值为正。

当对热力网内全部节点列写节点流量连续性方程时，由式（4.6）构成的方程组可通过矩阵相乘的形式表达为

$$\boldsymbol{A}\dot{\boldsymbol{m}} = \dot{\boldsymbol{m}}_{\text{q}} \tag{4.7}$$

式中，$\boldsymbol{A}$ 为节点-网络关联矩阵，$\boldsymbol{A}$ 的维数为 $n_{\text{node}} \times n_{\text{pipe}}$，其中，$n_{\text{node}}$是节点个数，$n_{\text{pipe}}$是热力网络的管道个数。矩阵 $\boldsymbol{A}$ 中元素按下述规则列写：

$$\begin{cases}+1, & 如果管道中的质量流流入该节点\\ -1, & 如果管道中的质量流流出该节点\\ 0, & 如果该管道与节点没有相连\end{cases}$$

回路压力平衡方程可类比为基尔霍夫电压定律，定义为热力网的闭环回路中的水头压力损失总和为 0，即

$$\boldsymbol{B}_{\mathrm{h}}\boldsymbol{h}_{\mathrm{f}}=\boldsymbol{0} \tag{4.8}$$

式中，$\boldsymbol{B}_{\mathrm{h}}$ 为回路-网络关联矩阵，$\boldsymbol{B}_{\mathrm{h}}$ 的维数为 $n_{\mathrm{loop}}\times n_{\mathrm{pipe}}$，其中，$n_{\mathrm{loop}}$ 是网络中闭环回路的个数。矩阵 $\boldsymbol{B}_{\mathrm{h}}$ 中元素定义规则为

$$\begin{cases}+1, & 如果管道中的质量流流动方向与闭环回路定义方向一致\\ -1, & 如果管道中的质量流流动方向与闭环回路定义方向不一致\\ 0, & 如果该管道不存在于闭环回路中\end{cases}$$

$\boldsymbol{h}_{\mathrm{f}}$ 为水头损失，指管道摩擦等产生的压力损失，可用质量流 $\dot{\boldsymbol{m}}$ 和摩阻因子 K 来表示：

$$\boldsymbol{h}_{\mathrm{f}}=K\dot{\boldsymbol{m}}\,|\dot{\boldsymbol{m}}| \tag{4.9}$$

K 为管道对应的阻力系数，由摩擦系数 f 计算得到

$$K=\frac{8Lf}{D^5\rho^2\pi^2 g} \tag{4.10}$$

式中，L 为管道的长度（m）；D 为管道的内径（m）；ρ 表示水的密度（kg/m^3）；g 表示重力加速度（kg · m/s^2）；f 为摩擦系数，其值主要取决于雷诺系数 Re。

（2）热力模型

基于热力模型对节点温度进行计算。图 4.2 定义了三个不同的温度：供水温度、出口温度和回水温度。出口温度的定义是每个节点的水流未在回水网络中混合前的水流温度，并且将热力模型中每个热源的供水温度和每个负

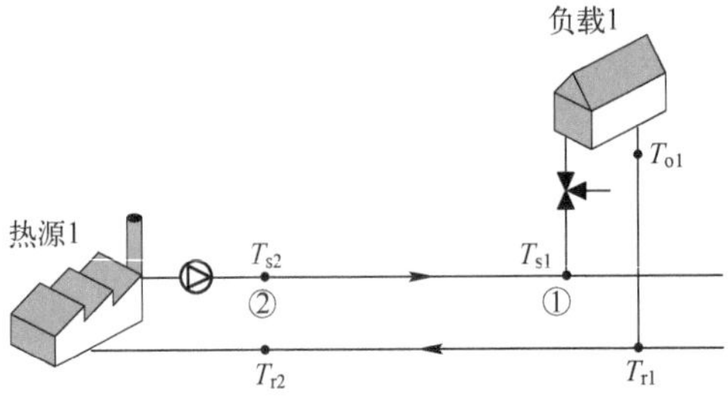

图 4.2 节点温度

载在未混合前的回水温度设为已知。负载的回水温度取决于供应温度、室外温度和热负载。简单起见，假设每个负载的回水温度已知。

进一步地，热功率可通过下式计算：

$$\boldsymbol{\phi}=c_{\mathrm{p}}\dot{\boldsymbol{m}}_{\mathrm{q}}(T_{\mathrm{s}}-T_{\mathrm{o}}) \tag{4.11}$$

式中，$\boldsymbol{\phi}$ 是矢量，为每个节点供应或消耗的热功率；c_{p} 是水的比热容；$\dot{\boldsymbol{m}}_{\mathrm{q}}$ 是矢量，是每个节点通过热源注入或负载消耗的质量流速。

管道出口温度可以通过温度差计算，具体公式如下：

$$T_{\mathrm{end}}=(T_{\mathrm{start}}-T_{\mathrm{a}})\mathrm{e}^{-\frac{\lambda l}{c_{\mathrm{p}}\dot{m}}}+T_{\mathrm{a}} \tag{4.12}$$

式中，T_{start} 和 T_{end} 是管道起始节点和终止节点的温度；T_{a} 是环境温度；λ 是管道单位长度的热量传递系数；l 是管道长度；$\dot{m}$ 是管道质量流速。式（4.12）表明，如果管道质量流速很大，那么管道末尾温度会变高，温度差就小。

设 $T'_{\mathrm{start}}=T_{\mathrm{start}}-T_{\mathrm{a}}$，$T'_{\mathrm{end}}=T_{\mathrm{end}}-T_{\mathrm{a}}$，$\psi=\mathrm{e}^{-\frac{\lambda l}{c_{\mathrm{p}}m}}$，因此式（4.12）可以写成

$$T'_{\mathrm{end}}=T'_{\mathrm{start}}\psi \tag{4.13}$$

当水流离开某个节点，多于一个管道与此节点相连时，水流的混合温度由式（4.13）计算。当水流离开某个节点时，每个管道此时的起始温度与节点的混合温度有如下关系：

$$\left(\sum \dot{m}_{\mathrm{out}}\right)T_{\mathrm{out}}=\sum(\dot{m}_{\mathrm{in}}T_{\mathrm{in}}) \tag{4.14}$$

式中，T_{out} 是节点混合温度；$\dot{m}_{\mathrm{out}}$ 是管道流出水流的质量流速；T_{in} 是与节点相连的管道末端水流温度；$\dot{m}_{\mathrm{in}}$ 是与节点相连的管道流入水流质量流速。

对于区域热力网络来说，热力模型决定了每个负载的供应温度和返回温度，以及热源的返回温度。一般情况下，通常给定每个热源的供水温度、每个负载节点在未混合前的回水温度和每条管道的质量流速。

4.2.3 天然气网络模型

天然气作为较安全的燃气能源之一，具有优质环保的特点，近年来在电力、热力市场中，作为发电、产热所需的燃料也受到能源部门和科研学者的关注。天然气网络主要由供气源、管道、压缩机和气负荷等组成。本节分别介绍其管道和压缩机模型。

（1）天然气管道稳态模型

天然气管道中气体流量的稳态过程可用一维可压缩流动方程表示，该方

程体现了压力、流量和温度之间的关系。目前，已被广泛使用的气体一般流动方程为

$$f_{n}=\left(\frac{\pi^{2}R_{air}}{64}\right)^{0.5}\times\frac{T_{n}}{p_{n}}\left(\frac{\left[(p_{1}^{2}-p_{2}^{2})-\frac{2\Pi_{av}^{2}SGgh}{ZR_{air}T}\right]D^{5}}{\chi SGLTZ}\right)^{0.5} \tag{4.15}$$

式中，f_n为管道流量；其余变量名称及含义见表 4.2。

表 4.2 天然气管道模型参数说明

变量名称	变量含义
p	节点压力
R_{air}	空气常数
Z	计算常数
χ	摩阻因子
D	管道内径
L	管道长度
SG	气体相对密度
p_n	标准条件下气体压力
T_n	标准条件下气体温度
T	气体温度

管道流量方程体现了管网流量与节点压力、温度等量的关系，但在实际运行中，天然气管道情况复杂，所以在应用管网一般流动方程时，包含了很多假设：

1）假设气体稳态流动。

2）假设管道中动能变化忽略不计。

3）假设管道摩阻因子为常数。

4）假设管道摩阻符合 Darcy 摩阻损失关系式。

5）假设整个管道气体的压缩系数为常数。

6）假设气体等温流动。

7）假设管道是水平的，管道两端没有高度差。

上述假设中，由于摩擦产生的能量损失转变为热能，而该热能通过管壁散失到周围介质中，所以气体温度 T 保持接近于常数，即气体可认为是等温流动。当管道两端没有高度差时，高程项 $2\Pi_{av}^{2}SGgh/ZR_{air}T$ 为零。于是，一般流动方程可化简为

$$f_{n}=C\frac{T_{n}}{p_{n}}\left[\frac{(p_{1}^{2}-p_{2}^{2})D^{5}}{\chi SGLTZ}\right]^{0.5} \tag{4.16}$$

$$C=\left(\frac{\pi^2 R_{\mathrm{air}}}{64}\right)^{0.5}=\text{常数} \tag{4.17}$$

式中各个变量的单位：R_{air}为N·m/kg·K，p为$\mathrm{N/m^2}$，D为m，L为m，T为K，因此可得流量f_{n}单位为$\mathrm{m^3/s}$。

化简后的一般管道流量公式中，管网流量只是节点压力的函数，那么对任意管道（i,j），从节点i到节点j的流量f_{ij}可用通式表达为

$$f_{ij}=\phi(\Delta\Pi_{ij})=C_{ij}\mathrm{sgn}_{ij}\sqrt{\mathrm{sgn}_{ij}(\Pi_i-\Pi_j)} \tag{4.18}$$

式中，sgn_{ij}表示管道内天然气的流动方向，由下式表示：

$$\mathrm{sgn}(p_i,p_j)=\begin{cases}+1, & p_i\geqslant p_j\\ -1, & \text{否则}\end{cases} \tag{4.19}$$

C_{ij}为管道阻力系数，是与天然气气体本身及管道参数相关的一项系数，取决于气质密度、温度和管道的直径、长度、摩阻因子等，即

$$C_{ij}=C_{\mathrm{g}}\frac{D_{ij}^{2.5}}{(\chi_{ij}ZT_{\mathrm{g}}L_{ij}\mathrm{SG})^{0.5}} \tag{4.20}$$

当压力等级不同时，管道阻力系数前的常数C_{g}会取不同值。当天然气系统为低压网络时，流动方程中的$\Pi_i=p_i$，$\Pi_j=p_j$；当天然气系统为中压、高压网络时，$\Pi_i=p_i^2,\Pi_j=p_j^2$。

（2）压缩机模型

在管道中输送气体的过程中，由于摩擦阻力，气流会损失一部分初始能量，从而导致压力损失。为了补偿能量损失并顺利输送气体，在网络中安装了压缩机站。

燃气压缩机和电动压缩机分别通过消耗天然气和电能来维持管道内压力稳定，是天然气网络中维持气体流动的重要装置。一般先计算压缩机原动机所需的功率，再计算其燃气压缩机耗气量及电动压缩机耗电量。常用下列方程描述：

$$H_{kij}=B_k f_{ij}\left[\left(\frac{p_j}{p_i}\right)^{Z_{ki}\left(\frac{\alpha-1}{\alpha}\right)}-1\right] \tag{4.21}$$

$$\tau_k=\alpha_k+\beta_k H_{kij}+\gamma_k H_{kij}^2 \tag{4.22}$$

$$P_k=\left(\frac{746\times10^{-6}}{3600}\right)H_{kij} \tag{4.23}$$

式中，H_{kij}为压缩机原动机所需的功率；τ_k为压缩机消耗的气体量；P_k为压

缩机消耗的电能；B_k 为与压缩机温度、效率、绝热指数相关的参数；f_{ij} 为经过压缩机所在管道 ij 的流量；p_j、p_i 分别为压缩机出口压力、入口压力；Z_{ki} 为压缩机入口气体压缩系数；α 为绝热指数；α_k、β_k、γ_k 为燃气压缩机相关参数。

4.2.4 耦合节点模型

(1) 热电联产（CHP）机组

热电联产（CHP）机组是一种可以通过单一燃料源产生电能和有用热能的高效清洁设备，包含两种工作模式：以热定电和以电定热。CHP 常置于用户处或用户附近，以便产电过程中释放的热量可以满足用户的热量需求，同时所产生的电力能够满足全部或部分负荷用电需求。本节主要研究燃气轮机型 CHP 机组，其耗气量与产电功率、产热功率的关系描述为

$$f_{\mathrm{CHP}}=\frac{3600}{\mathrm{LHV}}\left(\frac{P_{\mathrm{CHP}}+\phi_{\mathrm{CHP}}}{\eta_{\mathrm{CHP}}}\right) \tag{4.24}$$

式中，P_{CHP} 和 ϕ_{CHP} 分别为 CHP 机组产生的有功功率和热功率，$\phi_{\mathrm{CHP}}=C_{\mathrm{m}}P_{\mathrm{CHP}}$，$C_{\mathrm{m}}$ 为热电比值；η_{CHP} 为 CHP 机组的总效率；LHV 为天然气低热值，其值一般在 35.40~39.12 MJ/m^3 之间。

(2) 燃气发电机

燃气发电机的热耗率 HR 和燃气发电机效率之间的关系可以表示为

$$\eta_{\mathrm{GPG}}=\frac{3600}{HR} \tag{4.25}$$

$$\mathrm{HR}=\alpha_{\mathrm{GPG}}+\beta_{\mathrm{GPG}}P_{\mathrm{GPG}}+\gamma_{\mathrm{GPG}}P_{\mathrm{GPG}}^2 \tag{4.26}$$

式中，P_{GPG} 为燃气发电机产电量；α_{GPG}、β_{GPG}、γ_{GPG} 为燃气发电机效率相关参数。

因此，燃气发电机耗电量计算公式可以表示为

$$f_{\mathrm{GPG}}=\frac{\mathrm{HR}\cdot P_{\mathrm{GPG}}}{\mathrm{LHV}} \tag{4.27}$$

若已知燃气发电机转换效率，其耗气量也可以表示为

$$f_{\mathrm{GPG}}=\left(\frac{3600}{\eta_{\mathrm{GPG}}\mathrm{LHV}}\right)P_{\mathrm{GPG}} \tag{4.28}$$

(3) 其他设备

系统中其他耦合设备见表 4.3。

表 4.3 信息能源系统中的其他耦合设备

设备种类	能耗关系	说明
热泵	$\eta_{HP}=\frac{\phi_{HP}}{P_{HP}}$	热泵通过消耗电能，并利用周围环境温度来达到更高的温度，即利用电能做功将大自然中品位低的热能转换为高品位热能。η_{HP}为热泵的转换效率；ϕ_{HP}为热功率；P_{HP}为有功功率
电热锅炉	$\eta_{EB}=\frac{\phi_{EB}}{P_{EB}}$	η_{EB}为电锅炉效率；ϕ_{EB}为产热；P_{EB}为设备消耗电功率
燃气锅炉	$f_{GB}=\frac{3600}{\mathrm{LHV}}\left(\frac{\phi^{GB}}{\eta^{GB}}\right)$	f_{GB}为设备消耗的天然气量；ϕ^{GB}为燃气锅炉的产热；η^{GB}为燃气锅炉的效率
电转气装置	$\eta_{P2G}=\frac{f_{P2G}\mathrm{LHV}}{3600P_{P2G}}$	电转气（P2G）是一种化学储能技术，可通过水电解将电能转化为具有高能量密度的可燃气体。氢气是其第一阶段的产物，然后与CO_2进行催化反应，生成甲烷，即天然气的主要组成成分。η_{P2G}为设备的转换效率；f_{P2G}为产气量；P_{P2G}为耗电量
循环泵	$P_i^{CP}=\frac{\dot{m}_i^{CP}gH_P}{\eta_{CP}}\times10^{-6}$	循环泵是用来克服循环系统的压力降，使得热力管道中的水流动循环起来的装置。P_i^{CP}为循环泵消耗的电功率；$\dot{m}_i^{CP}$为流过循环泵的质量流速；η_{CP}为循环泵效率；H_P为循环泵扬程，指单位重量流体经泵所获得的能量

4.2.5 能量流动的统一模型

在交流电力的电力流传输上，电力网络的电力流方程满足：

$$\frac{\partial U}{\partial x}=-RI-L\frac{\partial I}{\partial t} \tag{4.29}$$

$$\frac{\partial I}{\partial x}=-GU-C\frac{\partial U}{\partial t} \tag{4.30}$$

式中，U和I分别为电力流在t时刻管道位置x的电压和电流；R和L分别为电力网络支路中单位长度的等效电阻和电感；G和C分别为电力网络支路中单位长度的等效导纳和电容。

1. 供热网络的能量流动

（1）水路能量传输

供热网络的简化过程可以类比于电力网络，热力网络的推导过程如下：①以管道中水流流动的方向作为水流方向，由于管道的约束，水流天然进行一维流动，因此得到以时间、空间为基础的偏微分方程；②通过水路流动中遵守的质量与动量守恒方程进行公式推导，定义水阻、水感和水容；③运用以上模型来描述水路在管道内的一维传递过程，进而建立基于水阻、水感描述的水力网络模型。

水在管道中的流动可以视为一维流动，其过程满足质量守恒方程和动量守恒方程，数学描述为

$$\frac{\partial \rho_w}{\partial t}+\frac{\partial \rho_w v}{\partial x}=0 \tag{4.31}$$

$$\frac{\partial \rho_w v}{\partial t}+\frac{\partial \rho_w v^2}{\partial x}+\frac{\partial P}{\partial x}+\frac{\lambda \rho_w v^2}{2D}+\rho_w g\sin\theta=0 \tag{4.32}$$

由于水路中流动的液体视为不可压缩，因此动量守恒定律表现为纳维-斯托克斯方程，如下：

$$\frac{\partial v}{\partial t}=-\frac{1}{\rho}\frac{\partial P}{\partial x}+u\left[\frac{4}{D}\frac{\partial}{\partial D}\left(D\frac{\partial v}{\partial D}\right)\right] \tag{4.33}$$

式中，ρ_w、v、P 分别为水流在 t 时刻位于管道中 x 位置的密度、流速和压力，在水力计算中，密度 ρ_w 视为常数；λ 为管道的摩擦系数，是造成水流压力损失的主要因素；g 为重力加速度；$\sin\theta$ 为管道倾角；D 为管道的内径。

水力计算的质量流量记为

$$G=\rho_w vS \tag{4.34}$$

式中，S 为水流在 t 时刻位于管道中 x 位置的横截面积。

式（4.34）中，右侧第二项描述的是流体的黏性阻力。根据流体力学中关于平均黏性的定义，将水流在 t 时刻位于管道中 x 位置在运动中所受到的阻力，在其对应的横截面积 S 上进行平均，获得水流的瞬时平均阻力。假设管道横截面积 S 不变，则式（4.33）可改写为

$$-\frac{\partial P}{\partial x}=-\rho\frac{\partial v}{\partial t}+\frac{4\pi\mu}{S}\int_0^{D/2}\frac{\partial}{\partial D}\left(D\frac{\partial v}{\partial D}\right)\mathrm{d}D=\frac{1}{S}\frac{\partial G}{\partial t}+\frac{8\pi\mu}{\rho S^2}G \tag{4.35}$$

（2）热路能量传输

类比于电力网络的简化过程，进行热力网络的热力流推导：①以管道中水流流动的方向作为热流方向，由于管道的约束，水流天然进行一维流动，得到以时间、空间为基础的偏微分方程；②通过热流传递中遵守的质量守恒与动量守恒方程，进行公式推导，定义热阻、热感、热导和热容；③运用以

上模型来描述水路在管道内的一维传递过程，进而基于热阻、热容、热导和热感建立热力网络模型。

供热网络的热路模型是指沿热力网络集中供热传输的热流，数学描述为

$$c\rho_{\mathrm{w}}S\frac{\partial T}{\partial t}+cG\frac{\partial T}{\partial x}-\gamma_0\frac{\partial^2 T}{\partial x^2}+\mu T=0 \tag{4.36}$$

式中，c 代表供热网络中的流体介质的比热容；ρ_{w} 和 S 分别代表管道中水流密度与管道横截面积，在计算中，二者均视为常数；T 代表水流在 t 时刻 x 位置时水温与管道外环境温度之间的温度差；G 代表管道水流的质量流量，在热力网络的热路分析中，该质量流量的数值由水路决定；γ_0 代表水流径向热扩散系数；μ 代表管道的导热系数。

在热力计算中，由于水的静态热传导极低，在供热网络的建模中可以忽略这一项，仅仅考虑水的对流热传导以及热损耗。因此式（4.36）可以简化为

$$c\rho_{\mathrm{w}}S\frac{\partial T}{\partial t}+cG\frac{\partial T}{\partial x}+\mu T=0 \tag{4.37}$$

热力计算的热流 h_{G} 定义为管道中的水流在单位时间内通过对应的横截面时的释放热量，则可根据比热容 c 的意义，对其进行数学表达，即

$$h_{\mathrm{G}}=cGT \tag{4.38}$$

2. 燃气网络的能量流动

燃气网络的简化过程可以类比于电力网络，燃气网络的推导过程与热力网络相似。

燃气网络的流动方程是指沿管道传输的燃气气流。其在管道中的流动过程可以视为一维的线性运动，其过程满足质量守恒方程与动量守恒方程，数学描述为

$$\frac{\partial \rho_{\mathrm{g}}v}{\partial x}=-\frac{\partial \rho_{\mathrm{g}}}{\partial t} \tag{4.39}$$

$$\frac{\partial \rho_{\mathrm{g}}v}{\partial t}+\frac{\partial \rho_{\mathrm{g}}v^2}{\partial x}+\frac{\partial P}{\partial x}+\frac{\lambda\rho_{\mathrm{g}}v^2}{2D}+\rho_{\mathrm{g}}g\sin\theta=0 \tag{4.40}$$

在输气管道中，将环境视为等温且管道的传输压力较高时，可以对式（4.40）进行简化，结果为式（4.41），即纳维–斯托克斯方程对可压缩流体的表现形式为

$$\frac{\partial P^2}{\partial x}=\frac{-\mu R_g T}{D}(\rho_g v)^2-\pi\frac{\partial \rho_g v}{\partial t} \tag{4.41}$$

式中，ρ_g、v、P 分别为天然气在 t 时刻位于管道 x 位置的密度、流速和压力；μ 为管道摩擦系数，也是造成天然气压力损失的主要因素；D 为管道的内径；T 为环境温度；$\sin\theta$ 为管道倾角；R_g 为管道中的气体常数。

在式（4.41）中，右侧第二项的物理意义为流量对于时间的偏导数，在本节研究的高压输气管道中，认为流量不会剧烈变化。事实上，这个数值通常在实际工程中，同样是一个稳定值，对方程的精度影响较小，因此可以忽略这一项。

当 R_g 为天然气比气体常数时，理想气体方程 $Pv=nRT$ 可以改写成

$$P=R_g T\rho_g \tag{4.42}$$

式中，R_g 为天然气的比气体常数；ρ_g 为天然气在标准状况下的密度；T 为天然气的温度。气网方程以质量流量展开，定义燃气流的质量流量为

$$G=\rho_g vS \tag{4.43}$$

其中，S 为气流在 t 时刻位于管道中 x 位置的横截面积。

因此，三组网络传输方程可以描述为统一的数学形式，参考电力网络麦克斯韦方程的形式，网络传输方程描述为

$$\frac{\partial \psi}{\partial x}=-\alpha_1\zeta-\beta_1\frac{\partial \zeta}{\partial t} \tag{4.44}$$

$$\frac{\partial \zeta}{\partial x}=-\alpha_2\psi-\beta_2\frac{\partial \psi}{\partial t} \tag{4.45}$$

在不同的能量网络传输方程中，α_1、α_2、β_1、β_2 的含义见表 4.4。

表 4.4　能量统一传输模型

参　数	电　路	气　路	热　路	
	电 力 流	燃 气 流	水　路	热 力 流
α_1	R	$\frac{\mu R_g T}{p_0 S^2 D}$	$\frac{8\pi\mu}{\rho S^2}$	$\frac{\mu}{c^2 G^2}$
α_2	G	0	0	μ
β_1	L	0	$\frac{1}{S}$	$\frac{\rho S}{cG^2}$
β_2	C	$\frac{S}{R_g T}$	0	$c\rho S$

4.2.6 节点类型分类

从各个子网络的角度分析，信息能源系统中各个子网络的节点类型见表4.5。

表4.5 节点类型（子网络角度）

网络类型	节点类型	已知量	未知量
电力网络	平衡节点	$\|U\|,\theta$	P,Q
	PV节点	$\|U\|,P$	θ,Q
	PQ节点	P,Q	$\|U\|,\theta$
天然气网络	平衡节点	p	f
	注入已知	f	p
供热网络	平衡节点	T_s	$\phi,T_r,\dot{m}$
	ϕT_s节点	ϕ,T_s	$T_r,\dot{m}$
	ϕT_r节点	ϕ,T_r	$T_s,\dot{m}$

为了更好地计算理解能量流，本节首次从能源网络元件的角度分析，将信息能源系统进行了统一的节点类型分类，见表4.6。

由表4.6可见，信息能源系统中所有的节点类型都可以通过E、G、H的组合表示。其中，E、G、H分别表示电力、天然气和热力；$\overline{X}$表示该元件消耗X能量；对于某个元件，“—”连接两个有直接关联的能量，“，”连接彼此没有直接关系的能量。FEL和FTL分别表示热电联产的以电定热和以热定电模式。值得注意的是，因为各个耦合设备也是各个子网络的负荷，比如电热锅炉为电负荷，所以表4.6中普通负荷表示的是除去耦合设备的负荷。

另外，表4.6还探讨了各个元件是否可以担当平衡节点及担当哪个网络的平衡节点。除了常见元件可作为平衡节点外，还提出了新的可担当平衡节点的元件：电热锅炉、电转气设备及电动压缩机。首先，众所周知电热锅炉可以担当热网平衡节点，但当它有足够大的设备容量时，它也可以被视为电网平衡节点。大容量的电热锅炉对于电网来说往往是较重负荷，因此可以通过削减电热锅炉的耗电量，甚至使其停止工作，来保证整个电力网络平衡。同理，拥有足够大设备容量的电转气设备也可被视为电网平衡节点。而电动压缩机可以通过调节压缩比等方式，拥有固定的压力值并维持天然气网络平衡，因此它可被视为天然气网平衡节点。

表 4.6　节点类型（元件角度）

元　件	节点类型	是否可作平衡节点	子网络
热电联产（FEL）	$\overline{G}$—(E,H)	是	电力网络
热电联产（FTL）	$\overline{G}$—(H,E)	是	热力网络
电热锅炉	$\overline{E}$—H,G	是	电力网络或热力网络
电转气	$\overline{E}$—G,H	是	电力网络
热泵	$\overline{E}$—H,G	否	—
电动压缩机	$\overline{E}$—G,H	是	天然气网络
燃气锅炉	$\overline{G}$—H,E	是	热力网络
燃气发电机	$\overline{G}$—E,H	是	电力网络
普通电负荷	$\overline{E}$,G,H	否	—
普通气负荷	$\overline{G}$,E,H	否	—
普通热负荷	$\overline{H}$,E,G	否	—
传统发电机	E,G,H	是	电力网络
传统气井	G,E,H	是	天然气网络
传统热厂	H,E,G	是	热力网络

4.3 信息能源系统的能量流计算

统一能量流计算，即牛顿-拉夫逊法能量流计算为计算信息能源系统中能流分布的常用手段之一，具有二阶收敛的优势，基于4.1节的稳态模型，可以获得准确的能量流结果。但因该方法对初值比较敏感，常发生在有解的情况下因初值选取不当而导致能量流不收敛的结果。因此本节首先介绍了统一能量流求解法的基本步骤，并针对该方法提出收敛性定理及初值选取策略，确保获得收敛的统一能量流结果。

4.3.1 基于牛顿-拉夫逊法的能量流计算

牛顿-拉夫逊法（简称牛拉法）的求解过程就是把非线性方程组的求解过程转换成反复求解与之相应的线性方程组的过程，也就是逐次线性化的迭代求解过程。

图 4.3 给出了针对一维方程的牛顿-拉夫逊法的几何解释。图中 x^* 是 $f(x)=0$ 的真值，也即曲线 $y=f(x)$ 与 x 轴的交点，而迭代过程中的 $x^{(\gamma+1)}$ 为直线与 x 轴的交点。

$$y=f(x^{(\gamma)}-f'(x^{(\gamma)}))\Delta x^{(\gamma)}=f(x^{(\gamma)})-f'(x^{(\gamma)})(x^{(\gamma)}-x) \qquad (4.46)$$

因此迭代过程实质上就是不断以直线代替曲线 $y=f(x)$，以直线与 x 轴的交点不断向 x^* 逼近的过程。此直线即为曲线在 $x^{(\gamma)}$ 处的切线，$f'(x^{(\gamma)})=\left.\dfrac{\mathrm{d}f}{\mathrm{d}x}\right|_{x^{(\gamma)}}$ 为切线斜率。

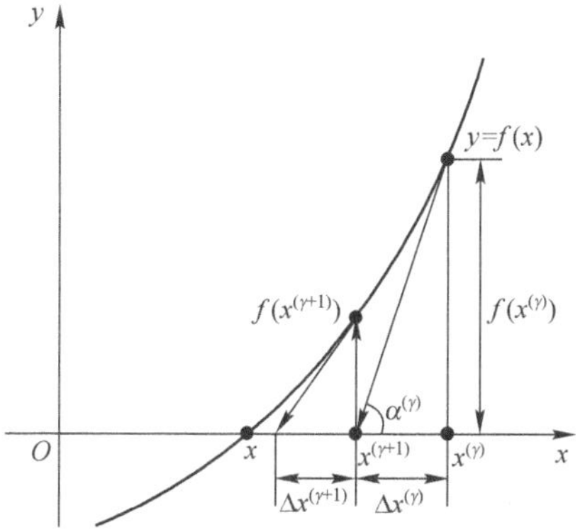

图 4.3　牛顿-拉夫逊法的几何解释

所以牛顿-拉夫逊法又称为切线法。由上述几何解释，可通过图 4.3 的例子直观地看到，若初值选择不当，则有可能不收敛。

设变量为 $x_1,x_2,\cdots,x_n$，给出非线性方程组，以它的求解来模拟牛顿-拉夫逊法迭代的计算过程，有

$$\begin{bmatrix} f_1(x_1^{(\gamma)},x_2^{(\gamma)},\cdots,x_n^{(\gamma)}) \\ f_2(x_1^{(\gamma)},x_2^{(\gamma)},\cdots,x_n^{(\gamma)}) \\ \vdots \\ f_n(x_1^{(\gamma)},x_2^{(\gamma)},\cdots,x_n^{(\gamma)}) \end{bmatrix} = \begin{bmatrix} \left.\dfrac{\partial f_1}{\partial x_1}\right|_\gamma & \left.\dfrac{\partial f_1}{\partial x_2}\right|_\gamma & \cdots & \left.\dfrac{\partial f_1}{\partial x_n}\right|_\gamma \\ \left.\dfrac{\partial f_2}{\partial x_1}\right|_\gamma & \left.\dfrac{\partial f_2}{\partial x_2}\right|_\gamma & \cdots & \left.\dfrac{\partial f_2}{\partial x_n}\right|_\gamma \\ & \vdots & & \\ \left.\dfrac{\partial f_n}{\partial x_1}\right|_\gamma & \left.\dfrac{\partial f_n}{\partial x_2}\right|_\gamma & \cdots & \left.\dfrac{\partial f_n}{\partial x_n}\right|_\gamma \end{bmatrix} \begin{bmatrix} \Delta x_1^{(\gamma)} \\ \Delta x_2^{(\gamma)} \\ \vdots \\ \Delta x_n^{(\gamma)} \end{bmatrix} \qquad (4.47)$$

变量的修正式为

$$\begin{bmatrix} x_1^{(\gamma+1)} \\ x_2^{(\gamma+1)} \\ \vdots \\ x_n^{(\gamma+1)} \end{bmatrix} = \begin{bmatrix} x_1^{(\gamma)} \\ x_2^{(\gamma)} \\ \vdots \\ x_n^{(\gamma)} \end{bmatrix} - \begin{bmatrix} \Delta x_1^{(\gamma)} \\ \Delta x_2^{(\gamma)} \\ \vdots \\ \Delta x_n^{(\gamma)} \end{bmatrix} \tag{4.48}$$

若记 $\boldsymbol{x}^{(\gamma)}=(x_1^{(\gamma)},x_2^{(\gamma)},\cdots,x_n^{(\gamma)})^{\mathrm{T}}$，$\boldsymbol{x}^{(\gamma+1)}=(x_1^{(\gamma+1)},x_2^{(\gamma+1)},\cdots,x_n^{(\gamma+1)})^{\mathrm{T}}$，则可将式（4.47）和式（4.48）写为

$$f(\boldsymbol{x}^{(\gamma)})=\boldsymbol{J}^{(\gamma)}\Delta\boldsymbol{x}^{(\gamma)} \tag{4.49}$$

$$\boldsymbol{x}^{(\gamma+1)}=\boldsymbol{x}^{(\gamma)}-\Delta\boldsymbol{x}^{(\gamma)} \tag{4.50}$$

式中，$\boldsymbol{J}^{(\gamma)}$ 称为第 γ 次迭代的雅可比矩阵。

牛顿-拉夫逊法能量流问题分析如下。

能量流计算是计算电、气、热等多种形式能量在信息能源系统中的流动和分布。在电力网络中，每个节点含有 4 个变量，分别是有功功率 P、无功功率 Q、电压幅值 U、电压相角 θ。为了利用牛顿-拉夫逊法求解能量流方程组，在计算时必须给定其中的两个量，将另外两个量作为待求量。

首先要选出一个节点作为基准节点，也称为平衡节点。一般来说，电力网络中的平衡节点会在连接较大发电容量设备的节点中选择，负责频率调节及整个电力网络的功率平衡。在实际应用中，很多场合并不会提前确定某个节点作为平衡节点，而是在能量计算过程中，通过使系统不平衡功率最小化来选择平衡节点，或者选择分布式平衡节点。除了平衡节点，其余节点按照给定的变量不同可分为 PQ 节点和 PV 节点。PQ 节点是电力网络中的负荷节点类型，一些新能源发电设备如风场、光伏也可归类于此类节点，电力系统中大部分节点属于这种类型的节点。PV 节点的有功功率和电压幅值是给定的，无功功率和电压相角是待求变量。一般有一定无功储备的发电厂和可调无功电源的节点可作为 PV 节点，因此其又被称为发电机节点。另外，PV 节点的电压幅值会因为足够的无功容量而维持在给定值，因此这类节点还可称为电压控制节点。在得到所有节点的 4 个变量后，同时可以计算得到电力网络的线路功率、网损等能量流分布值。

在天然气网络中，每个节点的变量是气体流量 L 和节点压力 p。对于天然气网络的平衡节点，其节点压力已知；并且作为其他节点的压力参考值，需根据不同情况选择平衡节点，一般选取某个非负荷节点作为平衡节点。对于天然气负荷及储气罐连接的节点，常设置天然气量流入或流出值已知。通

过天然气流量计算，可得到气源节点需提供的压力来维持整个天然气网络平衡以及非平衡节点的所有节点压力值和通过各条天然气管道的流量值。需要说明的是，燃气热电联产机组、燃气发电机和燃气锅炉等消耗天然气的设备可以看作天然气网络的负荷节点，电转气设备等产生天然气的设备是天然气网络的负荷节点，其流出或注入网络的天然气流量取决于电力网络和热力网络的实际运行需求。

在热力网络中，需要考虑每个节点的热功率、供水温度、回水温度及每条热力管道热水的质量流速。对于热力网络的平衡节点，一般选取连接较大容量的产热设备的节点作为平衡节点，其供水温度已知，产热功率和回水温度为待求量。其他热源，即其他产热设备，如传统热厂、热电联产机组、锅炉等所连接的节点，一般称为热源节点，常设定其产热功率和供水温度已知，回水温度为待求量。对于热负荷，其所需热功率和回水温度已知，供水温度为待求量。另外，所有管道热水的质量流速均为待求量。通过水力模型和热力模型的联立可求得热力流分布。

利用牛顿-拉夫逊法对上述三个网络进行统一求解，牛顿-拉夫逊法迭代方程为

$$\boldsymbol{x}^{k+1}=\boldsymbol{x}^{k}-[\boldsymbol{J}^{k}]^{-1}\Delta\boldsymbol{F}(\boldsymbol{x}^{k}) \tag{4.51}$$

$$\Delta\boldsymbol{F}=\begin{bmatrix}\Delta P\\ \Delta Q\\ \Delta f\\ \Delta\Phi\\ \Delta h_{\mathrm{f}}\\ \Delta T'_{\mathrm{s}}\\ \Delta T'_{\mathrm{r}}\end{bmatrix}=\begin{bmatrix}P_i^{\mathrm{sp}}-U_i\sum\limits_{j=1}^{n_{\mathrm{E}}}U_j(G_{ij}\cos\theta_{ij}+B_{ij}\sin\theta_{ij})\\ Q_i^{\mathrm{sp}}-U_i\sum\limits_{j=1}^{n_{\mathrm{E}}}U_j(G_{ij}\sin\theta_{ij}-B_{ij}\cos\theta_{ij})\\ L^{\mathrm{sp}}-A_{\mathrm{g}}f_{\mathrm{g}}\\ \phi^{\mathrm{sp}}-C_{\mathrm{p}}A\dot{m}(T_{\mathrm{s}}-T_{\mathrm{o}})\\ BK\dot{m}|\dot{m}|\\ A_{\mathrm{s}}T'_{\mathrm{s,load}}-b_{\mathrm{s}}\\ A_{\mathrm{r}}T'_{\mathrm{r,load}}-b_{\mathrm{r}}\end{bmatrix}\rightarrow\begin{bmatrix}\text{有功功率修正方程}\\ \text{无功功率修正方程}\\ \text{节点流量修正方程}\\ \text{热功率修正方程}\\ \text{回路损耗修正方程}\\ \text{供水温度修正方程}\\ \text{回水温度修正方程}\end{bmatrix} \tag{4.52}$$

式中，k 为迭代次数；$\Delta\boldsymbol{F}$ 为系统所有的控制变量偏差方程，如式（4.52）所示；$\boldsymbol{x}$ 为系统状态变量，如式（4.53）所示；$\boldsymbol{J}$ 为系统的雅可比矩阵，如式（4.54）所示。系统的状态变量与雅可比矩阵为

$$\boldsymbol{x}=[\theta \quad U \quad p \quad \dot{m} \quad T'_{\mathrm{s,load}} \quad T'_{\mathrm{r,load}}]^{\mathrm{T}} \tag{4.53}$$

$$\boldsymbol{J}=\begin{bmatrix} J_{\mathrm{ee}} & J_{\mathrm{eg}} & J_{\mathrm{eh}} \\ J_{\mathrm{ge}} & J_{\mathrm{gg}} & J_{\mathrm{gh}} \\ J_{\mathrm{he}} & J_{\mathrm{hg}} & J_{\mathrm{hh}} \end{bmatrix}=\begin{bmatrix} \dfrac{\partial \Delta F_{\mathrm{e}}}{\partial \boldsymbol{x}_{\mathrm{e}}^{\mathrm{T}}} & \dfrac{\partial \Delta F_{\mathrm{e}}}{\partial \boldsymbol{x}_{\mathrm{g}}^{\mathrm{T}}} & \dfrac{\partial \Delta F_{\mathrm{e}}}{\partial \boldsymbol{x}_{\mathrm{h}}^{\mathrm{T}}} \\ \dfrac{\partial \Delta F_{\mathrm{g}}}{\partial \boldsymbol{x}_{\mathrm{e}}^{\mathrm{T}}} & \dfrac{\partial \Delta F_{\mathrm{g}}}{\partial \boldsymbol{x}_{\mathrm{g}}^{\mathrm{T}}} & \dfrac{\partial \Delta F_{\mathrm{g}}}{\partial \boldsymbol{x}_{\mathrm{h}}^{\mathrm{T}}} \\ \dfrac{\partial \Delta F_{\mathrm{h}}}{\partial \boldsymbol{x}_{\mathrm{e}}^{\mathrm{T}}} & \dfrac{\partial \Delta F_{\mathrm{h}}}{\partial \boldsymbol{x}_{\mathrm{g}}^{\mathrm{T}}} & \dfrac{\partial \Delta F_{\mathrm{h}}}{\partial \boldsymbol{x}_{\mathrm{h}}^{\mathrm{T}}} \end{bmatrix} \tag{4.54}$$

其中下角标 e、g、h 分别代表电、气、热网络。矩阵中的对角线元素分别表示单独的电力网络、天然气网络、热力网络自身的偏差方程与状态量之间的关系；非对角线矩阵元素则表示不同能源网络之间的耦合关系，如 J_{eg}、J_{eh} 表示电-气耦合关系和电-热耦合关系，分别体现了天然气网对电力网的影响和热力网对电力网的影响。

4.3.2 牛顿-拉夫逊法的初值分析及收敛

在使用牛顿-拉夫逊方法进行能量流计算过程中，初值的选取对计算结果有较大的影响。对复杂且规模较大的信息能源系统进行能量流计算时，状态变量数量的大幅增多，使得随机选取或按经验值选取得到合理初值的概率减小。一旦初值选取不当，即便有解，信息能源系统的统一能量流计算也不会得到收敛的结果。因此，需要找到一个合理的初值选取的标准以顺利有效地进行能量流的计算。

针对能量流计算中的初值问题，本节提出了针对牛顿-拉夫逊法计算能量流的收敛定理，可实现在实际迭代之前判断选取初值是否合适的效果。收敛性定理内容描述如下：对于能量流方程 $F(x)=0$，其状态变量初值 $\boldsymbol{x}_0$ 和通过牛顿法形成的雅可比矩阵 $\boldsymbol{J}_k$ 满足以下条件：

1）状态变量初值 $\boldsymbol{x}_0 \in D_0$，且满足雅可比矩阵 $\boldsymbol{J}_0=F'(\boldsymbol{x}_0)$ 非奇异，$\|\boldsymbol{J}_0^{-1}\| \leqslant \beta$，$\|\boldsymbol{J}_m-\boldsymbol{J}_n\| \leqslant \gamma \|\boldsymbol{x}_m-\boldsymbol{x}_n\|$。

2）$\begin{cases} \|\boldsymbol{J}_0^{-1}[\boldsymbol{J}_m-\boldsymbol{J}_n]\| \leqslant \omega \|\boldsymbol{x}_m-\boldsymbol{x}_n\| \\ \|\boldsymbol{J}_0^{-1}F(\boldsymbol{x}_0)\| \leqslant \eta \end{cases}$，其中，$\omega$ 和 η 为常数。

那么能量流的收敛性算子 ρ 满足以下条件：

$$\rho=\omega\eta \leqslant \frac{1}{2} \tag{4.55}$$

$$\delta \geqslant \frac{1-\sqrt{1-2\rho}}{\rho}\eta \tag{4.56}$$

如果令 $t^* = (1-\sqrt{1-2\rho}/\omega)$，$t^{**} = (1-\sqrt{1+2\rho}/\omega)$，则其牛顿迭代序列产生的序列 $\boldsymbol{x}_k \subset S(\boldsymbol{x}_0, t^*) \subset D_0$ 可以收敛到 $F(\boldsymbol{x})=0$ 在 $S(\boldsymbol{x}_0, t^{**})$ 中的唯一解 $\boldsymbol{x}^*$。即牛顿能量流计算的解序列收敛于 $\boldsymbol{x}^*$。

基于收敛性定理，本节提出一种包含初值选取的统一计算能量流法，其整体算法流程如图 4.4 所示。其中，方块 M1～M11 是基本牛顿法统一计算

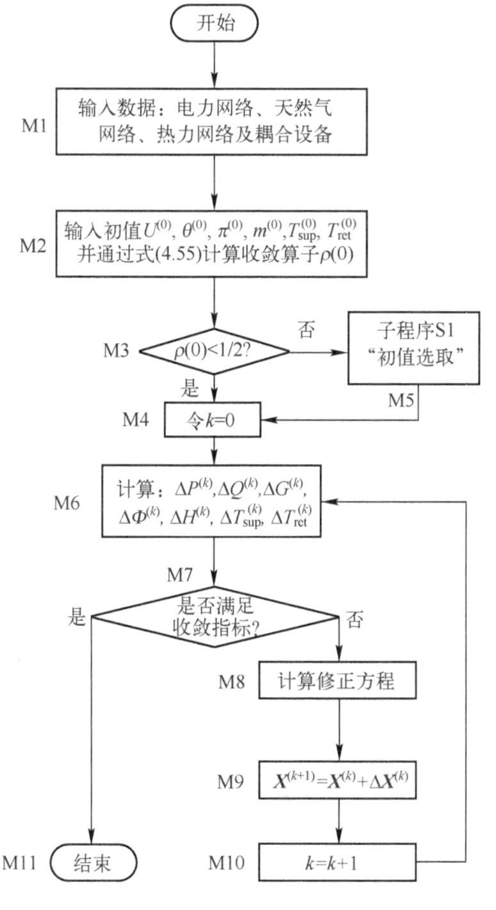

a)

图 4.4 含初值选取策略的牛顿–拉夫逊法计算能量流

a）主程序

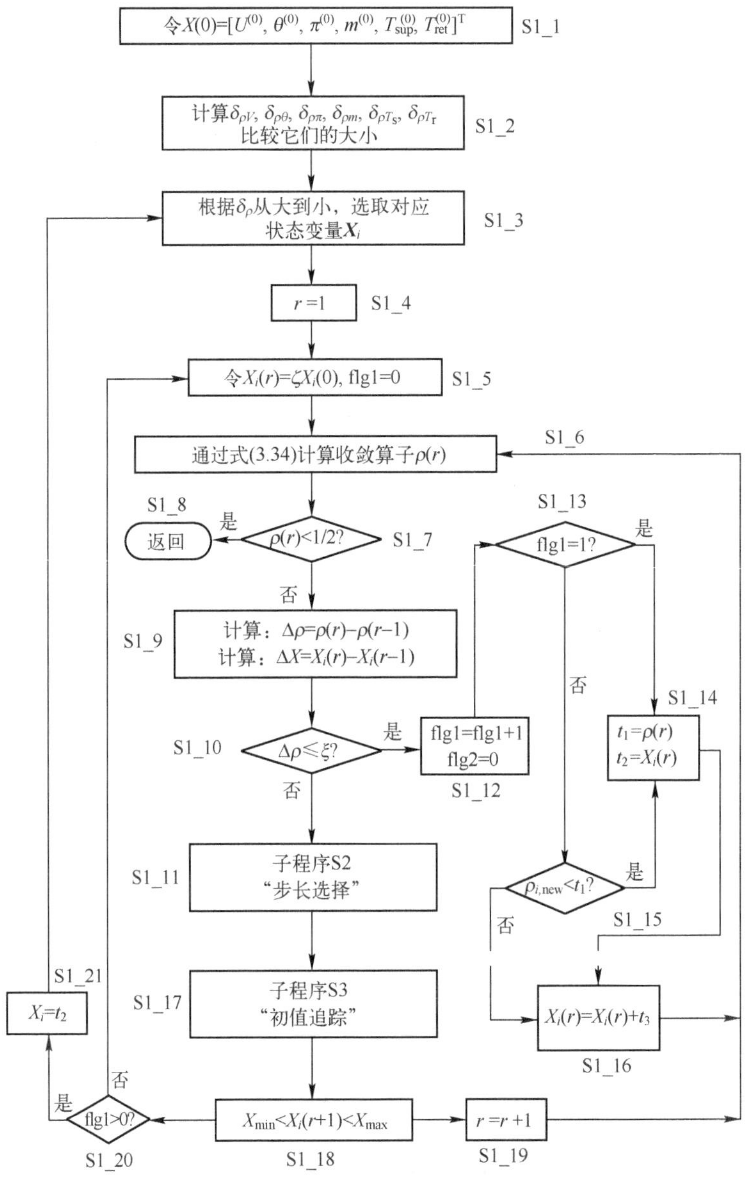

b)

图 4.4 含初值选取策略的牛顿-拉夫逊法计算能量流（续）
b) S1 初值选取

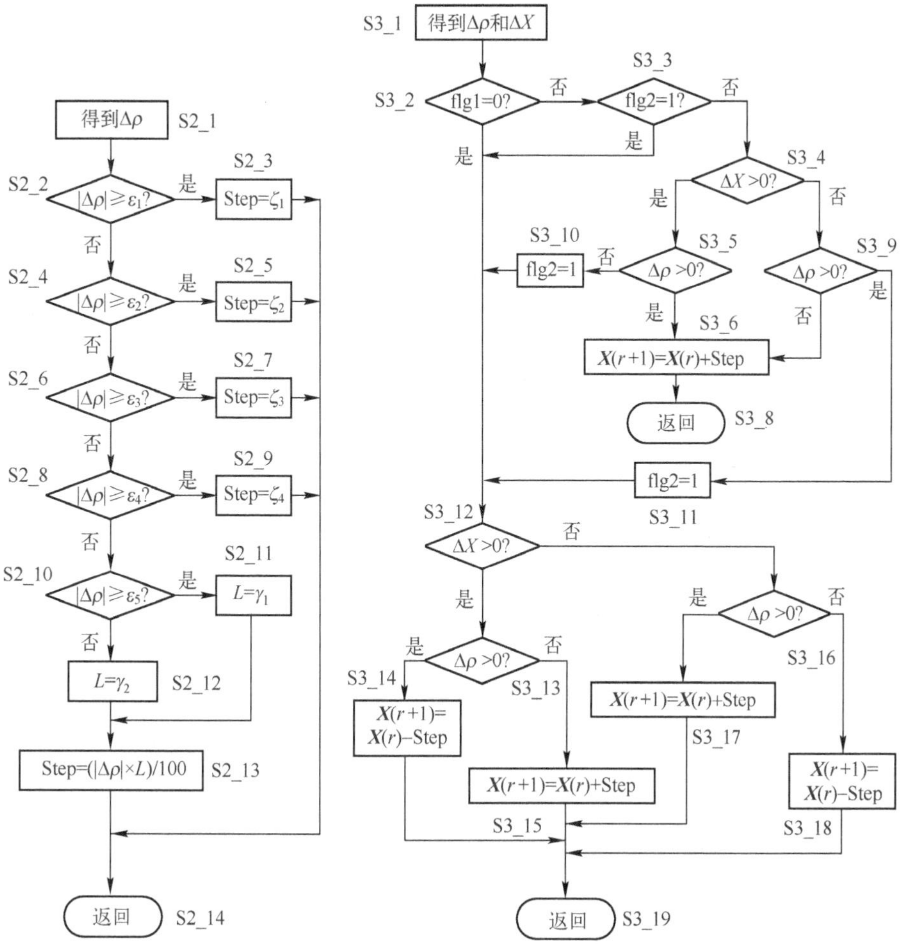

c) d)

图 4.4 含初值选取策略的牛顿-拉夫逊法计算能量流（续）
c) S2 步长选取 d) S3 初值追踪

能量流的步骤，作为算法主程序。如果输入初值得到的收敛算子 $\rho(0)$ 小于 0.5，那么根据收敛定理可知该初值可以得到收敛的统一能量流结果，继续主程序的步骤来计算统一能量流【方块 M3、M4】；反之，如果 $\rho(0)$ 大于 0.5，则需要利用子程序“初值选取”选择确保统一能量流收敛的初值，具体步骤如下【方块 M5】。

首先，令 $\boldsymbol{X}(0)$ 为第一次输入的初值，研究每个状态变量的初值对统一能量流计算收敛性的影响【方块 S1_1、S1_2】。在这里，为了描述每个状态变量初值对统一能量流收敛性的影响程度，本节提出一个参数：收敛算子相对误差，将其视为一个评估指标，如下：

$$\delta_{\rho X_i} = \sum_{k=1}^{N_{\mathrm{pk}}} \frac{\rho_{xi,k} - \rho(0)}{\rho(0)}, \quad \forall i = 1,2,\cdots,N_{\mathrm{sv}} \tag{4.57}$$

$$X_{i,k} = \alpha_k X_i \tag{4.58}$$

式中，$\delta_{\rho X_i}$为状态变量 X_i 的总相对误差；N_{sv}为所有状态变量的个数；$\rho_{xi,k}$为初值$(X_1,X_2,\cdots,\alpha_k X_i,\cdots,X_n)$的收敛算子，$\alpha_k = \alpha \cdot k\{k \in [1,N_{\mathrm{pk}}] | k \in Z\}$。

从收敛定理来看，ρ 越大，统一能量流计算收敛的可能性越小。因此，$\delta_{\rho X_i}$越大，状态变量 x_i 的初值对收敛性的影响越大。通过比较 $\delta_{\rho X_i}$ 的大小，可以得到每个状态变量对收敛性的影响程度。然后，根据影响程度由大到小依次调整状态变量，直到收敛算子小于 0.5。

接下来，为了能更好地调整初值，本节采用了改进的变步长扰动观察方法。基于 $X_i(r)$ 和 $\rho(r)$ 的结果，可以得到 $\Delta\rho$ 和 $\Delta \boldsymbol{X}$ 的值【方块 S1_4～S1_9】。值得注意的是，通常使用传统扰动观察法的曲线只有一个极值，但在本节中，利用传统的扰动观察法搜索到的某个点可能是局部的，而不是全局的。因此，本节改进了扰动观察法来处理这种情况。当 $\Delta\rho$ 小于阈值 ξ 时，收敛算子 $\rho(r)$ 被认为足够接近它的局部最小值，并且 flg1 加 1，flg2 稍后将被解释【方块 S1_10、S1_12】。

需要注意，经过迭代找到的 $\rho(r)$ 可能不是一个真正的局部极小值，而是一个近似的局部极小值，但该值在寻找合适的初值的过程中已经满足需求。因此，下面提到的所有局部极小值都被视为近似局部极小值。此时，如果 flg1 等于 1，则意味着这是第一次找到局部最小值，存储收敛运算符 $\rho(r)$ 和状态变量 $X_i(r)$【方块 S1_13、S1_14】。如果 flg1 不等于 1，通过比较找到此时最小的收敛算子，保留它及其对应的状态变量【方块 S1_15、S1_14】。在上述步骤后状态变量$X_i(r)$ 会加一个 t_2 来跳出局部最小值，以继续寻找合适的初值【方块 S1_16】。

计算出的 $\Delta\rho$ 和 $\Delta \boldsymbol{X}$ 对于决定扰动（步长）和追踪路线至关重要。扰动的大小取决于“步长”，该“步长”由子程序“步长选择”确定【方块 S1_11】。较大的步长可以快速追踪多个局部最小收敛算子，但可能会遗漏全局的最小值。为了避免这种情况并执行快速跟踪，步长的大小随着$|\Delta\rho|$的减小而变化【方块 S2_1～S2_13】。接下来，向“$\rho<1/2$”的移动将由子程序

“初值追踪”完成【方块 S1_17】。

子程序“初值追踪”首先判断 flg1 的值【方块 S3_2】。如果 flg1 等于 0，则表示此时正在搜索第一个局部最小值，追踪方向取决于 $\Delta\rho$ 和 $\Delta\boldsymbol{X}$ 的值，这与传统的扰动观察法相同。如果 flg1 不等于 0，则寻找下一个局部最小值，如下：如果 flg2 不等于 1，则当 $\Delta\rho$ 和 $\Delta\boldsymbol{X}$ 具有相同的符号时，表示函数 $\rho(\boldsymbol{X})$ 在获得局部最小解后仍在函数的递增区间，因此 $\boldsymbol{X}(r+1)$ 会增加一个步长并返回到主程序【方块 S3_4～S3_8】；一旦 $\Delta\rho$ 和 $\Delta\boldsymbol{X}$ 有不同的符号，它表示 $\rho(\boldsymbol{X})$ 进入函数的递减区间，令 flg2 等于 1 标记此阶段，继续通过改进的扰动观察法寻找局部最小值【方块 S3_10～S3_19】。

随后，由于状态变量的初值为标幺值，因此其值具有上限和下限【方块 S1_18】。只要在这个范围内，子程序“初值选取”可以正常继续进行。一旦跳出其上下限的范围，就有两种可能：①在找到局部最小收敛算子之前，对 $X_i(r)$【方块 S1_5】的不正确选择导致 $X_i(r)$ 的值不切实际，因此，应重新选择 $X_i(r)$【方块 S1_20、S1_5】；②该值上下限范围内对应找到的最小值不能满足“$\rho<1/2$”。那么，在该迭代中，该状态变量的初值将被赋值为已追踪到的全局最小值对应的 X_i，即 t_2，接着基于收敛算子的总相对误差重新选择下一个状态变量，并调整其初值直至“$\rho<1/2$”【方块 S1_20、S1_21】。

4.3.3 基于能量统一模型的能量流计算

在电力网络的复频域运算中，定义在长度为 dx 的分布参数支路单元上，其等效阻抗为 $z_1=r_1+\mathrm{j}x_1$，等效导纳为 $y_1=g_1+\mathrm{j}b_1$，即可获得图 4.5 所示的电力传输模型。

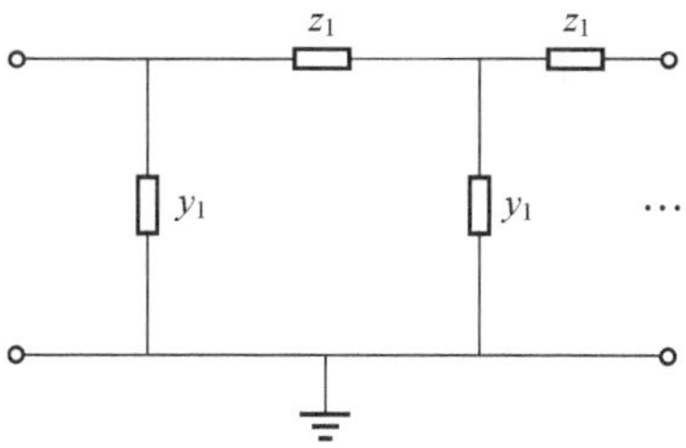

图 4.5 沿频域分布参数电力传输模型

如图 4.5 所示，长度为 dx 的分布参数支路单元上，串联阻抗中的电压降落为 $\dot{I}z_1\mathrm{d}x$，并联导纳中的分支电流为 $\dot{U}y_1\mathrm{d}x$，从而可列出

$$\frac{\mathrm{d}^2U}{\mathrm{d}x^2}=z_1\frac{\mathrm{d}I}{\mathrm{d}x}=z_1y_1\dot{U} \tag{4.59}$$

$$\frac{\mathrm{d}^2I}{\mathrm{d}x^2}=y_1\frac{\mathrm{d}\dot{U}}{\mathrm{d}x}=z_1y_1\dot{I} \tag{4.60}$$

获得通解为

$$\dot{U}=C_1\mathrm{e}^{\sqrt{z_1y_1x}}+C_2\mathrm{e}^{-\sqrt{z_1y_1x}} \tag{4.61}$$

$$\dot{I}=\frac{C_1}{\sqrt{z_1/y_1}}\mathrm{e}^{\sqrt{z_1y_1x}}-\frac{C_2}{\sqrt{z_1/y_1}}\mathrm{e}^{-\sqrt{z_1y_1x}} \tag{4.62}$$

定义 $Z_c=\sqrt{z_1/y_1}$ 为阻抗特性，$\gamma=\sqrt{z_1y_1}$ 为线路传播系数，计及 $\mathrm{d}x=0$ 时，可以推出线性二端口网络方程，即

$$\begin{bmatrix}\dot{U}\\ \dot{I}\end{bmatrix}=\begin{bmatrix}\cosh(\gamma l) & Z_c\sinh(\gamma l)\\ \dfrac{\sinh(\gamma l)}{Z_c} & \cosh(\gamma l)\end{bmatrix}\begin{bmatrix}\dot{U}_2\\ \dot{I}_2\end{bmatrix}=\begin{bmatrix}A & B\\ C & D\end{bmatrix}\begin{bmatrix}\dot{U}_2\\ \dot{I}_2\end{bmatrix} \tag{4.63}$$

以上即为电力网络将管道的分布参数时域模型转化为频域模型的方式。在燃气网络模型和热力网络模型中同样可以进行类比转化。

（1）燃气网络模型

将天然气传输方程进行傅里叶变换，燃气网络能量传输方程为

$$\begin{aligned}\frac{\mathrm{d}G}{\mathrm{d}x}&=-\mathrm{j}\omega C_g\cdot P\\ \frac{\mathrm{d}P}{\mathrm{d}x}&=-R_gG\end{aligned} \tag{4.64}$$

与电力网络传输方程相比，燃气网络的传输方程仅存在等效气阻与气容。求解燃气网络频域中单位长度支路阻抗，将式（4.63）代入燃气网络，由于其等效气阻与等效接地导纳均表现为双曲函数，为了简化计算，对二者进行泰勒展开，并忽略高次项。

$$\begin{aligned}z_{g1}&=Z_c\sinh(\gamma L)=Z_c\left(\gamma L+\frac{(\gamma L)^3}{3!}+\frac{(\gamma L)^5}{5!}+\cdots\right)=Z_c\gamma L=\frac{\mu R_gT}{P_0S^2D}L\\ y_{g1}&=\frac{1-\cosh(\gamma L)}{Z_c\sinh(\gamma L)}=\frac{\dfrac{(\gamma L)^2}{2!}+\dfrac{(\gamma L)^4}{4!}+\cdots}{Z_c\left(\gamma L+\dfrac{(\gamma L)^3}{3!}+\dfrac{(\gamma L)^5}{5!}+\cdots\right)}\approx\frac{(\gamma L)^2}{2Z_c\gamma L}=\mathrm{j}\omega\frac{S}{R_gT}L\end{aligned} \tag{4.65}$$

对于任意输气管道 j 的压力变化 ΔP_{gi} 和质量流量的变化 ΔG_{gi} 的关系，经由燃气网络的传输方程经傅里叶变换可以描述为

$$\begin{aligned}\Delta G_{gj} &= \frac{\Delta P_{gj}(\mathrm{j}\omega)}{z_{g1}} \\ \Delta G_{gj1} &= \gamma_{g1}\Delta P_{gj1}(\mathrm{j}\omega) + \Delta G_{gj} \\ \Delta G_{gj2} &= -\gamma_{g1}\Delta P_{gj2}(\mathrm{j}\omega) + \Delta G_{gj}\end{aligned} \tag{4.66}$$

式中，ΔG_{gj1} 为任意输气管道 j 的首端质量流量变化；ΔG_{gj2} 为任意输气管道 j 的末端质量流量变化；$\Delta P_{gj}(\mathrm{j}\omega)$ 为任意输气管道 j 的气压变化值；$\Delta P_{gj1}(\mathrm{j}\omega)$、$\Delta P_{gj2}(\mathrm{j}\omega)$ 分别为任意输气管道 j 的首、末端压力值变化，二者均随时间变化。

（2）热力网络模型

热力网络中认为管道中水流的质量流量不随着水管中的位置（空间变化）而改变，因此，分布参数与集总参数的关系可以直接表示为

$$\begin{aligned}R &= R_w L \\ L &= L_w L\end{aligned} \tag{4.67}$$

式中，L 为水管的实际长度。

将传热传输方程进行傅里叶变换，得到如下公式：

$$\begin{aligned}\frac{\mathrm{d}h_G}{\mathrm{d}x} &= -(g_h + \mathrm{j}\omega C_h)T \\ \frac{\mathrm{d}T}{\mathrm{d}x} &= -(R_h + \mathrm{j}\omega L_h)h_G\end{aligned} \tag{4.68}$$

因此，可以定义其支路阻抗与支路导纳，即

$$\begin{aligned}T_0 &= C_1 \mathrm{e}^{\sqrt{z_{h1}y_{h1}x}} + C_2 \mathrm{e}^{-\sqrt{z_{h1}y_{h1}x}} = C_1 + C_2 \\ h_{G0} &= \frac{C_1}{\sqrt{z_{h1}/y_{h1}}}\mathrm{e}^{\sqrt{z_1 y_1 x}} - \frac{C_2}{\sqrt{z_{h1}/y_{h1}}}\mathrm{e}^{-\sqrt{z_1 y_1 x}} = \frac{C_1}{\sqrt{z_{h1}/y_{h1}}} - \frac{C_2}{\sqrt{z_{h1}/y_{h1}}}\end{aligned} \tag{4.69}$$

在实际工程中，热传输方程已知管道的边界条件为，已知管道起始端的温度 T_0 与热流 $h_{G0}=cGT_0$，二者为线性关系，则

$$C_1 = t_0,\quad C_2 = 0 \tag{4.70}$$

因此，对于长度为 L 的热力网模型支路，其首端与末端两端的热流与温度集总方程可以简化为

$$T_1 = T_0 \mathrm{e}^{-\left(\frac{\mu}{cG}+\mathrm{j}\omega\frac{\rho S}{G}\right)L}$$
$$h_{\mathrm{G1}} = h_{\mathrm{G0}} \mathrm{e}^{-\left(\frac{\mu}{cG}+\mathrm{j}\omega\frac{\rho S}{G}\right)L} \tag{4.71}$$

4.3.4 算例分析

如图 4.6 所示为一个小规模的 11 节点信息能源系统，包括 5 节点电力网络、3 节点天然气网络和 3 节点热力网络。其中，在电力网络节点 E1 和 E3 处各自设置了一台风力涡轮机和一台 P2G 设备。热力网络节点 H1 和 H3 分别连接了一台电热锅炉和一个 CHP 机组。天然气节点 N1、电节点 E1 和热节点 H1 为每个子网的平衡节点。

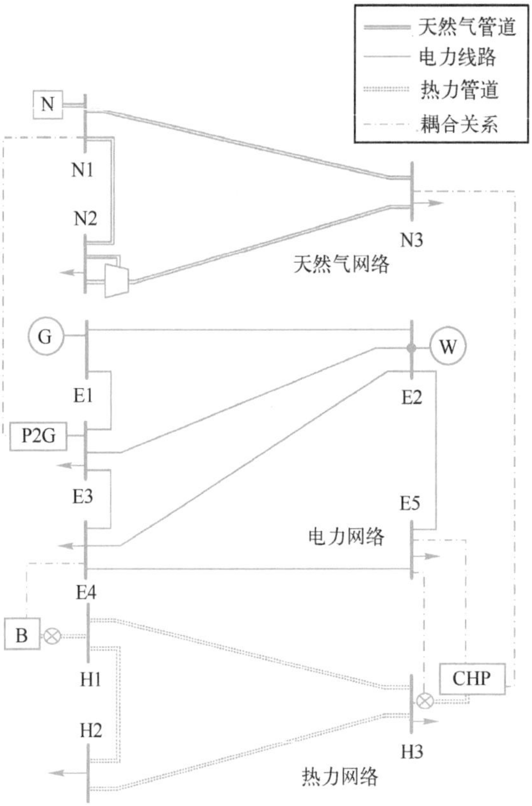

图 4.6 3 节点天然气–3 节点热力–5 节点电力信息能源系统结构图

实际上，与确定选取的初值是否合适相比，为信息能源系统选择一组适当的初值更为重要。因此，本节采用流程图4.4中的步骤，基于收敛定理为11节点MEC系统选择合适的初值。

（1）初值计算

本节首先采用常规方法为各个子网络选择初值为

$$\begin{aligned} \boldsymbol{x}(0) &= [\theta_2,\theta_3,\theta_4,\theta_5,U_3,U_4,U_5,\pi_1,\pi_2,\pi_3,m_1,m_2,m_3,T_{s2},T_{s3},T_{r1},T_{r2}]^{\mathrm{T}} \\ &= [0,0,0,0,1,1,1,1,0.9,0.95,1/217.38,1/217.38,1/217.38, \\ &\quad 1,1,40/110,40/110]^{\mathrm{T}} \end{aligned} \tag{4.72}$$

利用4.3.2节提出的收敛性定理，该组初值所对应的收敛算子 $\rho_0=26.47984888103752>\frac{1}{2}$，从计算的收敛算子来看，猜测这组初值可能导致不收敛结果。经过实际迭代计算后，实际迭代结果不收敛。

为了实现正确的初值选取，接下来将每个初值乘上 α_k 因子，其中，α 设为0.1，N_{pk}等于（$\Pi\frac{1}{0.9}$），Π 表示向上取整。上限$\frac{1}{0.9}$由节点压力的定义决定，即在乘了因子 α_k 之后，非平衡节点的压力不应超过参考压力值。对于每个状态变量都有相应的11个收敛算子，通过它们可以计算收敛算子 $\delta_{\rho_{X_i}}$ 的总相对误差。通过比较 $\delta_{\rho_{X_i}}$，可以得到每个状态变量的初值对收敛性的影响，通过改进的扰动观察法依次调整初值，直到$\rho<0.5$。最后，经过对 m_1、m_2、m_3 的先后调整后，选择了一组合适的初值如下：

$$\begin{aligned} \boldsymbol{x} &= [\theta_2,\theta_3,\theta_4,\theta_5,U_3,U_4,U_5,\pi_1,\pi_2,\pi_3,m_1,m_2,m_3,T_{s2},T_{s3},T_{r1},T_{r2}]^{\mathrm{T}} \\ &= [0,0,0,0,1,1,1,1,0.9,0.95,105.74/217.38,77.38/217.38, \\ &\quad 64.51/217.38,1,1,40/110,40/110]^{\mathrm{T}} \end{aligned}$$

经过计算：$\rho=0.499882147150106<\frac{1}{2}$。通过迭代验证，在小规模11节点系统中经过本节所提出算法选择的初值可以成功获得收敛的统一能量流结果。

（2）能量流计算

利用上文选取的初值，得到11节点系统的统一修正方程为

$$\begin{aligned} \Delta\boldsymbol{F}^{(0)} = [&-0.0537,-0.2917,-0.3167,-0.4750,0.3250,0.2000,0.2750,84.9933, \\ &-24.1236,0.1406,0.0936,-3.6352e{-}06,0.0111,-0.0335,0.0024]^{\mathrm{T}} \end{aligned} \tag{4.73}$$

统一雅可比矩阵为

$$
\boldsymbol{J}^{(0)}=\begin{bmatrix}
35.07 & -5.25 & -5.25 & -7.875 & -1.75 & -1.75 & -2.625 & & & & & & & & \\
-5.25 & 39.225 & -30 & 0 & 12.7853 & -10 & 0 & & & & -0.0012 & 0.0012 & & 0.5500 & \\
-5.25 & -30 & 39 & -3.75 & -10 & 12.8333 & -1.25 & & & & & & & & \\
-7.875 & 0 & -3.75 & 11.625 & 0 & -1.25 & 3.625 & & & & & & & & \\
1.75 & -13.075 & 10 & 0 & 38.275 & -30 & 0 & & & & & & & & \\
1.75 & 10 & -13 & 1.25 & -30 & 38.5 & -3.75 & & & & & & & & \\
2.625 & & 1.25 & -3.875 & 0 & -3.75 & 10.875 & & & & & & & & \\
 & & & & & & & 451.7936 & -176.0171 & & & & & & \\
 & & & & & & & -176.0171 & 560.9914 & & & & & 33.896 & \\
 & & & & & & & & & 0.626 & & 0.626 & 0.783 & 0 & \\
 & & & & & & & & & & 0.616 & -0.626 & 0 & 0.476 & \\
 & & & & & & & & & -1.6207e-04 & 1.1861e-04 & 9.8886e-0.5 & 0 & 0 & \\
 & & & & & & & & & 0.003 & 0 & 0.032 & 0.783 & -0.29 & \\
 & & & & & & & & & & -0.0016 & 0 & & 0.773 & \\
 & & & & & & & & & & & 0.008 & & & 0.773
\end{bmatrix}
\tag{4.74}
$$

经过一次迭代后的状态变量为

$$
\begin{aligned}
\boldsymbol{x}^{(1)}&=\boldsymbol{x}^{(0)}-(\boldsymbol{J}^{(0)})^{-1}\Delta\boldsymbol{F}^{(0)}\\
&=[-0.0476,-0.0836,-0.00897,-0.1051,1.022,1.021,1.017,0.783,\\
&\quad 0.934,0.288,0.1405,0.266,0.994,1.023,0.3636,0.3508]^{\mathrm{T}}
\end{aligned}
\tag{4.75}
$$

重复上述过程，经过 13 次迭代得到满足收敛精度要求的信息能源系统能量流状态变量真值为

$$
\begin{aligned}
\boldsymbol{x}^{*}&=[\theta_2,\theta_3,\theta_4,\theta_5,U_3,U_4,U_5,p_2,p_3,m_1,m_2,m_3,T_{s2},T_{s3},T_{r1},T_{r2}]^{\mathrm{T}}\\
&=[-0.0498,-0.0858,-0.0916,-0.1065,1.0192,1.0184,1.0147,0.8015,\\
&\quad 0.9153,0.2976,0.1447,0.2601,0.9912,1.0322,0.3636,0.3594]^{\mathrm{T}}
\end{aligned}
\tag{4.76}
$$

最后，将状态变量的真值乘基准值，可以得到该 11 节点信息能源系统的能量流结果，见表 4.7。

表 4.7　11 节点信息能源系统的能量流结果

电力网络				天然气网络		热力网络	
支路首端功率 S_{12}	(89.126 -j9.741) V·A	支路末端功率 S_{21}	(-87.696 +j14.033) V·A	压力 p_1	100 mbar	质量流速 m_1	64.695 kg/s
支路首端功率 S_{13}	(40.618 +j6.139) V·A	支路末端功率 S_{31}	(-39.416 -j2.534) V·A	压力 p_2	80.153 mbar	质量流速 m_2	31.452 kg/s

（续）

电力网络				天然气网络		热力网络	
支路首端功率 S_{23}	(24.751 +j10.105) V·A	支路末端功率 S_{32}	(−24.362 −j8.937) V·A	压力 p_3	91.531 mbar	质量流速 m_3	56.532 kg/s
支路首端功率 S_{24}	(27.996 +j9.615) V·A	支路末端功率 S_{42}	(−27.5188 −j8.1848) V·A	管道流量 f_{12}	14.296 kscm/h	供水温度 T_{s2}	119.037℃
支路首端功率 S_{25}	(54.934 +j14.039) V·A	支路末端功率 S_{52}	(−18.743 +j3.633) V·A	管道流量 f_{13}	9.611 kscm/h	供水温度 T_{s3}	123.541℃
支路首端功率 S_{34}	(18.778 −j3.528) V·A	支路末端功率 S_{43}	(−53.768 −j10.539) V·A	管道流量 f_{23}	11.901 kscm/h	回水温度 T_{r1}	48.680℃
支路首端功率 S_{45}	(6.2625 −j0.4482) V·A	支路末端功率 S_{54}	(−6.232 +j0.539) V·A	平衡节点流量 L_1	23.907 kscm/h	回水温度 T_{r2}	50.000℃
平衡节点功率 S_1	(129.7442 −j3.6015) V·A	总损耗 ΔS	(4.730 +j14.190) V·A			回水温度 T_{r3}	49.534℃
						平衡节点热功率 ϕ_1	28.146 MW

(3) 基于能量统一模型计算

燃气网络中，选取一段燃气管道，其输入端为气压源，即输入质量流管道的气压值恒定，末端安装有流量阀，可以控制燃气管道输出端的燃气质量流量，即输出端的燃气变化量已知。则气网末端的压力方程为

$$\Delta p_2(t) = -z_{g1}\left(1-e^{\frac{-t}{z_{g1}y_{g1}}}\right) \tag{4.77}$$

对不同气压源，管道末端气压变化如图 4.7 所示。

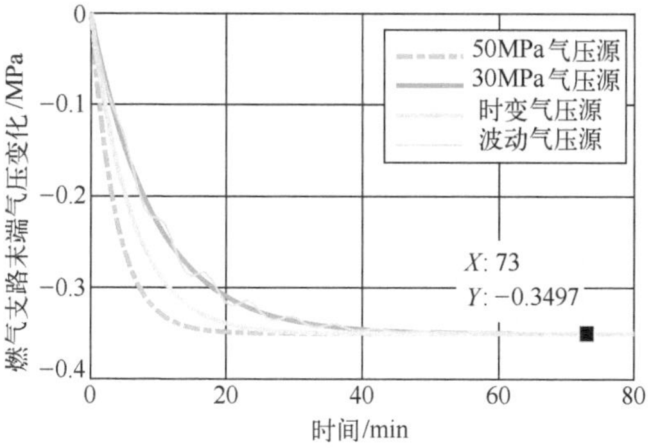

图 4.7 燃气支路末端气压变化

供热网络中，选取一段热力管道，供水管道入口处的供水温度已知，在每一刻钟读取一次供水温度，对一段供热管道支路进行热力分析。管道温度变化如图 4.8 所示。

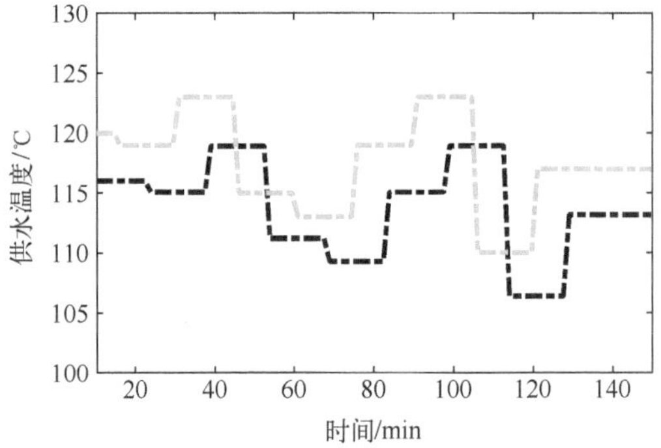

图 4.8　供水管道温度变化

本节提出的方案则通过傅里叶变换将方程退化为常微分方程进行求解，在保证准确的基础上，体现了管道的支路特性，简化了系统的运算难度。

4.4　信息能源系统的碳排放流计算

电力系统能量流计算的本质是根据给定的运行条件和网路结构确定整个系统的运行状态。在电网中，能量流主要受网络结构、系统参数和边界条件所约束。与能量流计算相对应，碳排放流计算的本质是根据能量流分布定量确定电力系统碳排放流的流动状态，以便辨识电力系统中碳排放的“来龙去脉”。

整体而言，能量流分析侧重于研究电力系统的运行方式；碳排放流侧重于分析电力系统碳成本的生产、转移和消费。整个碳排放流的计算过程是基于已平衡的系统能量流结果实现的，所以可以将能量流计算看作碳排放流计算的基础。

4.4.1　电力网络碳排放流计算

根据第 3 章针对碳排放流部分建模可知，支路能量流分布矩阵、发电机组注入矩阵、电力负荷矩阵、节点有功通量矩阵、发电机组碳排放强度向量、节点碳势向量、支路碳流率分布矩阵，以及负荷碳流率向量等新概念的定义。根据这些新概念，可得电力系统碳排放流计算方法。

由节点碳势的定义，可得系统中节点 i 的碳势 e_{Ni} 为

$$e_{\mathrm{N}i}=\frac{\sum_{s\in I^{+}}p_{\mathrm{B}s}\rho_{s}+p_{\mathrm{G}i}e_{\mathrm{G}i}}{\sum_{s\in I^{+}}p_{\mathrm{B}s}+p_{\mathrm{G}i}} \tag{4.78}$$

式中，ρ_s 为支路 s 的碳流密度。

式（4.78）的物理意义为，节点 i 的碳势由接入该节点的发电机组产生的碳排放流和从其他节点流入该节点的碳排放流共同作用决定。其中，等号右端分子和分母的含义分别为节点 i 受上述两类节点的碳排放流和能量流的贡献。根据碳排放流的性质，支路碳流密度 ρ_s 可由支路始端节点碳势替代，将其改写为以下矩阵形式：

$$\boldsymbol{e}_{\mathrm{N}i}=\frac{\boldsymbol{\eta}_{\mathrm{N}}^{(i)}(\boldsymbol{P}_{\mathrm{B}}^{\mathrm{T}}\boldsymbol{E}_{\mathrm{N}}+\boldsymbol{P}_{\mathrm{G}}^{\mathrm{T}}\boldsymbol{E}_{\mathrm{G}})}{\sum_{v=1}^{N}P_{\mathrm{B}vi}+\sum_{t=1}^{K}P_{\mathrm{G}ti}} \tag{4.79}$$

式中，$\boldsymbol{\eta}_{\mathrm{N}}^{(i)}=(0,0,\cdots,1,\cdots,0)$ 为 N 维单位行向量，其中，第 i 个元素为 1。

根据节点有功通量矩阵的定义，可得

$$\sum_{v=1}^{N}P_{\mathrm{B}vi}+\sum_{t=1}^{K}P_{\mathrm{G}ti}=\boldsymbol{\eta}_{\mathrm{N}}^{(i)}\boldsymbol{P}_{\mathrm{N}}(\boldsymbol{\eta}_{\mathrm{N}}^{(i)})^{\mathrm{T}} \tag{4.80}$$

由上两式可以得到

$$\boldsymbol{\eta}_{\mathrm{N}}^{(i)}\boldsymbol{P}_{\mathrm{N}}(\boldsymbol{\eta}_{\mathrm{N}}^{(i)})^{\mathrm{T}}\boldsymbol{e}_{\mathrm{N}i}=\boldsymbol{\eta}_{\mathrm{N}}^{(i)}(\boldsymbol{P}_{\mathrm{B}}^{\mathrm{T}}\boldsymbol{E}_{\mathrm{N}}+\boldsymbol{P}_{\mathrm{G}}^{\mathrm{T}}\boldsymbol{E}_{\mathrm{G}}) \tag{4.81}$$

由于 $\boldsymbol{P}_{\mathrm{N}}$ 矩阵为对角阵，将式（4.81）扩充至全系统维度，可得

$$\boldsymbol{P}_{\mathrm{N}}\boldsymbol{E}_{\mathrm{N}}=\boldsymbol{P}_{\mathrm{B}}^{\mathrm{T}}\boldsymbol{E}_{\mathrm{N}}+\boldsymbol{P}_{\mathrm{G}}^{\mathrm{T}}\boldsymbol{E}_{\mathrm{G}} \tag{4.82}$$

整理后可得系统所有节点的碳势计算公式为

$$\boldsymbol{E}_{\mathrm{N}}=(\boldsymbol{P}_{\mathrm{N}}-\boldsymbol{P}_{\mathrm{B}}^{\mathrm{T}})^{-1}\boldsymbol{P}_{\mathrm{G}}^{\mathrm{T}}\boldsymbol{E}_{\mathrm{G}} \tag{4.83}$$

4.4.2 天然气网络碳排放流计算

气体网络与电力网络之间存在一些耦合设备，如 P2G、GG 等设备。这些设备在电网中需要消耗电功率，从而产生碳排放，这便是气体网络的碳排放来源。因此类比电力系统，可得到气体网络中的碳排放流计算方法与电力网络较为相似。

由节点碳势的定义，可得系统中节点 i 的碳势 e_{Ni} 为

$$e_{Ni}=\frac{\sum\limits_{s\in I^{+}}\phi_{Bs}\rho_{s}+\phi_{Gi}e_{Gi}}{\sum\limits_{s\in I^{+}}\phi_{Bs}+\phi_{Gi}} \tag{4.84}$$

式中，ρ_s 为支路 s 的碳流密度。

上式的物理意义为，节点 i 的碳势由接入该节点的发电机组产生的碳排放流和从其他节点流入该节点的碳排放流共同作用决定。其中，等号右端分子和分母的含义分别为节点 i 受上述两类节点的碳排放流和能量流的贡献。根据碳排放流的性质，支路碳流密度 ρ_s 可由支路始端节点碳势替代，将式(4.84) 改写为以下矩阵形式：

$$\boldsymbol{e}_{Ni}=\frac{\boldsymbol{\eta}_{N}^{(i)}(\boldsymbol{P}_{B}^{T}\boldsymbol{E}_{N}+\boldsymbol{P}_{G}^{T}\boldsymbol{E}_{G})}{\sum\limits_{v=1}^{N}P_{Bvi}+\sum\limits_{t=1}^{K}P_{Gti}} \tag{4.85}$$

式中，$\boldsymbol{\eta}_{N}^{(i)}=(0,0,\cdots,1,\cdots,0)$ 为 N 维单位行向量，其中，第 i 个元素为 1。

根据节点有功通量矩阵的定义，可得

$$\sum_{v=1}^{N}P_{Bvi}+\sum_{t=1}^{K}P_{Gti}=\boldsymbol{\eta}_{N}^{(i)}\boldsymbol{P}_{N}\,(\boldsymbol{\eta}_{N}^{(i)})^{T} \tag{4.86}$$

由上两式可以得到

$$\boldsymbol{\eta}_{N}^{(i)}\boldsymbol{P}_{N}\,(\boldsymbol{\eta}_{N}^{(i)})^{T}\boldsymbol{e}_{Ni}=\boldsymbol{\eta}_{N}^{(i)}(\boldsymbol{P}_{B}^{T}\boldsymbol{E}_{N}+\boldsymbol{P}_{G}^{T}\boldsymbol{E}_{G}) \tag{4.87}$$

由于 $\boldsymbol{P}_N$ 矩阵为对角阵，将式 (4.87) 扩充至全系统维度，可得

$$\boldsymbol{P}_{N}\boldsymbol{E}_{N}=\boldsymbol{P}_{B}^{T}\boldsymbol{E}_{N}+\boldsymbol{P}_{G}^{T}\boldsymbol{E}_{G} \tag{4.88}$$

整理后可得系统所有节点的碳势计算公式为

$$\boldsymbol{E}_{N}=(\boldsymbol{P}_{N}-\boldsymbol{P}_{B}^{T})^{-1}\boldsymbol{P}_{G}^{T}\boldsymbol{E}_{G} \tag{4.89}$$

4.4.3 热力网络碳排放流计算

相比于气体网络，热力网络中还多出了燃气锅炉等消耗气体产生碳排放量的设备，因此热力网络的碳排放来源不仅来自于电网，还会有部分来自于气网。类比电力网络和气体网路，可得到热力网络中的碳排放流计算方法。

由节点碳势的定义，可得系统中节点 i 的碳势 e_{Ni} 为

$$e_{\mathrm{N}i}=\frac{\sum_{s\in I^{+}}\phi_{\mathrm{B}s}\rho_{s}+\phi_{\mathrm{G}i}e_{\mathrm{G}i}}{\sum_{s\in I^{+}}\phi_{\mathrm{B}s}+\phi_{\mathrm{G}i}} \tag{4.90}$$

式中，ρ_s 为支路 s 的碳流密度。

上式的物理意义为，节点 i 的碳势由接入该节点的发电机组产生的碳排放流和从其他节点流入该节点的碳排放流共同作用决定。其中，等号右端分子和分母的含义分别为节点 i 受上述两类节点的碳排放流和能量流的贡献。根据碳排放流的性质，支路碳流密度 ρ_s 可由支路始端节点碳势替代，将式（4.90）改写为以下矩阵形式：

$$\boldsymbol{e}_{\mathrm{N}i}=\frac{\boldsymbol{\eta}_{\mathrm{N}}^{(i)}(\boldsymbol{P}_{\mathrm{B}}^{\mathrm{T}}\boldsymbol{E}_{\mathrm{N}}+\boldsymbol{P}_{\mathrm{G}}^{\mathrm{T}}\boldsymbol{E}_{\mathrm{G}})}{\sum_{v=1}^{N}P_{\mathrm{B}vi}+\sum_{t=1}^{K}P_{\mathrm{G}ti}} \tag{4.91}$$

式中，$\boldsymbol{\eta}_{\mathrm{N}}^{(i)}=(0,0,\cdots,1,\cdots,0)$为 N 维单位行向量，其中，第 i 个元素为 1。

根据节点有功通量矩阵的定义，可得

$$\sum_{v=1}^{N}P_{\mathrm{B}vi}+\sum_{t=1}^{K}P_{\mathrm{G}ti}=\boldsymbol{\eta}_{\mathrm{N}}^{(i)}\boldsymbol{P}_{\mathrm{N}}\left(\boldsymbol{\eta}_{\mathrm{N}}^{(i)}\right)^{\mathrm{T}} \tag{4.92}$$

由上两式可以得到

$$\boldsymbol{\eta}_{\mathrm{N}}^{(i)}\boldsymbol{P}_{\mathrm{N}}\left(\boldsymbol{\eta}_{\mathrm{N}}^{(i)}\right)^{\mathrm{T}}\boldsymbol{e}_{\mathrm{N}i}=\boldsymbol{\eta}_{\mathrm{N}}^{(i)}(\boldsymbol{P}_{\mathrm{B}}^{\mathrm{T}}\boldsymbol{E}_{\mathrm{N}}+\boldsymbol{P}_{\mathrm{G}}^{\mathrm{T}}\boldsymbol{E}_{\mathrm{G}}) \tag{4.93}$$

由于 $\boldsymbol{P}_{\mathrm{N}}$ 矩阵为对角阵，将式（4.93）扩充至全系统维度，可得

$$\boldsymbol{P}_{\mathrm{N}}\boldsymbol{E}_{\mathrm{N}}=\boldsymbol{P}_{\mathrm{B}}^{\mathrm{T}}\boldsymbol{E}_{\mathrm{N}}+\boldsymbol{P}_{\mathrm{G}}^{\mathrm{T}}\boldsymbol{E}_{\mathrm{G}} \tag{4.94}$$

整理后可得系统所有节点的碳势计算公式为

$$\boldsymbol{E}_{\mathrm{N}}=(\boldsymbol{P}_{\mathrm{N}}-\boldsymbol{P}_{\mathrm{B}}^{\mathrm{T}})^{-1}\boldsymbol{P}_{\mathrm{G}}^{\mathrm{T}}\boldsymbol{E}_{\mathrm{G}} \tag{4.95}$$

4.4.4 算例分析

算例网络选图 4.6 的 11 节点信息能源系统进行研究分析。基于 4.3 节中能量流计算的结果（见表 4.7），对其进行碳排放流计算，由此可以得到信息能源系统中碳排放流的分布情况，见表 4.8～表 4.10。根据上述碳排放流算法，电力网络中碳排放流来源主要是 E1 节点的煤气发电机，而气体网络中的碳排放来源主要是 N1 节点的 P2G 设备和 N3 节点的 CHP 设备，而热力网络中的碳排放来源主要是 H1 节点的电热锅炉和 H3 节点的 CHP。

表 4.8 电力网络支路碳排放流结果

起始节点	终止节点	支路有功能量流/V·A	碳流率/(gCO_2/h)
1	2	89.126	0.071301
1	3	40.618	0.032494
2	3	24.751	0.019801
2	4	27.996	0.022397
2	5	54.934	0.060067
3	4	18.778	0.043947
4	5	6.2625	0.020032

表 4.9 气体网络支路碳排放流结果

起始节点	终止节点	管道流量/(kscm/h)	碳流率/(gCO_2/h)
1	2	14.296	0.004992
1	3	9.611	0.003356
2	3	11.901	0.004155

表 4.10 热力网络支路碳排放流结果

起始节点	终止节点	管道流量/(kg/s)	碳流率/(gCO_2/h)
1	3	64.695	0.061334
2	1	31.452	0.029818
3	2	56.532	0.053595

4.5 信息能源系统的不确定性分析

不确定性问题是信息能源系统中的一个关键性问题，因此寻找合理的方法评估信息能源系统中的不确定性，从而能够量化并控制信息能源系统运行规划风险显得十分紧迫。当信息能源系统中同时存在概率不确定性和模糊不确定性时，传统的纯概率不确定性分析法或纯模糊不确定性分析法都将不再适用。因此，本节首先建立了较为全面的不确定性模型，接着提出了联合概率-模糊能量流评估算法以解决信息能源系统的不确定性问题。

4.5.1 随机变量的数学模型

1. 风电概率模型

风电场的出力受多种因素影响，如风速、风向、风电场位置以及风电场布局等，具有很强的随机性、间歇性与波动性。大量实测风速数据的研究结果表明，大部分地区的年平均风速几乎都符合 Weibull 分布，故本节采用 Weibull 分布进行风能计算，它是一种两参数单峰的分布函数簇，其概率密度函数表达式为

$$f(v)=\frac{c}{k}\left(\frac{v}{c}\right)^{k-1}\exp\left[-\left(\frac{v}{c}\right)^{k}\right] \tag{4.96}$$

式中，v 为风速；k 和 c 分别为形状参数和比例参数，分别反映的是风速分布特点及该地区平均风速的大小。

此外，风电功率 P_{WT} 和风速 v 间的关系可以刻画为一次函数：

$$P_{\mathrm{WT}}(v)=\begin{cases}0, & 0\leqslant v<v_{\mathrm{ci}} \text{或} v_{\mathrm{co}}\leqslant v\\ P_{\mathrm{rated}}\dfrac{v-v_{\mathrm{ci}}}{v_{\mathrm{r}}-v_{\mathrm{ci}}}, & v_{\mathrm{ci}}\leqslant v<v_{\mathrm{r}}\\ P_{\mathrm{rated}}, & v_{\mathrm{r}}\leqslant v<v_{\mathrm{co}}\end{cases} \tag{4.97}$$

式中，v_{ci}、v_{co} 和 v_{r} 分别表示风电场切入风速、额定风速和切出风速；P_{rated} 表示的是风电场额定出力。

2. 电/气/热负荷概率模型

现对电力负荷进行以下假设：

1）负荷有功功率服从正态分布。

2）设定正态分布的标准差为期望的 5%~20%。

3）负荷的功率因数保持恒定。

同时假设电力负荷有功、热力负荷及天然气负荷服从正态分布，其概率分布密度函数为

$$f(L)=\frac{1}{\sqrt{2\pi}\,\sigma_{\mathrm{L}}}\exp\left[-\frac{(L-\mu_{\mathrm{L}})^2}{2\sigma_{\mathrm{L}}^2}\right] \tag{4.98}$$

式中，L 为电力负荷有功或热力负荷或天然气负荷；σ_{L} 和 μ_{L} 为对应能源负荷的期望和标准差。

假设电力负荷的功率因数恒定，那么电力负荷无功功率可以表示为

$$Q_{\mathrm{L}}=P_{\mathrm{L}}\tan\,\theta_{\mathrm{L}} \tag{4.99}$$

式中，θ_{L} 为负荷的功率因数角。

3. 气/热网管道参数模糊模型

在实际的建模过程中，由于天然气网和热力管网结构复杂，往往缺乏完

整、准确的参数信息，导致在过去能量流计算中被视为确定值的天然气管网的阻抗系数 K_g 和热力管网的阻抗系数 K_h 会显示出一定的不确定性。这是因为管网阻抗系数不能被直接测量出来，会受到一些因素影响，如管道使用年限、管道直径、管道流量等。在本节中，假设没有管道参数的统计数据，设置管道阻抗系数的预测值为 K_{sp}，阻抗系数的波动率为 κ_u，进一步利用三角隶属函数为管道阻抗系数建模，如下：

$$K_p=[1-\kappa_u, 1, 1+\kappa_u]\times K_{sp} \tag{4.100}$$

式中，$1-\kappa_u$ 和 $1+\kappa_u$ 为该隶属度函数的上下界；K_{sp} 为该隶属度函数的中心值。

4. 耦合设备参数模糊模型

在以往能量流计算中，能量转换设备，即耦合设备的相关参数通常取几个具有代表性的值作为其确定值。然而实际上，根据不同的能量转换技术、运行情况和计算方法，耦合设备的相关参数会在一定范围内波动，存在不确定性。首先，采用不同技术的 CHP 机组性能特点是不同的，一般可以给出其相关参数的取值范围。例如，微型涡轮机式 CHP 机组的总效率为 55%~80%，而燃气涡轮机 CHP 机组的总效率为 66%~71%。它们的典型电热比分别在 0.5~0.7 和 0.6~1.1 之间。类似地，锅炉（分为电热锅炉和燃气锅炉）的转换效率也存在相应的不确定性。此外，由于气体组成成分及密度等原因，天然气低热值（LHV）的取值通常存在一个范围，即 35.40~39.12 MJ/m^3，在计算燃气发电机和 CHP 机组耗气量时也会产生不确定性问题。

因此，假设上述不准确或易受主观经验影响的相关参数 P^{dev} 由三角隶属函数表示，具体表达式如下：

$$P^{dev}=[\xi_{min}^{dev}, \xi_u^{dev}, \xi_{max}^{dev}]\times P_{sp}^{dev} \tag{4.101}$$

式中，P_{sp}^{dev} 为耦合设备的参数预测值；ξ_{min}^{dev}、ξ_u^{dev}、ξ_{max}^{dev} 分别为参数预测值 P_{sp}^{dev} 的最小系数、中心系数和最大系数。

4.5.2 联合概率-模糊能量流评估法

信息能源系统中含概率和模糊不确定性能量流问题的一般数学描述可以概括为

$$\begin{cases} Y_e=F_e(X_e, X_g, X_h, \widetilde{X}_e, \widetilde{X}_g, \widetilde{X}_h) \\ Y_g=F_g(X_e, X_g, X_h, \widetilde{X}_e, \widetilde{X}_g, \widetilde{X}_h) \\ Y_h=F_h(X_e, X_g, X_h, \widetilde{X}_e, \widetilde{X}_g, \widetilde{X}_h) \end{cases} \tag{4.102}$$

当存在多个不确定类型的信息源时，可以通过合成规则将这些数据融合成更为可靠的基本概率分布，以一致地描述输出变量的不确定性。当输入变量既有模糊不确定性和概率不确定性时，获得的输出变量信任函数和似然函数可用下式来表示：

$$\mathrm{Bel}(A)=\sum_{i=1}^{2k+1}p_iN_i(A) \tag{4.103}$$

$$\mathrm{Pl}(A)=\sum_{i=1}^{2k+1}p_i\Pi_i(A) \tag{4.104}$$

本节提出的联合概率-模糊能量流评估算法具体过程如下：

```
算法 4.1  联合概率-模糊能量流评估
开始:输入信息能源系统相关数据
    for j = 1:2m+1
        1. 采样第 j 组概率变量 Xe、Xg、Xh，令 ν=0;
        2. 通过乘积三角范数法计算模糊变量 X̃e、X̃g、X̃h;
        3. 令 α=Kν;
        4. 对通过步骤 2 得到的模糊数进行 α 截集运算;
        5. 基于式(4.102)计算 Ye、Yg、Yh
        if α=1
            if j=1:2m+1
                基于式(4.103)、式(4.104)计算 Bel(Y)和 Pl(Y)测度,输出评估结果
            else
                返回步骤 1
            end if
        else
            ν=ν+1,返回步骤 2
    end if; end for.
```

其中，非线性函数 F_e、F_g、F_h 分别为 4.2 节中电力网络，天然气网络及热力网络的数学模型；X_e、X_g、X_h 为概率变量，如风力发电、电\气\热负荷；$\widetilde{X}_e$、$\widetilde{X}_g$、$\widetilde{X}_h$ 为模糊变量，如天然气网、热网的管道参数及耦合设备参数；Y_e、Y_g、Y_h 为信息能源系统的输出变量，如各母线的电压幅值及相角，各电力传输线上流过的功率，各天然气节点的压力值，各热力节点处的供水温

度和回水温度，各天然气管道、热力管道流量值等。

4.5.3 算例分析

本案例的信息能源系统由 6 节点天然气网络、7 节点热力网络以及经过修改的 IEEE 9 节点网络组成，其连线及耦合关系如图 4.9 所示。在电网中，电节点 1、2 和 3 分别连接一个燃气发电机、两个风电场和一个 CHP 机组。热力网络的三个热源分别为 CHP 机组、燃气锅炉和电热锅炉。在天然气网络中，天然气管道 1—2 之间有一个电动压缩机，气节点 3 和 6 作为天然气管网负荷节点；气节点 3 为 CHP 机组提供气体，气节点 6 为燃气发电机和燃气锅炉提供气体。

为了评估该系统的不确定性，考虑以下概率和模糊参数：首先，本节认为电/气/热负荷和风力发电具有概率不确定性，可分别由正态分布和 Weibull 分布进行建模。同时将天然气网和热网中的管道参数以及耦合单元的相关参数视为模糊不确定变量，通过表 4.11 中的模糊隶属函数建模，并采用已有文献中的确定值作为其预测值。

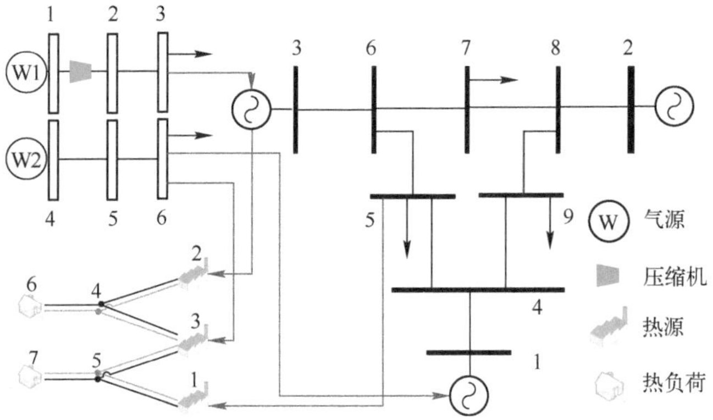

图 4.9 6 节点天然气–7 节点热力–9 节点电力信息能源系统结构图

表 4.11 模糊不确定变量参数

可能性分布	K_g	K_h	C_m	η_{CHP}	η_{EB}	η_{GB}	LHV
$\pi(x)=0$(最小值)	0.85	0.85	0.909	0.66	0.92	0.85	35.4
$\pi(x)=1$	0.925	1.00	1.266	0.685	0.95	0.88	37.26
$\pi(x)=0$(最大值)	1.15	1.15	1.667	0.71	0.98	0.91	39.12

下面研究五种不同的方法，验证并对比这五种方法评估系统不确定性，它们分别如下。

方法 1：蒙特卡罗法。

方法 2：三点估计法。

方法 3：基于蒙特卡罗法、乘积三角范数结合截集、证据理论的方法。

方法 4：基于蒙特卡罗法、截集和证据理论的方法。

方法 5：即本节提出的方法。

通过方法 1~5 得到的代表性不确定多能量流结果如图 4.10~图 4.12 所示。方法 1 和 2 仅能处理纯概率的输入变量，且和蒙特卡罗法相比，三点估计法同样可以获得适当的结果。当同时有概率变量和模糊变量的输入时，混合方法 3、4、5 会得到有一个上限和下限的变量结果，和方法 3 相比，方法 5（本节提出方法）同样可以提供良好的不确定性评估结果。若仅考虑概率不确定性，其概率等于方法 2 计算得出的 0.8147。在此基础上，考虑到模糊的不确定性，通过方法 4 计算得出的信任度和似真度分别为 0.0875 和 0.9803，当利用方法 5，即本节所提出的方法，评估不确定性时，其信任度和似真度分别为 0.0411 和 0.9412，上面的结果表明，与方法 2 和方法 4 相比，方法 5 不仅可以评估状态变量的不确定范围，而且可以减少对不确定性的过高估计，进一步避免了对系统不确定性的乐观评估。

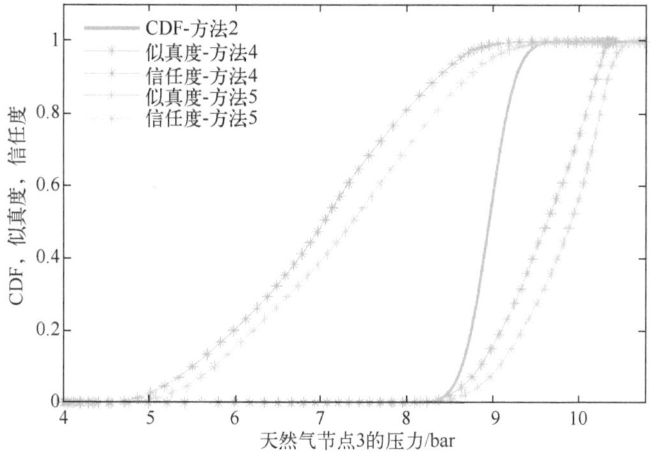

高清图 4.10

图 4.10 天然气节点 3 的压力的累计分布密度函数、似真度和信任度

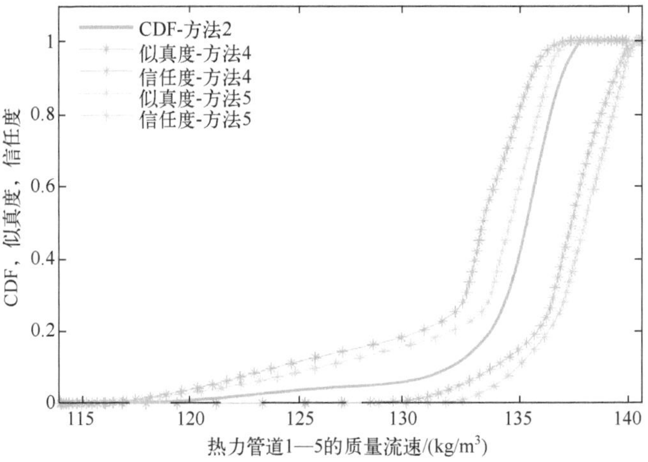

高清图 4.11

图 4.11 热力管道 1—5 的质量流速的累计分布密度函数、似真度和信任度

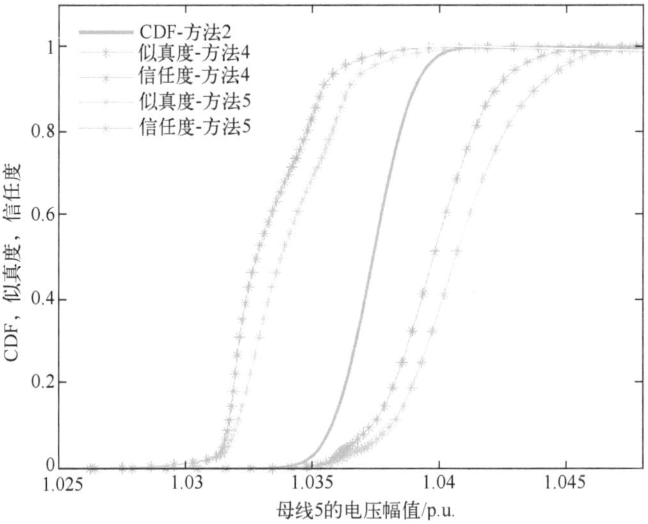

高清图 4.12

图 4.12 电力节点 5 的电压幅值的累计分布密度函数、似真度和信任度

4.6 信息能源系统的能量评估

4.6.1 能量评估

一次能效是最常见、最传统的计算能量使用效率的方式，其定义为

“有效利用的能量与实际消耗一次能源的比率”，具体公式如式（4.105）所示。该指标计算方法简单，获得结果直接。然而，其评估结果具有一定的缺陷。首先，一次能效的结果为能量的实际输出与实际输入之比，并不考虑其从其他的外部环境中获得能源。例如，部分设备会从空气中获得热能，使其能效变高，甚至会导致其输出能量大于输入能量的情况。其次，一次能效不考虑输出能量的质量，只是直接将系统输出的不同种类能量进行加和，而并不对能量的做功能力进行相关分析，因此其加和结果无法提出实际的物理意义，不能客观地表现出系统对能量的利用率。

$$\eta_1 = \frac{Wx_{\text{out}}}{Wx_{\text{in}}} = \frac{\sum\limits_{i \in \Omega_{\text{out}}} W_{\text{out}}^i}{\sum\limits_{i \in \Omega_{\text{in}}} W_{\text{in}}^i} \tag{4.105}$$

式中，Wx_{in}、Wx_{out}分别表示系统的输入、输出能量。

4.6.2 㶲评估

㶲（Exergy）的概念是描述能量转为功的能力，定义为在一次可逆循环过程中，系统可能对外界做出的有用功。在该可逆过程前后，系统所处状态都与外界相平衡。㶲从理论上概括出，能量不仅只有数量大小也有质量优良的概念，高品质的能量将能量转化为功的转化率更高。㶲的概念为不同种能量之间的相互对比提供了桥梁，具有将能量进行统一标注的可能。㶲作为一种评价能量的价值参数，补充了一次能效的不足，重新从两个方面评价了不同能量的“价值”，改变了评价系统效率和能量损耗的方式。

在涉及多种不同能源的系统中，计算节点输入与输出两侧的能量变化较为困难，因此有学者定义了能质系数，认为每种特定的能源都具有一个能质系数 λ_i 来描述其最大做功能力，一个能量系统的㶲效率可以描述为

$$\eta_{\text{ex}} = \frac{Ex_{\text{out}}}{Ex_{\text{in}}} = \frac{\sum\limits_{i \in \Omega_{\text{out}}} E_{\text{out}}^i \cdot \lambda_i}{\sum\limits_{i \in \Omega_{\text{in}}} E_{\text{in}}^i \cdot \lambda_i} \tag{4.106}$$

式中，Ex_{out}表示系统的负荷；Ex_{in}表示系统的输入能源。

在信息能源系统中，不同能源的能质系数计算方法见表4.12。在㶲分析的基础上，能源系统可以是一个黑箱模型，直接根据系统外部输入和输出计算其㶲效率。

㶲效率评估主要受到能量转换设备的影响。在信息能源系统中，多能联供设备会影响系统整体灵活性，进而影响整体效率的关键因素，典型的能量转换设备有燃气轮机（热电联产系统）、电转气设备（P2G 设备）、电锅炉和燃气锅炉等。

表 4.12　不同能源的能质系数

能源种类	能质系数 λ_i	描　述
电	$\lambda_e=1$	电能可完全转换为其他形式的能量，具有最高的能量价值
化石燃料	$\lambda_f=1-\frac{T_0}{T_{burn}-T_0}\ln\frac{T_{burn}}{T_0}$	工业系统中常见的化石燃料包括天然气、煤、石油等。化石燃料的㶲能可以等效为燃烧产生的热量
热能（水）	$\lambda_{hw}=1-\frac{T_0}{T_{hw,1}-T_{hw,2}}\ln\frac{T_{hw,1}}{T_{hw,2}}$	热能的能质系数可定义为传热过程中的㶲变化与释放热值的比值
可再生能源	$\lambda_{res}=0$	从能源成本的角度来看，可再生能源是一种零成本的能源形式

基于传统热力学评估方式对系统的评价指标缺陷见表 4. 13。

表 4.13　能源系统的评价指标缺陷

指标名称	公　式	缺　陷
一次能效	$\eta_1=\frac{Wx_{out}}{Wx_{in}}=\frac{\sum_{i\in\Omega_{out}}W_{out}^i}{\sum_{i\in\Omega_{in}}W_{in}^i}$	只关注能量的数量，对能源的品位没有分析，存在对于能量品味上的浪费
㶲效率	$\eta_{ex}=\frac{Ex_{out}}{Ex_{in}}=\frac{\sum_{i\in\Omega_{out}}E_{out}^i\cdot\lambda_i}{\sum_{i\in\Omega_{in}}E_{in}^i\cdot\lambda_i}$	考虑了能量的质量，但在实际的应用过程中，由于所测系统的技术难度不同，而出现结果差异

燃气轮机的主要做功为天然气进入燃烧室燃烧产生高品位的热能后，进入透平室带动发电机进行发电，输出电能，然后低品位热能进入余热回收装置，进而产出热能，如图 4. 13 所示。如果全程拆解分析燃气轮机的㶲值损失情况十分困难，则在能质系数的基础上，将此过程简化。

通常，在燃气轮机中做功的天然气燃烧温度在 1300℃左右，其能质系数仅与环境温度相关，定义分配系数 δ_{CHP} 描述燃气轮机系统在产电和产热时输入的㶲值比例，即

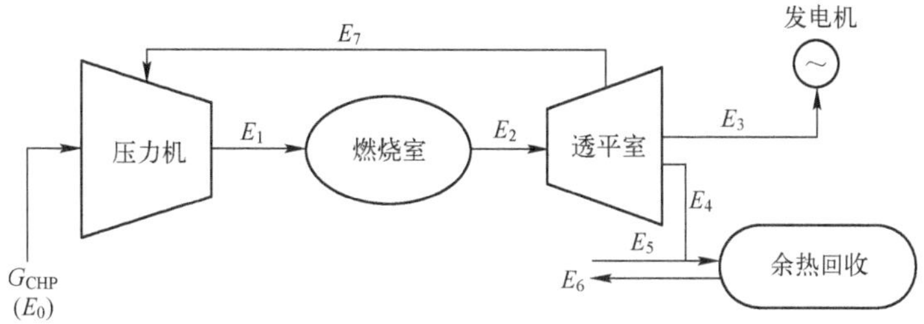

图 4.13 燃气轮机结构

$$\delta_{\mathrm{CHP,E}}=\frac{c_2(T_2-T_0)\lambda_2-\dfrac{\lambda_3}{\lambda_2}c_2(T_3-T_0)\lambda_3}{(T_2-T_0)\lambda_2-(T_3-T_0)\lambda_3} \tag{4.107}$$

$$\delta_{\mathrm{CHP,h}}=\frac{c_2(T_4-T_0)\lambda_4-\dfrac{\lambda_6}{\lambda_2}c_2(T_6-T_0)\lambda_6}{(T_4-T_0)\lambda_4-(T_6-T_0)\lambda_6} \tag{4.108}$$

式中，λ 表示高温烟气中含有的㶲值，对应的能质系数 $\boldsymbol{c}$ 与 λ 成比例；T_0、T_2、T_4 分别为环境温度、燃烧温度与余热回收温度。参考电能的能量价值为 1，则热电联产系统中，热能的能量价值为二者比值。因此，对热电联产系统能量价值的评估结果为

$$\eta_{\mathrm{CHP}}=\frac{\sum\limits_{i\in\Omega_{\mathrm{out}}}E_{\mathrm{out}}^{i}\cdot\lambda_i+\dfrac{\delta_{\mathrm{CHP,h}}}{\delta_{\mathrm{CHP,E}}}Q_{\mathrm{CHP}}}{\sum\limits_{i\in\Omega_{\mathrm{in}}}E_{\mathrm{in}}^{i}\cdot\lambda_i} \tag{4.109}$$

部分电转热设备（如空气源热泵），如果按照传统的一次能效定义对其能量效率进行计算，其效率高达 9~10，即输出产热高于输入热能。基于㶲效率进行分析，可知这是因为一次能效仅针对能量进行数值分析，没有考虑到热泵从空气中吸取的热㶲值。因此，基于能质效率重新定义其能量效率为系统㶲损失与输入㶲的比值，即考虑压缩空气产生的有效能损失，其大小近似等于热泵效率与其进行卡诺循环效率的比值，即

$$\eta_{\mathrm{cop\,2.}}=1-\frac{C_{\mathrm{a}}E_{\mathrm{a}}}{E_{\mathrm{COP}}}=\frac{\eta_{\mathrm{cop}}}{\eta_0} \tag{4.110}$$

其余能量转换设备，如电锅炉、燃气锅炉、电转气等设备均为单一输出设备，计算方式与一次能效或㶲效率计算方法相同。

在完成对耦合设备效率评估方式的改进后，综合能效评估可以采用改进

后的㶲效率指标进行研究分析。

4.6.3 碳评估

进入21世纪后，受气候变化与能源危机的影响，低碳发展逐渐成为全球各国所一致认同的目标。因此在本节中对网络中的碳排放进行分析并制定合适的评价指标来对系统的碳排强度进行评估，确保能量系统低碳/零碳发展。

信息能源系统中的碳排放量主要来自于供能侧。在既定的地区内，能源生产状况由用能源需求及能源结构等因素共同决定。在对信息能源系统中碳排放进行初步解构的基础上，分析得到对碳排放产生直接影响的因素如下：在供能环节，包括化石能源机组碳排放强度与各类机组装机比例；在传输环节，包括网络传输设备类型与网络调度方式；在用能环节，包括负荷解构与电气化程度等。因此在既定地区内，信息能源系统的碳排放量实际由化石能源机组产生，其与可再生能源机组的总供能量是由地区负荷需求、区外网络供能以及向区外送出的能量共同决定，可表示为

$$C_{\text{out}} = \sum_{i \in U_{\text{T}}} G_i C_i = \left(\sum_{k=1}^{3} G_{\text{D}k} - G_{\text{res}} - \sum_{j \in (U_{\text{T}} - U_{\text{res}})} P_j T_j \right) c_{\text{fuel}} \tag{4.111}$$

式中，C_{out}为地区总能量生产碳排放量；U_{T}为供能类别的集合，包括常规燃煤机组、燃气机组、燃油机组、碳捕集机组等；G_i和C_i分别为供能机组i产能和平均碳排放强度，非化石能源使用时不产生碳排放，因此对应C_i为0；令G_{D1}为地区负荷需求，G_{D2}为区外网络供能（为负），G_{D3}为向区外送出的能量；G_{res}为非化石能源机组产能，U_{res}为非化石机组类别的集合；P_j和T_j分别为地区内化石机组j的总装机容量和参考利用小时数。

（1）燃煤机组的碳排放计算

燃煤产生的碳排放是煤中含有的碳进行完全燃烧，我国规定每千克标准煤的热值为7000千卡，以此推算标准煤中含碳量为86.4%（不同煤种的含碳量不同）。碳的完全燃烧公式为$C+O_2=CO_2$，与释放CO_2的重量比为1∶3.67，因此煤的碳排系数为重量比、煤中含碳量与转化系数乘积。在统计上，十三五电力规划中选取标煤二氧化碳的排放系数$C_{\text{coal}}=2.8$。

（2）燃气机组的碳排放计算

燃气的主要成分是甲烷CH_4。甲烷完全燃烧反应为$CH_4+2O_2=CO_2+2H_2O$，与释放CO_2的重量比为1∶2.75，天然气热值为88 MJ/kg，转化为

标准煤后，其含碳量为58.1%，因此燃气机组的碳排量远小于燃煤机组。基于十三五电力规划数据进行推算，燃气机组的二氧化碳排放系数 $C_{gas}=1.23$。

4.6.4 算例分析

对于图4.6的11节点信息能源系统，系统设备、负荷及能效变化如图4.14、图4.15所示。

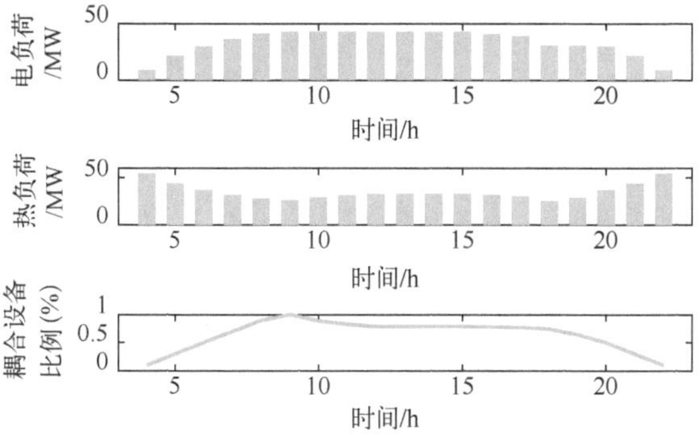

图4.14 系统内设备及负荷变化

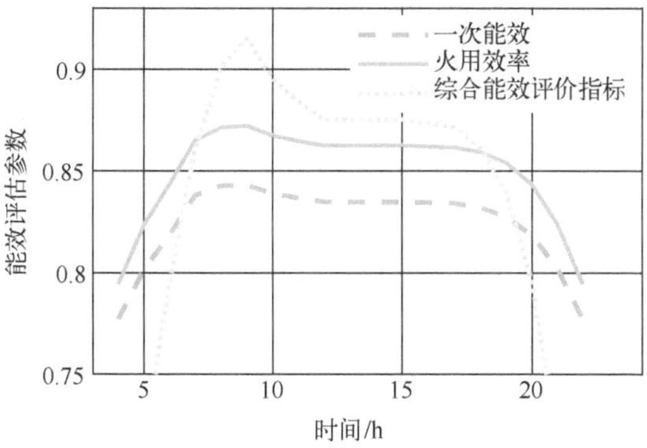

图4.15 信息能源系统的能效变化

在该信息能源系统中，在第4~9h内，设备的耦合比例上升；当运行到第9h，所有耦合设备达到了满负荷运行。此时，㶲效率与综合能效均达到最大值，而一次能效已经开始下降，说明一次能效无法准确地反映系统产能的“质量”。电负荷保持稳定，热负荷上升，系统整体效率下降，反映了该阶段系统输出能源不仅绝对数量降低，输出能源的质量也有所下降。与㶲效率指标相比，由于综合能源评价指标对输出能源的设备进行了进一步的分析，因此，对于系统中不同设备输出能量更加敏感，可以对系统内部空气源热泵等产热设备比例上升情况给出更准确的评估。在第 15 h，系统的电负荷降低，热负荷上升，耦合设备比例进一步下降，各评估指标显示系统的能量利用率下降。如图 4.16 所示，系统内的碳排放变化反映出机组比例、负荷比例及传输设备类型等对碳排放产生直接影响的因素，同时碳排放变化也受到新能源发电的影响。

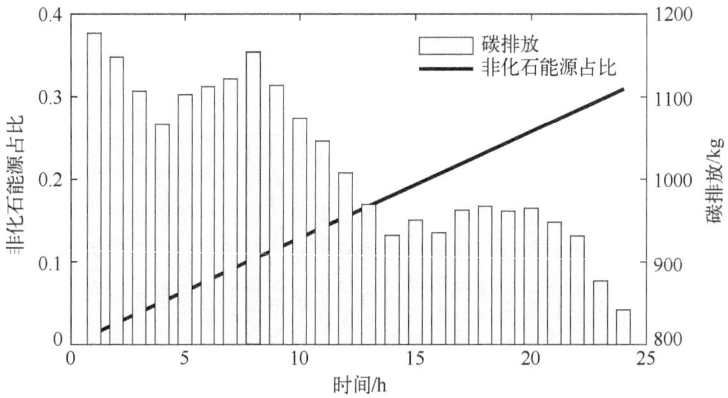

图 4.16　系统内碳排放变化

系统的不确定性同样会对系统的能量使用效率产生影响，对于图 4.9 的系统其能效变化如图 4.17 所示。可以看出，确定性系统中稳定的系统能效系数在考虑系统不确定性后产生波动，并随着不确定的增强而变大，体现出

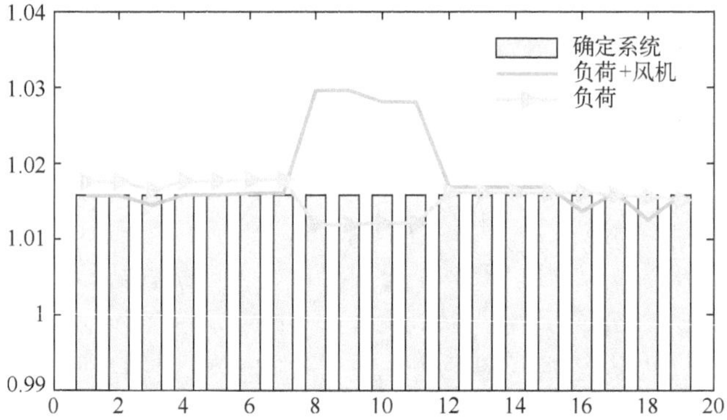

图 4.17　计及不确定性的信息能源系统能效变化

将可再生能源整合入能量网络需要提供额外的备用机组保持能量平衡。因此随着网络中可再生能源的渗透率提升，不确定性对系统能量效率的影响不可忽略。

4.7 本章总结

电能、热能、天然气之间的交互是当今能源状况的发展趋势，更加是耗能用户的需求形势，而稳态能量流计算是可以获得包含电力网、热力网及天然气网的信息能源系统状态的计算，是后续工作的基石。因此，本章研究了信息能源系统的稳态能量流计算与分析。

为了能够准确地计算信息能源系统的稳态能量流，在充分分析网络运行机理以及耦合设备能量转换过程的基础上，建立了电、气、热网络能量传输的数学模型以及多种耦合设备的能量转换的数学模型，并利用牛顿-拉夫逊法统一求解能量流。在此基础上，针对电力系统碳成本的转移进行碳排流计算。由于在实际信息能源系统中同时存在多种不确定性，考虑不确定性的影响，本章提出了概率-模糊能量流计算方法，提高了计算效率，减少了对不确定性的过度估计。面对信息能源系统中多种能量相互耦合、评估能量利用率困难的难题，基于能量的流动进行分析，提出了一种适用于复杂系统的综合能源评价指标，评价系统的能源利用率及碳排放情况。

第5章

信息能源系统的状态感知与静态稳定性分析

5.1 引言

近些年，随着风力发电和光伏发电等技术的飞速发展，分布式能源以微电网的形式大量接入电力系统，再加上电力网络与气体网络和热力网络之间的耦合加深，使整个信息能源系统变得越来越复杂。由于分布式能源的间歇性、随机性，还可能会引起电网电压和频率的改变，如果不能及时对其可靠性、稳定性进行分析，则会给电网的正常运行带来安全隐患。因此，对信息能源系统的可靠性、安全性进行分析是十分必要的。

信息能源系统状态感知的主要任务是提升电网量测数据的可靠性和完整性，并且对电网当前运行状态进行评估、对未来运行状态进行预测，是对系统进行安全分析的基础性环节。而静态稳定性分析是判断系统在受到小扰动之后，是否还存在稳定平衡点，适合在线实时监测与控制。本章主要研究的是静态稳定性中的电压稳定，是指系统在额定运行条件下受到小扰动，系统中所有母线电压都保持或恢复在可接受范围内，不发生电压崩溃的能力。

5.2 状态感知

5.2.1 电力网络的状态感知

作为节能减排的重要能源，风力和光伏等分布式能源大量接入电力网络。然而，由于分布式能源的间歇性、随机性，可能会引起电压和频率的改变，如果不能及时对其进行感知，则会给电力网络的正常运行带来安全隐患。因此对电力网络的运行状态感知是系统在线安全分析的基础性环节。基于电网内不断产生与累积的大量运行数据，由于随机矩阵能够对海量数据进行融合分析，此外，考虑到电网大规模复杂、非线性结构，因此本节通过随机矩阵方法对电力网络进行状态感知，并且将电力网络表示为有向图 $\boldsymbol{G}=(\boldsymbol{V},\boldsymbol{L})$，其中，$\boldsymbol{V}=\{v_1,v_2,\cdots,v_n\}$ 为供能节点、负荷节点抽象而成的节点集合，传输线路集合描述为集合 $\boldsymbol{L}$，即 $\boldsymbol{L}=\{l_1,l_2,\cdots,l_m\}$。图 $\boldsymbol{G}$ 的邻接矩阵为 $A=(a_{ij})_{n\times n}$，其中，$a_{ij}=1$ 表示节点 i 流向节点 j，反之则 $a_{ij}=-1$；$a_{ij}=0$ 表示节点 i 与节点 j 之间无传输线路。

1. 测控协方差矩阵构建

为了实现电力网络运行状态的快速检测及可控要求，首先通过能控性第二判据——PBH 秩判据（Popov-Belevitch-Hautus Rank Criterion，PBH Rank Criterion）确定测控节点的数量。由于电力网络邻接矩阵 $\boldsymbol{A}$ 包含电力网络系统整个潮流拓扑结构，所以采用邻接矩阵 $\boldsymbol{A}$ 实现对测控节点数量 l 的确定。在满足电力网络状态可控的情况下，所需最少测控节点数量 l 为 $l=\max\{\alpha_1,\alpha_2,\cdots,\alpha_n\}$。其中，$\alpha_i=n-\mathrm{rank}(\boldsymbol{E}_i)$，$n$ 为邻接矩阵 $\boldsymbol{A}$ 的特征值数量，$\boldsymbol{E}_i$ 为特征值对应的特征矩阵。在已知测控节点数量 l 的基础上，需要找出满足全网可控的特定测控节点进行电力网络状态分析。进一步根据特征矩阵 $\boldsymbol{E}_i$，通过复杂网络可控性选择得到用于状态感知的测控节点编号测控节点集 D。

电压及功角作为电力网络基础性数据，能够充分反映电力网络运行状态，因此本节选取电力网络测控节点电压及功角数据用于构建测控协方差矩阵。为了能够将电力网络历史数据与实时数据进行融合分析，定义 t 时刻测控节点 v_{d_i} 的电压数据为 $p_{d_i}(t)$，则 t 时刻长度为 q 的电压序列 $\boldsymbol{p}_{d_i}(t)$ 为

$$\boldsymbol{p}_{d_i}(t)=[p_{d_i}(t-q+1),p_{d_i}(t-q+2),\cdots,p_{d_i}(t)] \tag{5.1}$$

并且其对应功角序列 $\boldsymbol{\beta}_{d_i}(t)$ 描述为

$$\boldsymbol{\beta}_{d_i}(t)=[\beta_{d_i}(t-q+1),\beta_{d_i}(t-q+2),\cdots,\beta_{d_i}(t)] \tag{5.2}$$

针对测控协方差矩阵的构建，首先采取指数差分方式对电压及功角数据进行处理，并且定义 t 时刻测控元素 $x_h(t)$ 为

$$x_h(t)=e^{\Delta v_h(t)}=e^{v_h(t)}-e^{v_h(t-1)} \tag{5.3}$$

式中，变量 $e^{v_h(t)}$ 为电压 $p_{d_i}(t)$ 或者功角 $\beta_{d_i}(t)$ $(h=1,2,\cdots,2l)$。

在完成数据差分处理后，接着将数据 $x_h(t)$ 按照时间顺序构成测控序列 $\boldsymbol{x}_h(t)$：

$$\boldsymbol{x}_h(t)=[x_h(t-q+1),x_h(t-q+2),\cdots,x_h(t)] \tag{5.4}$$

然后，按照测控节点编号顺序排列构成 t 时刻行数为 $2l$、列数为 q 的测控矩阵 $\boldsymbol{X}_t$：

$$\boldsymbol{X}_t=[\boldsymbol{x}_1(t),\boldsymbol{x}_2(t),\cdots,\boldsymbol{x}_{2l}(t)]^{\mathrm{T}}=\begin{bmatrix} e^{\Delta p_{d_1}(1)} & e^{\Delta p_{d_1}(2)} & \cdots & e^{\Delta p_{d_1}(t)} \\ e^{\Delta \beta_{d_1}(1)} & e^{\Delta \beta_{d_1}(2)} & \cdots & e^{\Delta \beta_{d_1}(t)} \\ \vdots & \vdots & & \vdots \\ e^{\Delta \beta_{d_l}(1)} & e^{\Delta \beta_{d_l}(2)} & \cdots & e^{\Delta \beta_{d_l}(t)} \end{bmatrix} \tag{5.5}$$

同时根据随机矩阵定义可知，测控矩阵 $\boldsymbol{X}_t$ 的维度比 ψ 满足

$$\psi=\frac{2l}{q},\quad \psi\in(0,1] \tag{5.6}$$

进而将测控矩阵 $\boldsymbol{X}_t$ 的元素 $x_h(t)$ 按照下式进行 z-score 标准变换，得到 t 时刻标准测控矩阵 $\boldsymbol{Y}_t$ 的元素 $y_h(t)$：

$$y_h(t)=\frac{x_h(t)-\bar{x}_h(t)}{\sigma_{x_h(t)}} \tag{5.7}$$

式中，$\bar{x}_h(t)=\frac{1}{q}\sum_{w=t-q+1}^{t}x_h(w)$；$\sigma_{x_h(t)}=\sqrt{\frac{1}{q-1}\sum_{w=t-q+1}^{t}[x_h(w)-\bar{x}_h(w)]^2}$。

最终得到测控协方差矩阵 $\boldsymbol{S}_t$ 为

$$\boldsymbol{S}_t=\frac{1}{2l}\boldsymbol{Y}_t\boldsymbol{Y}_t^{\mathrm{T}}=\boldsymbol{U}_t\boldsymbol{L}_t\boldsymbol{U}_t^{-1} \tag{5.8}$$

式中，对角矩阵 $\boldsymbol{L}_t$ 包含矩阵 $\boldsymbol{S}_t$ 的全部特征值 $\lambda_i(i=1,2,\cdots,2l)$；矩阵 $\boldsymbol{U}_t$ 为对应特征向量矩阵。

2. 基于随机矩阵谱偏离度的状态感知

如果 t 时刻测控协方差矩阵 $\boldsymbol{S}_t$ 谱分布偏离随机矩阵的理论值，则表明由节点数据构成的矩阵 $\boldsymbol{S}_t$ 中存在特殊非随机特性。在矩阵谱分布中，尤其是最大特征值和最小特征值对于矩阵元素的改变最为敏感。因此定义 t 时刻的谱偏离度$d_s(t)$ 为

$$d_s(t)=(\lambda_t^{\max}-\hat{\lambda}^{\max})^2+(\lambda_t^{\min}-\hat{\lambda}^{\min})^2 \tag{5.9}$$

式中，$\lambda_t^{\max}$ 和 $\lambda_t^{\min}$ 分别为测控协方差矩阵 $\boldsymbol{S}_t$ 的最大特征值和最小特征值。最小理论特征值 $\hat{\lambda}^{\min}$为 $\hat{\lambda}^{\min}=1+\psi-2\sqrt{\psi}$，最大理论特征值 $\hat{\lambda}^{\max}$为 $\hat{\lambda}^{\max}=1+\psi+2\sqrt{\psi}$。

当谱偏离度 $d_s(t)$超过设定阈值，即满足下式时，表明 t 时刻电力网络状态发生改变：

$$d_s(t)\geqslant\varphi d_s^{\mathrm{set}} \tag{5.10}$$

式中，φ 为设定的偏离度阈值；d_s^{set} 为预先定义的最大谱偏离度。

在已知电力网络运行状态改变后，需要进一步通过最大特征向量实现波动邻近测控节点的定位。设 t 时刻最大特征向量 $\boldsymbol{U}^{\max}(t)$的元素为 $u_i^{\max}(t)(i=1,2,\cdots,2l)$，定义向量元素改变量 $\Delta u_i^{\max}(t)$为

$$\Delta u_i^{\max}(t)=|u_i^{\max}(t)-u_i^{\max}(t-1)| \tag{5.11}$$

当特征向量元素改变量 $\Delta u_g^{\max}(t)$ 满足下式时，说明 t 时刻的元素 $u_g^{\max}(t)$ 改变量最大：

$$\Delta u_g^{\max}(t) = \max\{\Delta u_1^{\max}(t), \Delta u_2^{\max}(t), \cdots, \Delta u_{2l}^{\max}(t)\} \tag{5.12}$$

式中，$\max\{\cdot\}$ 为最大值函数。

接着根据式（5.12）得到波动邻近测控节点的编号为

$$k = \lfloor g/2 \rfloor \tag{5.13}$$

式中，$\lfloor\cdot\rfloor$ 为向下取整符号，$1 \leqslant k \leqslant l$。

最后根据式（5.13）计算得到的编号可得波动邻近测控节点为 v_{d_k}。

3. 算例分析

为了验证提出的状态感知方法的可行性和有效性，本节采用改进的 IEEE 37 节点电力网络系统进行验证，其具体结构如图 5.1 所示。算例中参数设置如下：偏离度阈值 φ 为 1.2，设定的最大谱偏离度 d_s^{set} 为 1.5，同时根据测控协方差矩阵的维度比 $\psi = 0.5$ 和式（5.9）计算得到最小理论特征值 $\hat{\lambda}^{\min}$ 为 0.0858，最大理论特征值 $\hat{\lambda}^{\max}$ 为 2.9142。根据系统潮流分析及邻接矩阵，采用 PBH 秩判据和复杂网络可控性得到测控节点的数量为 5 和测控节点集 $D = \{11, 12, 19, 32, 36\}$。

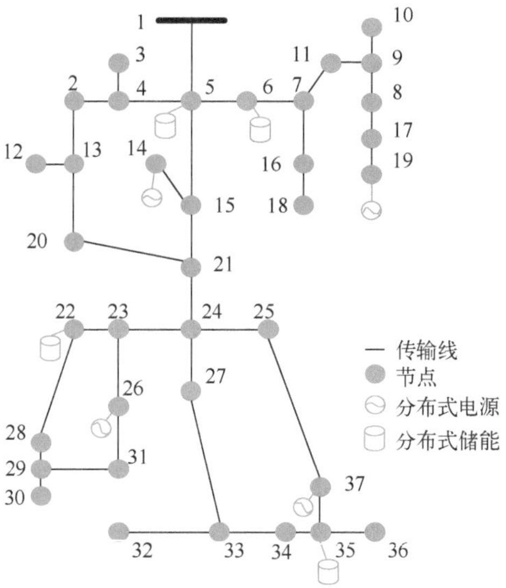

图 5.1 IEEE 37 节点电力网络结构

算例中设定的引起电力网络状态改变的波动事件见表 5.1，其中，事件发生时间均为 300 s，位置为事件发生的节点编号，节点有功功率变化为电力网络发生的波动事件。

表 5.1 算例事件参数

时间/s	位　　置	有功功率变化/MW
300	4	0. 03→0. 130
300	17	0. 06→0. 10
300	35	0. 306→0. 506

在三个不同电力网络波动事件下，本节所提方法的最大、最小特征值分布情况如图 5. 2a、b 所示。由于三种改变情况均设置在 300 s，从图 5. 2a、b 可以看到，测控协方差矩阵的最大特征值 λ_{301}^{max} 及最小特征值 λ_{301}^{min} 在 301s 均偏

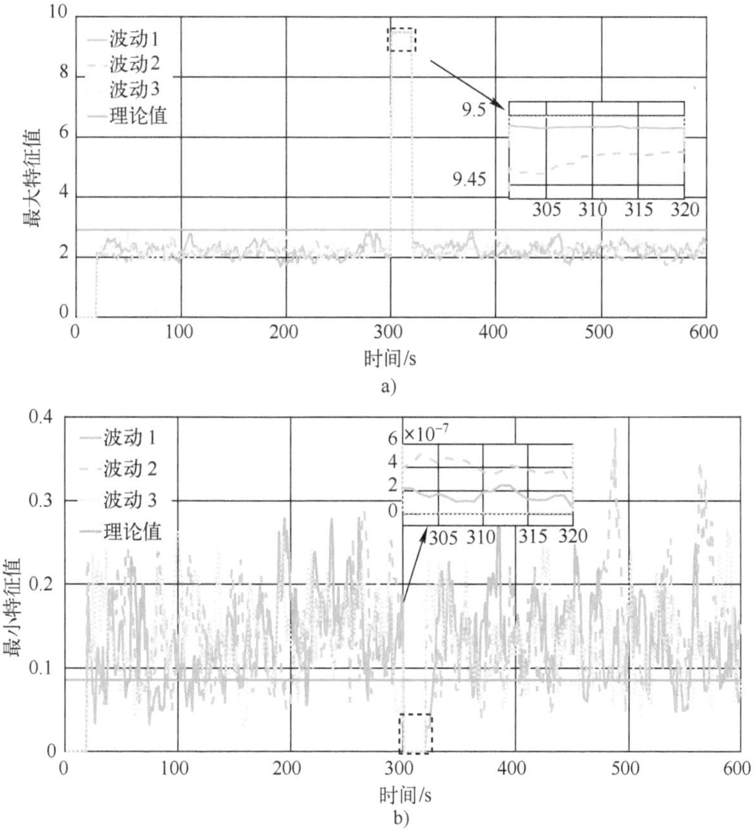

高清图 5. 2

图 5.2 本节方法特征值分布情况
a）最大特征值 b）最小特征值

离最大理论预测值 $\hat{\lambda}^{max}(2.9142)$ 和 $\hat{\lambda}^{min}(0.0858)$。以节点功率波动事件 1 为例进行说明，事件 1 最大特征值 λ_{301}^{max} 较 300 s 最大特征值 λ_{300}^{max} 的相对变化值为 9.493/2.316，最小特征值 λ_{301}^{min} 的相对变化值为 0.1793/2.202×10^{-7}，从变化程度可以得知此时电力网络状态已经发生改变。

通过特征值变化情况，进一步通过式（5.9）得到电力网络状态感知曲线如图 5.3 所示。针对不同位置发生的事件，本节所提方法均能够在 301 s 及时发现电力网络状态的变化。为了进一步阐述所提方法，下面以表 5.1 中事件 1 为例进行分析。当负载变化发生在节点 4 时，测控协方差矩阵谱偏离度由 300 s 的 0.3664 突然上升至 43.29，超过了设定的阈值 1.8，表明此时电力网络状态发生突变。并且通过图 5.3 及表 5.1 负载变化情况可知，谱偏离度变化量会反映电力网络负载的变化程度，能为后续的分析及操作提供依据。

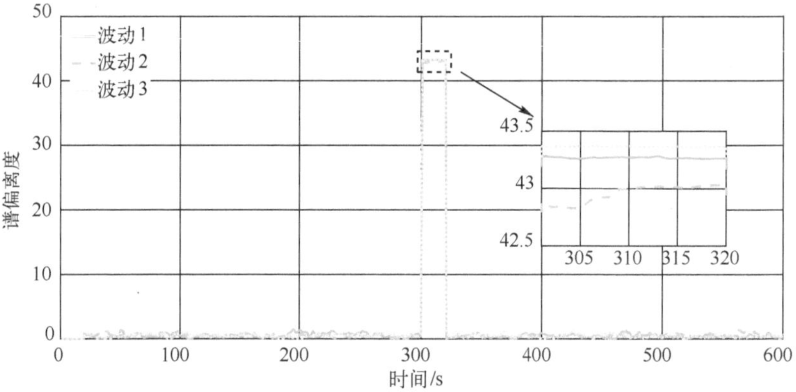

高清图 5.3

图 5.3 随机矩阵谱偏离度方法状态感知曲线

在感知电力网络状态改变后，图 5.4 为谱偏离度方法得到的表征测控节点变化趋势的特征向量元素数据，其中，图 5.4a～c 分别为波动事件 1～3 的变化情况。下面以图 5.4a 为例进行说明。根据图 5.3 可知，当随机矩阵谱偏离度超过所设定的阈值后，此时需要通过最大特征向量 $\boldsymbol{U}_{301}^{max}$ 确定波动邻近测控节点。通过逐个特征向量数据改变量的计算发现，第 4 个特征向量元素 $u_4^{max}(301)$ 的变化量最大并且 $\Delta u_4^{max}(301)$ 为 1.0378。接着通过式（5.13）得到测控节点编号为 2，也就是说，离波动较近的测控节点为节点 12(D_2)。通过类似的方法及分析，可以得到其余 2 个事件的邻近测控节点分别为节点 19、36。综上可知，本节所提方法能够有效地感知电力网络状态。

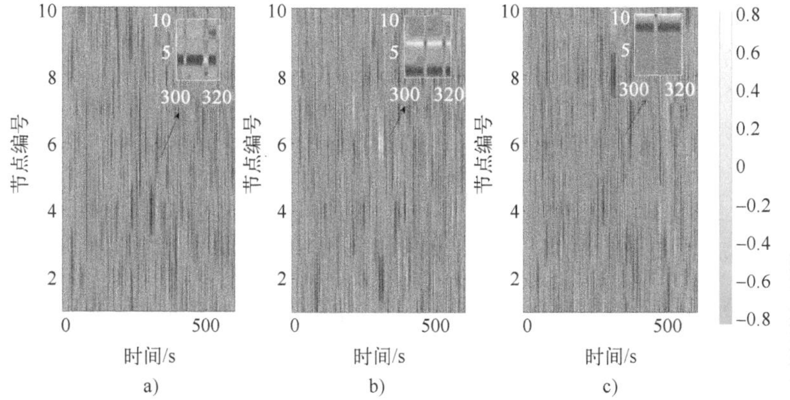

高清图 5.4

图 5.4 测控节点变化情况

a）波动事件 1 变化情况 b）波动事件 2 变化情况 c）波动事件 3 变化情况

5.2.2 电-气耦合网络的状态感知

近年来，燃气轮机和电转气（Power to Gas，P2G）的发展进一步促进了电力网络与天然气网络的融合。因此，电-气耦合网络受到了广泛关注。与传统电力网络相比，电-气耦合网络存在两种不同类型能量的相互转换、耦合和影响，并且多维异构、区域交互以及多时间尺度特点引发的一系列问题亟待解决。本节以电-气耦合网络为研究对象，提出了一种针对多维电-气耦合网络的异构数据模型状态感知方法，从而为后续耦合网络的运行决策与设备操作提供可靠依据。

1. 异构数据模型构建

不同运行特性的电力网络和天然气网络的交互，使得电-气耦合网络中存在多时间尺度特性。从奇异摄动理论出发，可以分别用快变系统、慢变系统两种不同模型描述不同时间尺度的电力子网络和天然气子网络。因此，在不同时间尺度范围内采用时标分解原则将电-气耦合网络划分为短尺度数据模型和长尺度数据模型，从而有效地刻画网络变化特性。采用短尺度数据模型分析时，认为慢变系统（天然气子网络）检测变量是不变的，所以短尺度数据模型由电力网络的节点电压 $v^x(x=1,2,\cdots,n_e)$ 构成；构建长尺度数据模型时，快变系统（电力子网络）的检测变量已经达到稳态，所以长尺度数据模型是由 v^x 和天然气网络的节点压力 $p^y(y=1,2,\cdots,n_g)$ 组成。

为了便于表达及后续状态感知，在模型构建中采用检测变量 s^i 表示不同时间尺度下的节点电压 v^x 和压力 p^y。具体构建过程如下：

假设在采样时刻 t，网络节点的检测变量 s^i 的测量值为 s_t^i，经过长度为 T 的采样时间后，检测变量 s^i 的检测序列为

$$\boldsymbol{s}_t^i=[s_{t-T+1}^i,s_{t-T+2}^i,\cdots,s_t^i] \tag{5.14}$$

式中，变量 s_t^i 的表达式为

$$s_t^i=\begin{cases}v_t^x,p_t^y, & t\equiv 0(\mathrm{mod}t_\omega)\\ v_t^x, & \text{其他}\end{cases} \tag{5.15}$$

式中，v_t^x 和 p_t^y 分别为 t 时刻电力网络节点 x 电压和天然气网络节点 y 压力；t_ω 为压力变量 p_t^y 的采样周期。

当网络中不同检测变量 s^i 按照节点顺序依次排列时，检测序列 $\boldsymbol{s}_t^i$ 组成原始检测矩阵 $\boldsymbol{S}_t$ 并且其表达式为

$$\boldsymbol{S}_t=[\Delta\boldsymbol{s}_t^1,\Delta\boldsymbol{s}_t^2,\cdots,\Delta\boldsymbol{s}_t^i,\cdots,\Delta\boldsymbol{s}_t^n]^{\mathrm{T}}\in\mathbf{R}^{n\times T} \tag{5.16}$$

式中，检测向量 $\Delta\boldsymbol{s}_t^i=|\boldsymbol{s}_t^i-\boldsymbol{s}_{t-1}^i|$，检测变量 s^i 的数量为

$$n=\begin{cases}n_{\mathrm{e}}+n_{\mathrm{g}}, & t\equiv 0(\mathrm{mod}t_\omega)\\ n_{\mathrm{e}}, & \text{其他}\end{cases} \tag{5.17}$$

在此基础上，考虑到电-气耦合网络的检测变量具有不同的单位和变化度，本节对原始检测矩阵 $\boldsymbol{S}_t$ 进行归一化及数据转换处理，使其能够在同一量级进行分析，转换过程及转换后的矩阵 $\boldsymbol{M}_t$ 定义为

$$\boldsymbol{M}_t=\Gamma[\boldsymbol{S}_t]^{\mathrm{T}}\odot\Gamma[\ln(\boldsymbol{S}_t)+\boldsymbol{\alpha}] \tag{5.18}$$

式中，$\odot$为点乘运算；$\boldsymbol{\alpha}$ 为实常数 $\widetilde{\alpha}$ 构成的列向量，并且归一化函数 $\Gamma[\cdot]$ 的表达式为

$$\Gamma[\Psi]=\frac{\Psi-\min(\Psi)}{\max(\Psi)-\min(\Psi)} \tag{5.19}$$

进一步，对矩阵 $\boldsymbol{M}_t$ 行向量 $\boldsymbol{m}_t$ 进行如下所示的标准化转换，得到标准化行向量 $\widetilde{\boldsymbol{m}}_t$：

$$\widetilde{\boldsymbol{m}}_t=\frac{\boldsymbol{m}_t-\mu(\boldsymbol{m}_t)}{\sigma(\boldsymbol{m}_t)} \tag{5.20}$$

通过上式行向量 $\widetilde{\boldsymbol{m}}_t$ 构建的矩阵，即为本节提出的异构数据模型 $\widetilde{\boldsymbol{M}}_t$。

2. 基于异构数据模型的状态感知

根据研究对象可知，异构数据模型 $\widetilde{\boldsymbol{M}}_t$ 是一个多维矩阵。为了适应不同网络节点特性和实际问题需求，从随机矩阵理论出发，本节提出了针对电-气耦合网络的状态感知方法，为后续网络的优化控制提供相应依据。

进一步对 $\widetilde{\boldsymbol{M}}_t$ 进行处理可以得到协方差矩阵 $\boldsymbol{C}_t$：

$$\boldsymbol{C}_t=\frac{1}{T}\widetilde{\boldsymbol{M}}_t\widetilde{\boldsymbol{M}}_t^{\mathrm{T}}=\boldsymbol{U}_t\boldsymbol{E}_t\boldsymbol{U}_t^{-1} \tag{5.21}$$

式中，矩阵 $\boldsymbol{E}_t$ 的对角线元素为协方差矩阵 $\boldsymbol{C}_t$ 的特征值；矩阵 $\boldsymbol{U}_t$ 为对应最大特征向量组成的矩阵。

协方差矩阵 $\boldsymbol{C}_t$ 的谱分布可以充分反映检测序列的变化情况，进而表明数据中存在非随机特性。为了对谱分布情况进行深入分析并且得到电–气耦合网络非随机变化情况，本节提出衡量协方差矩阵 $\boldsymbol{C}_t$ 谱分布变化情况的公式如下：

$$P_t=\mathrm{line}[\mathrm{JS}(F_t^{\mathrm{C}}\|F^{\mathrm{H}})] \tag{5.22}$$

式中，line[·]为线性变换函数；JS(·)表示 JS 散度（Jensen–Shannon Divergence）的变化情况；F^{H} 为随机矩阵理论谱分布；F_t^{C} 为协方差矩阵 $\boldsymbol{C}_t$ 在 t 时刻的谱分布。

此外在谱分布中，最大特征值 $\lambda_t^{\max}$ 对于检测变量 s 的改变最为敏感。同样地，对最大特征值 $\boldsymbol{\lambda}_t^{\max}$ 进行类似的处理，得到最大特征值 $\boldsymbol{\lambda}_t^{\max}$ 的变化情况为

$$\widetilde{\lambda}_t^{\max}=\mathrm{line}[\lambda_t^{\max}] \tag{5.23}$$

式中，line[·]的含义同式（5.22），具体变换函数形式根据耦合网络情况确定。

协方差矩阵 $\boldsymbol{C}_t$ 的谱分布反映整体变化情况，而最大特征值 $\lambda_t^{\max}$ 反映检测变量s_t^i 的变化程度。为了能够及时准确地感知电–气耦合网络状态，需要从谱分布整体和局部同时出发进行考虑，选取能够对不同程度的变化出现不同程度改变的函数来对两者的变化值进行统一分析，从而最终得到状态感知变化程度。又因为双曲正切函数会随着输入的微小变化而剧烈改变，并且最后逐渐平缓直至达到 1。也就是说，双曲正切函数的数学特性符合状态感知的需求，因此本节选取双曲正切函数表示状态感知变化程度，同时定义 t 时刻谱差异值 d_t 为

$$d_t=a_1\tanh(\eta P_t)+a_2\tanh(\eta\widetilde{\lambda}_t^{\max}) \tag{5.24}$$

式中，tanh(·)为双曲正切函数；a_1 和 a_2 分别为谱分布及最大特征值变化情况的权重系数；η 为实常数。

进一步地，根据谱差异值 d_t 的变化情况，表明 t 时刻耦合网络的状态变化程度 D_t，具体划分情况如下：

$$D_t=\begin{cases}\text{状态无变化}, & 0\leqslant d_t\leqslant 0.4\\ \text{状态改变}, & 0.4<d_t\end{cases} \tag{5.25}$$

在得知电–气耦合网络内有状态改变时，进一步通过矩阵最大特征向量

元素的值实现变化节点定位。设 t 时刻矩阵最大特征值 $\lambda_t^{\max}$ 对应的特征向量 $\boldsymbol{U}_t^{\max}$ 的元素为 $u_t^{\max}(i)(i=1,2,\cdots,n)$，当 $u_t^{\max}(j)$ 满足下式时，说明此时元素 $u_t^{\max}(j)$ 的值最大。

$$u_t^{\max}(j)=\max\{u_t^{\max}(1),u_t^{\max}(2),\cdots,u_t^{\max}(n)\} \tag{5.26}$$

式中，$\max\{\cdot\}$ 为最大值函数。

接着根据式（5.26）得到变化节点的编号为

$$l=\begin{cases} j, & 1\leqslant j\leqslant n_{\mathrm{e}} \\ j-n_{\mathrm{e}}, & n_{\mathrm{e}}+1\leqslant j\leqslant n_{\mathrm{e}}+n_{\mathrm{g}} \end{cases} \tag{5.27}$$

最后通过式（5.27）计算得到的编号可知变化的节点为 s^l。

3. 算例分析

为了分析本节提出的方法对电–气耦合网络的状态感知情况，算例采用如下所示的 IEEE 33 节点以及天然气 20 节点网络构成的电–气耦合网络及典型耦合设备进行仿真，其具体结构如图 5.5 所示。根据电–气耦合网络结构可知，检测变量 s 的数量 $n=53$，采样时间长度 $T=101\,\mathrm{s}$，并且在下面仿真算例中，压力变量 p^{γ} 的采样周期 $t_{\omega}=20\,\mathrm{s}$，设置实常数 $\widetilde{\alpha}=50$，依据线性函数变换，协方差矩阵 $\boldsymbol{C}_t$ 谱分布和最大特征值 $\lambda_t^{\max}$ 对应的线性区间分别为 $[0,0.2]$ 和 $[0,20]$。设置权重系数为 $a_1=a_2=0.5$，$\eta=3$。

电–气耦合网络中能量间的相互转换均依靠耦合设备的传递，如果耦合设备出现变化，则会影响网络的正常运行。因此需要对耦合设备的微小变化进

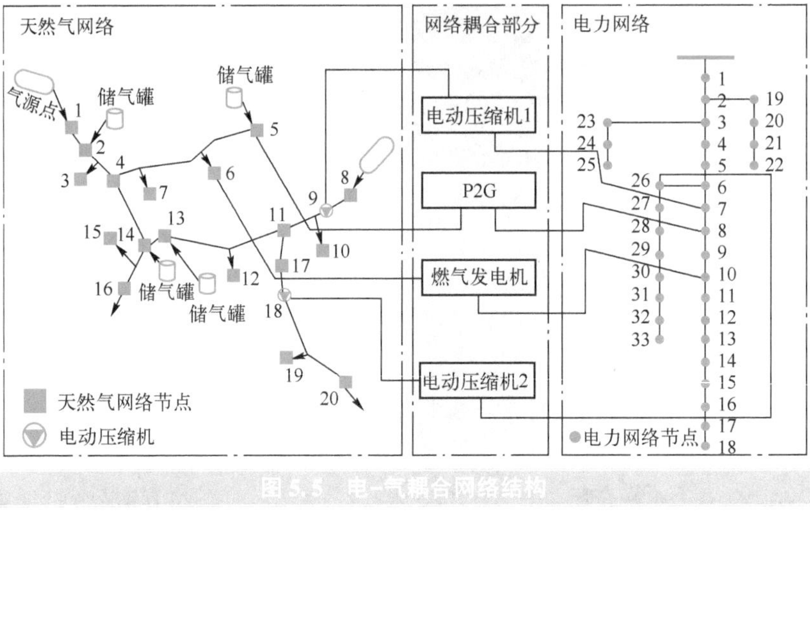

图 5.5 电–气耦合网络结构

行实时感知，避免出现剧烈改变而对整个网络运行及设备造成不可逆的损害。因此，本节主要考虑不同能量耦合设备变化情况，具体变化参数见表5.2。

表5.2　P2G变化参数

变　化	变化时间/s	变化电网节点	变化情况
1	200	8	负荷增加1.11%
	500		负荷恢复到正常值
2	200		负荷增加5.56%
	500		负荷恢复到正常值
3	200		负荷增加11.11%
	500		负荷恢复到正常值

图5.6为P2G出力改变的谱差异值曲线。在第1~199s P2G保持稳定输出情况下，电-气耦合网络的谱差异值曲线没有超过检测阈值。如表5.2所示，当P2G的出力在设定的第200s增加时，由于电力网络为快变系统，第201s电力网络节点会及时发生改变，电-气耦合网络异构数据模型的谱差异值d_{201}为0.7412并且超过了预先设定的检测阈值0.4，说明此刻电力节点状态发生改变；而天然气网络的变化较慢，所以会在天然气网络节点的下一个采样周期也就是第221s获取整个天然气网络节点的变化状态，进而使用异构数据模型对整个电-气耦合网络进行分析。通过异构数据模型得到此时谱差异值d_{221}为0.6522，因此天然气节点状态也发生改变。同理，通过计算协方差矩阵谱分布及最大特征值得到的图5.6谱差异值曲线可知，P2G在发生变化2和3情况下的谱差异值均超过检测阈值0.4，因此当前时刻网络状态发生改变。

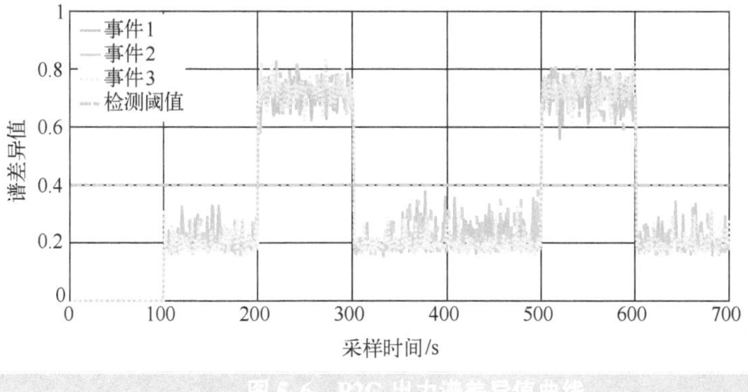

高清图5.6

图5.6　P2G出力谱差异值曲线

在此基础上，进一步根据最大特征向量 $\boldsymbol{U}_{221}^{\max}$ 判断发生变化的节点。通过图 5.7a 可知，特征向量第 8 个元素值最大，所以最终得出变化节点为节点 8。通过对照表 5.2 所设置的参数表明，本节提出的方法能够有效地检测 P2G 的变化情况。通过类似的分析过程，从图 5.7b、c 及式（5.26）、式（5.27）可得在 200 s 发生变化 2 和 3 的节点均是节点 8。综上所述，在电-气耦合网络出现微小变化的情况下，基于异构数据的状态感知方法能够正确判断。

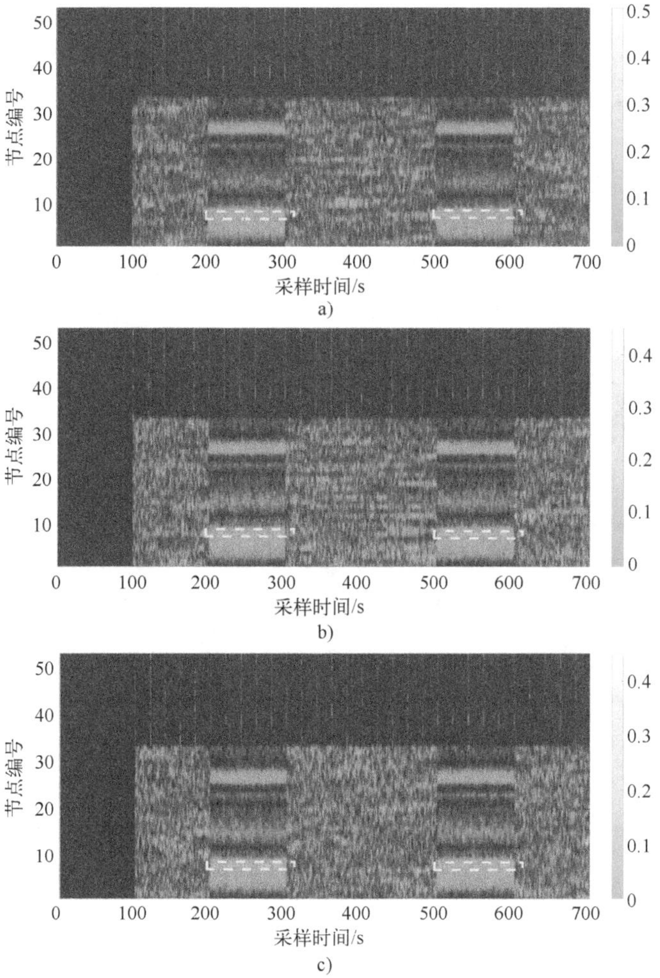

高清图 5.7

图 5.7　P2G 出力变化定位结果

a）P2G 出力变化 1　b）P2G 出力变化 2　c）P2G 出力变化 3

5.2.3 电–气–热耦合网络的状态感知

在能源低碳高效化应用的驱动背景下，电、气、热等异质能源高度融合的系统打破了传统能源间相互独立的局面，通过多种异质互联能源的广泛参与实现了多主体用户的跨环节资源优化协调互动，提高了不同资源利用率。然而能源深度耦合进而使得单一能源变化会通过多种类型的耦合设备传递到其余能源连接系统，影响整个系统的安全运行。因此本节对电–气–热耦合网络的运行状态进行分析。

1. 系统描述

为了更好地对系统进行描述，根据图论将系统表示为有向图 $\Psi=(V,L)$，其中，$V=\{V_{\mathrm{E}},V_{\mathrm{G}},V_{\mathrm{H}}\}$ 为 $\tilde{x}$ 个电力节点 $v_{\tilde{i}}^{\mathcal{E}}$、$\tilde{y}$ 个天然气节点 $v_{\tilde{j}}^{\mathcal{G}}$ 及 $\tilde{z}$ 个热力节点 $v_{\tilde{k}}^{\mathcal{H}}$ 抽象而成的节点集合，共有 $\widetilde{w}$ 个系统节点。L 为能量传输线路集合。在此基础上，为了描述节点连接程度，定义信息能源系统的邻接矩阵 $\widetilde{\boldsymbol{A}}^{\Psi}=[a_{\hat{i}\hat{j}}]_{\tilde{w}\times\tilde{w}}$，$\hat{i}$、$\hat{j}$ 为系统节点并且定义元素 $a_{\hat{i}\hat{j}}$ 为

$$a_{\hat{i}\hat{j}}=\begin{cases}-1 & \hat{j}\rightarrow\hat{i}\\ 1 & \hat{i}\rightarrow\hat{j}\\ 0 & \text{其余情况}\end{cases} \tag{5.28}$$

进一步，假设系统 Ψ 中每个节点 $\hat{i}$ 均能够得到相应测量值，也就是说，系统内获取的测量变量均为已知可量测数据。经过 l 个采样时刻后，在采样时刻 t，系统内第 $\tilde{i}$ 个节点的测量值向量 $\boldsymbol{m}_{\tilde{i}}^{t}$ 表示为 $\boldsymbol{m}_{\tilde{i}}^{t}=(m_{\tilde{i}}^{t}(t-l+1),m_{\tilde{i}}^{t}(t-l+2),\cdots,m_{\tilde{i}}^{t}(t))$。将 $\widetilde{w}$ 个节点测量值向量依次排序得到测量矩阵 $\boldsymbol{M}^{t}\in\mathbf{R}^{\tilde{f}\times l}$，$\tilde{f}$ 为系统测量值的总数量。不同于单一能源系统，信息能源系统内不同子系统有各自的测量变量，会导致不同的量纲和变化幅值难以统一衡量，能量变化差异度难以统一描述。因此在不改变原始数据相关关系基础上，对测量矩阵 $\boldsymbol{M}^{t}$ 进行量纲归一化变换处理，使其能够在同一衡量标准下进行分析，变换后的矩阵 $\widetilde{\boldsymbol{M}}^{t}$ 为

$$\widetilde{\boldsymbol{M}}^{t}=[\hbar(|\Delta\boldsymbol{M}_{\mathrm{E}}^{t}|),\hbar(|\Delta\boldsymbol{M}_{\mathrm{G}}^{t}|),\hbar(|\Delta\boldsymbol{M}_{\mathrm{H}}^{t}|)]^{\mathrm{T}}\odot\hbar(\lg|\Delta\boldsymbol{M}^{t}|+\hat{\boldsymbol{r}}) \tag{5.29}$$

其中，$\Delta\boldsymbol{M}_{\mathrm{E}}^{t}$、$\Delta\boldsymbol{M}_{\mathrm{G}}^{t}$、$\Delta\boldsymbol{M}_{\mathrm{H}}^{t}$ 分别表示电力、天然气及热力子系统的差值测量子矩阵，反映子系统内部间不同节点量测数据变化；$\Delta\boldsymbol{M}^{t}$ 为信息能源系统差值测量子矩阵，实现各个子系统数据变化情况的统一体现，此外其元素均

为该时刻与上一时刻测量差值的绝对值；$\hbar(\cdot)$为归一化函数；$\odot$为点乘运算符号；作为 $\lg|\Delta \boldsymbol{M}^t|$的补偿项，$\hat{\boldsymbol{r}}$ 为实常数 r 构成的列向量。

接着，对矩阵 $\widetilde{\boldsymbol{M}}^t$ 的每一行进行标准化变换，得到如下所示的标准行向量 $\hat{\boldsymbol{m}}^t$：

$$\hat{\boldsymbol{m}}^t = \frac{\widetilde{\boldsymbol{m}}^t - \mu(\widetilde{\boldsymbol{m}}^t)}{\sigma(\widetilde{\boldsymbol{m}}^t)} \tag{5.30}$$

最后，在融合矩阵 $\hat{\boldsymbol{M}}^t$ 体现数据变化差异的基础上，得到本节研究的数据矩阵 $\breve{\boldsymbol{M}}^t$ 为

$$\breve{\boldsymbol{M}}^t = \hat{\boldsymbol{M}}^t \odot \hat{\boldsymbol{M}}^t \tag{5.31}$$

2. 基于生成对抗网络的状态感知

为了使节点数据变化在分析过程中更为明显，本节将生成对抗网络的输入数据顺序进行调整：通过将变化相似的数据放在一起进行数据特征提取可以使特征相似性最大化，从而提高系统状态感知的分析能力。以邻接矩阵 $\widetilde{\boldsymbol{A}}^{\Psi}$ 为基础、第 4 章统一雅可比矩阵 $\boldsymbol{J}^{\Psi}$ 为依据进行数据关联度分析。将电力系统节点有功功率（P）、无功功率（Q）、天然气系统的节点流量（f）平衡方程以及热力系统的热力-水力平衡方程（水温度 T^{s}，回水温度 T^{r}），在稳态运行点进行泰勒级数展开，略去二次项及以上高次项，通过线性化多能流修正方程即可得到统一雅可比矩阵 $\boldsymbol{J}^{\Psi}$，如下：

$$\boldsymbol{J}^{\psi} = \begin{bmatrix} J_{P\theta} & J_{Pv} & J_{P\Pi} & J_{Pm} & 0 & J_{PT^r} \\ J_{Q\theta} & J_{Qv} & 0 & 0 & 0 & 0 \\ J_{f\theta} & J_{fv} & J_{f\Pi} & J_{fm} & 0 & J_{fT^r} \\ J_{[\phi,\sigma]\theta} & J_{[\phi,\sigma]v} & 0 & J_{[\phi,\sigma]m} & J_{[\phi,\sigma]T^s} & 0 \\ 0 & 0 & 0 & 0 & J_{T^sT^s} & 0 \\ 0 & 0 & 0 & 0 & 0 & J_{T^rT^r} \end{bmatrix} \tag{5.32}$$

式中，θ 为电压相角；v 为电压幅值；Π 为天然气节点压力；m 为热力质量流。

由邻接矩阵$\widetilde{\boldsymbol{A}}^{\Psi}$ 定义可知，$\widetilde{\boldsymbol{A}}^{\Psi}$ 通过描述节点连接程度能够从网络拓扑角度直接反映出节点关联度。同时由矩阵 $\boldsymbol{J}^{\Psi}$ 可知，矩阵内元素的物理含义为不同异构能源变量间的相互耦合，体现节点对其余系统节点的能量变化程度影响；通过上述隐含着的系统节点间连接关系，间接体现了数据能源方面的

关联度。因此，定义节点$\hat{i}$的关联度要素$\varphi_{\hat{i}}$为

$$\varphi_{\hat{i}} = \sum_{\varsigma=1}^{\kappa} \chi a_{\hat{i}\varsigma} j_{\hat{i}\varsigma} + \sum_{\tilde{\varsigma}=1}^{\tilde{\kappa}} a_{\hat{i}\varsigma} j_{\hat{i}\tilde{\varsigma}} \tag{5.33}$$

式中，κ 和$\tilde{\kappa}$分别为节点$\hat{i}$流向其他节点和其他节点流向节点$\hat{i}$的数量；χ 为节点连接关联度权重；$j_{\hat{i}(\cdot)}$为矩阵 $\boldsymbol{J}^{\Psi}$ 的元素。

进一步通过关联度要素 φ_i 的值即可确定数据间关联度关系，实现输入数据的优化排序。

在确定输入数据排列顺序的基础上，网络结构是 GAN 实现数据补偿的另一个重要内容。相较于全连接神经元构建的 GAN，由卷积核搭建的 GAN 能够通过卷积操作对局部数据信息进行关注，并且相同情况下运行效率更好。进一步考虑到在调整输入数据的基础上，卷积网络可以更好地对具有强烈时序特性的关联数据挖掘时空特性，更好地完成状态感知。因此本节均采用卷积神经网络对 GAN 中生成器 G 和判别器 D 的网络结构构建，相应的损失函数如下：

$$L_G = \mathbb{E}_{z\sim p_z}[1-\log D(G(z))] + \lambda_1 L_G^1 + \lambda_2 L_G^2 \tag{5.34}$$

式中，L_G 为生成器 G 损失函数；λ_1 和 λ_2 为损失函数权重，用于控制不同属性在损失函数中的作用。进一步，L_G^1 和 L_G^2 的表达式如下：

$$\begin{aligned} L_G^1 &= \sum_{\zeta=1}^{d} \mathbb{E}_{x\sim p_x, z\sim p_z} \| D_\zeta^\vartheta(x \mid z) - D_\zeta^\vartheta(G(z)) \|_1 \\ L_G^2 &= \frac{1}{2}\sum \frac{2\tilde{p}_x \cdot \log \tilde{p}_x}{\tilde{p}_x + \tilde{p}_z} + \frac{1}{2}\sum \frac{2\tilde{p}_z \cdot \log \tilde{p}_z}{\tilde{p}_x + \tilde{p}_z} \end{aligned} \tag{5.35}$$

式中，ϑ 表示参与到损失函数中的具体判别器卷积层编号；$\tilde{p}_z$ 和$\tilde{p}_x$ 分别为生成样本 $G(z)$ 和真实样本 x 的样本协方差矩阵谱分布。

相应地，判别器 D 的损失函数如下：

$$L_D = -\mathbb{E}_{x\sim p_x}[\log D(x \mid c)] - \mathbb{E}_{z\sim p_z}[1-\log D(G(z))] \tag{5.36}$$

式中，标签 c 为生成器的输入样本 z。并且判别器 D 的输入为 $x+z$ 和 $G(z)+z$ 的组合形式，直接将对应数据按照通道拼接在一起进行分析。

根据卷积原理可知，判别器 D 的初始卷积层得到的数据特征能够体现数据整体性变化，随着卷积层的不断深入，数据的特征趋于高度抽象化，反映出数据内在的隐含数据特征。因此为了从数据特征不同层面考虑能源数据

发生的变化，在不丢失数据变化趋势信息基础上，选取 D 首层卷积层提取的特征作为浅层特征；此外，充分考虑提取的特征需要体现数据不同部分变化情况，因此将 D 倒数第二层卷积层提取的特征作为深层特征，通过将浅层特征和深层特征进行融合判断，实现系统运行状态分析。

针对浅层特征，由于其能够反映数据整体性变化，所以采用 JS 散度对其进行变化判断，具体过程如下：首先选取 ζ 个能够描述数据不同部分的浅层特征 P_i，$i=1,2,\cdots,\zeta$；接着将 P_i 按照列顺序依次排列特征元素 p，使其形成一维行向量$\hat{\boldsymbol{p}}_i$；然后通过拟合$\hat{\boldsymbol{p}}_i$ 得到的拟合曲线 $\phi(\hat{\boldsymbol{p}}_i)$并将其作为特征分布；最后通过对不同时刻的特征分布 $\phi(\hat{\boldsymbol{p}}_i^t)$和 $\phi(\hat{\boldsymbol{p}}_i^{\check{t}})$采用 JS 散度进行分布差异性的判断并满足预先设定的阈值 θ，即满足下式时，表明$\check{t}$时刻的浅层特征 P_i 存在差异性：

$$\varXi_j^1=\mathrm{JS}(\phi(\hat{\boldsymbol{p}}_i^t)\parallel\phi(\hat{\boldsymbol{p}}_i^{\check{t}}))\geqslant\theta \tag{5.37}$$

针对深层特征，由于其小尺寸维度内包含着高度抽象化信息，所以采用欧几里得距离进行分析，其过程描述如下：首先等间距选取ϖ个深层特征 Q_j，$j=1,2,\cdots,\varpi$，接着将 Q_j 按照列顺序依次排列特征元素 q，使其形成一维行向量$\hat{\boldsymbol{q}}_j$；然后通过对不同时刻的$\hat{\boldsymbol{q}}_j^t$ 和$\hat{\boldsymbol{q}}_j^{\check{t}}$采用欧几里得距离得到数据间的差异性；最后当满足预先设定的阈值 σ，即满足下式时，表明$\check{t}$时刻的深层特征 Q_j 存在差异性：

$$\varXi_j^2=\mathrm{Euclidean}(\hat{\boldsymbol{q}}_j^t,\hat{\boldsymbol{q}}_j^{\check{t}})\geqslant\sigma \tag{5.38}$$

综上，当浅层和深层特征同时满足下式时，即超过阈值的特征数量大于设定的数目时，则认为$\check{t}$时刻系统运行状态发生了变化：

$$\begin{cases}\sum\limits_{t}^{\zeta}\varXi_t^1>\lceil\rho\times\zeta\rceil\\ \sum\limits_{\check{t}}^{\varpi}\varXi_{\check{t}}^2>\lceil\rho\times\varpi\rceil\end{cases} \tag{5.39}$$

式中，$\rho\in(0,1)$；$\lceil\cdot\rceil$为向上取整符号。

3. 算例分析

为了证明本节所提方法的有效性，采用 IEEE 33 节点、天然气 20 节点及热力 32 节点构建的信息能源系统进行仿真，其网络拓扑结构及耦合设备连接如图 5.8 所示，同时选取电力系统节点电压 v、天然气系统节点气压 $\varPi$

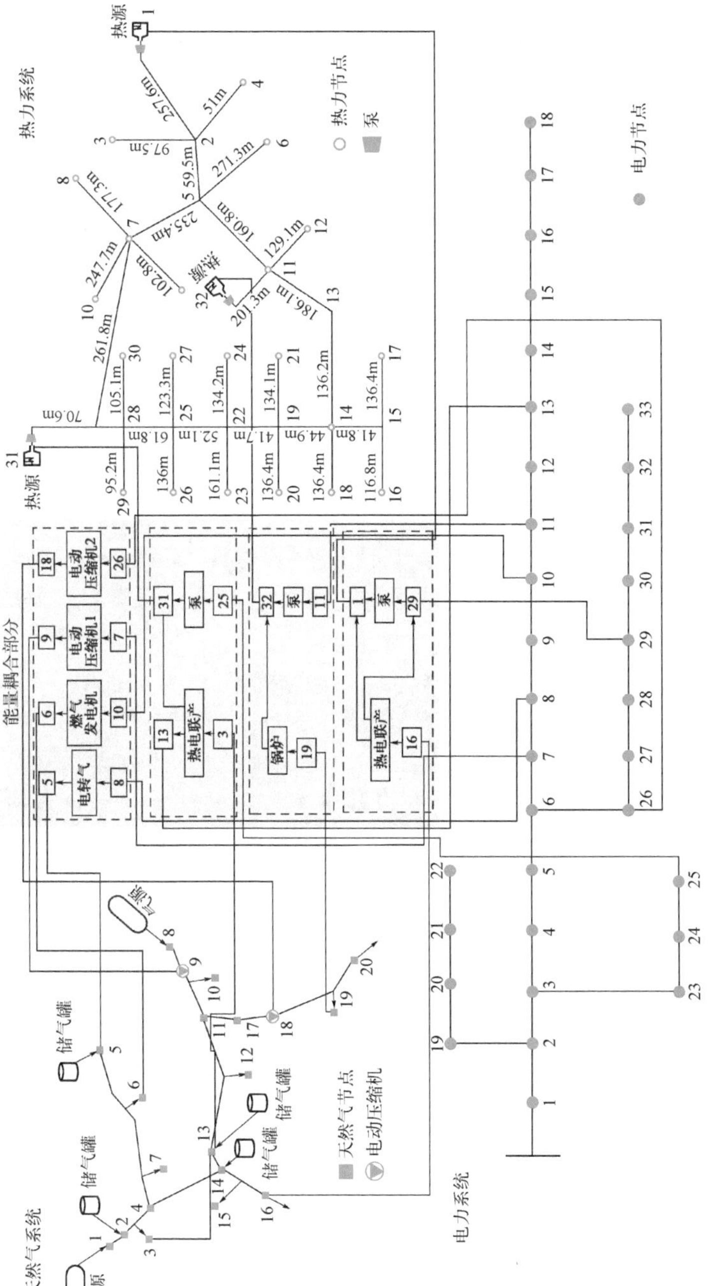

图 5.8 信息能源系统结构图

及热力系统管道质量流 m 为相应系统测量值进行研究，从而使得系统节点与测量变量间形成一一对应的关系。

本节设置的仿真参数为$\hat{w}=\widetilde{w}=\tilde{f}=85$，$l=180$，$\chi=2$。此外设置 $r=50$，使得归一化过程中的 $\lg|\Delta \boldsymbol{M}^t|$内的元素在已有基础上整体增加 50。为了均衡数据及物理属性对生成器损失函数的影响，设置 $\lambda_1=\lambda_2=10$，并且根据实验结果设置 $\theta=0.1$，$\varpi=1$，$\rho=0.7$。针对生成对抗网络，生成器 G 的步长均为 2，采用 5 个卷积层和相应的反卷积层，其中，卷积核大小依次为 3 * 4、3 * 3、4 * 3、3 * 3 及 4 * 4，激活函数采用 ReLu 函数，最后采用卷积核为 4 * 4，激活函数为 tanh 函数实现样本生成；根据生成器卷积核参数可知，生成器编码过程的维度变化情况是 43 * 90、22 * 45、11 * 23、6 * 12 以及 3 * 6，其对应的解码过程数据维度变化为 6 * 12、11 * 23、22 * 45、43 * 90 及 85 * 180。判别器 D 采用 6 层卷积神经网络构建，卷积核为 10 * 20、4 * 5、3 * 5、4 * 4、4 * 4 及 4 * 4，除最后一层采用 sigmoid 函数以外，其余均采用 Leaky ReLu 函数，同时只有第 1 层的步长为 1，其余卷积核的步长为 2。根据 2.3.2 节判别器卷积层选取原则，第 2 层和第 4 层卷积层兼顾了数据特征差异性和隐含信息两方面，因此 $\vartheta=\{2,4\}$。批次大小为 1，采用 Adam 优化器进行生成对抗网络参数训练，初始学习率为 0.0002，$\beta_1=0.5$，最大迭代次数为 12000 次。

本节以电节点及热节点两个不同类型的能源变化为例进行研究。通过对判别器提取的特征进行统一性分析，依照浅层特征反映整体性变化趋势要求，选取第 1、23、46 及 59 个判别器首层提取的特征作为系统状态判断所需的浅层特征，此外第 1、101、331 及 481 个判别器倒数第二层卷积层提取的特征作为深层特征。需要说明的是，数据特征的数字为相应卷积层根据卷积核提取的数据特征进行顺序编号得到的，并且所选取的数据特征不具有普遍代表性，数据特征的选取可以根据具体情况进行适当调整。

针对电节点变化情况，选取电节点 21 的有功功率负荷增加 6.16%为相应未知功率变化事件进行分析。图 5.9 为判别器的输入数据及选取的特征可视化展示结果，通过对图 5.9a、b 的比较可知，判别器第 1 层卷积核提取的特征与输入数据存在极高的相似性，但是随着对特征不断的抽象卷积提取，到第 5 层卷积核提取得到的特征呈现出高度抽象化情况，即图 5.9c 所示的深层特征，并且对图 5.9d、e、f 变化情况分析可以得到类似的结果。

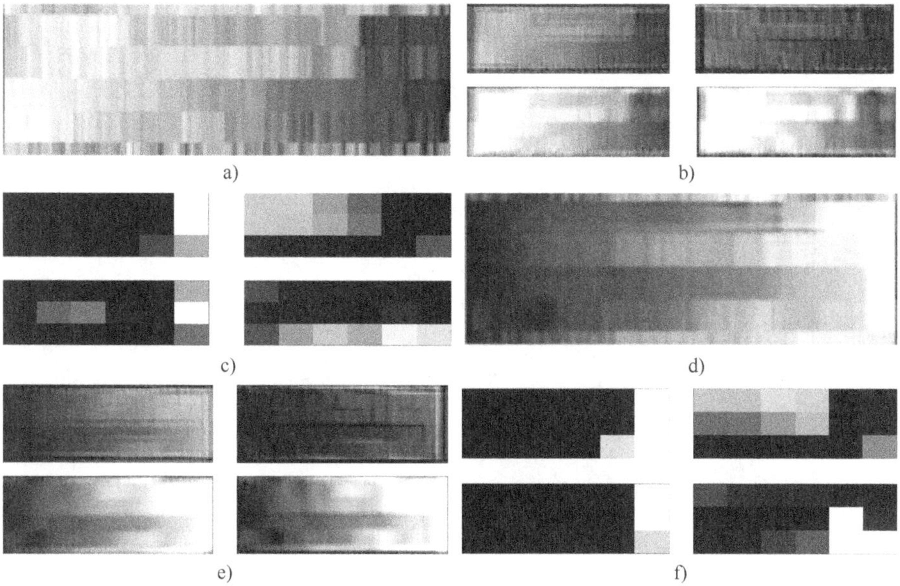

图 5.9 电节点 21 变化前后系统数据及特征
a）系统未变化数据 b）未变化系统浅层特征 c）未变化系统深层特征 d）系统变化数据
e）变化系统浅层特征 f）变化系统深层特征

接着根据状态感知过程，从数据分布整体性变化趋势的角度出发，将图 5.9b、e 所示的浅层特征构建为一维行向量并得到如图 5.10 所示结果。进一步，为避免转化为一维行向量的浅层特征数据变化波动性影响分析结果，进而采用拟合方法得到相应浅层特征的拟合曲线，并通过 JS 散度实现浅层特征差异性的表达，相应浅层特征的 JS 散度依次为 0.1486、0.1245、0.1441、0.1129，超过了设定的阈值 0.1，对于图 5.9c、f 所示的深层特征进行欧几里得距离的分析，并得到相应结果为 1.9766、0.9795、2.3763、2.6861，最后通过式（5.37）~式（5.39）的判断得到系统运行状态发生变化。

类似地，对热节点 18 增加其对应的热需求至原有需求的 104.2%，并得到图 5.11 所示的系统数据及对应的浅层、深层特征。进一步，对浅层特征进行维度变换、拟合及特征分布计算等操作得到如图 5.12 所示的对应结果，并得到JS 散度为0.1092、0.1085、0.1110、0.1034。根据算例设置的参数可知，选取的浅层特征分布均满足式（5.37），即浅层特征存在差异性。通过对变化前后系统深层特征计算欧几里得距离并与设定的阈值 1 相比较可知，选取的深层特征的欧几里得距离（2.0742，1.3195，2.4701，2.1099）均大于阈值1，符合式（5.38）的要求。综合浅层特征、深层特征差异性并通过式（5.39）判断，最终得到系统运行状态发生改变。

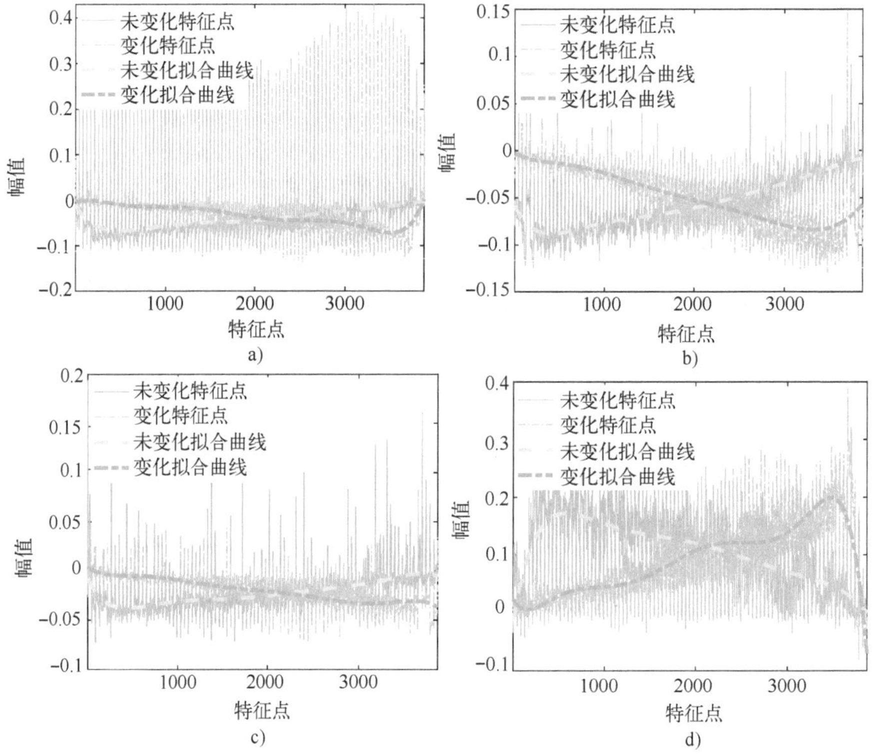

高清图 5.10

图 5.10 电节点 21 变化前后系统浅层特征分布曲线
a）浅层特征 1 分布 b）浅层特征 2 分布 c）浅层特征 3 分布 d）浅层特征 4 分布

综合上述两个不同类型节点变化分析过程可知，在融合不同特征变化情况下，本节提出的方法可以准确地判断出状态改变情况。

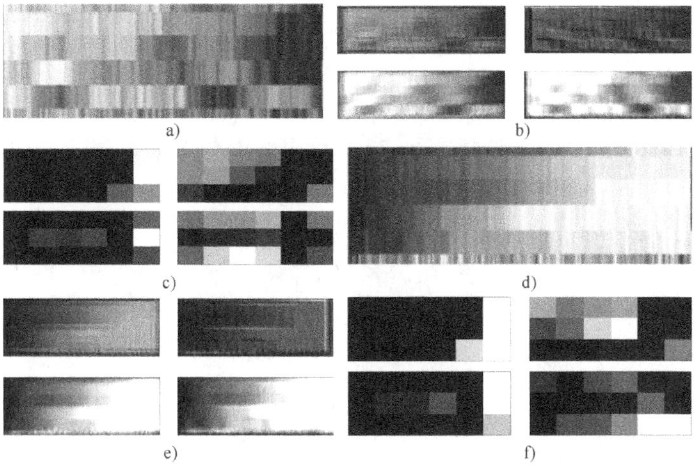

图 5.11　热节点 18 变化前后系统数据及特征

a）系统未变化数据　b）未变化系统浅层特征　c）未变化系统深层特征　d）系统变化数据
e）变化系统浅层特征　f）变化系统深层特征

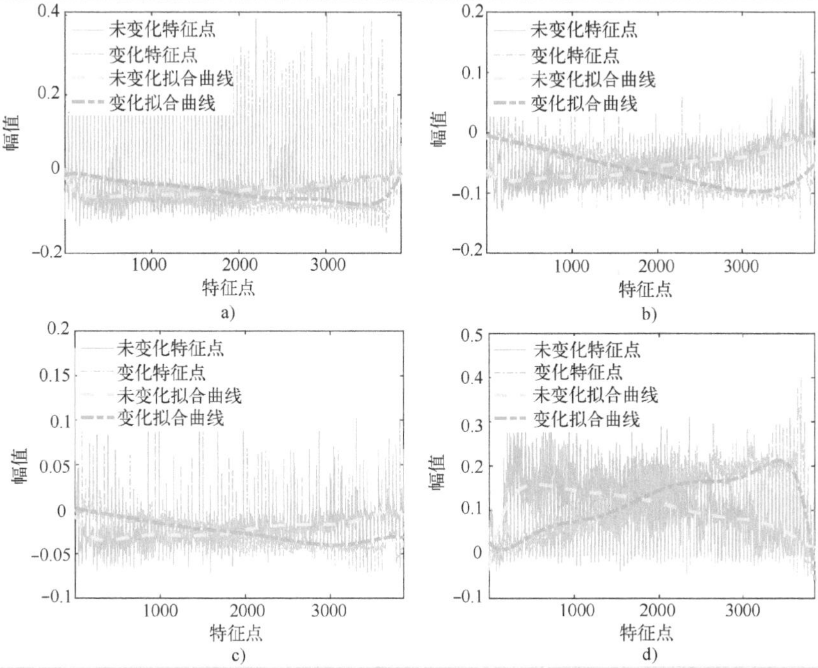

高清图 5.12a、b

高清图 5.12c、d

图 5.12　热节点 18 变化前后系统浅层特征分布曲线

a）浅层特征 1 分布　b）浅层特征 2 分布　c）浅层特征 3 分布　d）浅层特征 4 分布

5.3 静态稳定性分析

信息能源系统之间的耦合能够提高异构能源利用率，并在某种程度上改善传统火电带来的环境污染问题。但是耦合结构也使得原本复杂的系统变得更加复杂，因此系统的安全、稳定性问题也变得尤为突出。电力系统作为主要的能源载体与天然气系统和热力系统的耦合关系日益复杂，天然气系统、热力系统通过燃气发电机、P2G 设备、电锅炉、CHP 等耦合设备作为电力系统的源或者负荷，改变了电力系统原有的能流分布和功率传输能力，给电力系统的稳定性带来不同程度的影响，严重时会导致系统失去稳定运行状态。因此，本节针对其他能源载体与电力系统间的相互影响作用，以及相互耦合后电力系统的运行稳定性变化情况进行深入研究。

5.3.1 基于能量流方程的电力系统静态稳定判据

对于动力学系统，通常建立微分方程来描述其运行状态，即动力学系统的稳定性在数学上可用微分方程的稳定性来表达。因此，本节首先建立一组微分-代数方程来表达包含信息能源系统特性的电力系统模型，可描述为

$$\begin{cases}\dot{\boldsymbol{x}}=F_1(\boldsymbol{x},\boldsymbol{y},\boldsymbol{\lambda})\\0=F_2(\boldsymbol{x},\boldsymbol{y},\boldsymbol{\lambda})\end{cases}\tag{5.40}$$

式中，$\boldsymbol{x}$ 表示系统的微分状态变量 θ_g、w_g；$\boldsymbol{y}$ 表示系统的代数状态变量 θ_l、U_l、$\boldsymbol{\Pi}_i$、m_i、T_i^s、T_i^r；λ 为系统的控制参数。所有满足方程 $F(\boldsymbol{x}_0,\boldsymbol{y}_0,\boldsymbol{\lambda}_0)$ 的点$(\boldsymbol{x}_0,\boldsymbol{y}_0,\lambda_0)$，称为式（5.40）描述系统的平衡点，那么系统的平衡解流形表达为

$$m=\{(\boldsymbol{x},\boldsymbol{y},\lambda)\mid F_1(\boldsymbol{x}_0,\boldsymbol{y}_0,\lambda_0)=0,F_2(\boldsymbol{x}_0,\boldsymbol{y}_0,\lambda_0)=0\}\tag{5.41}$$

将式（5.41）在平衡点处线性化，得到扰动方程为

$$\begin{cases}\dfrac{\mathrm{d}\Delta\boldsymbol{x}}{\mathrm{d}t}=\dfrac{\partial F_1}{\partial\boldsymbol{x}}\bigg|_{(x_0,y_0)}\Delta\boldsymbol{x}+\dfrac{\partial F_1}{\partial\boldsymbol{y}}\bigg|_{(x_0,y_0)}\Delta\boldsymbol{y}\\0=\dfrac{\partial F_2}{\partial\boldsymbol{x}}\bigg|_{(x_0,y_0)}\Delta\boldsymbol{x}+\dfrac{\partial F_2}{\partial\boldsymbol{y}}\bigg|_{(x_0,y_0)}\Delta\boldsymbol{y}\end{cases}\tag{5.42}$$

假设$\left[\left.\frac{\partial F_2}{\partial \boldsymbol{y}}\right|_{(x_0,y_0)}\right]^{-1}$存在，那么通过式（5.42），可得

$$\frac{\mathrm{d}\Delta \boldsymbol{x}}{\mathrm{d}t}=\left[\left.\frac{\partial F_1}{\partial \boldsymbol{x}}\right|_{(x_0,y_0)}-\left.\frac{\partial F_1}{\partial \boldsymbol{y}}\right|_{(x_0,y_0)}\left[\left.\frac{\partial F_2}{\partial \boldsymbol{y}}\right|_{(x_0,y_0)}\right]^{-1}\left.\frac{\partial F_2}{\partial \boldsymbol{x}}\right|_{(x_0,y_0)}\right]\Delta \boldsymbol{x} \tag{5.43}$$

为方便表达，令$\boldsymbol{A}=\left.\frac{\partial F_1}{\partial \boldsymbol{x}}\right|_{(x_0,y_0)}$，$\boldsymbol{B}=\left.\frac{\partial F_1}{\partial \boldsymbol{y}}\right|_{(x_0,y_0)}$，$\boldsymbol{C}=\left.\frac{\partial F_2}{\partial \boldsymbol{x}}\right|_{(x_0,y_0)}$，$\boldsymbol{D}=\left.\frac{\partial F_2}{\partial \boldsymbol{y}}\right|_{(x_0,y_0)}$，则描述系统动力学特性的微分方程组重写为

$$\dot{\boldsymbol{x}}=(\boldsymbol{A}-\boldsymbol{B}\boldsymbol{D}^{-1}\boldsymbol{C})\boldsymbol{x} \tag{5.44}$$

假设$\boldsymbol{J}_{\mathrm{dyn}}=\boldsymbol{A}-\boldsymbol{B}\boldsymbol{D}^{-1}\boldsymbol{C}$，根据动力学知识，系统的稳定性将完全由系统的动态雅可比矩阵$\boldsymbol{J}_{\mathrm{dyn}}$的特征值确定。若动态雅可比矩阵的特征值都在复平面的左侧，则称该系统在该负荷水平$\boldsymbol{\lambda}_0$的情况下，是小扰动稳定的；若特征值中至少有1个或1对在虚轴上时，系统处于小扰动的稳定边界上；反之，特征值为正时，系统不稳定。

如果电力系统总共有N_{E}个节点，并且其中有m个发电机，则式（5.44）可展开为

$$\frac{\mathrm{d}\theta_i}{\mathrm{d}t}=w_i-w_{\mathrm{s}},\quad i=2,\cdots,m \tag{5.45}$$

$$M_i\frac{\mathrm{d}w}{\mathrm{d}t}=T_{\mathrm{M},i}+P_{\mathrm{L},i}+P_{(\mathrm{G,H}),i}+\sum_{j\in i}U_iU_j[G_{ij}\cos(\theta_i-\theta_j)+B_{ij}\sin(\theta_i-\theta_j)]-D_i(w_i-w_{\mathrm{s}}),\quad i=2,\cdots,m \tag{5.46}$$

$$0=-P_{\mathrm{L},i}-P_{(\mathrm{G,H}),i}-\sum_{j\in i}U_iU_j[G_{ij}\cos(\theta_i-\theta_j)+B_{ij}\sin(\theta_i-\theta_j)],\quad i=m+1,\cdots,N_{\mathrm{E}} \tag{5.47}$$

$$0=-Q_{\mathrm{L},i}-\sum_{j\in i}U_iU_j[G_{ij}\sin(\theta_i-\theta_j)-B_{ij}\cos(\theta_i-\theta_j)],\quad i=m+1,\cdots,N_{\mathrm{E}} \tag{5.48}$$

$$\Delta f_i=f_i^{\mathrm{GS}}-f_i^{\mathrm{GD}}-f_i^{\mathrm{GG}}-f_i^{\mathrm{CHP}}-f_i^{\mathrm{GB}}-f_i^{\mathrm{GC}}-\sum_{j\in i}C_{ij}\mathrm{sgn}_{ij}\sqrt{\mathrm{sgn}_{ij}(\Pi_i-\Pi_j)},\quad i=1,2,\cdots,N_{\mathrm{G}}-1 \tag{5.49}$$

$$\Delta SG_i = SG_i(f_i^{H_2} + f_i^{SNG} + \sum_{j=1}^{N_G} sgn_f(f_{ji}) \cdot f_{ji}) - [f_i^{H_2}SG_{H_2} + f_i^{SNG}SG_{SNG} + \sum_{j=1}^{N_G} sgn_f(f_{ji}) \cdot (f_{ji}SG_j)], \quad i = 1,2,\cdots,N_G - 1 - N_{non-mixing} \tag{5.50}$$

$$\Delta GCV_i = GCV_i(f_i^{H_2} + f_i^{SNG} + \sum_{j=1}^{N_G} sgn_f(f_{ji}) \cdot f_{ji}) - [f_i^{H_2}GCV_{H_2} + f_i^{SNG}GCV_{SNG} + \sum_{j=1}^{N_G} sgn_f(f_{ji}) \cdot (f_{ji}GCV_j)], \quad i = 1,2,\cdots,N_G - 1 - N_{non-mixing} \tag{5.51}$$

$$\Delta\phi_i = \phi_i^{EB} + \phi_i^{GB} + \phi_i^{CHP} - \phi_i^{HD} - \sum_{j\in i} C_p A\dot{m}(T'_{si} - T'_{ri}), \quad i = 1,2,\cdots,N_{HN} - 1 \tag{5.52}$$

$$\Delta\sigma_i = B_h K_h \dot{m}|\dot{m}|, \quad i=1,2,\cdots,N_{Hloop} \tag{5.53}$$

$$\Delta T'_{si} = C_s T'_{si} - B_s, \quad i=1,2,\cdots,N_{HN}-1 \tag{5.54}$$

$$\Delta T'_{ri} = C_r T'_{ri} - B_r, \quad i=1,2,\cdots,N_{HN}-1 \tag{5.55}$$

式中，w_i、M_i、D_i 分别为发电机的频率、转子惯量和综合阻尼系数；$P_{(G,H),i}$为气网中或热网中存在的电负荷。那么，扰动方程可写为

$$\begin{bmatrix} \dfrac{d\Delta\theta_g}{dt} \\ \boldsymbol{M}\dfrac{d\Delta w_g}{dt} \\ 0 \end{bmatrix} = \left[\begin{array}{cc|c} 0 & \boldsymbol{I} & 0 \\ \boldsymbol{J}_1 & -\boldsymbol{D} & \boldsymbol{J}_2 \\ \hline \boldsymbol{J}_3 & 0 & \boldsymbol{J}_4 \end{array}\right] \left[\begin{array}{c} \Delta\theta_g \\ \Delta w_g \\ \hline [\Delta y_e, \Delta y_g, \Delta y_h]^T \end{array}\right] \tag{5.56}$$

根据式（5.40）可知，y 表示系统的代数状态变量 θ_l、U_l、Π_i、m_i、T_i^s、T_i^r，所以式中，Δy_e、Δy_g、Δy_h 分别为系统代数变量 θ_l、U_l、Π_i、SG_i、GCV_i、m_i、T_i^s、T_i^r 的增量；$\boldsymbol{I}$ 是 $m-1$ 维的单位阵；$\boldsymbol{D}$ 是由阻尼因子构成的 $m-1$维矩阵；$\boldsymbol{J}_1$、$\boldsymbol{J}_2$、$\boldsymbol{J}_3$、$\boldsymbol{J}_4$ 为系统中的控制变量对状态变量的偏导数，表达如下：

$$\boldsymbol{J}_1 = \frac{\partial \Delta P_g}{\partial \theta_g} \tag{5.57}$$

$$\boldsymbol{J}_2 = \begin{bmatrix} \dfrac{\partial \Delta P_g}{\partial \theta_l} & \dfrac{\partial \Delta P_g}{\partial U_l} & \dfrac{\partial \Delta P_g}{\partial \Pi} & \dfrac{\partial \Delta P_g}{\partial SG} & \dfrac{\partial \Delta P_g}{\partial GCV} & \dfrac{\partial \Delta P_g}{\partial m} & \dfrac{\partial \Delta P_g}{\partial T^s} & \dfrac{\partial \Delta P_g}{\partial T^r} \end{bmatrix} \tag{5.58}$$

$$\boldsymbol{J}_3=\begin{bmatrix}\dfrac{\partial \Delta P_l}{\partial \theta_g} & \dfrac{\partial \Delta Q_l}{\partial \theta_g} & \dfrac{\partial \Delta f}{\partial \theta_g} & \dfrac{\partial \Delta \mathrm{SG}}{\partial \theta_g} & \dfrac{\partial \Delta \mathrm{GCV}}{\partial \theta_g} & \dfrac{\partial \Delta(\phi,\sigma)}{\partial \theta_g} & \dfrac{\partial \Delta T^{s}}{\partial \theta_g} & \dfrac{\partial \Delta T^{r}}{\partial \theta_g}\end{bmatrix}^{\mathrm{T}} \tag{5.59}$$

$$J_4=\begin{bmatrix}
\dfrac{\partial \Delta P}{\partial \theta_l} & \dfrac{\partial \Delta P}{\partial U_l} & \dfrac{\partial \Delta P}{\partial \Pi} & \dfrac{\partial \Delta P}{\partial \mathrm{SG}} & \dfrac{\partial \Delta P}{\partial \mathrm{GCV}} & \dfrac{\partial \Delta P}{\partial m} & \dfrac{\partial \Delta P}{\partial T_s'} & \dfrac{\partial \Delta P}{\partial T_r'} \\
\dfrac{\partial \Delta Q}{\partial \theta_l} & \dfrac{\partial \Delta Q}{\partial U_l} & \dfrac{\partial \Delta Q}{\partial \Pi} & \dfrac{\partial \Delta Q}{\partial \mathrm{SG}} & \dfrac{\partial \Delta Q}{\partial \mathrm{GCV}} & \dfrac{\partial \Delta Q}{\partial m} & \dfrac{\partial \Delta Q}{\partial T_s'} & \dfrac{\partial \Delta Q}{\partial T_r'} \\
\dfrac{\partial \Delta f}{\partial \theta_l} & \dfrac{\partial \Delta f}{\partial U_l} & \dfrac{\partial \Delta f}{\partial \Pi} & \dfrac{\partial \Delta f}{\partial \mathrm{SG}} & \dfrac{\partial \Delta f}{\partial \mathrm{GCV}} & \dfrac{\partial \Delta f}{\partial m} & \dfrac{\partial \Delta f}{\partial T_s'} & \dfrac{\partial \Delta f}{\partial T_r'} \\
\dfrac{\partial \Delta \mathrm{SG}}{\partial \theta_l} & \dfrac{\partial \Delta \mathrm{SG}}{\partial U_l} & \dfrac{\partial \Delta \mathrm{SG}}{\partial \Pi} & \dfrac{\partial \Delta \mathrm{SG}}{\partial \mathrm{SG}} & \dfrac{\partial \Delta \mathrm{SG}}{\partial \mathrm{GCV}} & \dfrac{\partial \Delta \mathrm{SG}}{\partial m} & \dfrac{\partial \Delta \mathrm{SG}}{\partial T_s'} & \dfrac{\partial \Delta \mathrm{SG}}{\partial T_r'} \\
\dfrac{\partial \Delta \mathrm{GCV}}{\partial \theta_l} & \dfrac{\partial \Delta \mathrm{GCV}}{\partial U_l} & \dfrac{\partial \Delta \mathrm{GCV}}{\partial \Pi} & \dfrac{\partial \Delta \mathrm{GCV}}{\partial \mathrm{SG}} & \dfrac{\partial \Delta \mathrm{GCV}}{\partial \mathrm{GCV}} & \dfrac{\partial \Delta \mathrm{GCV}}{\partial m} & \dfrac{\partial \Delta \mathrm{GCV}}{\partial T_s'} & \dfrac{\partial \Delta \mathrm{GCV}}{\partial T_r'} \\
\dfrac{\partial \Delta(\phi,\sigma)}{\partial \theta_l} & \dfrac{\partial \Delta(\phi,\sigma)}{\partial U_l} & \dfrac{\partial \Delta(\phi,\sigma)}{\partial \Pi} & \dfrac{\partial \Delta(\phi,\sigma)}{\partial \mathrm{SG}} & \dfrac{\partial \Delta(\phi,\sigma)}{\partial \mathrm{GCV}} & \dfrac{\partial \Delta(\phi,\sigma)}{\partial m} & \dfrac{\partial \Delta(\phi,\sigma)}{\partial T_s'} & \dfrac{\partial \Delta(\phi,\sigma)}{\partial T_r'} \\
\dfrac{\partial \Delta T_s'}{\partial \theta_l} & \dfrac{\partial \Delta T_s'}{\partial U_l} & \dfrac{\partial \Delta T_s'}{\partial \Pi} & \dfrac{\partial \Delta T_s'}{\partial \mathrm{SG}} & \dfrac{\partial \Delta T_s'}{\partial \mathrm{GCV}} & \dfrac{\partial \Delta T_s'}{\partial m} & \dfrac{\partial \Delta T_s'}{\partial T_s'} & \dfrac{\partial \Delta T_s'}{\partial T_r'} \\
\dfrac{\partial \Delta T_r'}{\partial \theta_l} & \dfrac{\partial \Delta T_r'}{\partial U_l} & \dfrac{\partial \Delta T_r'}{\partial \Pi} & \dfrac{\partial \Delta T_r'}{\partial \mathrm{SG}} & \dfrac{\partial \Delta T_r'}{\partial \mathrm{GCV}} & \dfrac{\partial \Delta T_r'}{\partial m} & \dfrac{\partial \Delta T_r'}{\partial T_s'} & \dfrac{\partial \Delta T_r'}{\partial T_r'}
\end{bmatrix} \tag{5.60}$$

当 $\boldsymbol{J}_4$ 可逆时，系统的动态雅可比矩阵可写为

$$\begin{aligned}\boldsymbol{J}_{\mathrm{dyn}}&=\boldsymbol{A}-\boldsymbol{B}\boldsymbol{D}^{-1}\boldsymbol{C}\\&=\begin{bmatrix}0 & \boldsymbol{I}\\ \boldsymbol{M}^{-1}\boldsymbol{J}_1 & -\boldsymbol{M}^{-1}\boldsymbol{D}\end{bmatrix}-\begin{bmatrix}0\\ \boldsymbol{M}^{-1}\boldsymbol{J}_2\end{bmatrix}\boldsymbol{J}_4^{-1}\begin{bmatrix}\boldsymbol{J}_3 & 0\end{bmatrix}\\&=\begin{bmatrix}0 & \boldsymbol{I}\\ \boldsymbol{M}^{-1}(\boldsymbol{J}_1-\boldsymbol{J}_2\boldsymbol{J}_4^{-1}\boldsymbol{J}_3) & -\boldsymbol{M}^{-1}\boldsymbol{D}\end{bmatrix}\end{aligned} \tag{5.61}$$

也就是说，通过该矩阵的特征值便可判断耦合状态下的电力系统静态稳定性。又基于上述子矩阵，能量流方程中的统一雅可比矩阵可写为

$$\boldsymbol{J}=\begin{bmatrix}-\boldsymbol{J}_1 & -\boldsymbol{J}_2\\ \boldsymbol{J}_3 & \boldsymbol{J}_4\end{bmatrix} \tag{5.62}$$

根据三角行列式的性质，如果一个方阵矩阵为上三角矩阵，那么这个矩阵的行列式等于该矩阵主对角线上元素的乘积。例如，假设矩阵 $\boldsymbol{J}_{\mathrm{x}}$ 为上三

角矩阵：

$$J_x=\begin{bmatrix}A & B\\ 0 & D\end{bmatrix} \tag{5.63}$$

其中，A、D 也为方阵，那么 J_x 的行列式值为

$$\det(J_x)=\det(A)\times\det(D) \tag{5.64}$$

由式（5.61）可知，J_{dyn}的行列式可写为

$$\det(J_{dyn})=(-1)^{m-1}\frac{\det(J_1-J_2J_4^{-1}J_3)}{\det(M)} \tag{5.65}$$

根据舒尔公式可知，如果一个方阵 J_y 被另外两个方阵 A 和 D 分割：

$$J_y=\begin{bmatrix}A & B\\ C & D\end{bmatrix} \tag{5.66}$$

并且方阵 D 可逆，那么矩阵 J_y 的行列式可表达为

$$\det(J_y)=\det(D)\times\det(A-BD^{-1}C) \tag{5.67}$$

由此可知，统一雅可比矩阵的行列式可写为

$$\det(J)=(-1)^{m-1}\det(J_4)\det(J_1-J_2J_4{}^{-1}J_3) \tag{5.68}$$

由式（5.65）、式（5.68）可得，系统动态雅可比矩阵和能量流方程中的统一雅可比矩阵关系为

$$\det(J_{dyn})=\frac{\det(J)}{\det(J_4)\det(M)} \tag{5.69}$$

由式（5.69）可知，当动态雅可比矩阵奇异时，统一雅可比矩阵也奇异。这是因为当矩阵 J_4 和 M 非 $\mathbf{0}$ 时，如果系统处在小扰动稳定边界上，此时动态雅可比矩阵就会存在一个实部为 0 的特征值，那么该矩阵行列式为 0，所以统一雅可比矩阵的行列式也为 0，即奇异。同理，当统一雅可比矩阵得到系统自身状态引起的奇异结果时，动态雅可比矩阵也奇异，说明此时系统存在稳定性问题。因此，能量流方程的统一雅可比矩阵可以用来判定信息能源系统静态稳定性，该矩阵的奇异性可以作为耦合状态下电力系统的静态稳定性判据。

5.3.2 静态电压稳定性判定矩阵建立

5.3.1 节介绍了能量流方程中的统一雅可比矩阵的奇异性可以作为耦合状态下电力系统的静态稳定性判据。但是当该矩阵发生奇异时，由于统一雅

可比矩阵 $\boldsymbol{J}$ 存在多种耦合关系，系统稳定性改变有可能是电网电压引起的静态稳定性问题，也有可能是相角或者更为复杂的情况造成的稳定性问题，所以仅仅用统一雅可比矩阵的奇异性来判断不足以说明电压问题。因此，本节利用无功功率和电压之间的强耦合关系，建立降阶矩阵 $\boldsymbol{J}_{\mathrm{r}}$ 作为信息能源系统的静态电压稳定性指标进行研究。

传统电力系统中通常直接挖掘 $\boldsymbol{J}_{QV}$ 来实现静态电压稳定性研究，即假设除无功功率以外的控制变量 ΔP 和除电压以外的状态变量 $\Delta\theta$ 的变化都为 0，则

$$\begin{bmatrix} 0 \\ \Delta Q \end{bmatrix} = \begin{bmatrix} J_{P\theta} & J_{PV} \\ J_{Q\theta} & J_{QV} \end{bmatrix} \begin{bmatrix} 0 \\ \Delta U \end{bmatrix} \tag{5.70}$$

便可得到无功功率注入的变化与电压大小之间的关系：

$$\Delta Q = J_{QV} \Delta U \tag{5.71}$$

信息能源系统中，多耦合设备带来的复杂能量交互及影响情况，使得其他控制变量、状态变量与无功功率、电压之间都存在直接或间接耦合关系。比如无功功率的注入与节点相角之间的耦合对于动力学系统的研究有着重要意义，而耦合状态下的电力系统相角还会受到天然气系统压力、热力系统质量流等变量的影响，所以无功功率的注入与信息能源系统的状态变量都有着直接或间接的关联。因此本节建立考虑多能流中其他状态变量对无功功率的影响的矩阵，在能量流方程中仅设定 $\Delta F_{\mathrm{r}} = [\Delta P, \Delta f, \Delta(\phi,\sigma), \Delta T^{\mathrm{s}}, \Delta T^{\mathrm{r}}]^{\mathrm{T}} = 0$，那么能量流方程可写为

$$\begin{bmatrix} \Delta P \\ \Delta Q \\ \Delta f \\ \Delta \mathrm{SG} \\ \Delta \mathrm{GCV} \\ \Delta(\phi,\delta) \\ \Delta T'_{\mathrm{s}} \\ \Delta T'_{\mathrm{r}} \end{bmatrix} = \left[\begin{array}{cc:ccc:ccc} J_{P\theta} & J_{PV} & J_{P\Pi} & J_{P\mathrm{SG}} & J_{P\mathrm{GCV}} & J_{Pm} & 0 & J_{PT'_{\mathrm{r}}} \\ J_{Q\theta} & J_{QV} & 0 & 0 & 0 & 0 & 0 & 0 \\ \hdashline J_{f\theta} & J_{fV} & J_{f\Pi} & J_{f\mathrm{SG}} & J_{f\mathrm{GCV}} & J_{fm} & 0 & J_{fT'_{\mathrm{r}}} \\ 0 & 0 & 0 & J_{\mathrm{SGSG}} & 0 & 0 & 0 & 0 \\ 0 & 0 & 0 & 0 & J_{\mathrm{GCVGCV}} & 0 & 0 & 0 \\ \hdashline J_{[\phi,\sigma]\theta} & J_{[\phi,\sigma]V} & 0 & 0 & 0 & J_{[\phi,\sigma]m} & J_{[\phi,\sigma]T'_{\mathrm{s}}} & 0 \\ 0 & 0 & 0 & 0 & 0 & 0 & J_{T'_{\mathrm{s}}T'_{\mathrm{s}}} & 0 \\ 0 & 0 & 0 & 0 & 0 & 0 & 0 & J_{T'_{\mathrm{r}}T'_{\mathrm{r}}} \end{array}\right] \begin{bmatrix} \Delta\theta \\ \Delta U \\ \Delta\Pi \\ \Delta \mathrm{SG} \\ \Delta \mathrm{GCV} \\ \Delta m \\ \Delta T'_{\mathrm{s}} \\ \Delta T'_{\mathrm{r}} \end{bmatrix} \tag{5.72}$$

$$\begin{bmatrix} 0 \\ \Delta Q \\ 0 \\ 0 \\ 0 \\ 0 \\ 0 \\ 0 \end{bmatrix} = \left[\begin{array}{cc:ccc:ccc} J_{P\theta} & J_{PV} & J_{P\Pi} & J_{P\mathrm{SG}} & J_{P\mathrm{GCV}} & J_{Pm} & 0 & J_{PT'_{\mathrm{r}}} \\ J_{Q\theta} & J_{QV} & 0 & 0 & 0 & 0 & 0 & 0 \\ \hdashline J_{f\theta} & J_{fV} & J_{f\Pi} & J_{f\mathrm{SG}} & J_{f\mathrm{GCV}} & J_{fm} & 0 & J_{fT'_{\mathrm{r}}} \\ 0 & 0 & 0 & J_{\mathrm{SGSG}} & 0 & 0 & 0 & 0 \\ 0 & 0 & 0 & 0 & J_{\mathrm{GCVGCV}} & 0 & 0 & 0 \\ \hdashline J_{[\phi,\sigma]\theta} & J_{[\phi,\sigma]V} & 0 & 0 & 0 & J_{[\phi,\sigma]m} & J_{[\phi,\sigma]T'_{\mathrm{s}}} & 0 \\ 0 & 0 & 0 & 0 & 0 & 0 & J_{T'_{\mathrm{s}}T'_{\mathrm{s}}} & 0 \\ 0 & 0 & 0 & 0 & 0 & 0 & 0 & J_{T'_{\mathrm{r}}T'_{\mathrm{r}}} \end{array}\right] \begin{bmatrix} \Delta\theta \\ \Delta U \\ \Delta\Pi \\ \Delta\mathrm{SG} \\ \Delta\mathrm{GCV} \\ \Delta m \\ \Delta T'_{\mathrm{s}} \\ \Delta T'_{\mathrm{r}} \end{bmatrix} \tag{5.73}$$

进一步，根据矩阵初等变换知识，式（5.73）可重写为

$$\begin{bmatrix} 0 \\ 0 \\ 0 \\ 0 \\ 0 \\ 0 \\ 0 \\ \Delta Q \end{bmatrix} = \left[\begin{array}{ccccccc:c} J_{P\theta} & J_{P\Pi} & J_{P\mathrm{SG}} & J_{P\mathrm{GCV}} & J_{Pm} & 0 & J_{PT^{\mathrm{r}}} & J_{PV} \\ J_{f\theta} & J_{f\Pi} & J_{f\mathrm{SG}} & J_{f\mathrm{GCV}} & J_{fm} & 0 & J_{fT'_{\mathrm{r}}} & J_{fV} \\ 0 & 0 & J_{\mathrm{SGSG}} & 0 & 0 & 0 & 0 & 0 \\ 0 & 0 & 0 & J_{\mathrm{GCVGCV}} & 0 & 0 & 0 & 0 \\ J_{[\phi,\sigma]\theta} & 0 & 0 & 0 & J_{[\phi,\sigma]m} & J_{[\phi,\sigma]T'_{\mathrm{s}}} & 0 & J_{[\phi,\sigma]V} \\ 0 & 0 & 0 & 0 & 0 & J_{T'_{\mathrm{s}}T'_{\mathrm{s}}} & 0 & 0 \\ 0 & 0 & 0 & 0 & 0 & 0 & J_{T'_{\mathrm{r}}T'_{\mathrm{r}}} & 0 \\ \hdashline J_{Q\theta} & 0 & 0 & 0 & 0 & 0 & 0 & J_{QV} \end{array}\right] \begin{bmatrix} \Delta\theta \\ \Delta\Pi \\ \Delta\mathrm{SG} \\ \Delta\mathrm{GCV} \\ \Delta m \\ \Delta T'_{\mathrm{s}} \\ \Delta T'_{\mathrm{r}} \\ \Delta U \end{bmatrix} \tag{5.74}$$

接着，式（5.74）简写如下：

$$\begin{bmatrix} \mathbf{0} \\ \Delta Q \end{bmatrix} = \begin{bmatrix} \boldsymbol{J}_{F_{\mathrm{r}}X_{\mathrm{r}}} & \boldsymbol{J}_{F_{\mathrm{r}}V} \\ \boldsymbol{J}_{QX_{\mathrm{r}}} & J_{QV} \end{bmatrix} \begin{bmatrix} \Delta\boldsymbol{X}_{\mathrm{r}} \\ \Delta U \end{bmatrix} \tag{5.75}$$

那么，无功功率注入的变化与电压大小之间的关系可以表达为

$$\Delta Q = (J_{QV} - \boldsymbol{J}_{QX_{\mathrm{r}}}\boldsymbol{J}_{F_{\mathrm{r}}X_{\mathrm{r}}}^{-1}\boldsymbol{J}_{F_{\mathrm{r}}V})\Delta U = \boldsymbol{J}_{\mathrm{r}}\Delta U \tag{5.76}$$

由式（5.76）可知，如果系统中不存在电网静态相角、气网以及热网稳定性问题，即 $\det(\boldsymbol{J}_{F_{\mathrm{r}}X_{\mathrm{r}}}) \neq 0$，子矩阵 $\boldsymbol{J}_{F_{\mathrm{r}}X_{\mathrm{r}}}$ 的逆存在，那么降阶矩阵 $\boldsymbol{J}_{\mathrm{r}}$ 可以用来描述小扰动发生时，网络中无功功率注入变化对电压大小的影响。由推导过程可知，该情况下的无功功率注入变化既包括了自身波动，又包括了信息能源系统中其他状态变量变化导致的无功功率波动。

为进一步证明 $\boldsymbol{J}_r$ 作为耦合系统中静态电压稳定性判定矩阵的重要性，根据舒尔公式，可将式（5.75）中的统一雅可比矩阵行列式写为

$$\begin{aligned}\det(\boldsymbol{J}) &= \det(\boldsymbol{J}_{F_rX_r})\det(J_{QV}-\boldsymbol{J}_{QX_r}\boldsymbol{J}_{F_rX_r}^{-1}\boldsymbol{J}_{F_rV}) \\ &= \det(\boldsymbol{J}_{F_rX_r})\det(\boldsymbol{J}_r)\end{aligned} \tag{5.77}$$

由行列式表达可知，当矩阵 $\boldsymbol{J}_r$ 奇异时，统一雅可比矩阵 $\boldsymbol{J}$ 也奇异，即信息能源系统电压失稳。因此，矩阵 $\boldsymbol{J}_r$ 物理意义明确且计算简便，可用于分析信息能源系统的静态电压稳定性。

5.3.3 基于奇异值分解理论的静态电压稳定裕度求解

虽然根据 5.3.2 节的判定矩阵奇异性能分析得到系统在给定条件下是否具有静态电压稳定性，但无法得到静态电压的稳定程度。因此本节进一步基于奇异值分解理论，给出系统静态电压的稳定程度指标。

通过奇异值分解可以衡量当前状态下的矩阵距离奇异还有多远，因此可得到相应的稳定性信息。

定理 5.1 设 $\boldsymbol{A}\in \mathrm{R}^{n\times n}$，则存在单位正交矩阵 $\boldsymbol{U}$ 和 $\boldsymbol{V}$，使得

$$\boldsymbol{V}^{\mathrm{T}}\boldsymbol{A}\boldsymbol{U}=\begin{bmatrix}\boldsymbol{\Sigma} & 0\\ 0 & 0\end{bmatrix} \tag{5.78}$$

式中，$\boldsymbol{\Sigma}=\mathrm{diag}(\delta_1,\delta_2,\cdots,\delta_n)$ 且有 $\delta_{\max}=\delta_1\geqslant\delta_2\geqslant\cdots\geqslant\delta_r=\delta_{\min}\geqslant 0$。

定义 5.1 设 $\boldsymbol{A}\in \mathrm{R}^{n\times n}$ 有奇异值分解式（5.78），则称 $\delta_1,\delta_2,\cdots,\delta_n$ 为 $\boldsymbol{A}$ 的奇异值。称 $\boldsymbol{U}$ 的列向量为 $\boldsymbol{A}$ 的右奇异向量，$\boldsymbol{V}$ 的列向量为 $\boldsymbol{A}$ 的左奇异向量。

那么由式（5.78）可知，$\boldsymbol{A}$ 的奇异值分解结果为

$$\boldsymbol{A} = \boldsymbol{V}\boldsymbol{\Sigma}\boldsymbol{U}^{\mathrm{T}} = \sum_{i=1}^{n}\delta_i u_i v_i^{\mathrm{T}} \tag{5.79}$$

定理 5.2 设 $\boldsymbol{A}\in \mathrm{R}^{n\times n}$ 有奇异值 $\delta_{\max}=\delta_1\geqslant\delta_2\geqslant\cdots\geqslant\delta_n=\delta_{\min}\geqslant 0$，那么

$$\|\boldsymbol{A}\|_{\mathrm{F}}^2 = \delta_1^2 + \delta_2^2 + \cdots + \delta_n^2 = \sum_{i=1}^{n}\delta_i^2 \tag{5.80}$$

证明： 由矩阵的范数 Frobenius 的定义 $\|\boldsymbol{A}\|_{\mathrm{F}} = \left(\sum_{i=1}^{n}\sum_{j=1}^{m}a_{ij}^2\right)^{\frac{1}{2}}$ 可知

$$\| \boldsymbol{A} \|_F^2 = \mathrm{tr}(\boldsymbol{A}^T\boldsymbol{A}) \tag{5.81}$$

式中，$\mathrm{tr}(\boldsymbol{A}^T\boldsymbol{A})$为矩阵$\boldsymbol{A}^T\boldsymbol{A}$的迹，等于其对角元素之和。

进一步，根据矩阵的迹与其特征值的关系，可得

$$\mathrm{tr}(\boldsymbol{A}^T\boldsymbol{A}) = \delta_1^2+\delta_2^2+\cdots+\delta_n^2 \tag{5.82}$$

将式（5.82）代入式（5.81），式（5.80）则成立。

令$E_j=v_ju_j^T, j=1,2,\cdots,r$，式（5.79）可写成

$$\boldsymbol{A}=\delta_1E_1+\delta_2E_2+\cdots+\delta_rE_r \tag{5.83}$$

若取

$$\boldsymbol{A}'=\delta_1E_1+\delta_2E_2+\cdots+\delta_{r-1}E_{r-1} \tag{5.84}$$

那么可以证明，就$\boldsymbol{A}$矩阵的F范数而言，$\boldsymbol{A}'$是最接近于$\boldsymbol{A}$的秩为$r-1$的矩阵。相似地，$\boldsymbol{A}''=\delta_1E_1+\delta_2E_2+\cdots+\delta_{r-2}E_{r-2}$是秩为$r-2$的最接近于$\boldsymbol{A}$的矩阵，以此类推。

以统一雅可比矩阵$\boldsymbol{J}\in \mathrm{R}^{n\times n}$为例，当系统静态稳定时，$\boldsymbol{J}$非奇异，$\delta_m=\delta_{\min}>0$；当系统达到稳态极限时，$\boldsymbol{J}$奇异，$\delta_m=\delta_{\min}=0$，在无穷多的使雅可比矩阵降秩的矩阵中，按照式（5.84）构造的降秩矩阵$\boldsymbol{J}'$就F范数来说，最接近于原矩阵$\boldsymbol{J}$，且有

$$\| \boldsymbol{J}-\boldsymbol{J}' \|_F=\delta_{\min} \tag{5.85}$$

可见统一雅可比矩阵$\boldsymbol{J}$的最小奇异值$\delta_{\min}$是指$\boldsymbol{J}$到所有秩亏矩阵集$\boldsymbol{J}'$的2范数距离，也就是该矩阵距离奇异的程度。因此，本节将最小奇异值$\delta_{\min}$定义为信息能源系统当前运行点的稳定裕度。同理，利用降阶矩阵$\boldsymbol{J}_r$求得的$\delta_{\min}$为耦合系统中静态电压稳定裕度。

将信息能源系统稳态求解的多能流方程式（5.72）与奇异值分解式（5.79）结合可得

$$\Delta\boldsymbol{x} = \boldsymbol{J}^{-1}\Delta\boldsymbol{F} = \sum_{i=1}^{n}\frac{u_i^T v_i}{\delta_i}\Delta\boldsymbol{F} \tag{5.86}$$

由式（5.86）可知，当利用统一雅可比矩阵$\boldsymbol{J}$求得的奇异值δ_i足够小，即系统接近奇异时，控制变量$\Delta\boldsymbol{F}$或统一雅可比矩阵$\boldsymbol{J}$发生很小的变化均会给状态变量$\boldsymbol{x}=[\theta\ U\ \Pi\ \mathrm{SG}\ \mathrm{GCV}\ \dot{m}\ T_s'\ T_r']^T$带来很大的波动，这说明当前网络状态存在静态稳定性问题，系统正趋于不稳定，但不能明确就是电压造成的稳定性问题。

同理，将无功-电压关系式（5.76）与式（5.79）结合可得

$$\Delta U = \boldsymbol{J}_{\mathrm{r}}^{-1}\Delta Q = \sum_{i=1}^{n_{PQ}} \frac{u_{ri}^{\mathrm{T}} v_{ri}}{\delta_{ri}} \Delta Q \tag{5.87}$$

由式（5.87）可知，控制变量 ΔQ 及降阶矩阵发生的变化均会给电压带来波动，且降阶矩阵的奇异值 δ_i' 越小，ΔQ 及降阶矩阵发生的变化对电压的影响越大，那么当该矩阵趋于奇异时，说明系统存在静态电压稳定性问题。因此矩阵 $\boldsymbol{J}_{\mathrm{r}}$ 更适用于判定耦合系统的静态电压稳定裕度。

5.3.4 算例分析

1. 节点负荷变化对系统电压稳定裕度的影响

本节分别对22节点信息能源系统和48节点信息能源系统进行电压稳定性研究。22节点信息能源系统如图5.13所示，该系统由9节点电网、6节点天然气网络和7节点热网构成。其中，电网结构与9节点标准测试系统一致。6节点天然气网络中，天然气气井所在的节点1为平衡节点，压力为56bar；节点4的储气罐注入流量为1000 km³/h；节点3、节点6处分别有1000 km³/h 和 600 km³/h 的天然气负荷；管道长度和直径分别为30 km、150 mm，气压缩机的压缩比为1.3。7节点热网中节点6、节点7处的热负荷分别为205 MW、205 MW；管道长度和直径分别为40 km、150 mm；回水温度为50 ℃。

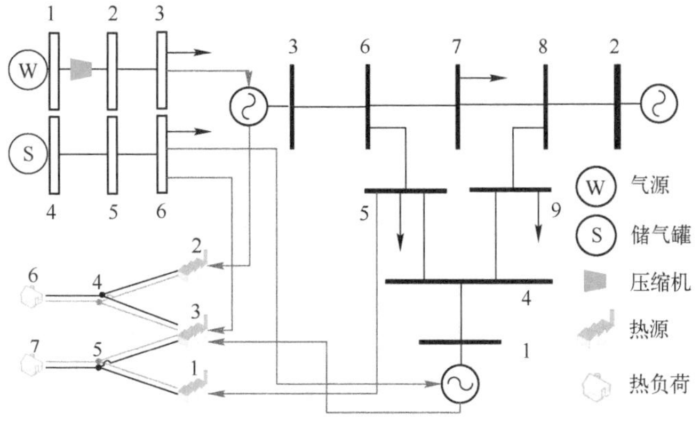

图5.13 22节点信息能源系统

由此可通过负荷变化得到矩阵指标 $\boldsymbol{J}$ 和 $\boldsymbol{J}_{\mathrm{r}}$ 所对应的最小奇异值的变化，进一步验证信息能源系统中静态电压稳定性矩阵指标 $\boldsymbol{J}_{\mathrm{r}}$ 的适用性。图5.13

给出了 22 节点系统中电网节点 5 处负荷功率波动后的静态电压稳定裕度（见图 5.14a）及电压结果（见图 5.14c），以及 48 节点系统中电网节点 10 处负荷功率波动后的静态电压稳定裕度（见图 5.14b）及电压结果（见图 5.14d）。其中，功率每波动 10 MW 是指该点负荷的有功功率、无功功率都增加 10 MW。

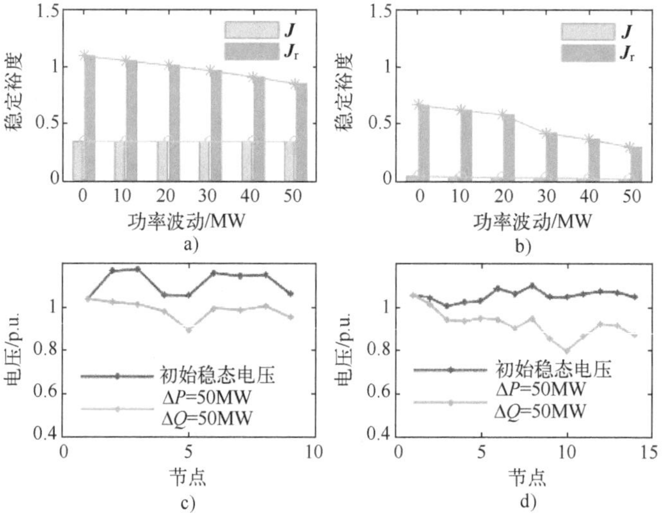

图 5.14 J、J_r 的稳定裕度及电压随负荷变化的变化

a）节点 5 处稳定裕度 b）节点 10 处稳定裕度 c）节点 5 处电压 d）节点 10 处电压

由于统一雅可比矩阵 $\boldsymbol{J}$ 对应的稳定裕度值过小，为方便观察，图 5.14a、b 中 $\boldsymbol{J}$ 对应的稳定裕度值分别扩大了 10 倍和 1000 倍。如图 5.14a、b 所示，在负荷变化的过程中，22 节点系统中电网节点 5 的电压由 1.0548 降到 0.8948，48 节点系统中电网节点 10 的电压由 1.0483 降到 0.7983，相应地通过降阶矩阵 $\boldsymbol{J}_r$ 计算得到的稳定裕度也分别由 1.0964、0.6669 降至 0.8552、0.3062，随着电压水平的降低而降低；但利用统一雅可比矩阵 $\boldsymbol{J}$ 计算得到的稳定裕度变化缓慢，并没有随着电压水平的变化而变化。

由图 5.14b 可以观察到，当 48 节点系统中电网节点 10 的负荷有功无功功率从 20 MW 增加到 30 MW 的过程中，利用 $\boldsymbol{J}_r$ 计算的稳定裕度值下降明显。这是因为在这个过程中，电力系统节点 2 处的无功功率达到上限，*PV*

节点转换为 PQ 节点。数学角度上，这时的统一雅可比矩阵 $\boldsymbol{J}$ 和降阶矩阵 $\boldsymbol{J}_r$ 的维数都变大，所以矩阵更趋于奇异，最小奇异值则更小；物理角度上，PV 节点个数降低，系统的功率调节能力下降，因此稳定裕度降低，说明系统电压存在稳定性问题。

总结来说，由于矩阵性质不同，统一雅可比矩阵和降阶矩阵的最小奇异值随负荷波动的变化趋势不同。通过仿真对比两个矩阵指标结果可知，统一雅可比矩阵 $\boldsymbol{J}$ 是全局指标，通过该指标计算得的最小奇异值过小，且不能反映电压水平变化，不足以说明静态电压稳定程度问题；而降阶矩阵 $\boldsymbol{J}_r$ 所得电压稳定裕度指标可随着电压水平的变化而变化，更好地描述了信息能源系统的静态电压稳定性。

2. 多类型供气源对系统电压稳定裕度的影响

以 48 节点信息能源系统为例，设定气网中节点 1 处的气井 W1 作为主气源，提供传统天然气；节点 5、8 处的储气罐分别提供流量为 2.8 $\mathrm{Mm^3/h}$、25.012 $\mathrm{Mm^3/h}$ 的合成天然气；节点 2、13、14 分别提供流量为 8.4 $\mathrm{Mm^3/h}$、1.2 $\mathrm{Mm^3/h}$、0.96 $\mathrm{Mm^3/h}$ 的合成天然气以及 8.4 $\mathrm{km^3/h}$、1.2 $\mathrm{km^3/h}$、0.96 $\mathrm{km^3/h}$ 的氢气，其余参数见 5.3。仍采用两种方法：①不考虑多类型供气源②考虑多类型供气源，分别对统一雅可比矩阵和降阶矩阵进行奇异值分解，观察多类型供气源对系统电压稳定裕度的影响。

表 5.3 考虑多类型供气源后不同矩阵指标的最小奇异值

指　　标	48 节点信息能源系统		
	①	②	变化量（%）
$J\_\delta_{\min}$	4.929×10^{-5}	4.387×10^{-5}	11
$J_r\_\delta_{\min}$	0.666889	0.666883	0.0009

由表 5.3 可知，在此系统中，多类型供气源的加入对统一雅可比矩阵的最小奇异值影响较大，降低了 11%；但对降阶矩阵的影响不大，最小奇异值变化几乎为 0。因为该系统天然气网络中，只有电动压缩机是电力系统负荷，考虑多类型供气源后，节点 4、5 处的压缩机功率消耗虽然分别由 133.6 kW、49.2 kW 增至 146.6 kW、54 kW，但相比电力系统本身的负荷等级，电动压缩机消耗还是很小，所以对系统电压几乎没有影响（见表 5.4）。由 $\boldsymbol{J}_r$ 计算得到的稳定裕度变化量也近乎为 0。

表 5.4 电网电压

节点	电压/p. u. ①	电压/p. u. ②	节点	电压/p. u. ①	电压/p. u. ②
1	1.06	1.06	8	1.1017	1.1017
2	1.045	1.045	9	1.0486	1.0486
3	1.0061	1.0061	10	1.0483	1.0483
4	1.0245	1.0243	11	1.0650	1.0650
5	1.0286	1.0286	12	1.0749	1.0749
6	1.0894	1.0894	13	1.0729	1.0729
7	1.0635	1.0635	14	1.0498	1.0498

但是考虑多类型供气源后的气网波动很明显，气网节点末端节点压降低了7.61%（见表5.5）。根据结果可知，由统一雅可比矩阵计算得到的最小奇异值，作为全局指标，当全局指标计算得到稳定裕度发生明显变化时，无法说明就是电压问题，很有可能是气网、热网或更为复杂的稳定性问题。

表 5.5 天然气网络

节点	压力/bar ①	压力/bar ②	节点	压力/bar ①	压力/bar ②
1	56	56	11	53.0101	53.1559
2	55.9029	55.9029	12	50.7556	50.6524
3	55.6231	55.6112	13	49.1391	48.8494
4	51.9208	51.7455	14	48.8954	48.5751
5	48.5511	48.2914	15	46.5911	46.0661
6	47.8841	47.5161	16	43.0613	42.1952
7	48.0375	47.6772	17	52.1710	52.2255
8	47.6006	48.0775	18	80.7910	79.3184
9	67.6874	68.2880	19	62.1403	57.7051
10	54.3720	54.6629	20	61.0762	56.4288

3. 分布式平衡节点模型对系统电压稳定裕度的影响

以48节点信息能源系统为例，对下面4个算例进行稳定裕度求解。

算例1：节点6注入功率向下波动20%；

算例2：节点6注入功率向下波动60%；

算例3：节点3注入功率向下波动60%；

算例4：节点3波动功率向上波动20%。

求解时分别考虑：单一平衡节点模型和分布式平衡节点模型的情况。图5.15给出了4个算例分别在单一平衡节点模型和分布式平衡节点模型情况下的稳定裕度值。其中，图5.15a是利用统一雅可比矩阵指标计算所得；图5.15b是利用降阶矩阵指标计算所得。

算例1~3中，可再生能源注入功率降低时，图5.15a、b中使用分布式平衡节点模型计算得到的稳定裕度均明显增加。

而算例4为可再生能源注入功率升高的情况，多余的电力都由P2G承担，产生气体注入气网，所以对于电力系统本身影响不大，由图5.15b也可看出，单一平衡节点模型和分布式平衡节点模型计算出的电压稳定裕度基本一致。

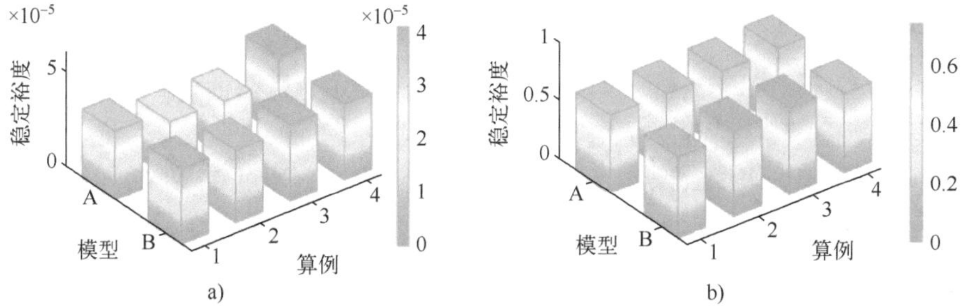

图5.15 稳定裕度值
a）统一雅可比矩阵 b）降阶矩阵

由此可知，当可再生能源注入功率降低时，分布式平衡节点模型的电压稳定裕度较高，而当可再生能源注入功率提高时，单一平衡节点模型和分布式平衡节点模型电压稳定裕度基本一致。

5.4 本章总结

面对如今分布式能源大量接入、多能源之间交互耦合这一情况，保证信息能源系统的安全稳定运行是十分必要的。本章针对信息能源系统的可靠性和稳定性进行了研究与分析，主要采取了状态感知和静态稳定性分析这两大手段，来判断系统的运行状态，找到系统的薄弱点，预防系统发生失控的情况。

本章前半部分提出了一种基于关联信息对抗学习的状态感知方法，用来解决信息能源系统存在的节点变化问题。首先采用构建的深度生成对抗网络的生成器实现缺失数据的补偿，通过系统邻接矩阵实现输入数据按照关联度排序，增强相邻输入数据间相似程度；再通过设计的多属性融合生成器损失函数，进一步提高了数据补偿的精度；接着采用判别器网络复用的方式，通过训练好的判别器提取能源数据的抽象特征，然后采用 JS 散度及欧几里得距离衡量不同时刻能源数据特征的差异性并以此为依据得到系统运行状态；最后通过对电-气-热信息能源系统不同类型节点的变化情况进行仿真分析，结果表明与其他补偿算法相比，本章提出的方法能够更好地反映和补偿数据缺失部分，并且采用判别器提取的特征可以有效地检测出节点变化，最终得到系统运行状态。

本章后半部分提出了一种基于能量流方程的信息能源系统静态电压稳定性分析方法。首先提出了耦合状态下电力系统的静态稳定判据，将稳定性问题转换为能量流是否有解的问题，即利用统一雅可比矩阵的奇异性来回答系统是否稳定；其次，建立了用于判定静态电压稳定性的降阶矩阵；最后基于奇异值分解理论来回答系统当前的电压稳定性程度。通过 22 节点和 48 节点的信息能源系统算例验证了所提降阶矩阵用来判定信息能源系统中静态电压稳定性的适用性。所提方法及指标可用于判断系统当前运行点距电压崩溃点的接近程度或比较不同工况下信息能源系统电压的静态稳定裕度，从而供调度人员选择安全稳定的运行模式。

第 6 章

信息能源系统信息网络安全分析及防御策略

6.1 引言

嵌入式计算、传感器监控、无线通信，以及大规模数据处理等技术的发展使得物理过程、计算过程和通信过程可以高度集成。通过将感控能力、计算能力和通信能力深度嵌入物理过程，可实现物理设备的信息化和网络化，从而产生集计算、通信和控制为一体的信息物理系统（CPS）。能源系统通过因果关系型、统计关系型及博弈等行为关系型的数据及相应的大数据技术，与物理系统及信息系统融合为信息物理能源系统。包括现代电力系统在内的能源系统正迅速演变为复杂的信息物理系统，也就是说，传统的、单向的和分层的拓扑结构正变得更加分布式和扁平化。随着不同能源实体之间的互动日益复杂，其需要一个安全、高效和强大的网络基础设施。未来的能源系统预计将由多种技术和应用组成，然而，这些组件的不同性质、它们相互关联的拓扑结构以及系统的庞大规模导致了前所未有的复杂性。在设计可互操作的网格组件、分析系统稳定性和提高效率方面，工业界面临着严峻的问题。

对于“双碳”目标及能源转型路径，中国工程院院士薛禹胜认为，需要优化从当前状态趋于目标状态的实施路径，能源领域首当其冲。可再生能源大规模替代火电令电力系统的枢纽角色将更为突出（物理元素），大规模交直流线路及电力电子装备入网使得动态行为越加复杂（信息元素），大规模新型复合涌现以致辅助服务与需求侧参与问题更为紧迫（社会元素）。薛禹胜提出，能源的信息物理社会系统（CPSSE）的三维框架，是实现“双碳”战略目标及能源转型路径优化的框架。他认为，需要在 CPSSE 框架下考虑环境、技术、经济、社会、行为等的影响，还要加快建立能源风险防御机制、信息安全保障体系、防灾减灾救灾体系。

信息物理协同攻击，以及在实际通信网络中不可能时刻处于理想状态，而出现的各类故障都有可能威胁到电力系统的安全性和稳定性。定量分析信息物理协同攻击对电力 CPS 造成的影响并制定相应的防御措施，以及在通信异常或实际物理系统故障下保证二级控制系统性能已成为信息能源系统信息网络安全的焦点问题。

6.2 信息能源系统攻击/防御博弈过程建模

本节简要介绍电力系统全量测状态估计和针对该状态估计方法的恶意数据注入攻击模型。首先从电网状态估计和不良数据检测机制出发，引入恶性数据注入攻击的攻击原理，包括恶性数据注入攻击场景分类，并定性分析电力系统共谋检测机制和合理性。

6.2.1 电力系统状态估计

1. 电力系统状态估计基础概念

电力系统状态估计是操作人员利用实时的冗余量测量来过滤系统噪声引起的错误信息并且提高量测数据的精度的方法，该方法也称为滤波。此外，电力系统状态估计还可以预报和预估电力系统下一阶段的运行情况，是当前电力系统实时数据处理的非常重要的手段。基于加权最小二乘法的电力系统状态估计被主要分析讨论。状态量统一表示为$\boldsymbol{x}=[x_1,x_2,\cdots,x_n]^{\mathrm{T}}$，其中，$n$为状态量个数，包含电压相角$\theta$和电压幅值$U$。量测值可统一表示为$\boldsymbol{z}=[z_1,z_2,\cdots,z_m]^{\mathrm{T}}$，其中，$m$为量测量个数，包含支路有功功率、支路无功功率、母线节点的幅值、节点的相角、节点注入有功功率和注入无功功率。如果有m个量测值，并且量测量个数大于状态量个数，量测量和状态量的关系如下：

$$\boldsymbol{z}=h(\boldsymbol{x})+\boldsymbol{w} \tag{6.1}$$

式中，$\boldsymbol{w}$表示测量误差，并且服从均值为0、方差为对角矩阵$\boldsymbol{\Sigma}_w=\mathrm{diag}[\sigma_1^2,\sigma_2^2,\cdots,\sigma_m^2]$的高斯分布；$h(x)$表示量测值和状态变量间的非线性关系。一个正常稳定运行的电力系统，其母线的电压在额定电压附近，且支路两端的相角差很小，而对于超高压电力网，支路的电阻比电感小得多。因此，假设所有母线的电压的幅值相等且均为1，忽略线路的电阻，则测量值中不存在无功功率，状态变量只有电压相角。此时，状态变量和量测值之间满足线性关系，得到式（6.2）所示的直流潮流方程：

$$\boldsymbol{z}=\boldsymbol{H}\boldsymbol{x}+\boldsymbol{w} \tag{6.2}$$

式中，$\boldsymbol{H}$为测量雅可比矩阵；$\boldsymbol{z}$为量测值；$\boldsymbol{x}$为系统估计状态量；$\boldsymbol{w}$为系统量测误差。电力系统状态估计方法是基于冗余的量测量，通过某些算法来获得状态变量的估计值的方法，如加权最小二乘算法。

2. 加权最小二乘法状态估计算法

为了求解模型（6.1），加权最小二乘法、快速分解法和状态估计算法作为有代表性的常见状态估计算法被广泛应用。其中，加权最小二乘法具有收敛性能好和估计质量高等优点，在电力系统状态估计中应用最为广泛，结合本节的研究内容，这里主要介绍加权最小二乘法状态估计算法。

对于形如（6.1）所示的量测方程，在给定量测矢量 $\boldsymbol{z}$ 后，状态估计矢量 $\boldsymbol{x}$ 是使目标函数

$$\boldsymbol{J}(\boldsymbol{x})=[z-h(\boldsymbol{x})]^{\mathrm{T}}\boldsymbol{\Sigma}_w-\mathbf{1}[z-h(\boldsymbol{x})] \tag{6.3}$$

达到最小值时的 $\boldsymbol{x}$ 值，即$\hat{\boldsymbol{x}}$。根据高斯–牛顿迭代法，按照式（6.4）迭代可得到式（6.3）的解。

$$G(\boldsymbol{x}'^{k})\Delta\boldsymbol{x}'^{k+1}=\boldsymbol{H}^{\mathrm{T}}\boldsymbol{x}'^{k}\boldsymbol{\Sigma}_w-\mathbf{1}[z-h(\boldsymbol{x}'^{k})]^{\mathrm{T}} \tag{6.4}$$

式中，$\mathbf{1}$ 为元素都为 1 的 $m\times1$ 矩阵。

6.2.2 恶意数据注入攻击

1. 恶意数据攻击渠道

恶性数据注入攻击对象主要是仪表量测量，在现有电网 CPS 中，量测仪表主要有两类：数据采集（SCADA）仪表及相量测量单元（PMU）。远动终端单元、传感器或仪表采集的实时量测数据以数据包形式汇总到 SCADA 系统，数据包大体上包括线路无功功率、线路有功功率、节点电压、节点幅值、节点的注入无功功率和注入有功功率；PMU 采集的数据汇总到主域控制器，数据一般包括节点电压相量和电流相量，虚假数据注入攻击的主要目标对象是各类仪表的量测量。

接下来，由调控中心对采集到的数据进行状态估计，状态估计输出量是一些无法量测的状态量，包括电压幅值和相角，结果可用于最优潮流计算及 EMS 其他应用软件决策分析。在电力系统中，攻击者注入恶性数据的渠道包括：①直接篡改数据采集设备量测数据，如 PLC 等终端量测设备；②在数据通信线路上对量测量和控制指令进行篡改；③深入 SCADA 系统、主域控制器或通信网络篡改数据，及侵入调控中心。分析这三种可能的篡改方式，相较于后两种，第一种攻击渠道更符合实际，这是因为实际电网数据中心有严密的安全防护，因此渠道 3 实现困难程度极高。此外，边缘通信设备的防御机制较弱，容易暴露在攻击者的攻击范围内。因此，边缘设备成为电力 CPS 跨空间风险传播的必经之路。

2. 恶意数据注入攻击建模

由于在现实世界中可能出现设备故障，通信系统连接错误或受到干扰等非人为因素原因，SCADA 系统所采集到的量测值会带有一定程度的量测噪声，使其偏离实际情况，致使状态估计结果出错。此外，由于攻击者主动攻击的虚假数据攻击也会使得状态估计结果出错。为了保证状态估计结果的可靠性，消除非人为因素所带来的误差，电力系统广泛使用最大标准残差方法来进行处理：

$$\boldsymbol{r}=z-h(\boldsymbol{x}) \tag{6.5}$$

检测不良数据的主要依据：$\|\boldsymbol{r}\|<\tau$，τ 为设定的不良数据的阈值。如果 $\|\boldsymbol{r}\|<\tau$ 成立，则采集到的量测值为正常数据；反之则代表采集到的数据中含有不良数据，需要对数据进行进一步的处理以消除不良数据，直到能够重新通过不良数据检测。

虚假数据注入攻击方法就是利用了这类传统检测方法的固有缺陷，使用 $\boldsymbol{e}_z=[e_{z1},e_{z2},\cdots,e_{zm}]^{\mathrm{T}}$ 表示入侵者在相关量测值中注入的恶意数据量，此时，被输入估计器参与计算的实际量测量为 $\hat{z}=z+\boldsymbol{e}_z$，估计的状态变量为 $\hat{\boldsymbol{x}}=\boldsymbol{x}+\boldsymbol{e}_x$，$\boldsymbol{e}_x=[e_{x1},e_{x2},\cdots,e_{xn}]^{\mathrm{T}}$ 定义为状态估计量中存在由于恶意数据的注入后引入的误差向量。相关残差表达式为

$$\|\boldsymbol{r}\|=\|\hat{z}-h(\hat{\boldsymbol{x}})\|=\|\hat{z}-h(\boldsymbol{x}+\boldsymbol{e}_x)\| \tag{6.6}$$

显然，当 $\boldsymbol{e}_z=\boldsymbol{H}\boldsymbol{e}_x$ 时，有下式成立：

$$\|\boldsymbol{r}\|=\|\hat{z}-\boldsymbol{H}(\hat{\boldsymbol{x}})\|=\|\hat{z}-\boldsymbol{H}(\boldsymbol{x}+\boldsymbol{e}_x)\|=\|z+\boldsymbol{e}_z-\boldsymbol{H}\boldsymbol{x}-\boldsymbol{H}\boldsymbol{e}_x\|=\|z-\boldsymbol{H}\boldsymbol{x}\| \tag{6.7}$$

此时，采用传统的基于残差方程的不良数据检测方法不能够有效地发现已经被篡改的量测数据，攻击者可以通过这种方式，随意改变量测值，进而影响电力系统的状态评估，使得电力系统获得不法经济利益。

6.2.3 电力系统全量测状态估计

状态估计算法作为状态估计的核心内容，过去主要围绕 SCADA 量测量进行估计。但是随着 20 世纪 90 年代 GPS 广泛应用于国内外的相关电力系统中，相应设备投入使用并逐渐完善，同步相量测量技术已经取得了重大进展。将 PMU 量测有效地引入 SCADA 系统中成为静态电力系统状态估计研究的一大重点课题。现有文献也将由 PMU 量测量和 SCADA 量测量组成的混合

量测量估计状态量的状态估计方法称为电力系统的全量测状态估计方法，该方法也被称为混两级状态估计法，即合状态估计方法。

1. PMU 量测量被攻击可行性分析

PMU 将越来越多地被部署在未来的智能电网中，以实现广域态势感知，使得这些问题变得更加复杂。增加 PMU 部署的主要目标是通过将 PMU 测量用于广域监视和控制，使智能电网变得更加健壮。PMU 测量系统中一组总线上的电压和电流相量，然后使用这些测量值估计系统状态。每 1/30 s，便进行了新的测量并估计新的系统状态，从而在实时保护和控制方面带来了前所未有的可能性。但是，全 PMU 估计需要一个数据网络，该网络可以在不到 30 ms 的时间内将 PMU 数据从所有测量站点传输到主域控制器和超级主域控制器，后者根据时间戳对数据进行排序并发送状态估计量。考虑到高速数据网络的这些要求，并且考虑到越来越多的网络体系结构在企业业务网络与监督控制和数据采集网络之间使用网关，将增加遭受网络攻击的风险。

因此，需要了解威胁模型和缓解技术。最近，许多研究人员研究了网络安全攻击可以影响状态估计的不同方式，但是尚未见有任何实验研究创建模拟模型来对电力系统及其 PMU 和网络基础设施进行网络攻击及评估攻击的影响。研究人员已经想到的一些威胁模型是：

1）物理切断网络电缆。

2）通过阻止网络流量，压倒路由器等来发起拒绝服务攻击。

3）中间人攻击，攻击者可以在网络中拦截 PMU 数据包，并用伪造的数据包替换它们，从而导致错误的状态估计。

2. 全量测状态估计建模

恶意数据注入攻击的主要目标对象是各类仪表的量测量。电力系统中的假数据注入攻击被认为是最具威胁性的攻击。本节采用电力系统全量测状态估计方法，该方法中电力系统状态估计的量测值包括 SCADA 量测值和 PMU 量测值。该状态估计过程如下。

步骤 1：首先使用传统的状态估计模型求解，即使用 SCADA 量测数据计算加权最小二乘估计方法求解状态估计结果 $\boldsymbol{x}^{(1)}$。

步骤 2：引入 PMU 的量测值进行全量测状态估计。

$$\begin{bmatrix}\boldsymbol{x}^{(1)}\\ \boldsymbol{z}^{g}\end{bmatrix}=\begin{bmatrix}\boldsymbol{I}\\ \boldsymbol{H}^{g}\end{bmatrix}[\boldsymbol{x}^{(2)}]+[\boldsymbol{w}] \tag{6.8}$$

其中，混合量测值包括原始的状态估计结果 $\boldsymbol{x}^{(1)}$ 和 PMU 量测值 $\boldsymbol{z}^{g}$。在本节

中，$\boldsymbol{z}^g$定义为 PMU 的量测值，包括电压的幅值 U 和相位角 θ；$\boldsymbol{H}^g$为相关线性方程的雅可比矩阵且 $\boldsymbol{I}$ 为单位矩阵；$\boldsymbol{x}^{(2)}$为待求的状态量；$\boldsymbol{w}$ 为仪表量测误差。因为攻击者注入的虚假数据远大于系统量测误差，所以本节忽略系统量测误差对估计结果造成的影响。

步骤 3：令 $\boldsymbol{e}_z=[e_{\theta1},e_{\theta2},\cdots,e_{\theta N_\theta^g},e_{U1},e_{U2},\cdots,e_{UN_U^g}]^{\mathrm{T}}$表示注入$\boldsymbol{z}^g$的虚假数据向量，估计器将获得错误估计结果，即

$$\begin{bmatrix}\boldsymbol{x}^{(1)}\\ \hat{\boldsymbol{z}}^g\end{bmatrix}=\begin{bmatrix}\boldsymbol{x}^{(1)}\\ \boldsymbol{z}^g+\boldsymbol{e}_z\end{bmatrix}=\begin{bmatrix}\boldsymbol{I}\\ \boldsymbol{H}^g\end{bmatrix}[\boldsymbol{x}^{(2)}+\boldsymbol{e}_{xz}]+[\boldsymbol{w}] \tag{6.9}$$

式中，$\hat{\boldsymbol{z}}^g=[\hat{\theta}_1,\hat{\theta}_2,\cdots,\hat{\theta}_{N^g},\hat{U}_1,\hat{U}_2,\cdots,\hat{U}_{N^g}]^{\mathrm{T}}$表示被注入虚假数据之后传输给估计器的量测值，$N^g$代表电力网络中布置 PMU 的母线个数；$\boldsymbol{e}_{xz}=[e_{x\theta},e_{xU}]^{\mathrm{T}}$为由虚假数据注入攻击导致的估计器求解出的状态量的误差。

3. “共谋” 检测概率建模

恶意数据注入攻击是否能成功，取决于其能否绕过不良数据检测器的检测机理。当某一个电力节点的量测值被注入虚假数据后，该错误的量测数据被相关检测器检测出的概率与检测算法和该节点周围邻接节点的量测值是否被篡改有关，即攻击者共谋理论。某个电力节点 j 数据被篡改后，被检测出来的概率为

$$P_j^{\mathrm{fail}}(t)=\boldsymbol{\kappa}[k_j^g\,\psi^g(t)]=\boldsymbol{\kappa}\left[k_j^g\frac{1}{\langle k\rangle^g}\sum_{k_j=0}^{k_{\max}^g\sum_{k_j}^g}k_j^g\boldsymbol{\lambda}^g(k_j)I_{k_j}^g(t)\right. \tag{6.10}$$

式中，κ 为检测系数，由检测方法所决定；k_j^g表示电力节点 j 的度；ψ^g表示与任意电力节点相邻的电力节点的量测数据已经被篡改概率；$k_{\max}^g$表示电力网络中的设备与其他设备邻接的最大度；$\langle k\rangle^g$表示整个电力网络中节点的平均度；I_m^g表示度为 m 的，并且其上量测数据已被篡改了的母线节点的总数；$P^g(m)=N_m^g/N^g$表示整个电力网络中节点度分布，度为 m 的节点的总数与电力网络所有节点的总数的比值。

$$\langle k\rangle^g=\sum_{j=0}^{k_{\max}^g}k_j^g\boldsymbol{\lambda}^g(k_j^g) \tag{6.11}$$

在发动一次恶意数据攻击后，某节点能否被检测出来的概率和周围邻接节点是坏数据节点的概率关系可以用式（6.11）定性分析。

6.2.4 算例分析

为验证本章构建的式（6.11）定性检测机制分析模型的可行性，本节利用 MATLAB 2018 仿真平台搭建了 IEEE 14 节点系统的仿真模型，电力网络拓扑结构和参数信息如图 6.1 和表 6.1 所示，网络量测信息均来自 MAT-POWER4.0。

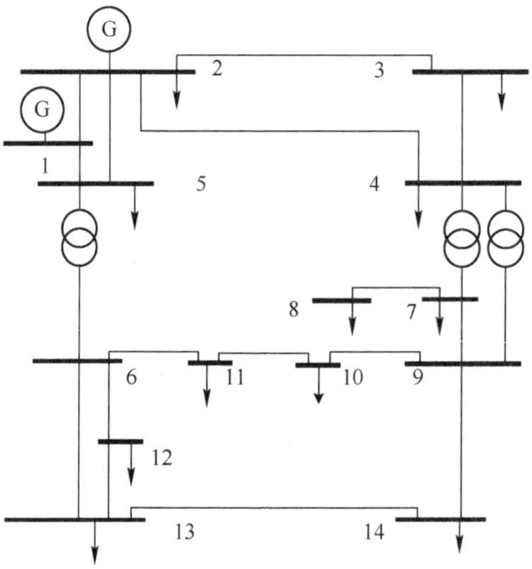

图 6.1 IEEE 14 节点系统拓扑图

表 6.1 IEEE 14 节点系统 SCADA 仪表量测数据配置

标号	量测种类	起点	终点	标号	量测种类	起点	终点
1	电压幅值	1	0	10	注入有功功率	2	0
2	注入有功功率	2	0	11	注入有功功率	3	0
3	注入有功功率	3	0	12	注入有功功率	7	0
4	注入有功功率	7	0	13	注入有功功率	8	0
5	注入有功功率	8	0	14	注入有功功率	10	0
6	注入有功功率	10	0	15	注入有功功率	11	0
7	注入有功功率	11	0	16	注入有功功率	12	0
8	注入有功功率	12	0	17	注入有功功率	14	0
9	注入有功功率	14	0	18	支路有功潮流	1	2

（续）

标　号	量测种类	起　点	终　点	标　号	量测种类	起　点	终　点
19	支路有功潮流	2	3	31	支路有功潮流	2	3
20	支路有功潮流	4	2	32	支路有功潮流	4	2
21	支路有功潮流	4	7	33	支路有功潮流	4	7
22	支路有功潮流	4	9	34	支路有功潮流	4	9
23	支路有功潮流	5	2	35	支路有功潮流	5	2
24	支路有功潮流	5	4	36	支路有功潮流	5	4
25	支路有功潮流	5	6	37	支路有功潮流	5	6
26	支路有功潮流	6	13	38	支路有功潮流	6	13
27	支路有功潮流	7	9	39	支路有功潮流	7	9
28	支路有功潮流	11	6	40	支路有功潮流	11	6
29	支路有功潮流	12	13	41	支路有功潮流	12	13
30	支路有功潮流	1	2				

本节分别对仿真模型在有序的攻击行为下电压幅值偏差百分比和电压相角偏差百分比两个场景进行仿真。仿真实验结果如图 6.2、图 6.3 所示，在实验中的量测量均服从高斯分布，分布参数为：标准方差为 1%，均值为零。

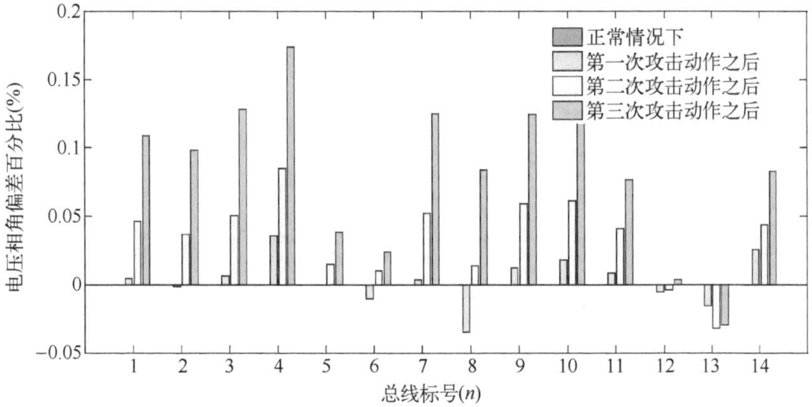

图 6.2　估计状态电压相角偏差百分比

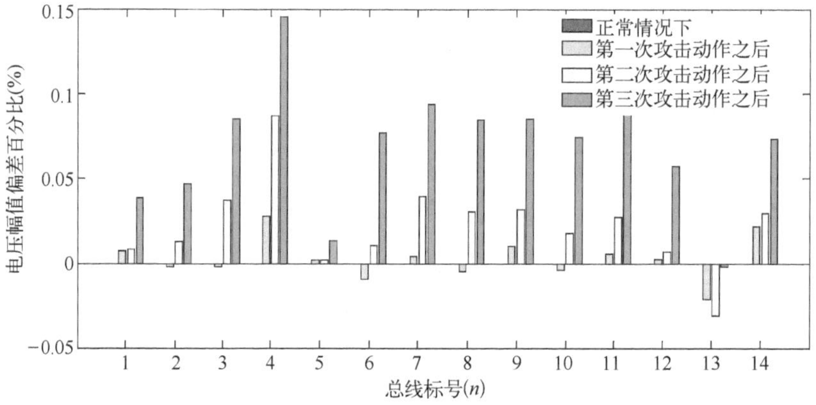

图 6.3 估计状态电压幅值偏差百分比

图 6.2 和图 6.3 横坐标从左到右分别是初始时刻、攻击者第一次攻击动作后（目标节点 7）、第二次攻击动作后（目标节点 4）和第三次攻击动作后（目标节点 2）；纵坐标表示估计状态电压相角偏差百分比和估计状态电压幅值偏差百分比。攻击者篡改负载量测量时，篡改幅度有一定限制。现有研究认为，攻击者篡改负载量测的幅度应不低于该负载实际值的 50%，也不应高于该负载实际值的 150%。所以本节每次修改量测量在满足式（6.3）和式（6.4）的同时，每一次篡改偏差为 1%原始量测量。

由仿真结果可以推断，如果只修改一条母线的测量值，则可能由检测机制检测然后被校正。攻击者同时修改某条母线及其相邻母线的测量值，就会使估计器无法检测到错误数据，从而使估计误差变大。在该算例中，电力母线 4 受到攻击的可能性最大，是系统中较为薄弱的环节，在防御者进行资源分配的时候应该优先考虑。

6.3 基于蠕虫传播模型和 FDI 的双层协同攻击策略研究

通过分析虚假数据注入（False Data Injection，FDI）对电力系统状态估计的影响可以看出，近年来数例典型电网破坏事件的流程可以概括为：远程黑客利用可编程逻辑控制器（PLC）或 PC 中的信息网络漏洞注入病毒；该病毒利用通信设备上的漏洞，在通信网络中级联渗透；病毒跨空间扩散到指定功能的通信设备（采集物理量测量）或调度中心（发送控制量）；随后通过修改量测数据和控制命令，使得调度中心发送错误指令；最终使得电力系统瘫痪。

针对该典型攻击情景，本节首先介绍了工控网络蠕虫病毒理论基础，并进行了 PLC 被攻击的可能性分析；紧接着对通信层和电力物理层双层的攻击模式分层建模，信息层采用蠕虫病毒传播规律模拟病毒的连锁传播方式，物理层采用虚假数据注入攻击导致状态估计值发生偏差的攻击模式；然后根据网络攻击从信息系统渗透到物理系统的跨空间扩散原理，提出了一种信息-物理双层协同攻击模型；随后，通过在通信 2PC-8PLC 节点-IEEE 14 节点耦合系统上的仿真，对该耦合系统节点被攻击后的跨空间连锁故障进行模拟，讨论信息层的风险传播对电力 CPS 的影响。

6.3.1 工控网络蠕虫病毒理论基础

工业控制系统（ICS）广泛应用于发电、水利、医疗等工业过程，超过 80%的关键基础设施依靠 ICS 实现自动运行。从控制太空中的卫星到监测地球上的水位，ICS 可以处理复杂的数据，并有效地执行它们设计的预定任务。ICS 的重要组成部分之一为 PLC，缺乏网络安全考虑。PLC 因其价格低廉、易于安装和灵活使用而广泛应用于智能电网。

PLC 被攻击渠道

前面已经介绍了以可编程逻辑控制器为目标并能在集成电路网络中传播蠕虫的概念。基于此，R. Spenneberg 等人提出了另一种潜在的蠕虫，称为 PLC Blaster，它可以单独存在于 PLC 中。蠕虫可通过西门子 Simatic S7-1200 控制系统传播，无须任何 PC。蠕虫可以扫描 ICS 网络，寻找新的目标 PLC，攻击这些 PLC，并在受损的 PLC 中复制自己。基于以上讨论，一旦 PC 蠕虫（如 BlackEnergy 和 Wannacry）与 PLC 蠕虫（如 Modbus Stager 或 PLC Blaster）结合，就形成了一个不仅能在 PC 网络中传播，而且能在 PLC 网络中传播的 PLC-PC 蠕虫。可以预见，它的防御难度更大，破坏性更大。PLC 访问渠道控制有以下三种，均可以被攻击者利用。

（1）物理访问控制

PLC 以及其他 ICS 控制器的正确部署和访问控制可以大大缓解内部或外部对手的安全漏洞。通过实施已建立标准（例如 ANSI/ISA-99）中的建议，可以显著减少访问控制漏洞。它是一个完整的安全生命周期程序，定义用于开发和部署策略和技术解决方案以实施安全 ICS 系统的过程。ISA99 基于两个主要概念，即区域和管道，其目标是分离各种子系统和组件。具有共同安全要求的设备必须位于同一逻辑或物理组中，并且它们之间的通信通过管道进行。这样，可以保护网络流量的机密性和完整性，防止 DoS 攻击并过滤恶意软件流量。另外，控制系统管理必须将对 ICS 设备的物理和逻辑访问限制为仅预期与系统设备直接接触的那些授权人员。

（2）网络访问控制

ICS 网络访问控制通常在层中实现。第一层是使用安全技术（例如防火墙和 VPN）实现的网络逻辑分段。所有控制器设备（尤其是 PLC）必须位于防火墙后面，并且不能直接连接到公司或其他网络。最重要的是，关键设备不应直接暴露于 Internet。对所有 ICS 设备的远程访问应通过 VPN 等安全隧道进行。重要的是，要注意 ICS 系统中使用的防火墙和 VPN 技术不同于典型 IT 网络中使用的主流防火墙和 VPN。实际上，有许多供应商提供了专用设备来保护 ICS 网络。例如，西门子提供了一种特殊类型的开关，即 Scalance S。最后，即使配置充分，这些技术也可能不会阻止由于配置或筛选规则薄弱或不足而造成的所有漏洞。

（3）密码访问控制

迄今为止，基于密码的访问控制是最常用的访问控制类型。大多数 PLC 设备具有内置的密码保护功能，以防止未经授权的访问和篡改。为了有效地进行密码访问控制，需要满足重要的要求，特别是密码保护：必须尽可能启用；必须正确配置；必须使用强大的编码方案；不得使用硬编码凭证；必须经常定期更改。

综上所述，针对 PLC 的工控蠕虫病毒传播和研究的可行性主要有以下几点：①普及使用的 PLC 协议公开透明，容易被攻击者利用；②对 PLC 等边缘设备的保护措施薄弱，保护设施不够完善，是暴露在攻击者视线下的脆弱节点。

6.3.2 电力 CPS 的有向图构建

由于电力物理系统和信息系统的结构、功能、运行特性都不相同，较难进行统一建模分析。基于图论和相依网络理论可以将整个 CPS 抽象为点集合和边集合的图形，进而研究网络的动态行为。大部分研究将 CPS 等效为无权无向模型，但实际上信息节点和物理节点都具有异质性和耦合性的特征，物理网络还需考虑潮流和运行约束，故需要建立一个基于有向图的电力CPS 模型。

电力 CPS 是由物理网、信息网和网间连接线组成，本节基于图论根据双网拓扑结构和网间连接关系，将电力 CPS 建模成一个双层有向图，如图 6.4 所示。

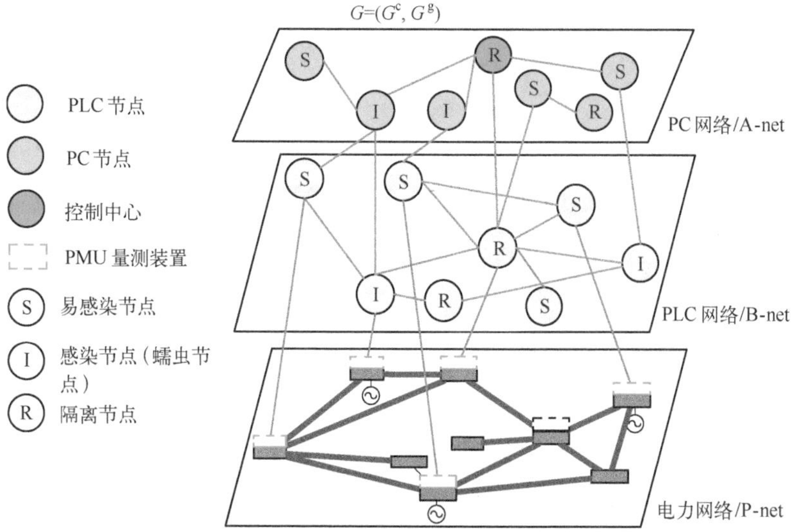

图 6.4 电力 CPS

将调度中心和各厂站对应的信息系统抽象为信息节点，信息传输的光纤链路为边，忽略链路的多重边、自环和方向性。信息网可表示为 N^c个信息节点和通信链路的无向稀疏拓扑图 G^c。其中，信息节点包括负责传输 PMU 量测数据的具有通信功能的 PLC 设备和负责处理部分 PMU 的 PC 这两类节点，节点数目分别为 N^A、N^B，$N^c=N^A+N^B$。

将发电站和负荷定义为发电节点和负荷节点；这些节点之间的电线定义为边，不考虑多环路输电，区分不同节点的性质差异和传输方向，输电边集为有向。电力物理网络拓扑可表示为由 N^g个节点集合和多条输电线路集合组成的无向稀疏拓扑图 G^g。

$V=\{v_1,v_2,\cdots,v_{N^A},v_{N^A+1},\cdots,v_{N^A+N^B},v_{N^A+N^B+1},\cdots,v_{N^A+N^B+N^g}\}$ 是一个非空有限集，表示一个点（一个通信设备或者一个电力母线即为无向图的一个点）。$\boldsymbol{L}\subset V\times V$ 表示边，即脆弱性邻接连接线路。

电力信息物理耦合网络如图 6.4 所示，定义电力信息-物理脆弱性邻接矩阵 $\boldsymbol{L}$：

$$\boldsymbol{L}=\begin{bmatrix}\boldsymbol{L}^{c} & \boldsymbol{L}_{g}^{c}\\ \boldsymbol{L}_{c}^{g} & \boldsymbol{L}^{g}\end{bmatrix}=\begin{bmatrix}\boldsymbol{L}^{c_A} & \boldsymbol{L}_{c_B}^{c_A} & \boldsymbol{L}_{g}^{c_A}\\ \boldsymbol{L}_{c_A}^{c_B} & \boldsymbol{L}^{c_B} & \boldsymbol{L}_{g}^{c_B}\\ \boldsymbol{L}_{c_A}^{g} & \boldsymbol{L}_{c_B}^{g} & \boldsymbol{L}^{g}\end{bmatrix}_{(N^c+N^g)\times(N^c+N^g)} \tag{6.12}$$

在这个脆弱性邻接矩阵 $\boldsymbol{L}$ 中，元素主要按照连接节点类型分为通信-通信邻接节点、通信-物理邻接节点、物理-通信邻接节点和物理-物理邻接节点四类。

1）通信-通信节点邻接矩阵 $\boldsymbol{L}^c$：其中，元素 $\boldsymbol{L}^c=[l_{ij}^c]\in\mathbf{R}^{N^c\times N^c}$代表攻击者可以利用信息节点 i 上的漏洞，并进一步感染信息节点 j。由于 PC-PLC 耦合通信网络包括两类节点，所以进一步将矩阵分解为 $\boldsymbol{L}^c=\begin{bmatrix}\boldsymbol{L}^{c_A} & \boldsymbol{L}_{c_B}^{c_A}\\ \boldsymbol{L}_{c_A}^{c_B} & \boldsymbol{L}^{c_B}\end{bmatrix}_{N^c\times N^c}$。

2）通信-物理节点邻接矩阵 $\boldsymbol{L}_g^c$：$\boldsymbol{L}_g^c=[l_{g,ij}^c]\in\mathbf{R}^{N^c\times N^g}$，$l_{g,ij}^c$表示总线 i 和总线 j 之间的传输线从控制中心向物理设备发送控制命令的过程。

3）物理-信息节点邻接矩阵 $\boldsymbol{L}_c^g$：$\boldsymbol{L}_c^g=[l_{c,ij}^g]\in\mathbf{R}^{N^g\times N^c}$，$l_{c,ij}^g$表示电力总线 i 和总线 j 之间存在电力传输线路。

4）物理-物理节点邻接矩阵 $\boldsymbol{L}^g$：$\boldsymbol{L}^g=[l_{ij}^g]\in\mathbf{R}^{N^g\times N^g}$，$l_{c,ij}^g$表示信息节点 i 可以接收并传输物理设备 j 的相关量测值。当节点 i 和节点 j 之间存在传输线路时，$l_{ij}^g=1$；反之，当节点 i 和 j 之间不存在传输线路时，$l_{ij}^g=0$。

6.3.3 基于蠕虫传播模型的信息层攻击

本节使用 SIR（Susceptible Infected Recovered，易感-感染-移出）概率转移模型对蠕虫病毒在通信层设备间的传播机制进行建模，并采用 CVSS（Common Vulnerability Scoring System，漏洞评分系统）漏洞评分标准来定义攻击者攻击成本函数。

首例工业控制蠕虫病毒 Stuxnet 被证实能在边缘通信设备，如 PLC 中单独传播，不需要借助任何 PC。因此，本节采用 SIR 蠕虫传播原理对蠕虫病毒在由 PLC 组成的通信网络中的传播机理进行建模。在该模型下通信设备 i 的状态 s_i^c有三种：①易感染态（S）。易感染态也是正常状态，处于该状态的设备上存在安全漏洞，但还没有被感染节点扫描到。②感染态（I）。此类设备已经成为蠕虫节点，将会扫描与它拓扑相连的其他易感染态节点并将其感染。③免疫态（R）。此类节点的安全漏洞已经被修复，在该状态下对蠕虫节点的扩散免疫。通信网络中 SIR 蠕虫扩散模型的状态转换过程如图 6.5 所示，一旦某通信设备被感染成为蠕虫节点，那么攻击者可以获取该设备的权限，对该设备存储和传输的 PMU 量测量进行篡改，即注入虚假数据。

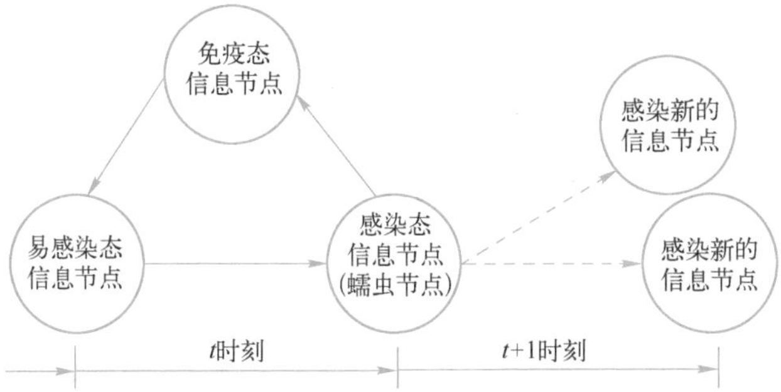

图 6.5　通信网络的 SIR 蠕虫扩散模型状态转换图

通信网络的设备状态转变和前一时刻状态的关联度较高。基于本模型的各个通信设备 i 从 t 时刻的状态 s_i^c 到 $t+1$ 时刻的状态 $s_i^{c'}$ 的状态转移概率如下：

$$P(s_i^{c'} \mid s_i^c)=\begin{cases} P_{S->I}^t, & s_i^c=S \text{ 且 } s_i^{c'}=I \\ 1-P_{S->I}^t, & s_i^c=S \text{ 且 } s_i^{c'}=S \\ P_{I->R}^t, & s_i^c=I \text{ 且 } s_i^{c'}=R \\ 1-P_{I->R}^t, & s_i^c=I \text{ 且 } s_i^{c'}=I \\ P_{R->S}^t, & s_i^c=R \text{ 且 } s_i^{c'}=S \\ 1-P_{R->S}^t, & s_i^c=R \text{ 且 } s_i^{c'}=R \end{cases} \tag{6.13}$$

其中，当通信设备 i 在 t 时刻为易感染态（S）且 $t+1$ 时刻为感染态（I）时，状态转移概率（感染率）为 $P_{S->I}^t$；当通信设备 i 在 t 时刻为易感染态（S）且 $t+1$ 时刻为感染态（R）时，状态转移概率（移除率）为 $P_{I->R}^t$；当通信设备 i 在 t 时刻为易感染态（R）且 $t+1$ 时刻为感染态（S）时，状态转移概率（恢复率）为 $P_{R->S}^t$。该转移概率与通信网络当前的拓扑结构、数据包传输情况以及各个设备当前的感染情况有关。其中，拓扑结构与网络中节点的度有关，本节将 k_i^c 定义为信息节点 i 的度，表示该节点与 k_i^c 个信息节点邻接。第

i 个信息节点在 t 时刻状态转移概率计算公式如下：

$$P^{A}_{t,\mathcal{S}\to\mathcal{I}}(i)=|\Theta_{AA,i}|\mu\Delta t\beta_{AA}+|\Theta_{AB,i}|\mu\Delta t\beta_{AB} \tag{6.14}$$

$$P^{B}_{t,\mathcal{S}\to\mathcal{I}}(i)=|\Theta_{BA,i}|\mu\Delta t\beta_{BA}+|\Theta_{BB,i}|\mu\Delta t\beta_{BB} \tag{6.15}$$

$$P^{A}_{t,I->R}=\zeta_{A} \tag{6.16}$$

$$P^{B}_{t,I->R}=\zeta_{B} \tag{6.17}$$

$$P^{t}_{t,R->S}=\eta_{A} \tag{6.18}$$

$$P^{t}_{t,R->S}=\eta_{B} \tag{6.19}$$

式中，$|\Theta_i|$表示与信息节点 i 相邻接的蠕虫节点的个数；μ 为蠕虫病毒节点可以在 1 s 内扫描的邻接设备的数量，该参数受限于扫描方法的性能和网络带宽，在理想的情况下，一般取实际网络带宽的上限；这里假设在同一个通信网络中全网蠕虫节点的 η 值相同；Δt 表示扫描周期，这里取 1 s；β 表示通信设备被扫描到一次之后被成功感染的概率，η 代表从免疫态（R）到易感染态（S）的恢复率，该参数是由病毒实时更新速度和补丁失效情况决定的；同理，ζ 表示通信设备状态从感染态（I）转移到免疫态（R）的移除率，该参数由漏洞补丁的更新速度和感染区域隔离情况等决定。

接下来分析攻击者在对电力通信系统有不同程度了解的情况下，对 PLC-PC 耦合通信网络的$|\Theta_i|$的估计。

1. 完全信息下状态转移概率

在某些情况下，攻击者可能通过窃听来了解整个网络拓扑信息，从而使他们做出预测并更准确地采取对策。在这种情况下，集合 $\Theta_{mn,i}$（m=A,B；n=A,B；信息节点 i）中元素的个数$|\Theta_{mn,i}|$可以由下式计算：

$$|\Theta_{mn,i}| = \sum_{j\in\Theta_{mn,i}} \text{且 } s^{c}_{j}=sl^{c}_{ij} \tag{6.20}$$

式中，$[l^{c}_{ij}]\in\mathbf{R}^{N^{c}\times N^{c}}$代表信息节点的脆弱性邻接线路。当信息节点 j 的状态是感染态，且信息节点 $j\in\Theta_{mn,i}$时，这时节点 j 满足式（6.20）。

2. 不完全信息下状态转移概率

在实际情形中，攻击者通过监听和流量监测等手段并不能完全掌握观测到整个信息层设备的状态及正常节点和蠕虫节点的拓扑关联信息，只能掌握部分可观测的网络结构、蠕虫节点的总数量和被监听的节点的连接信息。下面对整个系统的网络结构进行估算，进而求解状态转移概率。根据已知参数估计通信网络的平均度估计各个信息节点的邻接情况。

对于任何 PC 节点，本节将(a_1,a_2)定义为其度，代表该节点与 a_1 个 PC

节点（内部）和 a_2 个 PLC 节点（外部）邻接。相似地，对于任何 PLC 节点，本节将 (b_1,b_2) 定义为其度，代表该节点与 b_1 个 PLC 节点（内部）和 b_2 个 PC 节点（外部）邻接。假设

$$N^{\mathrm{A}}_{a_i,a_j}=S^{\mathrm{A}}_{a_i,a_j}(t)+I^{\mathrm{A}}_{a_i,a_j}(t)+R^{\mathrm{A}}_{a_i,a_j}(t) \tag{6.21}$$

式中，$N^{\mathrm{A}}_{a_i,a_j}$ 表示度为 (a_i,a_j) 的 PC 节点的总数；$S^{\mathrm{A}}_{a_i,a_j}$、$I^{\mathrm{A}}_{a_i,a_j}$ 和 $R^{\mathrm{A}}_{a_i,a_j}$ 分别表示度为 (a_i,a_j) 的易感染态 PC 节点、感染态 PC 节点和隔离态 PC 节点的总数。相似地，在任何给定时间 t，度为 (b_1,b_2) 的 PLC 节点的总数是稳定的，并且在所有状态下都是度为 (b_1,b_2) 的节点之和：

$$N^{\mathrm{B}}_{b_1,b_2}=S^{\mathrm{B}}_{b_1,b_2}(t)+I^{\mathrm{B}}_{b_1,b_2}(t)+R^{\mathrm{B}}_{b_1,b_2}(t) \tag{6.22}$$

式中，$N^{\mathrm{B}}_{b_1,b_2}$ 表示度为 (b_1,b_2) 的 PLC 节点的总数；$S^{\mathrm{B}}_{b_1,b_2}$、$I^{\mathrm{B}}_{b_1,b_2}$ 和 $R^{\mathrm{B}}_{b_1,b_2}$ 分别表示度为 (b_1,b_2) 的易感染态 PLC 节点、感染态 PLC 节点和隔离态 PLC 节点的总数。

随后进一步分别定义了 PC 网络和 PLC 网络中设备的度分布概率。$P_{\mathrm{A}}(a_1,a_2)=N^{\mathrm{A}}_{a_1,a_2}/N^{\mathrm{A}}$ 和 $P_{\mathrm{B}}(b_1,b_2)=N^{\mathrm{B}}_{b_1,b_2}/N^{\mathrm{B}}$ 分别表示在 PC 网络和 PLC 网络的度分布，此外，$P_{\mathrm{A}}(a_1,\cdot)$、$P_{\mathrm{A}}(\cdot,a_2)$、$P_{\mathrm{B}}(b_1,\cdot)$ 和 $P_{\mathrm{B}}(\cdot,b_2)$ 分别表示边界度。

然后，定义 $k_{\mathrm{A}}(i)$ 表示信息节点 i 连接的 PC 节点的个数，$k_{\mathrm{B}}(i)$ 表示信息节点 i 连接的 PLC 节点的个数。平均度（$m=\mathrm{A,B}$；$n=\mathrm{A,B}$）可以定义为网络 m 中节点与网络 n 中节点邻接的平均度，某 PC 节点与其余 PC 节点邻接的平均度 $\langle k\rangle_{\mathrm{AA}}$：

$$\langle k\rangle_{\mathrm{AA}}=\sum_{a_1=0}^{n_{\mathrm{AA}}}a_1P_{\mathrm{A}}(a_1,\cdot)=\sum_{a_1=0}^{n_{\mathrm{AA}}}a_1\sum_{a_2=0}^{n_{\mathrm{AB}}}P_{\mathrm{A}}(a_1,a_2) \tag{6.23}$$

某 PC 节点与其余 PLC 节点邻接的平均度 $\langle k\rangle_{\mathrm{AB}}$：

$$\langle k\rangle_{\mathrm{AB}}=\sum_{a_2=0}^{n_{\mathrm{AB}}}a_2P_{\mathrm{A}}(\cdot,a_2)=\sum_{a_2=0}^{n_{\mathrm{AB}}}a_2\sum_{a_1=0}^{n_{\mathrm{AA}}}P_{\mathrm{A}}(a_1,a_2) \tag{6.24}$$

某 PLC 节点与其余 PC 节点邻接的平均度 $\langle k\rangle_{\mathrm{BA}}$：

$$\langle k\rangle_{\mathrm{BA}}=\sum_{b_1=0}^{n_{\mathrm{BA}}}b_1P_{\mathrm{B}}(b_1,\cdot)=\sum_{b_1=0}^{n_{\mathrm{BA}}}b_1\sum_{b_2=0}^{n_{\mathrm{BB}}}P_{\mathrm{B}}(b_1,b_2) \tag{6.25}$$

某 PLC 节点与其余 PLC 节点邻接的平均度 $\langle k\rangle_{\mathrm{BB}}$：

$$\langle k\rangle_{\mathrm{BB}}=\sum_{b_2=0}^{n_{\mathrm{BB}}}b_2P_{\mathrm{B}}(b_2,\cdot)=\sum_{b_2=0}^{n_{\mathrm{BB}}}b_2\sum_{b_1=0}^{n_{\mathrm{BA}}}P_{\mathrm{B}}(b_1,b_2) \tag{6.26}$$

式中，n_{mn}（m=A,B；n=A,B）表示 m 网络中的设备与 n 网络中设备的最大度。在该模型下可以更准确地模拟蠕虫病毒在通信网络中的传播机理。在这种动态的状态转化过程中，各个通信设备的攻击成本也随着状态转移概率动态变化。在本节中，与易感染态 PC 节点相邻的 PC 节点是感染态的概率表示为

$$\psi_{\mathrm{AA}}(t)=\frac{1}{\langle k\rangle_{\mathrm{AA}}}\sum_{a_1=0}^{n_{\mathrm{AA}}}\sum_{a_2=0}^{n_{\mathrm{AB}}}a_1P_{\mathrm{A}}(a_1,a_2)I_{a_1,a_2}^{\mathrm{A}}(t) \tag{6.27}$$

与易感染态 PC 节点相邻的 PLC 节点是感染态的概率表示为

$$\psi_{\mathrm{AB}}(t)=\frac{1}{\langle k\rangle_{\mathrm{BA}}}\sum_{b_1=0}^{n_{\mathrm{BA}}}\sum_{b_2=0}^{n_{\mathrm{BB}}}b_1P_{\mathrm{B}}(b_1,b_2)I_{b_1,b_2}^{\mathrm{B}}(t) \tag{6.28}$$

与易感染态 PLC 节点相邻的 PC 节点是感染态的概率表示为

$$\psi_{\mathrm{BA}}(t)=\frac{1}{\langle k\rangle_{\mathrm{AB}}}\sum_{a_1=0}^{n_{\mathrm{AA}}}\sum_{a_2=0}^{n_{\mathrm{AB}}}a_1P_{\mathrm{A}}(a_1,a_2)I_{a_1,a_2}^{\mathrm{A}}(t) \tag{6.29}$$

与易感染态 PLC 节点相邻的 PLC 节点是感染态的概率表示为

$$\psi_{\mathrm{BB}}(t)=\frac{1}{\langle k\rangle_{\mathrm{BB}}}\sum_{b_1=0}^{n_{\mathrm{BA}}}\sum_{b_2=0}^{n_{\mathrm{BB}}}b_2P_{\mathrm{B}}(b_1,b_2)I_{b_1,b_2}^{\mathrm{B}}(t) \tag{6.30}$$

此时，$|\Theta_{mn,i}|$可以表示为

$$|\Theta_{mn,i}|=k_n(i)\psi_{mn}(t) \tag{6.31}$$

6.3.4 基于蠕虫传播模型和 FDI 的双层协同攻击策略

本节提出了一种信息物理协同攻击模型，该模型实现了跨空间双层攻击的耦合建模，针对电力系统在上层通信网络，采用蠕虫传播模型模拟病毒在信息设备之间的传播机理，下层采用 FDI 对电力系统全量测状态量估计值的偏差来量化对电力层的破坏程度。通信-电力两层之间以电力母线上装置的量测装置 PMU 与相关通信设备 PLC 相连。

该协同攻击的攻击原理如下：远程攻击者发起蠕虫病毒感染通信网络中的 PLC 等通信设备，一旦感染成功，被感染的通信设备所收集到的 PMU 量测数据有一定概率被注入虚假数据，进而导致电力系统状态估计值出现误差，从而引发连锁故障。

1. 基于恶意数据注入方法的电力层攻击

电力系统中的 FDI 被认为是最具威胁性的攻击。本节采用该状态估计方法求得状态估计值偏差来量化虚假数据注入后对电力层的破坏程度。

在信息网络通信没有发生异常情况下，通信网络中的数据传输被建立为从输入节点到输出节点的单输入单输出的正确映射函数 g：$z^g \rightarrow z^g$。接下来，原始测量 $\boldsymbol{z}^g=[\theta_1,\theta_2,\cdots,\theta_{N^g},U_1,U_2,\cdots,U_{N^g}]^{\mathrm{T}}$ 被转移到估计器中根据式（6.32）计算，从而得到真实的估计结果 $\boldsymbol{x}=[\theta_{x1},\theta_{x2},\cdots,\theta_{xN^g},U_{x1},U_{x2},\cdots,U_{xN^g}]^{\mathrm{T}}$：

$$\boldsymbol{x}=\boldsymbol{U}^{-1}(\boldsymbol{\varepsilon}\otimes\boldsymbol{x}'+\boldsymbol{\rho}\otimes\boldsymbol{z}^g) \tag{6.32}$$

其中，混合量测值 $[\boldsymbol{x}',\boldsymbol{z}^g]$ 包括原始的状态估计结果 $\boldsymbol{x}^{(1)}$ 和 PMU 量测值 $\boldsymbol{z}^g$。本节中，$\boldsymbol{z}^g$ 定义为 PMU 的量测值，包括电压的幅值 U 和相位角 θ。$\boldsymbol{U}=[\boldsymbol{I}\quad \boldsymbol{H}^g]^{\mathrm{T}}$，其中，$H^g$ 为相关线性方程的雅可比矩阵且 $\boldsymbol{I}$ 为单位矩阵，$\boldsymbol{x}$ 为待求的状态量。$\boldsymbol{\varepsilon}=[1,0]^{\mathrm{T}}$ 且 $\boldsymbol{\rho}=[0,1]^{\mathrm{T}}$。因为攻击者注入的虚假数据远大于系统量测误差，所以本节忽略系统量测误差对估计结果造成的影响。

如图 6.6 所示，当恶意数据注入攻击的发生时，通信网络中的数据传输被建立为从输入节点到输出节点的错误映射函数 g'：$z^g \rightarrow \hat{z}^g$，其中，$\hat{z}^g=z^g+\boldsymbol{e}_z$。与此同时，当恶意数据 $\boldsymbol{e}_z=[e_{\theta 1},e_{\theta 2},\cdots,e_{\theta N_\theta^g},e_{U1},e_{U2},\cdots,e_{UN_U^g}]^{\mathrm{T}}$ 被注入 PMU 量测值 $\boldsymbol{z}^g$ 后，式（6.31）将会被修改为以下公式：

$$\begin{aligned}\hat{\boldsymbol{x}}&=\boldsymbol{x}+\boldsymbol{e}_{xz}\\&=\boldsymbol{U}^{-1}(\boldsymbol{\varepsilon}\otimes\boldsymbol{x}'+\boldsymbol{\rho}\otimes\hat{\boldsymbol{z}}^g)\\&=\boldsymbol{U}^{-1}(\boldsymbol{\varepsilon}\otimes\boldsymbol{x}'+\boldsymbol{\rho}\otimes(\boldsymbol{z}^g+\boldsymbol{e}_z))\end{aligned} \tag{6.33}$$

其中，$\hat{\boldsymbol{z}}^g=[\hat{\theta}_1,\hat{\theta}_2,\cdots,\hat{\theta}_{N^g},\hat{U}_1,\hat{U}_2,\cdots,\hat{U}_{N^g}]^{\mathrm{T}}$ 表示被注入恶意数据的量测量，该错误的量测量输入给状态估计器，估计器计算得错误的状态量 $\hat{\boldsymbol{x}}=[\theta_x+e_{x\theta},U_x+e_{xU}]^{\mathrm{T}}$，错误的状态量和正确的状态量的差值为 $\boldsymbol{e}_{xz}$。

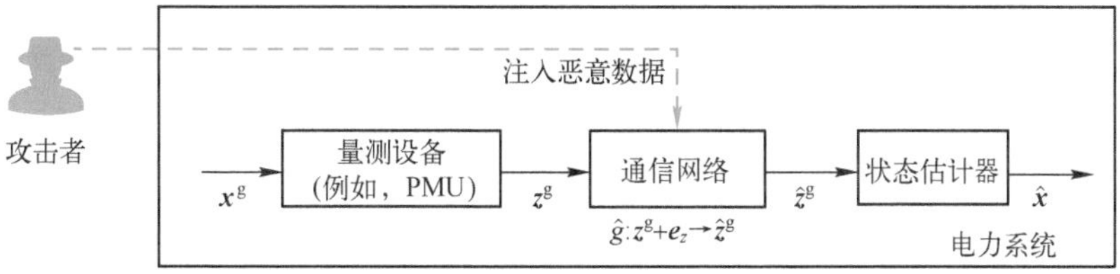

图 6.6　恶意数据注入攻击示意图

2. 双层信息系物理协同攻击模型

近年来，数例典型电网破坏事件的流程可以概括如下：远程黑客利用 PC 或 PLC 中的系统漏洞注入病毒，该病毒在通信设备中级联渗透，扩散到指定功能的通信设备或调度中心，随后通过修改量测数据和控制命令使得电力系统瘫痪。

基于此，本节提出了一种双层电力信息物理协同攻击模型，如图 6.7 所示。该模型实现了跨空间双层攻击的耦合建模，在上层通信层攻击模型建立为 SIR 蠕虫传播模型，下层电力层采用虚假数据注入的攻击方式。通信-电力两层之间以电力母线上装置的量测装置 PMU 与相关通信设备相连。为了便于表述，在下文中，将通信网络中负责传输 PMU 量测数据的通信设备定义为信息节点，节点数目为 N^{c}；将电力网络中的母线抽象定义为电力节点，节点数目为 N^{g}。

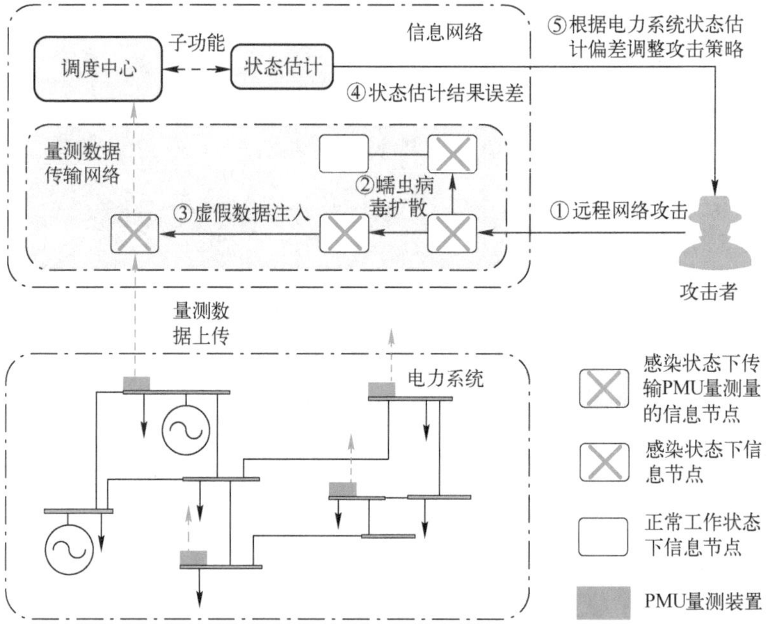

图 6.7　双层电力信息物理协同攻击示意图

如图 6.8 所示，电力信息物理系统由电力系统网架结构和通信网络组成。量测装置 PMU 将潮流和线路开关状态信息传输给由通信设备（如 PLC）组成的通信网络，接着传输至调度中心，调度中心利用状态估计筛查量测数据，并进行最优潮流调度。

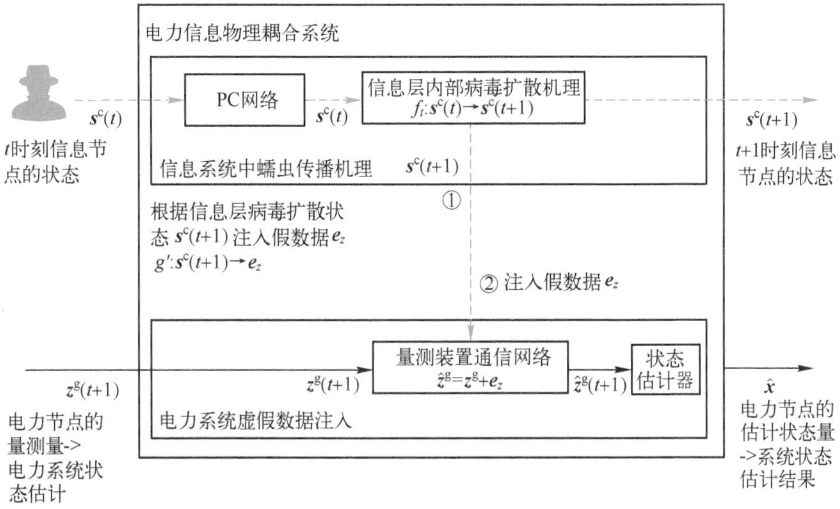

图 6.8　双层信息物理协同攻击示意图

由此，本节对通信层和物理层攻击模式分层建模，根据网络攻击从信息系统渗透到物理系统的非线性耦合关系，提出了一种基于马尔可夫过程的协同攻击模型：

$$s^c(t+1) = f(s^c(t)) \tag{6.34}$$

$$\boldsymbol{\xi}(t+1) = \boldsymbol{\xi}(t) + \boldsymbol{\sigma} - [s^c(t+1) \otimes s^c(t+1)] \tag{6.35}$$

$$\hat{z}^g(t+1) = z^g(t+1) + \boldsymbol{\iota} \otimes [(\boldsymbol{L}^g_{c_B})^T \cdot \boldsymbol{\xi}(t+1)] \circ \hat{e}_z \tag{6.36}$$

$$\hat{x}(t+1) = \boldsymbol{U}^{-1}\{\boldsymbol{\varepsilon} \otimes x' + \boldsymbol{\rho} \otimes \hat{z}^g(t+1)\} \tag{6.37}$$

式（6.34）中，$s^c(t)$代表通信节点在 t 时刻的状态向量，$f_t: N_s^c \xrightarrow{P(s^c(t+1) \mid s^c(t))} N_s^c$ 代表电力 CPS 的通信网络状态向量 $s^c(t)$ 从 t 转移到 $t+1$ 时刻状态 $s^c(t+1)$，即从通信网络状态空间 N_s^c 映射到 N_s^c 的规则，该规则遵循转移概率 $P(s^c(t+1) \mid s^c(t))$，在 6.3.3 节中已经详细定义。

式（6.35）中，$\boldsymbol{\xi}(\cdot)$表示过渡函数，用来记录当前 t 时刻被感染的通信节点的状态。$\boldsymbol{\sigma}=[1,\cdots,1]^T$，$\otimes$代表克罗内克积。在 s^c 状态量表示的时候，分别采用-1、0 和 1 代表易感染态、感染态和免疫态。

式（6.36）代表病毒跨空间传播规则，即被感染的通信节点对原始的 PMU 量测量注入虚假数据后，全量测状态估计器得到的从原始量测量到错误量测量的映射关系 g'：$z^g(t+1) \to \hat{z}^g(t+1)$。$\boldsymbol{L}^g_{c_B(N^c \times N^g)}$ 代表通信网络到电力网络的邻接矩阵。$\boldsymbol{\iota}=[1,1]^{\mathrm{T}}$，$\hat{\boldsymbol{e}}_z$代表单位虚假数据并且$\circ$代表哈达玛积。假设对系统实际防御机制未知的情况下，攻击者根据历史经验，以适合的单位虚假数据随着时间的增加逐渐渗透。

式（6.37）代表错误量测量输入估计器后计算出的状态估计值的映射关系 g''：$\hat{z}^{\mathrm{g}}(t+1)\rightarrow\boldsymbol{x}(t+1)$。其中，$\boldsymbol{\varepsilon}=[1,0]^{\mathrm{T}}$，$\boldsymbol{\rho}=[0,1]^{\mathrm{T}}$。

该双层协同攻击模型的输入分为两部分，分别是信息层中信息节点感染状态 $\boldsymbol{s}^{\mathrm{c}}(t)$和电力层中电力节点的量测量 $\boldsymbol{z}^{\mathrm{g}}(t+1)$。输出也包括两部分，包括下一时刻信息层中信息节点感染状态 $\boldsymbol{s}^{\mathrm{c}}(t+1)$和电力层中状态估计求解的电力节点的错误状态量$\hat{\boldsymbol{x}}$，该状态量与原始求解状态量的偏差是由信息层节点的感染状态所决定。在某时刻 t，信息节点 i 的状态量如果是感染态，那么它收集到的电力节点 j 的量测数据就会相应被篡改。

6.3.5 算例分析

为了验证本章提出的双层协同攻击模型可以有效地模拟远程攻击者对电力系统发动攻击之后造成的电力系统状态估计值偏差，本节建立了一个联合仿真平台通信 2PC-8PLC 节点-IEEE 14 节点耦合系统。上层信息层采用网络模拟器 NS2 仿真网络模拟器，下层采用 MATLAB 2018 仿真平台模拟电力 CPS 状态演化过程。

本模型在一个通信 2PC-8PLC-电力 IEEE 14 节点的耦合系统上进行测试，该算例系统由两部分组成，上层通信层由 8 个 PLC 设备和 2 个 PC 设备组成通信组成，下层电力层是 IEEE 14 节点系统，该电力通信网络主要服务于电力系统的状态估计功能。当攻击者发动远程网络攻击时，病毒在通信网络节点之间以蠕虫形式传播，将虚假数据注入通信设备。

在该联合仿真算例中，2PC-8PLC 通信网络使用 NS2 软件仿真，该软件可以考虑更多实际情况，如链路阻塞、丢包等过程，仿真结果更符合实际通信网络特性。此外，该算例在其他参数设置时采用 UDP 协议和自带的单播路由协议，并选择具有代表性的已经公开的 PLC 和 PC 上的漏洞。

为了使实验结果更直观，能够将每一个信息节点和电力节点分离开来进行分析，做出以下假设：

1）攻击者动作集合均采用单层攻击目标的动作，即攻击目标为 i 时，$P_i^{\mathrm{act}}=1$ 且 $P_{i\neq j}^{\mathrm{act}}=0$。

2）为了直观分析各个信息节点和电力节点对电力系统状态估计值偏差

的影响，本节假设电力节点和信息节点是一一对应的，不考虑邻接矩阵中存在多对一或者多对多的关系。

3）电压量测值允许的偏差为±5%，单次修改的虚假数据为原始量测值的±1%。

4）所有电力节点均可以有 SCADA 的量测量，但是配置 PMU 装置的电力节点可以存在 PMU 量测量，因为本节针对 PMU 量测量的虚假数据注入攻击，所以在仿真中仅有这些节点的 PMU 量测量能够被篡改，其他节点量测量默认无法被修改。针对在电力通信网络中的蠕虫传播模型，本节对该蠕虫传播模型进行模拟，分别讨论在攻击时间为 $2\Delta t$ 周期内和 $3\Delta t$ 周期内的感染节点扩散过程，如图 6.9、图 6.10 所示。讨论当信息网络中不同节点被感染之后病毒跨空间扩散情况，并讨论影响信息节点扩散速度的因素，比较对全量测状态估计结果的影响。

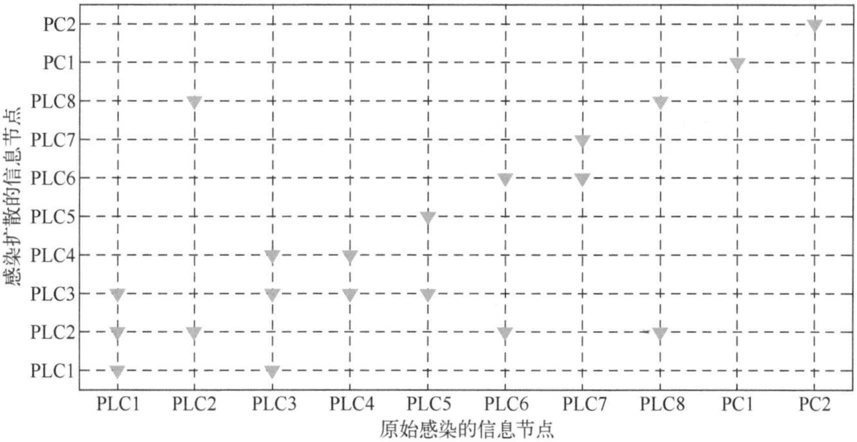

图 6.9　信息节点感染后在 $2\Delta t$ 周期内的扩散过程

由仿真结果可以看出，随着攻击周期 Δt 的增加，蠕虫病毒迅速地在通信网络中蔓延开来，信息节点 PLC1 的扩散效果最好，节点 PLC3 次之，接下来是 PLC2，最差的是 PC1 和 PC2。由此可见，影响蠕虫病毒传播速度的因素除了节点度的大小，还有节点周围邻接节点上所存在的漏洞被利用的难易程度。比如 PLC3 节点和 PLC2 节点的度都是 3，但是由于 PLC3 节点的邻接节点 PLC8 上存在的漏洞被利用的难度大，导致 PLC2 节点扩散速度比 PLC3 慢。

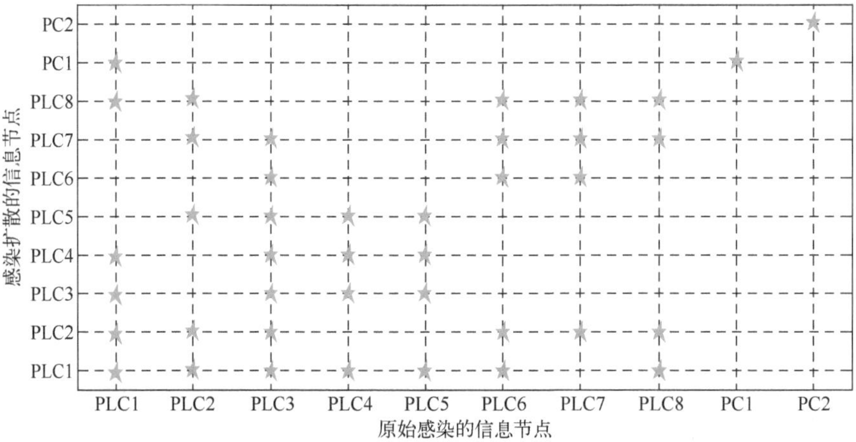

图 6.10 信息节点感染后在 $3\Delta t$ 周期内的扩散过程

此外，在该 2PC-8PLC 耦合通信网络中，PC1 节点和 PC2 节点被感染后基本不会发生扩散，这是由于 PC2 和 PC1 节点不是边缘信息节点，一旦被攻击后会在扩散之前迅速地被隔离或者修复漏洞。此外，由于它们上存在的漏洞被利用的难度大（PC 和 PLC 的漏洞评判标准不同），所以难易被邻接 PLC 节点利用。

6.4 信息攻击下的信息能源控制系统

信息系统的引入，使得多种智能控制策略可以在能源系统中使用，极大地提高了该系统的运行效率和能源利用率。但机遇和风险并存，由于控制系统依靠于通信系统实现，这之中通信协议的漏洞有可能被一些人（通常称为攻击者）恶意利用，造成信息系统的失效或错误，进而通过影响控制系统的及时性、准确性等，降低或破坏能源系统的稳定性等性能。

一般来说，攻击者常用的攻击方式主要有虚假数据注入（False-Data-Injection，FDI）和拒绝服务攻击（Denial-of-Service Attack，DoS Attack）。前者通过在原始数据中输入错误信息来破坏数据的可信度。本节介绍 DoS 攻击对信息能源控制系统的影响，同样以电力系统为例，着重分析 DoS 攻击对微电网二级频率控制的影响。

6.4.1 拒绝服务攻击

拒绝服务攻击，又可称为分布式拒绝服务攻击，通过干扰器干扰频谱、恶意数据包淹没目标信道等手段对通信网络造成严重破坏，造成通信系统中正常数据包无法传输，影响通信数据包的及时性、可靠性，因含有系统状态的数据包无法被控制器接收，造成控制器无法依据系统的实时状态信息更新控制策略，进而影响系统的稳定性。本节通过分析 DoS 攻击对基于网络通信实现的控制器的影响，给出该攻击形式在具体系统状态方程中的建模形式。

基于网络通信的控制系统具体控制如图 6.11 所示，采样器采样系统的状态信息 $\boldsymbol{x}$，并将其传输到相应的路由器中，通过通信协议传输到控制器所在网络的路由器中，所接收到的信息被控制器中的处理器依据控制规则计算下一时刻的控制值，并由执行器执行。图 6.11 中，实线表示系统的内部控制过程，虚线表示网络通信连接线路。考虑网络通信的信息能源系统模型如下：

$$\dot{\boldsymbol{x}}(t)=\boldsymbol{A}\boldsymbol{x}(t)+\boldsymbol{B}\boldsymbol{u}(t) \tag{6.38}$$

式中，$\boldsymbol{u}(t)=c\boldsymbol{x}(t_k-\tau_{\mathrm{m}})$，$t\in(t_k,t_{k+1})$；$\boldsymbol{x}$ 为信息物理系统的状态；$\boldsymbol{A}$ 为系统矩阵；$\boldsymbol{B}$ 为输入矩阵；$\boldsymbol{u}$ 为系统的控制输入。c 为控制系数，$0<t_0<t_1<\cdots<t_k<\cdots$ 为系统的控制时刻，τ_{m} 表示信息在网络中传输、处理器计算等过程中造成的时滞，通常情况下，该时滞可以被认为是存在一个上界的极小的可变数值，且其上界小于控制周期 h。从式（6.38）中可以看出，因为网络的引入，使得原本的连续系统变为带有时滞项的分段连续系统。若该系统的每段子系统都是稳定的，那么系统可以一直保持稳定，故在设计相关控制参数时，可以仅分析一个控制周期内系统的稳定性。

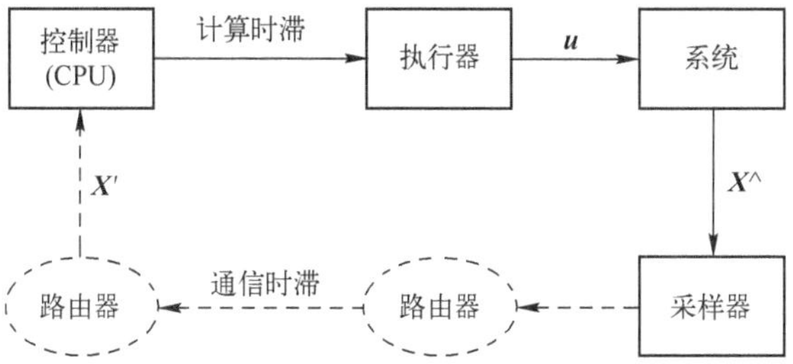

图 6.11 基于网络通信的控制系统

当系统遭受到 DoS 攻击时，系统的状态空间方程会发生一定的变化，下面从通信原理角度出发，分析 DoS 攻击对系统方程的影响，即在状态空间方程中建立 DoS 攻击的模型，如图 6.12 所示。假设 DoS 攻击者对服务提供者的边缘路由器发起 DoS 攻击，这些路由器被设计成路由数据包并且能够处理较高的数据包到达率。这种情况很可能发生，因为路由器对能源用户和攻击者都是开放的。通信路径中每个路由器服务的共同原则是先到先得。控制数据包传输的机制可以通过队列模型模拟，如图 6.13 所示。如果网络路由器的 CPU 空闲，新到达的数据包将立即被服务一段时间，通常认为这段时间为 CPU 的计算时间。如果 CPU 中包含其他的需要处理的数据包，新到达的数据包将被困在队列中等待服务。如果有限大小的队列已满，则数据包将被丢弃。对于数据包，存在延迟 τ_d，即服务时间，它表示在到达目标设备之前队列中花费的总时间。延迟 τ_d 为等待时间（即一个数据包在每条通信路径上的传输时间）和服务时间（即每个控制器的计算时间）的总和，分别表示为 τ_t 和 τ_c。通常情况下，τ_t 和 τ_c 都被包含于 τ_m 中，且数值较小。但是当 DoS 攻击发生在通信链路后，数据包的等待时间被增加，而且当丢包情况发生的时候，因包含新信息的数据包一直未被控制器接收，使得上一次成功更新的信息一直被使用，也就造成之前的状态一直被用于计算控制指令，在状态方程中，某一时刻的系统状态一直被时滞。这使得系统的状态方程发生了如下变化：

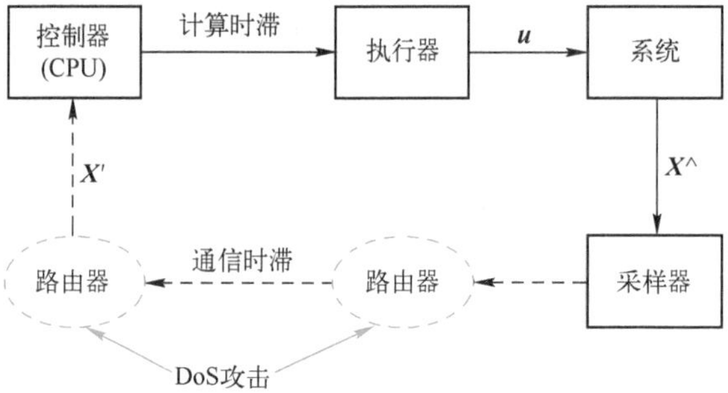

图 6.12 存在 DoS 攻击时的控制系统

$$\dot{\boldsymbol{x}}(t)=\boldsymbol{A}\boldsymbol{x}(t)+\boldsymbol{B}\boldsymbol{u}(t) \tag{6.39}$$

式中，$\boldsymbol{u}(t)=c\boldsymbol{x}(t_k-\hat{\tau}_m), t\in(t_k,t_{k+1})$，其中，$\hat{\tau}_m$ 是由 DoS 攻击造成的时滞项，且 $\hat{\tau}_m>\tau_m$，该时滞上限不确定，其与攻击数据包的到达率、正常数据包

的到达率和控制器的服务时间，即控制性能相关。故 DoS 攻击对信息能源控制系统的影响研究，可以转化为分析一个含有不确定上界时滞项的分段连续系统的研究。下面的章节中以微电网的二级频率为例，分析 DoS 攻击对信息能源系统的影响。

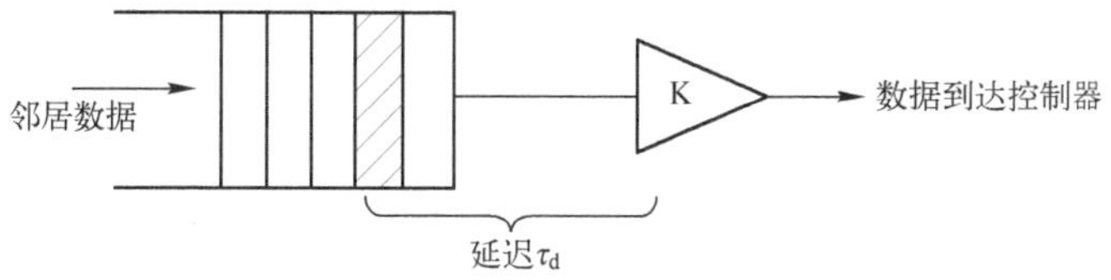

图 6.13 传输队列模型

6.4.2 微电网的二级频率控制

微电网是由分布式发电（DG）、储能和负载组成的一种小型电力系统。其控制策略大多基于网络系统和技术，这使得微电网可被看作典型的信息能源系统。这一典型的信息能源系统可以依据控制目的，分为三级，分别是一级下垂控制、二级恢复控制和三级优化控制，如图 6.14 所示。

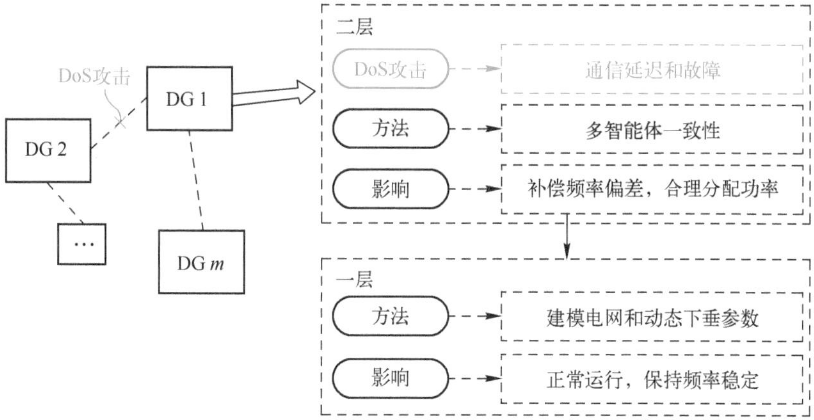

图 6.14 微电网的分级控制

一级下垂控制可以看作微电网的物理控制部分，它包含内部电流控制环、外部电压控制环和下垂控制环。其中，下垂控制器为 DG 逆变器的外电压控制回路提供参考输入，可快速调节输出电流和电压。这些下垂控制器的参数根据 DG 的额定功率进行设计。虽然这些控制器可以保证微电网的稳定，但其会造成系统的频率和 DG 的电压偏移额定值。因此，需要采用二级恢复控制，通过上下移动下垂曲线，在保证 DG 间功率按比例分配的同时，完全补偿频率偏差。其对应控制方程如下：

$$\omega_i = \omega^* - m_i(P_i - P_i^*) + \overline{\omega}_i \tag{6.40}$$

式中，ω_i为第 i 个 DG 的输出频率；ω^*为系统的额定频率；m_i为该 DG 相应的下垂控制系数；P_i为输出有功功率；P_i^*为该 DG 的额定输出功率；$\overline{\omega}_i$为二级恢复控制的输入量。在二级控制中，可以通过基于多智能体的一致性恢复策略实现微电网频率的恢复。假设一次侧能源可以满足负荷变化，且总负荷不超过微电网所能提供电能的上限。这样，在基于多智能体的二级频率控制中，DG 作为智能体，与相邻的 DG 通过 UDP 协议通信频率信息。微电网中包含频率信息的数据包通过信道传输，并被相应的 DG 的数据接收器接收。然后这些数据包会被写入数据的缓冲区，由 DG 中的频率控制器来处理。其通信过程如图 6.15 所示。

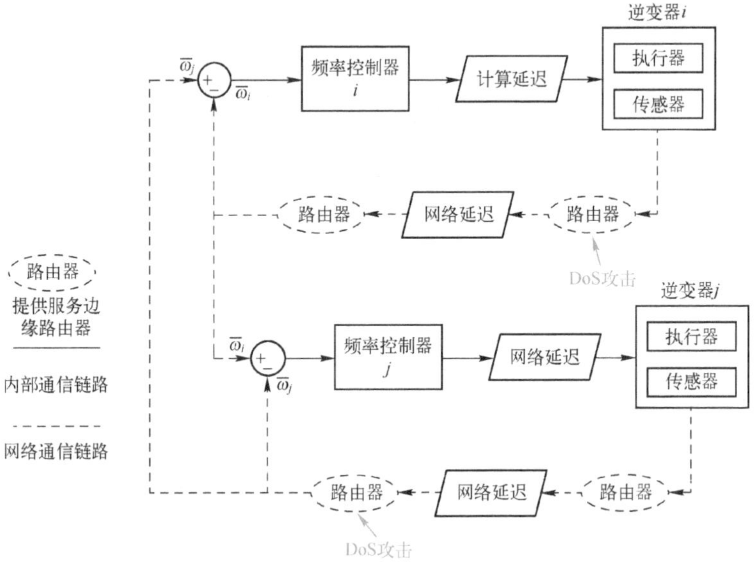

图 6.15　DG 间通信示意图

6.4.3 DoS攻击下的微电网二级控制稳定性分析

在分析系统的稳定性之前，需要引入一些关于图论的基础知识：给定一个无向图 $G(\nu,\varepsilon,A)$，其中，ν 表示总个数为 N 的点集，$\varepsilon \subseteq \nu \times \nu$ 表示边集，A 表示邻接矩阵，如果节点 i 和节点 j 通信，则 $a_{ij}=1$，否则 $a_{ij}=0$。则对于一个无向图，存在一个拉普拉斯矩阵 $\boldsymbol{L}$，其中，当 $i\neq j$ 时，$l_{ij}=a_{ij}$；当 $i=j$ 时，$l_{ij}=\sum\limits_{j=1}^{N_i} a_{ij}$，其中，$N_i$表示节点 i 的邻居节点。

对于节点 i，其在一个控制周期内的二级恢复控制可用下述方程表示：

$$\dot{\overline{\omega}}_i=-\frac{1}{\sum\limits_{j=1}^{N} a_{ij}}\sum_{j=1}^{n} a_{ij}\left[\overline{\omega}_i(t-\tau_{ci})-\overline{\omega}_j(t-\hat{\tau}_{mij})\right] \tag{6.41}$$

式中，τ_{ci}表示节点 i 的计算时滞；$\hat{\tau}_{mij}$表示因DoS攻击造成的时滞。这里假设所有的 τ_{ci}都有一个共同的上界 τ_c，考虑到对于一个微电网而言，广播通信的形式被广泛应用，则这里假设$\hat{\tau}_{mij}$也存在一个极大上界$\hat{\tau}_m$。为了分析微电网二级控制系统的稳定性，考虑DoS最严重的情况，将微电网中的所有DG的二级控制写成矩阵形式，如下：

$$\dot{\overline{\boldsymbol{\omega}}}(t)=-\boldsymbol{I}\,\overline{\boldsymbol{\omega}}(t-\tau_c)+\hat{\boldsymbol{A}}\overline{\boldsymbol{\omega}}(t-\hat{\tau}_m) \tag{6.42}$$

式中，$\boldsymbol{I}$ 为单位矩阵；$\hat{\boldsymbol{A}}=[\hat{a}_{ij}]_{n\times n}$，其中，$\hat{a}_{ij}=a_{ij}/\sum\limits_{j=1}^{N} a_{ij}$。对于一个微电网而言，在设计其二级控制系统的时候，我们更多地关注系统对DoS攻击的容忍度，存在如下定理。

定理6.1 对于一个给定的计算时滞 $\tau_c\geqslant 0$ 和DoS攻击造成的时滞$\hat{\tau}_m>\tau_c$，微电网的二级恢复控制系统在一个控制周期中，是渐近稳定，如果存在正定的矩阵 $\boldsymbol{P}=\boldsymbol{P}^{\mathrm{T}}>0$、$\boldsymbol{Q}_i=\boldsymbol{Q}_i^{\mathrm{T}}>0(i=1,2)$，半正定矩阵 $\boldsymbol{W}_i=\boldsymbol{W}_i^{\mathrm{T}}\geqslant 0$、$\boldsymbol{X}_{ii}=\boldsymbol{X}_{ii}^{\mathrm{T}}\geqslant 0$、$\boldsymbol{Y}_{ii}=\boldsymbol{Y}_{ii}^{\mathrm{T}}\geqslant 0$、$\boldsymbol{Z}_{ii}=\boldsymbol{Z}_{ii}^{\mathrm{T}}\geqslant 0$，和任意矩阵 $\boldsymbol{N}_i$、$\boldsymbol{S}_i$、$\boldsymbol{T}_i(i=1,2,3)$，$\boldsymbol{X}_{ij}$、$\boldsymbol{Y}_{ij}$、$\boldsymbol{Z}_{ij}(1\leqslant i<j\leqslant 3)$满足如下LMI（Linear Matrix Inequality，线性矩阵不等式）方程：

$$\boldsymbol{\Phi}=\begin{bmatrix}\boldsymbol{\phi}_{11} & \boldsymbol{\phi}_{12} & \boldsymbol{\phi}_{13}\\ \boldsymbol{\phi}_{12}^{\mathrm{T}} & \boldsymbol{\phi}_{22} & \boldsymbol{\phi}_{23}\\ \boldsymbol{\phi}_{13}^{\mathrm{T}} & \boldsymbol{\phi}_{23}^{\mathrm{T}} & \boldsymbol{\phi}_{33}\end{bmatrix}<0 \tag{6.43}$$

$$\boldsymbol{\Psi}_1=\begin{bmatrix}\boldsymbol{X}_{11} & \boldsymbol{X}_{12} & \boldsymbol{X}_{13} & \boldsymbol{N}_1\\ \boldsymbol{X}_{12}^{\mathrm{T}} & \boldsymbol{X}_{22} & \boldsymbol{X}_{23} & \boldsymbol{N}_2\\ \boldsymbol{X}_{12}^{\mathrm{T}} & \boldsymbol{X}_{23}^{\mathrm{T}} & \boldsymbol{X}_{33} & \boldsymbol{N}_3\\ \boldsymbol{N}_1^{\mathrm{T}} & \boldsymbol{N}_2^{\mathrm{T}} & \boldsymbol{N}_3^{\mathrm{T}} & \boldsymbol{W}_1\end{bmatrix}\geqslant 0 \tag{6.44}$$

$$\boldsymbol{\Psi}_2=\begin{bmatrix}\boldsymbol{Y}_{11} & \boldsymbol{Y}_{12} & \boldsymbol{Y}_{13} & \boldsymbol{S}_1\\ \boldsymbol{Y}_{12}^{\mathrm{T}} & \boldsymbol{Y}_{22} & \boldsymbol{Y}_{23} & \boldsymbol{S}_2\\ \boldsymbol{Y}_{12}^{\mathrm{T}} & \boldsymbol{Y}_{23}^{\mathrm{T}} & \boldsymbol{Y}_{33} & \boldsymbol{S}_3\\ \boldsymbol{S}_1^{\mathrm{T}} & \boldsymbol{S}_2^{\mathrm{T}} & \boldsymbol{S}_3^{\mathrm{T}} & \boldsymbol{W}_2\end{bmatrix}\geqslant 0 \tag{6.45}$$

$$\boldsymbol{\Psi}_3=\begin{bmatrix}\boldsymbol{Z}_{11} & \boldsymbol{Z}_{12} & \boldsymbol{Z}_{13} & k\boldsymbol{T}_1\\ \boldsymbol{Z}_{12}^{\mathrm{T}} & \boldsymbol{Z}_{22} & \boldsymbol{Z}_{23} & k\boldsymbol{T}_2\\ \boldsymbol{Z}_{12}^{\mathrm{T}} & \boldsymbol{Z}_{23}^{\mathrm{T}} & \boldsymbol{Z}_{33} & k\boldsymbol{T}_3\\ k\boldsymbol{T}_1^{\mathrm{T}} & k\boldsymbol{T}_2^{\mathrm{T}} & k\boldsymbol{T}_3^{\mathrm{T}} & \boldsymbol{W}_3\end{bmatrix}\geqslant 0 \tag{6.46}$$

其中

$$\boldsymbol{\phi}_{11}=\boldsymbol{Q}_1+\boldsymbol{Q}_2+\boldsymbol{N}_1+\boldsymbol{N}_1^{\mathrm{T}}+\boldsymbol{S}_1+\boldsymbol{S}_1^{\mathrm{T}}+\boldsymbol{H}+\tau_{\mathrm{c}}\boldsymbol{X}_{11}+\hat{\tau}_{\mathrm{m}}\boldsymbol{Y}_{22}+(\hat{\tau}_{\mathrm{m}}-\tau_{\mathrm{c}})\boldsymbol{Z}_{11} \tag{6.47}$$

$$\boldsymbol{\phi}_{12}=\boldsymbol{PA}_1-\boldsymbol{N}_1+\boldsymbol{N}_2^{\mathrm{T}}+\boldsymbol{S}_2^{\mathrm{T}}+\boldsymbol{T}_1+\boldsymbol{H}+\tau_{\mathrm{c}}\boldsymbol{X}_{12}+\hat{\tau}_{\mathrm{m}}\boldsymbol{Y}_{12}+(\hat{\tau}_{\mathrm{m}}-\tau_{\mathrm{c}})\boldsymbol{Z}_{12} \tag{6.48}$$

$$\boldsymbol{\phi}_{13}=\boldsymbol{PA}_2+\boldsymbol{N}_3^{\mathrm{T}}-\boldsymbol{S}_1+\boldsymbol{S}_3^{\mathrm{T}}-\boldsymbol{T}_1+\boldsymbol{H}+\tau_{\mathrm{c}}\boldsymbol{X}_{13}+\hat{\tau}_{\mathrm{m}}\boldsymbol{Y}_{13}+(\hat{\tau}_{\mathrm{m}}-\tau_{\mathrm{c}})\boldsymbol{Z}_{13} \tag{6.49}$$

$$\boldsymbol{\phi}_{21}=-\boldsymbol{Q}_1-\boldsymbol{N}_2-\boldsymbol{N}_2^{\mathrm{T}}+\boldsymbol{T}_2+\boldsymbol{T}_2^{\mathrm{T}}+\boldsymbol{H}+\tau_{\mathrm{c}}\boldsymbol{X}_{22}+\hat{\tau}_{\mathrm{m}}\boldsymbol{Y}_{22}+(\hat{\tau}_{\mathrm{m}}-\tau_{\mathrm{c}})\boldsymbol{Z}_{22} \tag{6.50}$$

$$\boldsymbol{\phi}_{22}=-\boldsymbol{N}_3^{\mathrm{T}}-\boldsymbol{S}_2-\boldsymbol{T}_2+\boldsymbol{T}_3^{\mathrm{T}}+\boldsymbol{H}+\tau_{\mathrm{c}}\boldsymbol{X}_{23}+\hat{\tau}_{\mathrm{m}}\boldsymbol{Y}_{23}+(\hat{\tau}_{\mathrm{m}}-\tau_{\mathrm{c}})\boldsymbol{Z}_{23} \tag{6.51}$$

$$\boldsymbol{\phi}_{23}=-\boldsymbol{Q}_2-\boldsymbol{S}_3-\boldsymbol{S}_3^{\mathrm{T}}-\boldsymbol{T}_3-\boldsymbol{T}_3^{\mathrm{T}}+\boldsymbol{H}+\tau_{\mathrm{c}}\boldsymbol{X}_{33}+\hat{\tau}_{\mathrm{m}}\boldsymbol{Y}_{33}+(\hat{\tau}_{\mathrm{m}}-\tau_{\mathrm{c}})\boldsymbol{Z}_{33} \tag{6.52}$$

证明：略。

6.4.4 算例分析

本节采用标准的 25kV IEEE 34 总线系统作为仿真测试系统。图 6.16 为 IEEE 34 节点测试馈线的单线图。与原有系统相比，这里增加了 6 个 DG，在图 6.16 用不同的灰度表示每个 DG 在每个部分提供电力的情况。

仿真过程如下：在 $t=1\,\mathrm{s}$ 之前，系统初始总负荷需求为 360 kW。然后在整个系统中增加 16.2%的非线性负荷和 16.2%的线性负荷。在 $t=2\,\mathrm{s}$ 时，DG-1、DG-2、DG-3 和 DG-6 的输出功率分别被限制在 15 kW、10 kW、100 kW 和 100 kW。在 $t=4\,\mathrm{s}$ 时，这个限制被消除了。在 $t=6\sim8\,\mathrm{s}$ 内，为两辆

充电功率为 50 kW 的电动汽车充电。设置计算时滞上界 $\tau_c = 0.01\ \mathrm{s}$，DoS 造成的时滞上界为$\hat{\tau}_m = 0.01\ \mathrm{s}$，控制周期为 $h = 0.02\ \mathrm{s}$，使得系统满足定理 6.1 的要求。则不同 DG 的输出频率和有功功率如图 6.17a、b 所示。

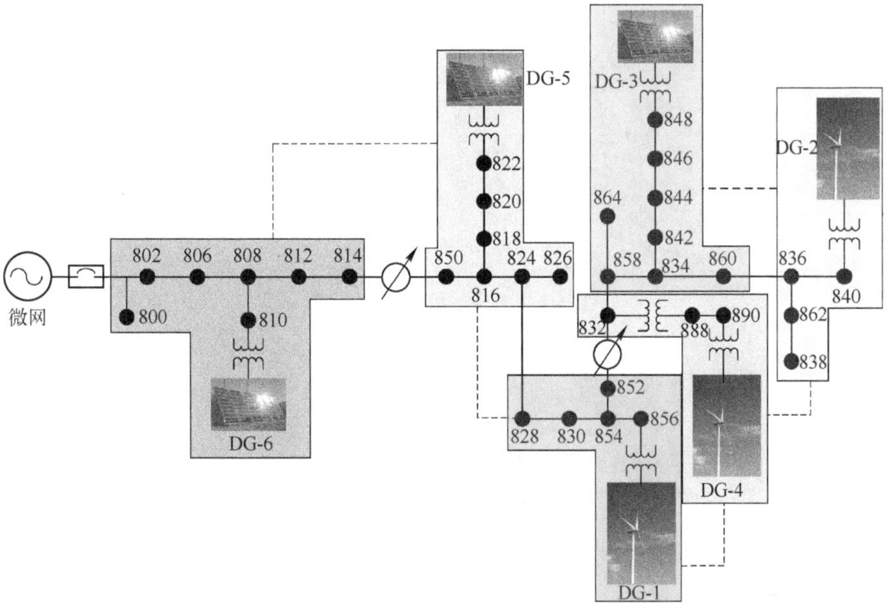

图 6.16 34 节点仿真测试系统

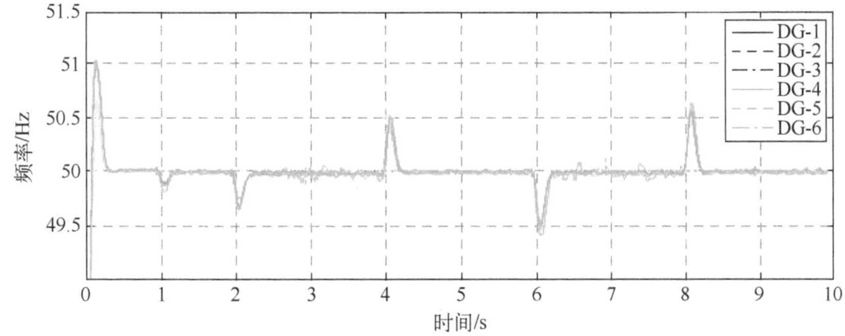

a)

图 6.17 DG 输出频率和有功功率

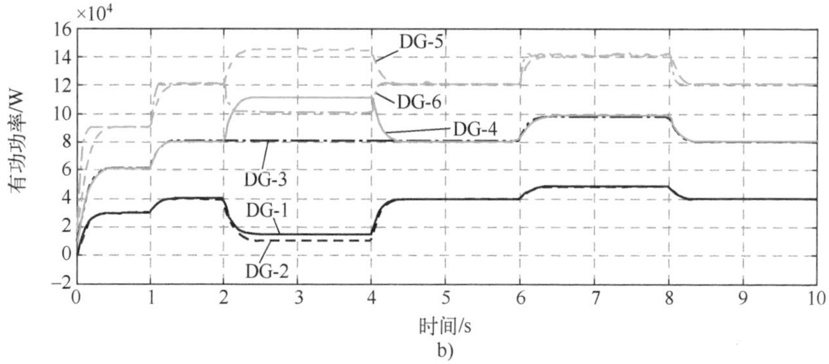

b)

高清图 6.17

图 6.17 DG 输出频率和有功功率（续）

6.5 信息能源系统的容错控制

本节以微电网的分级控制架构为框架，以无功功率-电压幅值下垂控制为基础，采用输入输出反馈线性化的方法，结合带有领导者的多智能体一致性算法，设计分布式控制器，实现微电网中每个逆变器输出电压能够与大电网输出电压保持一致。

6.5.1 分布式发电非线性模型

本节主要针对主电网电压幅值进行跟踪控制，目的是使微电网输出电压幅值一致，因此选择无功功率-电压下垂控制器的电压设定值为系统输入变量，即 $u=V_{ni}$，将系统输出电压作为系统输出量，由于 $v_{oqi}=0$，因此可将 v_{odi} 作为系统的输出量。按照所设计的控制器的输入输出，将系统改写成

$$\begin{cases}\dot{\boldsymbol{x}}_{invi}=\boldsymbol{p}(\boldsymbol{x})+\boldsymbol{g}\boldsymbol{u}_{invi}\\ \boldsymbol{y}_{invi}=\boldsymbol{h}(\boldsymbol{x})\end{cases} \tag{6.53}$$

式中，$\boldsymbol{h}(\boldsymbol{x})=v_{odi}$；$\boldsymbol{g}=[0\ \ 0\ \ 0\ \ 1\ \ 0\ \ 0\ \ 0\ \ 0\ \ 0\ \ 0\ \ 0\ \ 0\ \ 0]^{\mathrm{T}}$；以及

$$
\boldsymbol{p}(\boldsymbol{x})=\begin{bmatrix}
\omega_i+m_i\omega_{ci}P_i-\omega_{ci}(v_{odi}i_{odi}+v_{oqi}i_{oqi})\\
-\omega_{ci}P_i+\omega_{ci}(v_{odi}i_{odi}+v_{oqi}i_{oqi})\\
-\omega_{ci}Q_i+\omega_{ci}(v_{odi}i_{oqi}-v_{oqi}i_{odi})\\
-n_i(Q_i-Q_i^*)-v_{odi}\\
-v_{oqi}\\
Fi_{odi}-\omega_iC_fv_{oqi}+k_{pVodi}(v_{odi}^*-v_{odi})+k_{iVodi}\phi_{odi}-i_{ldi}\\
Fi_{oqi}+\omega_iC_fv_{odi}+k_{pVoqi}(v_{oqi}^*-v_{oqi})+k_{iVoqi}\phi_{oqi}-i_{lqi}\\
-\dfrac{R_{fi}}{L_{fi}}i_{ldi}+\omega_ii_{lqi}+\dfrac{1}{L_{fi}}(v_{idi}-v_{odi})\\
-\dfrac{R_{fi}}{L_{fi}}i_{lqi}-\omega_ii_{ldi}+\dfrac{1}{L_{fi}}(v_{iqi}-v_{oqi})\\
\omega_iv_{oqi}+\dfrac{1}{C_{fi}}(i_{ldi}-i_{odi})\\
-\omega_iv_{odi}+\dfrac{1}{C_{fi}}(i_{lqi}-i_{oqi})\\
\dfrac{R_{ci}}{L_{ci}}i_{odi}+\omega_ii_{oqi}+\dfrac{1}{L_{ci}}(v_{odi}-v_{bdi})\\
\dfrac{R_{ci}}{L_{ci}}i_{oqi}-\omega_ii_{odi}+\dfrac{1}{L_{ci}}(v_{oqi}-v_{bqi})
\end{bmatrix}
$$

$$
\boldsymbol{x}_i=[\theta_i \quad P_i \quad Q_i \quad \phi_{odi} \quad \phi_{oqi} \quad \gamma_{di} \quad \gamma_{qi} \quad i_{ldi} \quad i_{lqi} \quad v_{odi} \quad v_{oqi} \quad i_{odi} \quad i_{oqi}]^{\mathrm{T}}
$$

本章的控制器设计部分将按照上述模型进行。

6.5.2 基于反馈线性化和一致性算法的电压分级控制策略

1. 系统反馈线性化变换

根据输入输出反馈线性化规则，定义新变量 $y_{invi,1}$ 和 $y_{invi,2}$，同时定义虚拟输入 v_i，将系统写成

$$
\begin{cases}\dot{y}_{invi}=y_{invi,1}\\ \dot{y}_{invi,1}=v_i\end{cases} \tag{6.54}
$$

同时系统虚拟输入满足

$$
v_i=E(x)+Ju_{invi} \tag{6.55}
$$

当通过控制器设计获得 u_{invi} 的实际值时，可通过下式计算实际控制输入值：

$$u_{\mathrm{invi}}=\frac{v_{\mathrm{i}}-E(x)}{J} \tag{6.56}$$

将系统写成矩阵形式如下：

$$\dot{\boldsymbol{Y}}_{\mathrm{invi}}=\boldsymbol{A}\boldsymbol{Y}_{\mathrm{invi}}+\boldsymbol{B}\boldsymbol{v}_{\mathrm{i}} \tag{6.57}$$

式中，$\boldsymbol{A}=\begin{bmatrix}0 & 1\\0 & 0\end{bmatrix}$；$\boldsymbol{B}=\begin{bmatrix}0\\1\end{bmatrix}$；$\boldsymbol{Y}_{\mathrm{invi}}=\begin{bmatrix}y_{\mathrm{invi}}\\y_{\mathrm{invi},1}\end{bmatrix}$。

2. 分布式控制器设计

分布式控制设计结合了带有领导者的多智能体一致性，当系统有并网需求时，领导者信息可以来自于主电网的电压幅值信息，当系统处于孤岛运行时，领导者信息可以设定为一个确定值，还可以来自于其中一个分布式电源。

系统领导者信息用 y_{leader} 表示

$$\dot{\boldsymbol{Y}}_{\mathrm{leader}}=\boldsymbol{A}\boldsymbol{Y}_{\mathrm{leader}} \tag{6.58}$$

式中，$\boldsymbol{Y}_{\mathrm{leader}}=\begin{bmatrix}y_{\mathrm{leader}}\\y_{\mathrm{leader},1}\end{bmatrix}$。

系统输出状态误差可由下式求得：

$$e_i=\sum_{j=0}^{N}a_{ij}(Y_{\mathrm{invi}}-Y_{\mathrm{invj}}) \tag{6.59}$$

式中，$a_{ij}(j\neq 0)$ 表示每个分布式电源控制器的通信连接线路；a_{i0} 表示当控制器是否可以接收到领导者的信息，当可以接收时则为 1，反之为 0。

将式（6.59）转换成矩阵形式：

$$\boldsymbol{e}=(\boldsymbol{L}_1\otimes\boldsymbol{I}_3)(\boldsymbol{Y}-\boldsymbol{Y}_0) \tag{6.60}$$

式中，$\boldsymbol{Y}=[\boldsymbol{Y}_{\mathrm{inv1}}^{\mathrm{T}}\quad \boldsymbol{Y}_{\mathrm{inv2}}^{\mathrm{T}}\quad \cdots\quad \boldsymbol{Y}_{\mathrm{invn}}^{\mathrm{T}}]^{\mathrm{T}}$；$\boldsymbol{Y}_0=\boldsymbol{1}_N\otimes\boldsymbol{Y}_{\mathrm{leader}}$；$\boldsymbol{e}=[e_1^{\mathrm{T}}\quad e_2^{\mathrm{T}}\quad \cdots\quad e_n^{\mathrm{T}}]$。

同时多个分布式电源控制器写成矩阵形式：

$$\begin{cases}\dot{\boldsymbol{Y}}=(\boldsymbol{I}_N\otimes\boldsymbol{A})\boldsymbol{Y}+(\boldsymbol{I}_N\otimes\boldsymbol{B})\boldsymbol{v}\\ \dot{\boldsymbol{Y}}_0=(\boldsymbol{I}_N\otimes\boldsymbol{A})\boldsymbol{Y}_0\end{cases} \tag{6.61}$$

式中，$\boldsymbol{v}=[v_1,v_2,\cdots,v_n]^{\mathrm{T}}$。

为了研究容错控制问题，首先建立了容错控制模型。在本节中，考虑了执行器故障，包括电源故障、有效性损失和偏置，即

$$v_i^{\mathrm{F}}=\Lambda_i v_i+\sigma_i v_i^{\mathrm{S}} \tag{6.62}$$

其中，$0<\Lambda_i\leqslant 1$ 为第 i 个 DG 的执行器效率因子，$\sigma_i\in\{0,1\}$ 为未知常数。在满足的第 i 个 DG 中，v_i^{S}是非参数时变偏置驱动器故障。$\|v_i^{\mathrm{S}}\|\leqslant\overline{v_i^{\mathrm{S}}}$，$\overline{v_i^{\mathrm{S}}}$是一个未知的正常数。

为对执行器失效进行建模，第 i 个 DG 的动力学方程可表示为

$$\dot{\boldsymbol{Y}}_{\mathrm{inv}i}(t)=\boldsymbol{A}\boldsymbol{Y}_{\mathrm{inv}i}(t)+\boldsymbol{B}[\theta_i v_i+\sigma_i v_i^{\mathrm{S}}],\quad i=1,\cdots,N \tag{6.63}$$

于是，$\dot{\boldsymbol{Y}}$可以表示为

$$\dot{\boldsymbol{Y}}=(\boldsymbol{I}_N\otimes\boldsymbol{A})\boldsymbol{Y}+(\boldsymbol{I}_N\otimes\boldsymbol{B})(\boldsymbol{\Theta}\boldsymbol{v}+\boldsymbol{\sigma}\boldsymbol{v}^{\mathrm{S}}) \tag{6.64}$$

式中，$\boldsymbol{\Theta}=\mathrm{diag}(\theta_1,\theta_2,\cdots,\theta_N)$；$\boldsymbol{v}^{\mathrm{S}}=[v_1^{\mathrm{S}},v_2^{\mathrm{S}},\cdots,v_i^{\mathrm{S}}]^{\mathrm{T}}$；$\boldsymbol{\sigma}=\mathrm{diag}(\sigma_1,\sigma_2,\cdots,\sigma_N)$。

假设 6.1 对于偏置驱动器失效，存在未知标量$\mu_i>0$，使得$\|\sigma_i v_i^{\mathrm{S}}\|\leqslant\|\sigma_i\|\ \|\overline{v}_i^{\mathrm{S}}\|\leqslant\mu_i k_i$。

引理 6.1 存在正常数，使得 $\boldsymbol{B}\Lambda_i\boldsymbol{B}^{\mathrm{T}}\geqslant\mu_i\boldsymbol{B}\boldsymbol{B}^{\mathrm{T}},i=1,2,\cdots,N$。

对于第 i 个跟随器，考虑一种分布式自适应容错同步控制协议设计，它只利用本地相关信息，如下：

$$v_i=c_i\boldsymbol{K}e_i+\frac{\boldsymbol{K}e_i\hat{k}_i^2}{\|\boldsymbol{K}e_i\|\hat{k}_i(t)+\sigma(t)} \tag{6.65}$$

$$\dot{c}_i=\gamma_{i,1}\boldsymbol{e}_i^{\mathrm{T}}\boldsymbol{P}\boldsymbol{B}\boldsymbol{B}^{\mathrm{T}}\boldsymbol{P}\boldsymbol{e}_i \tag{6.66}$$

$$\frac{\mathrm{d}\hat{k}_i(t)}{\mathrm{d}t}=\gamma_{i,2}\|\boldsymbol{B}^{\mathrm{T}}\boldsymbol{P}\boldsymbol{e}_i\| \tag{6.67}$$

式中，c_i为 DG 相关的时变耦合控制增益，伴随 $c_i>0$；$\hat{k}_i(t)$是 $k_i(t)$的估计值，伴有 $k_i(0)>0$；$\gamma_{i,1}$和$\gamma_{i,2}$是正常数；$\sigma(t)\in\mathbf{R}^+$是一致连续函数，满足以下不等式：

$$\lim_{t\to\infty}\int_{t_0}^{t}\sigma(\tau)\mathrm{d}\tau\leqslant\overline{\sigma}<+\infty \tag{6.68}$$

其中，$\overline{\sigma}$是一个未知的正常数。式（6.65）中，$\boldsymbol{K}$ 是 $\boldsymbol{K}=-\boldsymbol{B}^{\mathrm{T}}\boldsymbol{P}$ 的控制器增益，$\boldsymbol{K}$ 是正定的，满足以下 Riccati 不等式：

$$-\boldsymbol{Q}=\boldsymbol{L}_1^{-1}\otimes(\boldsymbol{PA}+\boldsymbol{A}^{\mathrm{T}}\boldsymbol{P})-2\alpha_0(\boldsymbol{I}\otimes\boldsymbol{PBB}^{\mathrm{T}}\boldsymbol{P}) \tag{6.69}$$

定理 6.2 若假设 6.1 成立，采用分布式自适应协议来解决系统 (6.61) 的容错一致致性问题。此外，$\hat{k}_i(i=1,2,\cdots,N)$有界，且耦合权 $c_i(t)$ $(i=1,2,\cdots,N)$趋于有限值。

证明： 略。

可以看出，当保证系统内动态稳定的情况下，加入控制器后，系统在保持稳定的同时，可以满足电压跟踪领导者的控制要求，当电压达到一致后，则系统输出的无功功率可以根据下垂控制有效地按比例分配。

6.5.3 算例分析

为了验证所提二次控制器的有效性，在 MATLAB/Simulink 中仿真了一个 220 V，50 Hz 的孤岛微电网，如图 6.18 所示，考虑的孤岛微电网测试是由 4 个基于逆变器的 DGs 组成的。

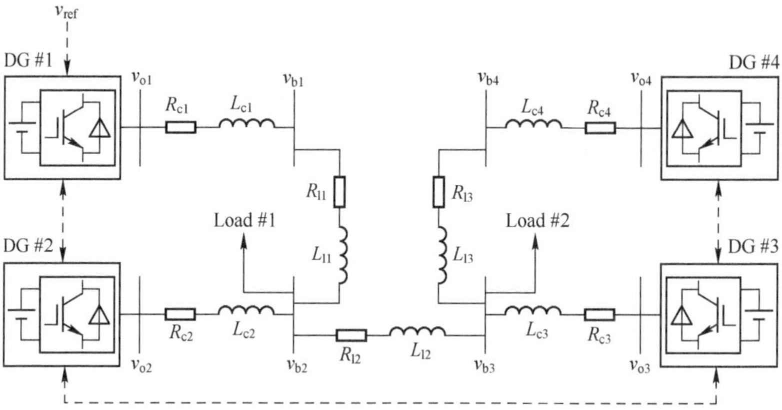

图 6.18 通信结构

图 6.18 假定是一个通信图 DGs。这种通信拓扑是基于 DGs 的位置选择的。假设 DG 1 是唯一与参考点相连的。

在以下情况中，案例 1 显示了在考虑两个不同的参考电压值时所提出的二次电压控制的有效性。案例 2 考虑故障的发生和电压的恢复即插即用。

1. 案例 1

控制参数选择为 $\boldsymbol{P}=\begin{bmatrix} 0.2622 & -0.3515 \\ -0.3515 & 0.7395 \end{bmatrix}$，$c=1, \kappa=1.4, k_{\phi i}=1, \gamma_{\phi i}=1$。

首先，我们故意停用二次控制，只激活一个控制，以有效地证明所提方法的性能。在 $t=0.6$ s 时，激活所提出的辅助容错控制器。

图 6.19 为参考电压值 v_{ref} 设为 1p. u. 时的仿真结果，主控制保持电压稳定但有偏差，二次控制在 0.1 s 以内将所有端电压幅值恢复到预先设定的参考值。

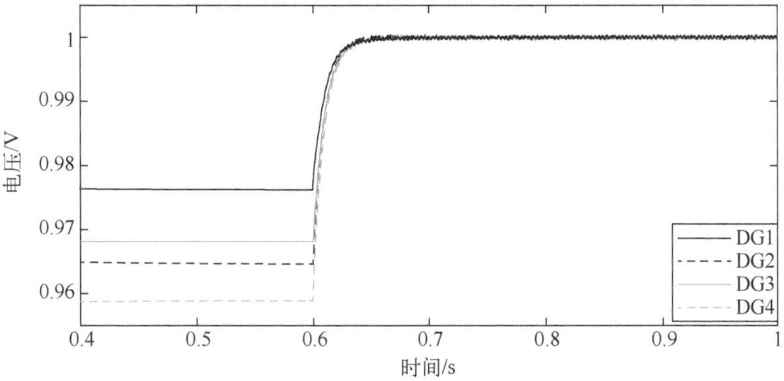

图 6.19 输出电压

2. 案例 2

本节旨在进一步验证所提出的容错协议对跟踪控制问题的有效性。我们已经评估了所提算法对不同故障信号的性能，以及其对故障参数变化的敏感性。

加性和失效驱动故障的选择如下：$\theta_1=\begin{cases} 1, & t<0.8 \\ 1\sin(t-10)+0.4, & t\geqslant 0.8 \end{cases}$，$\theta_2=\begin{cases} 1, & t<0.8 \\ 1.2\cos(2t-3)+0.2, & t\geqslant 0.8 \end{cases}$，$\theta_3=0.44\cos(4t-3)+0.2$，$\theta_4=0.64\sin(4t-3)+0.4$，$v_1^s=0.2\cos(2t-3)+0.2$，$v_2^s=0.3\sin(2t-3)+0.1$，$v_3^s=0.1\cos(2t-10)+0.4$，$v_4^s=0.4\cos(3t-2)+0.1$。因此，由以上分析可知，本节所提出的容错协议对于受执行器故障影响的微电网在面临偏置故障和部分故障时是有效的。

为了进一步评价上述分布式容错二次控制器在 MG 结构重构下的鲁棒性能。代入 $t=1.2$ s 时的 DG4，然后代入 $t=2$ s 时的 DG4。从图 6.20 可以看出，控制方案在鲁棒性方面响应良好，MG 的 PIPO 函数也得到了实现。由此可见，无论是大信号事件还是小信号事件，电压都可以稳定恢复。因此，验证了所提出的容错协议满足故障事件操作要求的能力。

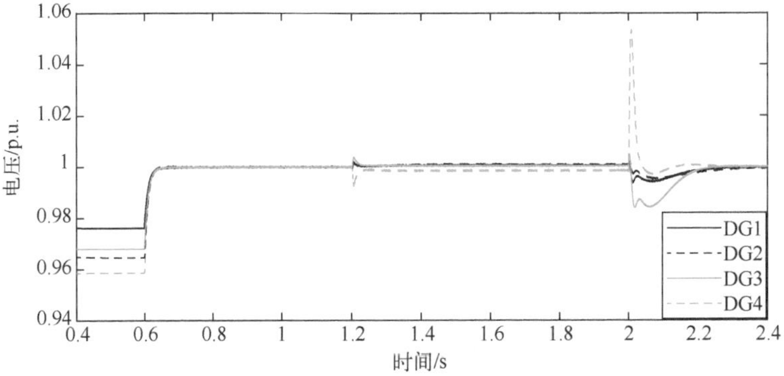

图 6.20　输出电压

6.6 本章总结

我们当前关于能源信息物理安全的研究还在探索阶段，然而，随着能源互联网建设，泛在物联网概念的进一步推行，能源信息物理安全的研究也将使电网传统的“横向隔离，纵向加密”的保护措施面临来自信息层面的各种潜在的安全威胁。由此，关于信息能源系统信息安全这个领域依然有很多有待解决的问题。

1）考虑信息层攻击的电力 CPS 脆弱性评估方案。信息层网络攻击会造成一系列的数据传输错误，例如误码、中断和时延等。而这些通信层的故障由于信息层和物理层的紧密耦合关系，将首先在信息层扩散，进而引发连锁故障，导致电力物理系统的错误运行。由此，考虑信息层攻击可能性的电力 CPS 脆弱性评估，对分辨耦合系统中的关键元件具有重要意义。

2）考虑信息层攻击的电力 CPS 仿真平台的搭建。当前，同时考虑信息层和物理层突发情况的电力 CPS 混合仿真平台还只能采用基础的方法、简单的理论来讨论相关的问题。由此可见，在未来关于该课题的研究重心理应是在考虑不同的信息层攻击情景下，搭建合理的电力 CPS 仿真平台模拟并分析相关理论。

第 7 章

信息能源系统立体协同调控

7.1 引言

近年来，随着能源互联网和现代信息科学技术的不断发展，人类正逐步从以煤炭、石油等化石能源为主的能源系统，过渡到以分布式可再生能源为主，多元化、绿色化的信息能源系统。可再生能源有着取之不尽用之不竭以及清洁环保等优势，但是，同样存在着随机性、波动性、在地理上分散以及生产不连续等缺点。高渗透率的分布式可再生能源的使用，对于以可再生能源发电的电网电能质量与故障检测等都带来了很大的负面影响。因此，加快新能源技术创新和体制改革，实现可再生能源真正的有效利用，降低碳排放量，是非常有必要的。

2014 年，习近平总书记主持召开中央财经领导小组第六次会议强调积极推动我国能源生产与能源消费革命。2016 年国务院通过《能源发展“十三五”规划》，李克强总理提出要着力在可再生能源开发利用特别是新能源并网技术和储能、微电网技术上取得突破，全面建设“互联网+”智慧能源，提升电网系统调节水平，增加新能源消纳能力。2021 年全国两会，“碳达峰”和“碳中和”被首次写入政府工作报告。发展智慧能源，打造具有智慧特征的能源系统。目前学者们对于“智慧能源”的研究，着重强调智慧能源的物理特征以及商业特征。而智慧能源的发展更重要的应该是智能化技术，其中包括通信技术、控制技术以及智能优化等。而形成智能控制的前提，必须有可控制的对象，本章的研究控制对象即具有智能性的终端能源设备——智能终端。通过智能终端实现可再生能源之间信息共享，以信息流控制能量流，实现最大程度的可再生能源消纳。

与此同时，为了应对能源终端用户对于不同能源形式的用能需求，能源的生产、分配以及消费形式都呈现出了时空异步、信能融合、多能互补以及智物协同的新趋势。这就对终端信息能源系统的平衡、协同以及管控提出了巨大的挑战。如何在通信、计算、信息处理等能力有限的条件下，完成信息能源系统的能量调度，降低碳排放量，实现能源绿色高效利用成为全球广为关注的焦点问题。

而目前的信息能源系统优化调控方面的问题主要体现在以下两个方面。

1）在能源调度层面：对于所有情况均通过云平台实现全局能量优化调度，会造成极大的资源浪费。而若进行分层能源优化调度，由于不同层级之间的各级调控目标和调控手段不同，所得到的信息也将不同。在通信、计算及信息处理能力不足的情况下，如何达到既定优化目的，这也是本章的重点。

2）在数据计算层面：伴随着网络节点的不断增多，所产生的数据将海量增长，在造成网络通信延迟等问题的同时，也会导致计算中心的计算设备在处理数据过程中所造成的能耗也不断增加。建立基于边缘智能的信息能源系统，从边缘智能化出发，将优化任务进行下达，在保障系统安全实施前提下，缓解网络延迟，降低能耗。

7.2 信息能源系统自-互-群立体协同调控体系

7.2.1 信息能源系统终端智能化

1. 自学习智能终端

信息能源耦合网络的终端设备主要指监控装置。随着电力市场的不断改革推进，智能电表成为智能电网数据采集的基本装置，起到了原始电能数据采集、计量和传输的作用，是实现信息集成、分析优化和信息展现的基础。针对目前的智能电表终端，可以看出，虽然其具备小型自行处理信息的能力，但智能性水平仍然较低。仍然需要依靠接收远程的调控系统，进行实际的控制操作，对于环境乃至用户，其只具备感知以及采集的作用。面对综合能源耦合网络日趋复杂的网络信息关系，对于智能电表等装置的进一步进化，开发更具智能性的终端设备是实现智能电网的必经之路。与已有智能电表相比，新一代智能终端设备，应额外具备以下几个特点：

1）在数据感知上，应实现进一步进行升级，实现从态势感知到自主认知的过程。针对当前所监测的实时数据，经过自处理后，若判断为正常状态，或临界状态，则智能终端进行自处理；若判断为紧急状态，则上传至上层控制中心。

2）在数据处理上，能实现向上级传递知识的能力。并不局限于单纯的数据传递，可实现由数据到知识的转化，即对数据进行预处理。

3）在实时控制上，能实现自主采取控制手段的功能。并不局限于远程的集中控制中心进行调控。最终实现目前的装置自动化到智能化的转变。

智能终端监测的是一个小型综合能源区域，可能包含电-气-热等多种能源形式，以及源-荷-储三个组成部分，包含单能的源/荷/储装备，以及含有燃气轮机、电锅炉、气泵等多能耦合的装备。

2. 基于能量枢纽的多能互补

多能互补协同优化技术根据用户侧对能源的实际需求情况，通过能源转换设备实现多种能源（电、气、热等）的互联互补，更好地实现不同能源系统间的能源交互，以有余补不足，达到节约成本以及网络稳定的优化目的。

如图 7.1 所示，能量枢纽左端的 $\boldsymbol{P}$ 向量表示多能源系统的能源输入，如电能、化石能源以及风光等可再生能源等，右端的 $\boldsymbol{L}$ 向量表示经过转换后的能源输出，以电能、热能为主。所以从系统的角度来看，能量枢纽是一个输入 $\boldsymbol{P}$ 到输出 $\boldsymbol{L}$ 的一个函数，即

$$\boldsymbol{L}=f(\boldsymbol{P}) \tag{7.1}$$

图 7.1 多能源系统的输入-输出端口模型

其中，$f(\cdot)$ 可以考虑到各种形式能源的传输、相互转换、储存等环节。通常能量枢纽的模型可以写成如下矩阵的形式：

$$\alpha,\beta,\cdots,\omega\in\xi=\{\text{电、气、热、冷、}\cdots\} \tag{7.2}$$

$$\underbrace{\begin{bmatrix} L_\alpha \\ L_\beta \\ \vdots \\ L_\omega \end{bmatrix}}_{L}=\underbrace{\begin{bmatrix} c_{\alpha\alpha} & c_{\beta\alpha} & \cdots & c_{\omega\alpha} \\ c_{\alpha\beta} & c_{\beta\beta} & \cdots & c_{\omega\beta} \\ \vdots & \vdots & & \vdots \\ c_{\alpha\omega} & c_{\beta\omega} & \cdots & c_{\omega\omega} \end{bmatrix}}_{C}\underbrace{\begin{bmatrix} P_\alpha \\ P_\beta \\ \vdots \\ P_\omega \end{bmatrix}}_{P} \tag{7.3}$$

式中，ξ 为各个能源种类的集合，$\alpha,\beta\cdots\omega$ 为集合 ξ 上的各个元素；L 表示输出的能量；P 表示输入的能量；C 为多能转换矩阵，描述了能量枢纽的输入侧与输出侧之间的能量转换关系。矩阵中的元素代表了对应的设备转换效率和能量分配系数。由于建立的能量枢纽模型抽象程度很高，因此对于任意一个输入侧和输出侧均包含多种能源的能量系统来说，只要建立的模型合理，都能利用能量枢纽进行描述，如普通的居民用户、商业楼宇（如火车站、医院等）、工厂（如冶金厂、天然气厂等）、常规发电机组（如 CHP）。

作为自能源区域中的重要组成元件，由于能量枢纽具备能量传导、转换、存储等多种功能，因此针对能量枢纽进行优化与控制，可以达到在满足输出侧的能量需求和各个装置在运行时约束的情况下，实现如总运行费用最低、运行时产生的碳排放量最小或新能源消纳程度达到最大等各种目标。在实现能量枢纽优化的同时，实现自能源区域的内部优化，初步获得自能源区域间的能量传输量。能量枢纽最基本的运行优化模型如下：

$$\begin{cases}\min f(P) \\ \text{s. t.}\quad L = CP \\ P_{\min} \leqslant P \leqslant P_{\max}\end{cases} \tag{7.4}$$

其中，能量枢纽最优运行模型的决策变量包含能量的输入、能量在不同装置之间的分配系数的选取、各装置的开关启停状态等；$\min\ f(P)$ 表示的是能量枢纽最优运行的目标函数。能量枢纽作为自能源系统的重要节点，其内部设备的耦合特性为系统经济运行提供了优化空间。通过能量枢纽的技术，对单个自能源区域进行能量调度，使得自能源中的基本能源体获得最经济、环保、安全的能源供给，实现自能源区域内的整体能量最优。

通过智能终端与能量枢纽之间的交互利用，对不同能源进行交互实现能量互补，提高系统经济性。至此，针对端内自优化部分，系统输入多种能源形式的源-荷-储系统状态，通过内部源-荷-储-转且内部能量稳定为前提，以区域自运行经济性作为目标函数。即信息能源系统自能源区域内能量自优化数学形式如下：

$$\begin{cases}\min C(P_{\mathrm{p}}, P_{\mathrm{g}}, P_{\mathrm{h}}) \\ \text{s. t.}\quad G_{ij\text{-}\min} \leqslant G_{ij} \leqslant G_{ij\text{-}\max} \\ H_{i\text{-}\min} \leqslant H_i + f\left(\sum\limits_j G_{ij}\right) + g\left(\sum\limits_j G_{ji}\right) \leqslant H_{i\text{-}\max}\end{cases} \tag{7.5}$$

式中，$i, j \in (p, g, h)$，(p, g, h) 分别表示电、气、热；G_{ij} 表示能源 i 与能源 j 之间的能量传递；H_i 表示能源 i 网内评价该能源网络的能量稳定性指标；$f\left(\sum\limits_j G_{ij}\right)$ 表示关于 G_{ij} 的函数；$H_{i\text{-}\min}$ 和 $H_{i\text{-}\max}$ 分别表示能源 i 网络稳定裕度的下限和上限。信息能源系统自能源区域内能量自优化运行示意图如图 7.2 所示。

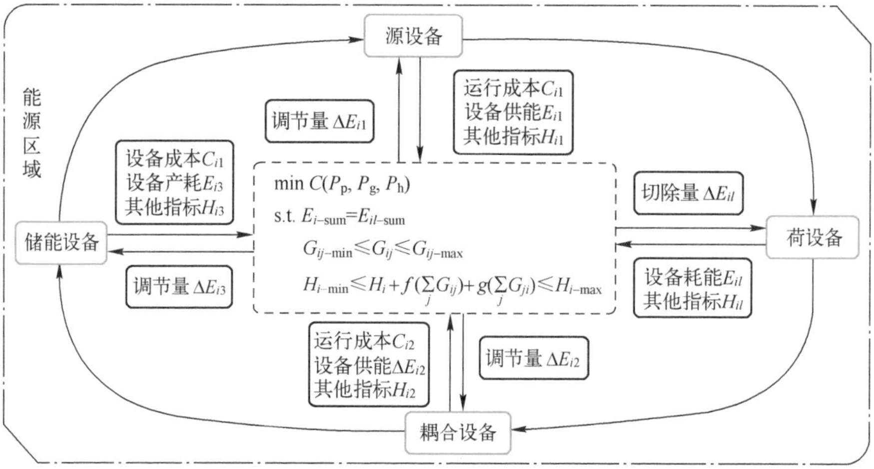

图 7.2 能源区域自优化运行示意图

7.2.2 信息能源系统边缘一体化

1. 分布式协同控制

每个智能终端对应地监控并控制一个小型的能源区域，通过网络将各个综合能源区域进行连接，并形成能源互联网。对于网络稳定性，单智能终端的调节能力终归有限，同时为了实现智能终端的即插即用，基于多智能终端分布式协同控制方法就显得尤为重要。

智能终端网络节点的插入，将导致网络节点输出不稳定以及网络拓扑结构的改变，进而可能导致整个电网的电压、频率的不稳定，最后影响电网的稳定性。每一个智能终端即可看作一个智能体，针对多智能终端的分布式协同控制即为多智能体的分布式协同控制。针对电网，主要表现为电压、频率等的一致性控制。针对信息能源系统，根据所需要实现的目标，通过更改通信协议以及建立新的协议形式来达到目的。

这里需要运用一些基于图论的知识。我们称 $G=(V,E,A)$ 为一个加权有向图。其中，$V=\{v_1,v_2,\cdots,v_n\}$ 表示图 G 的节点集合，有限集合 $I=\{1,2,\cdots,n\}$ 表示节点的指标集，$E\subseteq V\times V$ 表示图 G 的边，$A=[a_{ij}]$ 是图 G 的以 a_{ij} 为元素的非负邻接矩阵，$a_{ij}\geqslant 0$ 表示节点 v_i 和 v_j 之间的连接权重。有向对 (v_i,v_j) 表示图 G 的边，当且仅当第 i 个节点能直接接收到第 j 个节点的信息时，$(v_i,v_j)\in E$，此时节点 i 称作父节点，节点 j 称作子节点，否则 $(v_i,v_j)\notin E$。

当$(v_i,v_j)\in E$时有$a_{ij}>0$，否则$a_{ij}=0$。由于不存在自环的情况，则对于所有的$i\in I$，都有$a_{ii}=0$。

对于多智能体系统中的单个智能体i的状态可以表示为$z_i(t)=u_i$，若所有智能体的状态最终趋于相等，则表示为$\| z_i(t)-z_j(t)\|\to 0$，$\forall i\neq j$，且$t\to\infty$。在多智能体一致性控制中，一致性协议是重点研究对象。这里仅介绍基本的连续时间的分布式一致性协议。

用$z_i(t)$表示第i个智能体（智能终端）的状态信息。状态信息是用来表示智能体进行协调控制所需要的信息，针对电网通常是电压、频率等信息。针对气网、热网其通常表示压强、流速等信息。

用N_i表示第i个智能体的邻域集定义如下：

$$N_i=\{i\in V:a_{ij}\neq 0\}=\{j\in V:(i,j)\in E\} \tag{7.6}$$

则基于连续时间的一致性协议如下：

$$u_i(t)=-\sum_{j\in N_i}a_{ij}(z_j(t)-z_i(t)) \tag{7.7}$$

通过对一致性协议进行设计，使得系统能够更快地达到全网一致。多智能终端之间的互优化，基于能量守恒，在达到全网电压、频率等一致的稳定前提下，通过改进控制方法与一致性协议相结合，增强系统鲁棒性以及快速响应的能力。

2. 多主体分布式非合作博弈

伴随着能源市场的不断改革，开放程度不断提高，多终端之间可以通过通信线路进行信息交互。在假设各智能终端为自私且理智的前提下，各终端都希望自身得到更多的利益，多终端之间的互优化同时也可以看作多智能终端之间的博弈问题。同时存在着生产者和消费者的身份，多终端相互之间以及终端与能源供应商之间进行价格博弈使多方利益最大化，即为典型的非合作博弈场景。

非合作博弈存在着两种典型的数学规范表达式：标准型博弈和混合策略博弈，可分别应用于静态博弈与动态博弈。市场价格应属于动态变化过程，混合策略博弈介绍如下。

混合策略博弈含有 3 个必备组分：①独立博弈局中人，$N=\{1,2,\cdots,N\}$；②博弈参与者i的混合策略，且$\forall i\in N$，$\sigma_i^m\neq\varnothing$，策略集合$\sigma=\{\sigma_1^m,\sigma_2^m,\cdots,\sigma_n^m\}$；③服从概率密度分布规律下的期望收益：

$$u_i(\sigma_i,\sigma_{-i})=\sum_{s_{-i}\in S_{-i}}\sum_{s_i\in S_i}u_i(s_i,s_{-i})\sigma_i(s_i)\sigma_{-i}(s_{-i}) \tag{7.8}$$

混合型博弈的数学形式为

$$\Gamma=\{N,\sigma,u\}=\{N;\sigma_1^m,\sigma_2^m,\cdots,\sigma_n^m;u_1,u_2,\cdots,u_n\} \tag{7.9}$$

非合作博弈的均衡为纳什均衡，对于博弈 Γ，存在策略反应集合 $\sigma^*=\{\sigma_1^{m*},\sigma_2^{m*},\cdots,\sigma_n^{m*}\}$，满足 $\forall\sigma_i'\in S_i$，$\sigma_i'\neq\sigma_i^*$，$\forall i\in N$ 条件下有

$$u_i(\sigma_1^*,\sigma_2^*,\cdots,\sigma_i^*,\sigma_{i+1}^*,\cdots,\sigma_n^*)\geqslant u_i(\sigma_1^*,\sigma_2^*,\cdots,\sigma_i',\sigma_{i+1}^*,\cdots,\sigma_n^*) \tag{7.10}$$

则 $\sigma^*=\{\sigma_1^{m*},\sigma_2^{m*},\cdots,\sigma_n^{m*}\}$ 为纳什均衡，且 $\forall i\in N$，$\sigma_i=\sigma_i^*$ 时，$u_i=u_i^{\max}$。

同时由于多能之间存在能量耦合，以及存在多种交易策略，使得纳什均衡解存在但并不唯一，这也是目前多种能源系统中博弈的难点问题。

综上，综合能源区域互优化通过相邻终端之间进行能量传输 S_{ij}' 满足功率盈亏 S_{ij}，初步报价 ρ_{ij} 通过博弈形成价格 ρ_{ij}'，并与协同控制保证 EPCC（Energy Point of Common Coupling）点的能量指标 K_{ij} 达到正常，降低系统的运营成本。数学表达形式如下：

$$\begin{cases}\min\ C(\rho_{ij},\rho_{ij}')\\ \text{s. t.}\quad \sum S_{ij}=\sum S_{ij}'\\ \qquad \Delta K_{\min}\leqslant K_0+\sum f(K_{ij})+\sum g(K_{ij}')-K_{\text{ref}}\leqslant\Delta K_{\max}\end{cases} \tag{7.11}$$

信息能源系统自能源区域内能量互优化运行示意图如图 7.3 所示。

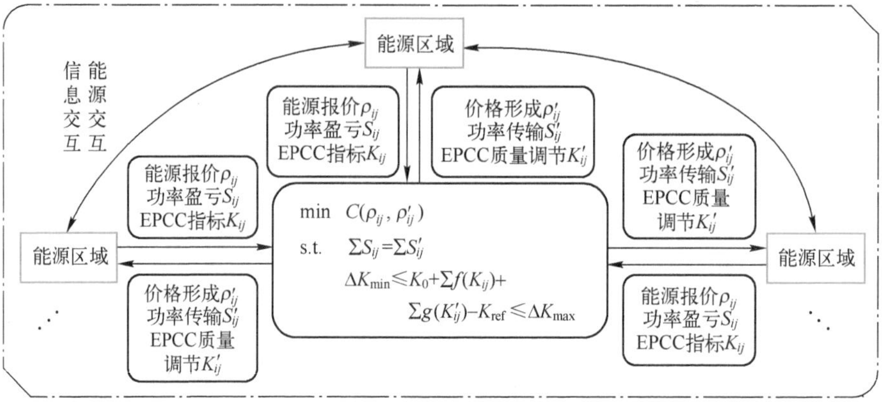

图 7.3　自能源区域内能量互优化运行示意图

7.2.3 信息能源系统网络互联化

在实际信息能源系统中，其数据相对于电力系统往往因多种原因而处于不同时间断面。随着能源体系的不断改革，可再生能源的大量接入，明显存在的一个问题即优化控制的周期会显著不同，这就使得信息能源网络呈现出较强多时间尺度的特性。

对于全局能源网络进行优化时，需充分考虑网络的时空异构性和网络结构的变化性。其中多时空特性主要表现在两个方面：

1）对于海量的量测装置，大部分设备并不存在校时功能，进而导致获得的这些数据将并不在同一时间断面上，且能源互联网中大量存在的可再生能源设备与传统能源设备，其优化控制周期不同，这使得网络表现出更强的多时间尺度性，这就加大了优化难度。

2）可再生能源的大量渗透，存在着间歇式出力的特点，比较依赖自然条件，且变化较频繁，因此其优化控制应在短时间内完成，而很多传统设备在短时间内可能无法调节完成。同时，网络中也存在某些传统能源设备，这些设备或因容量巨大或因物理调节时间长，使得其控制在短时间内无法完成。

对于同一设备，经由不同周期的传感器所量测数据不在同一时间断面时，若控制算法直接使用，则不能反映系统真实情况的数据，其所得出的控制目标也将不是最优结果。因此针对全局的优化，必须建立在多时间尺度之上。

全局优化框架除了建立在多时间尺度上之外，还应该属于跨网多目标优化的范畴。对于信息能源系统的多目标优化，主要考虑以下几个方面。

1）经济性。以经济性为目标，主要包含运行维护成本 C_{OM}、电/气/热等多能交易成本 $C_{\mathrm{p}}/C_{\mathrm{g}}/C_{\mathrm{h}}$（初始投资成本属于建立过程，在此不考虑）。其中维护成本建立如下：

$$C_{\mathrm{OM}} = \sum_{\mathrm{a,b,c}} \sum_{t=1}^{24} (C_{\mathrm{op,a}} P_{\mathrm{t,a,out}} \Delta t + C_{\mathrm{og,b}} P_{\mathrm{t,b,out}} \Delta t + C_{\mathrm{oh,c}} P_{\mathrm{t,c,out}} \Delta t) \quad (7.12)$$

式中，$C_{\mathrm{o}i,j} P_{\mathrm{t},j,\mathrm{out}}$，$i$=p,g,h,$j$=a,b,c，且 p,g,h 分别代表电、气、热，a,b,c 分别表示电、气、热的装置设备；$C_{\mathrm{o}i,j}$表示第 i 种能源设备 j 单位输出能量的运行维护费用；$P_{\mathrm{t},j,\mathrm{out}}$表示 t 时段内设备的出力；Δt 表示 t 时段内设备的出力时间。

2）负荷切除最少。在紧急情况，对于出现能量冗余的情况，默认为主网具有足够的能源消纳能力，能对于多余能量进行吸收消纳；在出现大面积能源掉落的情况下，即能源供需不平衡情况，必须采取负荷切除的方法。此时电、热、气多能负荷切除量应达到最小，即 $L_{exc}(p,h,g)$ 应达到最小。

3）系统的可靠性。在网络进行电热气进行交互的过程中，引入系统的可靠性指标。不同能源网络进行能量转换传输的时候转换量 S_{ij} 满足线路要求，确保在上下界之间。

4）环保性。CO_2 和 NO_x 的排放量可以作为衡量信息能源系统的环保性指标。CO_2 的排放主要来源于气网中天然气的燃烧和购电时候的排放。NO_x 主要来源于系统设备的消耗排放。

5）功率交互波动。区域信息能源系统作为能源终端单元，在接入电网、热网、气网时均会产生能量波动，影响系统安全稳定运行，因此系统优化配置中需要考虑电热交互功率的波动因素。

至此关于信息能源系统的群优化，在输入全局能源网络的能量状态以及各个转换设备及储能设备等的容量为前提，在遇到紧急情况（如自然灾害等），依托云平台进行多能跨网、多时间尺度、多目标的全局优化能源调度；其简易的数学表达如下：

$$
\begin{aligned}
&\min f=(C(p,g,h),L_{exc}(p,g,h))\\
&\text{s.t.}\quad P_p+P_g+P_h-L_{exc}(p)-L_{exc}(g)-L_{exc}(h)=P_{pl}+P_{gl}+P_{hl}\\
&\qquad S_{ij-\min}\leqslant S'_{ij}\leqslant S_{ij-\max}
\end{aligned}
\tag{7.13}
$$

在一般情况下，不调用群优化这一层级，通过自-互实现经济稳定，且各个能源区域实现经济最优。云平台群能源优化调度示意图如图 7.4 所示。

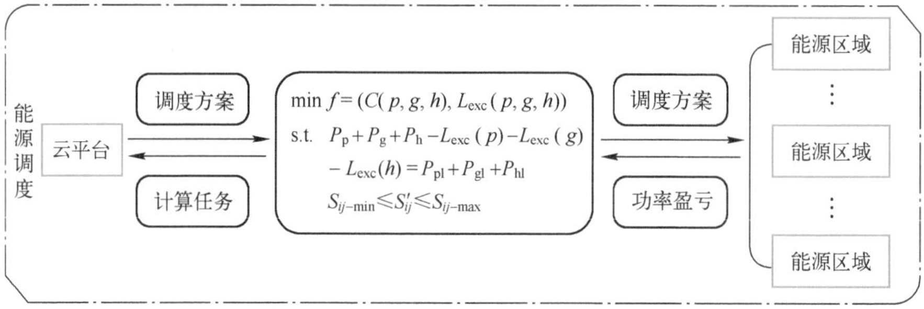

图 7.4　云平台群能源优化调度示意图

7.2.4 信息能源系统自-互-群立体协同调控体系

随着可再生能源的数量不断增加，电气设备自动化程度的不断提高，信息能源节点数将不断增多，本章提出了信息能源系统的自-互-群立体协同优化体系如图7.5所示。

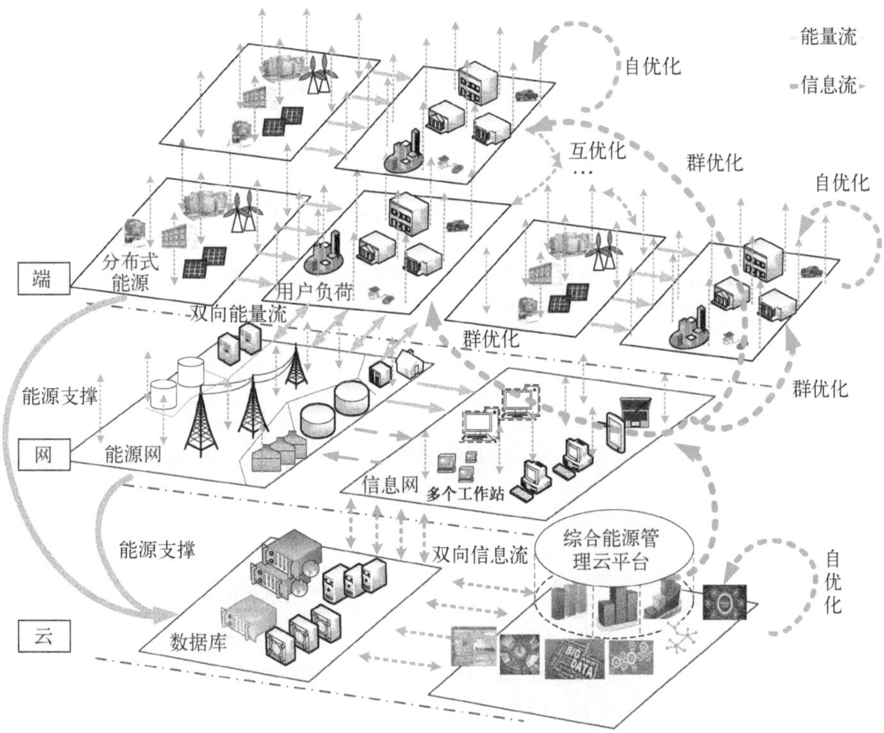

图7.5 信息能源系统自-互-群立体协同优化体系示意图

自优化主要依托智能终端设备，对于端内进行横向电-气-热-冷等多能互补，纵向源-荷-储协同优化。对于边缘区域，包含智能数据处理优化的功能，能够进行区域自优化。优化以单区域自身经济性为优化目标，通过端内源-荷-储-转4个方面，自行趋优。

在自优化的基础之上，互优化则是通过相邻智能终端区域进行邻端协同优化以及通过博弈等手段，寻求基于邻居范围内的优化。区别于单端的协调局限，互优化能充分利用邻居区域的能源和信息，进行局部优化。而邻端之间的互优化在满足多端系统稳定的前提下，寻求局部以各自经济性为目标的优化方法。但其属于小范围内的优化方法，单纯依托这一层级，虽能突破单一终端的承受范围，达到局部优化的目的，但对于系统的紧急状况，以及能量余度较大的情况，互优化无法满足要求。

在终端智能自优化与邻居终端互优化基础上，群优化通过云平台技术，和智能终端交互进行能量调度，以及全局多时间尺度的多目标优化方法实现全局优化，群优化层级一般只在紧急情况进行调用。本章后续主要详细叙述关于自-互-群立体协同调控优化的具体技术方法以及操作流程。

7.3 信息能源系统自能量单元内部控制

7.3.1 信息能源系统并网逆变器内部控制器设计

微电网电源（微电源）一般可以分为以下 3 种：①传统发电形式，像小型柴油发电装置、小规模水轮机发电等；②新型发电方式，如微型燃气轮机和燃料电池等发电方式；③新能源发电方式，如风力发电和太阳能发电等。可再生能源接入大电网时，大部分都需要使用电力电子装置。直流输出的微电源，比如光伏发电、储能设备等，直接通过逆变装置就可实现电能输出；但是像风力发电与微型燃气轮机则必须先进行整流，然后通过逆变装置完成工频交流电能输出。所以说，电力电子变换装置对整个微电网的控制有着不可替代的作用。逆变电源的基本结构如图 7.6 所示，包括新能源发电装置、储能元件、逆变装置以及连接电感等。

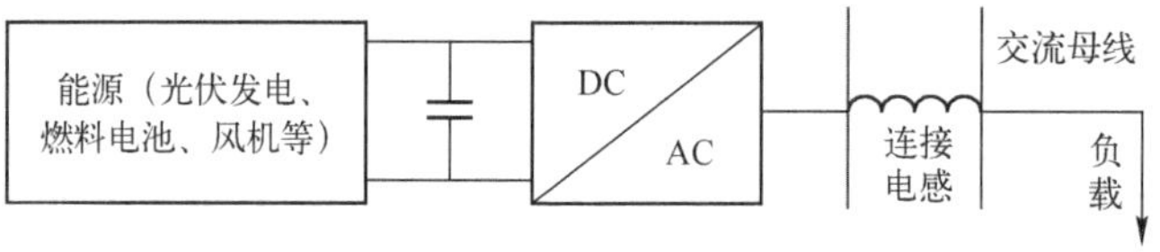

图 7.6 逆变电源的基本结构

（1）逆变器下垂控制

微电网逆变器的下垂控制方法如图 7.7 所示，逆变器输出有功功率和频率有关系，输出无功功率和电压有关系。这种控制方式简单、灵活，并且不需要各个微电网之间相互通信。

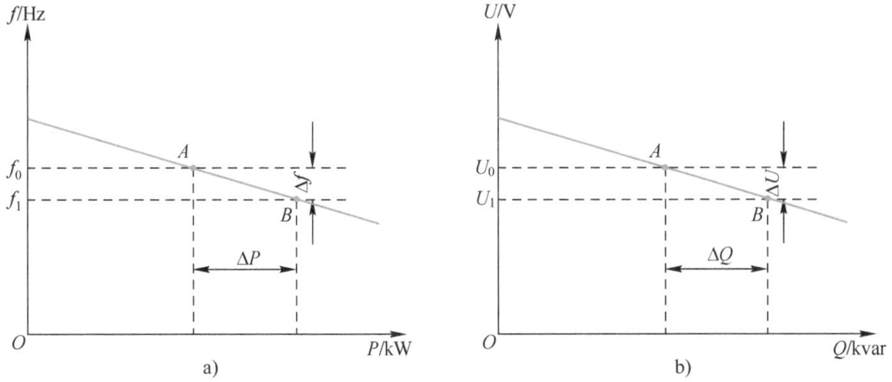

图 7.7　下垂控制原理图

a）频率下垂特性　b）电压下垂特性

（2）逆变器恒功率控制

微电网逆变器采用恒功率控制如图 7.8 所示，通过调节逆变器输出有功功率和无功功率的下垂特性曲线来保持其输出的有功、无功功率处于参考值。

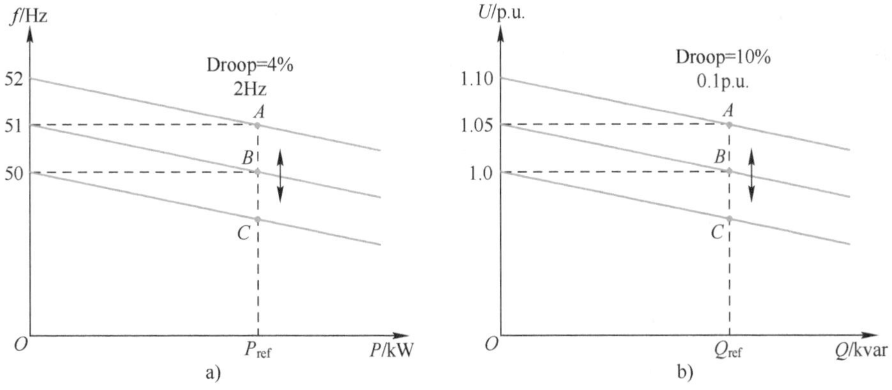

图 7.8　恒功率控制原理图

a）频率下垂特性　b）电压下垂特性

（3）逆变器恒压恒频控制

微电网逆变器采用恒压恒频控制如图 7.9 所示，通过调节逆变器输出频率和电压的下垂特性曲线来保持频率、电压处于参考值。该方式主要是在微电网处于孤岛运行情况下采用，并且作为主控制单元，为系统提供参考的频率和电压值。采用该控制方式需要和其他微电网进行通信。

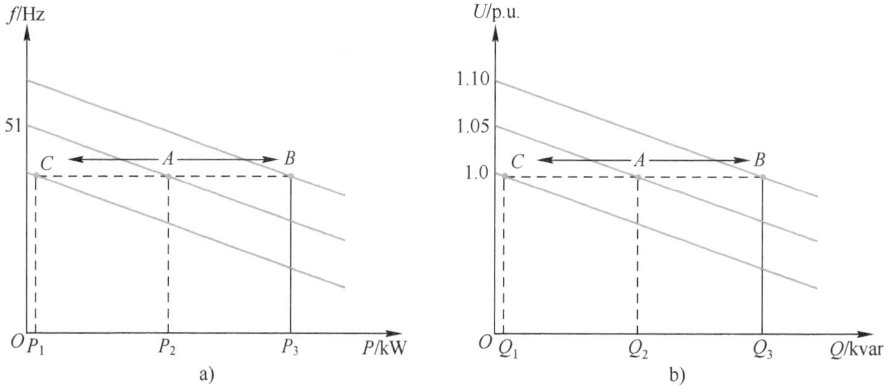

图 7.9　恒压恒频控制原理图

a）频率下垂特性　b）电压下垂特性

7.3.2　信息能源系统分布式能量单元下垂控制

具有“即插即用”功能是分布式电源控制的设计理念和目标。实现“即插即用”功能特点的一种非常流行的控制方法叫作下垂控制，即“有功功率-频率（P-ω）”和“无功功率-电压（Q-E）”下垂控制方法。这种控制方法早在 1993 年就被 M. C. Chandorkar、D. M. Divan 团队提出，并用于控制并联不间断电源。目前，下垂控制方法也被许多学者应用到微电网分布式发电并联逆变器的控制中，之后有学者在此基础上提出“有功功率-相角（P-δ）”和“无功功率-电压（Q-E）”下垂控制，这样避免了频率的过度偏差，同时可以控制相角一致，抑制系统环流；但是微电网通常从低压配电网接入电网，低压微电网和中高压电网存在的差异性使得传统下垂控制方法不能直接应用于微电网中的并联逆变器控制。本节从分布式发电单元功率传输特性出发，对传统下垂控制原理及不足进行详细分析。

图 7.10 所示为分布式发电单元 DG 至电网公共连接点（PCC）的单线接线图。

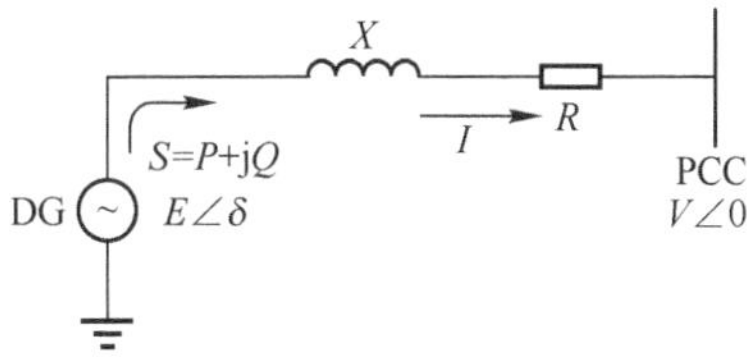

图 7.10 分布式发电单元 DG 至电网公共连接点的单线接线图

图中，$Z=R+jX$ 为线路阻抗，$E\angle\delta$ 为 DG 的逆变器输出端电压，$S=P+jQ$ 为 DG 向电网注入的总功率，$V\angle 0$ 为公共连接点处的电压。

根据电路理论分析，可以得到 DG 通过线路向电网注入的总功率如下：

$$S=P+jQ=V\angle 0\frac{E\angle\delta-V\angle 0}{Z}$$
$$=\frac{R(EV\cos\delta-E^2)+XEV\sin\delta}{R^2+X^2}+j\frac{X(EV\cos\delta-E^2)-REV\sin\delta}{R^2+X^2} \tag{7.14}$$

即 DG 向电网注入的有功功率和无功功率分别为

$$P=\frac{R(EV\cos\delta-V^2)+XEV\sin\delta}{R^2+X^2} \tag{7.15}$$

$$Q=\frac{X(EV\cos\delta-V^2)-REV\sin\delta}{R^2+X^2} \tag{7.16}$$

对于中高压大电网来说，线路阻抗通常电感性较强，即 $X\gg R$，式（7.15）和式（7.16）中的电阻参数 R 可以忽略不计，则有功功率和无功功率可以近似表示为

$$P=\frac{EV\sin\delta}{X} \tag{7.17}$$

$$Q=\frac{EV\cos\delta-V^2}{X} \tag{7.18}$$

再进一步，考虑到 DG 逆变器输出端电压和公共连接点处电压的相位角差 δ 通常非常小，可将 $\sin\delta$ 近似为 δ，$\cos\delta$ 近似为 1。因此有功功率与电压相角（δ）成比例，而无功功率与电压幅值之差（$E-V$）成比例，即 $P\propto\delta$，$Q\propto E-V$。因此，可以通过分别控制 DG 逆变器的输出电压相角和输出电压幅值来控制 DG 逆变器输出有功功率和无功功率，这对于并网运行和孤岛运行的微电网 DG 都适用。将其用数学的方法描述为

$$\omega_i=\omega_i^*-m_{pi}(P_i-P_i^*) \tag{7.19}$$

$$E_i = E_i^* - n_{qi}(Q_i - Q_i^*) \tag{7.20}$$

式中，P_i、Q_i 分别为第 $i(i=1,2,\cdots,n)$ 个分布式发电（DG）系统的实际输出有功功率和无功功率；ω_i^*、E_i^* 分别为额定运行频率和电压幅值，并网运行时为电网相角和 PCC 处电压幅值；P_i^*、Q_i^* 分别为额定运行频率和额定电压时对应的第 i 个 DG 的输出有功功率和无功功率；ω_i、E_i 分别为输出有功功率和无功功率为 P_i、Q_i 时的参考频率和 DG 输出电压参考幅值；m_{pi} 和 n_{qi} 分别为有功功率-频率、无功功率-电压幅值下垂系数。下垂系数通常是按照分布式发电单元的容量比例来选择的。

如图 7.11 所示为式（7.19）和式（7.20）对应的含有两个分布式电源的下垂控制特性曲线。分布式电源根据负荷需求情况按照设计好的下垂参数，同时按比例分担负荷功率，为负荷提供电能供应。当分布式电源最初输出额定有功功率和无功功率时，则系统的输出电压参考值处于额定相角和幅值，当负荷功率需求发生变化时，传统的下垂控制方法将会有如下几点局限性。

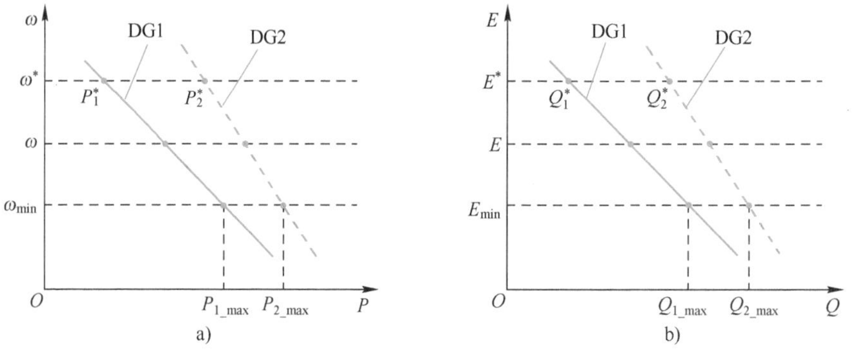

图 7.11　下垂控制特性曲线

a）有功功率/频率下垂控制　b）无功功率/电压下垂控制

（1）相角及电压幅值偏差问题

当系统中负载与分布式电源额定功率不能匹配时，经过下垂控制器输出的电压参考幅值和相角都会偏离额定值，电压幅值和相角的改变将会影响系统中的供电质量，引起较大的系统环流，同时当系统需要并网时，电压幅值的偏差和相角的偏差会导致系统并网失败，因此需要提出二级控制对系统的电压幅值和相角偏差进行恢复。

(2) 功率耦合问题

尽管式 (7.19) 和式 (7.20) 的传统下垂控制方法在线路阻抗参数的电感起主导作用、电阻参数可忽略时可以运行得很好。但是，在低压微电网中，馈线线路阻抗参数中的电阻 (R) 通常比较大，不能忽略不计，高阻抗参数比 (R/X) 将会造成有功功率和无功功率强耦合，功率分配控制不精确，使系统稳定性下降甚至变得不稳定。

从式 (7.15) 和式 (7.16) 可以看出，在低压线路阻抗参数中电阻 (R) 不能忽略的情况下，电压相角和幅值的变化都会同时带来有功功率和无功功率的变化，当低压微电网中 R/X 较大时，有功功率输出 P 与输出电压幅值关系较大，无功功率输出 Q 与输出电压相角关系较大。这时，如果再继续应用传统的 $P-\delta$ 和 $Q-E$ 下垂控制方法则将会带来有功功率和无功功率的强耦合结果，使有功功率和无功功率难以控制。如果 DG 的有功输出差异很大，甚至可能出现一部分 DG 输出无功功率，而另一部分 DG 吸收无功功率的情况。如果阻抗比 (R/X) 很大，即 $R \gg X$，将电感参数 X 忽略掉，则可以将式 (7.17) 和式 (7.18) 近似为

$$P=\frac{EV\cos\delta-V^2}{R} \tag{7.21}$$

$$Q=-\frac{EV\sin\delta}{R} \tag{7.22}$$

可以看出，此时有功功率不再与电压相角差成正比，无功功率也不再与电压幅值差成正比，而变成了有功功率和电压幅值差成正比，无功功率和相角差成正比。因此，传统下垂控制方法不适用于低压微电网，不能进行直接应用。

(3) 功率分配控制不精确

低压微电网中的线路高阻抗比 (R/X) 在带来有功功率和无功功率强耦合的同时，使有功功率和无功功率难以准确控制，造成负荷功率在 DG 上的分配不精确。除此之外，线路阻抗电压降落是造成无功功率分配不精确的一个主要原因。在电压等级较低的线路中，阻抗比相对较高 (见表 7.1)，且每个分布式电源与公共连接点之间的线路长度存在差异，出现不同的线路阻抗电压降，导致逆变器功率分配精度不高。

表 7.1 不同线路电气参数表

线路类型	电阻 $R/(\Omega/\mathrm{km})$	电感 $X/(\Omega/\mathrm{km})$	阻抗比 R/X
低压线路	0.642	0.083	7.70
中压线路	0.161	0.190	0.85
高压线路	0.060	0.191	0.31

(4) 系统稳定性降低甚至不稳定

低压线路参数不仅会造成功率耦合、功率分配不精确等问题，同样也会带来系统的稳定性问题。除此之外，下垂控制特性（下垂系数）也会对系统的稳定性造成影响，相关文献中对低压微电网中线路参数及下垂控制系数对系统稳定性的影响做了详细深入的研究分析，得出阻抗比越大，系统的稳定性越差，下垂控制系数越大，系统稳定性越差的结论，此处不再赘述，请参考相应文献。

7.3.3 信息能源系统多能能量单元内部控制

在信息能源系统中，当负载发生变化时，多个能量枢纽需要共同处理来满足负荷需求。如何确定每个能量枢纽的输入输出功率与设备运行状态尤为重要。而信息传输中出现的问题可能会对能量枢纽安全运行产生影响，因此在无信息交互的情况下，为避免部分能量枢纽过载，需要考虑通过实现负载侧功率的按容量比例分配来保证设备的安全运行。同时，亦需要考虑能量枢纽本身的多能源耦合和互补特性来确定内部设备的运行工况。由此，本节提出针对能量枢纽的双层控制策略来保证设备的安全运行与经济效益。

1. 能量枢纽的外层控制

在信息能源系统中，当负载发生变化时，能量枢纽的相应输出功率并不能自发实现按容量比例分配。相比于单一能源网络的能量单元，能量枢纽负载侧端口存在热能和电能两种不同的能量形式。因此，本部分分别针对经典电力网络结构和热力网络结构进行系统建模，并结合各子系统不同的动力特性进行推导，从而获得多维“负载-参数”演化规律，并进一步得到外层控制策略。策略中所涉及的压强、阻抗、频率等参数均是重要且常用的参数。

热力系统经典结构包括能量枢纽、出水管道、入水管道以及负载管道。其中，传输管道由出水管道与入水管道共同构成。能量枢纽向负载传递热能的方式描述如下：能量枢纽对水进行加热，将热水通过出水口排出。随后，热水流经出水管道进入负载管道向用户提供热能，再通过入水管道流入能量枢纽入水口，并进行再加热，由此形成一个完整的循环过程。信息能源系统中直热子网的功率平衡关系为

$$D_1 = \sum_{n=1}^{I} L_{hn} - Q_t \tag{7.23}$$

$$Q_t = cm_1\Delta T_t,\quad m_1 = \sum_{j=1}^{M} m_j \tag{7.24}$$

式中，D_1 表示用户获得的热能；L_{hn}与 Q_t 分别表示第 n 个能量枢纽提供的热能与传输管道上损失的热量；参数 I 表示该信息能源系统中能量枢纽的总数量；ΔT_1 表示热水经过负载管道后的温度变化；ΔT_t 表示经过传输管道后热水的温度变化；m_1 与 m_j 分别表示热水通过负载管道的总质量流量和某一根负载管道上的质量流量；c 表示对应物质的比热容；M 表示负载管道的总管道数量。式（7.24）表示能量枢纽向负载侧提供的热能可以被分为用户得到的能量与在传输管道中损失的能量两部分。通常情况下，传输管道由隔热层包裹来减少热量的损失。所以在传输管道上损失的热量会远远小于用户得到的热量，即 $\Delta T_t \ll \Delta T_1$。基于此，用户得到的热量 D_1 可以被表示为

$$D_1 = \sum_{n=1}^{I} L_{hn} = cm_1\Delta T_1 \tag{7.25}$$

式（7.25）表示用户得到的热量可以近似等于能量枢纽提供的总热量。

在热力网络中，对热能进行管理的方式有两种：流量调节与温度调节。由于温度变化相较于流量变化更为缓慢，因此本节选择流量调节的方式作为能量枢纽热外层控制的方式之一，以此来提高系统的响应速度。在采用流量调节时，一般忽略 ΔT_1 在调节过程中的变化。因此，信息能源系统中所有能量枢纽输出的热水温度可以基于一个标准值。每个能量枢纽所提供热能的不同主要体现在质量流量上。质量流量与体积流量之间的关系可以表示为

$$m_1 = \rho V_1 \tag{7.26}$$

式中，ρ 为水的密度；V_1 为热水通过负载管道的总体积流量。

负载管道的数量表示负载对热能的需求，数量越多，需求越大。通常情况下，负载管道采用并联的连接方式，以保证各个负载管道之间不会相互干扰。每条管道都存在管道阻抗。管道阻抗是由管道自身如管道长度、管道直径等特性决定的，而不会随着流量的变化而变化。负载管道的总阻抗 S_1 可以表示为

$$\frac{1}{\sqrt{S_l}}=\frac{1}{\sqrt{S_1}}+\frac{1}{\sqrt{S_2}}+\cdots+\frac{1}{\sqrt{S_M}} \tag{7.27}$$

式中，$S_1,S_2,\cdots,S_M$ 表示各负载管道的阻抗。如式（7.27）所示，负载管道的变化与负载管道总阻抗之间呈负相关。

压强与负载管道体积流量之间的关系可以被表示为

$$p_{\text{in}}-p_{\text{out}}=S_1V_1^2 \tag{7.28}$$

式中，p_{in}和p_{out}分别表示负载管道入水口与出水口的压强。如式（7.28）所示，由于管道阻抗不随流量变化而变化，负载管道的压降与负载管道总体积流量的二次方之间成正比。

在传输管道中，体积流量与管道压降之间也存在和式（7.28）相似的关系：

$$p-p_{\text{in}}=S_tV_t^2 \tag{7.29}$$

式中，p 表示能量枢纽出水口的压强；S_t 与 V_t 分别表示传输管道的阻抗与热水通过传输管道的总体积流量。

对于用户侧，多条并联的负载管道共用出水口与入水口，因此负载管道入水口与出水口的流量是相等的。同时，在同一管道内，流量处处相等。因此，传输管道中的出水管道与入水管道的流量相同。为了便于分析，本节将入水管道的阻抗整合至出水管道。基于此，负载管道的出水口压强 p_{out}设置为基准值。根据式（7.27）~式（7.29），可推导出如下关系：

$$\left(\frac{\sum_{n=1}^{I}L_{\text{h}n}}{c\rho\Delta T_1}\right)^2 S_1=p_{\text{in}}-p_{\text{out}} \tag{7.30}$$

因此，式（7.30）体现了负载管道的压降与各能量枢纽总输出热能之间的关系。

由式（7.30）可知，压强的变化是由负载阻抗与能量枢纽的输出决定的。当负载发生变化时，压强也会相应地变化。由于负载管道的出水口压强设定为基准值，因此能量枢纽出水口压强 p 数值的变化反映了整个管道的压降。基于此，能量枢纽可以通过检测压强的变化来判断负载的变化，进而决定自身的输出。但由于传输管道阻抗 S_t 对于各个能量枢纽都是不同的，所以不同能量枢纽出水口的压强 p 也是不同的。由此，本节所提的外层控制中，各个能量枢纽利用传输管道的阻抗与体积流量计算得到传输管道的压降，通过所得数值进行修正来消除影响因素。基于上述分析并根据式（7.25）、式（7.26）和式（7.30），能量枢纽热能外层控制可以表示如下：

$$L_{\mathrm{h}}^{2}-L_{\mathrm{hN}}^{2}=k_{\mathrm{p}}(p_{\mathrm{N}}'-p+V_{\mathrm{t}}^{2}S_{\mathrm{t}}) \tag{7.31}$$

式中，L_{hN}表示能量枢纽输出热能的额定功率；k_{p} 与 p_{N}' 分别表示热能控制的调节参数与负载管道入水口的额定压强。如式（7.31）所示，当能量枢纽出水口压强 p 发生变化时，能量枢纽输出热能同时被能量枢纽外层控制调节。由于经过了能量枢纽在各自传输管道上的压降修正，式（7.31）括号内部的数值对于各个能量枢纽应相等，L_{hN}^{2}为设定值，因此各个能量枢纽的输出与热能调节参数呈正相关。为了实现热负载的按容量比例分配，热能调节参数 k_{p} 的设置应与能量枢纽最大热能输出功率 L_{hmax}之间呈现如下关系：

$$\frac{L_{\mathrm{h}n\mathrm{max}}^{2}}{L_{\mathrm{h}i\mathrm{max}}^{2}}=\frac{k_{n\mathrm{p}}}{k_{i\mathrm{p}}} \tag{7.32}$$

对于能量枢纽的电能端口，根据能量枢纽本身的特性与现代电力系统的下垂特性，电能外层控制可以表示为

$$L_{\mathrm{e}}-L_{\mathrm{eN}}=k_{\mathrm{q}}(f_{\mathrm{N}}-f) \tag{7.33}$$

式中，L_{e} 与 L_{eN}分别表示能量枢纽输出电能的实际功率与额定功率；f 与 f_{N} 分别表示系统实际频率与额定频率；k_{q} 表示电能控制的调节参数。

同样，k_{q} 与能量枢纽最大电输出功率 L_{emax}之间存在如下关系：

$$L_{\mathrm{e}n\mathrm{max}}/k_{n\mathrm{q}}=d \tag{7.34}$$

式中，d 为常数；下标 n 代表着第 n 个能量枢纽。为了保证负载的按比例分配，网络中各能量枢纽的最大电能输出功率与电能控制调节参数的比值均为常数 d。

2. 能量枢纽的内层控制

所提能量枢纽的外层控制可以根据设备容量来决定各个能量枢纽向负载侧提供的能量。但是由于能量枢纽自身的耦合特性，其决定了负载侧输出的功率并不能决定能量枢纽的运行状态。考虑到提高设备运行的经济性是多能耦合的能量单元的重要需求。因此，本节提出一种基于等微增率准则的能量枢纽内部设备的控制策略与外层控制相配合，在保证安全运行的同时能够减少能量损耗。

在电力系统中，通常采用等增量消耗原则来解决经济调度问题。该原则的核心概念可以表述为：当电力系统中各设备的成本增量比相同时，能源消耗最小。在信息能源系统中，可以将这一原则加以改进，求解出所提方案确定输出时能源枢纽的最优运行问题。由于信息能源系统中存在多种能量，且能量枢纽中的一些设备与电力系统中的设备不同，因此需要分别解决热输出

和电输出的优化运行问题，需要建立能源枢纽中各设备的增量比函数。改进的等增量消费原则可以表示为

$$\begin{cases}\sigma_{z,r}=\sigma_z^*,Q_{z,r}^{\min}<Q_{z,r}<Q_{z,r}^{\max}\\\sigma_{z,r}\leqslant\sigma_z^*,Q_{z,r}=Q_{z,r}^{\max}\\\sigma_{z,r}\geqslant\sigma_z^*,Q_{z,r}=Q_{z,r}^{\min}\end{cases}\tag{7.35}$$

式中，Q 为内部设备的输入；z 代表不同的能源种类并且 $z\in$ e，h；σ^* 微增率标准值 σ_r 是对应设备 r 的微增率值。

一般来说，在能量枢纽中有多个能量转换设备。能量转换设备可分为两类：只输出一种能量的设备（COE）以及输出多种能量的设备（CME）。不同的 COE 有不同的消费曲线。然而，燃料成本通常可以用二次形式表示。

COE 的损失函数为

$$Q_b=\varepsilon_bL_b^2+\mu_bL_b+\gamma\tag{7.36}$$

式中，ε、μ 和 γ 分别为函数内的损失参数；Q_b 和 L_b 分别是设备 COE b 的输入以及输出。该设备的微增率可以表示为

$$\sigma_b=\frac{\mathrm{d}Q_b}{\mathrm{d}L_b}\tag{7.37}$$

对于可以同时生产电和热的 CME 来说，其损失函数为

$$Q_v=\bar{\alpha}_vL_{\mathrm{e},v}^2+\bar{\beta}L_{\mathrm{e},v}+\bar{\gamma}+\bar{\varepsilon}L_{\mathrm{h},v}+\bar{\lambda}L_{\mathrm{e},v}L_{\mathrm{h},v}+\bar{\tau}L_{\mathrm{h},v}^2\sigma_b=\frac{\mathrm{d}Q_b}{\mathrm{d}L_b}\tag{7.38}$$

式中，$[\bar{\alpha},\bar{\beta},\cdots,\bar{\gamma}]$ 为函数内的损失参数。该设备的微增率可以表示为

$$\sigma_{z,v}=\frac{\partial Q_v}{\partial L_{z,v}}\tag{7.39}$$

所有能量枢纽内的微增率都可以由上述表达式计算得到。结合式（7.35）~式（7.39），在外部设备确定的情况下内部各设备也可以确定运行状态，进而完成整个针对能量枢纽的控制。具体内容如图 7.12 所示。

3. 仿真

为了验证所提控制方法，基于实际场景设计一个包含三个能量枢纽的仿真模型。仿真模型如图 7.13 所示。

在这个模型中，每一个能量枢纽都连接着天然气网络与电力网络，负载类型包括电力负载与热力负载两种。系统初始无电负荷和热负荷，在 0 s 同时接入 1700 kW 热负荷和 3400 kW 电负荷。在 360 s 时热力负载减少 350 kW

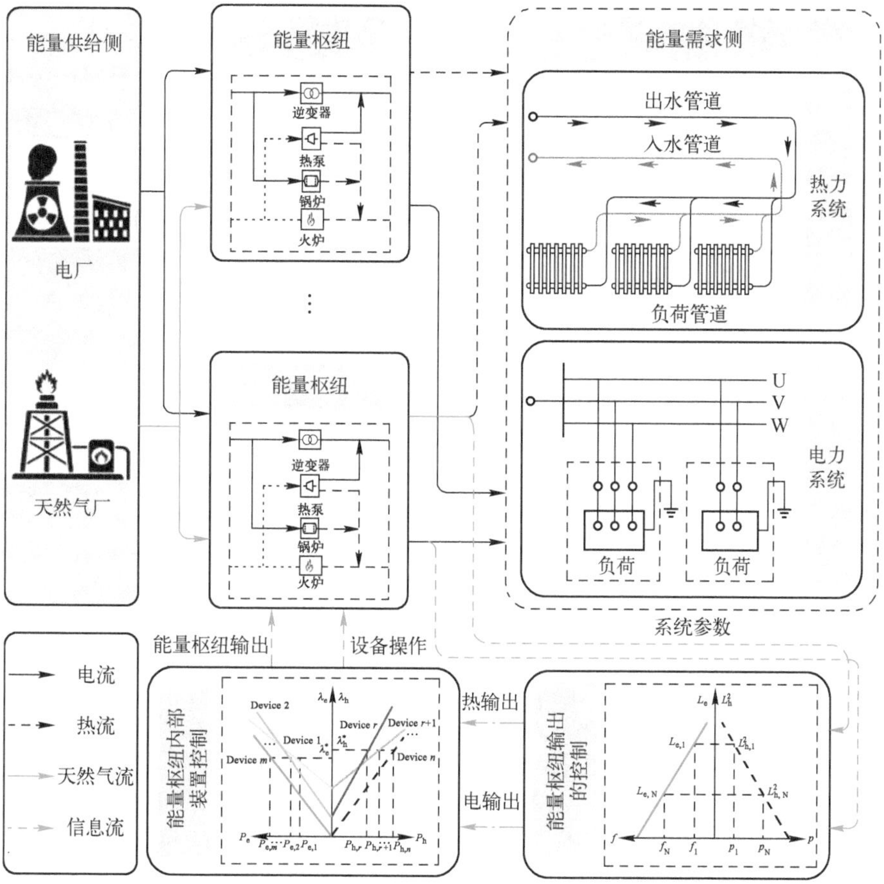

图 7.12 基于等微增率准则的能量枢纽控制策略

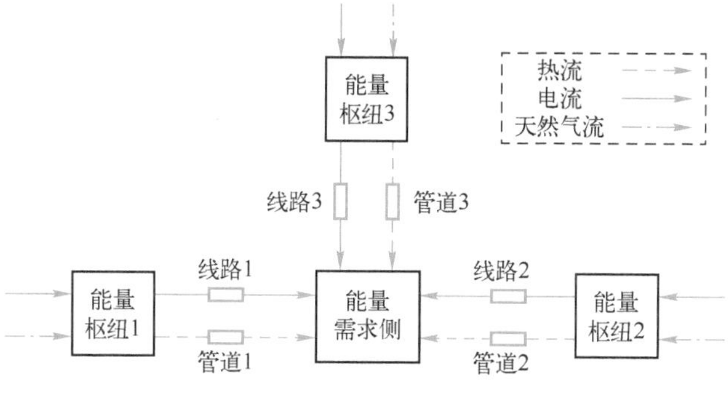

图 7.13 含有三个能量枢纽的仿真模型

而电力负载减少 700 kW，仿真结果如图 7. 14 所示。

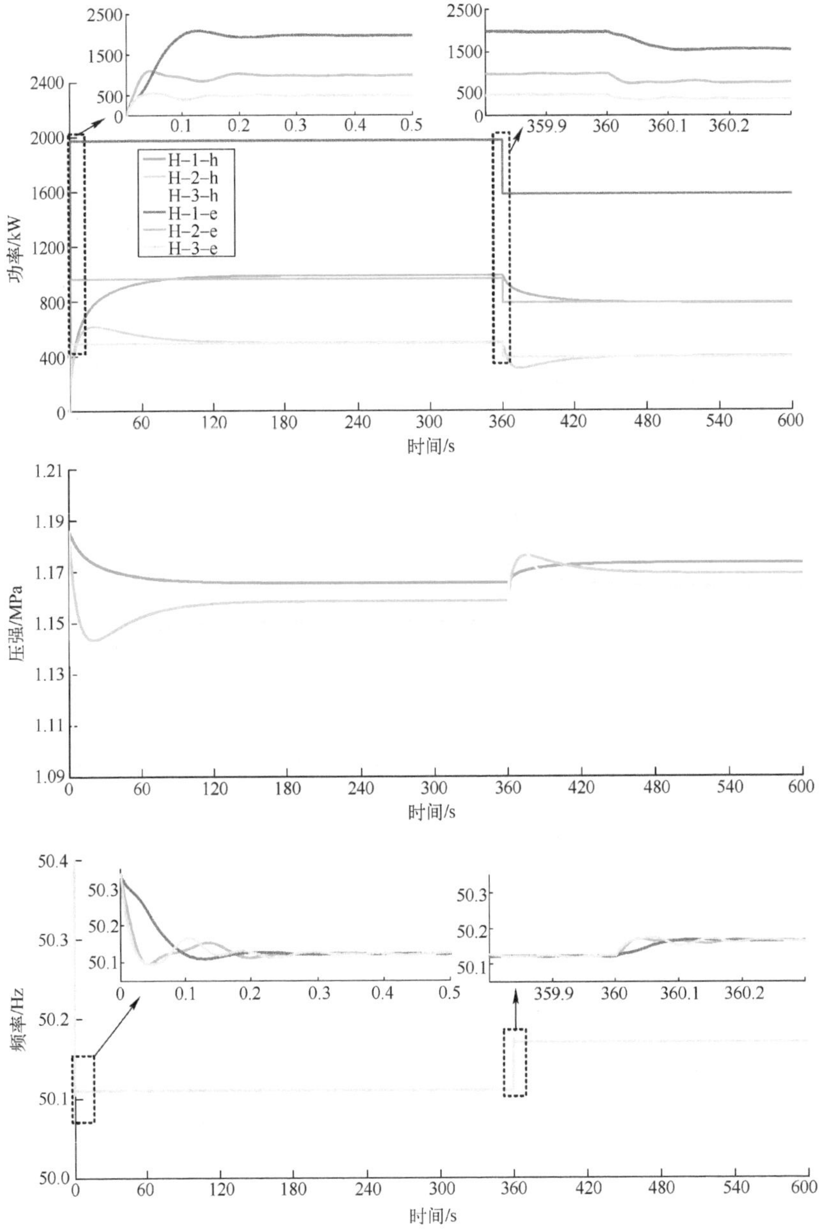

高清图 7. 14

图 7. 14　仿真结果图

如图7.14所示，在每种情况下，相应的能量枢纽的输出都是按比例分配的。热输出稳定时间超过100 s，电输出稳定时间仅0.1 s左右。结果表明，供热网络达到稳态所需的时间比电网要长。并且，热负荷和电负荷的变化引起出口压力和出口频率的变化。能量枢纽的出口压强变化方向与热负荷的变化呈反向。频率部分也存在类似的结果。这些数据显示能量枢纽的输出控制成功地消除了管道阻抗的影响。

7.4 信息能源系统能量单元间分布式协同控制

7.4.1 基于多智能体一致性的分布式功率共享控制

由于多智能体一致性算法的分布式特点，本节结合多智能体一致性算法进行设计。为进一步减少系统的保守性，在设计控制器过程中考虑了系统中的计算延时和通信延时。

在所设计的二级控制器中存在两个问题，也就是两个需要同步的问题。首先需要使每个逆变器输出电压相角的初始值同步，也可以看成是有功功率-相角下垂控制的设定值；第二个问题是保证在分布式控制器的控制下，使得每个系统可以获得 δ_{avg}，从而实现相角的一致性控制。

本节分别解决以上两个同步问题。

(1) 分布式电源输出初始相角同步

当系统不需要并网时，则系统采用平均一致性算法，调节下垂控制器中的相角参考值 δ_i^*，最终结果将使得每个下垂控制器的相角参考值为 $\delta_{\text{avg}}^* = \frac{1}{|V_I|}\sum_{i\in V_I}\delta_i^*$，公式如下：

$$\dot{\delta}_i^* = \sum_{j\in N(G,v_i)} a_{ij}(\delta_j^* - \delta_i^*) \tag{7.40}$$

当系统需要并网时，则系统采用带有领导者的一致性算法，领导者信息来自于主电网的相角 δ_{m}，最终结果将使得每个下垂控制器的相角参考值为 $\delta_i^* = \delta_{\text{m}}$，公式如下：

$$\dot{\delta}_i^* = \sum_{j\in N(G,v_i)} a_{ij}(\delta_j^* - \delta_i^*) + g_i(\delta_{\text{m}} - \delta_i^*) \tag{7.41}$$

其中，a_{ij}为通信拓扑图中邻接矩阵 $\boldsymbol{A}$ 中的元素，此处的通信结构为有向强连通拓扑图，$g_i=1$ 时，表示该控制器可以接收到主电网相角信息，当 $g_i=0$ 时，表示该控制器不能够接收到主电网相角信息，一个系统中需要至少有一个分布式电源的控制器可以接收到来自主电网的相角信息即可。

（2）分布式电源输出相角同步

设计控制器如下：

$$e_i(t)=-\sum_{j\in N(G,v_i)} a_{ij}\left[\frac{P_i(t-\tau_1)}{d_i}-\frac{P_j(t-\tau_2)}{d_j}\right] \tag{7.42}$$

式（7.42）所示控制器采用与式（7.40）中一样的通信结构，因为此控制器中需要计算功率，所以在控制器中考虑了计算延时和通信延时，其中，τ_1 表示计算延时，τ_2 表示计算延时和通信延时之和。

计算结果 $e_i(t)$ 将经过一个 PI 控制器，输出 $u_i(t)$ 作为系统控制量，因此当系统中加入了二级控制器之后，系统可以写成如下形式：

$$\boldsymbol{D}\dot{\boldsymbol{\delta}}(t)=\boldsymbol{P}^*-\boldsymbol{BC}\sin(\boldsymbol{B}^{\mathrm{T}}\boldsymbol{\delta}(t))-\boldsymbol{Du}(t) \tag{7.43}$$

其中，$\boldsymbol{u}(t)=[u_1(t),\cdots,u_n(t)]^{\mathrm{T}}$。上述设计的控制器框图如图 7.15 所示。

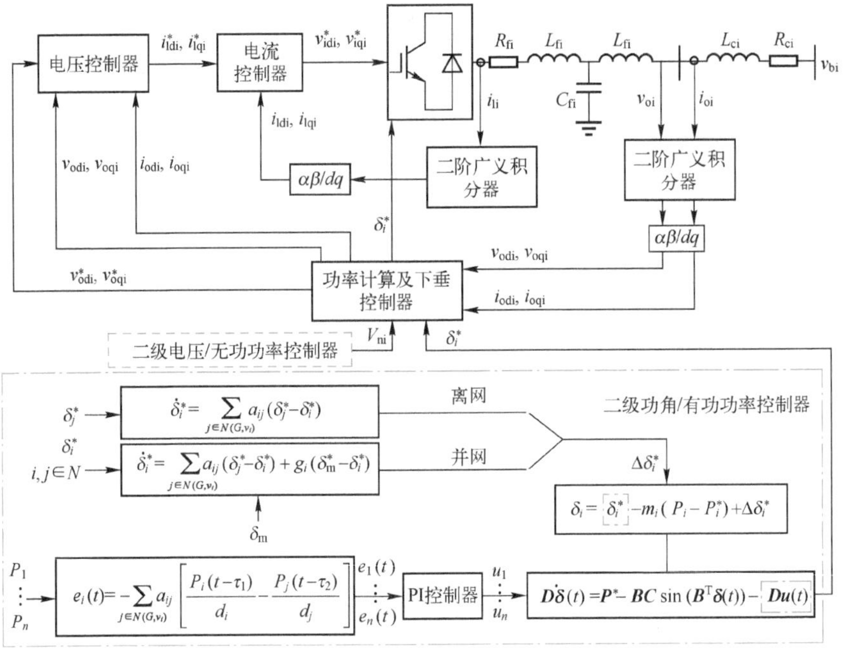

图 7.15 二级电压相角-有功功率控制器

进一步主要分析保守性最低的带有通信时滞的控制器（7.42），将式（7.42）写成矩阵形式，如下：

$$\boldsymbol{e}(t)=\dot{\widetilde{\boldsymbol{P}}}(t)=-\boldsymbol{I}\widetilde{\boldsymbol{P}}(t-\tau_1)+\boldsymbol{A}\widetilde{\boldsymbol{P}}(t-\tau_2) \tag{7.44}$$

式中，$\widetilde{\boldsymbol{P}}(t-\tau_1)=\left[\dfrac{P_1(t-\tau_1)}{d_1},\cdots,\dfrac{P_{|V_I|}(t-\tau_1)}{d_{|V_I|}}\right]^{\mathrm{T}}$；$\widetilde{\boldsymbol{P}}(t-\tau_2)=\left[\dfrac{P_1(t-\tau_2)}{d_1},\cdots,\dfrac{P_{|V_I|}(t-\tau_2)}{d_{|V_I|}}\right]^{\mathrm{T}}$。

为了分析系统（7.44）的稳定性，本节采用自由权矩阵的方法，提出定理 7.1 用于证明含有多时滞系统的稳定性问题。

定理 7.1 对于时滞 $\tau_i \geqslant 0(i=1,2)$，同时满足 $\tau_2>\tau_1$，如果存在对称整定矩阵 $\boldsymbol{P}=\boldsymbol{P}^{\mathrm{T}}$ 和 $\boldsymbol{Q}_i=\boldsymbol{Q}_i^{\mathrm{T}}(i=1,2)$，对称半正定矩阵 $\boldsymbol{W}_i=\boldsymbol{W}_i^{\mathrm{T}}$，$\boldsymbol{X}_{ii}=\boldsymbol{X}_{ii}^{\mathrm{T}}$，$\boldsymbol{Y}_{ii}=\boldsymbol{Y}_{ii}^{\mathrm{T}}$，$\boldsymbol{Z}_{ii}=\boldsymbol{Z}_{ii}^{\mathrm{T}}(i=1,2,3)$，以及任意矩阵 $\boldsymbol{N}_i$、$\boldsymbol{S}_i$、$\boldsymbol{T}_i(i=1,2,3)$ 和 $\boldsymbol{X}_{ij}$、$\boldsymbol{Y}_{ij}$、$\boldsymbol{Z}_{ij}$ $(1\leqslant i<j\leqslant 3)$，满足如下 LMI，则系统（7.44）是渐近稳定的：

$$\boldsymbol{\Phi}=\begin{bmatrix}\boldsymbol{\phi}_{11} & \boldsymbol{\phi}_{12} & \boldsymbol{\phi}_{13}\\ \boldsymbol{\phi}_{12}^{\mathrm{T}} & \boldsymbol{\phi}_{22} & \boldsymbol{\phi}_{23}\\ \boldsymbol{\phi}_{13}^{\mathrm{T}} & \boldsymbol{\phi}_{23}^{\mathrm{T}} & \boldsymbol{\phi}_{33}\end{bmatrix}<0 \tag{7.45}$$

$$\boldsymbol{\Psi}_1=\begin{bmatrix}\boldsymbol{X}_{11} & \boldsymbol{X}_{12} & \boldsymbol{X}_{13} & \boldsymbol{N}_1\\ \boldsymbol{X}_{12}^{\mathrm{T}} & \boldsymbol{X}_{22} & \boldsymbol{X}_{23} & \boldsymbol{N}_2\\ \boldsymbol{X}_{12}^{\mathrm{T}} & \boldsymbol{X}_{23}^{\mathrm{T}} & \boldsymbol{X}_{33} & \boldsymbol{N}_3\\ \boldsymbol{N}_1^{\mathrm{T}} & \boldsymbol{N}_2^{\mathrm{T}} & \boldsymbol{N}_3^{\mathrm{T}} & \boldsymbol{W}_1\end{bmatrix}\geqslant 0 \tag{7.46}$$

$$\boldsymbol{\Psi}_2=\begin{bmatrix}\boldsymbol{Y}_{11} & \boldsymbol{Y}_{12} & \boldsymbol{Y}_{13} & \boldsymbol{S}_1\\ \boldsymbol{Y}_{12}^{\mathrm{T}} & \boldsymbol{Y}_{22} & \boldsymbol{Y}_{23} & \boldsymbol{S}_2\\ \boldsymbol{Y}_{12}^{\mathrm{T}} & \boldsymbol{Y}_{23}^{\mathrm{T}} & \boldsymbol{Y}_{33} & \boldsymbol{S}_3\\ \boldsymbol{S}_1^{\mathrm{T}} & \boldsymbol{S}_2^{\mathrm{T}} & \boldsymbol{S}_3^{\mathrm{T}} & \boldsymbol{W}_2\end{bmatrix}\geqslant 0 \tag{7.47}$$

$$\boldsymbol{\Psi}_3=\begin{bmatrix}\boldsymbol{Z}_{11} & \boldsymbol{Z}_{12} & \boldsymbol{Z}_{13} & k\boldsymbol{T}_1\\ \boldsymbol{Z}_{12}^{\mathrm{T}} & \boldsymbol{Z}_{22} & \boldsymbol{Z}_{23} & k\boldsymbol{T}_2\\ \boldsymbol{Z}_{12}^{\mathrm{T}} & \boldsymbol{Z}_{23}^{\mathrm{T}} & \boldsymbol{Z}_{33} & k\boldsymbol{T}_3\\ k\boldsymbol{T}_1^{\mathrm{T}} & k\boldsymbol{T}_2^{\mathrm{T}} & k\boldsymbol{T}_3^{\mathrm{T}} & \boldsymbol{W}_3\end{bmatrix}\geqslant 0 \tag{7.48}$$

其中

$$\boldsymbol{\phi}_{11}=\boldsymbol{Q}_1+\boldsymbol{Q}_2+\boldsymbol{N}_1+\boldsymbol{N}_1^{\mathrm{T}}+\boldsymbol{S}_1+\boldsymbol{S}_1^{\mathrm{T}}+\boldsymbol{H}+\tau_1\boldsymbol{X}_{11}+\tau_2\boldsymbol{Y}_{22}+(\tau_2-\tau_1)\boldsymbol{Z}_{11}$$

$$\boldsymbol{\phi}_{12}=\boldsymbol{P}\boldsymbol{A}_1-\boldsymbol{N}_1+\boldsymbol{N}_2^{\mathrm{T}}+\boldsymbol{S}_2^{\mathrm{T}}+\boldsymbol{T}_1+\boldsymbol{H}+\tau_1\boldsymbol{X}_{12}+\tau_2\boldsymbol{Y}_{12}+(\tau_2-\tau_1)\boldsymbol{Z}_{12}$$

$$\boldsymbol{\phi}_{13}=\boldsymbol{P}\boldsymbol{A}_2+\boldsymbol{N}_3^{\mathrm{T}}-\boldsymbol{S}_1+\boldsymbol{S}_3^{\mathrm{T}}-\boldsymbol{T}_1+\boldsymbol{H}+\tau_1\boldsymbol{X}_{13}+\tau_2\boldsymbol{Y}_{13}+(\tau_2-\tau_1)\boldsymbol{Z}_{13}$$

$$\boldsymbol{\phi}_{22}=-\boldsymbol{Q}_1-\boldsymbol{N}_2-\boldsymbol{N}_2^{\mathrm{T}}+\boldsymbol{T}_2+\boldsymbol{T}_2^{\mathrm{T}}+\boldsymbol{H}+\tau_1\boldsymbol{X}_{22}+\tau_2\boldsymbol{Y}_{22}+(\tau_2-\tau_1)\boldsymbol{Z}_{22}$$

$$\boldsymbol{\phi}_{23}=-\boldsymbol{N}_3^{\mathrm{T}}-\boldsymbol{S}_2-\boldsymbol{T}_2+\boldsymbol{T}_3^{\mathrm{T}}+\boldsymbol{H}+\tau_1\boldsymbol{X}_{23}+\tau_2\boldsymbol{Y}_{23}+(\tau_2-\tau_1)\boldsymbol{Z}_{23}$$

$$\boldsymbol{\phi}_{23}=-\boldsymbol{Q}_2-\boldsymbol{S}_3-\boldsymbol{S}_3^{\mathrm{T}}-\boldsymbol{T}_3-\boldsymbol{T}_3^{\mathrm{T}}+\boldsymbol{H}+\tau_1\boldsymbol{X}_{33}+\tau_2\boldsymbol{Y}_{33}+(\tau_2-\tau_1)\boldsymbol{Z}_{33}$$

$$\boldsymbol{H}=\tau_1\boldsymbol{W}_1+\tau_2\boldsymbol{W}_2+(\tau_2-\tau_1)\boldsymbol{W}_3$$

证明：选择 Lyapunov-Krasovskii 方程为

$$\begin{aligned}V_1=&\widetilde{\boldsymbol{P}}^{\mathrm{T}}(t)\boldsymbol{P}\widetilde{\boldsymbol{P}}(t)+\int_{t-\tau_1}^{t}\widetilde{\boldsymbol{P}}^{\mathrm{T}}(s)\boldsymbol{Q}_1\widetilde{\boldsymbol{P}}(s)\mathrm{d}s+\int_{t-\tau_2}^{t}\widetilde{\boldsymbol{P}}^{\mathrm{T}}(s)\boldsymbol{Q}_2\widetilde{\boldsymbol{P}}(s)\mathrm{d}s+\\&\int_{-\tau_1}^{0}\int_{t+\theta}^{t}\dot{\widetilde{\boldsymbol{P}}}^{\mathrm{T}}(s)\boldsymbol{W}_1\dot{\widetilde{\boldsymbol{P}}}(s)\mathrm{d}s\mathrm{d}\theta+\int_{-\tau_2}^{0}\int_{t+\theta}^{t}\dot{\widetilde{\boldsymbol{P}}}^{\mathrm{T}}(s)\boldsymbol{W}_2\dot{\widetilde{\boldsymbol{P}}}(s)\mathrm{d}s\mathrm{d}\theta+\\&\int_{-\tau_2}^{-\tau_1}\int_{t+\theta}^{t}\dot{\widetilde{\boldsymbol{P}}}^{\mathrm{T}}(s)\boldsymbol{W}_3\dot{\widetilde{\boldsymbol{P}}}(s)\mathrm{d}s\mathrm{d}\theta\end{aligned}\tag{7.49}$$

其中，$\boldsymbol{P}=\boldsymbol{P}^{\mathrm{T}}>0$，$\boldsymbol{Q}_i=\boldsymbol{Q}_i^{\mathrm{T}}>0(i=1,2)$，$\boldsymbol{W}_i=\boldsymbol{W}_i^{\mathrm{T}}\geqslant 0(i=1,2,3)$。对式（7.49）求导得

$$\begin{aligned}\dot{V}_1=&2\widetilde{\boldsymbol{P}}^{\mathrm{T}}(t)\boldsymbol{P}[-\boldsymbol{I}\widetilde{\boldsymbol{P}}(t-\tau_1)+\boldsymbol{A}\widetilde{\boldsymbol{P}}(t-\tau_2)]+\\&\widetilde{\boldsymbol{P}}^{\mathrm{T}}(t)\boldsymbol{Q}_1\widetilde{\boldsymbol{P}}(t)-\widetilde{\boldsymbol{P}}^{\mathrm{T}}(t-\tau_1)\boldsymbol{Q}_1\widetilde{\boldsymbol{P}}(t-\tau_1)+\\&\widetilde{\boldsymbol{P}}^{\mathrm{T}}(t)\boldsymbol{Q}_2\widetilde{\boldsymbol{P}}(t)-\widetilde{\boldsymbol{P}}^{\mathrm{T}}(t-\tau_2)\boldsymbol{Q}_2\widetilde{\boldsymbol{P}}(t-\tau_2)+\\&\tau_1\dot{\widetilde{\boldsymbol{P}}}^{\mathrm{T}}(t)\boldsymbol{W}_1\dot{\widetilde{\boldsymbol{P}}}(t)-\int_{t-\tau_1}^{t}\dot{\widetilde{\boldsymbol{P}}}^{\mathrm{T}}(s)\boldsymbol{W}_1\dot{\widetilde{\boldsymbol{P}}}(s)\mathrm{d}s+\\&\tau_2\dot{\widetilde{\boldsymbol{P}}}^{\mathrm{T}}(t)\boldsymbol{W}_2\dot{\widetilde{\boldsymbol{P}}}(t)-\int_{t-\tau_2}^{t}\dot{\widetilde{\boldsymbol{P}}}^{\mathrm{T}}(s)\boldsymbol{W}_2\dot{\widetilde{\boldsymbol{P}}}(s)\mathrm{d}s+\\&(\tau_2-\tau_1)\dot{\widetilde{\boldsymbol{P}}}^{\mathrm{T}}(t)\boldsymbol{W}_3\dot{\widetilde{\boldsymbol{P}}}(t)-\int_{t-\tau_2}^{t-\tau_1}\dot{\widetilde{\boldsymbol{P}}}^{\mathrm{T}}(s)\boldsymbol{W}_3\dot{\widetilde{\boldsymbol{P}}}(s)\mathrm{d}s\end{aligned}\tag{7.50}$$

利用 Leibniz-Newton 方程，对于任意矩阵 $\boldsymbol{N}_i$，$\boldsymbol{S}_i$，$\boldsymbol{T}_i=\boldsymbol{T}_i^{\mathrm{T}}\geqslant 0(i=1,2,3)$，满足如下方程：

$$\begin{aligned}&2[\widetilde{\boldsymbol{P}}^{\mathrm{T}}(t)\boldsymbol{N}_1+\widetilde{\boldsymbol{P}}^{\mathrm{T}}(t-\tau_1)\boldsymbol{N}_2+\widetilde{\boldsymbol{P}}^{\mathrm{T}}(t-\tau_2)\boldsymbol{N}_3]\times\\&\left[\widetilde{\boldsymbol{P}}(t)-\widetilde{\boldsymbol{P}}(t-\tau_1)-\int_{t-\tau_1}^{t}\dot{\widetilde{\boldsymbol{P}}}(s)\mathrm{d}s\right]=0\end{aligned}\tag{7.51}$$

$$\begin{aligned}&2[\widetilde{\boldsymbol{P}}^{\mathrm{T}}(t)\boldsymbol{S}_1+\widetilde{\boldsymbol{P}}^{\mathrm{T}}(t-\tau_1)\boldsymbol{S}_2+\widetilde{\boldsymbol{P}}^{\mathrm{T}}(t-\tau_2)\boldsymbol{S}_3]\times\\&\left[\widetilde{\boldsymbol{P}}(t)-\widetilde{\boldsymbol{P}}(t-\tau_2)-\int_{t-\tau_2}^{t}\dot{\widetilde{\boldsymbol{P}}}(s)\mathrm{d}s\right]=0\end{aligned}\tag{7.52}$$

$$2[\widetilde{\boldsymbol{P}}^{\mathrm{T}}(t)\boldsymbol{T}_1+\widetilde{\boldsymbol{P}}^{\mathrm{T}}(t-\tau_1)\boldsymbol{T}_2+\widetilde{\boldsymbol{P}}^{\mathrm{T}}(t-\tau_2)\boldsymbol{T}_3]\times$$
$$[\widetilde{\boldsymbol{P}}(t-\tau_1)-\widetilde{\boldsymbol{P}}(t-\tau_2)-\int_{t-\tau_2}^{t-\tau_1}\dot{\widetilde{\boldsymbol{P}}}(s)\mathrm{d}s]=0 \tag{7.53}$$

同时对任意合适维数的矩阵 $\boldsymbol{X}_{ii}=\boldsymbol{X}_{ii}^{\mathrm{T}}\geqslant0$，$\boldsymbol{Y}_{ii}=\boldsymbol{Y}_{ii}^{\mathrm{T}}\geqslant0$，$\boldsymbol{Z}_{ii}=\boldsymbol{Z}_{ii}^{\mathrm{T}}\geqslant0(i=1,2,3)$，$\boldsymbol{X}_{ij},\boldsymbol{Y}_{ij},\boldsymbol{Z}_{ij}(1\leqslant i<j\leqslant3)$，满足：

$$\begin{bmatrix}\widetilde{\boldsymbol{P}}(t)\\\widetilde{\boldsymbol{P}}(t-\tau_1)\\\widetilde{\boldsymbol{P}}(t-\tau_2)\end{bmatrix}^{\mathrm{T}}\begin{bmatrix}\boldsymbol{\Lambda}_{11}&\boldsymbol{\Lambda}_{12}&\boldsymbol{\Lambda}_{3}\\\boldsymbol{\Lambda}_{12}^{\mathrm{T}}&\boldsymbol{\Lambda}_{22}&\boldsymbol{\Lambda}_{23}\\\boldsymbol{\Lambda}_{13}^{\mathrm{T}}&\boldsymbol{\Lambda}_{23}^{\mathrm{T}}&\boldsymbol{\Lambda}_{33}\end{bmatrix}\begin{bmatrix}\widetilde{\boldsymbol{P}}(t)\\\widetilde{\boldsymbol{P}}(t-\tau_1)\\\widetilde{\boldsymbol{P}}(t-\tau_2)\end{bmatrix}=0 \tag{7.54}$$

式中，$\boldsymbol{\Lambda}_{ij}=\tau_1(\boldsymbol{X}_{ij}-\boldsymbol{X}_{ij})+\tau_2(\boldsymbol{Y}_{ij}-\boldsymbol{Y}_{ij})+|\tau_1-\tau_2|(\boldsymbol{Z}_{ij}-\boldsymbol{Z}_{ij})(1\leqslant i\leqslant j\leqslant3)$。

将式（7.51）~式（7.54）等式左侧项加上式（7.50），则式（7.50）可以写成

$$\dot{V}_1=\boldsymbol{\eta}_1^{\mathrm{T}}(t)\boldsymbol{\Phi}\boldsymbol{\eta}(t)-\int_{t-\tau_1}^{t}\boldsymbol{\eta}_2^{\mathrm{T}}(t,s)\boldsymbol{\Psi}_1\boldsymbol{\eta}_2(t,s)\mathrm{d}s-$$
$$\int_{t-\tau_2}^{t}\boldsymbol{\eta}_2^{\mathrm{T}}(t,s)\boldsymbol{\Psi}_2\boldsymbol{\eta}_2(t,s)\mathrm{d}s-\int_{t-\tau_2}^{t-\tau_1}\boldsymbol{\eta}_2^{\mathrm{T}}(t,s)\boldsymbol{\Psi}_3\boldsymbol{\eta}_2(t,s)\mathrm{d}s \tag{7.55}$$

式中，$\boldsymbol{\eta}_1(t)=[\widetilde{\boldsymbol{P}}^{\mathrm{T}}(t)\quad\widetilde{\boldsymbol{P}}^{\mathrm{T}}(t-\tau_1)\quad\widetilde{\boldsymbol{P}}^{\mathrm{T}}(t-\tau_2)]^{\mathrm{T}}$；$\boldsymbol{\eta}_2(t,s)=[\boldsymbol{\eta}_1^{\mathrm{T}}(t)\quad\dot{\widetilde{\boldsymbol{P}}}^{\mathrm{T}}(s)]^{\mathrm{T}}$。

因此，当满足 $\boldsymbol{\Phi}<0$ 和 $\boldsymbol{\Psi}_i\geqslant0(i=1,2,3)$，即式（7.45）~式（7.48）时，对于任意 $\boldsymbol{\eta}_1(t)\neq\boldsymbol{0}$，系统是渐近稳定的，证毕。

7.4.2 基于事件触发的网络化分布式功率共享控制

本节主要针对主电网电压幅值进行跟踪控制，目的是使微电网输出电压幅值一致，因此选择无功功率-电压下垂控制器的电压设定值为系统输入变量，即 $u=V_{\mathrm{ni}}$，将系统输出电压作为系统输出量，由于 $v_{\mathrm{oqi}}=0$，因此可将 v_{odi} 作为系统的输出量。按照所设计的控制器的输入输出，将系统改写成：

$$\begin{cases}\dot{\boldsymbol{x}}_{\mathrm{invi}}=\boldsymbol{p}(\boldsymbol{x})+\boldsymbol{g}\boldsymbol{u}_{\mathrm{invi}}\\ \boldsymbol{y}_{\mathrm{invi}}=\boldsymbol{h}(\boldsymbol{x})\end{cases} \tag{7.56}$$

式中，$\boldsymbol{h}(\boldsymbol{x})=v_{\mathrm{odi}}$；$\boldsymbol{g}=[0\quad0\quad0\quad1\quad0\quad0\quad0\quad0\quad0\quad0\quad0\quad0\quad0]^{\mathrm{T}}$；以及

$$
\boldsymbol{p}(\boldsymbol{x})=\begin{bmatrix}
\omega_i+m_i\omega_{ci}P_i-\omega_{ci}(v_{odi}i_{odi}+v_{oqi}i_{oqi}) \\
-\omega_{ci}P_i+\omega_{ci}(v_{odi}i_{odi}+v_{oqi}i_{oqi}) \\
-\omega_{ci}Q_i+\omega_{ci}(v_{odi}i_{oqi}-v_{oqi}i_{odi}) \\
-n_i(Q_i-Q_i^*)-v_{odi} \\
-v_{oqi} \\
Fi_{odi}-\omega_iC_fv_{oqi}+k_{pVodi}(v_{odi}^*-v_{odi})+k_{iVodi}\phi_{odi}-i_{ldi} \\
Fi_{oqi}+\omega_iC_fv_{odi}+k_{pVoqi}(v_{oqi}^*-v_{oqi})+k_{iVoqi}\phi_{oqi}-i_{lqi} \\
-\dfrac{R_{fi}}{L_{fi}}i_{ldi}+\omega_ii_{lqi}+\dfrac{1}{L_{fi}}(v_{idi}-v_{odi}) \\
-\dfrac{R_{fi}}{L_{fi}}i_{lqi}-\omega_ii_{ldi}+\dfrac{1}{L_{fi}}(v_{iqi}-v_{oqi}) \\
\omega_iv_{oqi}+\dfrac{1}{C_{fi}}(i_{ldi}-i_{odi}) \\
-\omega_iv_{odi}+\dfrac{1}{C_{fi}}(i_{lqi}-i_{oqi}) \\
\dfrac{R_{ci}}{L_{ci}}i_{odi}+\omega_ii_{oqi}+\dfrac{1}{L_{ci}}(v_{odi}-v_{bdi}) \\
\dfrac{R_{ci}}{L_{ci}}i_{oqi}-\omega_ii_{odi}+\dfrac{1}{L_{ci}}(v_{oqi}-v_{bqi})
\end{bmatrix}
$$

$$
\boldsymbol{x}_i=[\theta_i\quad P_i\quad Q_i\quad \phi_{odi}\quad \phi_{oqi}\quad \gamma_{di}\quad \gamma_{qi}\quad i_{ldi}\quad i_{lqi}\quad v_{odi}\quad v_{oqi}\quad i_{odi}\quad i_{oqi}]^{\mathrm{T}}
$$

基于输入-输出反馈线性化步骤，首先对系统（7.56）进行相对阶的求取，对输出 y_{invi}进行求导，求导过程如下：

$$
\dot{y}_{invi}=L_ph(x)+L_gh(x)=\omega_iv_{oqi}+\frac{1}{C_{fi}}(i_{ldi}-i_{odi}) \tag{7.57}
$$

$$
\begin{aligned}
\ddot{y}_{invi}=L_p^2h(x)+L_pL_gh(x)=&-\frac{1}{C_{fi}}\left[\frac{R_{ci}}{L_{ci}}i_{odi}+\omega_ii_{oqi}+\frac{1}{L_{ci}}(v_{odi}-v_{bdi})\right]+\omega_i\left[-\omega_iv_{odi}+\frac{1}{C_{fi}}(i_{lqi}-i_{oqi})\right] \\
&+\frac{1}{C_{fi}}\left\{-\frac{R_{fi}}{L_{fi}}i_{ldi}+\omega_ii_{lqi}+\frac{1}{L_{fi}}\left[-\omega_iL_{fi}i_{lqi}+k_{pildi}(Fi_{odi}-\omega_iC_fv_{oqi}+k_{pvodi}(v_{odi}^*-v_{odi})\right.\right. \\
&\left.\left.+k_{ivodi}\phi_{odi}-i_{ldi})+k_{iildi}\gamma_{di}-v_{odi}\right]\right\}
\end{aligned} \tag{7.58}
$$

$$
\dddot{y}_{invi}=L_p^3h(x)+L_gL_f^2h(x)=E(x)+JV_{ni} \tag{7.59}
$$

式中，$J=\dfrac{k_{\mathrm{pildi}}k_{\mathrm{ivodi}}}{C_{\mathrm{fi}}k_{\mathrm{fi}}}$。

$$
\begin{aligned}
E(x)=&n_{\mathrm{i}}\left[-\omega_{\mathrm{ci}}Q_{\mathrm{i}}+\omega_{\mathrm{ci}}(v_{\mathrm{odi}}i_{\mathrm{oqi}}-v_{\mathrm{oqi}}i_{\mathrm{odi}})\right]+\frac{k_{\mathrm{pildi}}k_{\mathrm{ivodi}}}{C_{\mathrm{fi}}k_{\mathrm{fi}}}\left[-n_{\mathrm{i}}(Q_{\mathrm{i}}-Q_{\mathrm{i}}^{*})-v_{\mathrm{odi}}\right]\\
&+\frac{k_{\mathrm{iildi}}}{C_{\mathrm{fi}}L_{\mathrm{fi}}}\left[Fi_{\mathrm{odi}}-\omega_{\mathrm{i}}C_{\mathrm{f}}v_{\mathrm{oqi}}+k_{\mathrm{pVodi}}(v_{\mathrm{odi}}^{*}-v_{\mathrm{odi}})+k_{\mathrm{iVodi}}\phi_{\mathrm{odi}}-i_{\mathrm{ldi}}\right]\\
&-\frac{R_{\mathrm{fi}}+k_{\mathrm{pildi}}}{C_{\mathrm{fi}}L_{\mathrm{fi}}}\left[-\frac{R_{\mathrm{fi}}}{L_{\mathrm{fi}}}i_{\mathrm{ldi}}+\omega_{\mathrm{i}}i_{\mathrm{lqi}}+\frac{1}{L_{\mathrm{fi}}}(v_{\mathrm{idi}}-v_{\mathrm{odi}})\right]\\
&+\frac{\omega_{\mathrm{i}}}{C_{\mathrm{fi}}}\left[-\frac{R_{\mathrm{fi}}}{L_{\mathrm{fi}}}i_{\mathrm{lqi}}-\omega_{\mathrm{i}}i_{\mathrm{ldi}}+\frac{1}{L_{\mathrm{fi}}}(v_{\mathrm{iqi}}-v_{\mathrm{oqi}})\right]-\frac{2\omega_{\mathrm{i}}}{C_{\mathrm{fi}}}\left[\frac{R_{\mathrm{ci}}}{L_{\mathrm{ci}}}i_{\mathrm{oqi}}-\omega_{\mathrm{i}}i_{\mathrm{odi}}+\frac{1}{L_{\mathrm{ci}}}(v_{\mathrm{oqi}}-v_{\mathrm{bqi}})\right]\\
&-\frac{\omega_{\mathrm{i}}^{2}C_{\mathrm{fi}}L_{\mathrm{ci}}L_{\mathrm{fi}}+L_{\mathrm{fi}}+L_{\mathrm{ci}}+L_{\mathrm{ci}}k_{\mathrm{pildi}}k_{\mathrm{pvodi}}}{C_{\mathrm{fi}}L_{\mathrm{fi}}L_{\mathrm{ci}}}\left[\omega_{\mathrm{i}}v_{\mathrm{oqi}}+\frac{1}{C_{\mathrm{fi}}}(i_{\mathrm{ldi}}-i_{\mathrm{odi}})\right]\\
&-\frac{\omega_{\mathrm{i}}k_{\mathrm{pildi}}}{L_{\mathrm{fi}}}\left[-\omega_{\mathrm{i}}v_{\mathrm{odi}}+\frac{1}{C_{\mathrm{fi}}}(i_{\mathrm{lqi}}-i_{\mathrm{oqi}})\right]+\frac{k_{\mathrm{pildi}}FL_{\mathrm{ci}}-R_{\mathrm{ci}}L_{\mathrm{fi}}}{C_{\mathrm{fi}}L_{\mathrm{fi}}L_{\mathrm{ci}}}\left[\frac{R_{\mathrm{ci}}}{L_{\mathrm{ci}}}i_{\mathrm{odi}}+\omega_{\mathrm{i}}i_{\mathrm{oqi}}+\frac{1}{L_{\mathrm{ci}}}(v_{\mathrm{odi}}-v_{\mathrm{bdi}})\right]
\end{aligned}
$$

式（7.57）~式（7.59）分别代表输出的一次导数、二次导数和三次导数，可以看到，式（7.57）和式（7.58）中并没有出现系统的控制输入 V_{ni}，当对系统输出求第三次导数时，出现系统控制输入，如式（7.59）结尾处方框内，因此可以求得系统的相对阶 $r=3$。

根据输入-输出反馈线性化规则，定义新变量 $y_{\mathrm{invi},1}$ 和 $y_{\mathrm{invi},2}$，同时定义虚拟输入 v_{invi}，将系统写成

$$
\begin{cases}
\dot{y}_{\mathrm{invi}}=y_{\mathrm{invi},1}\\
\dot{y}_{\mathrm{invi},1}=y_{\mathrm{invi},2}\\
\dot{y}_{\mathrm{invi},2}=v_{\mathrm{invi}}
\end{cases}
\tag{7.60}
$$

同时系统虚拟输入满足式

$$v_{\mathrm{invi}}=E(x)+Ju_{\mathrm{invi}}\tag{7.61}$$

当通过控制器设计获得 v_{invi} 时，可通过下式计算实际控制输入值：

$$u_{\mathrm{invi}}=(v_{\mathrm{invi}}-E(x))/J\tag{7.62}$$

将系统写成矩阵形式如下：

$$
\begin{bmatrix}\dot{y}_{\mathrm{invi}}\\ \dot{y}_{\mathrm{invi},1}\\ \dot{y}_{\mathrm{invi},2}\end{bmatrix}=\begin{bmatrix}0&1&0\\0&0&1\\0&0&0\end{bmatrix}\begin{bmatrix}y_{\mathrm{invi}}\\ y_{\mathrm{invi},1}\\ y_{\mathrm{invi},2}\end{bmatrix}+\begin{bmatrix}0\\0\\1\end{bmatrix}v_{\mathrm{invi}}
\tag{7.63}
$$

式中，$\boldsymbol{A}=\begin{bmatrix}0 & 1 & 0\\0 & 0 & 1\\0 & 0 & 0\end{bmatrix}$；$\boldsymbol{B}=\begin{bmatrix}0\\0\\1\end{bmatrix}$；$\boldsymbol{Y}_{\text{inv}i}=\begin{bmatrix}y_{\text{inv}i}\\y_{\text{inv}i,1}\\y_{\text{inv}i,2}\end{bmatrix}$。

分布式控制设计结合了带有领导者的多智能体一致性，当系统有并网需求时，领导者信息可以来自于主电网的电压幅值信息，当系统处于孤岛运行时，领导者信息可以设定为一个确定值，还可以来自于其中一个分布式电源。系统领导者信息用 y_{leader} 表示：

$$\dot{\boldsymbol{Y}}_{\text{leader}}=\boldsymbol{A}\boldsymbol{Y}_{\text{leader}} \tag{7.64}$$

式中，$\boldsymbol{Y}_{\text{leader}}=\begin{bmatrix}y_{\text{leader}}\\y_{\text{leader},1}\\y_{\text{leader},2}\end{bmatrix}$。

系统输出状态误差可由下式求得：

$$e_i=\sum_{j\in N_i}a_{ij}(Y_{\text{inv}i}-Y_{\text{inv}j})+\varepsilon_i(Y_{\text{inv}i}-Y_{\text{leader}}) \tag{7.65}$$

式中，a_{ij}表示每个分布式电源控制器的通信连接线路；ε_i 表示控制器是否可以接收到领导者的信息，当可以接收时为 1，反之则为 0。

将式（7.65）转换成矩阵形式如下：

$$\boldsymbol{e}=((\boldsymbol{L}+\boldsymbol{E})\otimes\boldsymbol{I}_3)(\boldsymbol{Y}-\boldsymbol{Y}_0)=((\boldsymbol{L}+\boldsymbol{E})\otimes\boldsymbol{I}_3)\boldsymbol{\delta} \tag{7.66}$$

式中，$\boldsymbol{Y}=[\boldsymbol{Y}_{\text{inv1}}^{\mathrm{T}}\quad \boldsymbol{Y}_{\text{inv2}}^{\mathrm{T}}\quad\cdots\quad \boldsymbol{Y}_{\text{inv}n}^{\mathrm{T}}]^{\mathrm{T}}$；$\boldsymbol{Y}_0=\boldsymbol{1}_N\cdot\boldsymbol{Y}_{\text{leader}}$；$\boldsymbol{E}=\text{diag}\{\varepsilon_i\}$；$\boldsymbol{e}=[\boldsymbol{e}_1^{\mathrm{T}}\quad \boldsymbol{e}_2^{\mathrm{T}}\quad\cdots\quad \boldsymbol{e}_n^{\mathrm{T}}]$。

同时多个分布式电源控制器写成矩阵形式如下：

$$\begin{cases}\dot{\boldsymbol{Y}}=(\boldsymbol{I}_N\otimes\boldsymbol{A})\boldsymbol{Y}+(\boldsymbol{I}_N\otimes\boldsymbol{B})\boldsymbol{v}\\ \dot{\boldsymbol{Y}}_0=(\boldsymbol{I}_N\otimes\boldsymbol{A})\boldsymbol{Y}_0\end{cases} \tag{7.67}$$

式中，$\boldsymbol{v}=[v_{\text{inv1}}\quad v_{\text{inv2}}\quad\cdots\quad v_{\text{inv}n}]^{\mathrm{T}}$。

为证明控制器的稳定性，首先给出如下定义。

定义 7.1 系统($\boldsymbol{A},\boldsymbol{B}$)是稳定的，若存在矩阵 $\boldsymbol{S}$ 满足矩阵 $\boldsymbol{A}-\boldsymbol{BS}$ 的所有特征值都存在严格负实部。

定义 7.2 如果一个矩阵的全部特征值实部都是严格负的，则称为该矩阵为 Hurwitz 矩阵。

定义 7.3 若对于所有非零列向量 $\boldsymbol{x}$，$\boldsymbol{x}^{\mathrm{T}}\boldsymbol{P}\boldsymbol{x}$ 为正，同时只有当 $\boldsymbol{x}$ 为零向量时 $\boldsymbol{x}^{\mathrm{T}}\boldsymbol{P}\boldsymbol{x}$ 为 0，此时称 $\boldsymbol{P}$ 为正定矩阵。

引理 7.1 （$\boldsymbol{A},\boldsymbol{B}$）是稳定的，若通信拓扑 G 中存在一个有向生成树，存在一个根节点与系统领导者相连。令 λ_i 为矩阵 $\boldsymbol{L}+\boldsymbol{G}$ 的特征值，则矩阵 $\boldsymbol{H}$ 是 Hurwitz 矩阵，当且仅当所有 $\boldsymbol{A}-c\lambda_i\boldsymbol{BK}$ 矩阵是 Hurwitz 矩阵。

$$\boldsymbol{H}=\boldsymbol{I}_N\otimes\boldsymbol{A}-c(\boldsymbol{L}+\boldsymbol{G})\otimes\boldsymbol{BK} \tag{7.68}$$

其中，$c\in\mathbf{R}$ 和 $\boldsymbol{K}\in\mathbf{R}^{1\times3}$。

引理 7.2 （$\boldsymbol{A},\boldsymbol{B}$）是稳定的，矩阵 $\boldsymbol{Q}=\boldsymbol{Q}^{\mathrm{T}}$ 和 $\boldsymbol{R}=\boldsymbol{R}^{\mathrm{T}}$ 为正定矩阵，反馈参数 K 可以按照式（7.69）选择：

$$\boldsymbol{K}=\boldsymbol{R}^{-1}\boldsymbol{B}^{\mathrm{T}}\boldsymbol{P}_1 \tag{7.69}$$

$$\boldsymbol{A}^{\mathrm{T}}\boldsymbol{P}_1+\boldsymbol{P}_1\boldsymbol{A}+\boldsymbol{Q}-\boldsymbol{P}_1\boldsymbol{B}\boldsymbol{R}^{-1}\boldsymbol{B}^{\mathrm{T}}\boldsymbol{P}_1=\boldsymbol{0} \tag{7.70}$$

其中，$\boldsymbol{P}_1$ 为式（7.70）控制黎卡提方程的唯一正定解。然后，若满足 $c\geqslant(1/2\lambda_{\min})$，则所有 $\boldsymbol{A}-c\lambda_i\boldsymbol{BK}$ 矩阵是 Hurwitz 矩阵。

证明： 选择李雅普诺夫方程

$$V=\frac{1}{2}\boldsymbol{\delta}^{\mathrm{T}}\boldsymbol{P}_2\boldsymbol{\delta} \tag{7.71}$$

对式（7.71）求导，可得

$$\dot{\boldsymbol{V}}=\boldsymbol{\delta}^{\mathrm{T}}\boldsymbol{P}_2\dot{\boldsymbol{\delta}}=\boldsymbol{\delta}^{\mathrm{T}}\boldsymbol{P}_2(\dot{\boldsymbol{Y}}-\dot{\boldsymbol{Y}}_0)=\boldsymbol{\delta}^{\mathrm{T}}\boldsymbol{P}_2((\boldsymbol{I}_N\otimes\boldsymbol{A})\boldsymbol{\delta}+(\boldsymbol{I}_N\otimes\boldsymbol{B})\boldsymbol{v}) \tag{7.72}$$

建立系统虚拟输入 v_i 和控制误差 e_i 之间的关系如下：

$$v_i=-cKe_i \tag{7.73}$$

进一步写成矩阵形式为

$$\boldsymbol{v}=-c(\boldsymbol{I}_N\otimes\boldsymbol{K})((\boldsymbol{L}+\boldsymbol{E})\otimes\boldsymbol{I}_3)\boldsymbol{\delta} \tag{7.74}$$

将式（7.74）代入式（7.72）得到

$$\dot{V}=\boldsymbol{\delta}^{\mathrm{T}}\boldsymbol{P}_2((\boldsymbol{I}_N\otimes\boldsymbol{A})-c((\boldsymbol{L}+\boldsymbol{E})\otimes\boldsymbol{BK}))\boldsymbol{\delta}=\boldsymbol{\delta}^{\mathrm{T}}\boldsymbol{P}_2\boldsymbol{H}\boldsymbol{\delta} \tag{7.75}$$

根据引理 7.1 和引理 7.2，可以得到 $\boldsymbol{H}$ 矩阵是 Hurwitz 矩阵，对于任意的实数 α 和正定矩阵 $\boldsymbol{P}_2$，式（7.75）满足

$$\boldsymbol{P}_2\boldsymbol{H}+\boldsymbol{H}^{\mathrm{T}}\boldsymbol{P}_2=-\alpha\boldsymbol{I}_{3N} \tag{7.76}$$

将式（7.76）代入式（7.75），可得

$$\dot{V}=\boldsymbol{\delta}^{\mathrm{T}}\boldsymbol{P}_2\boldsymbol{H}\boldsymbol{\delta}=\frac{1}{2}\boldsymbol{\delta}^{\mathrm{T}}(\boldsymbol{P}_2\boldsymbol{H}+\boldsymbol{H}^{\mathrm{T}}\boldsymbol{P}_2)\boldsymbol{\delta}=-\frac{\alpha}{2}\boldsymbol{\delta}^{\mathrm{T}}\boldsymbol{I}_{3N}\boldsymbol{\delta}<0 \tag{7.77}$$

可以看出，在保证系统内动态稳定的情况下，加入控制器后，系统在保

持稳定的同时，可以满足电压跟踪领导者的控制要求，当电压达到一致后，系统输出的无功功率则可以根据下垂控制有效地按比例分配。上述系统控制框图如图 7.16 所示。

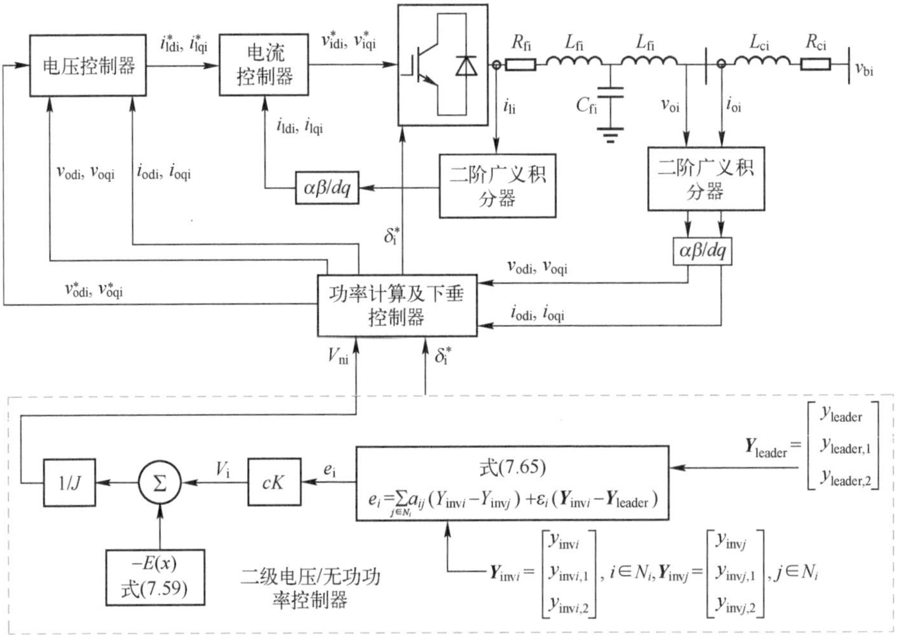

图 7.16 二级电压幅值-无功功率控制器

7.4.3 多能能量单元间的分布式协同控制

由于功率分享和参数恢复在信息能源系统中不能自发实现，因此有必要提出一种针对能量枢纽输出的控制策略。能量枢纽作为信息能源系统中的基本能量单位，可以接收多个能量载体，具有能量转换和传递的能力。根据集中供热分网的特点，本节提出一种热输出控制策略，其表达式为

$$L_h^2=L_{hN}^2+k_p(p_N-p) \tag{7.78}$$

式中，L_h 与 L_{hN}分别表示能量枢纽实际的热能输出与额定热能输出。热能输出的调节系数为 k_p，p 和 p_N 分别表示实际出口压强和额定出口压强。并且，所有能量枢纽存在如下关系：

$$\frac{L_{h1}^2}{k_{p1}}=\frac{L_{h2}^2}{k_{p2}}=\cdots=\frac{L_{hn}^2}{k_{pn}} \tag{7.79}$$

如式（7.79）所示，上述控制方法为流量控制，可以提高系统的响应速度。但由于各个能量枢纽的管道阻力不同，所提出的控制策略无法达到按容量比例的功率分配。此外，使用该策略会导致热力网络的压强偏离额定值，严重影响系统的性能。

为了实现精确的功率共享，本节设计了一种基于一致性算法的自适应功率控制方法。利用热输出功率 L_h^2 来构造一阶线性多智能体系统动态，并设计相应的一致性控制协议。让 $L_h^2=H$。所设计的一阶线性多智能体系统动态可以表示为

$$\frac{H_i}{k_{pi}}=u_{Hi} \tag{7.80}$$

热功率的输出偏差 u_{Hi} 可以同样表示为

$$u_{Hi}=-R_H\sum_{j=1,j\neq i}^{n}a_{ij}\left(\frac{H_i}{k_{pi}}-\frac{H_j}{k_{pj}}\right) \tag{7.81}$$

式中，R_H 为耦合增益；a_{ij} 为邻接矩阵中的对应元素。

之后，将根据输出信息与邻居节点信息得到的误差值输入 PI 控制器中即可生成控制修正项，将修正项回输给式（7.79）所示控制方法对其中的常数量进行更新。

与此同时，为了恢复传统控制方法引入的压强偏差，提出了基于动态一致的压强控制方法。所提控制方法可以恢复一致性控制过程中压强估计值。由于每个能源枢纽的管道阻力不同，能量枢纽的出口压强不能控制在一个固定值。另一方面，所有能量枢纽的出口压强应控制在额定压强的可接受范围内。所提出的控制的共识协议为

$$\bar{p}_i(t)=p_i(t)+R_p\int\sum_{j=1,j\neq i}^{n}a_{ij}(\bar{p}_j(t)-\bar{p}_i(t))\mathrm{d}t \tag{7.82}$$

式中，p_i 和 $\bar{p}_i$ 分别是对应能量枢纽的实际出口压强与估计出口压强；R_p 为对应耦合增益。而针对压强的控制误差可以表示为

$$u_{pi}=p_{ref}-\bar{p}_i \tag{7.83}$$

在得到对应的控制误差后，同样利用 PI 控制器生成修正项即可。

与式（7.79）所示的热输出控制类似，一种基于现代电力系统下垂特性和能量枢纽特性的控制方法被研究。控制方法为

$$L_e=L_{eN}+k_q(f_N-f) \tag{7.84}$$

式中，L_e 与 L_{eN} 分别表示能量枢纽实际的电能输出与额定电能输出。电能输

出的调节系数为 k_q，f 和 f_N 分别表示实际频率和额定频率。并且，所有能量枢纽存在如下关系：

$$\frac{L_{e1}}{k_{q1}}=\frac{L_{e2}}{k_{q2}}=\cdots=\frac{L_{en}}{k_{qn}} \tag{7.85}$$

根据电网频率的特点，采用上述控制方法的能量枢纽可以按比例分担负荷。但是在控制器运行过程中，系统的频率会偏离额定值。而电网对频率变化非常敏感，频率偏差会对电网的安全运行造成很大的影响。为了补偿频率偏差，提出了基于动态一致的频率控制方法：

$$\lambda_{f_i}\dot{u}_{f_i}=-\alpha_i e_{f_i}-\beta_i\sum_{j=1}^{n}a_{ij}\left(\frac{L_{ei}}{L_{eiN}}-\frac{L_{ej}}{L_{ejN}}\right) \tag{7.86}$$

$$e_{f_i}=\sum_{i=1}^{n}a_{ij}(f_i-f_j)+g_{f_i}(f_i-f_{\mathrm{ref}}) \tag{7.87}$$

式中，λ_{f_i}、α_i、β_i 和 g_{f_i} 均为对应的比例增益。根据上述内容，控制器可分为两部分：第一部分是跟踪能量枢纽与相邻节点之间的频率误差，同时跟踪虚拟领导者的频率。通过跟踪频率误差，能量枢纽可以自动调整输出，直到达到相同的频率，从而使系统稳定。同时所提控制方法建立了虚拟领导者，领导者的出现频率始终保持在参考值。为了使频率返回到参考频率，领导者被每个能量枢纽跟随。控制器的第一部分可以保证操作的安全性，恢复频率的偏差。但是，由于能量枢纽的 u_{f_i} 收敛到不同的值，仅使用控制器的第一部分无法按比例分配能量枢纽的输出。因此，提出控制器的第二部分来实现能量枢纽输出的按比例分配。综合上述热、电输出控制策略，再结合上面所提内部控制方法，可以得到针对能量枢纽整体的一致性双层控制策略，具体内容如图 7.17 所示。

7.4.4 算例分析

为了验证方法的有效性，采用图 7.13 所示仿真模型进行仿真实验。同样的负载变化幅值，不同的是负载变化时间由 360 s 时变化改为 300 s 时变化，仿真结果如图 7.18 所示。

如图 7.18a 所示，在采用所提一致性控制策略后实现了热、电负荷按比例分配。电力网络输出稳定时间约为 0.2 s。然而，热输出需要超过 150 s 才能稳定。这说明热网达到稳定状态所需的时间比电网要长。电负荷和热负荷的变化引起了频率和出口压力的变化。如图 7.18b 所示，基于所提一致性控制策略，电力负荷变化后频率恢复到了参考值。同样，能量枢纽还可以恢复估计出口压力参考值，上述结果证明所提控制策略可以在未知管道阻抗的情况下实现控制目标。

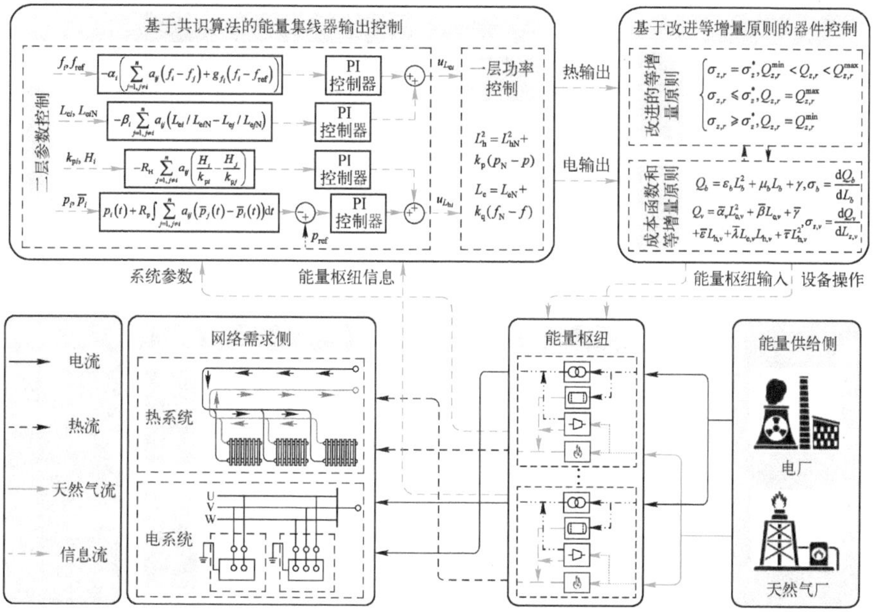

图 7.17 能量枢纽整体一致性双层控制策略

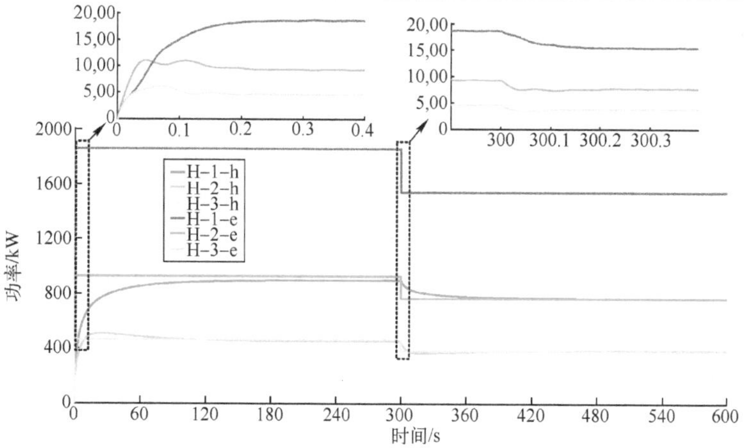

a)

图 7.18 仿真结果图

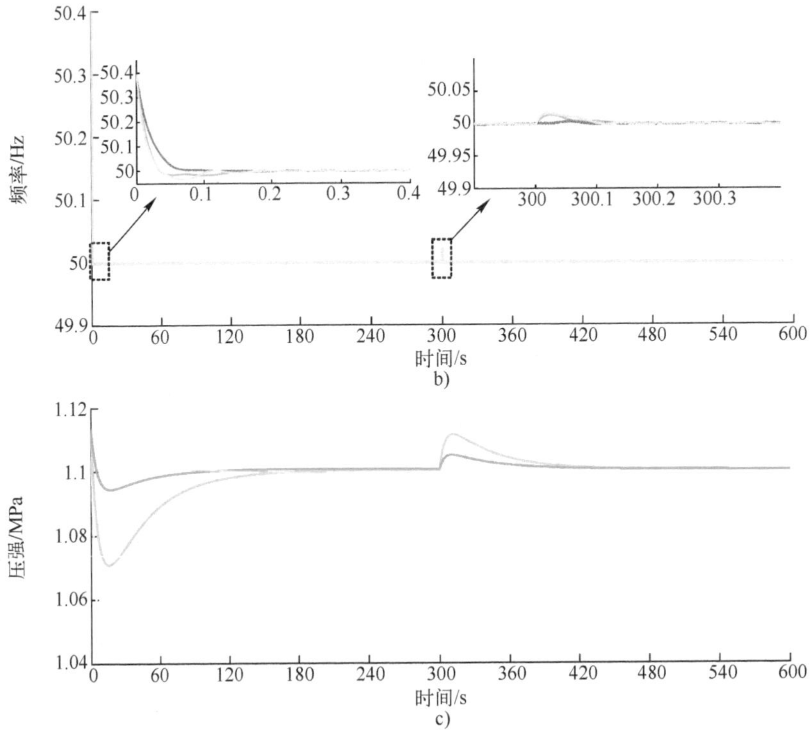

高清图 7.18

图 7.18 仿真结果图（续）

7.5 本章总结

为了应对能源终端用户对于不同能源形式的用能需求，能源的生产、分配以及消费形式都呈现出了时空异步、信能融合、多能互补以及智物协同的新趋势。这就对终端信息能源系统的平衡、协同以及管控提出了巨大的挑战。如何在通信、计算、信息处理等能力有限的条件下，完成信息能源系统的能量调度，实现能源绿色高效利用成为全球广为关注的焦点问题。

本章主要讲述了基于智能终端的信息能源系统的自–互–群立体协同优化调控体系和方法，其运行流程总结如图 7.19 所示。该调控体系分别从智能终端端内源–荷–储协同优化和多能协同互补、邻居终端间分布式协同和分布式博弈策略以及全局能源终端间通过云计算进行能源调度和多时间尺度全局多目标优化方面，整体以经济性与网络稳定等为优化目标，保障信息能源系统的安全高效运行。该调控体系将成为我国能源互联网发展的关键，在我国将有良好的应用前景。

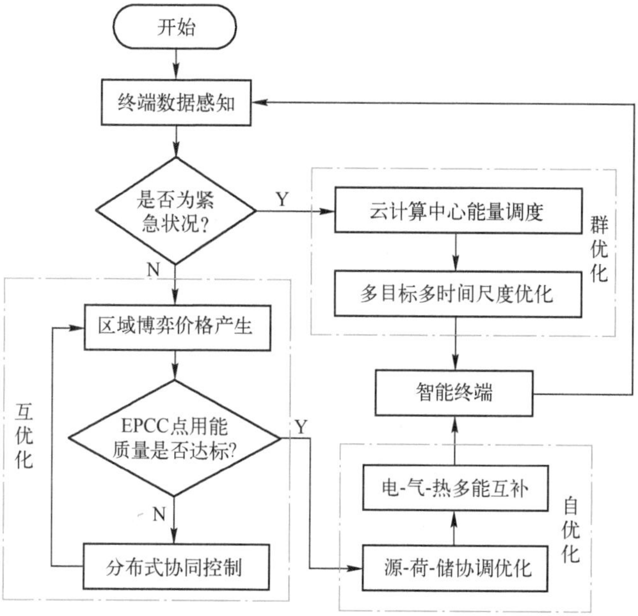

图7.19　自-互-群立体协同优化调控方法运行流程图

第 8 章
多主体博弈条件下信息能源系统协同

8.1 引言

为了解决化石能源日益短缺和其消耗引起的碳排放过多问题，开发清洁的可再生能源已经成为研究热点，如风能和太阳能等。为了充分利用这些分布式能源来降低碳排放，相关的控制和能源交易已被广泛研究。其中，基于降低碳排放的能源交易在平衡不同地区的可再生能源发电和能源需求、最大化可再生能源利用方面发挥着关键作用。

如图 8.1 所示，根据能源交易的类型和方向并结合碳排放问题，能源交易的发展可分为三个阶段。在第一阶段，能源交易的主要表现形式是单向电力交易，即生产者向用户出售电力。在第二阶段中，随着电力生产商演变成电能潜在客户，并且用户需求从电力扩大到多种能源（包括电、热和天然气），单向电能交易发展成为双向电能交易和单向多能交易，这就可能会引起碳排放过多，从而加重环境污染。单向多能源交易和双向电力交易往往在一起研究，这是将它们置于第二阶段的原因之一。当电能生产者进一步发展为综合能源生产者时，交易形式在第三阶段变为双向多能源交易。现有的能源交易研究主要集中在第一阶段和第二阶段，目前缺乏关于第三阶段的双向多能源交易的研究。

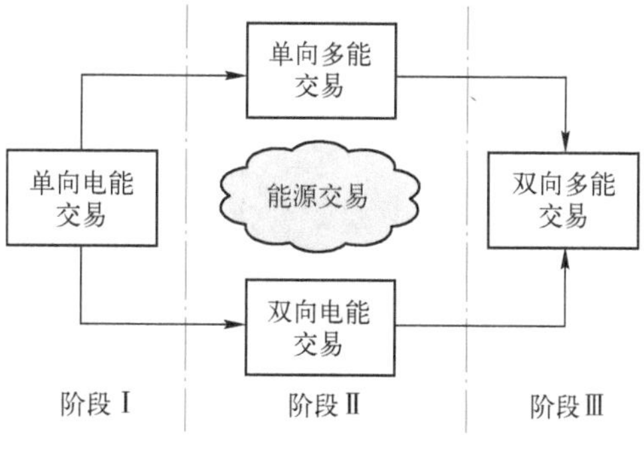

图 8.1　能源交易分类

单向电力交易的特点是买方有电力需求但没有发电能力，卖方可以出售大量电能，这就可能导致碳排放量过多。另一方面，能量存储单元和发电单元以拍卖的形式向购买者出售电力，并且形成了非合作博弈模型。几个分布式发电设备构成了一个向用户售电并基于反馈控制的合作博弈策略。除单层交易外，单向电力交易中还存在两层交易结构。能源市场向零售商出售电力，而零售商向消费者出售电力，这构成了涉及 Stackelberg 博弈的两层模型。超级模块化博弈被用于对类似的单向两层电力市场进行建模。

不同于单向电力交易，在双向电力交易中，交易参与者既有电力需求又有发电能力。含风力发电和蓄电池的智能家居与电网进行双向电力交易，并且考虑微电网之间的电力交易以及碳排放量，将其构建为一个多领导者-多跟随者的 Stackelberg 博弈模型。同时建立了微电网之间的两阶段随机博弈模型，并通过有条件的风险价值度量来量化微电网的竞价风险。此外，需要设计一个具有重复非合作博弈的双拍卖方案来模拟微电网的交易行为，并开发了一个增强学习算法来寻求均衡。除非合作博弈外，目前还存在应用合作博弈解决的双向电力交易问题的研究。

当多能生产者或产销者作为卖方，而买方有多种能源需求又没有相应的能源生产能力时，存在一种单向的多能源交易。这描述了一个市场结构，即能源中心分别从电力公司购买电力、天然气，然后向消费者出售电力和热能。

随着可再生能源发电和能源转换技术的发展，多能源生产者之间的双向多能源交易将成为平衡地区间可再生能源资源分配不均，进一步提高可再生能源的利用率，实现多能互补，减少碳排放的重要手段。表 8.1 显示了这 4 种交易的比较。针对双向多能源交易，自能源被选为能源交易市场的主要参与者。自能源是一个集成的能源系统，具有用于多种能源的双向接口，可以实现双向多能量传输。因此，它适合多能源双向交易。

表 8.1　能源交易类型比较

交易类型	交易阶段	交易参与者	交易能源	能流方向	优　势
单向电能	阶段Ⅰ	电厂、电力用户	电能	单向	满足消费者用电需求
单向多能	阶段Ⅱ	多能生产者、用户	电能、热能（冷）、天然气	单向	1）满足消费者的多种能源需求 2）增加生产商的利润
双向电能	阶段Ⅱ	电能产销者	电能	在不同时间交替方向	1）满足潜在客户的电力需求 2）增加潜在的利润 3）提高供电的可靠性
双向多能	阶段Ⅲ	多能产销者	电能、热能（冷）、天然气	在不同时间交替方向	1）满足潜在客户的多个能源需求 2）增加潜在的利润 3）提高多个能源供应的可靠性 4）增加地区可再生能源的利用率

8.2 单目标博弈的多主体信息能源系统协同控制策略

随着能源转换技术的日益成熟，区域间多能源贸易已成为能源改革的重点之一。为了实现多能源的双向交易，本节提出了以多能源双向传输为特征的小型信息能源系统。为了实现能源交易的灵活性，降低能源系统的运行成本，本节建立了能源系统间双向多能源交易的聚合博弈模型。此外，通过分布式算法证明了纳什均衡的唯一性，提高了交易的可靠性。由于每一个自能源只需要与邻居通信就可以交换信息，分布式的过程减少了通信负担，提高了信息的安全性。为了减少可再生能源实时波动和碳排放量以及负荷对能源交易的影响，本节将滚动时域控制应用到聚合博弈中。随后，考虑输电损耗、碳排放量，建立多能量输电优化模型，确定交易能量的输电路径，使输电成本和碳排放量最小。最后，通过对 5 个连通的自能源系统进行仿真，验证了所提出的交易与传输方法在处理双向多能源交易中的有效性。

8.2.1 基于价格函数建模

1. 能源市场结构

完整的多能源双向交易市场结构如图 8.2 所示。在多能源交易市场上有电力供应商、热力供应商、燃气供应商、输电运营商和 N 个自能源。由于仅依靠可再生能源发电不能提供足够的能源，能源供应商的设计是为了平衡所有区域的能源供需。本节的市场交易过程如下：首先能源供应商向所有自能源提供其能源价格，作为自能源之间多能源交易的价格参考。然后自能源与邻居进行沟通，获得用于估计能源价格总项目的估计值，并更新他们的交易策略，直到获得唯一的纳什均衡。通过与相邻自能源的沟通，实现与其他贸易商（包括能源供应商和其他自能源）的多能源双向交易。根据交易结果，每个交易者向能量传输操作者提交传输请求和交易信息。输电运营商根据接收到的交易信息，进行输电全局优化，使输电成本和碳排放量最小化。

2. 自能源模型

作为双向能源传输的一体化信息能源系统，自能源在能源市场上扮演着多能源生产者的角色。从图 8.2 可以看出，自能源拥有各种各样的能源设备，包括可再生能源发电设备、CHP（热电联产）设备、P2G（电转气）设备、EH（电锅炉）、ES（电储能）。下面的数学模型可以表示自能源的能量流关系：

$$\begin{bmatrix} D_{i,\mathrm{e},t} \\ D_{i,\mathrm{g},t} \\ D_{i,\mathrm{h},t} \end{bmatrix} = \begin{bmatrix} B_{i,\mathrm{e},t} \\ B_{i,\mathrm{g},t} \\ B_{i,\mathrm{h},t} \end{bmatrix} + \begin{bmatrix} P_{i,\mathrm{re},t} \\ 0 \\ 0 \end{bmatrix} \Delta t + \boldsymbol{P}_{i,t}^{\mathrm{out}} \Delta t$$

$$\boldsymbol{P}_{i,t}^{\mathrm{out}} = \begin{bmatrix} -1 & \eta_{i,\mathrm{e}}^{\mathrm{chp}} & -1 & -1 & 1 \\ 0 & -1 & \eta_{i,\mathrm{p2g}} & 0 & 0 \\ \eta_{i,\mathrm{eh}} & \eta_{i,\mathrm{h}}^{\mathrm{chp}} & 0 & 0 & 0 \end{bmatrix} \begin{bmatrix} P_{i,\mathrm{eh},t}^{\mathrm{in}} \\ P_{i,\mathrm{chp},t}^{\mathrm{in}} \\ P_{i,\mathrm{p2g},t}^{\mathrm{in}} \\ P_{i,\mathrm{es},t}^{\mathrm{in}} \\ P_{i,\mathrm{es},t}^{\mathrm{out}} \end{bmatrix}$$

式中，$B_{i,\mathrm{e},t}$为自能源 i 在 t 时段的电能交易量；$\boldsymbol{P}_{i,t}^{\mathrm{out}}$表示所有能源设备的输出；$D_{i,\mathrm{e},t}$为电能需求；$P_{i,\mathrm{re},t}$为 t 时段可再生能源发电量；$\eta_{i,\mathrm{e}}^{\mathrm{chp}}$和 $\eta_{i,\mathrm{h}}^{\mathrm{chp}}$为热电联产的电能输出效率和热量输出效率；$\eta_{i,\mathrm{eh}}$和 $\eta_{i,\mathrm{p2g}}$分别表示电锅炉的产热效率和 P2G 的产气效率；$P_{i,\mathrm{eh},t}^{\mathrm{in}}$、$P_{i,\mathrm{chp},t}^{\mathrm{in}}$、$P_{i,\mathrm{p2g},t}^{\mathrm{in}}$、$P_{i,\mathrm{es},t}^{\mathrm{in}}$分别为 t 时段自能源 i 中电锅炉、热电联产、电转气设备、电储能的输入；$P_{i,\mathrm{es},t}^{\mathrm{out}}$为电储能的输出。为了充分利用可再生能源，本节采用可再生能源发电的预测值进行交易。

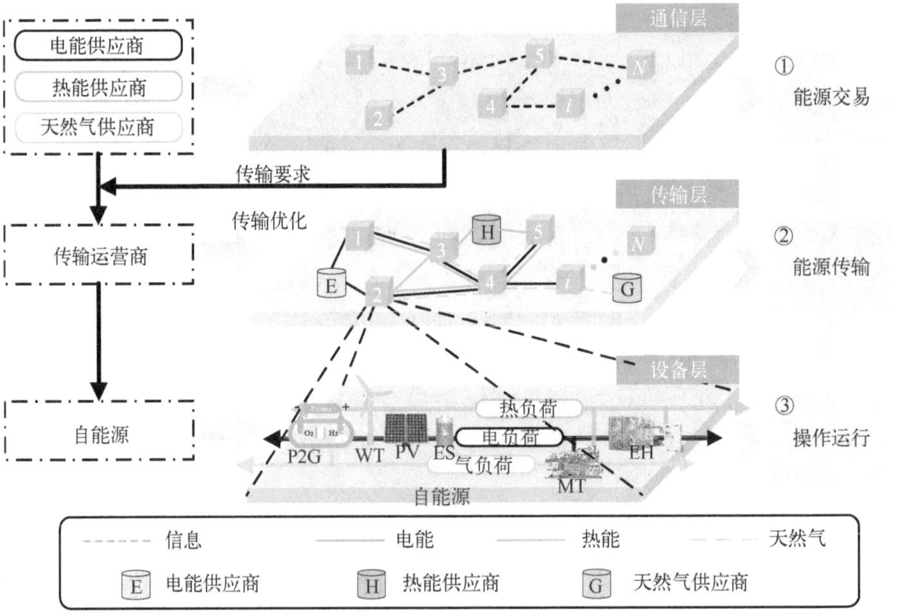

高清图 8.2

图 8.2 多能源双向交易市场结构

（1）电锅炉模型

为了便于计算，本节中所出现的所有能量计量单位均为 kW · h，包含电、热、气。令 $\mathcal{N}=\{1,2,\cdots,i,\cdots,N\}$ 表示自能源集合，其中参与者参与多种能源交易，$\mathcal{N}_T=\{1,2,\cdots,t,\cdots,T\}$ 为一天的所有时间段。作为重要的电热耦合设备，自能源 i 在 t 时段电锅炉模型可以表示为

$$P_{i,\mathrm{eh},t}^{\mathrm{out}}=P_{i,\mathrm{eh},t}^{\mathrm{in}}\eta_{i,\mathrm{eh}} \tag{8.1}$$

$$P_{i,\mathrm{eh}}^{\min}\leqslant P_{i,\mathrm{eh},t}^{\mathrm{out}}\leqslant P_{i,\mathrm{eh}}^{\max} \tag{8.2}$$

其中，式（8.1）用于描述从功率到热量的能量转换关系，式（8.2）表示物理约束。$P_{i,\mathrm{eh}}^{\max}$和 $P_{i,\mathrm{eh}}^{\min}$为设备输出的上限值和下限值。

（2）CHP 模型

由于热电联产的能量效率较高，在信息能源系统中应考虑 CHP 设备，建立数学模型如下：

$$\begin{aligned}f_{i,\mathrm{chp},t}=&a_{i,\mathrm{e}}^{\mathrm{chp}}(P_{i,\mathrm{chp},t}^{\mathrm{out,e}})^2+b_{i,\mathrm{e}}^{\mathrm{chp}}P_{i,\mathrm{chp},t}^{\mathrm{out,e}}+a_{i,\mathrm{h}}^{\mathrm{chp}}(P_{i,\mathrm{chp},t}^{\mathrm{out,h}})^2+\\&b_{i,\mathrm{h}}^{\mathrm{chp}}P_{i,\mathrm{chp},t}^{\mathrm{out,h}}+c_i^{\mathrm{chp}}P_{i,\mathrm{chp},t}^{\mathrm{out,e}}P_{i,\mathrm{chp},t}^{\mathrm{out,h}}+d_i^{\mathrm{chp}}\end{aligned} \tag{8.3}$$

$$a_iP_{i,\mathrm{chp},t}^{\mathrm{out,e}}+b_iP_{i,\mathrm{chp},t}^{\mathrm{out,h}}\leqslant c_i,\quad i=1,2,3 \tag{8.4}$$

$$\left|P_{i,\mathrm{chp},t}^{\mathrm{out,e}}-P_{i,\mathrm{chp},t-1}^{\mathrm{out,e}}\right|\leqslant P_{i,\mathrm{chp}}^{\mathrm{ramp}},\quad 2\leqslant t\leqslant T \tag{8.5}$$

$$0\leqslant P_{i,\mathrm{chp},t}^{\mathrm{out,e}},0\leqslant P_{i,\mathrm{chp},t}^{\mathrm{out,h}} \tag{8.6}$$

$$P_{i,\mathrm{chp},t}^{\mathrm{in}}=P_{i,\mathrm{chp},t}^{\mathrm{out,e}}/\eta_{i,\mathrm{e}}^{\mathrm{chp}} \tag{8.7}$$

其中，式（8.3）为热电联产的运行成本函数，式（8.4）为由三个不等式组成的物理运行面积，式（8.5）为热电联产的爬坡约束，$P_{i,\mathrm{chp}}^{\mathrm{ramp}}$为 CHP 常数。为了便于后续的证明，将约束式（8.5）去掉其绝对值符号，转化为两个不等式约束。式（8.6）确保设备的电输出和热输出是非负的，式（8.7）描述了 CHP 模型的能量转换关系。

（3）P2G 模型

P2G 模型对自能源至关重要，因为它通过将电转化为气，与 CHP 形成能量循环，从而实现灵活的能量管理。P2G 的原理是将水电解产生氢气，利用氢气和二氧化碳产生甲烷。因此，其成本包括电力成本和碳排放量两部分。可以建立如下 P2G 数学模型：

$$f_{i,\mathrm{p2g},t}=a_{i,\mathrm{p2g}}p_{\mathrm{co}_2}P_{i,\mathrm{p2g},t}^{\mathrm{out}} \tag{8.8}$$

$$P_{i,\mathrm{p2g}}^{\min}\leqslant P_{i,\mathrm{p2g},t}^{\mathrm{out}}\leqslant P_{i,\mathrm{p2g}}^{\max} \tag{8.9}$$

$$P_{i,\mathrm{p2g},t}^{\mathrm{out}}=P_{i,\mathrm{p2g},t}^{\mathrm{in}}\eta_{i,\mathrm{p2g}} \tag{8.10}$$

式（8.8）为不含电费的P2G运行成本，$a_{i,\mathrm{p2g}}$为P2G产出$P_{i,\mathrm{p2g},t}^{\mathrm{out}}$的碳排放消耗系数，$p_{\mathrm{co_2}}$为碳排放量。式（8.9）表示设备的输出约束，式（8.10）表示能量转换关系。

（4）电储能模型

电储能模型的物理约束表示如下：

$$S_{i,\mathrm{es}}(t)=S_{i,\mathrm{es}}(t-1)+\left(\eta_{i,\mathrm{es}}^{\mathrm{in}}P_{i,\mathrm{es},t}^{\mathrm{in}}-\frac{P_{i,\mathrm{es},t}^{\mathrm{out}}}{\eta_{i,\mathrm{es}}^{\mathrm{out}}}\right)\Delta t \tag{8.11}$$

$$S_{i,\mathrm{es}}^{\min}\leqslant S_{i,\mathrm{es}}(t)\leqslant S_{i,\mathrm{es}}^{\max} \tag{8.12}$$

$$0\leqslant P_{i,\mathrm{es},t}^{\mathrm{in}}\leqslant P_{i,\mathrm{es}}^{\mathrm{in,max}} \tag{8.13}$$

$$0\leqslant P_{i,\mathrm{es},t}^{\mathrm{out}}\leqslant P_{i,\mathrm{es}}^{\mathrm{out,max}} \tag{8.14}$$

式中，$\eta_{i,\mathrm{es}}^{\mathrm{in}}$和$\eta_{i,\mathrm{es}}^{\mathrm{out}}$为电储能的充、放电效率；$S_{i,\mathrm{es}}(t)$为$t$时刻电储能电量。式（8.11）和式（8.12）共同构成的电容量约束储能。式（8.13）和式（8.14）是充放电的功率约束，其中，$P_{i,\mathrm{es}}^{\mathrm{in,max}}$和$P_{i,\mathrm{es}}^{\mathrm{out,max}}$为充放电上限。为了使优化可持续，本节考虑了电储能模型的周期约束：

$$S_{i,\mathrm{es}}(0)=S_{i,\mathrm{es}}(T)$$

8.2.2 纳什均衡点的存在性证明及求解

1. 自能源聚合博弈

如果自能源之间的能源交易仅依赖于可再生能源的生产，就无法维持所有自能源的供求平衡。因此，能源供应商对于多能源市场平衡供需至关重要。如果可再生能源发电能力足够满足所有地区的能源需求，则可能没有能源供应商。只要有统一的能源价格函数，本节中的聚合博弈也适用于没有能源供应商的情况。统一的价格函数由以下线性函数给出：

$$p_{k,t}=a_k\Big(\sum_{i\in\mathcal{N}}B_{i,k,t}\Big)+b_k,\quad k=\mathrm{e},\mathrm{g},\mathrm{h}$$

式中，$p_{k,t}$为能源k的价格；a_k和b_k为正价格系数，$k=\mathrm{e},\mathrm{g},\mathrm{h}$分别代表电能、热能和天然气。当$\sum_{i\in\mathcal{N}}B_{i,k,t}>0$，表示能源供应短缺，能源价格将上涨；相反地，$\sum_{i\in\mathcal{N}}B_{i,k,t}<0$，表示能源供过于求，此时价格会下跌，符合能源作为商品的价格规律。a_k和b_k可以根据能源供应的平均成本设定。

所有自能源共同构成聚合博弈，聚合项的数学形式如下：

$$\bar{x}=\{x_{\mathrm{e},t},x_{\mathrm{g},t},x_{\mathrm{h},t}\}_{t\in\mathcal{N}_T}=\Big\{\sum_{i\in\mathcal{N}}B_{i,\mathrm{e},t},\sum_{i\in\mathcal{N}}B_{i,\mathrm{g},t},\sum_{i\in\mathcal{N}}B_{i,\mathrm{h},t}\Big\}_{t\in\mathcal{N}_T}$$

为双向多能源交易构建的 N 个聚合博弈，可以推广为以下标准形式：

$$\min f_i(x_i, x_{-i})$$
$$\text{s. t.}\ \ x_i \in K_i$$

2. 聚合博弈的纳什均衡

（1）预备

对于一个子集 $K \in \mathbf{R}^n$ 和一个映射 $F: K \rightarrow \mathbf{R}^n$，变分不等式 VI$(K,F)$ 可以表示为如下数学形式：

$$\boldsymbol{x}^* \in K, \quad (\boldsymbol{x}-\boldsymbol{x}^*)^{\mathrm{T}} F(\boldsymbol{x}^*) \geqslant 0, \quad \forall \boldsymbol{x} \in K$$

满足上述不等式的集合 $\boldsymbol{x}^*$，可以用 SOL(K,F) 表示 VI(K,F) 的解。

（2）纳什均衡的存在性

为了证明纳什均衡的存在唯一性，引入了以下引理。

引理 8.1　K_i 为闭凸集，对于每一个固定的 $\boldsymbol{x}_{-i}$，目标函数 $f_i(\boldsymbol{x}_i, \boldsymbol{x}_{-i})$ 为凸且连续可微，当且仅当 $\boldsymbol{x}^* \in$ SOL(K,F) 时，$\boldsymbol{x}^* = \{\boldsymbol{x}_i^*\}_{i \in \mathcal{N}}$ 为纳什均衡解，其中

$$K \equiv \prod_{i=1}^{N} K_i \quad 且 \quad F(\boldsymbol{x}) \equiv (\nabla_{x_i} f_i(\boldsymbol{x}))_{i=1}^{N}$$

由于不等式约束是凸的，等式约束是仿射的，K_i 为闭凸集。由于 $f_i(\boldsymbol{x}_i, \boldsymbol{x}_{-i})$ 的黑塞矩阵是正半定的，因此 $f_i(\boldsymbol{x}_i, \boldsymbol{x}_{-i})$ 在 $\boldsymbol{x}_i$ 中为凸的且连续可微。因此，纳什均衡解可以转化为根据引理 8.1 求 VI(K,F) 的解 SOL(K,F)。

引理 8.2　K 为紧凸集，$F(\boldsymbol{x})$ 是连续的，集合 SOL(K,F) 是非空且紧凑。进一步地，若 F 在 K 上严格单调，则 VI(K,F) 存在唯一解。

3. 纳什均衡的求解方法

（1）分布式算法

为了获得唯一的纳什均衡解，本节设计了一种自能源分布式算法。自能源只需要和它们的邻居交换聚合项 $\bar{x}$ 的估计值来减少通信负担。此外，交换信息中聚合项的估计值将不会透露交易策略和操作策略中的自能源信息，提高了信息安全。x_i^k 表示自能源 i 第 k 次迭代的变量，Nv_i^k 表示聚合项 $\bar{x}$ 的估计值。整个分布式算法如下：

$$\begin{cases} x_i^{k+1} = \prod_{K_i} (x_i^k - \alpha_k F_i(x_i^k, Nv_i^{k'})) \\ v_i^{k'} = \sum_{j=1}^{N} w_{ij} v_j^k, \quad v_j^0 = x_j^0 \\ v_i^{k+1} = v_i^{k'} + x_i^{k+1} - x_i^k \end{cases}$$

其中，$\boldsymbol{W}=\{w_{ij}\}_{i,j\in N}$为双重随机加权矩阵，序列$\{\alpha_k\}$满足如下三个条件：①$\alpha_{k+1}\leqslant\alpha_k$；②$\sum_{k=0}^{\infty}\alpha_k=\infty$；③$\sum_{k=0}^{\infty}(\alpha_k)^2<\infty$。

权重矩阵 $\boldsymbol{W}$ 表达如下：

$$w_{ij}=\begin{cases}0, & a_{ij}=0 \text{ 和 } i\neq j\\ 0.5, & i=j\\ 0.5/d(i), & a_{ij}=1 \text{ 和 } i\neq j\end{cases}$$

其中，$d(i)=\sum_{j=1}^{N}a_{ij}$ 表示自能源 i 的邻居数量，a_{ij}表示节点 i 和节点 j 之间的通信连接。若节点 i 和节点 j 之间存在通信，$a_{ij}=1$，否则 $a_{ij}=0$，且 $a_{ii}=0$。现有的文献证明了分布式算法的收敛性。在本节仿真中，序列$\{\alpha_k\}$分为两个部分以加快收敛。第一部分由具有极大值的递减数组组成，第二部分满足收敛条件 $100/k$。

（2）滚动时域控制

通常，需要提前一天优化基于可再生能源的发电量，它通过碳排放量和能源需求的预测值来实现，提前一天优化的准确性取决于预测的准确性。当前专注于预测可再生能源发电和碳排放量以及能源需求的研究表明，预测时间与当前时间之间的时间间隔越短，平均预测误差就越小。基于此原理，短期预测后的单次能源交易可以保证交易信息的准确性，但不能使电储能起到削峰填谷的作用，不能满足电储能模型的周期性约束。为了更准确地进行优化并发挥电储能的作用，将滚动时域控制应用于构建的聚合博弈模型中。

将滚动时域控制应用于聚合博弈模型中的过程如下：首先，所有自能源在$t=0$h 之前获得未来的 T 周期预测信息，并为 T 周期博弈寻找唯一的纳什均衡。然后，自能源执行最佳策略并在 $t=0$h 到 $t=1$h 的时间内更新电储能的充电状态。随后，自能源获得下一个周期预测值，并在 $t=1$h 之前进行聚合博弈。保持循环直到该能源交易周期结束，然后开始下一个能源交易周期。通过持续的预测和聚合博弈来修改以前的交易结果，自能源可以满足多能源需求，并减少预测误差对交易的影响，同时满足电储能的周期性约束。由于一天能够分割出更多的时段，因此交易结果会更加准确。考虑到电、气、热的传输时间，本节将一天分为 24 个时段。

（3）多能传输优化

为了确定交易能源的分配和传输，在市场结构中设计了多能源传输运营商。输电运营商收到所有能源贸易商提交的详细交易信息后，进行全局输电优化，以最大限度地降低输电成本和碳排放量。考虑到传输损耗以及碳排放量，传输运营商对其服务进行收费，并以市场价格购买额外的能源，以确保所有自能源的交易量等于实际的交互量。传输优化模型建立如下：

$$\min f_{\mathrm{tr},t}=\sum_{k=\mathrm{e,h,g}}\sum_{i=1}^{N+1}\sum_{j=1}^{N+1}a_{i,j,k}(\sigma_{i,j,k}+p_{k,t}\delta_{i,j,k})P_{i,j,k,t} \tag{8.15}$$

式（8.15）由两部分组成，一个是线路维护成本，另一个是损失部分能源的购买成本（即产生的碳排放量）。能量传输的损失将由运营商在 t 时以市场价格从能源供应商处购买来弥补。$\sigma_{i,j,k}$是线路维护成本系数，$a_{i,j,k}\in\{0,1\}$指示是否存在从节点 i 到节点 j 的能量传输线，$\delta_{i,j,k}$是连接 i 和 j 之间碳排放量的损耗系数，$P_{i,j,k,t}$表示 t 时从节点 i 到节点 j 的能量传输量，且 $P_{j,i,k,t}\neq P_{i,j,k,t}$。（$N+1$）表示所有自能源和相应能源供应商的数量。对于自能源，$i\in\mathcal{N}$，$k=\mathrm{e,h,g}$，优化问题的约束表示为

$$B_{i,k,t}=\sum_{j=1}^{N+1}a_{i,j,k}[(1-\delta_{i,j,k})P_{j,i,k,t}-P_{i,j,k,t}] \tag{8.16}$$

为了满足式（8.16），保证每个自能源的理想交易量等于实际的交互量。令 $P_{k,t}^{\mathrm{lost}}$表示能源 k 在 t 时的传输损失。对于能源供应商 $i=N+1$，$k=\mathrm{e,h,g}$，通过使用（8.16）可以得到

$$P_{k,t}^{\mathrm{lost}}+\sum_{j=1}^{N}B_{j,k,t}=\sum_{j=1}^{N+1}a_{i,j,k}[P_{i,j,k,t}-(1-\delta_{i,j,k})P_{j,i,k,t}] \tag{8.17}$$

式（8.17）的左侧是能源供应商的实际能源交易量，包括与自能源的交易量和出售给输电运营商的损失数。因此，通过满足传输线的功率约束以实现传输网络的稳定性是有必要的。进而，对于 $i\neq j$，$k=\mathrm{e,h,g}$，能够得到

$$\begin{aligned}&\lambda_{i,j,k}P_{i,j,k,\min}\leqslant P_{i,j,k,t}\leqslant\lambda_{i,j,k}P_{i,j,k,\max}\\&\lambda_{i,j,k}+\lambda_{j,i,k}\leqslant 1,\quad \lambda_{i,j,k}\in\{0,1\}\end{aligned} \tag{8.18}$$

式中，$P_{i,j,k,\max}$和 $P_{i,j,k,\min}$指示线路允许的传输上限和下限。

8.2.3 算例分析

在本节中，将5个相互连接的自能源用于双向多能源交易，其通信和传输拓扑在图8.3中给出。

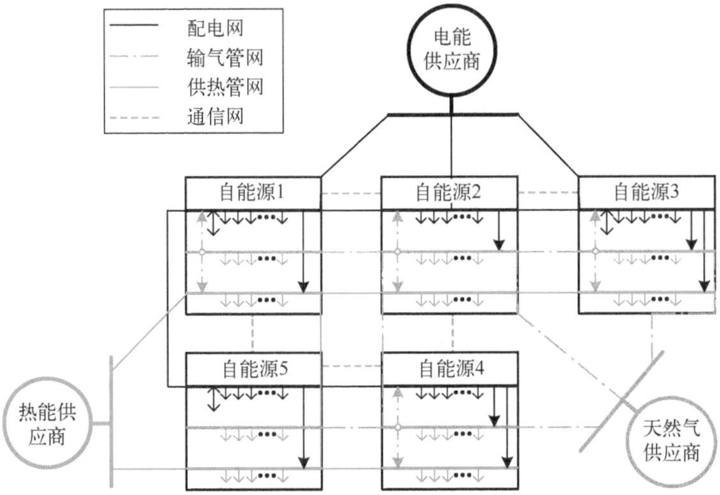

图 8.3　双向多能源交易通信和传输拓扑图表

能源供应商可以根据市场能源供求之间的差异来调整价格函数系数。在仿真中，设置价格参数 $a_e=0.15\times10^{-3}$，$b_e=0.5$，$a_g=0.1\times10^{-3}$，$b_g=0.4$，$a_h=0.5\times10^{-3}$，$b_h=0.7$。如图 8.4 所示，多能源负荷分为两组：住宅区负荷（自能源 1、自能源 3、自能源 5）和工业区负荷（自能源 2、自能源 4）。可再生能源是根据风能和太阳能的特性随机产生的。

1. 基于精确日前预测的聚合博弈

假设预测的多能源需求和可再生能源发电是准确的，则需要模拟 24 h 的聚合博弈以实现面向市场的资源分配。该模拟基于 MATLAB 2019a 和 CVX。图 8.5 中显示了 5 个自能源的 24 h 交易价格以及运营成本。纳什均衡的 24 h 能源价格如图 8.5a 所示。可以看出，电价随时间变化的趋势比燃气和热更强烈，这是由电力需求本身的灵活属性引起的。通过聚合博弈，24 h 能源价格反映了市场能源需求的变化趋势。随着迭代次数的增加，每种自能源的 24 h 成本逐渐收敛到图 8.5b 中的稳定值。

图 8.6 显示了自能源 1 和自能源 3 的 24 h 储能操作的比较。从图 8.5 和图 8.6 可以看出，电价低时，电储能执行充电策略；电价高时，电储能放电，这表明电储能在削峰填谷和降低运营成本方面发挥了作用。$t=0$ h 时电储能的电量等于 $t=24$ h 时的电量，满足周期约束，适合长期优化运行。由

于电价对于所有自能源都是通用的，因此两者的电力存储操作之间的差异并不明显。

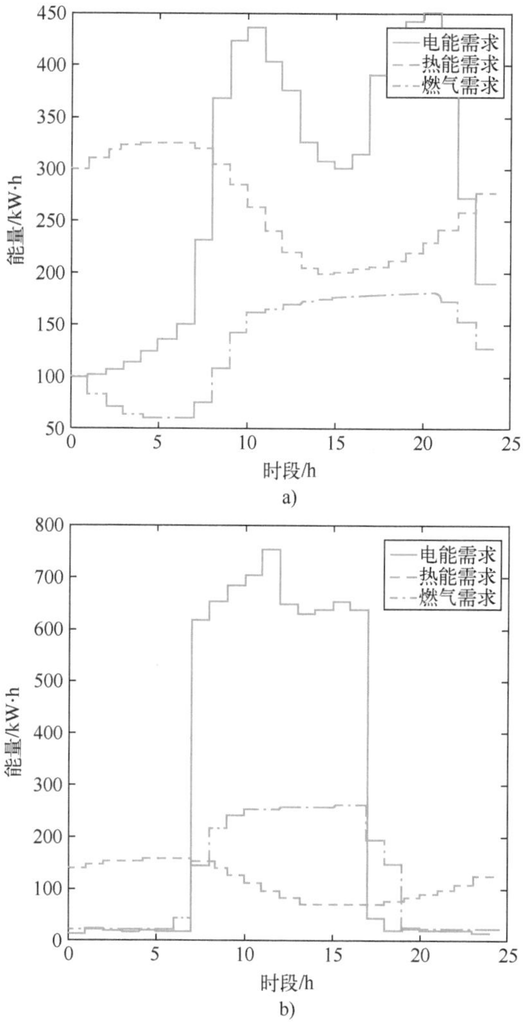

图 8.4 多能源负载

a）住宅区域的多能源负载 b）工业区域的多能源负载

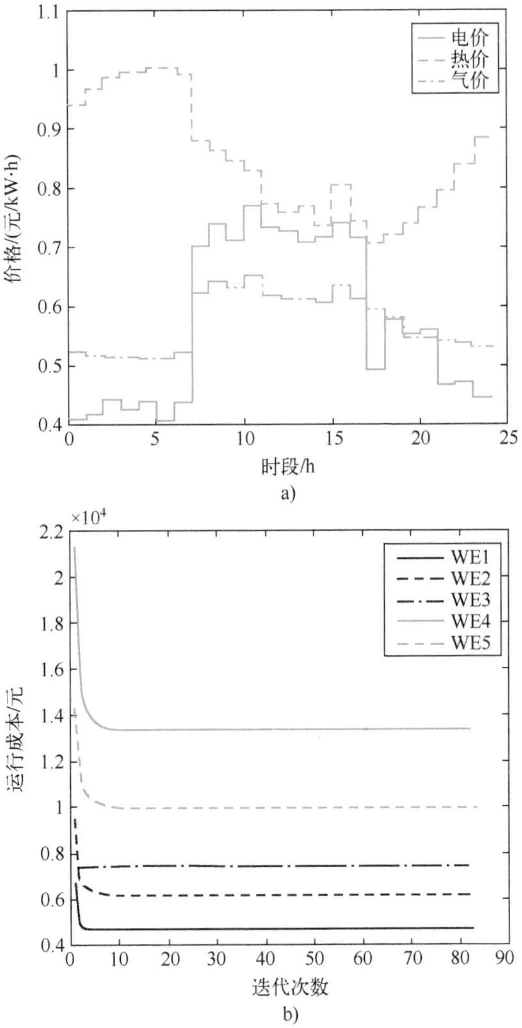

图 8.5　能源价格和运行成本

a）能源交易价格　b）5 个自能源的操纵成本

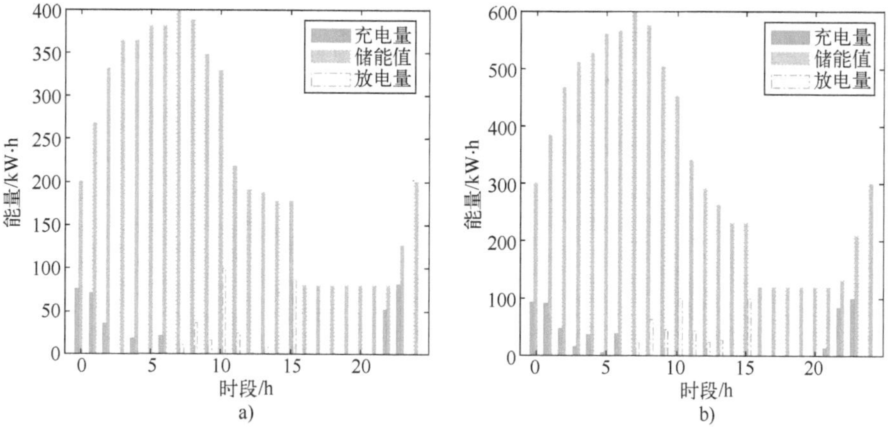

高清图 8.6

图 8.6 储能 24 h 运行
a）自能源 1 的能量存储操作 b）自能源 3 的能量存储操作

图 8.7 中显示了自能源中的设备的输出和 24 h 交易量。条形图表示能源交易量，曲线表示能源设备的输出。从图 8.7 中可以看到，电和热已经实现了双向交易，而天然气无法实现双向交易。这是由于依靠 P2G 产生气体的成本较高。随着 P2G 技术的进步，成本进一步降低，将实现天然气的双向交易。

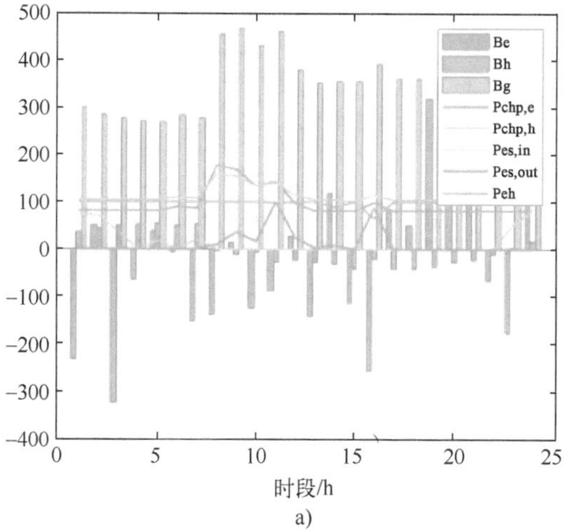

图 8.7 自能源 24 h 运行
a）自能源 1 的操作

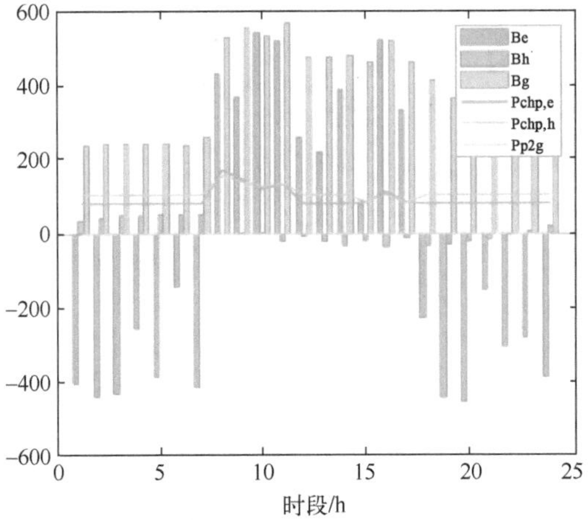

b)

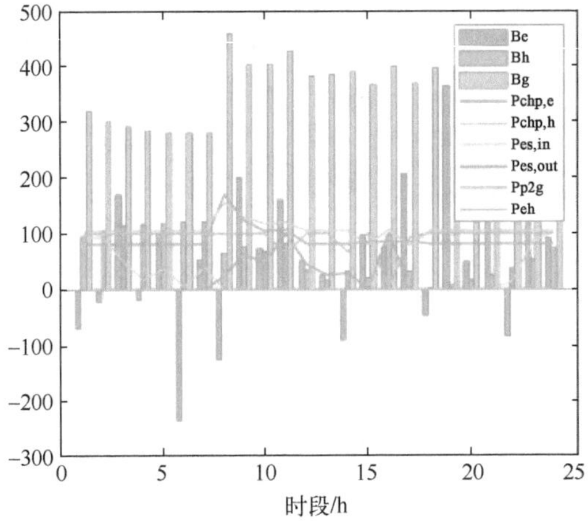

c)

高清图 8.7a、b

图 8.7 自能源 24 h 运行（续）

b）自能源 2 的操作 c）自能源 3 的操作

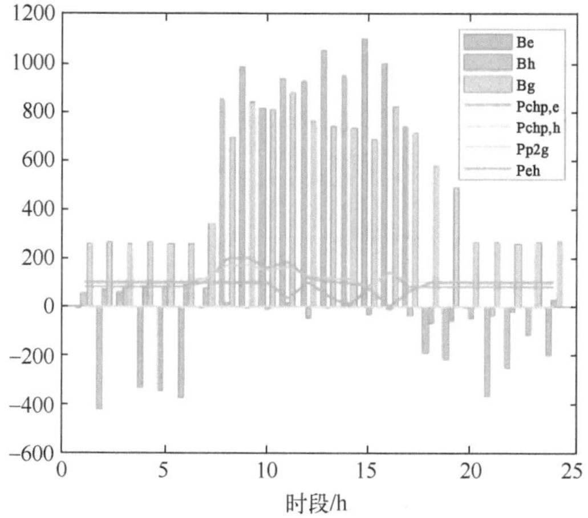

d)

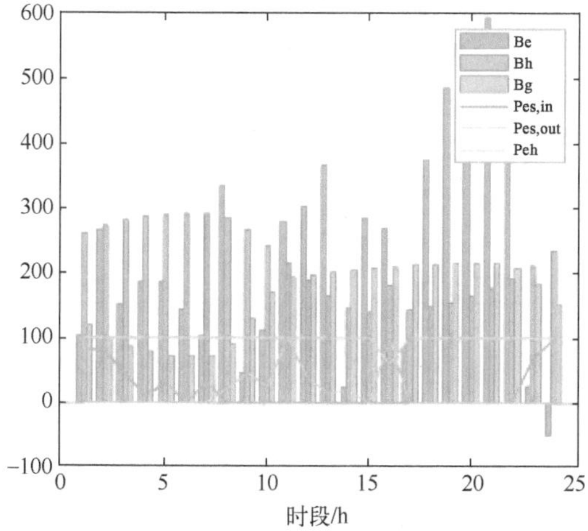

e)

高清图 8.7c~e

图 8.7 自能源 24h 运行（续）
d）自能源 4 的操作 e）自能源 5 的操作

2. 基于滚动时域控制的聚合博弈

实际情况中存在的碳排放量会导致预测误差，使前一日的交易结果不准确，无法保证能源供需平衡。为了解决这一问题，将滚动时域控制应用到聚合博弈中，通过不断更新预测结果和持续交易来降低预测误差对交易的影响。在仿真中，预测值每周期会调整一次来模拟可再生能源发电和多能源负荷的预测误差。

图 8.8 显示了未考虑预测误差的能源价格（价格 1），以及考虑了预测误差并使用滚动时域控制的能源价格（价格 2）。在图 8.8 中，两种情况下的热和气价格差异很大，而电价差别不大，因为自能源具有电储能功能，可以有效地调节电力的供需。

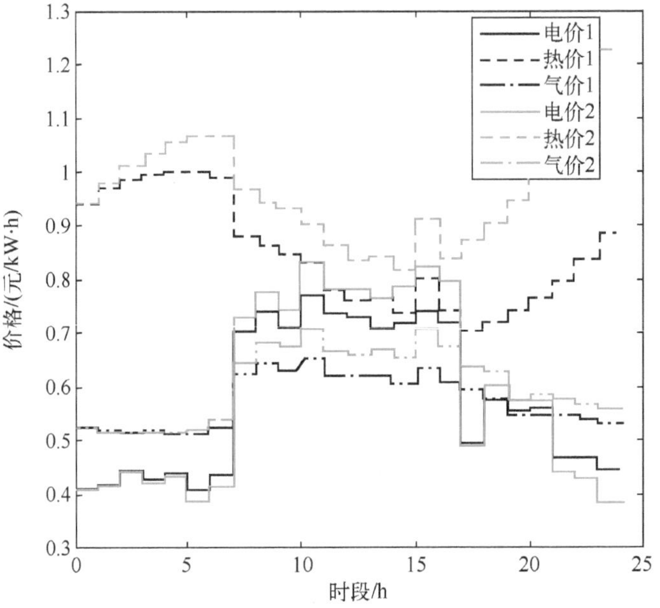

图 8.8　24h 能源价格比较

图 8.9 显示了自能源 1 中具有两种条件的电储能运行和策略的比较。在电价存在巨大差异的时期，电储能运行的差异也很明显。结合电价可以看出，当考虑预测误差时，电储能达到了削峰填谷的目的。因此，验证了具有滚动时域控制的聚合博弈的有效性。自能源 1 在两种情况下的 24h 运行策略如图 8.9b 所示，能源交易量以堆叠条形显示，以增强对比度。一天开始时，两个案例的能源交易量几乎相同，并且随着时间的流逝，两者之间的差异变得更加明显。

3. 多能传输优化

根据图 8.4，可以看出某些传输线未被使用。一个原因是使用这些传输线会导致成本增加，另一个原因是无须使用这些传输线就可以完成传输任务。传输线上的数字表示起始点处的平均传输功率，该平均功率等于端点处的功率与传输损耗之和。由于传输损失，交易结果在开始时小于实际传输量。

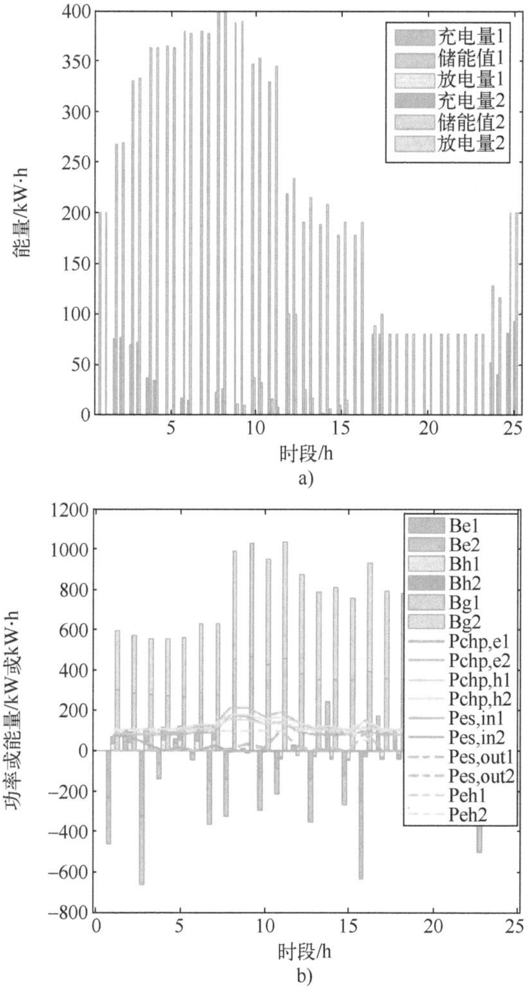

高清图 8.9

图 8.9 储能运行与自能源 1 运行策略的比较
a）能源存储操作 b）操作策略

8.3 基于碳排放量最优下的多目标博弈的多主体信息能源系统协同控制策略

8.3.1 多目标主体建模

本节包含代数图论、问题描述和神经网络。问题描述部分采用了多主体信息能源系统的状态空间模型。图 8.10 为典型的基于逆变器微电网的自主运行模式，其中包括控制层、通信网络和物理层。物理层包含一个到主直流电源的接口，该接口通过 LCL 滤波器、电压、电源和电压源转换器、传输线、负载和电流控制回路连接到微电网。在稀疏通信网络层，设计了一棵生成树来简化分布式发电单元之间的数据交换。

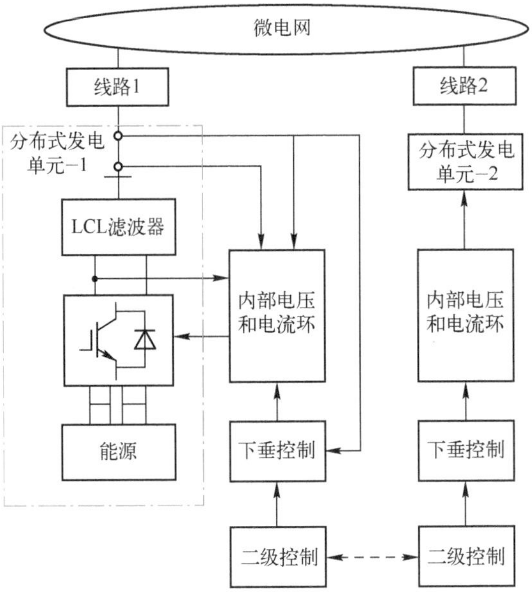

图 8.10 微电网结构

1. 代数图论

微电网通常被认为是一个多主体信息能源系统，其中分布式发电单元也被称为智能体，即分布式发电单元之间通过稀疏通信网络相互传递信息。分

布式发电单元之间的通信拓扑被建模为一个加权图。$G=(\mathcal{F},\mathcal{E},\boldsymbol{A})$，其中$\mathcal{F}=\{\mathcal{F}_1,\cdots,\mathcal{F}_N\}$是一个非空有限节点集，$\mathcal{E}\subset\mathcal{F}\times\mathcal{F}$表示通信边缘集合，并且$\boldsymbol{A}=[a_{ij}]\in\mathbf{R}^{N\times N}$表示一个加权邻接矩阵。这个路径$(\mathcal{F}_i,\mathcal{F}_j)\in\mathcal{E}$意味着$a_{ij}>0$，否则$a_{ij}=0$。假设$G$不允许有自循环或重复边。定义$\mathcal{N}_i=\{j|(\mathcal{F}_i,\mathcal{F}_j)\in\mathcal{E}\}$是节点$i$的邻居集合。定义拉普拉斯矩阵为$\boldsymbol{\mathcal{L}}=\boldsymbol{D}-\boldsymbol{A}$，其中，$\boldsymbol{D}$是一个度矩阵，并且定义$\boldsymbol{D}=\mathrm{diag}(d_1,\cdots,d_N)$，$d_i=\sum_{j=1}^{N}a_{ij}$。由满足$\{(\mathcal{F}_i,\mathcal{F}_t),(\mathcal{F}_t,\mathcal{F}_r),\cdots,(\mathcal{F}_r,\mathcal{F}_j)\}$的连续边序列捕获从节点$i$到节点$j$的直接路径。在有向图$G$中，一个领导者节点（标记为电压参考值）产生一个参考轨迹供其他节点遵循。考虑图中有N个节点，将全局增益b_i定义为矩阵$\boldsymbol{B}=\mathrm{diag}\{b_i\}\in\mathbf{R}^{N\times N}$。

假设 8.1 增广图$\overline{G}=(\overline{\mathcal{F}},\overline{\mathcal{E}})$存在一个固定生成树，其中$\mathcal{F}=\{\mathcal{F}_0,\mathcal{F}_1,\cdots,\mathcal{F}_N\}$，领导者节点0（参考电压值）为根节点。这意味着可以确定微电网中，任意的分布式发电单元输出电压和参考电压值之间能够进行信息传递。

引理 8.3 如果存在从根节点到其他任意节点至少有一条路径，则存在边$(\mathcal{F}_0,\mathcal{F}_i)$的正加权增益$b_{i,0}$。当电压参考值称为生成树的根时，定义$\boldsymbol{B}=\mathrm{diag}(b_{i,0},\cdots,b_{i,N})$，则矩阵$\boldsymbol{\mathcal{L}}+\boldsymbol{B}$是非奇异的。

2. 问题描述

构造多主体信息能源的状态空间模型为

$$\begin{aligned}\dot{x}_{i,1}&=\boldsymbol{g}_{i,1}(\boldsymbol{x}_i)x_{i,2}\\ \dot{x}_{i,2}&=\boldsymbol{f}_{i,2}(\boldsymbol{x}_i)+\boldsymbol{g}_{i,2}(x_i)\boldsymbol{u}_i\\ y_{i,1}&=x_{i,1}\end{aligned}\tag{8.19}$$

式中，$[x_{i,1},x_{i,2}]^{\mathrm{T}}=[v_{r,\mathrm{magi}},\dot{v}_{r,\mathrm{magi}}]^{\mathrm{T}}$为状态空间变量；$v_{r,\mathrm{magi}}$表示$v_{\mathrm{o},i}$大小，$v_{\mathrm{o},i}$表示第$i$个分布式发电单元的电压输出值；$\boldsymbol{u}_i$表示碳排放最优下的控制输入（下垂特性所需的电压输入）；$\boldsymbol{f}_{i,2}(\boldsymbol{x}_i)$和$\boldsymbol{g}_{i,2}(\boldsymbol{x}_i)$为非线性不确定光滑函数。

本节设计了一个动态电压参考值作为领导者。因此，动态领导者的建模如下：

$$\begin{aligned}\dot{v}_{\mathrm{ref}}&=f_{\mathrm{ref}}(v_{\mathrm{ref}},t)\\ y_{\mathrm{ref}}&=v_{\mathrm{ref}}\end{aligned}$$

式中，v_{ref}为电压恢复参考值；$y_{\mathrm{ref}}\in\mathbf{R}$为领导者端的输出；$f_{\mathrm{ref}}(v_{\mathrm{ref}},t)$为时间$t$的分段连续函数，它在局部上满足利普希茨条件，并与$t\geqslant0$对应。

在非零和博弈问题中，根据每个分布式发电单元的作用，将每个分布式发电单元所对应的碳排放量的成本函数设计为

$$J_i(\boldsymbol{x},\boldsymbol{u}_1,\cdots,\boldsymbol{u}_N)=\int_0^\infty\left(\boldsymbol{Q}_i(\boldsymbol{x})+\sum_{i=1}^N\boldsymbol{u}_i^{\mathrm{T}}\boldsymbol{R}_{i,j}\boldsymbol{u}_i\right)\mathrm{d}t=\int_0^\infty r_i(\boldsymbol{x},\boldsymbol{u}_1,\cdots,\boldsymbol{u}_N)\mathrm{d}t \tag{8.20}$$

式中，$r_i(\boldsymbol{x},\boldsymbol{u}_1,\cdots,\boldsymbol{u}_N)=\boldsymbol{Q}_i(\boldsymbol{x})+\sum_{i=1}^N\boldsymbol{u}_i^{\mathrm{T}}\boldsymbol{R}_{i,j}\boldsymbol{u}_i$，$\boldsymbol{Q}_i(\boldsymbol{x})=\boldsymbol{x}^{\mathrm{T}}\boldsymbol{Q}_i\boldsymbol{x}$ 是正定的并且 $\boldsymbol{Q}_i>\boldsymbol{0}$，$\boldsymbol{x}$ 是初始状态；$\boldsymbol{R}_{i,j}>\boldsymbol{0}$ 和 $\boldsymbol{R}_{i,i}>\boldsymbol{0}$ 表示对称矩阵。

定义 8.1 定义一个基于碳排放量的反馈控制协议对 $\boldsymbol{u}_i=\{\boldsymbol{u}_1,\cdots,\boldsymbol{u}_N\}$ 在集合 Ω 上对成本函数（8.20）是可容许的，记为 $\boldsymbol{u}_i\in\Psi(\Omega)$，如果 $\boldsymbol{u}_i\in\Psi(\Omega)$ 且 $\boldsymbol{u}_i(0)=\boldsymbol{0}$ 是连续的，$\boldsymbol{u}_i$ 满足系统方程（8.19），且 $\forall\boldsymbol{x}\in\Omega$。

假设碳排放量的成本函数（8.20）是可微连续的，则提出函数（8.20）的微分等式为

$$0=r_i(\boldsymbol{x},\boldsymbol{u}_1,\cdots,\boldsymbol{u}_N)+(\nabla V_i)^{\mathrm{T}}(\boldsymbol{f}_{i,2}(\boldsymbol{x}_i)+\boldsymbol{g}_{i,2}(\boldsymbol{x}_i)\boldsymbol{u}_i) \tag{8.21}$$

其中，$V_i(0)=0$ 和 $\nabla V_i=\dfrac{\partial V_i}{\partial\boldsymbol{x}}$。

进一步地，更新系统方程（8.19）及其成本函数（8.20），定义哈密顿函数为

$$H_i(\boldsymbol{x},\nabla V_i,\boldsymbol{u}_1,\cdots,\boldsymbol{u}_N)=(\nabla V_i)^{\mathrm{T}}(\boldsymbol{f}_{i,2}(\boldsymbol{x}_i)+\boldsymbol{g}_{i,2}(\boldsymbol{x}_i)\boldsymbol{u}_i)+r_i(\boldsymbol{x},\boldsymbol{u}_1,\cdots,\boldsymbol{u}_N) \tag{8.22}$$

然后定义碳排放量的最优成本函数 $V_i^*(\boldsymbol{x})$ 为

$$V_i^*(\boldsymbol{x})=\min\int_0^\infty\left(\boldsymbol{Q}_i(\boldsymbol{x}(\tau))+\sum_{i=1}^N\boldsymbol{u}_i^{\mathrm{T}}(\tau)\boldsymbol{R}_{i,j}\boldsymbol{u}_i(\tau)\right)\mathrm{d}\tau\ \frac{\partial H_i}{\partial\boldsymbol{u}_i}=0$$

在平稳条件$\dfrac{\partial H_i}{\partial\boldsymbol{u}_i}=0$的基础上，定义与碳排放量最优成本函数相关的碳排放量最优的反馈控制协议为

$$\boldsymbol{u}_i^*=-\frac{1}{2}\boldsymbol{R}_{i,i}^{-1}\boldsymbol{g}_{i,2}^{\mathrm{T}}(\boldsymbol{x}_i)\nabla V_i^* \tag{8.23}$$

根据式（8.22）和式（8.23），耦合的 Hamilton-Jacobi（简称为 HJ）方程可表示为

$$0=\boldsymbol{Q}_i(\boldsymbol{x})+(\nabla V_i^*)^{\mathrm{T}}\boldsymbol{f}_{i,2}(\boldsymbol{x}_i)+\frac{1}{4}\sum_{i=1}^{N}(\nabla V_i^*)^{\mathrm{T}}\boldsymbol{g}_{i,2}(\boldsymbol{x}_i)\boldsymbol{R}_{i,j}^{-1}\boldsymbol{R}_{i,j}\boldsymbol{R}_{i,j}^{-1}\boldsymbol{g}_{i,2}^{\mathrm{T}}(\boldsymbol{x}_i)\nabla V_i^*$$
$$-\frac{1}{2}(\nabla V_i^*)^{\mathrm{T}}\sum_{i=1}^{N}\boldsymbol{g}_{i,2}(\boldsymbol{x}_i)\boldsymbol{R}_{i,j}^{-1}\boldsymbol{g}_{i,2}^{\mathrm{T}}(\boldsymbol{x}_i)\nabla V_i^* \tag{8.24}$$

本节的控制目标是采用反步法对基于非零和微分博弈的信息能源系统方程（8.19）构建一种自适应分布式一致性电压恢复控制协议，以保证分布式发电单元输出电压 $v_{r,\mathrm{magi}}$ 与 v_{ref} 同步并且能够最大限度地降低碳排放量，最终使所有闭环信号协同一致，同时，在临界神经网络的基础上，利用 N 个分布式发电单元的非零和博弈控制策略 $u_i^*\backslash\hat{u}_i^*$（$\hat{u}_i^*$ 是 u_i^* 的近似值）来寻找最优的可允许控制协议，以使每个分布式发电单元的碳排放量成本函数最小。

定义电压恢复的同步误差为

$$z_{i,1}=\sum_{j=1}^{N}a_{ij}(y_i-y_j)+b_i(y_i-y_{\mathrm{ref}}) \tag{8.25}$$

其中，$i=1,\cdots,N$，固定增益 $b_i\geqslant 0$，且 $b_i>0$ 为第 i 个分布式发电单元的输出电压值与电压参考值之间的权重。

为了实现上述控制目标，本节给出了以下定义、假设和引理。

定义 8.2 当 $\forall\varsigma>0$，在图表 G 中，这个领导者（电压参考值 v_{ref}）和跟随者（电压输出值 $v_{\mathrm{mag,o},i}$）之间的跟踪误差是一致最终有界的。如果存在常数 $\varphi_1>0$ 和 $\varphi_2>0$，界限 $m_1>0$ 和 $m_2>0$ 和 t_0 无关，并且对于每个 $\widetilde{\pi}_1\in(0,\varphi_1)$ 和 $\widetilde{\pi}_2\in(0,\varphi_2)$，存在和 t_0 无关的 $T\geqslant 0$。即 $|y_i(t_0)-y_{\mathrm{ref}}(t_0)|\leqslant\widetilde{\pi}_1$ 意味着 $|y_i(t)-y_{\mathrm{ref}}(t)|\leqslant m_1$，以及 $|y_i(t_0)-y_{\mathrm{ref}}(t_0)|\leqslant\widetilde{\pi}_2$ 意味着 $|y_i(t)-y_{\mathrm{ref}}(t)|\leqslant m_2$。

假设 8.2 $g_{i,2}(x_i)$ 的符号不变。因此，进一步假定 $0<g_{i,2}(x_i)$，有一个未知常数 g_0 使 $0<g_0<g_{i,2}(x_i)$，$i=1,2,\cdots,N$。

引理 8.4 定义 $\boldsymbol{e}_1=(e_{1,1},e_{2.1},\cdots,e_{N,1})$，$\boldsymbol{y}=(y_1,\cdots,y_N)$，$\widetilde{\boldsymbol{y}}_{\mathrm{ref}}=(y_{\mathrm{ref}},\cdots,y_{\mathrm{ref}})$，有

$$\|\boldsymbol{y}-\widetilde{\boldsymbol{y}}_{\mathrm{ref}}\|\leqslant\|\boldsymbol{e}_1\|/c(\boldsymbol{\mathcal{L}}+\boldsymbol{B}) \tag{8.26}$$

其中，$c(\boldsymbol{\mathcal{L}}+\boldsymbol{B})$ 为 $\boldsymbol{\mathcal{L}}+\boldsymbol{B}$ 的最小奇异值。

3. 径向基函数神经网络

径向基神经网络利用连续函数 $H(Z)$ 估计未知非线性函数。在紧集 $F\in\mathbf{R}^q$ 中，基于任意精度 $\lambda>0$，这个函数 $H(Z)$ 可以用径向基函数神经网络

估计：

$$H(Z)=\boldsymbol{W}^{*}\boldsymbol{\Phi}(Z)+\varepsilon(Z),\quad \forall\in F \tag{8.27}$$

其中，$\varepsilon(Z)$ 是近似误差，并且满足 $|\varepsilon(Z)|\leqslant\varepsilon$，$\varepsilon>0$ 是一个常数。$\boldsymbol{W}^{*}=[W_1,W_2,\cdots,W_l]\in\mathbf{R}^l$ 表示理想的权重向量，$\boldsymbol{\Phi}(Z)=[\Phi_1(Z),\Phi_2(Z),\cdots,\Phi_l(Z)]$ 是基函数向量。

引理 8.5　假设 $\boldsymbol{\Phi}(\tilde{x}_k)=[\Phi_1(\tilde{x}_k),\cdots,\Phi_l(\tilde{x}_k)]$，其中，$\tilde{\boldsymbol{x}}_k=(\tilde{x}_1,\cdots,\tilde{x}_k)$ 表示径向基函数神经网络的向量，对于给定的正数 $0<k\leqslant t$，有

$$\|\boldsymbol{\Phi}(\tilde{x}_k)\|^2\leqslant\|\boldsymbol{\Phi}(\tilde{x}_t)\|^2$$

成立。

8.3.2　多主体协同对抗策略分析设计

本节利用神经网络的估计特性和反步法，构建基于多智能体共识算法的自适应电压恢复控制协议。然后，定义

$$\theta_i=\max\left\{\frac{1}{g_0}\|\boldsymbol{W}_{i,k}^{*}\|^2,k=1,2\right\}$$

引入 $\hat{\theta}_i$ 为 θ_i 的估计，并且 $\tilde{\theta}_i=\theta_i-\hat{\theta}_i(i=1,\cdots,N)$ 是逼近误差，基于反步法设计过程，定义

$$z_{i,2}=x_{i,2}-\alpha_{i,1} \tag{8.28}$$

式中，$\alpha_{i,1}$ 是虚拟控制器，将在后面定义。

第 1 步：根据式（8.25）得到同步误差 $z_{i,1}$ 的导数

$$\dot{z}_{i,1}=(b_i+d_i)g_{i,1}(x_i)x_{i,2}-\sum_{j=1}^{N}a_{i,j}g_{i,1}(x_i)x_{j,2}-b_i f_{\text{ref}}(v_{\text{ref}},t) \tag{8.29}$$

选择李雅普诺夫候选函数为

$$V_{i,1}=\frac{1}{2}z_{i,1}^2+\frac{\tilde{\theta}_i^2}{2\gamma_i} \tag{8.30}$$

其中，$\gamma_i>0$ 是一个设计常数。根据式（8.28）和式（8.29），有

$$\begin{aligned}\dot{V}_{i,1}&=z_{i,1}\dot{z}_{i,1}-\frac{\tilde{\theta}_i}{\gamma_i}\dot{\hat{\theta}}_i\\&=z_{i,1}[(b_i+d_i)g_{i,1}(x_i)z_{i,2}+(b_i+d_i)g_{i,1}(x_i)\alpha_{i,1}-\\&\quad\sum_{j=1}^{N}a_{i,j}g_{i,2}(x_i)x_{j,2}-b_i f_{\text{ref}}(v_{\text{ref}},t)]-\frac{\tilde{\theta}_i}{\gamma_i}\dot{\hat{\theta}}_i\end{aligned} \tag{8.31}$$

进一步，得到

$$-z_{i,1}b_i f_{\text{ref}}(v_{\text{ref}},t) \leqslant b_i \left| z_{i,1} \right| f_{\text{ref}}(v_{\text{ref}}) \leqslant b_i z_{i,1} f_{\text{ref}} \tanh\left(\frac{b_i z_{i,1} f_{\text{ref}}}{h_{i,1}}\right) + \delta h_{i,1} \quad (8.32)$$

其中，$h_{i,1}>0$ 是任意常数。

因此，将式（8.31）与式（8.32）结合，能够得到

$$\dot{V}_{i,1} \leqslant z_{i,1}[(b_i+d_i)g_{i,1}(x_i)z_{i,2}+(b_i+d_i)g_{i,1}(x_i)\alpha_{i,1}+\overline{H}_{i,1}(Z)]-\frac{\widetilde{\theta}_i}{\gamma_i}\dot{\hat{\theta}}_i+\delta h_{i,1} \quad (8.33)$$

其中

$$\overline{H}_{i,1}(Z)=b_i f_{\text{ref}}\tanh\left(\frac{b_i z_{i,1} f_{\text{ref}}}{h_{i,1}}\right)-\sum_{j=1}^{N} a_{i,j}x_{j,2}$$

由于函数$\overline{H}_{i,1}(Z_i)$包含所有状态变量。因此，不能直接使用反步法设计方法来制定系统（8.19）的控制策略，但引理 8.4 可以用于解决该问题。因此基于径向基函数神经网络的估计能力，有

$$\overline{H}_{i,1}(Z_i) \leqslant W_{i,1}^{*}\boldsymbol{\Phi}_{i,1}(\boldsymbol{Z}_{i,1})+\varepsilon_{i,1}(Z_i) \quad (8.34)$$

其中，$\boldsymbol{Z}_{i,1}=[\boldsymbol{x}_{j,1}^{\mathrm{T}},v_{\mathrm{d}}]^{\mathrm{T}}$。此外，应用杨氏不等式和 θ_i 的定义，得到

$$z_{i,1}\overline{H}_{i,1}(Z) \leqslant \frac{g_0\theta_i}{2\beta_{i,1}^2}z_{i,1}^2\boldsymbol{\Phi}_{i,1}^{\mathrm{T}}(\boldsymbol{Z}_{i,1})\boldsymbol{\Phi}_{i,1}(\boldsymbol{Z}_{i,1})+\frac{\beta_{i,1}^2}{2}+\frac{g_{i,1}z_{i,1}^2}{2}+\frac{\varepsilon_{i,1}^2}{2g_0} \quad (8.35)$$

其中，$\beta_{i,1}>0$ 表示常数。

定义基于降低碳排放量的一致性电压恢复虚拟控制器 $\alpha_{i,1}$为

$$\alpha_{i,1}=\frac{1}{b_i+d_i}\left(-s_{i,1}z_{i,1}-\frac{z_{i,1}}{2}-\frac{\hat{\theta}_i}{2\beta_{i,1}^2}z_{i,1}\boldsymbol{\Phi}_{i,1}^{\mathrm{T}}(\boldsymbol{Z}_{i,1})\boldsymbol{\Phi}_{i,1}(\boldsymbol{Z}_{i,1})\right) \quad (8.36)$$

其中，$s_{i,1}>0$ 是常数。通过使用假设 8.2 和式（8.33）、式（8.36），有

$$\dot{V}_{i,1} \leqslant -s_{i,1}g_0 z_{i,1}+(b_i+d_i)g_{i,1}(x_i)z_{i,1}z_{i,2}+\omega_{i,1}+\frac{\widetilde{\theta}_i}{\gamma_i}\left(\dot{\hat{\theta}}_i-\frac{g_0\gamma_i}{2\beta_{i,1}^2}z_{i,1}^2\boldsymbol{\Phi}_{i,1}^{\mathrm{T}}(\boldsymbol{Z}_{i,1})\boldsymbol{\Phi}_{i,1}(\boldsymbol{Z}_{i,1})\right)$$

其中

$$\omega_{i,1}=\frac{\beta_{i,1}^2}{2}+\frac{\varepsilon_{i,1}^2}{2g_0}+\delta h_{i,1}$$

第 2 步：针对第 i 个分布式发电单元，开发一种基于降低碳排放量的新的自适应电压恢复控制策略。因此，选择以下李雅普诺夫候选函数：

$$V_{i,2}=V_{i,1}+\frac{1}{2}z_{i,2}^2 \quad (8.37)$$

$V_{i,2}$对 t 求导得到

$$\dot{V}_{i,2}=\dot{V}_{i,1}+z_{i,2}\Big[f_{i,2}(x_i)+g_{i,2}(x_i)u_i-\frac{\partial\alpha_{i,1}}{\partial x_{i,1}}(f_{i,2}(x_i)+g_{i,2}(x_i)x_{i,2})-\sum_{j\in N}\frac{\partial\alpha_{i,1}}{\partial x_{j,1}}(f_{j,2}(x_j)+g_{j,2}(x_j)x_{j,2})-\frac{\partial\alpha_{i,1}}{\partial v_{\text{ref}}}f_{\text{ref}}(v_{\text{ref}},t)-\frac{\partial\alpha_{i,1}}{\partial\hat{\theta}_i}\dot{\hat{\theta}}_i\Big] \tag{8.38}$$

类似地，对于任意常数 $h_{i,2}>0$，有

$$-z_{i,2}\frac{\partial\alpha_{i,1}}{\partial v_{\text{ref}}}f_{\text{ref}}(v_{\text{ref}},t)\leqslant\delta h_{i,2}+z_{i,2}f_{\text{ref}}\frac{\partial\alpha_{i,1}}{\partial v_{\text{ref}}}\times\tanh\left(\frac{z_{i,2}f_{\text{ref}}\dfrac{\partial\alpha_{i,1}}{\partial v_{\text{d}}}}{h_{i,2}}\right)$$

经过一个简单的计算得到

$$\begin{aligned}\dot{V}_{i,2}\leqslant&\dot{V}_{i,1}+z_{i,2}(g_{i,2}(x_i)u_i+\overline{H}_{i,2}(Z))+\\&z_{i,2}\left[\xi_{i,2}(\boldsymbol{Z}_{i,2})-\frac{\partial\alpha_{i,1}}{\partial\hat{\theta}_i}\dot{\hat{\theta}}_i\right]-(b_i+d_i)g_{i,1}z_{i,1}z_{i,2}+\delta h_{i,2}\end{aligned} \tag{8.39}$$

与第 1 步相似，有

$$z_{i,2}\overline{H}_{i,2}(Z)\leqslant\frac{g_0\theta_i}{2\beta_{i,2}^2}z_{i,2}^2\boldsymbol{\Phi}_{i,2}^{\mathrm{T}}(\boldsymbol{Z}_{i,2})\boldsymbol{\Phi}_{i,2}(\boldsymbol{Z}_{i,2})+\frac{\beta_{i,2}^2}{2}+\frac{g_{i,2}z_{i,2}^2}{2}+\frac{\varepsilon_{i,2}^2}{2g_0} \tag{8.40}$$

其中，$\beta_{i,2}>0$ 表示设计参数。

在现阶段，构建了如下的电压恢复控制器：

$$u_i=-s_{i,2}z_{i,2}-\frac{z_{i,2}}{2}-\frac{\hat{\theta}_i}{2\beta_{i,2}^2}z_{i,2}\boldsymbol{\Phi}_{i,2}^{\mathrm{T}}(\boldsymbol{Z}_{i,2})\boldsymbol{\Phi}_{i,2}(\boldsymbol{Z}_{i,2}) \tag{8.41}$$

其中，$s_{i,2}>0$ 是常数。

并定义自适应律$\dot{\hat{\theta}}_i$ 为

$$\dot{\hat{\theta}}_i=\sum_{l=1}^{2}\frac{g_0\gamma_i}{2\beta_{i,l}^2}z_{i,l}^2\boldsymbol{\Phi}_{i,l}^{\mathrm{T}}(\boldsymbol{Z}_{i,l})\boldsymbol{\Phi}_{i,l}(\boldsymbol{Z}_{i,l})-\zeta_i\hat{\theta}_i \tag{8.42}$$

把式（8.40）~式（8.42）代入式（8.39），得到

$$\dot{V}_{i,2}\leqslant-\sum_{l=1}^{2}s_{i,l}g_0z_{i,l}^2+\frac{\zeta_i}{\gamma_i}\tilde{\theta}_i\hat{\theta}_i+\omega_{i,2}+z_{i,2}\Big[\xi_{i,2}(\boldsymbol{Z}_{i,2})-\frac{\partial\alpha_{i,1}}{\partial\hat{\theta}_i}\dot{\hat{\theta}}_i\Big] \tag{8.43}$$

其中

$$\omega_{i,2}=\sum_{l=1}^{2}\left(\frac{\beta_{i,l}^{2}}{2}+\frac{\varepsilon_{i,l}^{2}}{2g_0}+\delta h_{i,l}\right)$$

进一步，还可以得到

$$\dot{V}_{i,2}\leqslant -g_0\sum_{l=1}^{2}s_{i,l}z_{i,l}^{2}-\frac{\zeta_i}{2\gamma_i}\widetilde{\theta}_i^{2}+\widetilde{\omega}_i \tag{8.44}$$

其中

$$\widetilde{\omega}_i=\omega_{i,2}+\frac{\zeta_i}{2\gamma_i}\theta_i^2$$

定义

$$\varpi_i=\min\{2g_0s_{i,l},\zeta_i\}>0,\quad l=1,2$$

从式（8.44）中，有

$$\dot{V}_{i,2}\leqslant-\varpi_i+\widetilde{\omega}_i$$

综上所述，本节在不考虑任何最优性的情况下，构造了一种分布式自适应一致性电压恢复控制策略。因此，针对以下系统动态模型，基于临界神经网络，利用非零和微分博弈对策理论设计了一种基于降低碳排放量的近似最优分布式自适应电压恢复控制策略。同时，控制策略既能保证闭环系统的稳定性，又能保证碳排放量的合作成本函数的最小化。

8.3.3 多主体协同对抗策略求解

1. 多主体协同对抗策略求解

为了清晰起见，基于非零和微分博弈对策，考虑以下具有未知动力学的分布式单元信息能源系统模型：

$$\begin{cases}\dot{x}_{i,1}=\boldsymbol{g}_{i,1}(\boldsymbol{x}_i)x_{i,2}\\ \dot{x}_{i,2}=\boldsymbol{f}_{i,2}(\boldsymbol{x}_i)+\boldsymbol{g}_{1,2}(\boldsymbol{x}_i)\boldsymbol{u}_1+\boldsymbol{g}_{2,2}(\boldsymbol{x}_i)\boldsymbol{u}_2\end{cases} \tag{8.45}$$

基于神经网络的逼近性质，系统（8.45）可以改写为

$$\dot{\boldsymbol{x}}_i=\boldsymbol{A}\boldsymbol{x}_i+\boldsymbol{W}_i^{*\mathrm{T}}\boldsymbol{\Phi}_i(\boldsymbol{x}_i)+\breve{\boldsymbol{l}}_i$$

式中，$\boldsymbol{A}\in\mathbf{R}^{n\times n}$为设计矩阵；$\dot{\boldsymbol{x}}_i=[\dot{x}_{i,1},\dot{x}_{i,2}]$；$\boldsymbol{W}_i^*=[W_{i,1}^*,W_{i,2}^*]$；$\breve{\boldsymbol{l}}_i$ 是逼近误差。

进一步，有

$$\dot{\hat{\boldsymbol{x}}}_i=\boldsymbol{A}\boldsymbol{x}_i+\hat{\boldsymbol{W}}_i^{*\mathrm{T}}\boldsymbol{\Phi}_i(\boldsymbol{x}_i) \tag{8.46}$$

利用 Weierstrass 高阶估计定理，通过使用神经网络，基于碳排放量的成本函数可以表示为

$$\boldsymbol{V}_i=\boldsymbol{W}_i^{*\mathrm{T}}\boldsymbol{\Phi}_i(\boldsymbol{x}_i)+\widetilde{\boldsymbol{\varepsilon}}_i \tag{8.47}$$

其中，$\boldsymbol{W}_i^*\in\mathbf{R}^K$ 和 $\boldsymbol{\Phi}_i(x_i)\in\mathbf{R}^K$ 是评价神经网络的理想权值和执行函数向量，并且$\widetilde{\boldsymbol{\varepsilon}}_i\in\mathbf{R}^K$ 评价神经网络的近似误差。

式（8.47）对 $\boldsymbol{x}_i$ 的导数可以写成

$$\nabla V_i\leqslant\nabla\boldsymbol{\Phi}_i^{\mathrm{T}}(x_i)\boldsymbol{W}_i^*+\nabla\widetilde{\boldsymbol{\varepsilon}}_i \tag{8.48}$$

根据系统（8.45），利用式（8.46）和式（8.48），耦合 HJ 方程能够被重写为

$$\begin{aligned}&\boldsymbol{Q}_1(\boldsymbol{x}_i)-\frac{1}{4}\boldsymbol{W}_1^{*\mathrm{T}}\nabla\boldsymbol{\Phi}_1\boldsymbol{E}_1\nabla\boldsymbol{\Phi}_1^{\mathrm{T}}\boldsymbol{W}_1^*+\boldsymbol{W}_1^{*\mathrm{T}}\nabla\boldsymbol{\Phi}_1\boldsymbol{f}_{1,2}(\boldsymbol{x}_i)+\\&\frac{1}{4}\boldsymbol{W}_2^{*\mathrm{T}}\nabla\boldsymbol{\Phi}_2\boldsymbol{\phi}_2\nabla\boldsymbol{\Phi}_2^{\mathrm{T}}\boldsymbol{W}_2^*-\frac{1}{2}\boldsymbol{W}_1^{*\mathrm{T}}\nabla\boldsymbol{\Phi}_1\boldsymbol{E}_2\nabla\boldsymbol{\Phi}_2^{\mathrm{T}}\boldsymbol{W}_2^*=\boldsymbol{\chi}_{\mathrm{HJ1}}\end{aligned} \tag{8.49}$$

$$\begin{aligned}&\boldsymbol{Q}_2(\boldsymbol{x}_i)-\frac{1}{4}\boldsymbol{W}_2^{*\mathrm{T}}\nabla\boldsymbol{\Phi}_2\boldsymbol{E}_2\nabla\boldsymbol{\Phi}_2^{\mathrm{T}}\boldsymbol{W}_2^*+\boldsymbol{W}_2^{*\mathrm{T}}\nabla\boldsymbol{\Phi}_2 f_{2,2}(\boldsymbol{x}_i)+\\&\frac{1}{4}\boldsymbol{W}_1^{*\mathrm{T}}\nabla\boldsymbol{\Phi}_1\boldsymbol{\phi}_1\nabla\boldsymbol{\Phi}_1^{\mathrm{T}}\boldsymbol{W}_1^*-\frac{1}{2}\boldsymbol{W}_2^{*\mathrm{T}}\nabla\boldsymbol{\Phi}_2\boldsymbol{E}_1\nabla\boldsymbol{\Phi}_1^{\mathrm{T}}\boldsymbol{W}_1^*=\boldsymbol{\chi}_{\mathrm{HJ2}}\end{aligned} \tag{8.50}$$

其中，$\boldsymbol{E}_1=\boldsymbol{g}_{1,2}(\boldsymbol{x}_i)\boldsymbol{R}_{11}^{-1}\boldsymbol{g}_{1,2}^{\mathrm{T}}(\boldsymbol{x}_i)$，$\boldsymbol{E}_2=\boldsymbol{g}_{2,2}(\boldsymbol{x}_i)\boldsymbol{R}_{22}^{-1}\boldsymbol{g}_{2,2}^{\mathrm{T}}(\boldsymbol{x}_i)$，$\boldsymbol{\phi}_1=\boldsymbol{g}_{1,2}(\boldsymbol{x}_i)\boldsymbol{R}_{11}^{-1}\boldsymbol{R}_{21}\boldsymbol{R}_{11}^{-1}\boldsymbol{g}_{1,2}^{\mathrm{T}}(\boldsymbol{x}_i)$和 $\boldsymbol{\phi}_2=\boldsymbol{g}_{2,2}(\boldsymbol{x}_i)\boldsymbol{R}_{22}^{-1}\boldsymbol{R}_{12}\boldsymbol{R}_{22}^{-1}\boldsymbol{g}_{2,1}^{\mathrm{T}}(\boldsymbol{x}_i)$；$\boldsymbol{\chi}_{\mathrm{HJ1}}$和$\boldsymbol{\chi}_{\mathrm{HJ2}}$表示耦合 HJ 方程的近似误差。当评价神经网络隐藏神经元的数量 $K\to\infty$ 时，耦合 HJ 方程的估计误差收敛到零。此外，在固定 K 值的情况下，耦合 HJ 方程的估计误差是有界的，并且误差被表示为$\|\boldsymbol{\chi}_{\mathrm{HJ}i}\|\leqslant\breve{C}_{\mathrm{HJ}i}$，其中，$\breve{C}_{\mathrm{HJ}i}$是常数。

这个评价神经网络的真实输出能够被表示为

$$\hat{\boldsymbol{V}}_i=\hat{\boldsymbol{W}}_i^{*\mathrm{T}}\boldsymbol{\Phi}_i(\boldsymbol{x}_i)$$

进一步，基于碳排放量最优将系统（8.45）的近似最优控制协议设计为

$$\hat{\boldsymbol{u}}_i^*=-\frac{1}{2}\boldsymbol{R}_{ii}^{-1}\hat{\boldsymbol{g}}_{l,2}(\boldsymbol{x}_i)\nabla\boldsymbol{\Phi}_i^{\mathrm{T}}\hat{\boldsymbol{W}}_i^* \tag{8.51}$$

然后得到哈密顿函数的估计值为

$$\begin{aligned}\breve{\mathcal{H}}_1=&\boldsymbol{Q}_1(\boldsymbol{x}_i)-\frac{1}{4}\hat{\boldsymbol{W}}_1^{*\mathrm{T}}\nabla\boldsymbol{\Phi}_1\boldsymbol{E}_1\nabla\boldsymbol{\Phi}_1^{\mathrm{T}}\hat{\boldsymbol{W}}_1^*+\hat{\boldsymbol{W}}_1^{*\mathrm{T}}\nabla\boldsymbol{\Phi}_1\boldsymbol{f}_{1,2}(\boldsymbol{x}_i)+\\&\frac{1}{4}\hat{\boldsymbol{W}}_2^{*\mathrm{T}}\nabla\boldsymbol{\Phi}_2\boldsymbol{\phi}_2\nabla\boldsymbol{\Phi}_2^{\mathrm{T}}\hat{\boldsymbol{W}}_2^*-\frac{1}{2}\hat{\boldsymbol{W}}_1^{*\mathrm{T}}\nabla\boldsymbol{\Phi}_1\boldsymbol{E}_2\nabla\boldsymbol{\Phi}_2^{\mathrm{T}}\hat{\boldsymbol{W}}_2^*\overset{\mathrm{def}}{=}\mathcal{H}_1\end{aligned} \tag{8.52}$$

$$\breve{\mathcal{H}}_2 = \boldsymbol{Q}_2(\boldsymbol{x}_i) - \frac{1}{4}\hat{\boldsymbol{W}}_2^{*\mathrm{T}} \nabla\boldsymbol{\Phi}_2\boldsymbol{E}_2 \nabla\boldsymbol{\Phi}_2^{\mathrm{T}} \hat{\boldsymbol{W}}_2^* + \hat{\boldsymbol{W}}_2^{*\mathrm{T}} \nabla\boldsymbol{\Phi}_2 \boldsymbol{f}_{2,2}(\boldsymbol{x}_i) + \frac{1}{4}\hat{\boldsymbol{W}}_1^{*\mathrm{T}} \nabla\boldsymbol{\Phi}_1\boldsymbol{\phi}_1 \nabla\boldsymbol{\Phi}_1^{\mathrm{T}} \hat{\boldsymbol{W}}_1^* - \frac{1}{2}\hat{\boldsymbol{W}}_2^{*\mathrm{T}} \nabla\boldsymbol{\Phi}_2\boldsymbol{E}_1 \nabla\boldsymbol{\Phi}_1^{\mathrm{T}} \hat{\boldsymbol{W}}_1^* \stackrel{\mathrm{def}}{=} \mathcal{H}_2 \tag{8.53}$$

其中，$\mathcal{H}_i(i=1,2)$是剩余误差。

为了满足有界性，提出以下假设：

假设 8.3 1）评价神经网络执行函数的梯度及其执行函数是有界的，即$\|\boldsymbol{\Phi}_i(\boldsymbol{Z}_i)\| \leqslant B_{\boldsymbol{\Phi}_i}$和$\|\nabla\boldsymbol{\Phi}_i(\boldsymbol{Z}_i)\| \leqslant B_{\nabla\boldsymbol{\Phi}_i}$。

2）评价神经网络近似误差的梯度及其近似误差是有界的，$0<\|\boldsymbol{\mu}_i\| \leqslant \widetilde{\mu}_{\boldsymbol{\mu}_i}$，$0<\|\nabla\boldsymbol{\mu}_i\| \leqslant \widetilde{\mu}_{\nabla\boldsymbol{\mu}_i}$。

3）评价神经网络权值的上界是$0<\|\boldsymbol{W}_i^*\| \leqslant \overline{W}$。

引理 8.6 当假设 8.3 成立时，基于碳排放量，为了设计合适的控制策略u_i，给出以下调优法则：

$$\dot{\hat{\boldsymbol{W}}}_i^* = -\rho_i \frac{\boldsymbol{\kappa}_i}{(\boldsymbol{\kappa}_i^{\mathrm{T}}\boldsymbol{\kappa}_i+1)^2}(\boldsymbol{\kappa}_i^{\mathrm{T}} \hat{\boldsymbol{W}}_i^* + r_i(x,u_1,u_2)) - \rho_i \frac{\boldsymbol{\kappa}_{ik}}{(\boldsymbol{\kappa}_{ik}^{\mathrm{T}}\boldsymbol{\kappa}_{ik}+1)^2}(\boldsymbol{\kappa}_{ik}^{\mathrm{T}}\hat{\boldsymbol{W}}_i^* + r_i(x(t_k),u_1(t_k),u_2(t_k))) \tag{8.54}$$

其中，$\boldsymbol{\kappa}_{ik}=\boldsymbol{\kappa}_i(t_k)$，$\boldsymbol{\kappa}_i=\nabla\boldsymbol{\Phi}_i(\boldsymbol{A}\boldsymbol{x}_i+\hat{\boldsymbol{W}}_i^{*\mathrm{T}}\boldsymbol{\Phi}_i(Z_i))$，而执行神经网络能够遵循调优律。然后对于界限$\mu_i$和$\mu_i(t_k)$，评价神经网络权重的近似误差$\widetilde{\boldsymbol{W}}_i^*=\boldsymbol{W}_i^*-\hat{\boldsymbol{W}}_i^*$指数收敛到一个剩余误差集合。

虽然基于碳排放量的评价神经网络权值调优律（8.54）可以使平方残差$\mathcal{H}_i$最小，但不能保证系统（8.45）的稳定性。在同时保证系统的稳定性以及降低碳排放量的条件下，设计了如下的评价神经网络权值的调优律：

$$\dot{\hat{\boldsymbol{W}}}_1^* = -\rho_1\left(\frac{\overline{\boldsymbol{\pi}}_1}{\boldsymbol{\iota}_1}\mathcal{H}_1 + \sum_{k=1}^{\tilde{\rho}} \frac{\overline{\boldsymbol{\pi}}_{1k}}{\boldsymbol{\iota}_1^k}\mathcal{H}_1(t_k)\right) - \rho_1(\boldsymbol{Y}_1 - \boldsymbol{Y}_2\overline{\boldsymbol{\pi}}_1^{\mathrm{T}})\hat{\boldsymbol{W}}_1^* + \frac{\rho_1}{4}\nabla\boldsymbol{\Phi}_1\boldsymbol{E}_1\nabla\boldsymbol{\Phi}_1^{\mathrm{T}}\hat{\boldsymbol{W}}_1^{*\mathrm{T}}\frac{\overline{\boldsymbol{\pi}}_1}{\boldsymbol{\iota}_1}\hat{\boldsymbol{W}}_1^* + \frac{\rho_1}{4}\nabla\boldsymbol{\Phi}_1\boldsymbol{\phi}_1\nabla\boldsymbol{\Phi}_1^{\mathrm{T}}\hat{\boldsymbol{W}}_1^{*\mathrm{T}}\frac{\overline{\boldsymbol{\pi}}_2}{\boldsymbol{\iota}_2}\hat{\boldsymbol{W}}_2^* \tag{8.55}$$

$$\dot{\hat{\boldsymbol{W}}}_2^* = -\rho_2\left(\frac{\overline{\boldsymbol{\pi}}_2}{\boldsymbol{\iota}_2}\mathcal{H}_2 + \sum_{k=1}^{\tilde{\rho}}\frac{\overline{\boldsymbol{\pi}}_{2k}}{\boldsymbol{\iota}_2^k}\mathcal{H}_2(t_k)\right) - \rho_2(\boldsymbol{Y}_3 - \boldsymbol{Y}_4\overline{\boldsymbol{\pi}}_2^{\mathrm{T}})\hat{\boldsymbol{W}}_2^*$$
$$+\frac{\rho_2}{4}\nabla\boldsymbol{\Phi}_2\boldsymbol{E}_2\nabla\boldsymbol{\Phi}_2^{\mathrm{T}}\hat{\boldsymbol{W}}_2^{*\mathrm{T}}\frac{\overline{\boldsymbol{\pi}}_2}{\boldsymbol{\iota}_2}\hat{\boldsymbol{W}}_2^* + \frac{\rho_2}{4}\nabla\boldsymbol{\Phi}_2\boldsymbol{\phi}_2\nabla\boldsymbol{\Phi}_2^{\mathrm{T}}\hat{\boldsymbol{W}}_2^{*\mathrm{T}}\frac{\overline{\boldsymbol{\pi}}_1}{\boldsymbol{\iota}_1}\hat{\boldsymbol{W}}_1^*$$

(8.56)

其中，$\overline{\boldsymbol{\pi}}_i=(\boldsymbol{\pi}_i/(1+\boldsymbol{\pi}_i^{\mathrm{T}}\boldsymbol{\pi}_i))$，$\boldsymbol{\iota}_i=1+\boldsymbol{\pi}_i^{\mathrm{T}}\boldsymbol{\pi}_i$，$\boldsymbol{\pi}_i=\nabla\boldsymbol{\Phi}_i(\boldsymbol{A}\boldsymbol{x}_i+\hat{\boldsymbol{W}}_i^{*\mathrm{T}}\boldsymbol{\Phi}_i(\boldsymbol{Z}_i))$，$\boldsymbol{\iota}_i^k=1+\boldsymbol{\pi}_{ik}^{\mathrm{T}}\boldsymbol{\pi}_{ik}$，$\boldsymbol{\pi}_{ik}=\boldsymbol{\pi}_i(t_k)$，和$\rho_i>0$表示学习率；并且$\boldsymbol{Y}_1>\boldsymbol{0}$，$\boldsymbol{Y}_2>\boldsymbol{0}$，$\boldsymbol{Y}_3>\boldsymbol{0}$和$\boldsymbol{Y}_4>\boldsymbol{0}$是设计参数。

2. 多主体协同对抗策略证明

在上述讨论的基础上，提出了以下定理，对目前的研究进行了总结，并给出了稳定性分析。

定理 8.1 为了降低碳排放量，考虑N个分布式发电单元的非零和微分博弈对策的孤岛微电网状态空间模型（8.19），设计了一致电压恢复控制协议（8.41）和参数自适应律（8.42）。进一步构造基于碳排放量成本函数（8.20）的分布式非零和微分博弈对策的控制策略（8.51），以及系统（8.45）的评价神经网络权值的调优律（8.55）和（8.56）。然后，通过合理选择设计参数，所构建的控制策略不仅可以实现孤岛微电网电压恢复一致性控制，而且可以保证领导者（电压恢复参考值）与跟随者（每个分布式发电单元的电压输出值）之间的一致性跟踪误差收敛到原点附近的小范围内，并且最大化降低碳排放量。在闭环系统中，评价神经网络的估计误差权重$\hat{\boldsymbol{W}}_i^*$是一致最终有界的。此外，对于任意$\sigma>0$，有

$$\lim_{t\to\infty}\|\boldsymbol{y}-\bar{\boldsymbol{y}}_{\mathrm{ref}}\|\leqslant\sigma \tag{8.57}$$

证明：选择总的李雅普诺夫函数候选项为

$$V=\underbrace{\sum_{i=1}^{N}V_{i,n_i}(t)}_{V_1}+\underbrace{\frac{1}{2}\widetilde{\boldsymbol{W}}_1^{*\mathrm{T}}\boldsymbol{a}_1^{-1}\widetilde{\boldsymbol{W}}_1^*+\frac{1}{2}\widetilde{\boldsymbol{W}}_2^{*\mathrm{T}}\boldsymbol{a}_2^{-1}\widetilde{\boldsymbol{W}}_2^*}_{V_2}$$

根据（8.44），有

$$\dot{V}_1\leqslant-\varsigma V_1+\Delta \tag{8.58}$$

其中，$\varsigma=\min\{\varsigma_i,i=1,\cdots,N\}$，$\Delta=\sum_{i=1}^{N}\Delta_i$。

根据V_1的定义和式（8.57）可知一致性误差为一致最终有界的。

当 $t \geqslant 0$ 时，基于式（8.58）有

$$\frac{\mathrm{d}}{\mathrm{d}t}(V_1(t)\varrho^{\varsigma t}) \leqslant \Delta\,\varrho^{\varsigma t} \tag{8.59}$$

对式（8.59）两边积分，有

$$V_1(t)\,\varrho^{\varsigma t} - V_1(0) \leqslant \int_0^t \Delta\,\varrho^{\varsigma t}\mathrm{d}t$$

进一步，能够得到

$$0 \leqslant V_1(t) \leqslant \varrho^{-\varsigma t}V_1(0) + \frac{\Delta}{\varsigma}(1-\varrho^{-\varsigma t})$$

对于 $\boldsymbol{z}_1 = (z_{1,1},\cdots,z_{N,1})^{\mathrm{T}}$，通过使用 V_1 的定义，有

$$\|\boldsymbol{z}_1\|^2 \leqslant 2\,\varrho^{-\varsigma t}V_1(0) + \frac{2\Delta}{\varsigma}(1-\varrho^{-\varsigma t})$$

此外，对于任意的 $\sigma>0$，根据 Δ 和ς的定义，通过选择合适的参数 $s_{i,h}$、γ_i 和 ζ_i，能够得到

$$\frac{\Delta}{\varsigma} \leqslant \frac{\sigma^2}{2}(c(\boldsymbol{\mathcal{L}}+\boldsymbol{B}))^2$$

因此，得到 V_1 满足李雅普诺夫稳定性理论。使用相同的方法 V_2 也能被证明满足李雅普诺夫稳定性理论。

为此，基于李雅普诺夫稳定性理论证明了系统（8.19）中各分布式发电单元输出电压 y_i 与电压参考值 y_{ref} 同步，并且保证每个分布式发电单元所对应的碳排放量的成本函数最优。

8.3.4 算例分析

为了说明所设计的电压恢复控制策略的有效性和可行性，构建了基于孤岛微电网的信息能源系统，如图 8.11 所示。图 8.11 为考虑的通信拓扑和孤岛微电网单线图。

考虑如下的信息能源系统动态：

$$\begin{cases}\dot{x}_{i,1} = \cos(x_{i,1})x_{i,2}\\ \dot{x}_{i,2} = 0.8\sin(x_{i,1}) + \cos(x_{i,2})u_i\end{cases}$$

仿真结果如图 8.12～图 8.17 所示。图 8.12 给出了领导-跟随的一致性跟踪轨迹（即每个分布式发电单元的输出电压都可以恢复到电压参考值）。图 8.13 为分布式发电单元各输出电压值与电压参考值的同步误差。电压

恢复控制协议 u_i 和近似最优控制协议 $\hat{u}_i^*$ 分别如图 8.14、图 8.15 所示。利用所提出的分布式非零和微分博弈策略，图 8.16、图 8.17 给出了评价神经网络 1 和 2 的未知理想权向量估计的调优律的收敛曲线，它们分别收敛于 $\hat{\boldsymbol{W}}_1^* = [0.295, 0.098]^{\mathrm{T}}$，即最大化降低了碳排放量，保证其最低。

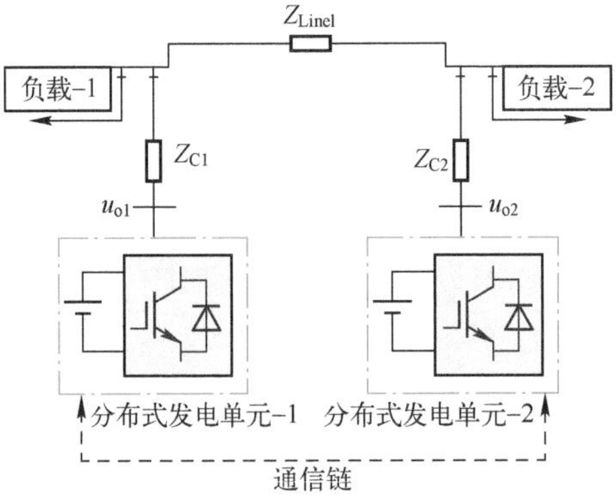

图 8.11 孤岛微电网测试系统的框图和通信拓扑

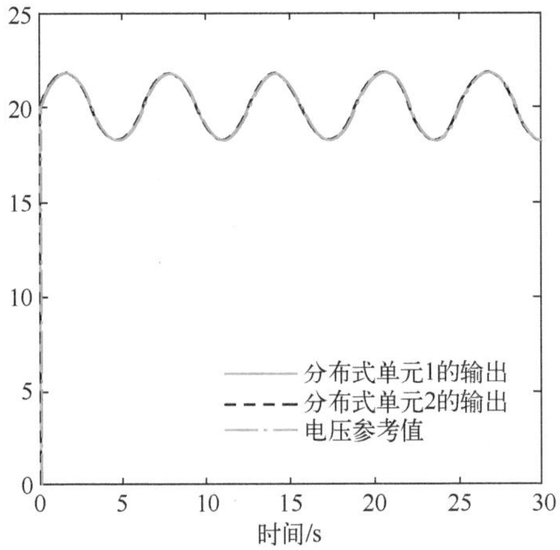

图 8.12 电压恢复轨迹

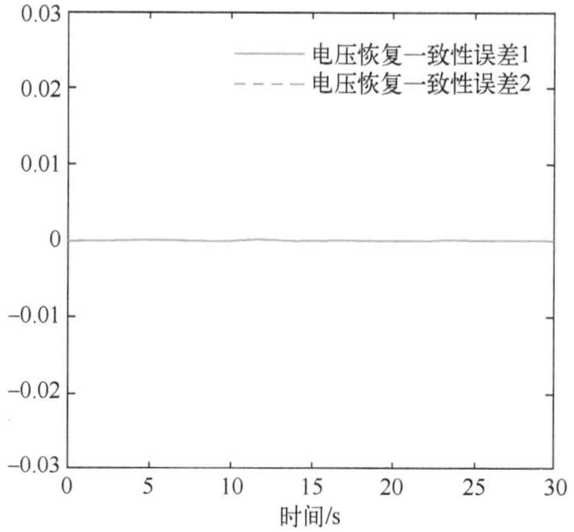

图 8.13 电压恢复一致性误差

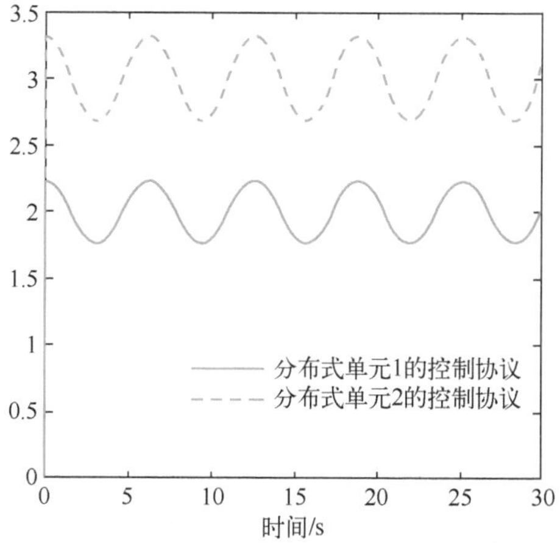

图 8.14 电压恢复控制协议

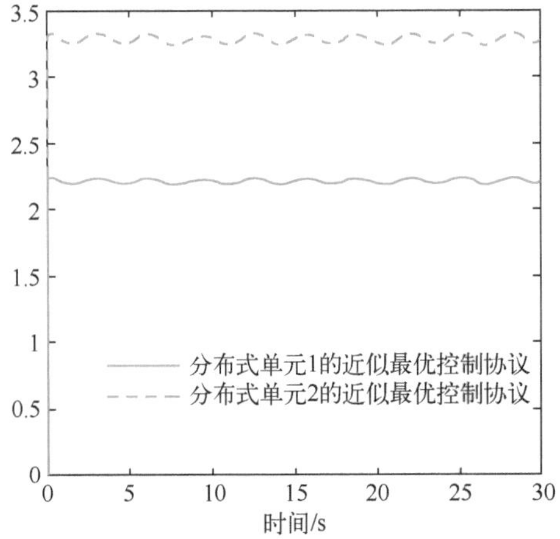

图 8.15　近似最优控制协议

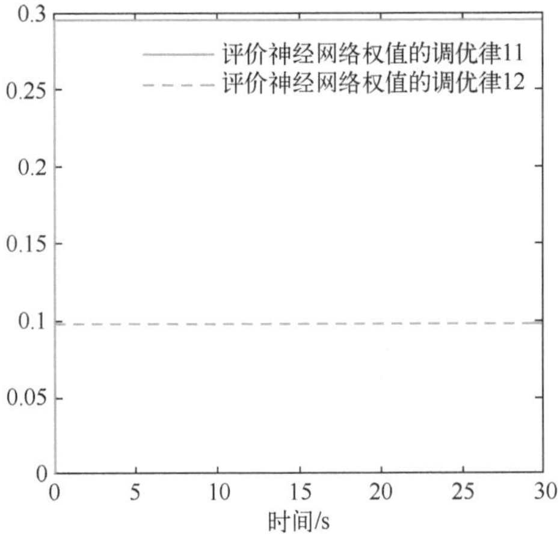

图 8.16　权值 $\hat{W}_1^*$ 收敛曲线

根据这些图表，可以看到电压恢复已经被实现。与采用反步法技术得到的控制协议相比，应用李雅普诺夫稳定性理论得到了基于分布式非零和微分博弈对策的近似最优控制协议保证了碳排放量的权值最优，即碳排放量最低，并且所有控制信号都是有界的。仿真结果验证了该控制协议的有效性。

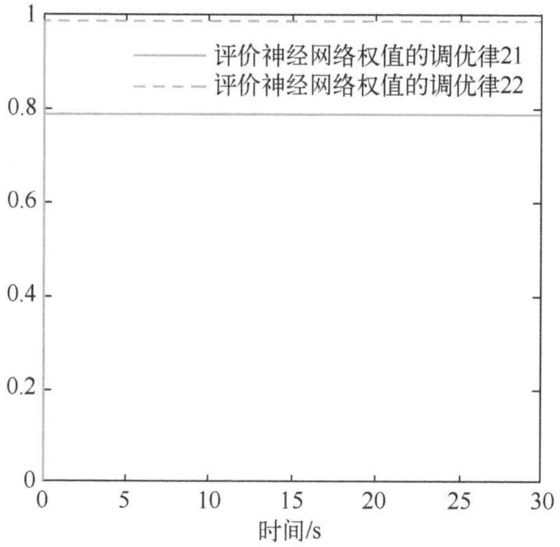

图 8.17 权值 $\hat{W}_2$ 收敛曲线

8.4 存在碳排放情况下的多主体信息能源系统演化博弈分析

8.4.1 多主体演化建模

1. 代数图论

本节使用一个定向图表$\mathcal{G}=(\mathcal{V},\mathcal{E},\mathcal{A})$，其中，$\mathcal{V}=(v_1,\cdots,v_N)$是一个节点集合，$\mathcal{E}=\mathcal{V}\times\mathcal{V}$表示边缘路径集合和$\boldsymbol{\mathcal{A}}=[a_{i,j}]\in\mathbf{R}^{N\times N}$是邻接矩阵。一个权值$a_{ij}$表示$\mathcal{G}$中的信息流，并且如果$(v_j,v_i)\in\mathcal{E}$，那么这个路径$(v_j,v_i)$满足$a_{ij}>0$，否则$a_{ij}=0$。假设$\mathcal{G}$中不允许有重复路径或自循环。定义$\mathcal{N}_i=\{j\mid(v_j,v_i)\in\mathcal{E}\}$是节点$i$的邻居集合。$\boldsymbol{D}=\mathrm{diag}(d_1,\cdots,d_N)\in\mathbf{R}^{N\times N}$是一个度矩阵，其中，$d_i=\sum_{j=1}^{N}a_{ij}$。此外，跟随者智能体和领导者智能体之间的连通矩阵被定义为一个对角矩阵$\boldsymbol{B}=\mathrm{diag}[b_1,\cdots,b_N]$，如果跟随者智能体能够接收领导者信息，则$b_i>0$，否则$b_i=0$。增广图表$\bar{\mathcal{G}}=(\bar{\mathcal{V}},\bar{\mathcal{E}},\mathcal{A})$，并且$\mathcal{V}=(v_0,v_1,\cdots,v_N)$存在一个固定生成树，领导者节点（参考电压值）作为根节点。这意味着可以确定分布式发电单元输出电压和参考电压值之间的信息传递在一个任意的微电网中。

引理 8.7　如果至少有一个从根到所有其他节点的有向路径，那么增广图表$\bar{\mathcal{G}}$存在一个生成树。领导者节点 0 被称为生成树的根节点，定义 $\boldsymbol{B}=\mathrm{diag}(b_{i,0},\cdots,b_{i,N})$，则矩阵 $\boldsymbol{L}+\boldsymbol{B}$ 是非奇异的。

2. 问题描述

考虑一类具有碳排放干扰的不确定非线性信息能源系统的状态空间模态，其中包含 N 个跟随者智能体（分布式发电单元的电压恢复值）和一个领导者智能体（分布式发电单元的电压参考值）。描述第 i 个分布式发电单元的动态如下：

$$\begin{aligned}\dot{x}_{i,1}&=f_{i,1}(x_{i,1})+g_{i,1}(x_{i,1})x_{i,2}+k_{i,1}(x_{i,1})d_{i,1}\\\dot{x}_{i,2}&=f_{i,2}(x_{i,2})+g_{i,2}(x_{i,2})u_i+k_{i,2}(x_{i,2})d_{i,2}\\y_i&=x_{i,1}\end{aligned}\tag{8.60}$$

式中，$[\dot{x}_{i,1},\dot{x}_{i,2}]^{\mathrm{T}}=[v_{i,r},\dot{v}_{i,r}]^{\mathrm{T}}$ 是状态空间变量；u_i 表示设计的控制输入；$d_{i,l}(l=1,2)$表示碳排放量，即扰动；$f_{i,l}(x_{i,l})\in\mathbf{R}$ 是未知连续函数并且满足 $f_{i,l}(0)=0$；$\boldsymbol{g}_{i,l}(x_{i,l})\in\mathbf{R}$ 和 $\boldsymbol{k}_{i,l}(x_{i,l})\in\mathbf{R}$ 是第 i 个分布式发电单元的连续函数；$y_i\in\mathbf{R}$ 是第 i 个分布式发电单元的输出。

在领导-跟随一致性多主体信息能源系统的基础上，提出了一个动态电压参考值作为领导者。因此，领导者的模型如下：

$$\begin{aligned}\dot{v}_{\mathrm{r}}&=f_{\mathrm{r}}(v_{\mathrm{r}},t)\\y_{\mathrm{r}}&=v_{\mathrm{r}}\end{aligned}$$

其中，$y_{\mathrm{r}}\in\mathbf{R}$ 表示领导者的输出；$f_{\mathrm{r}}(v_{\mathrm{r}},t)$表示在时间 t 上的分段连续函数，并且满足局部的利普希茨条件，对于 $t\geqslant 0$。

本部分的控制目标是对系统方程（8.60）采用反步法设计一种自适应分布式零和微分博弈一致性电压恢复控制协议，保证分布式发电单元的输出电压 y_i 与参考电压 y_{r} 同步，同时，基于零和微分博弈对策设计一个最优的可容许控制协议，在存在碳排量的情况下，使每个布式发电单元的成本函数最小，即最大化地降低碳排放量。

为了实现上述的控制目标，给出下面的假设：

假设 8.4　存在一个连续函数$\bar{f}_{\mathrm{r}}(\cdot)$和电压参考值 $\bar{y}_{\mathrm{r}}$，对于全部的 $t\geqslant t_0$，下面的不等式成立：

1）$f_{\mathrm{r}}(v_{\mathrm{r}},t)\leqslant\bar{f}_{\mathrm{r}}(v_{\mathrm{r}})$；

2）$|y_{\mathrm{r}}(t)|\leqslant\bar{y}_{\mathrm{r}}$。

假设 8.5 存在正常数 $g_{\min}$、$g_{\max}$ 和 $k_{\min}$、$k_{\max}$ 为函数 $g_{i,l}(\cdot)$ 和 $k_{i,l}(\cdot)$ 的界限，即 $g_{\min} \leqslant g_{i,l}(\cdot) \leqslant g_{\max}$，$k_{\min} \leqslant k_{i,l}(\cdot) \leqslant k_{\max}$。

为了解决微电网电压恢复的协同控制问题，每个分布式发电单元电压恢复的同步误差可以描述为

$$e_{i,1} = \sum_{j=1}^{N} a_{i,j}(y_i - y_j) + b_i(y_i - y_r) \tag{8.61}$$

其中，$i=1,\cdots,N$，固定增益 $b_i \geqslant 0$，并且仅当分布式发电单元的输出电压值和电压参考值之间能够传递信息时，$b_i>0$。

引理 8.8 定义 $\boldsymbol{e}_1 = (e_{1,1}, e_{2,1}, \cdots, e_{N,1})^{\mathrm{T}}$，$\boldsymbol{y} = (y_1, y_2, \cdots, y_N)^{\mathrm{T}}$，$\bar{\boldsymbol{y}}_r = (y_r, y_r, \cdots, y_r)^{\mathrm{T}}$，能够得到

$$\|\boldsymbol{y}-\bar{\boldsymbol{y}}_r\| \leqslant \|\boldsymbol{e}_1\| / \varsigma(\boldsymbol{L}+\boldsymbol{B}) \tag{8.62}$$

其中，$\varsigma(\boldsymbol{L}+\boldsymbol{B})$ 是 $\boldsymbol{L}+\boldsymbol{B}$ 的最小奇异值。

3. 径向基函数神经网络

径向基神经网络利用连续函数 $F(Z)$ 估计未知非线性函数。在紧集 $H \in \mathbf{R}^q$ 中，基于任意精度 $\lambda>0$，这个函数 $F(Z)$ 可以用径向基函数神经网络估计：

$$F(Z) = \boldsymbol{W}^* \boldsymbol{\Phi}(Z) + \varepsilon(Z), \quad \forall Z \in H$$

其中，$\varepsilon(Z)$ 是近似误差，并且满足 $|\varepsilon(Z)| \leqslant \varepsilon, \varepsilon>0$ 是一个常数。$\boldsymbol{W}^* = [W_1, W_2, \cdots, W_l] \in \mathbf{R}^l$ 表示理想的权重向量，$\boldsymbol{\Phi}(Z) = [\Phi_1(Z), \Phi_2(Z), \cdots, \Phi_l(Z)]$ 是基函数向量。

引理 8.9 假设 $\boldsymbol{\Phi}(\tilde{x}_k) = [\Phi_1(\tilde{x}_k), \cdots, \Phi_l(\tilde{x}_k)]$，其中，$\tilde{\boldsymbol{x}}_k = (\tilde{x}_1, \cdots, \tilde{x}_k)$ 表示径向基函数神经网络的向量，对于给定的正数 $0<k\leqslant t$，有

$$\|\boldsymbol{\Phi}(\tilde{x}_k)\|^2 \leqslant \|\boldsymbol{\Phi}(\tilde{x}_t)\|^2$$

8.4.2 多主体演化策略研究

本节通过使用反步法和神经网络的逼近性质，对于带有碳排量的信息能源系统，基于多智能体一致性算法，构造一个新的自适应电压恢复控制协议。然后，定义

$$\theta_i = \max\left\{\frac{1}{g_{\min}} \|\boldsymbol{W}_{i,k}^*\|^2, k=1,2\right\}, \quad i=1,\cdots,N \tag{8.63}$$

引入 $\hat{\theta}_i$ 是 θ_i 的估计，并且 $\tilde{\theta}_i = \theta_i - \hat{\theta}_i$ 表示估计误差。遵循反步法的设计过程，有

$$e_{i,2}=x_{i,2}-\alpha_{i,2} \tag{8.64}$$

其中，$\alpha_{i,2}$是通过分布式虚拟控制器 $u_{i,q}$ 的一阶命令滤波器得到的。这个虚拟控制器 $u_{i,q}$ 被定义为 $u_{i,q}=u_{i,q}^{\alpha}+u_{i,q}^{*}$，$u_{i,q}^{\alpha}$是自适应分布式虚拟控制输入，并且这个真实的控制协议 u_i 被设计在最后一步；$u_{i,q}^{*}$是分布式最优反馈控制输入。此外，一阶滤波器被定义为

$$\eta_{i,2}\dot{\alpha}_{i,2}+\alpha_{i,2}=u_{i,q},\quad \alpha_{i,2}(0)=u_{i,q}(0) \tag{8.65}$$

其中，$\eta_{i,2}$是一个时间常数。

第 1 步：对于 $h=1$，$e_{i,1}$的导数为

$$\begin{aligned}\dot{e}_{i,1}=&(b_i+d_i)(f_{i,1}(x_{i,1})+g_{i,1}(x_{i,1})x_{i,2}+k_{i,1}(x_{i,1})d_{i,1})-\\&\sum_{j=1}^{N}a_{i,j}(f_{j,1}(x_{j,1})+g_{j,1}(x_{j,1})x_{j,2}+k_{j,1}(x_{j,1})d_{j,1})-b_i\dot{y}_{\mathrm{r}}\end{aligned} \tag{8.66}$$

由于使用了一阶命令滤波器，这个滤波误差 $\alpha_{i,2}-u_{i,q}$存在，因此设计了一个补偿信号 $\kappa_{i,1}$如下：

$$\dot{\kappa}_{i,1}=-c_{i,1}\kappa_{i,1}+(b_i+d_i)(\alpha_{i,2}-u_{i,q}+\kappa_{i,2}) \tag{8.67}$$

其中，$\kappa_{i,1}(0)=0$。

因此定义补偿跟踪误差为

$$\breve{e}_{i,1}=e_{i,1}-\kappa_{i,1} \tag{8.68}$$

$$\breve{e}_{i,2}=e_{i,2}-\kappa_{i,2} \tag{8.69}$$

选择李雅普诺夫候选函数为

$$V_{i,1}=\frac{1}{2}\breve{e}_{i,1}^{2}+\frac{1}{2\gamma_{i,1}}\tilde{\theta}^{2}$$

其中，$\gamma_{i,1}$是一个正设计参数。

进一步得到 $V_{i,1}$的导数为

$$\begin{aligned}\dot{V}_{i,1}=&\breve{e}_{i,1}[(b_i+d_i)(f_{i,1}(x_{i,1})+g_{i,1}(x_{i,1})(\breve{e}_{i,2}+u_{i,q}^{\alpha}+u_{i,q}^{*})+\\&k_{i,1}(x_{i,1})d_{i,1})-\sum_{j=1}^{N}a_{i,j}(f_{j,1}(x_{j,1})+g_{j,1}(x_{j,1})x_{j,2}+\\&k_{j,1}(x_{j,1})d_{j,1})-b_i f_r(v_r,t)+c_{i,1}\kappa_{i,1}]-\frac{1}{\gamma_{i,1}}\tilde{\theta}_{i,1}\dot{\hat{\theta}}_{i,1}\end{aligned} \tag{8.70}$$

随后，定义 $h_{i,1}(\boldsymbol{Z}_{i,1})=F_{i,1}(\boldsymbol{Z}_{i,1})-F_{i,1q}(\boldsymbol{Z}_{i,1})$，能够得到

$$\dot{V}_{i,1} \leqslant \breve{e}_{i,1}[h_{i,1}(\boldsymbol{Z}_{i,1})+F_{i,1q}(\boldsymbol{Z}_{i,1})+(b_i+d_i)(g_{i,1}(x_{i,1})(\breve{e}_{i,2}+u_{i,q}^{\alpha}+u_{i,q}^{*})+ \\ k_{i,1}(x_{i,1})d_{i,1})+c_{i,1}\kappa_{i,1}]+h_{i,1}\delta-\frac{1}{\gamma_{i,1}}\tilde{\theta}_{i,1}\dot{\hat{\theta}}_{i,1} \tag{8.71}$$

然后根据径向基函数神经网络的逼近性质和引理 8.9，在这个阶段，能够得到反馈虚拟控制输入 $u_{i,q}^{\alpha}$ 和自适应律 $\hat{\theta}_{i,1}$ 为

$$u_{i,q}^{\alpha}=\frac{1}{(b_i+d_i)}\left(-c_{i,1}\breve{e}_{i,1}-\frac{\breve{e}_{i,1}}{2}-\frac{c_{i,1}\kappa_{i,1}}{g_{\max}}-\frac{\hat{\theta}_{i,1}}{2\beta_{i,1}^2}\breve{e}_{i,1}\boldsymbol{\Phi}_{i,1}^{\mathrm{T}}(\boldsymbol{Z}_{i,1})\boldsymbol{\Phi}_{i,1}(\boldsymbol{Z}_{i,1})\right) \tag{8.72}$$

$$\dot{\hat{\theta}}_{i,1}=\frac{g_{\min}\gamma_{i,1}}{2\beta_{i,1}^2}\breve{e}_{i,1}^2\boldsymbol{\Phi}_{i,1}^{\mathrm{T}}(\boldsymbol{Z}_{i,1})\boldsymbol{\Phi}_{i,1}(\boldsymbol{Z}_{i,1})-l_{i,1}\hat{\theta}_{i,1} \tag{8.73}$$

其中，$l_{i,1}>0$ 是一个设计参数。

将式（8.72）、式（8.73）代入式（8.71）中，能够得到

$$\dot{V}_{i,1} \leqslant -c_{i,1}g_{\min}\breve{e}_{i,1}^2+\breve{e}_{i,1}(h_{i,1}(\boldsymbol{Z}_{i,1})+(b_i+d_i)g_{i,1}u_{i,q}^{*}+ \\ (b_i+d_i)k_{i,1}(x_{i,1})d_{i,1})+(b_i+d_i)g_{i,1}\breve{e}_{i,1}\breve{e}_{i,2}+\varphi_{i,1}+\frac{l_{i,1}}{\gamma_{i,1}}\tilde{\theta}_{i,1}\hat{\theta}_{i,1}$$

其中

$$\varphi_{i,1}=\frac{\beta_{i,1}^2}{2}+\frac{\varepsilon_{i,1}^2}{2g_{\min}}+h_{i,1}\delta$$

第 2 步：定义补偿信号 $\kappa_{i,2}$ 和补偿跟踪误差为

$$\dot{\kappa}_{i,2}=-c_{i,2}\kappa_{i,2} \tag{8.74}$$

$$\breve{e}_{i,2}=e_{i,2}-\kappa_{i,2} \tag{8.75}$$

然后，有

$$\dot{\breve{e}}_{i,2}=f_{i,2}(x_{i,2})+g_{i,2}(x_{i,2})(u_i^a+u_i^*)+k_{i,2}(x_{i,2})d_{i,2}-\dot{\alpha}_{i,2}+c_{i,2}\kappa_{i,2} \tag{8.76}$$

考虑李雅普诺夫函数候选为

$$V_{i,2}=V_{i,1}+\frac{1}{2}\breve{e}_{i,2}^2+\frac{1}{2\gamma_{i,2}}\tilde{\theta}_{i,2}^2 \tag{8.77}$$

其中，$\gamma_{i,2}>0$ 是设计参数。进一步能够得到

$$\dot{V}_{i,2}=\dot{V}_{i,1}+\breve{e}_{i,2}[F_{i,2}(\boldsymbol{Z}_{i,2})+k_{i,2}(x_{i,2})d_{i,2}+g_{i,2}(x_{i,2})(u_i^a+u_i^*)- \\ \dot{\alpha}_{i,2}-(b_i+d_i)g_{i,1}\breve{e}_{i,1}+c_{i,2}\kappa_{i,2}]-\frac{1}{\gamma_{i,2}}\tilde{\theta}_{i,2}\dot{\hat{\theta}}_{i,2} \tag{8.78}$$

其中，$F_{i,2}(\boldsymbol{Z}_{i,2})=f_{i,2}(x_{i,2})+(b_i+d_i)g_{i,1}\breve{e}_{i,1}$，并且 $\boldsymbol{Z}_{i,2}=[x_{i,1},x_{i,2}]^{\mathrm{T}}$。

同样地，定义 $h_{i,2}(\boldsymbol{Z}_{i,2})=F_{i,2}(\boldsymbol{Z}_{i,2})-F_{i,1q}(\boldsymbol{Z}_{i,2})$，有

$$\dot{V}_{i,2}=\dot{V}_{i,1}+\breve{e}_{i,2}[h_{i,2}(\boldsymbol{Z}_{i,2})+F_{i,1q}(\boldsymbol{Z}_{i,2})+g_{i,2}(x_{i,2})(u_i^a+u_i^*)+ k_{i,2}(x_{i,2})d_{i,2}-\dot{\alpha}_{i,2}+c_{i,2}\boldsymbol{\kappa}_{i,2}-(b_i+d_i)g_{i,1}\breve{e}_{i,1}]-\frac{1}{\gamma_{i,2}}\widetilde{\theta}_{i,2}\dot{\hat{\theta}}_{i,2} \tag{8.79}$$

根据神经网络的逼近能力，基于碳排放量扰动的分布式反馈电压恢复控制输入 u_i^a 和自适应律 $\theta_{i,2}$ 被设计如下：

$$u_i^a=-c_{i,2}\breve{e}_{i,2}-\frac{\breve{e}_{i,2}}{2}+\dot{\alpha}_{i,2}-\frac{c_{i,2}\boldsymbol{\kappa}_{i,2}}{g_{\max}}-\frac{\hat{\theta}_{i,2}}{2\beta_{i,2}^2}\breve{e}_{i,2}\boldsymbol{\Phi}_{i,2}^{\mathrm{T}}(\boldsymbol{Z}_{i,2})\boldsymbol{\Phi}_{i,2}(\boldsymbol{Z}_{i,2}) \tag{8.80}$$

$$\dot{\hat{\theta}}_{i,2}=\frac{g_{\min}\gamma_{i,2}}{2\beta_{i,2}^2}\breve{e}_{i,2}^2\boldsymbol{\Phi}_{i,2}^{\mathrm{T}}(\boldsymbol{Z}_{i,2})\boldsymbol{\Phi}_{i,2}(\boldsymbol{Z}_{i,2})-l_{i,2}\hat{\theta}_{i,2} \tag{8.81}$$

将式（8.80）、式（8.81）代入式（8.79）中，能够得到

$$\dot{V}_{i,2}\leqslant\sum_{i=1}^{N}\sum_{j=1}^{2}\left(-c_{i,j}g_{\min}\breve{e}_{i,j}^2+\breve{e}_{i,j}h_{i,j}(\boldsymbol{Z}_{i,j})+\breve{e}_{i,2}k_{i,2}(x_{i,2})d_{i,2}+\frac{l_{i,j}}{\gamma_{i,j}}\widetilde{\theta}_{i,j}\hat{\theta}_{i,j}+\varphi_{i,j}\right)+\breve{e}_{i,2}g_{i,2}(x_{i,2})u_i^*+(b_i+d_i)\breve{e}_{i,1}g_{i,1}(x_{i,1})u_{i,q}^*(b_i+d_i)\breve{e}_{i,1}k_{i,1}(x_{i,1})d_{i,1} \tag{8.82}$$

其中

$$\varphi_{i,j}=\sum_{j=1}^{2}\left(\frac{\beta_{i,j}^2}{2}+\frac{\varepsilon_{i,j}^2}{2g_{\min}}\right)+h_{i,1}\delta$$

注意 $\widetilde{\theta}_{i,j}\hat{\theta}_{i,j}\leqslant-\frac{1}{2}\|\widetilde{\boldsymbol{\theta}}_{i,j}\|^2+\frac{1}{2}\|\boldsymbol{\theta}_{i,j}\|^2$。定义变量 $c_i=\min\{c_{i,j},j=1,2\}$。

此外，定义 $\boldsymbol{Z}_i=[\breve{e}_{i,1},\breve{e}_{i,2}]^{\mathrm{T}}$，有

$$\dot{V}_i\leqslant\sum_{i=1}^{N}\left\{-c_i\|\boldsymbol{Z}_i\|^2-\frac{1}{2}\widetilde{\gamma}_i\|\widetilde{\boldsymbol{\theta}}_i\|^2+\frac{1}{2}\widetilde{\gamma}_i\|\boldsymbol{\theta}_i\|^2+\varphi_i+\boldsymbol{Z}^{\mathrm{T}}\left(\begin{bmatrix}h_{i,1}(\boldsymbol{Z}_{i,1})\\h_{i,2}(\boldsymbol{Z}_{i,2})\end{bmatrix}+\begin{bmatrix}(b_i+d_i)g_{i,1}(x_{i,1}) & 0\\0 & g_{i,2}(x_{i,2})\end{bmatrix}\boldsymbol{U}_i^*+\begin{bmatrix}(b_i+d_i)k_{i,1}(x_{i,1}) & 0\\0 & k_{i,2}(x_{i,2})\end{bmatrix}\boldsymbol{d}_i\right)\right\} \tag{8.83}$$

其中，$\boldsymbol{Z}_i=[\breve{e}_{i,1},\breve{e}_{i,2}]$，$\boldsymbol{U}_i^*=[u_{i,q}^*,u_i^*]^{\mathrm{T}}$，$\boldsymbol{d}_i=[d_{i,1},d_{i,2}]^{\mathrm{T}}$，$\widetilde{\boldsymbol{\theta}}_i=[\widetilde{\theta}_{i,1},\widetilde{\theta}_{i,2}]^{\mathrm{T}}$，

$\boldsymbol{\theta}_i=[\theta_{i,1},\theta_{i,2}]^{\mathrm{T}}$，并且参数 $\widetilde{\gamma}_i$ 和 $\breve{\gamma}_i$ 被定义为 $\widetilde{\gamma}_i=\min\left\{\frac{l_{i,j}}{\gamma_{i,j}}\middle|j=1,2\right\}$，$\breve{\gamma}_i=\max\left\{\frac{l_{i,j}}{\gamma_{i,j}}\middle|j=1,2\right\}$。

8.4.3 多主体演化稳定均衡的求解和分析

1. 纳什均衡求解

现在，考虑第 i 个分布式发电单元电压恢复的协同跟踪误差动态，它被描述为

$$\dot{\boldsymbol{Z}}_i=\mathcal{H}_i(\boldsymbol{Z}_i)+\boldsymbol{\Pi}_i(\boldsymbol{X}_i)\boldsymbol{U}_i+\boldsymbol{P}_i(\boldsymbol{X}_i)d_i \tag{8.84}$$

其中，$\mathcal{H}_i(\boldsymbol{Z}_i)=[h_{i,1}(\boldsymbol{Z}_{i,1}),h_{i,2}(\boldsymbol{Z}_{i,2})]^{\mathrm{T}}$，$\boldsymbol{\Pi}_i(X_i)=\mathrm{diag}[(b_i+d_i)g_{i,1}(x_{i,1}),g_{i,2}(x_{i,2})]$，$\boldsymbol{X}_i=[x_{i,1},x_{i,2}]^{\mathrm{T}}$ 和 $\boldsymbol{P}_i(\boldsymbol{X}_i)=\mathrm{diag}[(b_i+d_i)k_{i,1}(x_{i,1}),k_{i,2}(x_{i,2})]$。

本节的目的是找到一个纳什均衡解$(\boldsymbol{U}_i^*,\boldsymbol{d}_i^*)$，在碳排放量扰动 d_i^* 最大化时，控制输入 $\boldsymbol{U}_i^*$ 使合作成本函数（8.85）最小化，即

$$\begin{aligned}J_i&=\int_0^{\infty}r_i(\boldsymbol{Z}_i,\boldsymbol{U}_i,\boldsymbol{d}_i)\mathrm{d}\tau\\&=\int_0^{\infty}\boldsymbol{Q}_i(\boldsymbol{Z}_i(\tau))+\boldsymbol{U}_i^{\mathrm{T}}\boldsymbol{R}_{ii}\boldsymbol{U}_i-\boldsymbol{d}_i^{\mathrm{T}}\boldsymbol{\Gamma}_{ii}\boldsymbol{d}_i-\sum_{j\in N_i}\boldsymbol{d}_j^{\mathrm{T}}\boldsymbol{\Gamma}_{ij}\boldsymbol{d}_j+\sum_{j\in N_i}\boldsymbol{U}_j^{\mathrm{T}}\boldsymbol{R}_{ij}\boldsymbol{U}_j\end{aligned} \tag{8.85}$$

其中，$\boldsymbol{Q}_i(\boldsymbol{Z}_i)\geqslant\boldsymbol{0}$ 是一个半正定补偿函数；$\boldsymbol{R}_{ii}>\boldsymbol{0}$、$\boldsymbol{R}_{ij}>\boldsymbol{0}$ 和 $\boldsymbol{\Gamma}_{ii}>\boldsymbol{0}$、$\boldsymbol{\Gamma}_{ij}>\boldsymbol{0}$ 是对称权重矩阵。

然后，定义带有相关合作成本函数（8.85）的哈密顿函数为

$$\begin{aligned}H(\boldsymbol{Z}_i,\boldsymbol{U}_i,\boldsymbol{d}_i)=&\boldsymbol{Q}_i(\boldsymbol{Z}_i(\tau))+\boldsymbol{U}_i^{\mathrm{T}}\boldsymbol{R}_{ii}\boldsymbol{U}_i-\boldsymbol{d}_i^{\mathrm{T}}\boldsymbol{\Gamma}_{ii}\boldsymbol{d}_i+\sum_{j\in N_i}\boldsymbol{U}_j^{\mathrm{T}}\boldsymbol{R}_{ij}\boldsymbol{U}_j-\\&\sum_{j\in N_i}\boldsymbol{d}_j^{\mathrm{T}}\boldsymbol{\Gamma}_{ij}\boldsymbol{d}_j+(\nabla J_i(\boldsymbol{Z}_i))^{\mathrm{T}}(\mathcal{H}_i(\boldsymbol{Z}_i)+\boldsymbol{\Pi}_i(\boldsymbol{X}_i)\boldsymbol{U}_i+\boldsymbol{P}_i(\boldsymbol{X}_i)\boldsymbol{d}_i)\end{aligned} \tag{8.86}$$

这里的$\nabla J_i(\boldsymbol{Z}_i)$表示 $J_i(\boldsymbol{Z}_i)$的梯度对于 $\boldsymbol{Z}_i$。

进一步，分布式微分博弈策略$(\boldsymbol{U}_i^*,\boldsymbol{d}_i^*)$能够被重写为

$$\begin{cases} \boldsymbol{U}_i^* = -\dfrac{1}{2}\boldsymbol{R}_{ii}^{-1}\boldsymbol{\Pi}_i^{\mathrm{T}}(\boldsymbol{X}_i)\nabla J_i^*(\boldsymbol{Z}_i) \\ \boldsymbol{d}_i^* = \dfrac{1}{2}\boldsymbol{\Gamma}_{ii}^{-1}\boldsymbol{P}_i(\boldsymbol{X}_i)\nabla J_i^*(\boldsymbol{Z}_i) \end{cases} \tag{8.87}$$

将式（8.87）代入式（8.86）中，能够得到

$$\boldsymbol{Q}_i(\boldsymbol{Z}_i) + (\nabla J_i^*(\boldsymbol{Z}_i))^{\mathrm{T}}\mathcal{H}_i(\boldsymbol{Z}_i) - \frac{1}{4}(\nabla J_i^*(\boldsymbol{Z}_i))^{\mathrm{T}}(\overline{\boldsymbol{\Pi}}_i - \overline{\boldsymbol{P}}_i)\nabla J_i^*(\boldsymbol{Z}_i) + \frac{1}{4}\sum_{j\in N_i}(\nabla J_j^*(\boldsymbol{Z}_j))^{\mathrm{T}}(\widetilde{\boldsymbol{\Pi}}_i - \widetilde{\boldsymbol{P}}_i)\nabla J_j^*(\boldsymbol{Z}_j) = 0 \tag{8.88}$$

其中，$J_i^*(0)=0$，$\overline{\boldsymbol{\Pi}}_i=\boldsymbol{\Pi}_i(\boldsymbol{X}_i)\boldsymbol{R}_{ii}^{-1}\boldsymbol{\Pi}_i^{\mathrm{T}}(\boldsymbol{X}_i)$，$\widetilde{\boldsymbol{\Pi}}_i=\boldsymbol{\Pi}_j(\boldsymbol{X}_j)\boldsymbol{R}_{jj}^{-1}\boldsymbol{R}_{ij}\boldsymbol{R}_{jj}^{-1}\boldsymbol{\Pi}_j^{\mathrm{T}}(\boldsymbol{X}_j)$，$\overline{\boldsymbol{P}}_i=\boldsymbol{P}_i(\boldsymbol{X}_i)\boldsymbol{\Gamma}_{ii}^{-1}\boldsymbol{P}_i^{\mathrm{T}}(\boldsymbol{X}_i)$和$\widetilde{\boldsymbol{P}}_i=\boldsymbol{P}_j(\boldsymbol{X}_j)\boldsymbol{\Gamma}_{jj}^{-1}\boldsymbol{\Gamma}_{ij}\boldsymbol{\Gamma}_{jj}^{-1}\boldsymbol{P}_j^{\mathrm{T}}(\boldsymbol{X}_j)$。

因此，我们应该重视求解耦合方程（8.88），从而得到微分博弈策略（8.87）。然而，我们知道耦合方程（8.88）实际上是一个偏微分方程，它很难用解析方法求解。为此，采用了近似动态规划技术进行求解。

接下来，为了获得分布式微分博弈策略，利用神经网络来近似合作成本函数，从而得到

$$J_i^*(\boldsymbol{Z}_i) = \boldsymbol{W}_{si}^{*\mathrm{T}}\boldsymbol{\phi}_i(\boldsymbol{Z}_i) + \boldsymbol{\pi}_{si}(\boldsymbol{Z}_i) \tag{8.89}$$

其中，$\boldsymbol{W}_{si}^{*\mathrm{T}}=[\boldsymbol{W}_{i,1}^{*\mathrm{T}},\boldsymbol{W}_{i,2}^{*\mathrm{T}}]\in\mathbf{R}^{\varrho}$表示神经网络的理想权重向量，$\boldsymbol{\phi}_i(\boldsymbol{Z}_i)\in\mathbf{R}^{\varrho}$是执行函数，$\boldsymbol{\pi}_{si}(\boldsymbol{Z}_i)$是近似误差，$\varrho$表示神经元数量。

因此式（8.87）能够被重写为

$$\begin{cases} \boldsymbol{U}_i^* = -\dfrac{1}{2}\boldsymbol{R}_{ii}^{-1}\boldsymbol{\Pi}_i^{\mathrm{T}}(\boldsymbol{X}_i)((\nabla\boldsymbol{\phi}_i(\boldsymbol{Z}_i))^{\mathrm{T}}\boldsymbol{W}_{si}^* + \nabla\boldsymbol{\pi}_{si}(\boldsymbol{Z}_i)) \\ \boldsymbol{d}_i^* = \dfrac{1}{2}\boldsymbol{\Gamma}_{ii}^{-1}\boldsymbol{P}_i(\boldsymbol{X}_i)((\nabla\boldsymbol{\phi}_i(\boldsymbol{Z}_i))^{\mathrm{T}}\boldsymbol{W}_{si}^* + \nabla\boldsymbol{\pi}_{si}(\boldsymbol{Z}_i)) \end{cases} \tag{8.90}$$

并且

$$\begin{aligned} H(\boldsymbol{Z}_i,\boldsymbol{W}_{si}^*,\boldsymbol{U}_i^*,\boldsymbol{d}_i^*) &= \boldsymbol{Q}_i(\boldsymbol{Z}_i) + \boldsymbol{W}_{si}^{*\mathrm{T}}\nabla\boldsymbol{\phi}_i(\boldsymbol{Z}_i)\mathcal{H}_i(\boldsymbol{Z}_i) - \\ &\quad \frac{1}{4}\boldsymbol{W}_{si}^{*\mathrm{T}}\boldsymbol{M}_i\boldsymbol{W}_{si}^* + \varpi_{\mathrm{HJI}i} + \frac{1}{4}\boldsymbol{W}_{sj}^{*\mathrm{T}}\boldsymbol{M}_j\boldsymbol{W}_{sj}^* = 0 \end{aligned} \tag{8.91}$$

其中，$\boldsymbol{M}_i=\nabla\boldsymbol{\phi}_i(\boldsymbol{Z}_i)(\overline{\boldsymbol{\Pi}}_i-\overline{\boldsymbol{P}}_i)(\nabla\boldsymbol{\phi}_i(\boldsymbol{Z}_i))^{\mathrm{T}}$，$\boldsymbol{M}_j=\nabla\boldsymbol{\phi}_j(\boldsymbol{Z}_j)(\widetilde{\boldsymbol{\Pi}}_i-\widetilde{\boldsymbol{P}}_i)(\nabla\boldsymbol{\phi}_j(\boldsymbol{Z}_j))^{\mathrm{T}}$，剩余误差$\varpi_{\mathrm{HJI}i}$被给出为

$$
\begin{aligned}
\varpi_{\mathrm{HJI}i} =& (\nabla \boldsymbol{\pi}_{\mathrm{s}i}(\boldsymbol{Z}_i))^{\mathrm{T}}(\mathcal{H}_i(\boldsymbol{Z}_i) + \boldsymbol{\Pi}_i(\boldsymbol{X}_i)\boldsymbol{U}_i^* + \boldsymbol{P}_i(\boldsymbol{X}_i)\boldsymbol{d}_i^*) + \\
& \frac{1}{4}(\nabla \boldsymbol{\pi}_{\mathrm{s}i}(\boldsymbol{Z}_i))^{\mathrm{T}}(\overline{\boldsymbol{\Pi}}_i - \overline{\boldsymbol{P}}_i)\nabla \boldsymbol{\pi}_{\mathrm{s}i}(\boldsymbol{Z}_i) + \\
& \sum_{j\in N}\left[\frac{1}{4}(\nabla \boldsymbol{\pi}_{\mathrm{s}i}(\boldsymbol{Z}_i))^{\mathrm{T}}(\widetilde{\boldsymbol{\Pi}}_i - \widetilde{\boldsymbol{P}}_i)\nabla \boldsymbol{\pi}_{\mathrm{s}j}(\boldsymbol{Z}_j) + \right. \\
& \left. \frac{1}{2}\boldsymbol{W}_{\mathrm{s}j}^{*\mathrm{T}}\nabla \boldsymbol{\phi}_j(\boldsymbol{Z}_j)(\widetilde{\boldsymbol{\Pi}}_i - \widetilde{\boldsymbol{P}}_i)\nabla \boldsymbol{\pi}_{\mathrm{s}j}(\boldsymbol{Z}_j)\right]
\end{aligned}
\tag{8.92}
$$

然而，我们知道这个理想的权重向量 $\boldsymbol{W}_{\mathrm{s}j}^*$ 是未知的。因此，分布式微分博弈策略（8.90）不能直接使用。为了解决这个问题，利用神经网络的输出估计合作成本函数，从而得到

$$
\hat{J}_i(\boldsymbol{Z}_i) = \hat{\boldsymbol{W}}_{\mathrm{s}i}^{*\mathrm{T}}\boldsymbol{\phi}_i(\boldsymbol{Z}_i)
$$

其中，$\hat{\boldsymbol{W}}_{\mathrm{s}i}^*$ 是 $\boldsymbol{W}_{\mathrm{s}i}^*$ 的估计，即分布微分博弈策略被估计为

$$
\begin{cases}
\hat{\boldsymbol{U}}_i = -\dfrac{1}{2}\boldsymbol{R}_{ii}^{-1}\boldsymbol{\Pi}_i^{\mathrm{T}}(\boldsymbol{X}_i)(\nabla \boldsymbol{\phi}_i(\boldsymbol{Z}_i))^{\mathrm{T}}\hat{\boldsymbol{W}}_{\mathrm{s}i}^* \\
\hat{\boldsymbol{d}}_i = \dfrac{1}{2}\boldsymbol{\Gamma}_{ii}^{-1}\boldsymbol{P}_i^{\mathrm{T}}(\boldsymbol{X}_i)(\nabla \boldsymbol{\phi}_i(\boldsymbol{Z}_i))^{\mathrm{T}}\hat{\boldsymbol{W}}_{\mathrm{s}i}^*
\end{cases}
\tag{8.93}
$$

类似地，近似的哈密顿函数被给出如下：

$$
\begin{aligned}
H(\boldsymbol{Z}_i, \hat{\boldsymbol{W}}_{\mathrm{s}i}^*, \hat{\boldsymbol{U}}_i, \hat{\boldsymbol{d}}_i) =& \boldsymbol{Q}_i(\boldsymbol{Z}_i) + \hat{\boldsymbol{W}}_{\mathrm{s}i}^{*\mathrm{T}}\nabla \boldsymbol{\phi}_i(\boldsymbol{Z}_i)\mathcal{H}_i(\boldsymbol{Z}_i) - \\
& \frac{1}{4}\hat{\boldsymbol{W}}_{\mathrm{s}i}^{*\mathrm{T}}\boldsymbol{M}_i\hat{\boldsymbol{W}}_{\mathrm{s}i}^* + \frac{1}{4}\sum_{j\in N}\hat{\boldsymbol{W}}_{\mathrm{s}j}^{*\mathrm{T}}\boldsymbol{M}_j\hat{\boldsymbol{W}}_{\mathrm{s}j}^* \overset{\mathrm{def}}{=} \varpi_{\mathrm{s}i}
\end{aligned}
\tag{8.94}
$$

显然的，这个近似的权值 $\hat{\boldsymbol{W}}_{\mathrm{s}i}^*$ 应该调整到最小化近似的哈密顿函数 $H(\boldsymbol{Z}_i, \hat{\boldsymbol{W}}_{\mathrm{s}i}^*, \hat{\boldsymbol{U}}_i, \hat{\boldsymbol{d}}_i)$，即这个估计权值 $\hat{\boldsymbol{W}}_{\mathrm{s}i}^*$ 收敛到理想权值 $\boldsymbol{W}_{\mathrm{s}i}^*$。因此，我们期望设计出权值 $\hat{\boldsymbol{W}}_{\mathrm{s}i}^*$ 的更新率 $\dot{\hat{\boldsymbol{W}}}_{\mathrm{s}i}^*$ 来最小化目标函数 $\boldsymbol{\Theta}_{\mathrm{s}i} = \varpi_{\mathrm{s}i}^{\mathrm{T}}\varpi_{\mathrm{s}i}$。

因此，基于梯度下降法，将神经网络权值的更新规律设计为

$$
\begin{aligned}
\dot{\hat{\boldsymbol{W}}}_{\mathrm{s}i}^* =& -\frac{\epsilon_i\boldsymbol{\rho}_i}{\sigma_{\mathrm{c}i}^2}\varpi_{\mathrm{s}i} + \frac{\epsilon_i}{2}\nabla \boldsymbol{\phi}_i(\boldsymbol{Z}_i)(\overline{\boldsymbol{\Pi}}_i - \overline{\boldsymbol{P}}_i)\nabla \boldsymbol{J}_{\mathrm{c}i}(\boldsymbol{Z}_i) + \epsilon_i\left[\frac{1}{4}\frac{\boldsymbol{\rho}_i}{\sigma_{\mathrm{c}i}^2}\hat{\boldsymbol{W}}_{\mathrm{s}i}^{*\mathrm{T}}\boldsymbol{M}_i\hat{\boldsymbol{W}}_{\mathrm{s}i}^* - \right. \\
& \left. \sum_{j\in N}\frac{1}{4}\frac{\boldsymbol{\rho}_i}{\sigma_{\mathrm{c}i}^2}\hat{\boldsymbol{W}}_{\mathrm{s}j}^{*\mathrm{T}}\boldsymbol{M}_j\hat{\boldsymbol{W}}_{\mathrm{s}j}^* - (F_{i,2}\hat{\boldsymbol{W}}_{\mathrm{s}i}^* - F_{i,1}\widetilde{\boldsymbol{\rho}}_i^{\mathrm{T}}\hat{\boldsymbol{W}}_{\mathrm{s}i}^*)\right]
\end{aligned}
\tag{8.95}
$$

其中，$\epsilon_i>0$ 是学习参数；$\boldsymbol{\rho}_i=\nabla\boldsymbol{\phi}_i(\boldsymbol{Z}_i)(\mathcal{H}_i(\boldsymbol{Z}_i)+\boldsymbol{\Pi}_i(\boldsymbol{X}_i)\hat{\boldsymbol{U}}_i)\in\mathbf{R}^{\varrho}$；为了标准化，$\sigma_{ci}=1+\boldsymbol{\rho}_i^{\mathrm{T}}\boldsymbol{\rho}_i$ 被引入并且 $\widetilde{\rho}_i=\dfrac{\boldsymbol{\rho}_i}{\boldsymbol{\sigma}_{ci}}$；$F_{i,1}$和 $F_{i,2}$是被设计的合适的转化参数。

定义理想权重的估计误差为$\widetilde{\boldsymbol{W}}_{si}^*=\boldsymbol{W}_{si}^*-\hat{\boldsymbol{W}}_{si}^*$。根据上述公式，评价神经网络的估计误差动态被推导为

$$\begin{aligned}\dot{\widetilde{\boldsymbol{W}}}_{si}^*=&-\epsilon_i\widetilde{\boldsymbol{\rho}}_i\widetilde{\boldsymbol{\rho}}_i^{\mathrm{T}}\widetilde{\boldsymbol{W}}_{si}^*+\frac{\epsilon_i\boldsymbol{\rho}_i}{\boldsymbol{\sigma}_{ci}^2}\left[\frac{1}{4}\widetilde{\boldsymbol{W}}_{si}^{*\mathrm{T}}\boldsymbol{M}_i^*\widetilde{\boldsymbol{W}}_{si}^*-\varpi_{\mathrm{HJI}i}-\right.\\&\left.\sum_{j\in N}\left(\frac{1}{2}\boldsymbol{W}_{sj}^{*\mathrm{T}}\boldsymbol{M}_j^*\widetilde{\boldsymbol{W}}_{sj}^*-\frac{1}{4}\widetilde{\boldsymbol{W}}_{sj}^{*\mathrm{T}}\boldsymbol{M}_j^*\widetilde{\boldsymbol{W}}_{sj}^*\right)\right]-\frac{\epsilon_i}{2}\nabla\boldsymbol{\phi}_i(\boldsymbol{Z}_i)(\overline{\boldsymbol{\Pi}}_i-\overline{\boldsymbol{P}}_i)\nabla J_{ci}(\boldsymbol{Z}_i)-\\&\epsilon_i\left[\frac{1}{4}\frac{\boldsymbol{\rho}_i}{\boldsymbol{\sigma}_{ci}^2}\hat{\boldsymbol{W}}_{si}^{*\mathrm{T}}\boldsymbol{M}_i\hat{\boldsymbol{W}}_{si}^*-\sum_{j\in N}\frac{1}{4}\frac{\boldsymbol{\rho}_i}{\boldsymbol{\sigma}_{ci}^2}\hat{\boldsymbol{W}}_{sj}^{*\mathrm{T}}\boldsymbol{M}_j\hat{\boldsymbol{W}}_{sj}^*-(F_{i,2}\hat{\boldsymbol{W}}_{si}^*-F_{i,1}\widetilde{\boldsymbol{\rho}}_i^{\mathrm{T}}\hat{\boldsymbol{W}}_{si}^*)\right]\end{aligned}\tag{8.96}$$

需要注意的是，在后续的讨论中将使用误差动态来讨论评价网络权值更新规律的收敛性。

2. 纳什均衡分析

在上述讨论的基础上，提出以下定理，对目前的研究进行总结，并给出纳什均衡分析。

定理 8.2 考虑带有碳排放量扰动的 N 个分布式发电单元零和微分博弈对策的孤岛微电网状态空间模型，设计了电压恢复一致性控制协议和参数自适应律。进一步构造成本函数（8.85）的分布式零和微分博弈对策的控制策略（8.87）和基于临界神经网络权值调优律的分布式微分博弈估计策略（8.93）。然后，通过合理选择设计参数，在碳排放量存在的情况下所提出的控制策略不仅可以实现孤岛微电网电压恢复一致性控制，而且可以保证领导者（电压恢复参考值）与跟随者（每个分布式发电单元电压输出值）之间的跟踪误差收敛到原点附近的小邻域内。临界神经网络的权重估计误差 $\hat{\boldsymbol{W}}_i^*$ 为一致最终有界，并且使预定的成本函数最小化。

证明：选取全局李雅普诺夫函数为

$$V_{\mathrm{HJI}}=V+\sum_{i=1}^{N}\left[\frac{1}{2}\widetilde{\boldsymbol{W}}_{si}^{*\mathrm{T}}\epsilon_i^{-1}\widetilde{\boldsymbol{W}}_{si}^*+J_{ci}(\boldsymbol{Z}_i)\right]$$

进一步，得到 V_{HJI}的导数为

$$\dot{V}_{\mathrm{HJI}}=\dot{V}+\sum_{i=1}^{N}\left[\frac{1}{2}\widetilde{\boldsymbol{W}}_{\mathrm{s}i}^{*\mathrm{T}}\boldsymbol{\epsilon}_i^{-1}\dot{\widetilde{\boldsymbol{W}}}_{\mathrm{s}i}^{*}+(\nabla J_{\mathrm{c}i}(\boldsymbol{Z}_i))^{\mathrm{T}}\dot{\boldsymbol{Z}}_i\right]$$

然后，能够得到

$$\begin{aligned}\dot{V}_{\mathrm{HJI}}\leqslant\sum_{i=1}^{N}\Big\{&-c_i\|\boldsymbol{Z}_i\|^2-\frac{1}{2}\widetilde{\gamma}_i\|\widetilde{\boldsymbol{\theta}}_i\|^2+\frac{1}{2}\widetilde{\gamma}_i\|\boldsymbol{\theta}_i\|^2+\boldsymbol{Z}_i^{\mathrm{T}}(\mathcal{H}_i(\boldsymbol{Z}_i)+\\&\boldsymbol{\Pi}_i(\boldsymbol{X}_i)\boldsymbol{U}_i^{*}+\boldsymbol{P}_i(\boldsymbol{X}_i)\boldsymbol{d}_i^{*})+\boldsymbol{\varphi}_i+\widetilde{\boldsymbol{W}}_{\mathrm{s}i}^{*\mathrm{T}}\boldsymbol{\epsilon}_i^{-1}\dot{\widetilde{\boldsymbol{W}}}_{\mathrm{s}i}^{*}+(\nabla J_{\mathrm{c}i}(\boldsymbol{Z}_i))^{\mathrm{T}}\dot{\boldsymbol{Z}}_i\Big\}\end{aligned}\tag{8.97}$$

根据评价网络的估计误差动态和$\widetilde{\boldsymbol{W}}_{\mathrm{s}i}^{*}=\boldsymbol{W}_{\mathrm{s}i}^{*}-\hat{\boldsymbol{W}}_{\mathrm{s}i}^{*}$，能够得到

$$\begin{aligned}\widetilde{\boldsymbol{W}}_{\mathrm{s}i}^{*\mathrm{T}}\boldsymbol{\epsilon}_i^{-1}\dot{\widetilde{\boldsymbol{W}}}_{\mathrm{s}i}^{*}=&-\widetilde{\boldsymbol{W}}_{\mathrm{s}i}^{*\mathrm{T}}\widetilde{\boldsymbol{\rho}}_i\widetilde{\boldsymbol{\rho}}_i^{\mathrm{T}}\widetilde{\boldsymbol{W}}_{\mathrm{s}i}^{*}-\widetilde{\boldsymbol{W}}_{\mathrm{s}i}^{*\mathrm{T}}\frac{\boldsymbol{\rho}_i}{\sigma_{\mathrm{c}i}^2}\varpi_{\mathrm{HJI}i}-\frac{1}{4}\widetilde{\boldsymbol{W}}_{\mathrm{s}i}^{*\mathrm{T}}\frac{\boldsymbol{\rho}_i}{\sigma_{\mathrm{c}i}^2}\boldsymbol{W}_{\mathrm{s}i}^{*\mathrm{T}}\boldsymbol{M}_i\boldsymbol{W}_{\mathrm{s}i}^{*}+\\&\frac{1}{2}\widetilde{\boldsymbol{W}}_{\mathrm{s}i}^{*\mathrm{T}}\frac{\boldsymbol{\rho}_i}{\sigma_{\mathrm{c}i}^2}\boldsymbol{W}_{\mathrm{s}j}^{*\mathrm{T}}\boldsymbol{M}_j\widetilde{\boldsymbol{W}}_{\mathrm{s}j}^{*}-\sum_{j\in N}\frac{1}{4}\widetilde{\boldsymbol{W}}_{\mathrm{s}i}^{*\mathrm{T}}\frac{\boldsymbol{\rho}_i}{\sigma_{\mathrm{c}i}^2}\boldsymbol{W}_{\mathrm{s}j}^{*\mathrm{T}}\boldsymbol{M}_j\boldsymbol{W}_{\mathrm{s}j}^{*}-\\&\frac{1}{2}\widetilde{\boldsymbol{W}}_{\mathrm{s}i}^{*\mathrm{T}}\nabla\boldsymbol{\phi}_i(\boldsymbol{Z}_i)(\overline{\boldsymbol{\Pi}}_i-\overline{\boldsymbol{P}}_i)\nabla J_{\mathrm{c}i}(\boldsymbol{Z}_i)+\widetilde{\boldsymbol{W}}_{\mathrm{s}i}^{*\mathrm{T}}(\boldsymbol{F}_{i,2}\hat{\boldsymbol{W}}_{\mathrm{s}i}^{*}-\boldsymbol{F}_{i,1}\widetilde{\boldsymbol{\rho}}_i^{\mathrm{T}}\hat{\boldsymbol{W}}_{\mathrm{s}i}^{*})\end{aligned}\tag{8.98}$$

注意

$$\widetilde{\boldsymbol{W}}_{\mathrm{s}i}^{*\mathrm{T}}(\boldsymbol{F}_{i,2}\hat{\boldsymbol{W}}_{\mathrm{s}i}^{*}-\boldsymbol{F}_{i,1}\widetilde{\boldsymbol{\rho}}_i^{\mathrm{T}}\hat{\boldsymbol{W}}_{\mathrm{s}i}^{*})=\widetilde{\boldsymbol{W}}_{\mathrm{s}i}^{*\mathrm{T}}\boldsymbol{F}_{i,1}\widetilde{\boldsymbol{\rho}}_i^{\mathrm{T}}\widetilde{\boldsymbol{W}}_{\mathrm{s}i}^{*}-\widetilde{\boldsymbol{W}}_{\mathrm{s}i}^{*\mathrm{T}}\boldsymbol{F}_{i,1}\widetilde{\boldsymbol{\rho}}_i^{\mathrm{T}}\boldsymbol{W}_{\mathrm{s}i}^{*}-\widetilde{\boldsymbol{W}}_{\mathrm{s}i}^{*\mathrm{T}}\boldsymbol{F}_{i,2}\widetilde{\boldsymbol{W}}_{\mathrm{s}i}^{*}+\widetilde{\boldsymbol{W}}_{\mathrm{s}i}^{*\mathrm{T}}\boldsymbol{F}_{i,2}\boldsymbol{W}_{\mathrm{s}i}^{*}$$

定义 $\boldsymbol{\Xi}_i=[\widetilde{\boldsymbol{\rho}}_i^{\mathrm{T}}\widetilde{\boldsymbol{W}}_{\mathrm{s}i}^{*},\widetilde{\boldsymbol{W}}_{\mathrm{s}i}^{*}]$，然后，式（8.98）能够被重写为

$$\widetilde{\boldsymbol{W}}_{\mathrm{s}i}^{*\mathrm{T}}\boldsymbol{\epsilon}_i^{-1}\dot{\widetilde{\boldsymbol{W}}}_{\mathrm{s}i}^{*}=-\frac{1}{2}\widetilde{\boldsymbol{W}}_{\mathrm{s}i}^{*\mathrm{T}}\nabla\boldsymbol{\phi}_i(\boldsymbol{Z}_i)(\overline{\boldsymbol{\Pi}}_i-\overline{\boldsymbol{P}}_i)\nabla J_{\mathrm{c}i}(\boldsymbol{Z}_i)-\boldsymbol{\Xi}_i^{\mathrm{T}}\boldsymbol{Y}_i\boldsymbol{\Xi}_i+\boldsymbol{\Xi}_i^{\mathrm{T}}\boldsymbol{\Phi}_i$$

其中

$$\boldsymbol{Y}_i=\begin{bmatrix}\boldsymbol{I} & -\dfrac{1}{2}\boldsymbol{F}_{i,1}^{\mathrm{T}}\\ -\dfrac{1}{2}\boldsymbol{F}_{i,1} & \boldsymbol{F}_{i,2}-\dfrac{1}{2}\dfrac{\boldsymbol{\rho}_i}{\sigma_{\mathrm{c}i}^2}\boldsymbol{W}_{\mathrm{s}i}^{*\mathrm{T}}\boldsymbol{M}_i\end{bmatrix}$$

$$\boldsymbol{\Phi}_i=\begin{bmatrix}-\dfrac{\varpi_{\mathrm{HJI}i}}{\sigma_{\mathrm{c}i}}\\ \left(\boldsymbol{F}_{i,2}\hat{\boldsymbol{W}}_{\mathrm{s}i}^{*}-\boldsymbol{F}_{i,1}\widetilde{\boldsymbol{\rho}}_i^{\mathrm{T}}-\dfrac{1}{4}\dfrac{\boldsymbol{\rho}_i}{\sigma_{\mathrm{c}i}^2}\boldsymbol{W}_{\mathrm{s}i}^{*\mathrm{T}}\boldsymbol{M}_i^{*}\right)\boldsymbol{W}_{\mathrm{s}i}^{*}-\displaystyle\sum_{j\in N}\frac{1}{4}\frac{\boldsymbol{\rho}_i}{\sigma_{\mathrm{c}i}^2}\boldsymbol{W}_{\mathrm{s}j}^{*\mathrm{T}}\boldsymbol{M}_j\boldsymbol{W}_{\mathrm{s}j}^{*}\end{bmatrix}$$

通过选择调节参数 $\boldsymbol{F}_{i,1}$ 和 $\boldsymbol{F}_{i,2}$，使矩阵 $\boldsymbol{Y}_i$ 是正定的，式（8.97）能够被重

写为

$$\dot{V}_{\mathrm{HJI}} \leqslant \sum_{i=1}^{N} \Big\{ -c_i \|\boldsymbol{Z}_i\|^2 - \frac{1}{2}\widetilde{\gamma}_i \|\widetilde{\boldsymbol{\theta}}_i\|^2 + \frac{1}{2}\breve{\gamma}_i \|\boldsymbol{\theta}_i\|^2 + \boldsymbol{\varphi}_i - \mu_{\min}(\boldsymbol{Y}_i)\|\boldsymbol{\Xi}_i\|^2 + \boldsymbol{Z}_i^{\mathrm{T}}(\mathcal{H}_i(\boldsymbol{Z}_i) + \boldsymbol{\Pi}_i(\boldsymbol{X}_i)\boldsymbol{U}_i^* + \boldsymbol{P}_i(\boldsymbol{X}_i)\boldsymbol{d}_i^*) - \frac{1}{2}\widetilde{\boldsymbol{W}}_{si}^{*\mathrm{T}} \nabla\boldsymbol{\phi}_i(\boldsymbol{Z}_i)(\overline{\boldsymbol{\Pi}}_i - \overline{\boldsymbol{P}}_i)\nabla J_{ci}(\boldsymbol{Z}_i) + \|\boldsymbol{\Phi}_i\|\|\boldsymbol{\Xi}_i\| + (\nabla J_{ci}(\boldsymbol{Z}_i))^{\mathrm{T}}\dot{\boldsymbol{Z}}_i \Big\} \tag{8.99}$$

其中，$\mu_{\min}(\boldsymbol{Y}_i)$表示矩阵 $\boldsymbol{Y}_i$ 的最小特征值。

此外，本节假设闭环系统的纳什均衡解是有界的，即$\|\mathcal{H}_i(\boldsymbol{Z}_i)+\boldsymbol{\Pi}_i(\boldsymbol{X}_i)\boldsymbol{U}_i^*+\boldsymbol{P}_i(\boldsymbol{X}_i)\boldsymbol{d}_i^*\|\leqslant h_i\sqrt{\|\boldsymbol{Z}_i\|}$。然后基于杨氏不等式，有

$$\boldsymbol{Z}_i^{\mathrm{T}}(\mathcal{H}_i(\boldsymbol{Z}_i)+\boldsymbol{\Pi}_i(\boldsymbol{X}_i)\boldsymbol{U}_i^*+\boldsymbol{P}_i(\boldsymbol{X}_i)\boldsymbol{d}_i^*) \leqslant \frac{1}{2\xi_i^2}\|\boldsymbol{Z}_i\| + \frac{\xi_i^2 h_i^2}{2}\|\boldsymbol{Z}_i\|$$

其中，$\xi_i>0$ 是设计参数。

进一步，基于给定的假设，我们知道$\overline{\boldsymbol{\Pi}}_i$ 和$\overline{\boldsymbol{P}}_i$ 都是有界的。因此，能够容易地得到$\overline{\boldsymbol{\Pi}}_i-\overline{\boldsymbol{P}}_i$ 是有界的，同时有$\|\overline{\boldsymbol{\Pi}}_i-\overline{\boldsymbol{P}}_i\|\leqslant\mathcal{H}_i$ 并且$\mathcal{H}_i$ 是正标量。因此，式（8.99）被重写为

$$\dot{V}_{\mathrm{HJI}} \leqslant \sum_{i=1}^{N} \Big\{ -\chi_i\|\boldsymbol{Z}_i\|^2 + \frac{\xi_i^2 h_i^2}{2}\|\boldsymbol{Z}_i\|^2 - \frac{1}{2}\widetilde{\gamma}_i\|\widetilde{\boldsymbol{\theta}}_i\|^2 + \|\boldsymbol{\Phi}_i\|\|\boldsymbol{\Xi}_i\| + \mu_i - \mu_{\min}(\boldsymbol{Y}_i)\|\boldsymbol{\Xi}_i\|^2 - \mu_{\min}(\boldsymbol{Y}_i(\boldsymbol{Z}_i))\|\nabla J_{ci}(\boldsymbol{Z}_i)\|^2 + \frac{1}{2}\mathcal{H}_i\pi_{\mathrm{M}i}\|\nabla J_{ci}(\boldsymbol{Z}_i)\| \Big\}$$

其中，$\mu_{\min}(\boldsymbol{Y}_i(\boldsymbol{Z}_i))$是矩阵 $\boldsymbol{Y}_i(\boldsymbol{Z}_i)$的最小特征值。

通过选择合适的参数使不等式 $c_i-\frac{1}{2\xi_i^2}>0$ 成立，能够得到$\dot{V}_{\mathrm{HJI}}<0$ 和下面的不等式

$$\|\boldsymbol{Z}_i\| \geqslant \sqrt{\frac{\omega_i}{\chi_i}} + \frac{\xi_i^2 h_i^2}{4\chi_i}$$

$$\|\widetilde{\boldsymbol{\theta}}_i\| \geqslant \sqrt{\frac{2\omega_i}{\widetilde{\gamma}_i}}$$

$$\|\boldsymbol{\Xi}_i\| \geqslant \sqrt{\frac{\omega_i}{\mu_{\min}(\boldsymbol{Y}_i)}} + \frac{\|\boldsymbol{\Phi}_i\|}{2\mu_{\min}(\boldsymbol{Y}_i)}$$

$$\|\nabla J_{ci}(\boldsymbol{Z}_i)\| \geqslant \sqrt{\frac{\omega_i}{\mu_{\min}(\boldsymbol{Y}_i(\boldsymbol{Z}_i))}+\frac{\mathcal{H}_i\pi_{Mi}}{4\mu_{\min}(\boldsymbol{Y}_i(\boldsymbol{Z}_i))}}$$

因此，证明了得到的纳什均衡解能够保证闭环系统中所有的信号都是一致最终有界的。

8.4.4 算例分析

在本节中，为了验证所提的分布式自适应电压恢复控制协议在多主体信息能源系统中的有效性，本节建立了孤岛微电网测试系统。首先给出了一个典型的二阶非线性信息能源系统仿真，然后将所提方法应用于孤岛微电网的电压一致性恢复控制。

考虑一个带有碳排放量扰动的二阶非线性信息能源系统，由一个领导者（电压参考值）和四个跟随者（每个分布式发电单元的电压输出值）组成。分布式发电单元电压输出值的动态都可以被表示为

$$\dot{x}_{i,1}=\frac{x_{i,1}^2}{1+x_{i,1}}+x_{i,2}$$

$$\dot{x}_{i,2}=f_{i,2}(x_{i,2})+g_{i,2}(x_{i,2})u_i+k_{i,2}(x_{i,2})d_{i,2}$$

$$y_i=x_{i,1}$$

其中，$f_{i,2}(x_{i,2})=-x_{i,1}^3-x_{i,2}+\frac{1}{2}x_{i,2}\cos(2x_{i,1}+x_{i,1}^3)$，$g_{i,2}(x_{i,2})=\cos(2x_{i,1}+x_{i,1}^3)+x_{i,2}^2+2$，$k_{i,2}(x_{i,2})=\sin(2x_{i,1})+x_{i,2}$，$i=1,2,3,4$。

电压参考值的动态被定义为 $y_{\mathrm{d}}=0.02\sin t$。

通过在孤岛微电网中实现所提出的分布式自适应电压恢复控制协议，各分布式发电单元电压输出值 y_i 和电压参考值 y_{r} 的动态如图 8.18 所示。图 8.19 为各分布式发电单元输出电压值与电压参考值的同步误差。电压恢复控制协议 u_i^{a} 和近似最优控制协议 $\hat{U}_i$ 分别如图 8.20、图 8.21 所示。利用所提出的分布式零和微分博弈策略，图 8.22、图 8.23 给出了评价神经网络 1 和 2 的未知理想权值向量的估计值 $\hat{\boldsymbol{W}}_i^*$ 的更新律并最终收敛到 0。

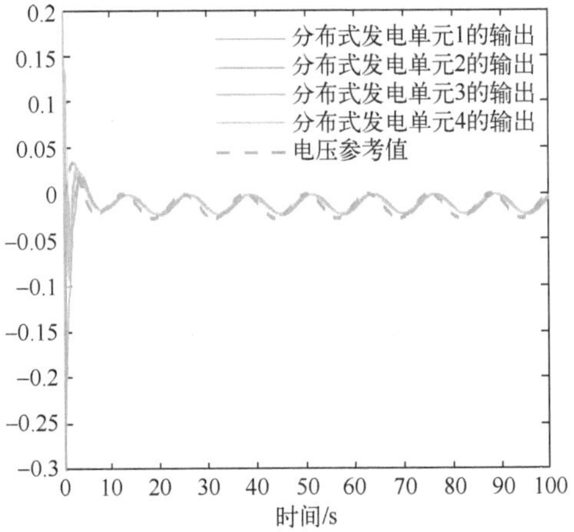

高清图 8.18

图 8.18 电压恢复轨迹

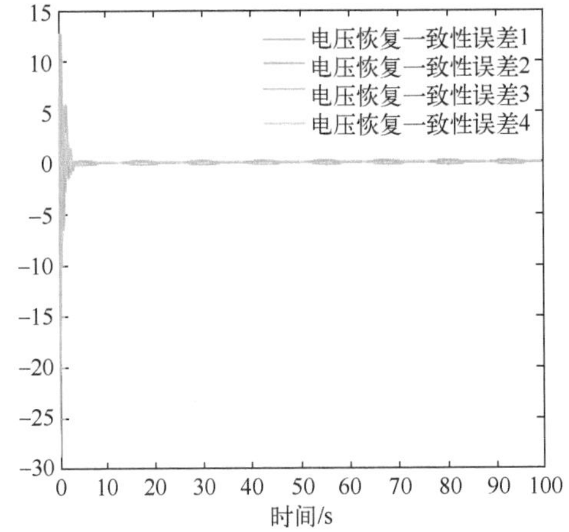

高清图 8.19

图 8.19 一致性误差

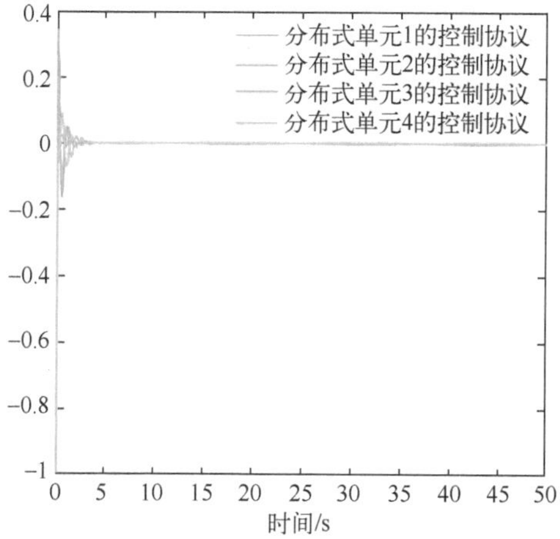

高清图 8.20

图 8.20 电压恢复控制协议

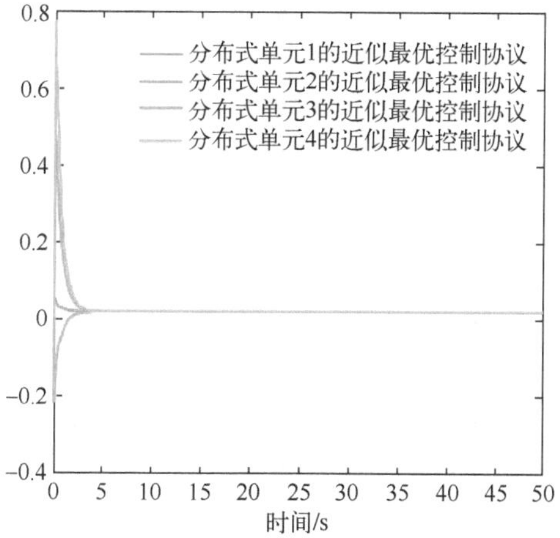

高清图 8.21

图 8.21 近似最优控制协议

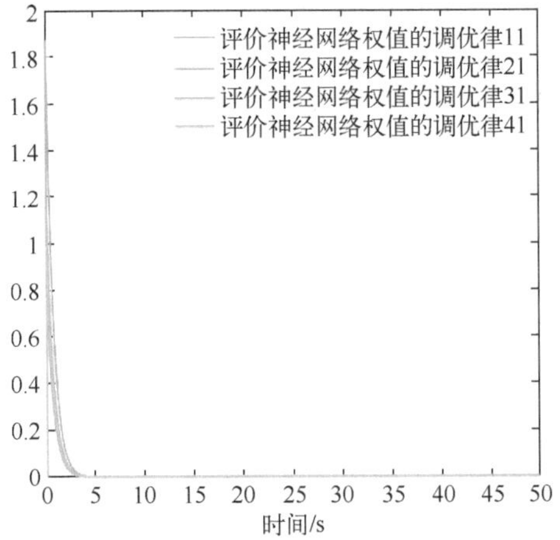

高清图 8.22

图 8.22 $\hat{W}_1^c$ 的收敛曲线

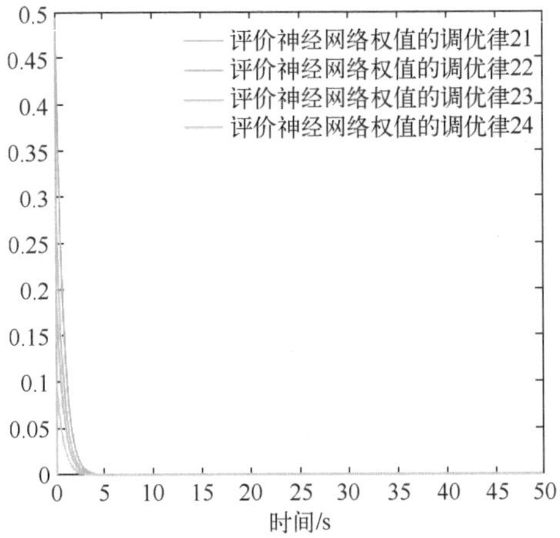

高清图 8.23

图 8.23 $\hat{W}_2^c$ 的收敛曲线

8.5 本章总结

本章针对多主体信息能源系统区域间的双向多能源交易问题，基于碳排放量建立了一个聚合博弈交易模型，证明了纳什均衡的存在性和唯一性。在建立的聚合博弈模型中，自能源可以与其他市场参与者进行双向多能交易，耦合和能源价格是由总能量供给和需求决定的。为了减少预测误差对交易的影响，在集合博弈中引入了滚动时域控制。在考虑输电损耗的基础上，建立了多能量传输优化模型，以确定交易能源的分配和传输。同时，通过考虑带有未知动态的非零和微分博弈系统构造了一种新型的基于碳排放量的一致性二次电压恢复控制协议，进而在提供严格的实际功率共享情况下实现电压恢复控制。此外，利用模型识别器逼近了非零和微分对策的未知动态，提出了一种新的临界神经网络权值调整律，以保证闭环系统的稳定性以及碳排放量最优，使非零和微分博弈对策收敛到纳什均衡。然后，利用严格的李雅普诺夫分析理论，证明了闭环系统中所有信号都是有界的。此外，通过考虑碳排放量，提出了一种基于零和博弈策略的一致性二次电压恢复协议。为了最大限度地降低碳排放量，基于一致性理论和反步法，提出了一种分布式跟踪控制协议来实现二次电压恢复控制。然后基于李雅普诺夫稳定性理论，证明了所有闭环信号均为协同一致最终有界，并保证了协同成本函数最小化。最后，通过算例验证了所提方案的有效性。

第 9 章
信息能源系统优化

9.1 引言

传统能源系统中电网、热网和天然气网等能源网络分别由不同的主体进行管理，由于缺乏统一调控，能源的使用效率较低，用能主体间交互能力较弱，多种能流之间缺乏有效协同。随着我国能源紧缺形势加剧，传统能源系统用能效率低等问题成为我国能源行业发展亟待解决的问题。为了提高多种类型能源的利用率、充分发挥多能互补效应，以多种能源转换设备为枢纽的信息能源系统应运而生。信息能源系统整合了电、气、热等多种能源，根据多能源互补特性和能量梯级利用原则，运用信息技术和控制技术实现不同能源子系统间的协调规划和优化运行。

信息能源系统是国际能源领域重要的战略研究方向。2007 年，美国将信息能源系统研究设定为国家能源战略，重点发展相关的冷热电联供等技术。德国于 2008 年启动了 E-Energy 项目，该项目旨在打造信息化的高效能源供应系统，利用智能手段应对分布式能源的大量接入和终端用户复杂的用能行为。美国国家可再生能源实验室于 2013 年成立了能源系统集成中心，重点研究新能源技术的互操作性以及与电网的相互影响，开发系统优化运行方案以应对可再生能源间歇性发电带来的不利影响。欧盟于 2020 年发布了《综合能源系统 2020—2030 年研发路线图》，主要研究内容包括通过智能调控方法实现系统在强波动性和不确定性下的多能灵活高效供给，该内容体现出的现代信息技术与能源网络深度融合的发展路线与信息能源系统的路线是一致的。我国在 2016 年发布的《能源生产和消费革命战略（2016—2030）》中指出要促进能源与现代信息技术深度融合，促进多种类型能流网络的互联互通和多种能源形态的协同转化。从国内外的能源政策制定和研究趋势可以看出，研究信息能源系统优化运行是多能系统研究的重要内容。

信息能源系统的优化调度，从时间尺度上可分为日前优化和实时优化。在此基础上，优化调度的目标也因时间尺度的差异而变得多样：日前优化通常以成本最少为优化目标，需要对源荷数据进行预测，预测的精度直接影响日前优化结果；实时优化常用于修正日前优化结果，通常以功率、电压偏差最小等为目标函数。随着全球气候变暖的确定性增强，我国作为碳排放大国，减少碳排量不仅是我国在全球气候治理进程中大国担当的充分彰显，也是美丽中国建设的需要和保障。2020 年 9 月 22 日，习近平主席在联合国大会一般性辩论时宣布中国二氧化碳排放量力争在 2030 年达到峰值（即“碳达峰”），2060 年前实现“碳中和”。在“碳达峰”“碳中和”目标的导向下，如何减少温室气体排放量，尤其是二氧化碳排放量，成为信息能源系统优化调度研究中不可回避的重要课题。因此，一些与温室气体排放相关的环境成本也逐渐在能源系统优化调度中得到重视，减少碳排量、降低环境成本成为优化调度的常见目标。

从优化调度策略的架构来看，优化模型求解方法可以分为集中式优化和分布式优化。集中式优化需要系统全局信息，对通信能力有较高要求。随着能源系统结构的复杂化，全局信息的获取变得较为困难，同时通信网络开始向能源终端下沉，能源终端的通信和计算能力有所提升，分布式优化逐渐成为研究热点。

求解信息能源系统优化模型的方法有解析方法和人工智能方法。解析方法主要分为统一求解和分解协调求解两类：统一求解通常采用线性化或凸松弛技术将优化问题转化为线性规划或混合整数规划问题。线性化方法通常是将天然气系统管道的压力-流量方程、热力系统温度-质量流量变化的方程进行线性化，其中增量线性化较为常用，通过引入 0-1 变量将问题转化成混合整数线性规划求解。凸松弛技术通常用于处理非线性的元件和网络约束。针对复杂大系统，分解协调求解方法将大系统分解为多个子系统，分别对各个子系统进行优化求解并基于交互信息进行更新，直至得到最优解。随着系统结构复杂程度的提升以及影响系统运行效能因素的增加，有效建立控制变量-状态变量的效用关系并设计合理的分解方案成为关键。

随着量测设备的大量接入，信息网络与能源网络融合程度逐渐加深，反映系统运行状态的数据大大增多，基于数据的人工智能方法得到了广泛的应用。人工智能方法常用于优化模型求解的两个方面，一是源、荷数据预测，二是形成自学习优化策略。由于源、荷数据存在不确定性，其数据预测的准确性直接影响优化效果，部分文献利用深度 LSTM、SVM 等机器学习方法获取源、荷的变化趋势，并以此指导优化方案的制定。自学习是能源系统运行优化的一个重要研究方向，人工智能方法常被用于自主学习最优策略，其中强化学习（Reinforcement Learning，RL）是常用的一种方法。RL 是一种无模型方法，无须考虑优化中复杂的约束条件，适合求解非线性、约束条件复杂的优化问题。

9.2 信息能源系统集中式能量管理

一般来说，信息能源系统包含多个能量单元，这些能量单元可以被看作是自能源（WE）或自能源的某种特殊情况。WE 是一个多能量载体耦合作用的全双工能量单元，即在同一时刻不同类型的能量流可能存在不同的流向。WE 的主体可以是单个用户、包含多用户的建筑或者一个用能区域，通常由分布式发电、储能、固态变压器（SST）等能源生产、转换或存储设备组成。本节基于如图 9.1 的 WE 模型进行了优化调度研究。

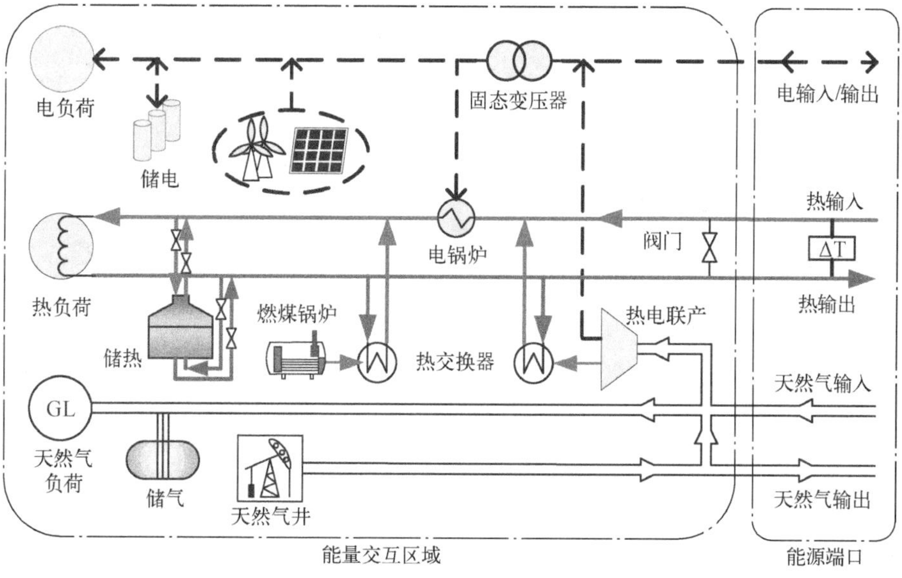

图 9.1 自能源模型

为了构建优化模型，首先构建了反映 WE 中能流输入和输出关系的数学模型，表达如下：

$$
\underbrace{\begin{bmatrix}\omega_1\\ \omega_2\\ \vdots\\ \omega_m\end{bmatrix}}_{\boldsymbol{\omega}}-\left(\underbrace{\begin{bmatrix}A'_{11} & A'_{12} & \cdots & A'_{1n}\\ A'_{21} & A'_{22} & \cdots & A'_{2n}\\ \vdots & \vdots & & \vdots\\ A'_{m1} & A'_{m2} & \cdots & A'_{mn}\end{bmatrix}}_{\boldsymbol{A}'}\circ\underbrace{\begin{bmatrix}\frac{1}{v'_{11}} & \frac{1}{v'_{12}} & \cdots & \frac{1}{v'_{1n}}\\ \frac{1}{v'_{21}} & \frac{1}{v'_{22}} & \cdots & \frac{1}{v'_{2n}}\\ \vdots & \vdots & & \vdots\\ \frac{1}{v'_{m1}} & \frac{1}{v'_{m2}} & \cdots & \frac{1}{v'_{mn}}\end{bmatrix}}_{\boldsymbol{v}'}\right)\underbrace{\begin{bmatrix}\phi_1\\ \phi_2\\ \vdots\\ \phi_n\end{bmatrix}}_{\boldsymbol{\phi}}
$$

$$
=\left(\underbrace{\begin{bmatrix}A_{11} & A_{12} & \cdots & A_{1n}\\ A_{21} & A_{22} & \cdots & A_{2n}\\ \vdots & \vdots & & \vdots\\ A_{m1} & A_{m2} & \cdots & A_{mn}\end{bmatrix}}_{\boldsymbol{A}}\circ\underbrace{\begin{bmatrix}v_{11} & v_{12} & \cdots & v_{1n}\\ v_{21} & v_{22} & \cdots & v_{2n}\\ \vdots & \vdots & & \vdots\\ v_{m1} & v_{n2} & \cdots & v_{mn}\end{bmatrix}}_{\boldsymbol{v}}\right)\underbrace{\begin{bmatrix}\phi_1\\ \phi_2\\ \vdots\\ \phi_n\end{bmatrix}}_{\boldsymbol{\phi}} \tag{9.1}
$$

其中，网络侧与负载侧的能量流分别表示为 $\boldsymbol{\phi}$ 和 $\boldsymbol{\omega}$；耦合矩阵 $\boldsymbol{v}$ 和 $\boldsymbol{v}'$用来表示 WE 内部的能量转换；矩阵 $\boldsymbol{A}$ 和 $\boldsymbol{A}'$为判断矩阵，判断矩阵元素为 0 或 1，其目的是反映 WE 中各类型能量的流动方向。当矩阵中的元素为 1 时，代表 WE 中对应的能流方向是由网络侧流向用户侧；元素为 0 时则是由用户侧向网络侧输出能量。值得注意的是，矩阵 $\boldsymbol{A}'$与 $\boldsymbol{A}$ 的和为全 1 矩阵。

由于 WE 是一种全双工能源单元，在信息能源系统中起着重要作用，如何对 WE 进行优化调度是实现系统高效稳定运行的关键。针对这一问题，本节提出了一种基于上述 WE 模型的双阶段多目标优化调度策略，以实现 WE 多目标优化运行。

9.2.1 日前优化模型构建

第一阶段的优化调度是日前调度，其目的是实现经济效益和顾客满意度的最大化。WE 内部负载是可调节负载，可以通过调节负载来降低系统的运行成本，但这种方式改变了用户原有的能源利用方式，降低了用户的满意度。日前调度综合考虑系统的经济效益和用户满意度，制定 WE 内负载的调节方案以及 WE 与各能源网络的交易方案。日前优化模型中的单日能源价格由能源网运营商制定并发送给 WE，WE 基于当日的能源价格进行运行方案的制定。在此之后，WE 将能源交易方案发送给对应的能源运营商，经过迭代过程最终确定 WE 的运行和能源交易的初步方案。

日前优化调度的目标函数为

$$Y=\left(\frac{Y_1}{|Y_1^{\max}|}\right)\mu+\left(\frac{Y_2}{|Y_2^{\max}|}\right)(1-\mu) \tag{9.2}$$

式中，μ 为权重系数。由于经济效益最大化和顾客满意度最大化是一组相互矛盾的优化目标，因此权重系数反映了该轮优化在两个目标之间的权衡结果。

经济效益可表示为

$$Y_1=\sum_{\forall t\in\zeta}(\boldsymbol{GA}'_t\circ \mathbf{Pr}'_t-\boldsymbol{GA}_t\circ \mathbf{Pr}_t)\phi_t \tag{9.3}$$

式中，t 时刻能源的购买价格与出售价格由矩阵$\mathbf{Pr}_t$ 和 $\mathbf{Pr}'_t$中的元素构成；ζ 是日前调度周期；$\boldsymbol{G}$ 是一个 $1\times n$ 的矩阵，用来表示和矩阵 $\boldsymbol{A}$ 和 $\boldsymbol{A}'$共同判断能源交易情况。

用户满意度可表示为

$$Y_2=\sum_{\forall t\in\zeta}\sum_{l=1}^{m}\left(1-\frac{L_{l,t}\alpha_l}{D_{l,t}}\right) \tag{9.4}$$

式中，L_t 与 D_t 分别表示所需负载与可变负载；α_l 代表不同能源对用户满意度的影响程度。除此之外，WE 中各设备在运行的过程中均需要满足容量约束。

9.2.2 实时优化模型构建

由于信息能源系统运行环境存在不确定性，源荷的预测数据和实际数据可能存在误差，日前最优调度策略产生的结果可能无法满足必要的运行要求，因此需要增加实时优化环节以消除预测误差对优化调度结果的影响。由于本节采用固定的能源价格，不考虑能源价格的实时波动，因此实时优化过程中不存在能源价格的预测误差。

本节提出了实时最优调度策略作为 WE 的第二阶段最优调度，所制定的实时最优调度策略是为了平衡日前预测与实时检测之间的误差。同时，第二阶段调度也可以保证 WE 的安全运行。实时调度在日前调度结果的基础上，考虑预测结果和新能源实时出力的偏差制定新的调度方案，即 WE 的实际运行策略和网络能源交易实质是由第二阶段产生的。在实时优化开始前，WE 将日前调度得到的能源交易方案发送至能源网络。在实时优化阶段，为了减少预测误差对能源网络的影响，WE 应利用自身的灵活性进行调控，同时保证系统的安全运行。

第二阶段调度的目的是尽量减少日前能源交易计划与实时交易计划偏差造成的影响，同时提高设备运行期间的剩余容量指标（RCI）。RCI 值越低，表示在系统运行状态突然发生变化时，设备过载的风险越低。

与第一阶段优化类似，基于所提出数学模型的实时优化调度的目标函数可表示为

$$Z=\left(\frac{Z_1}{|Z_1^{\min}|}\right)\mu+\left(\frac{Z_2}{|Z_2^{\min}|}\right)(1-\tau) \tag{9.5}$$

式中，τ 为第二阶段调度策略目标函数的权重系数。

所提的实时调度策略，其中一个目标为尽量减少日前能源交易计划与实时交易计划偏差造成的影响，可表示为

$$Z_1=\sum_{\forall t\in\zeta}\|(\boldsymbol{\phi}_t^*-\boldsymbol{\phi}_{t,\mathrm{re}})\circ\boldsymbol{\gamma}_{t,\mathrm{re}}\|_1 \tag{9.6}$$

式中，$\boldsymbol{\phi}_t^*$ 与 $\boldsymbol{\phi}_{t,\mathrm{re}}$ 分别表示日前调度的能量交易方案和实时调度的能量交易方案；$\gamma_{t,\mathrm{re}}$ 表示不同网络对误差造成的影响容忍程度。

剩余容量指标 RCI 可以表示为

$$Z_2=\sum_{t\in\zeta}\sum_{l=1}^{m}\sum_{j=1}^{n}\left(\frac{A_{lj,t}\boldsymbol{v}_{lj,t}\boldsymbol{\phi}_{j,t}-V_{lj}^{\min}}{V_{lj}^{\max}-V_{lj}^{\min}}+\frac{A_{lj,t}\boldsymbol{\phi}_{j,t}-\boldsymbol{v}'_{lj,t}V_{lj}'^{\max}}{\boldsymbol{v}'_{lj,t}(V_{lj}'^{\max}-V_{lj}'^{\min})}\right) \tag{9.7}$$

式中，$V_{lj}^{\max}$ 与 $V_{lj}^{\min}$ 分别表示对应能量转换的输出上下限；$V_{lj}'^{\max}$ 与 $V_{lj}'^{\min}$ 表示对应能量转换的输入上下限。

实时优化阶段的约束条件主要考虑以下几个方面：由于交易策略是由 WE 与网络之间的提前计划决定的，因此第二阶段调度需要增加约束以避免交易策略发生变化；考虑设备的运行情况，WE 内部设备的启停状态不能突然变化；WE 各设备依旧需要满足容量约束。

9.2.3 基于双阶段优化方法的能量优化管理

根据上述内容，可以得到完整的日前-实时双阶段能量优化管理流程如图 9.2 所示。

在第一阶段的日前优化中，系统以经济效益和用户满意度作为优化的两个目标进行调度，采用固定的能源定价和用户负荷数据，并对可再生能源的发电数据进行预测。基于预测数据，得到 WE 中各设备的输出功率、能源的售出/购买量。在日前优化结果的基础上，对比可再生能源出力预测数据和

实际数据的误差，以日前能源交易计划与实时交易计划偏差和设备剩余容量为目标，对 WE 各设备的出力进行调整，利用混合非支配排序遗传算法（HNSGA-II）得到新的优化结果。

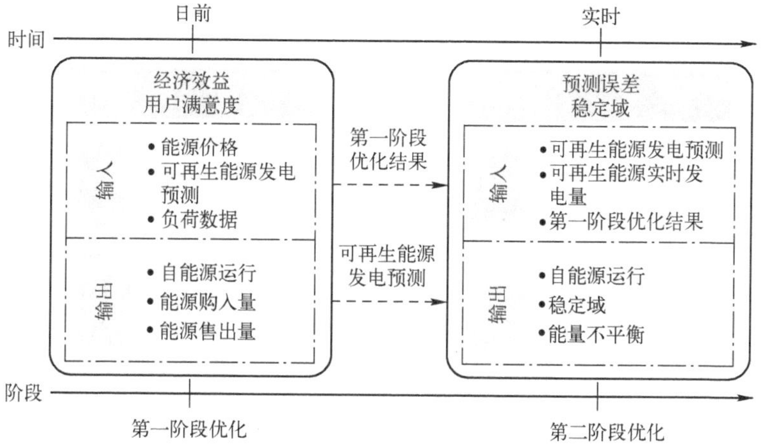

图 9.2　双阶段能量优化管理流程图

双阶段能量优化管理结果如图 9.3 所示。

4 个指标之间的相关性如图 9.3 所示，图中不同的灰度代表 Z_2 的不同值。仅考虑预测误差和基于日前调度结果的 RCI 的运行曲线分别为图 9.3a、b 中的曲线 1 和 2。曲线 3 是帕累托曲线，反映了日前调度中两个相互冲突条件之间的权衡。图 9.3c、d 中，曲线 4 和 5 分别代表在日前调度阶段只考虑经济指标和客户满意度所得到的实时调度结果。曲线 6 和 7 给出了两种情况下实时调度的帕累托曲线。

9.2.4　算例分析

在本算例中，所使用 WE 的模型去除了图 9.1 WE 模型中的燃煤锅炉，WE 与电力、热力和天然气网络相连，组成了一个包含 WE 的综合能源网络。

算例中采用人工神经网络（ANN）对风能和太阳能的输出进行预测。如图 9.4a 所示是风能和太阳能发电的预测数据，从图中可以看出预测数据与实时发电数据比较接近。图 9.4b 选取了一个典型的冬季单日电、热、气负荷数据，并在此基础上研究了所构建的能源系统的优化调度策略。

高清图 9.3

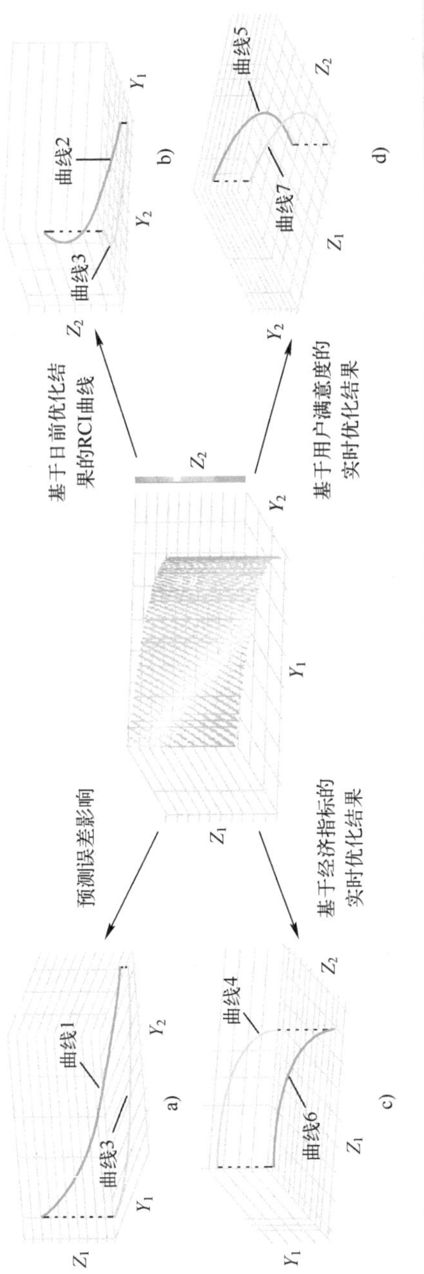

图 9.3 双阶段能量优化管理结果

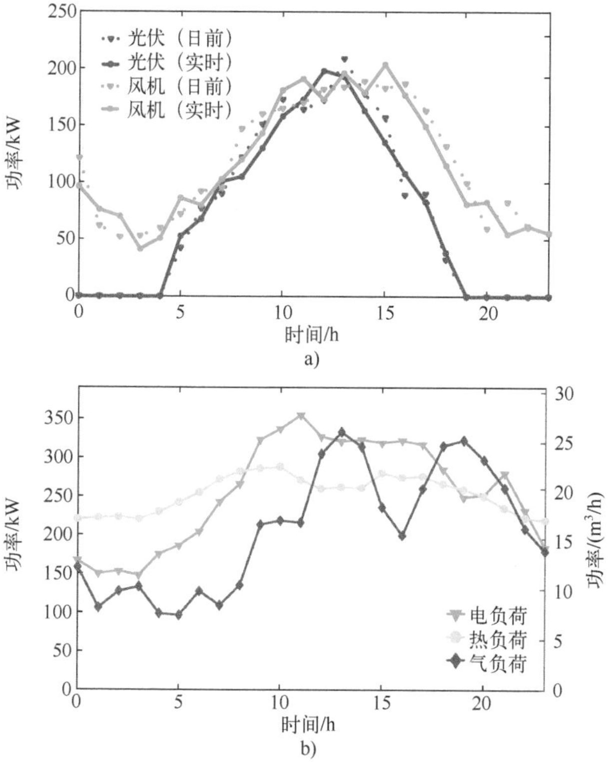

高清图 9.4

图 9.4 发电及负荷预测数据

a）风能、太阳能发电预测数据　b）24 h 内电、气、热负荷数据

本算例中算法的权重系数分别为 $\mu=0.3$，$\tau=0.6$，得到了如图 9.5 所示的 WE 运行状态。

图中不同灰度的弧线代表不同的能源形式，圈内的每条色带表示多能流。色带两端分别连接供能设备/储能供能和多能负荷/储能储电，如果色带的灰度与它连接的弧线灰度相同，则表示该设备输出能量，若灰度不同则表示该设备消耗/存储能量。例如，电网在 9:00—10:00 从 CHP 获取能量，20:00—21:00 向 SST 输出能量。

如图 9.6 所示是 WE 与电、气、热能源网络单日的能源交易情况。

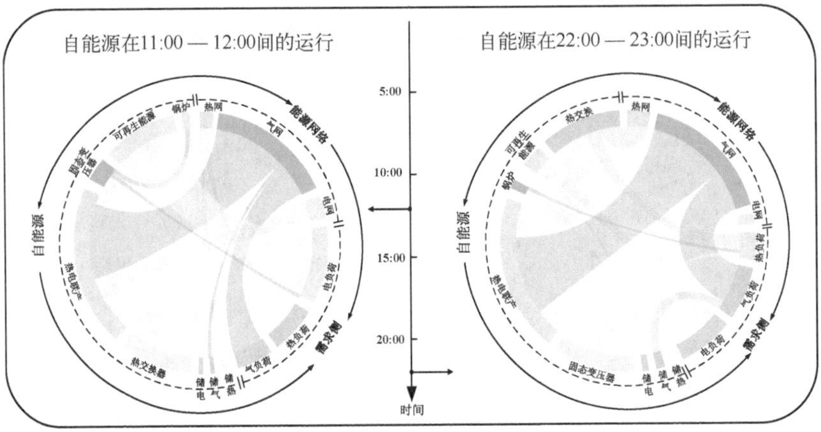

高清图 9.5

图 9.5 WE 运行状态能量流图

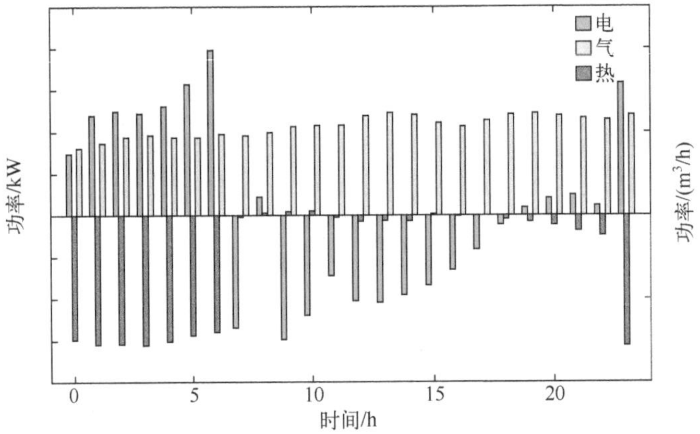

图 9.6 WE 与电、气、热网络的能源交易情况

由图可知，WE 在一天的大部分时间里都与电、气、热能源网络进行能源交易。在用电低谷，WE 从电网购电，并将该部分电能存储在电储能装置中，值得注意的是在 8:00—9:00，虽然处于用电高峰，但是 WE 也从网络购电。除此之外，当 WE 从网络购入电和天然气时，可以同时向网络输出热能，体现了 WE 的全双工特性。

图 9.7 为算法在不同权重系数下的帕累托曲线。

从图 9.7 中可以看出，日前调度的结果对实时调度有一定的影响。在本例中，日前调度计划成本为 1895.2 元，实时调度成本为 2162.7 元，这意味着为了平衡预测误差，所提控制策略牺牲了一些经济利益。

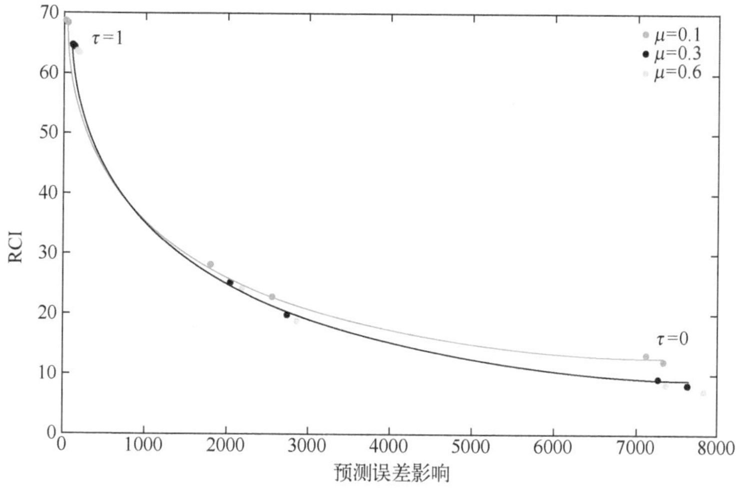

图9.7 不同权重系数下的帕累托曲线

9.3 信息能源系统分布式能量管理

9.3.1 能量管理模型构建

如何综合考虑可再生能源发电量预测、热负荷和用电负荷储能需求、居民用户可控特性和分布式可再生能源运行状况，从而进行综合决策和协调调度是一个复杂的优化问题。考虑可再生能源高比例接入带来的影响和终端用户的需求，本节提出了住宅WE（Residential We-Energy，R-WE）作为信息能源系统的区域单元，用于实现信息能源系统的智能能量管理。如图9.8a所示是R-WE结构。R-WE具有全双工、智能化、开放性和区域化的特点，能够实现对终端用户的需求分析和多能源生产商之间的协调。

考虑能源生产者和消费者之间能量传输的全双工特性，刻画了R-WE的4种运行模式：孤岛模式、消费者模式、生产者模式和WE模式，如图9.8b所示。

根据上述R-WE结构及其运行模态，建立了对应的能量管理模型。

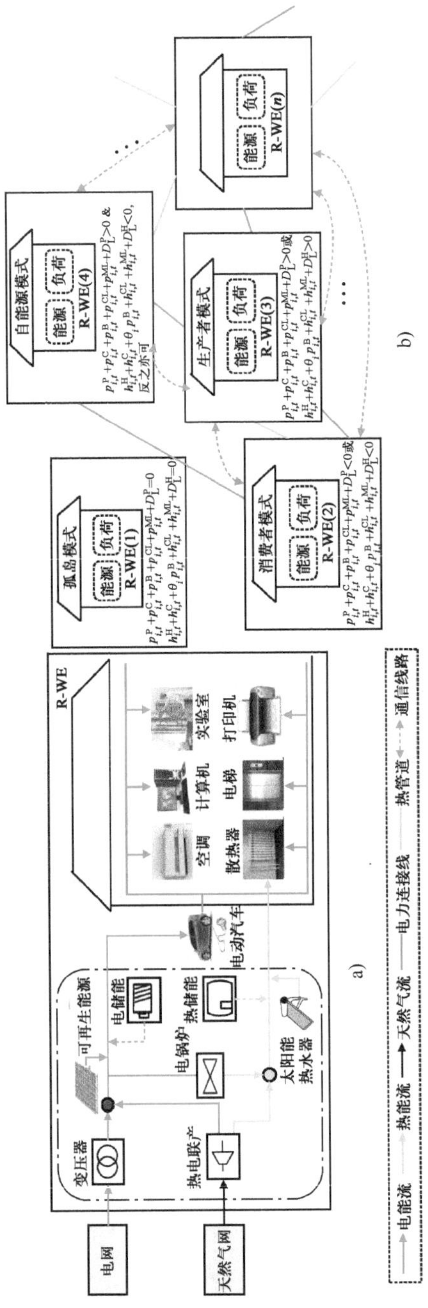

图 9.8 R-WE 模型

a) R-WE结构图 b) R-WE的4种运行模式

1. 目标函数

考虑电、热之间的强耦合和互补关系，能量管理的目标是最小化总产热和产电成本，实现能源交易利益的最大化：

$$\min F = C_i(G) + P_i(E) \tag{9.8}$$

其中

$$\begin{cases} C_i(G) = \sum_{i \in S_\mathrm{P}} C_i^\mathrm{P}(p_{i,t}^\mathrm{P}) + \sum_{i \in S_\mathrm{C}} C_i^\mathrm{C}(p_{i,t}^\mathrm{C}, h_{i,t}^\mathrm{C}) + \sum_{i \in S_\mathrm{H}} C_i^\mathrm{H}(h_{i,t}^\mathrm{H}) \\ P_i(E) = P_{r,t}^\mathrm{p}\Delta(p_{i,t}) + P_{r,t}^\mathrm{h}\Delta(h_{i,t}) \end{cases} \tag{9.9}$$

满足式（9.13）、式（9.15）、式（9.25）、式（9.29）和式（9.31）。

拉格朗日乘子理论可以用来分析式（9.34），拉格朗日方程如下：

$$\begin{aligned} L = {} & F - \lambda_\mathrm{p} P_\mathrm{equal} - \lambda_\mathrm{h} H_\mathrm{equal} - \\ & \sum_{i \in S_\mathrm{P}} \underline{u}_i^\mathrm{P}(p_{i,t}^\mathrm{P} - \underline{p}_{i,t}^\mathrm{P}) - \sum_{i \in S_\mathrm{P}} \overline{u}_i^\mathrm{P}(\overline{p}_{i,t}^\mathrm{P} - p_{i,t}^\mathrm{P}) - \\ & \sum_{i \in S_\mathrm{C}} \sum_{m=1} u_{i,m}^\mathrm{C}(d_{i,m,t} p_{i,t}^\mathrm{C} + e_{i,m,t} h_{i,t}^\mathrm{C} + f_{i,m,t}) - \\ & \sum_{i \in S_\mathrm{H}} \underline{u}_i^\mathrm{H}(h_{i,t}^\mathrm{H} - \underline{h}_{i,t}^\mathrm{H}) - \sum_{i \in S_\mathrm{H}} \overline{u}_i^\mathrm{H}(\overline{h}_{i,t}^\mathrm{H} - h_{i,t}^\mathrm{H}) \end{aligned} \tag{9.10}$$

式中，λ_p 和 λ_h 分别为式（9.8）和式（9.9）的拉格朗日乘子，即电能乘子和热能乘子；$\underline{u}_i^\mathrm{P}$和$\overline{u}_i^\mathrm{P}$、$u_{i,m}^\mathrm{C}$、$\underline{u}_i^\mathrm{H}$和$\overline{u}_i^\mathrm{H}$ 分别为式（9.25）、式（9.31）和式（9.33）的乘子。

最优运行点由 Karush-Kuhn-Tucker 条件决定：

$$\begin{cases} \partial C_i^\mathrm{P}(p_{i,t}^\mathrm{P}) / \partial p_{i,t}^\mathrm{P} = \lambda_\mathrm{p}(1 - \phi_i^\mathrm{P}) + \underline{u}_i^\mathrm{P} - \overline{u}_i^\mathrm{P} \\ \partial C_i^\mathrm{C}(p_{i,t}^\mathrm{C}, h_{i,t}^\mathrm{C}) / \partial p_{i,t}^\mathrm{C} = \lambda_\mathrm{p}(1 - \phi_i^\mathrm{C}) + \sum_{m=1}^{\Gamma} u_{i,m}^\mathrm{C} d_{i,m,t} \\ \partial C_i^\mathrm{C}(p_{i,t}^\mathrm{C}, h_{i,t}^\mathrm{C}) / \partial h_{i,t}^\mathrm{C} = \lambda_\mathrm{h}(1 - \varphi_i^\mathrm{C}) + \sum_{m=1}^{\Gamma} u_{i,m}^\mathrm{C} e_{i,m,t} \\ \partial C_i^\mathrm{H}(h_{i,t}^\mathrm{H}) / \partial h_{i,t}^\mathrm{H} = \lambda_\mathrm{h}(1 - \varphi_i^\mathrm{H}) + \underline{u}_i^\mathrm{H} - \overline{u}_i^\mathrm{H} \\ \underline{u}_i^\mathrm{P}(p_{i,t}^\mathrm{P} - \underline{p}_{i,t}^\mathrm{P}) = 0, \overline{u}_i^\mathrm{P}(\overline{p}_{i,t}^\mathrm{P} - p_{i,t}^\mathrm{P}) = 0 \\ u_{i,m}^\mathrm{C}(d_{i,m,t} p_{i,t}^\mathrm{C} + e_{i,m,t} h_{i,t}^\mathrm{C} + f_{i,m,t}) = 0 \\ \underline{u}_i^\mathrm{H}(h_{i,t}^\mathrm{H} - \underline{h}_{i,t}^\mathrm{H}) = 0, \overline{u}_i^\mathrm{H}(\overline{h}_{i,t}^\mathrm{H} - h_{i,t}^\mathrm{H}) = 0 \\ \underline{u}_i^\mathrm{P} \geqslant 0, \overline{u}_i^\mathrm{P} \geqslant 0, u_{i,m}^\mathrm{C} \geqslant 0, \underline{u}_i^\mathrm{H} \geqslant 0, \overline{u}_i^\mathrm{H} \geqslant 0 \\ \text{式(9.8) 和式(9.10)} \end{cases} \tag{9.11}$$

式中，ϕ_i^{P}、ϕ_i^{C}、φ_i^{C} 和 φ_i^{H} 分别为第 i 个纯电设备（Power-only Device，POD）的电损系数、热电联产设备（Combined Heat and Power Device，CHP）的电损系数和热损系数，以及纯热设备（Heat-only Device，HOD）的热损系数。其中

$$\begin{aligned}\phi_i^{\mathrm{P}} &= \partial D_{\mathrm{L}}^{\mathrm{P}} / \partial p_{i,t}^{\mathrm{P}} \\ \phi_i^{\mathrm{C}} &= \partial D_{\mathrm{L}}^{\mathrm{P}} / \partial p_{i,t}^{\mathrm{C}} \\ \varphi_i^{\mathrm{C}} &= \partial D_{\mathrm{L}}^{\mathrm{H}} / \partial h_{i,t}^{\mathrm{C}} \\ \varphi_i^{\mathrm{H}} &= \partial D_{\mathrm{L}}^{\mathrm{H}} / \partial h_{i,t}^{\mathrm{H}}\end{aligned} \tag{9.12}$$

2. R-WE 的网络约束

（1）电力网络约束

值得注意的是，在建立电力网络约束时考虑了电热锅炉的影响，电热锅炉不仅是热能的供给设备，同时也可以看作是电力网络的负载。在此基础上，考虑线路传输损耗可以得到全局电功率平衡约束如下：

$$P_{\mathrm{equal}} = \sum_{i \in S_{\mathrm{P}}} p_{i,t}^{\mathrm{P}} + \sum_{i \in S_{\mathrm{C}}} p_{i,t}^{\mathrm{C}} - \sum_{i \in B_{\mathrm{P}}} p_{i,t}^{\mathrm{B}} - \sum_{i \in D_{\mathrm{P}}} p_{i,t}^{\mathrm{CL}} - \sum_{i \in D_{\mathrm{P}}} p_{i,t}^{\mathrm{ML}} - D_{\mathrm{L}}^{\mathrm{P}} = 0 \tag{9.13}$$

式中，S_{P}、S_{C}、B_{P} 和 D_{P} 分别代表 POD、CHP、电热锅炉和电力负荷的集合；$p_{i,t}^{\mathrm{P}}$、$p_{i,t}^{\mathrm{C}}$分别代表第 i 个 POD 和 CHP 的输出电功率；$p_{i,t}^{\mathrm{B}}$、$p_{i,t}^{\mathrm{CL}}$、$p_{i,t}^{\mathrm{ML}}$分别代表第 i 个电热锅炉、可控负载和不可中断负载的功率需求；$D_{\mathrm{L}}^{\mathrm{P}}$ 为线路传输损耗。

电力网络的支路需要满足能流约束如下：

$$P_{j,\min}^{\mathrm{line}} \leqslant P_{j,t}^{\mathrm{line}} \leqslant P_{j,\max}^{\mathrm{line}} \tag{9.14}$$

式中，$P_{j,\min}^{\mathrm{line}}$和 $P_{j,\max}^{\mathrm{line}}$分别是传输功率的上、下限。

（2）热力网络约束

考虑热力损耗的热网功率平衡约束如下：

$$H_{\mathrm{equal}} = \sum_{i \in S_{\mathrm{H}}} h_{i,t}^{\mathrm{H}} + \sum_{i \in S_{\mathrm{C}}} h_{i,t}^{\mathrm{C}} + \sum_{i \in B_{\mathrm{P}}} \theta_i p_{i,t}^{\mathrm{B}} - \sum_{i \in D_{\mathrm{H}}} h_{i,t}^{\mathrm{CL}} - \sum_{i \in D_{\mathrm{H}}} h_{i,t}^{\mathrm{ML}} - D_{\mathrm{L}}^{\mathrm{H}} = 0 \tag{9.15}$$

式中，S_{H} 和 D_{H} 分别代表 HOD 热负荷的集合；$h_{i,t}^{\mathrm{H}}$ 和 $h_{i,t}^{\mathrm{C}}$ 分别代表第 i 个 HOD 和 CHP 的输出热功率；$h_{i,t}^{\mathrm{CL}}$和 $h_{i,t}^{\mathrm{ML}}$分别代表第 i 个可控负载和不可中断负载的热功率需求；$D_{\mathrm{L}}^{\mathrm{H}}$ 为总热力损耗；θ_i 为第 i 个电热锅炉的转换效率。

上下限约束为

$$\begin{aligned} p_{i,t}^{\min} \leqslant p_{i,t}^{\mathrm{B}} \leqslant p_{i,t}^{\max} \\ G_{i,t}^{\min} \leqslant h_{i,t}^{\mathrm{C}} \leqslant G_{i,t}^{\max} \end{aligned} \tag{9.16}$$

3. R-WE 设备建模

本节提出的自能源网络中设备主要可以分为三种类型：POD、CHP 和 HOD。POD 主要包括各种类型的分布式可再生能源（Distributed Renewable Generator，DRG）、分布式燃料发电机（Distributed Fuel-based Generator，DFG）和分布式电储能设备（Distributed Power Storage Device，DPSD）。HOD 主要包括分布式燃料产热设备（Distributed Fuel Heading Device，DF-HD）、分布式可再生产热设备（Distributed Renewable Heading Device，DRHD）和分布式热储能设备（Distributed Heat Storage Devices，DHSD）。

（1）POD 模型

1）DRG 模型。针对可再生能源，将日前功率预测曲线的均值作为参考值，计算公式如下：

$$p_{i,\mathrm{R},t}^{*} = \left(\int_{t}^{T+t} p_{i,\mathrm{R},\bar{t}}^{*} \mathrm{d}\bar{t}\right) / T \tag{9.17}$$

式中，$p_{i,\mathrm{R},\bar{t}}^{*}$为第$\bar{t}$时刻的预测功率。假设功率预测误差服从高斯分布，则对应的概率密度方程如下：

$$f(\Delta p_{i,\mathrm{R},t}^{*}) = \frac{1}{\sqrt{2\pi}\delta_{i,\mathrm{R},t}} \mathrm{e}^{-(\Delta p_{i,\mathrm{R},t}^{*})^2/(2\delta_{i,\mathrm{R},t}^2)} \tag{9.18}$$

其置信区间为$[\Delta p_{i,\mathrm{R},t}^{*,\mathrm{down}}, \Delta p_{i,\mathrm{R},t}^{*,\mathrm{up}}]$，置信度为$100(1-\widetilde{\omega}_i)\%$。

因此，在考虑运行成本、转换损失效率函数和可再生能源削减惩罚的情况下，每个可再生能源的成本函数如下：

$$\begin{aligned} C(p_{i,\mathrm{R},t}) = (\sigma_i\,(p_{i,\mathrm{R},t})^2 + \widetilde{\vartheta}_i p_{i,\mathrm{R},t} + \widetilde{\gamma}_i) + \\ \rho_i(\bar{p}_{i,\mathrm{R},t} - p_{i,\mathrm{R},t}) / (\bar{p}_{i,\mathrm{R},t} - \underline{p}_{i,\mathrm{R},t}) \end{aligned} \tag{9.19}$$

式中，σ_i、$\widetilde{\vartheta}_i$ 和$\widetilde{\gamma}_i$ 为成本系数；ρ_i 为非妥协因素，设置该项因子旨在实现成本优化和供电可靠性之间的权衡。为了简化问题，令

$$\begin{aligned} \vartheta_i = \widetilde{\vartheta}_i - \rho_i / (\bar{p}_{i,\mathrm{R},t} - \underline{p}_{i,\mathrm{R},t}) \\ \gamma_i = \widetilde{\gamma}_i + \rho_i\,\bar{p}_{i,\mathrm{R},t} / (\bar{p}_{i,\mathrm{R},t} - \underline{p}_{i,\mathrm{R},t}) \end{aligned} \tag{9.20}$$

式中，第一项代表设备运行成本，第二项用来调节可再生能源发电的参与程度。由于 DRG 的设备运行成本远远低于 DFG 的运行成本，因此从优化的角度来看，设备的运行成本将达到最大值，即 $p_{i,\mathrm{R},t}$将运行至上限$\bar{p}_{i,\mathrm{R},t}$。然而，

系统中 $p_{i,\mathrm{R},t}$ 越大，设备能够到达出力要求的可靠程度就越低。

为了更好地适应终端用户的变化和可再生能源的波动，DRG 的成本函数将根据负荷对其可靠性和最优性进行协调。当系统具有大量负荷时，成本函数倾向于保证系统运行的可靠性，因此 ρ_i 的值将大大减小；反之，成本函数将倾向于优化运行，ρ_i 的值将大大增加。

2）DFG 模型。考虑维护成本、燃料运行成本和污染物排放惩罚，DFG 的成本函数可以被定义为如下凸函数：

$$C(p_{i,\mathrm{F},t})=\sigma_i(p_{i,\mathrm{F},t})^2+\vartheta_i p_{i,\mathrm{F},t}+\gamma_i \tag{9.21}$$

$$\underline{p}_{i,\mathrm{F},t}\leqslant p_{i,\mathrm{F},t}\leqslant \overline{p}_{i,\mathrm{F},t} \tag{9.22}$$

$$\begin{aligned}\underline{p}_{i,\mathrm{F},t}&=\max(p_{i,\mathrm{F},t}^{\min},p_{i,\mathrm{F},t-1}-p_{i,\mathrm{F},\mathrm{ramp}})\\ \overline{p}_{i,\mathrm{F},t}&=\min(p_{i,\mathrm{F},t}^{\max},p_{i,\mathrm{F},t-1}+p_{i,\mathrm{F},\mathrm{ramp}})\end{aligned} \tag{9.23}$$

式中，σ_i、ϑ_i 和 γ_i 为成本系数；$p_{i,\mathrm{F},t}$ 为输出电功率；$p_{i,\mathrm{F},t}^{\min}$ 和 $p_{i,\mathrm{F},t}^{\max}$ 分别为出力上、下限；$p_{i,\mathrm{F},\mathrm{ramp}}$ 是发电机的爬坡功率。

3）DPSG 模型。DPSG 的成本函数如下：

$$C(p_{i,\mathrm{S},t})=\sigma_i\ (p_{i,\mathrm{S},t}+\vartheta_i)^2 \tag{9.24}$$

$$\underline{p}_{i,\mathrm{S},t}\leqslant p_{i,\mathrm{S},t}\leqslant \overline{p}_{i,\mathrm{S},t} \tag{9.25}$$

式中，σ_i 和 ϑ_i 为成本系数；$p_{i,\mathrm{S},t}$ 为第 i 个储能设备的输出功率；$\underline{p}_{i,\mathrm{S},t}$ 和 $\overline{p}_{i,\mathrm{S},t}$ 分别为输出功率的上、下限。

4）POD 的统一模型。若用 $p_{i,t}^{\mathrm{P}}$ 代表 $p_{i,\mathrm{R},t}$、$p_{i,\mathrm{F},t}$ 或 $p_{i,\mathrm{S},t}$，则 POD 的模型可以统一为如下形式：

$$C_i^{\mathrm{P}}(p_{i,t}^{\mathrm{P}})=\sigma_i\ (p_{i,t}^{\mathrm{P}})^2+\vartheta_i p_{i,t}^{\mathrm{P}}+\gamma_i \tag{9.26}$$

$$\underline{p}_{i,t}^{\mathrm{P}}\leqslant p_{i,t}^{\mathrm{P}}\leqslant \overline{p}_{i,t}^{\mathrm{P}} \tag{9.27}$$

（2）CHP 模型

CHP 的凸优化成本函数如下：

$$C_i^{\mathrm{C}}(p_{i,t}^{\mathrm{C}},h_{i,t}^{\mathrm{C}})=\sigma_i\ (p_{i,t}^{\mathrm{C}})^2+\vartheta_i p_{i,t}^{\mathrm{C}}+\alpha_i\ (h_{i,t}^{\mathrm{C}})^2+\beta_i(h_{i,t}^{\mathrm{C}})+\gamma_i \tag{9.28}$$

$$-p_{i,\mathrm{ramp}}^{\mathrm{C}}\leqslant p_{i,t}^{\mathrm{C}}\leqslant p_{i,\mathrm{ramp}}^{\mathrm{C}} \tag{9.29}$$

$$p_{i,t}^{\mathrm{C}}+h_{i,t}^{\mathrm{C}}=\eta_{\mathrm{g2p}}\cdot \mathrm{GCV}\cdot m_{\mathrm{g}}+\eta_{\mathrm{g2h}}\cdot \mathrm{GCV}\cdot m_{\mathrm{g}} \tag{9.30}$$

$$d_{i,m}p_{i,t}^{\mathrm{C}}+e_{i,m}h_{i,t}^{\mathrm{C}}+f_{i,m}\geqslant 0\quad m=1,2,3,4 \tag{9.31}$$

式中，σ_i、ϑ_i、α_i、β_i 和 γ_i 为成本系数；η_{g2p} 和 η_{g2h} 分别代表气转电和气转热的效率；GCV 为天然气热值；m_{g} 为输入气体量；$d_{i,m}$、$e_{i,m}$ 和 $f_{i,m}$ 为第 i 个 CHP 热-电可运行区域所决定的第 m 个线性不等式约束的系数。

(3) HOD模型

与POD建模相似，HOD的成本函数模型如下：

$$C_i^{\mathrm{H}}(h_{i,t}^{\mathrm{H}})=\alpha_i(h_{i,t}^{\mathrm{H}})^2+\beta_i h_{i,t}^{\mathrm{H}}+\gamma_i \tag{9.32}$$

$$\underline{h}_{i,t}^{\mathrm{H}}\leqslant h_{i,t}^{\mathrm{H}}\leqslant \overline{h}_{i,t}^{\mathrm{H}} \tag{9.33}$$

式中，α_i、β_i和γ_i为成本系数；$h_{i,t}^{\mathrm{H}}$为第i个产热设备的输出功率；$\underline{h}_{i,t}^{\mathrm{H}}$和$\overline{h}_{i,t}^{\mathrm{H}}$分别为输出功率的上、下限。

同样地，DHSD的成本函数模型与DPSD相似，只需将$C(p_{i,\mathrm{S},t})$和$p_{i,\mathrm{S},t}$替换成相应的储热设备符号即可。

(4) 负荷模型

负荷的效用函数可分为可控负荷和不可控负荷两部分。值得注意的是，在R-WE中，有些消费者可以同时产出能源，即由于强耦合设备的存在，电能的消费者也可以成为热能的生产者。负荷模型如下：

$$\begin{cases}\varphi_{i,\mathrm{h2p}}^{\min}\leqslant p_{i,t}^{\mathrm{P}}/(p_{i,t}^{\mathrm{P}}+h_{i,t}^{\mathrm{H}})\leqslant \varphi_{i,\mathrm{h2p}}^{\max}\\ \varphi_{i,\mathrm{p2h}}^{\min}\leqslant h_{i,t}^{\mathrm{H}}/(p_{i,t}^{\mathrm{P}}+h_{i,t}^{\mathrm{H}})\leqslant \varphi_{i,\mathrm{p2h}}^{\max}\end{cases} \tag{9.34}$$

式中，$\varphi_{i,\mathrm{h2p}}^{\min}$、$\varphi_{i,\mathrm{h2p}}^{\max}$和$\varphi_{i,\mathrm{p2h}}^{\min}$、$\varphi_{i,\mathrm{p2h}}^{\max}$分别对应不同能源转换的上、下限。

此外，拓扑结构的变化与热、电需求以及可再生能源输出有关。考虑到紧急情况，提出了一种可控负荷的分级优化调度方法，可控负荷可以通过以下符号函数在能源短缺的条件下进行自我调节：

$$L(p_{i,t}^{\mathrm{D}},h_{i,t}^{\mathrm{D}})=\begin{cases}\sum Ⱡ(p_{i,t}^{\mathrm{CL}},h_{i,t}^{\mathrm{CL}})+\sum Ⱡ(p_{i,t}^{\mathrm{ML}},h_{i,t}^{\mathrm{ML}}), & \text{满足式(9.34)}\\ \sum Ⱡ(p_{i,t}^{\mathrm{ML}},h_{i,t}^{\mathrm{ML}}), & \text{其他}\end{cases} \tag{9.35}$$

9.3.2 基于分布式双一致算法的能量优化管理策略

本节针对R-WE模型提出了一种完全分布式的双一致算法（DDCA），并证明了该算法的KKT最优条件。除此之外，还针对CHP设计了一种新的投影运算方法，将不可行解映射到可行域内。

1. 分布式双一致算法

集中式方法需要大量信息，如生产者和消费者的状态、储能设备的约束条件和目标函数等，采用集中式方法，不仅需要一个大的中央控制器，还需要一个可以进行双向传输的信息网络。由于能量管理的目标函数是一个包含拉格朗日变量（增量成本）的凸优化函数，所以可再生能源和负荷的波动都会导致集中式解的快速变化。因此，基于一致性的方法能够很好地适应各种能源生产者。基于之前的讨论，研究两种不同的离散系统：

$$\begin{cases}(\mathrm{P}_1)\chi_i(k+1)=\sum\limits_{j\in N_i^+} r_{i,j}\chi_i(k)\\ (\mathrm{P}_2)\widetilde{\chi}_i(k+1)=\sum\limits_{j\in N_i^+} s_{i,j}\widetilde{\chi}_i(k)\end{cases} \tag{9.36}$$

式中，χ_i 和 $\widetilde{\chi}_i$ 为第 i 个节点的状态变量；N_i^+ 代表系统拓扑中与节点 i 相连的节点集合。由于 R 是行随机的，一阶一致性协议如 P_1 所示，旨在根据（P_1）的性质建立两个不同的一致性协议，使得 $\boldsymbol{\lambda}_{\mathrm{p},i,t}^{\mathrm{P}}$ 和 $\boldsymbol{\lambda}_{\mathrm{p},i,t}^{\mathrm{C}}$ 运行在一个等值上，$\boldsymbol{\lambda}_{\mathrm{h},i,t}^{\mathrm{C}}$ 和 $\boldsymbol{\lambda}_{\mathrm{h},i,t}^{\mathrm{H}}$ 运行在另一个等值上。为了得到最优的 $\boldsymbol{\lambda}_{\mathrm{p}}$ 和 $\boldsymbol{\lambda}_{\mathrm{h}}$，还在相关的一致性协议中加入了反馈。

第二个一致性协议考虑设备间的协调，利用（P_2）的特性来估计电热的不平衡功率。总而言之，本节设计了包含四个一致性变量的双一致算法来计算电、热乘子，通过评估电热的输出，从而得到电和热的不平衡功率。

DDCA 可以分为以下三个部分。

1）利用全局迭代规则计算电、热乘子：

$$\boldsymbol{\lambda}(k+1)=\boldsymbol{\mathcal{R}}\boldsymbol{\lambda}(k+1)+\boldsymbol{\eta}\boldsymbol{y}(k) \tag{9.37}$$

其中

$$\begin{gathered}\boldsymbol{\mathcal{R}}=\begin{pmatrix}\boldsymbol{R} & 0\\ 0 & \overline{\boldsymbol{R}}\end{pmatrix}\\ \boldsymbol{R}=\begin{pmatrix}R_{n1}^{n1} & R_{n1}^{n2}\\ R_{n2}^{n1} & R_{n2}^{n2}\end{pmatrix}\\ \overline{\boldsymbol{R}}=\begin{pmatrix}\overline{R}_{n2}^{n2} & \overline{R}_{n2}^{n3}\\ \overline{R}_{n3}^{n2} & \overline{R}_{n3}^{n3}\end{pmatrix}\\ \boldsymbol{\lambda}=[\lambda_{\mathrm{p}}^{\mathrm{P}},\lambda_{\mathrm{p}}^{\mathrm{C}},\lambda_{\mathrm{h}}^{\mathrm{C}},\lambda_{\mathrm{h}}^{\mathrm{H}}]^{\mathrm{T}}\\ \boldsymbol{y}=[y_{\mathrm{p}}^{\mathrm{P}},y_{\mathrm{p}}^{\mathrm{C}},y_{\mathrm{h}}^{\mathrm{C}},y_{\mathrm{h}}^{\mathrm{H}}]^{\mathrm{T}}\end{gathered} \tag{9.38}$$

2）将 $p_{i,t}^{\mathrm{P}}$ 和 $p_{i,t}^{\mathrm{C}}$ 分别作为第 i 个 POD 和 CHP 输出电功率的估计值，$h_{i,t}^{\mathrm{C}}$ 和 $h_{i,t}^{\mathrm{H}}$ 分别作为第 i 个 CHP 和 HOD 输出热功率的估计值。根据最优性的 KKT 条件，评估发电量和发热量的设备更新规则如下：

$$\boldsymbol{x}(k+1)=\boldsymbol{A}\boldsymbol{\lambda}(k+1)+\boldsymbol{B} \tag{9.39}$$

$$\boldsymbol{N}(k+1)=\boldsymbol{x}(k+1) \tag{9.40}$$

其中

$$
\boldsymbol{A}=\begin{pmatrix} \boldsymbol{A}_{\mathrm{p}}^{\mathrm{P}} & 0 & 0 & 0 \\ 0 & \boldsymbol{A}_{\mathrm{p}}^{\mathrm{C}} & -\boldsymbol{O}_{\mathrm{p}}^{\mathrm{C}} & 0 \\ 0 & -\boldsymbol{O}_{\mathrm{h}}^{\mathrm{C}} & \boldsymbol{A}_{\mathrm{h}}^{\mathrm{C}} & 0 \\ s0 & 0 & 0 & \boldsymbol{A}_{\mathrm{h}}^{\mathrm{H}} \end{pmatrix}
$$

$$
\boldsymbol{B}=[\boldsymbol{B}_{\mathrm{p}}^{\mathrm{P}},\boldsymbol{B}_{\mathrm{p}}^{\mathrm{C}},\boldsymbol{B}_{\mathrm{h}}^{\mathrm{C}},\boldsymbol{B}_{\mathrm{h}}^{\mathrm{H}}]^{\mathrm{T}} \tag{9.41}
$$

$$
\boldsymbol{x}=[x_{\mathrm{p}}^{\mathrm{P}},x_{\mathrm{p}}^{\mathrm{C}},x_{\mathrm{h}}^{\mathrm{C}},x_{\mathrm{h}}^{\mathrm{H}}]^{\mathrm{T}}
$$

$$
\boldsymbol{N}=[p^{\mathrm{P}},p^{\mathrm{C}},h^{\mathrm{C}},h^{\mathrm{H}}]^{\mathrm{T}}
$$

式中，$x_{\mathrm{p}}^{\mathrm{P}}$、$x_{\mathrm{p}}^{\mathrm{C}}$、$x_{\mathrm{h}}^{\mathrm{C}}$ 和 $x_{\mathrm{h}}^{\mathrm{H}}$ 分别为 $x_{\mathrm{p},i,t}^{\mathrm{P}}$、$x_{\mathrm{p},i,t}^{\mathrm{C}}$、$x_{\mathrm{h},i,t}^{\mathrm{C}}$和 $x_{\mathrm{h},i,t}^{\mathrm{H}}$的行栈向量。

3）值得注意的是，电、热功率的供需平衡约束是全局约束。基于（P_2）的评价电、热不匹配的设备协调更新规则如下：

$$
\boldsymbol{y}(k+1)=\boldsymbol{\mathcal{S}}\boldsymbol{y}(k)-\boldsymbol{Z}(\boldsymbol{N}(k+1)-\boldsymbol{y}\boldsymbol{N}(k)) \tag{9.42}
$$

其中

$$
\boldsymbol{\mathcal{S}}=\begin{pmatrix} \boldsymbol{S} & 0 \\ 0 & \overline{\boldsymbol{S}} \end{pmatrix}
$$

$$
\boldsymbol{S}=\begin{pmatrix} S_{n1}^{n1} & S_{n1}^{n2} \\ S_{n2}^{n1} & S_{n2}^{n2} \end{pmatrix}
$$

$$
\overline{\boldsymbol{S}}=\begin{pmatrix} \overline{S}_{n2}^{n2} & \overline{S}_{n2}^{n3} \\ \overline{S}_{n3}^{n2} & \overline{S}_{n3}^{n3} \end{pmatrix} \tag{9.43}
$$

$$
\boldsymbol{Z}=\begin{pmatrix} \boldsymbol{Z}_{\mathrm{p}}^{\mathrm{P}} & 0 & 0 & 0 \\ 0 & \boldsymbol{Z}_{\mathrm{p}}^{\mathrm{C}} & 0 & 0 \\ 0 & 0 & \boldsymbol{Z}_{\mathrm{h}}^{\mathrm{C}} & 0 \\ 0 & 0 & 0 & \boldsymbol{Z}_{\mathrm{h}}^{\mathrm{H}} \end{pmatrix}
$$

式中，$\boldsymbol{Z}_{\mathrm{p}}^{\mathrm{P}}=\mathrm{diag}(z_{\mathrm{p},i}^{\mathrm{P}})$，$\boldsymbol{Z}_{\mathrm{p}}^{\mathrm{C}}=\mathrm{diag}(z_{\mathrm{p},i}^{\mathrm{C}})$，$\boldsymbol{Z}_{\mathrm{h}}^{\mathrm{C}}=\mathrm{diag}(z_{\mathrm{h},i}^{\mathrm{C}})$，$\boldsymbol{Z}_{\mathrm{h}}^{\mathrm{H}}=\mathrm{diag}(z_{\mathrm{h},i}^{\mathrm{H}})$。$z_{\mathrm{p},i}^{\mathrm{P}}=1-\phi_i^{\mathrm{P}}$，$z_{\mathrm{p},i}^{\mathrm{C}}=1-\phi_i^{\mathrm{C}}$，$z_{\mathrm{h},i}^{\mathrm{C}}=1-\varphi_i^{\mathrm{C}}$，$z_{\mathrm{h},i}^{\mathrm{H}}=1-\varphi_i^{\mathrm{H}}$。

由式（9.37）和式（9.42）可以看出，提出的 DDCA 算法只与邻居进行通信以更新 $\boldsymbol{\lambda}$ 和 $\boldsymbol{y}$。$\boldsymbol{N}$ 的更新只需要利用各个 R-WE 的各自信息，即 DDCA 只需要进行本地计算和通信就可以达到全局最优，极大地保障了用户隐私。除此之外，算法中的 $\boldsymbol{\lambda}_{\mathrm{p}}$ 和 $\boldsymbol{\lambda}_{\mathrm{h}}$ 是具有物理意义的，它们分别代表能源市场电、热的出清价格。

2. 基于 KKT 条件的 DDCA 的最优性证明

定理 9.1　如果对于所有的$\mu \in (0,\ell)$存在一个正数μ，则 DDCA 迭代得到的最优点满足最优性的 KKT 条件。

引理 9.1　令$\boldsymbol{P}$是一个具有左右特征向量$\boldsymbol{\omega}$和$\boldsymbol{v}$的非负本原矩阵，满足$\boldsymbol{Pv}=\boldsymbol{v}$，$\boldsymbol{\omega}^{\mathrm{T}}\boldsymbol{P}=\boldsymbol{\omega}^{\mathrm{T}}$和$\boldsymbol{v}^{\mathrm{T}}\boldsymbol{\omega}=1$，则$\lim\limits_{k\to\infty}\boldsymbol{P}^k=\boldsymbol{v}\boldsymbol{\omega}^{\mathrm{T}}$。

证明：利用特征值摄动法分析该算法的收敛性，由式（9.37）~式（9.42），可以得到

$$\boldsymbol{\Pi}(k+1)=(\boldsymbol{W}+\mu\boldsymbol{Q})\boldsymbol{\Pi}(k) \tag{9.44}$$

式中，$\boldsymbol{\Pi}=[\lambda_{\mathrm{p}}^{\mathrm{P}},\lambda_{\mathrm{p}}^{\mathrm{C}},\lambda_{\mathrm{h}}^{\mathrm{C}},\lambda_{\mathrm{h}}^{\mathrm{H}},y_{\mathrm{p}}^{\mathrm{P}},y_{\mathrm{p}}^{\mathrm{C}},y_{\mathrm{h}}^{\mathrm{C}},y_{\mathrm{h}}^{\mathrm{H}}]^{\mathrm{T}}$。

上述提及的矩阵$\boldsymbol{R}$、$\overline{\boldsymbol{R}}$、$\boldsymbol{S}$和$\overline{\boldsymbol{S}}$都是最大特征值为 1 的本原矩阵，对于$\boldsymbol{\omega}^{\mathrm{T}}$、$\boldsymbol{v}$、$\overline{\boldsymbol{\omega}}^{\mathrm{T}}$和$\overline{\boldsymbol{v}}$，由引理 9.1 可得$\boldsymbol{\omega}^{\mathrm{T}}\mathbf{1}=1$，$\mathbf{1}^{\mathrm{T}}\boldsymbol{v}=1$，$\overline{\boldsymbol{\omega}}^{\mathrm{T}}\mathbf{1}=1$，$\mathbf{1}^{\mathrm{T}}\overline{\boldsymbol{v}}=1$。同时$\boldsymbol{W}$是一个下三角矩阵，其特征值是$\boldsymbol{R}$、$\overline{\boldsymbol{R}}$、$\boldsymbol{S}$和$\overline{\boldsymbol{S}}$的组合，因此可以得到对应的 4 个最大特征值为$E_1=E_2=E_3=E_4=1$。

利用特征值摄动法分析通过$\mu\boldsymbol{Q}$来分析$\boldsymbol{W}$的变化，令

$$\begin{aligned}\kappa_{\mathrm{p}}^{\mathrm{P}} &= \sum z_{\mathrm{p},i}^{\mathrm{P}}a_{\mathrm{p},i}^{\mathrm{P}} + \sum z_{\mathrm{p},i}^{\mathrm{C}}a_{\mathrm{p},i}^{\mathrm{C}}\\ \kappa_{\mathrm{p}}^{\mathrm{C}} &= \sum z_{\mathrm{p},i}^{\mathrm{C}}o_{\mathrm{p},i}^{\mathrm{C}}\\ \kappa_{\mathrm{h}}^{\mathrm{C}} &= \sum z_{\mathrm{h},i}^{\mathrm{C}}o_{\mathrm{h},i}^{\mathrm{C}}\\ \kappa_{\mathrm{h}}^{\mathrm{H}} &= \sum z_{\mathrm{h},i}^{\mathrm{C}}a_{\mathrm{h},i}^{\mathrm{C}} + \sum z_{\mathrm{h},i}^{\mathrm{H}}a_{\mathrm{h},i}^{\mathrm{H}}\end{aligned} \tag{9.45}$$

由于$\boldsymbol{\vartheta}$和$\boldsymbol{N}^{\mathrm{T}}$是$\boldsymbol{W}$的右和左特征值，可得$\boldsymbol{N}^{\mathrm{T}}\boldsymbol{\vartheta}=\boldsymbol{I}$。由$\boldsymbol{Q}$、$\boldsymbol{\vartheta}$和$\boldsymbol{M}^{\mathrm{T}}$可知$\boldsymbol{M}^{\mathrm{T}}\Delta\boldsymbol{V}$可以表示为

$$\boldsymbol{N}^{\mathrm{T}}\boldsymbol{Q}\boldsymbol{\vartheta}=\boldsymbol{\mathcal{Z}} \tag{9.46}$$

由于目标函数是凸函数，可证$\kappa_{\mathrm{h}}^{\mathrm{C}}\kappa_{\mathrm{p}}^{\mathrm{C}}/\kappa_{\mathrm{h}}^{\mathrm{H}}-\kappa_{\mathrm{p}}^{\mathrm{P}}<0$，则$\boldsymbol{M}^{\mathrm{T}}\boldsymbol{QV}$的 4 个特征值为

$$\begin{gathered}\mathrm{d}E_1/\mathrm{d}\eta=\mathrm{d}E_2/\mathrm{d}\eta=0\\ \mathrm{d}E_3/\mathrm{d}\eta=(-\kappa_{\mathrm{p}}^{\mathrm{P}}+\kappa_{\mathrm{h}}^{\mathrm{C}}\kappa_{\mathrm{p}}^{\mathrm{C}}/\kappa_{\mathrm{h}}^{\mathrm{H}})\\ (\boldsymbol{\omega}_{n1}^{\mathrm{T}}\boldsymbol{v}_{n1}+\boldsymbol{\omega}_{n2}^{\mathrm{T}}\boldsymbol{v}_{n2})<0\\ \mathrm{d}E_4/\mathrm{d}\eta=-\kappa_{\mathrm{h}}^{\mathrm{H}}(\overline{\boldsymbol{\omega}}_{n2}^{\mathrm{T}}\overline{\boldsymbol{v}}_{n2}+\overline{\boldsymbol{\omega}}_{n3}^{\mathrm{T}}\overline{\boldsymbol{v}}_{n3})<0\end{gathered} \tag{9.47}$$

E_1和E_2不随着η变化，$\eta>0$时，E_3和E_4变小，因此存在上界ℓ，且满足$\eta\in(0,\ell)$。进一步可得$[\mathbf{1}^{\mathrm{T}},\mathbf{1},\mathbf{0}^{\mathrm{T}},\mathbf{0}^{\mathrm{T}},\mathbf{0}^{\mathrm{T}},\mathbf{0}^{\mathrm{T}},\mathbf{0}^{\mathrm{T}},\mathbf{0}^{\mathrm{T}},\mathbf{0}^{\mathrm{T}}]^{\mathrm{T}}$和$[\mathbf{0}^{\mathrm{T}},\mathbf{0}^{\mathrm{T}},\mathbf{1}^{\mathrm{T}},$

$\mathbf{1}^{\mathrm{T}},\mathbf{0}^{\mathrm{T}},\mathbf{0}^{\mathrm{T}},\mathbf{0}^{\mathrm{T}},\mathbf{0}^{\mathrm{T}}]^{\mathrm{T}}$ 是 $\boldsymbol{W}$ 中 E_1、E_2 对应的两个独立特征向量。

当 $k\to\infty$ 时，所有的 $y_{\mathrm{p},i,t}^{\mathrm{P}}(k)$、$y_{\mathrm{p},i,t}^{\mathrm{C}}(k)$、$y_{\mathrm{h},i,t}^{\mathrm{C}}(k)$ 和 $y_{\mathrm{h},i,t}^{\mathrm{H}}(k)$ 收敛至0，即满足电热供需平衡约束。同时，$\lambda_{\mathrm{p},i,t}^{\mathrm{P}}(k)$ 和 $\lambda_{\mathrm{p},i,t}^{\mathrm{C}}(k)$ 收敛至一个共同的值，$\lambda_{\mathrm{h},i,t}^{\mathrm{C}}(k)$ 和 $\lambda_{\mathrm{h},i,t}^{\mathrm{H}}(k)$ 收敛至一个共同的值，因此最优 KKT 条件得到满足。

3. 投影运算方法

对于每个 POD 和 HOD，考虑对应的不等式约束（9.19）和（9.24）可以得到如下映射方法：

$$p_{i,t}^{\mathrm{P}}(k)=\begin{cases}\underline{p}_{i,t}^{\mathrm{P}}, & x_{\mathrm{p},i,t}^{\mathrm{P}}(k)<\underline{p}_{i,t}^{\mathrm{P}}\\ x_{\mathrm{p},i,t}^{\mathrm{P}}(k), & \underline{p}_{i,t}^{\mathrm{P}}<x_{\mathrm{p},i,t}^{\mathrm{P}}(k)<\overline{p}_{i,t}^{\mathrm{P}}\\ \overline{p}_{i,t}^{\mathrm{P}}, & x_{\mathrm{p},i,t}^{\mathrm{P}}(k)>\overline{p}_{i,t}^{\mathrm{P}}\end{cases}\tag{9.48}$$

$$h_{i,t}^{\mathrm{H}}(k)=\begin{cases}\underline{h}_{i,t}^{\mathrm{H}}, & x_{\mathrm{h},i,t}^{\mathrm{H}}(k)<\underline{h}_{i,t}^{\mathrm{H}}\\ x_{\mathrm{h},i,t}^{\mathrm{H}}(k), & \underline{h}_{i,t}^{\mathrm{H}}<x_{\mathrm{h},i,t}^{\mathrm{H}}(k)<\overline{h}_{i,t}^{\mathrm{H}}\\ \overline{h}_{i,t}^{\mathrm{H}}, & x_{\mathrm{h},i,t}^{\mathrm{H}}(k)>\overline{h}_{i,t}^{\mathrm{H}}\end{cases}\tag{9.49}$$

与 POD 和 HOD 不同，CHP 中电热紧密耦合，为了解决这个问题，本节设计了一种投影方法，将具有不等式限制条件的值映射到电热耦合系统的可行域内。根据 KKT 条件，相应的不可行解条件可分为以下三种情况。

1）不存在正的不等式约束，此时 $x_{\mathrm{p},i,t}^{\mathrm{C}}(k)$ 和 $x_{\mathrm{h},i,t}^{\mathrm{C}}(k)$ 满足：

$$d_{i,m,t}x_{\mathrm{p},i,t}^{\mathrm{C}}(k)+e_{i,m,t}x_{\mathrm{h},i,t}^{\mathrm{C}}(k)+f_{i,m,t}>0\tag{9.50}$$

2）仅有一个正的不等式约束，此时 $x_{\mathrm{p},i,t,\kappa}^{\mathrm{C}}$、$x_{\mathrm{h},i,t,\kappa}^{\mathrm{C}}$ 和 $u_{i,\kappa}^{\mathrm{C}}\geqslant0$ 满足：

$$\begin{cases}2\sigma_i x_{\mathrm{p},i,t,\kappa}^{\mathrm{C}}+\vartheta_i+\varepsilon_i x_{\mathrm{h},i,t,\kappa}^{\mathrm{C}}=\lambda_{\mathrm{p},i,t}^{\mathrm{C}}(1-\phi_i^{\mathrm{C}})+u_{i,\kappa}^{\mathrm{C}}d_{i,\kappa,t}\\ 2\alpha_i x_{\mathrm{h},i,t,\kappa}^{\mathrm{C}}+\beta_i+\varepsilon_i x_{\mathrm{p},i,t,\kappa}^{\mathrm{C}}=\lambda_{\mathrm{h},i,t}^{\mathrm{C}}(1-\varphi_i^{\mathrm{C}})+u_{i,\kappa}^{\mathrm{C}}e_{i,\kappa,t}\\ d_{i,\kappa,t}x_{\mathrm{p},i,t,\kappa}^{\mathrm{C}}+e_{i,\kappa,t}x_{\mathrm{h},i,t,\kappa}^{\mathrm{C}}+f_{i,\kappa,t}=0\\ d_{i,m,t}x_{\mathrm{p},i,t,\kappa}^{\mathrm{C}}+e_{i,m,t}x_{\mathrm{h},i,t,\kappa}^{\mathrm{C}}+f_{i,m,t}>0\\ (m=\{1,\cdots,\Gamma\}-\kappa)\end{cases}\tag{9.51}$$

3）存在两个正的不等式约束，κ 和 ℓ 代表两个邻居的约束并定义为 $(x_{\mathrm{p},i,t,\kappa\ell}^{\mathrm{C}},x_{\mathrm{h},i,t,\kappa\ell}^{\mathrm{C}})$。是否存在最优解取决于 $u_{i,\kappa}^{\mathrm{C}}\geqslant0$ 和 $u_{i,\ell}^{\mathrm{C}}\geqslant0$ 是否满足：

$$\begin{cases}2\sigma_i x_{\mathrm{p},i,t,\kappa\ell}^{\mathrm{C}}+\vartheta_i+\varepsilon_i x_{\mathrm{h},i,t,\kappa\ell}^{\mathrm{C}}=\lambda_{\mathrm{p},i,t}^{\mathrm{C}}(k)(1-\phi_i^{\mathrm{C}})+u_{i,\kappa}^{\mathrm{C}}d_{i,\kappa,t}+u_{i,\ell}^{\mathrm{C}}d_{i,\ell,t}\\ 2\alpha_i x_{\mathrm{h},i,t,\kappa\ell}^{\mathrm{C}}+\beta_i+\varepsilon_i x_{\mathrm{p},i,t,\kappa\ell}^{\mathrm{C}}=\lambda_{\mathrm{h},i,t}^{\mathrm{C}}(k)(1-\varphi_i^{\mathrm{C}})+u_{i,\kappa}^{\mathrm{C}}e_{i,\kappa,t}+u_{i,\ell}^{\mathrm{C}}\tilde{e}_{i,\ell,t}\end{cases}\tag{9.52}$$

4）综上所述，针对 CHP 的投影方法如下：

$$p_{i,t}^{\mathrm{C}}(k)=\begin{cases}x_{\mathrm{p},i,t}^{\mathrm{C}}(k), & \text{满足}(9.50)\\ x_{\mathrm{p},i,t,\kappa}^{\mathrm{C}}, & \text{满足}(9.51)\\ x_{\mathrm{p},i,t,\kappa\ell}^{\mathrm{C}}, & \text{满足}(9.52)\end{cases} \tag{9.53}$$

$$h_{i,t}^{\mathrm{C}}(k)=\begin{cases}x_{\mathrm{h},i,t}^{\mathrm{C}}(k), & \text{满足}(9.50)\\ x_{\mathrm{h},i,t,\kappa}^{\mathrm{C}}, & \text{满足}(9.51)\\ x_{\mathrm{h},i,t,\kappa\ell}^{\mathrm{C}}, & \text{满足}(9.52)\end{cases} \tag{9.54}$$

4. DDCA 流程及初始条件选取

（1）DDCA 流程图

初始化：

根据式（9.55）选取各变量的初始值

迭代：（$k>0$）

1. 根据式（9.37）更新 $\boldsymbol{\lambda}(k+1)$
2. 根据式（9.39）更新 $x(k+1)$
3. 根据式（9.54）、式（9.55）选择投影方法，利用式（9.53）、式（9.54）进一步得到 $\boldsymbol{x}(k+1)$
4. 根据式（9.54）更新 $\boldsymbol{y}(k+1)$
5. 令 $k=k+1$，重复第 1 步的操作

结束

（2）初值选取

本算法中 $p_{i,t}^{\mathrm{P}}(0)$、$p_{i,t}^{\mathrm{C}}(0)$、$h_{i,t}^{\mathrm{C}}(0)$ 和 $h_{i,t}^{\mathrm{H}}(0)$ 可选取任意合适值，其余变量的初值选取如下：

$$\begin{cases}y_{\mathrm{p},i,t}^{\mathrm{P}}(0)=p_{i,t}^{\mathrm{D}}-p_{i,t}^{\mathrm{P}}(0)(1-\phi_i^{\mathrm{P}})\\ y_{\mathrm{p},i,t}^{\mathrm{C}}(0)=p_{i,t}^{\mathrm{D}}-p_{i,t}^{\mathrm{C}}(0)(1-\phi_i^{\mathrm{C}})\\ y_{\mathrm{h},i,t}^{\mathrm{C}}(0)=h_{i,t}^{\mathrm{D}}-h_{i,t}^{\mathrm{C}}(0)(1-\varphi_i^{\mathrm{C}})\\ y_{\mathrm{h},i,t}^{\mathrm{H}}(0)=h_{i,t}^{\mathrm{D}}-h_{i,t}^{\mathrm{H}}(0)(1-\varphi_i^{\mathrm{H}})\\ \lambda_{\mathrm{p},i,t}^{\mathrm{P}}(0)=\lambda_{\mathrm{p},i,t}^{\mathrm{C}}(0)=\lambda_{\mathrm{h},i,t}^{\mathrm{C}}(0)=\lambda_{\mathrm{h},i,t}^{\mathrm{H}}(0)=0\end{cases} \tag{9.55}$$

9.3.3 算例分析

1. DDCA 的正确性及有效性验证

本节采用如图 9.9 所示的 R-WE 模型进行仿真，将 DDCA 与集中式方法进行对比，验证算法在求解方面的正确性和有效性。

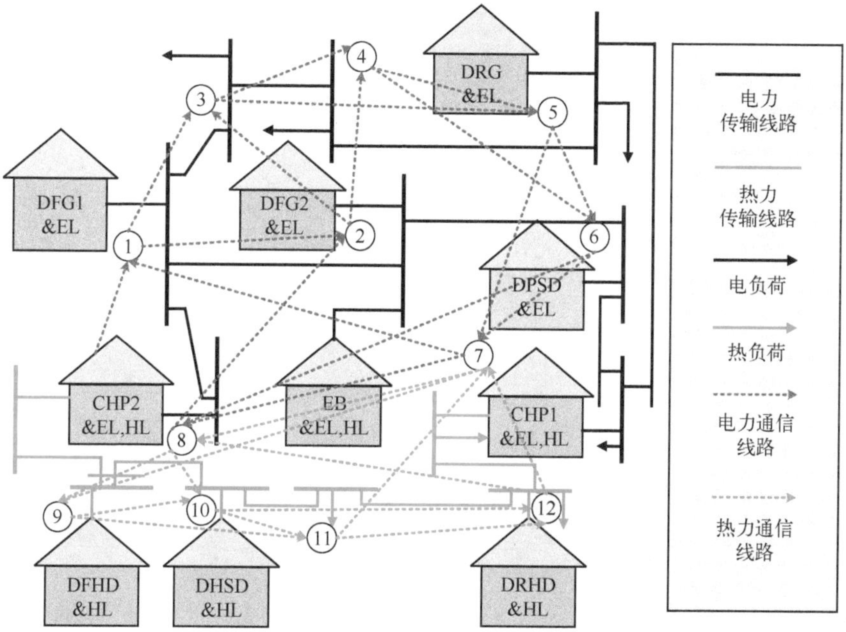

图 9.9 R-WE 仿真模型

DDCA 的求解结果及其与集中式方法的比较见表 9.1。

表 9.1 DDCA 求解结果及对比

设 备	DDCA 方法	集中式方法
DFG1	113.5220	113.5245
DFG2	115.5620	115.7751
DRG	89.3458	89.1345
DPSD	34.1841	34.1843
CHP1-P	220.0353	220.0448
CHP2-P	97.4539	97.4400
CHP1-H	151.6763	151.6232

（续）

设　　备	DDCA 方法	集中式方法
CHP2-H	124.5970	124.5849
DFHD	118.5918	118.6602
DHSD	24.7916	24.7884
DRHD	149.9000	149.9000

由表 9.1 可知，本节提出的 DDCA 算法得到的结果与集中式算法得到的结果非常接近，说明 DDCA 能够正确求得最优解，证明了方法的有效性。

2. 计及用户需求变化的 R-WE 能量管理

在图 9.9 所示的 R-WE 模型基础上，考虑用户需求的变化，即用户终端的负荷需求发生了两次变化，分别为 $k=300$ 时，负荷减少了 20%；$k=600$ 时，负荷增加了 15%。对应的仿真结果如图 9.10 所示。

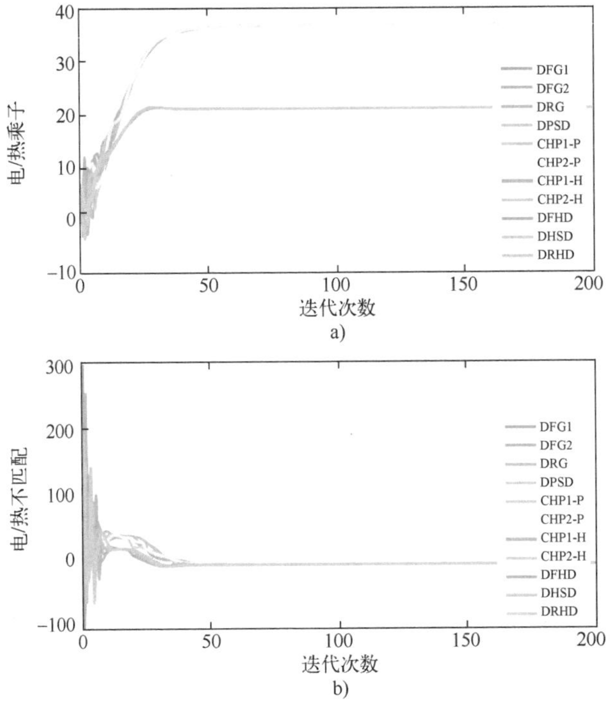

图 9.10　计及需求变化的 R-WE 能量管理结果

a）电、热拉格朗日乘子　b）电、热不平衡功率

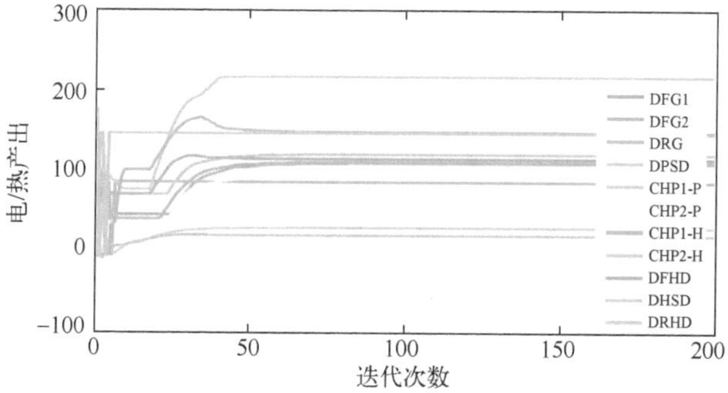

c)

高清图 9.10

图 9.10　计及需求变化的 R-WE 能量管理结果（续）
c）电、热输出功率

由图 9.10 可以看出，当图中的负荷变化时，所提出的 DDCA 方法可以自动收敛到新的最优值。如图 9.10a 所示，电、热拉格朗日乘子均可以根据负荷需求的变化进行相应的修改；如图 9.10b、c 所示，电、热的不平衡功率均收敛到零以满足新的供需平衡约束，并且所有设备的电、热输出功率都在相应的限制范围内。

3. 多 R-WE 间的日前能量管理

考虑 5 个 R-WE 互联的情况，形成了多 R-WE 间的日前能量管理策略，仿真结果如图 9.11 所示。

由图 9.11 可以看出，当图中的负荷变化时，所提出的 DDCA 方法可以自动收敛到新的最优值。如图 9.11a 所示，电、热拉格朗日乘子分别收敛到 28.6256 美分/kW・h 和 19.6115 美分/kW・h；如图 9.11b 所示，电、热的不平衡功率均收敛到零。如图 9.11c 所示，在 00:00—4:00 的时间段内，能源需求量小，电储能设备处于充电状态。在用电高峰时段 10:00—13:00 和 17:00—20:00，不可中断电力负荷增多，CHP 发电量急剧增加，储能设备处于放电状态，可控电力负荷也尽可能削减。此外，在 10:00—15:00 期间，蓄热设备处于充电状态，可控热负荷明显增加并以较低成本吸收可再生能源。该仿真结果进一步证明，提出的方法能够有效平滑负荷变化和可再生能源波动，实现多能源生产者间的协调发展。

高清图 9.11

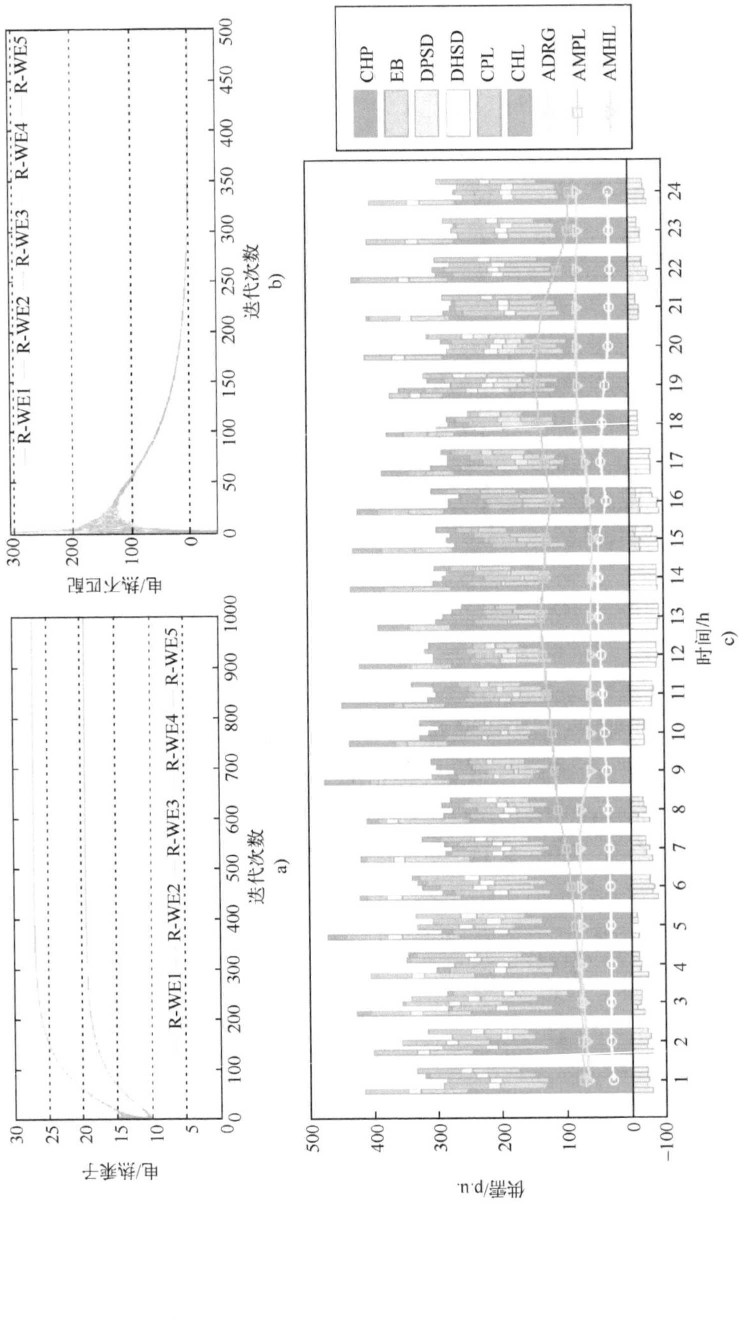

图 9.11 多 R-WE 互联的能量管理结果

a) 电、热价格调节乘子 b) 电、热不平衡功率 c) 电、热输出功率

9.4 基于人工智能的信息能源系统优化运行

信息能源系统集成了电力系统、供热系统以及天然气系统等多个能源子系统，各子系统间通过耦合设备互相连接，负荷节点通过电力传输线、供热/气管道相连，形成了复杂的网络。随着多能系统规模的扩大和能源设备接入数量的增加，其网络结构更加复杂，基于精确建模和机理分析的方法逐渐难以应对多能耦合系统的优化需求。与此同时，大数据等信息技术在能源系统获得了越来越广泛的应用，广域量测系统（Wide Area Measurement System，WAMS）、数据采集（Supervisory Control and Data Acquisition，SCADA）系统等技术获得了大量反映系统运行状态的数据，因此，人工智能方法被越来越广泛地应用于信息能源优化运行相关研究中，其基本思想是基于量测系统获取的数据资源实现多能源系统的预报、调度、优化等功能，该类方法不依赖系统的机理信息，是一种无模型方法，与其他类型的求解方法对比见表9.2。

表9.2 优化模型求解方法对比

方法名称	基本思想	优点	缺点	适用场合
统一求解	将问题转化为近似线性规划或混合整数规划	经过松弛和凸化后，计算无须迭代	非线性项的简化和凸化依赖于网络约束的特征	适合对精度要求不高且需要快速计算的场合
分解协调方法	子系统分别优化，基于子系统的交互信息进行更新，直至得到最优解	有利于在决策过程中保护各子系统隐私信息	对参数选择敏感，参数设置不当会影响算法收敛	适合各个子系统属于不同运营商的情况
人工智能方法	模拟人类的学习行为，基于环境交互获得的反馈信息，更新已有的知识，获得最优策略	与所求解优化问题的类型和特点无关，泛化能力强	求解高维问题时计算效率低，求解不稳定，离线训练时间长	适合系统建模困难或非线性优化问题

在众多人工智能方法中，RL方法以其强大的与环境交互能力和自学习能力，在多能系统优化问题中获得了较为广泛的应用。本节基于RL方法，分别研究了包含单一自能源和多自能源系统的优化运行问题。

9.4.1 基于人工智能的单一自能源优化运行

目前，包含多个 WE 的信息能源系统呈现出分散和扁平化趋势。每个 WE 作为独立的个体可以智能地控制和决策。每个 WE 根据内部设备的能量转换规则进行经济运行规划。但是，WE 运行过程中对收益最大化的追求，迫使 WE 中许多设备不得不在极限状态下运行，这使得 WE 可靠性和安全性降低，系统运行安全域减小，故障风险增加。

1. 多目标优化模型的构建

本节建立了一个多目标优化模型来保证 WE 的经济性和安全性。第一个目标是最小化 WE 的运行成本，从而更好地利用可再生能源。由于 WE 有能力产生和转换能源，能源网络和 WE 可以进行双向的能源交易。WE 的运行成本由两部分组成，即 WE 内部设备的运行成本和能源交易成本/收益。WE 在调度周期 T_c 的总能源运行成本 J 是能源消耗成本 C_t 和能源销售收入 R_t 之差：

$$J = \sum_{t=1}^{T_c} (C_t - R_t) \tag{9.56}$$

能源消耗成本 C_t 是自能源中多种燃料成本的总和，即

$$C_t = P_{e,t}^{in}\mathrm{Pr}_{e,t}^{in} + P_{g,t}^{in}\mathrm{Pr}_{g,t}^{in} + P_{h,t}^{in}\mathrm{Pr}_{h,t}^{in} \tag{9.57}$$

其中，变量$\mathrm{Pr}_{e,t}^{in}$、$\mathrm{Pr}_{g,t}^{in}$和$\mathrm{Pr}_{h,t}^{in}$代表价格，电价单位为元/kW · h，天然气价格单位为元/m^3，热价单位为元/kW · h，变量 $P_{e,t}^{in}$、$P_{g,t}^{in}$ 和 $P_{h,t}^{in}$ 为每小时包括电、气、热在内的能源网络供给量。

$$R_t = P_{e,t}^{out}\mathrm{Pr}_{e,t}^{out} + P_{g,t}^{out}\mathrm{Pr}_{g,t}^{out} + P_{h,t}^{out}\mathrm{Pr}_{h,t}^{out} \tag{9.58}$$

变量$\mathrm{Pr}_{e,t}^{out}$、$\mathrm{Pr}_{g,t}^{out}$和$\mathrm{Pr}_{h,t}^{out}$分别为电、气、热的销售价格。变量 $P_{e,t}^{out}$、$P_{g,t}^{out}$ 和 $P_{h,t}^{out}$ 是网络端输出，包括电能、天然气和热能。

第二个目标是保证每个自能源的安全运行。在优化经济效益的基础上，每个设备的运行状态都会影响 WE 的整体安全。安全运行的目标是避免 WE 在极端状态下运行。因此，安全目标的设置需要考虑每个设备的安全阈值，表示如下：

$$G = \sum_{i=1} \left| \frac{P_{i,t} - P_{i,\max}}{P_{i,\max}} \right|^{\xi} \tag{9.59}$$

式中，$P_{i,\max}$为第 i 个设备的最大功率；$P_{i,t}$为第 i 个装置在时间 t 的功率值；ξ 为系统参数，表示设备对于系统安全影响的级别。

综上所述，双目标优化模型可制定为

$$\min\{H=F_1(S)J+F_2(S)\omega G\} \tag{9.60}$$

式中，H 为混合目标；F_1 和 F_2 分别表示经济效益与安全运行的权重函数；S 代表系统环境状态，ω 为安全目标对应的参数，作用是消除两个目标之间的数量级差异。

模型的约束条件包含功率平衡等式约束、设备功率约束以及储能约束。

WE 的功率平衡约束可以表示为

$$P_{\mathrm{E}}^{\mathrm{in}} = \sum_{m} P_{m,\mathrm{E}}^{\mathrm{in}} \tag{9.61}$$

式中，$P_{m,\mathrm{E}}^{\mathrm{in}}$表示能源网络通过各种设备对 WE 的供能功率，E 代表能源载体，包括电能、天然气和热能，m 表示能源设备类型。

$$P_{\mathrm{E}}^{\mathrm{out}}=L_{\mathrm{E}}^{\mathrm{out}}-P_{\mathrm{E}}^{\mathrm{d}}-P_{\mathrm{E}}^{\mathrm{st}} \tag{9.62}$$

式中，$L_{\mathrm{E}}^{\mathrm{out}}$ 表示 WE 中每个设备的输出功率；$P_{\mathrm{E}}^{\mathrm{d}}$ 为负载需求；$P_{\mathrm{E}}^{\mathrm{st}}$ 为储能设备功率；$P_{\mathrm{E}}^{\mathrm{out}}$ 为出售给相应的能源网络的功率。

设备功率限制如下：

$$P_{n_1}^{\mathrm{Con,min}} \leqslant P_{n_1}^{\mathrm{Con}} \leqslant P_{n_1}^{\mathrm{Con,max}},\ \forall\{n_1=1,2,\cdots,N_{\mathrm{Dev}}\} \tag{9.63}$$

式中，n_1 代表不同的能量转换装置；$P_{n_1}^{\mathrm{Con,min}}$和 $P_{n_1}^{\mathrm{Con,max}}$为每个能量转换装置功率的下界和上界。

$$-P_{n_2}^{\mathrm{Charge}} \leqslant P_{n_2}^{\mathrm{st}} \leqslant P_{n_2}^{\mathrm{Discharge}} \tag{9.64}$$

式中，n_2 表示储能装置；$P_{n_2}^{\mathrm{Charge}}$为设备最大充电功率；$P_{n_2}^{\mathrm{Discharge}}$为设备最大放电功率。

2. 强化学习模型构建

本节采用多策略强化学习算法，同时考虑两个目标以寻找出一组策略来近似帕累托曲线。WE 多目标优化运行可以通过马尔可夫决策过程（MDP）来建模，模型包括 4 个基本元素$(S,A,P,\boldsymbol{r})$，其中，S 表示一组有限的环境状态，A 代表一系列有限的动作，$P(s,a,s')$描述了从状态 s 到 s'的状态转移概率。$\boldsymbol{r}$ 是一个向量，表示不同时间从环境获得的反馈信号。

模型中的动作定义如下：

$$a=\{P_{m,\mathrm{E}}^{\mathrm{in}},P_{\mathrm{E}}^{\mathrm{st}}\} \tag{9.65}$$

$\boldsymbol{r}=[r_1,r_2]$代表双目标奖励函数，定义如下：

$$r_1=\begin{cases}0, & \text{不满足约束条件}\\ -J, & \text{其他}\end{cases} \tag{9.66}$$

$$r_2=\begin{cases}0, & \text{不满足约束条件}\\ \omega G, & \text{其他}\end{cases} \tag{9.67}$$

式中，r_1 表示通过自能源和环境之间的互动获得的经济回报，可以看出，运行成本越低，获得反馈值越大；r_2 表示安全运行的奖励。

在此基础上，定义一个动作的奖励为 $r(s,a)=\boldsymbol{\lambda}\cdot\boldsymbol{r}(s,a)$。权值 $\boldsymbol{\lambda}$ 是动态调整的，目标是获得动态 $\boldsymbol{\lambda}$ 下的能使 $\boldsymbol{Q}$ 值最大的集合。

对于一个给定的 $\boldsymbol{\lambda}$，最佳 $\boldsymbol{Q}$ 值可通过下式获取：

$$\boldsymbol{Q}_{\boldsymbol{\lambda}}(s,a)\equiv\max_{\boldsymbol{q}\in\mathring{\boldsymbol{Q}}(s,a)}\boldsymbol{\lambda}\cdot\boldsymbol{q} \tag{9.68}$$

从而凸包运行策略可以被定义为

$$\mathring{\boldsymbol{Q}}(s,a)=E[\boldsymbol{r}(s,a)+\gamma_1\mathring{\boldsymbol{V}}(s)] \tag{9.69}$$

$$\mathring{\boldsymbol{V}}(s)=\text{hull}\bigcup_{a'}\mathring{\boldsymbol{Q}}(s',a')\mid s,a \tag{9.70}$$

式中，s 为当前状态；s'为下一个时刻的状态；a 为状态 s 下采取的动作；γ_1 为折扣因子；$\mathring{\boldsymbol{Q}}(s,a)$ 为 s 状态下采取 a 动作的可能 $\boldsymbol{Q}$ 值向量的凸包顶点。这样，集合对某些 $\boldsymbol{\lambda}$ 所带来的最大期望奖励均可被收集，所有最优策略可以获得，且 $\boldsymbol{\lambda}$ 可以在运行时更改，而无须重新学习。

由于能源系统的状态-动作空间较大且复杂，$\boldsymbol{Q}$ 值函数以表格的形式存储将大大增加计算成本。针对该问题，一种解决方案是对 $\boldsymbol{Q}$ 表进行拟合近似，本节使用径向基函数神经网络（RBFNN）函数来进行拟合。

RBFNN 的第一层是输入层，接收系统环境的状态 s，输出一组状态和动作对应的 $\boldsymbol{Q}$ 值，$\boldsymbol{Q}$ 值的近似函数如下：

$$\boldsymbol{Q}(s,a)=\sum_{j=1}^{M}w_jh_j \tag{9.71}$$

式中，M 表示隐含层神经元数目；w_j 为隐含层与输出层之间的权值；h_j 为激活函数，这里用的是高斯函数如下：

$$h(\|\boldsymbol{x}-\boldsymbol{c}_j\|)=\exp\left(-\frac{\|\boldsymbol{x}-\boldsymbol{c}_j\|^2}{2\sigma^2}\right) \tag{9.72}$$

其中，$\boldsymbol{c}_j$ 为隐含层第 i 个节点的高斯函数的中心点，σ 为宽度参数。

这样使用直接梯度下降法就可以对 RBFNN 的参数进行调整和更新：

$$\Delta w_j(t)=\theta_1(\boldsymbol{\lambda}_t\cdot\boldsymbol{r}_t+\gamma\boldsymbol{Q}(s_{t+1},a_{t+1})-\boldsymbol{Q}(s_t,a_t))\frac{\partial\boldsymbol{Q}(s_t,a_t)}{\partial w_j(t)} \tag{9.73}$$

式中，θ_1 为网络权重的学习速率。

3. 适应多模态的人在回路决策机制

在现有的多目标决策模型中，人工智能技术的局限性可能会导致系统决策风险和系统失控。采用混合策略，将人在回路（HITL）与人工智能方法相结合，人类主动干预参数调整过程，可以有效地利用人的知识，实现人机双向协作。

（1）HITL决策机制

使用HITL的多策略决策过程如图9.12所示。在多策略凸包强化学习机制（MCRLM）中，每个WE利用多策略凸包强化学习（MCRL），根据各自对经济目标和安全目标的不同偏好生成多组最优操作策略。在最优决策模型中加入了一个双通道HITL机制（HITLM），该机制能够实现异常情况下的实时调节和正常情况下的在线评估。在正常情况下，HITLM将进行可信度评估，并确定决策的可信度。然后，HITLM将根据决策执行的效果提取新的规则并反馈给MCRLM，因此，MCRLM和HITLM可以形成一个循环回路。在异常情况下，HITLM将直接通过MCRLM调整系统策略。MCRLM和HITLM相互协调，提高了系统决策的准确性。

（2）双通道HITL

双通道HITL的一个通道是用于评估正常情况下每次从MCRL中选择的系统优化策略。根据目标函数，多组MCRL生成的策略信息将被传送到监控平台，根据专家对决策有效性的评价，建立知识库。HITL与MCRL协调提高MCRLM的决策能力，实现自能源安全经济运行。

双通道HITL的另一个通道是用于在异常情况下进行实时调节。由于系统的运行条件发生了变化，MCRL做出的决策置信度下降，专家将依靠自己的知识和经验来做出HITL决策。当信息能源系统出现异常情况，如设备故障、极端天气等，如果专家不对系统进行监督决策，决策系统就会直接采用MCRL预先形成的策略，该策略可能不符合当前系统的运行要求，从而导致系统运行的安全系数降低。因此，在异常情况下系统会采用HITLM，专家根据获得的信息参与到决策过程中，通过调节自能源中的设备输出或多目标对应的权重，控制系统状态。WE基于专家的决策信息，进一步对经济目标和安全目标进行优化。

包含HITL机制的MCRL算法流程如下：

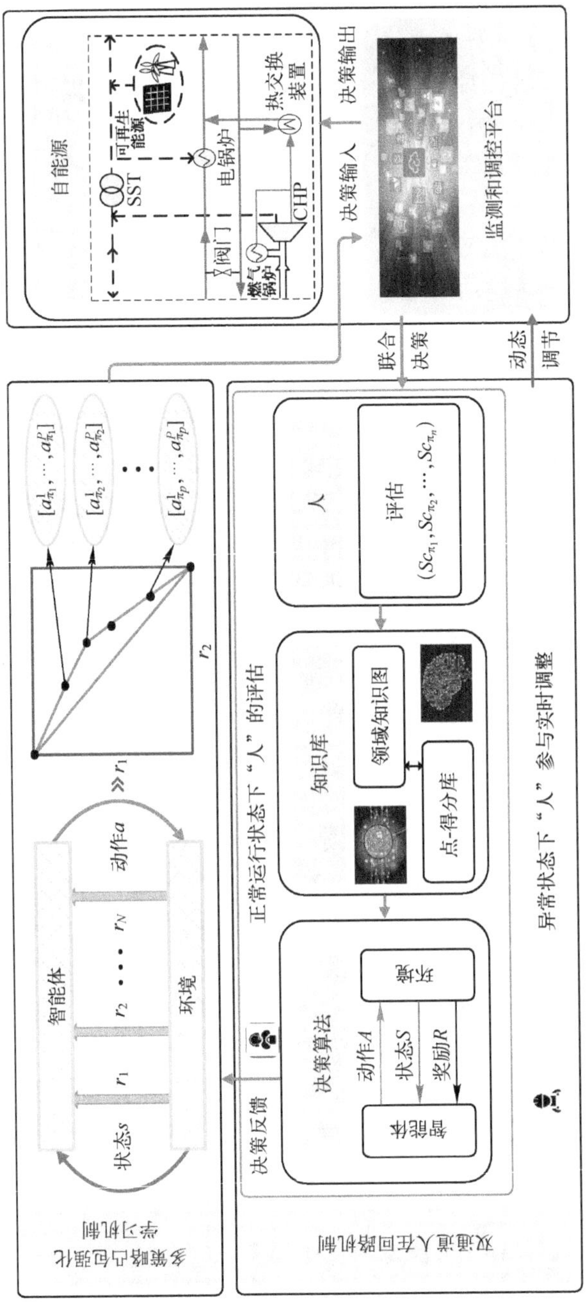

图 9.12　基于人在回路的多策略决策过程

输入：学习速率 θ_1、θ_2；折扣因子 γ_1、γ_2；搜索因子 ε_1、ε_2；多目标的权重 λ_1、λ_2；高斯密度参数 σ，RFBNN 权重 w

循环：

for $t=0,1,2,\cdots$

1. 初始化状态 s
2. 计算 WE 的策略 π
3. 采取动作 a_t 并得到新的状态 s'
4. 计算 $\mathring{Q}(s,a)$，$\forall a \in A$
5. 更新网络权重
6. 直至系统达到最终状态 s

end

7. 输出控制器的决策 π

正常情况：

8. 初始化 $\boldsymbol{Q}$ 矩阵，$\forall S$ 和 $\forall A$

for $T=0,1,2,\cdots$

9. 采取动作 A，获得下一状态 S'和奖励 R
10. 更新 $\boldsymbol{Q}$ 值
11. 直至状态 S 达到最终状态

end

12. 根据 HITL 选择 λ_1 和 λ_2，输出决策 π'

非正常情况：

if 决策 π'不可信

13. 调整设备输出或调节 λ_1 和 λ_2

end

9.4.2 算例分析

在本算例中，使用图 9.1 所示的 WE 模型，可再生能源发电采用光伏发电。为了评估所提算法的优化效果，本节根据预测所得的单日电、热负荷数据，以 1h 为步长对多能系统进行日前优化。气、热采用固定定价，电根据用电需求采用分时电价的定价策略。仿真结果如图 9.13 所示。

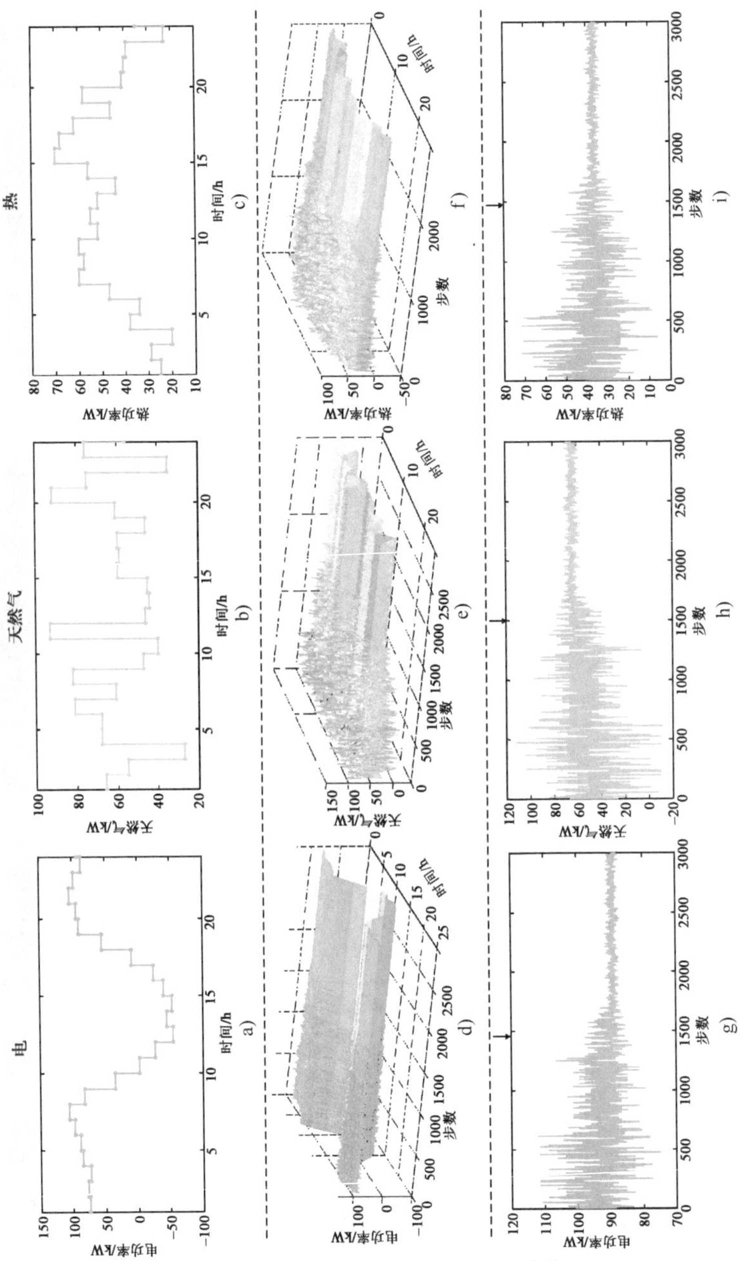

图 9.13 基于人在回路的自能源 24 h 运行结果

图 9.13 表示基于人在回路的自能源 24h 运行状态。图 9.13a~c 分别表示 WE 在 24h 内与电、气、热能源网络的能源交互量。图 9.13d~f 分别是 24h 内电、气、热交易方案与迭代次数关系的 3D 图，不同的灰度代表不同的值，可以看出算法在 1800 步左右达到收敛，说明得到了能源交易方案。图 9.13g~i 是图 9.13d~f 沿 yOz 面的截面图，反映了 4:00—5:00 算法收敛的过程，收敛值即图 9.13a~c 中 4:00—5:00 的优化值。

9.4.3 基于人工智能的多自能源优化运行

1. 基于能源路由器的多自能源网络

为了实现信息能源系统能量的灵活转换和分配，发挥多自能源之间的互济作用，提高能源的利用效率，本节构建了一个能源路由器模型，并基于此构建了含多自能源的网络，如图 9.14 所示。

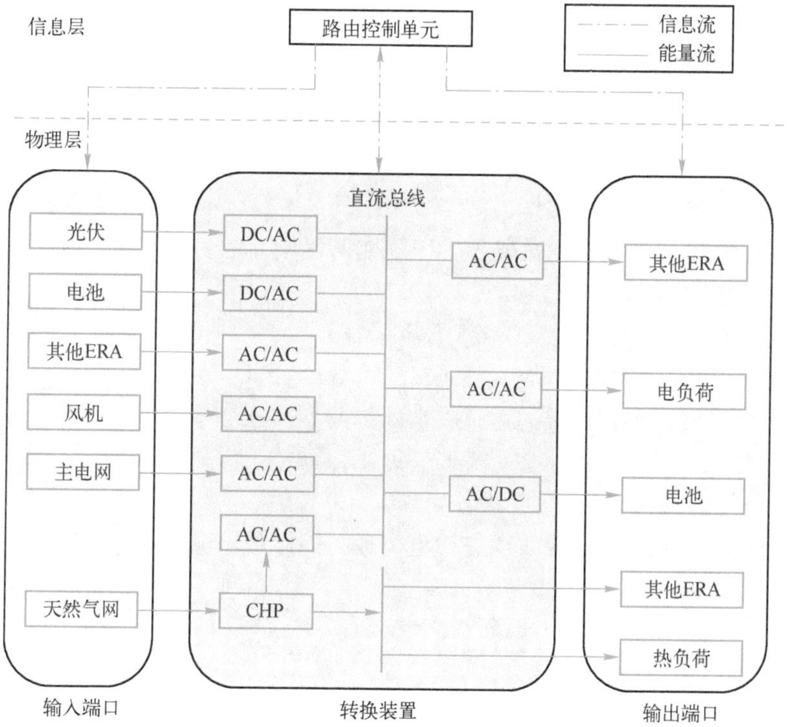

图 9.14 能源路由器模型

2. 优化目标建立

对于由多个 WE 组成的信息能源网络，能量优化调度问题不仅要研究每个 WE 的多能源分配，还要研究 WE 间能量传输路径的规划和选择。为了得到能量传输效率更高、成本更低的能量传输策略，本节在定义成本函数和能量损失函数之外，还给出了各 WE 连接传输线的权重。

(1) 运行成本函数

该系统的运行成本函数主要考虑燃气锅炉（GB）的运行成本和 CHP 的运行成本，其成本函数如下：

$$C_{GB}^{O}=\sum_{i=1}^{N_{GB}}(a_iH_{GBi}^2+b_iH_{GBi}+c_i) \tag{9.74}$$

$$C_{CHP}^{O}=\sum_{i=1}^{N_{CHP}}\left(a_iP_{CHPi}^2+b_iP_{CHPi}+c_i+d_iH_{CHPi}^2+e_iH_{CHPi}+f_iH_{CHPi}P_{CHPi}\right) \tag{9.75}$$

式中，H_{GB}和H_{CHP}分别为 GB 和 CHP 输出的热功率；P_{CHP}为 CHP 输出的电功率。

对于光伏、风电等可再生能源，本节不考虑其安装成本和维护成本，因此，可再生能源的运行成本为零，如下：

$$C_{PV}^{O}=C_{WT}^{O}=0 \tag{9.76}$$

一般情况下，主电网作为多 WE 系统的补充，但是当整个系统处于用能高峰时，系统中各设备的总输出功率不能满足用户的负荷需求，必须从主电网购电。购电成本可定义为

$$C_{grid}^{O}=P_{grid}\times bid_{grid} \tag{9.77}$$

式中，P_{grid}为从主电网的购电量；bid_{grid}为电价。

综上，可以得到系统的运行成本函数如下：

$$C_{cost}^{O}=k_1C_{GB}^{O}+k_2C_{CHP}^{O}+k_3C_{grid}^{O} \tag{9.78}$$

(2) 能量损失函数

由于 WE 之间的连接线存在输电损耗，因此由输电损耗导致的能量损失如下：

$$C_{i-j}^{Loss}=\frac{\Delta U_{i-j}^2}{R_{i-j}}=\frac{(U_{ix}-U_{jy})^2}{R_{i-j}} \tag{9.79}$$

式中，U_{ix}和U_{jy}为连接线两端的电压值；R_{i-j}为连接线上的电阻。

(3) 环境成本函数

碳达峰、碳中和的深层次问题是能源问题，由于可再生能源发电替代燃

煤发电的技术成熟、经济性好、易于实施，是目前最经济高效的碳减排措施，所以可再生能源替代化石能源是实现“双碳”目标的主导方向。在进行优化调度时，为了提高可再生能源利用率，减少化石能源的消耗，本节将燃烧化石能源产生碳排放折算成环境成本函数，通过在优化过程中加入环境成本函数，达到减少碳排放的目的。

本节通过碳排放强度和环境价值标准两个参数，将设备产能与温室气体排放量关联起来，建立了如下的环境成本函数：

$$C_{\mathrm{GB}}^{\mathrm{E}} = \sum_{j=1}^{m} \left(d_{ej} v_{ej} \sum_{i=1}^{N_{\mathrm{GB}}} H_{\mathrm{GB}i}\right) \tag{9.80}$$

$$C_{\mathrm{CHP}}^{\mathrm{E}} = \sum_{j=1}^{m} \left(d_{ej} v_{ej} \sum_{i=1}^{N_{\mathrm{CHP}}} \frac{P_{\mathrm{CHP}i} + H_{\mathrm{CHP}i}}{4}\right) \tag{9.81}$$

$$C_{\mathrm{grid}}^{\mathrm{E}} = \sum_{j=1}^{m} d_{ej} v_{ej} P_{\mathrm{grid}} \tag{9.82}$$

式中，d_{ej}和 v_{ej}分别为碳排放强度和环境价值标准。可以看出，系统中由于碳排放导致的环境成本主要来源于 GB 和 CHP 燃烧天然气，以及电网燃煤发电。

综上，可以得到系统的环境成本函数如下：

$$C_{\mathrm{cost}}^{\mathrm{E}} = k_4 C_{\mathrm{GB}}^{\mathrm{E}} + k_5 C_{\mathrm{CHP}}^{\mathrm{E}} + k_6 C_{\mathrm{grid}}^{\mathrm{E}} \tag{9.83}$$

碳排放相关参数的取值见表 9.3。

表 9.3 碳排放相关参数

气体排放类型	环境价值标准 /(元/kg)	排放强度 /(kg/MW·h)		
		CHP	GB	燃煤发电
CO_2	0.044	623.00	742.60	643.89

（4）连接线权重

在能量传递和转换过程中，各个 WE 中能量路由端口的效率是不同的。因此，能量转换效率影响系统的运行成本、环境成本和线路传输损耗。连接线权重包含两部分：一是运行成本、环境成本和转换效率，二是线路传输损耗，其定义如下：

$$W_{1,i-j} = (1-\eta_{ix}^{\mathrm{P}}) C_{\mathrm{cost}}^{\mathrm{O}} + (1-\eta_{ix}^{\mathrm{H}}) C_{\mathrm{cost}}^{\mathrm{E}} \tag{9.84}$$

$$W_{2,i-j} = C_{i-j}^{\mathrm{loss}} \tag{9.85}$$

$$W_{i-j} = m_1 W_{1,i-j} + m_2 W_{2,i-j} \tag{9.86}$$

3. 约束条件

约束条件主要包括功率平衡的等式约束、考虑各设备容量及出力上下限的不等式约束和系统安全性约束。功率平衡约束如下：

$$\begin{cases}\sum_{i=1}^{N_{\mathrm{CHP}}} P_{\mathrm{CHP}i}\eta_{ix} + \sum_{i=1}^{N_{\mathrm{PV}}} P_{\mathrm{PV}i}\eta_{ix} + P_{\mathrm{grid}}\eta_{ix} + (P_{\mathrm{ch}} - P_{\mathrm{dis}})\eta_{ix} - \sum C_{i\text{-}j}^{\mathrm{loss}} = P_{\mathrm{load}} \\ \sum_{i=1}^{N_{\mathrm{CHP}}} H_{\mathrm{CHP}i}\eta_{ix} + \sum_{i=1}^{N_{\mathrm{GB}}} H_{\mathrm{GB}i} = H_{\mathrm{load}}\end{cases} \tag{9.87}$$

考虑各设备容量及出力上下限的不等式约束如下：

$$\begin{cases}H_{i\text{-}j}^{\min} \leqslant H_{i\text{-}j} \leqslant H_{i\text{-}j}^{\max} \\ 0 \leqslant P_{\mathrm{PV}i} \leqslant P_{\mathrm{PV}i}^{\max} \\ 0 \leqslant P_{\mathrm{ch}i} \leqslant P_{\mathrm{ch}i}^{\max} \\ 0 \leqslant P_{\mathrm{dis}i} \leqslant P_{\mathrm{dis}i}^{\max} \\ P_{\mathrm{CHP}i}^{\min} \leqslant P_{\mathrm{CHP}i} \leqslant P_{\mathrm{CHP}i}^{\max} \\ H_{\mathrm{CHP}i}^{\min} \leqslant H_{\mathrm{CHP}i} \leqslant H_{\mathrm{CHP}i}^{\max} \\ 0 \leqslant H_{\mathrm{GB}i} \leqslant H_{\mathrm{GB}i}^{\max} \\ E_{\mathrm{bat}i}^{\min} \leqslant E_{\mathrm{bat}i} \leqslant E_{\mathrm{bat}i}^{\max}\end{cases} \tag{9.88}$$

系统安全性约束如下：

$$-7\% \leqslant \frac{V_{ix} - V_{\mathrm{N}}}{V_{\mathrm{N}}} \times 100\% \leqslant +7\% \tag{9.89}$$

式中，V_{N} 为额定功率。

4. 强化学习模型建立

RL 模型主要包括状态 S、动作 A、奖励 R 和状态转移概率 P 几个要素，并以值函数 $\boldsymbol{Q}$ 的大小为导向进行优化。由于本优化问题涉及的状态和动作较多，传统的基于 $\boldsymbol{Q}$ 表的 RL 将耗费大量的存储空间且寻优困难，因此将神经网络（ANN）与之结合，设计了基于 ANN 的 RL 方法。首先需要将前面定义的目标函数转化为 RL 模型中的要素。

1）状态空间的定义如下：

$$S = \{P_{\mathrm{load}}, H_{\mathrm{load}}\} \tag{9.90}$$

其中，P_{load}和 H_{load}分别为用户的电、热需求。

2）动作空间的定义如下：

$$A = \{P_{\mathrm{PV}}, V_{ix}, P_{\mathrm{CHP}}, P_{\mathrm{bat}}, P_{\mathrm{grid}}, H_{\mathrm{GB}}, H_{\mathrm{CHP}}, H_{i\text{-}j}\} \tag{9.91}$$

将优化变量作为 RL 模型的动作空间，通过调整输出的动作得到最优的累积回报即可获得最优的能量调度策略。

3）奖励函数定义如下：

$$r=\begin{cases}\dfrac{1}{W_{i-j}}, & \text{满足各项约束条件} \\ 0, & \text{不满足约束条件}\end{cases} \tag{9.92}$$

4）状态转移概率如下：

$$p(s,a_i)=\frac{e^{Q(s,a_i)/\tau}}{\sum\limits_{a_i} e^{Q(s,a_i)/\tau}} \tag{9.93}$$

其中，τ影响了算法的探索过程。τ值越大，算法搜索过程的随机性越强。本节提出的方法在搜索初期具有较大的τ值，以确保算法能够尽可能获取更丰富的策略；在后期τ值变小，以加快算法的寻优速度。

9.4.4 算例分析

如图 9.15 所示，建立了一个 7 个 WE 互联的信息能源系统，各个 WE 通过 ER 连接。考虑到可再生能源输出功率的波动和用户需求的变化，算法可以得到电能和热能的传输优化调度结果。

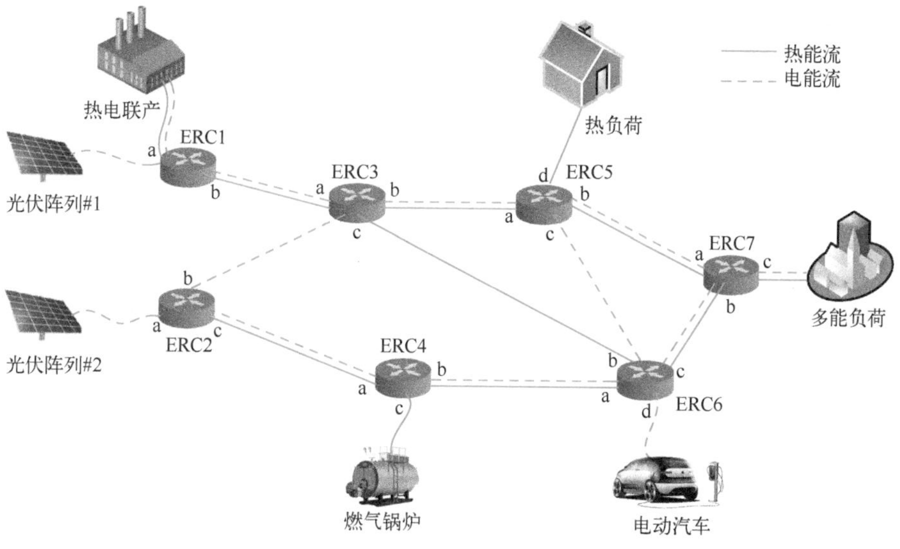

图 9.15 多 WE 互联的信息能源系统

得到的调度结果如图 9.16 所示。

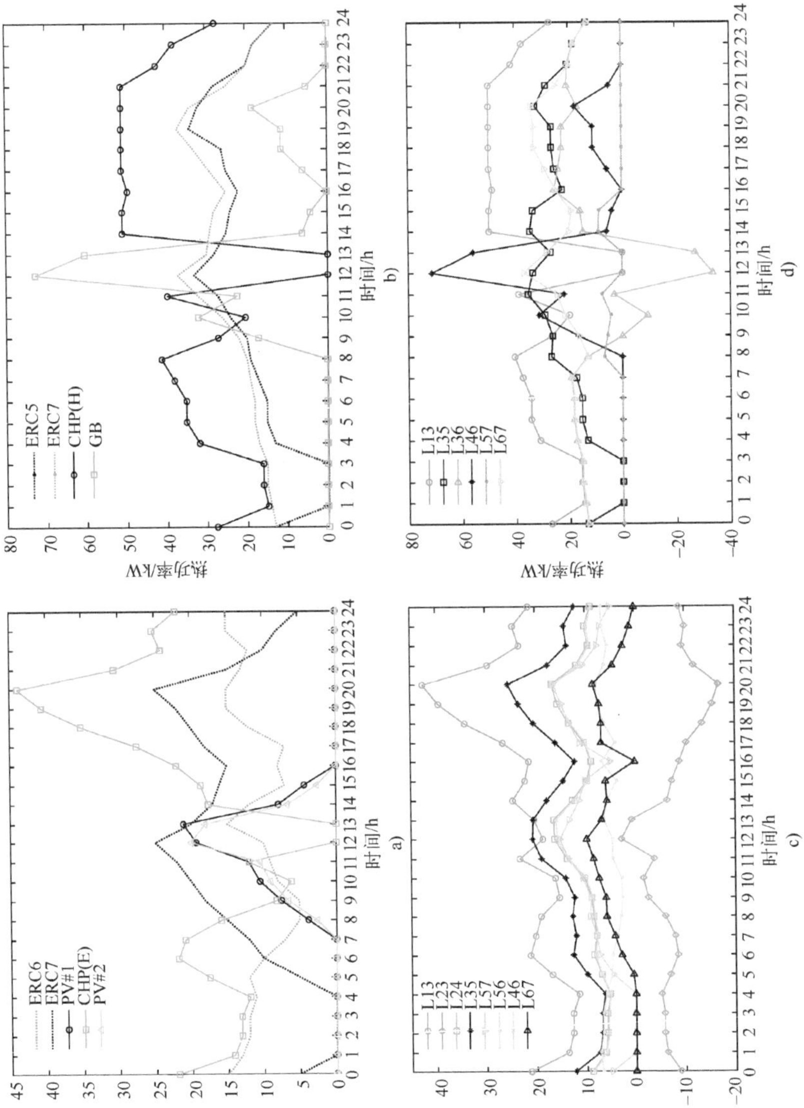

高清图 9.16

图 9.16 能量传输调度策略

a）各装置电功率输出 b）各装置热功率输出 c）连接线上电功率传输 d）连接线上热功率传输

如图9.16a所示，在0:00—8:00和16:00—24:00间，光伏输出功率为零，利用热电联产发电。光伏的输出功率随着时间推移而增大，在9:00—15:00间，可再生能源由于具有低运行成本和环境成本，优先满足用户的用电需求，使用CHP补足光伏发电和用户需求之间的缺额。如图9.16b所示，CHP和GB用于向其他能源地区的用户提供热能。在一天的大部分时间里采用CHP供热，只有在CHP的输出达到上限时才采用GB供热。在图9.16c、d中，由于ER1转换效率高，所以能量总经由ER1—ER3和ER1—ER5的路径传输。然而，传输功率增加也会导致电力损耗增加，为了在损耗和运行成本之间寻求平衡，电能也通过ER3—ER2和ER3—ER4的路径传输。在热能传输方面，12:00—14:00间，GB被用来补偿用户需求，能源路由策略也随之改变。

9.5 本章总结

为了满足时空异步、信能融合、多能互补的能源系统环境下用户对多种能源类型的多元化需求，本章研究了信息能源系统的耦合优化方法。本章主要阐释了两个问题：一是优化模型的构建；二是优化模型的求解。

优化模型构建主要分为日前优化模型和实时优化模型，日前优化通常基于源、荷的预测数据，以成本最少等为优化目标。随着“双碳”理念的推行，以碳排放为主的环境成本也逐渐纳入日前优化的考虑范围。实时优化常被用于修正日前优化结果，通常以功率、电压偏差最小等为目标函数。

优化模型求解方法从结构来看，可以分为集中式优化和分布式优化。集中式优化需要系统全局信息。随着能源系统结构的复杂化，全局信息的获取变得较为困难，同时通信网络开始向能源终端下沉，能源终端的通信和计算能力提升，分布式优化获得了广泛应用。

求解优化模型的方法有解析方法和人工智能方法。多能网络规模的扩大和网络结构的复杂化给系统精确建模和机理分析带来了巨大挑战，解析方法逐渐难以满足系统的优化需求。随着大数据等信息技术在能源系统的普及，基于大量运行数据的人工智能方法获得了广泛的应用，该类方法是无模型方法，不受优化问题的类型和特点影响，其中RL方法以其强大的与环境交互能力和自学习能力在多能系统优化问题中获得了成功应用。本章主要介绍了包含自能源的多能系统的集中式和分布式能量管理方法以及RL方法在包含单一自能源系统和包含多个自能源系统中的应用。

参考文献

[1] 白永秀，鲁能，李双媛．双碳目标提出的背景、挑战、机遇及实现路径［J］．中国经济评论，2021，5：10-13.

[2] 孙秋野，王一帆，杨凌霄，等．比特驱动的瓦特变革——信息能源系统研究综述［J］．自动化学报，2021，47（1）：50-63.

[3] MANCARELLA P. MES（multi-energy systems）：An overview of concepts and evaluation models［J］．Energy，2014，65：1-17.

[4] SUN Q，ZHANG Y，HE H，et al. A novel energy function-based stability evaluation and nonlinear control approach for energy internet［J］．IEEE Transactions on Smart Grid，2017，8（3）：1195-1210.

[5] 孙宏斌等．能源互联网［M］．北京：科学出版社，2020.

[6] YU X，XUE Y. Smart grids：A cyber-physical systems perspective［J］．Proceedings of the IEEE，2016，104（5）：1058-1070.

[7] 杨挺，赵黎媛，王成山．人工智能在电力系统及综合能源系统中的应用综述［J］．电力系统自动化，2018，43（1）：2-14.

[8] 胡旭光，马大中，郑君，等．基于关联信息对抗学习的综合能源系统运行状态分析方法［J］．自动化学报，2020，46（9）：1783-1797.

[9] 孙秋野，刘月，胡旌伟，等．基于GAN的非侵入式自能源建模［J］．中国电机工程学报，2020，40（21）：6784-6794.

[10] 孙秋野，滕菲，张化光，等．能源互联网动态协调优化控制体系构建［J］．中国电机工程学报，2015，35（14）：3667-3677.

[11] 孙秋野，滕菲，张化光．能源互联网及其关键控制问题［J］．自动化学报，2017，43（2）：176-194.

[12] WANG R，SUN Q，ZHANG H，et al. Stability-oriented minimum switching/sampling frequency for cyber-physical systems：Grid-connected inverters under weak grid［J］．IEEE Transactions on Circuits and Systems I：Regular Papers，2022，69（2）：946-955.

[13] 陈彬彬，孙宏斌，尹冠雄，等．综合能源系统分析的统一能路理论（一）：气路［J］．中国电机工程学报，2020，40（2）：436-444.

[14] 杨经纬，张宁，康重庆．多能源网络的广义电路分析理论（一）：支路模型［J］．电

力系统自动化，2020，44（9）：21-32.
[15] 孙秋野，胡旌伟，张化光．能源互联网中自能源的建模与应用［J］．中国科学：信息科学，2018，48（10）：1409-1429.
[16] BOLEY D L. Krylov space methods on state-space control models [J]. Circuits, Systems and Signal Processing, 1994, 13 (6): 733-758.
[17] AIEN M, KHAJEH M G, RASHIDINEJAD M, et al. Probabilistic power flow of correlated hybrid wind-photovoltaic power systems [J]. IET Renewable Power Generation, 2014, 8 (6): 649-658.
[18] 艾小猛，文劲宇，吴桐，等．基于点估计和 Gram-Charlier 展开的含风电电力系统概率潮流实用算法［J］．中国电机工程学报，2013，33（16）：16-22.
[19] SIVAKUMAR P, PRASAD R K, CHANDRAMOULI S. Uncertainty analysis of looped water distribution networks using linked EPANET-GA method [J]. Water Resources Management, 2016, 30 (1): 331-358.
[20] 白学祥，曾鸣，李源非，等．区域能源供给网络热电协同规划模型与算法［J］．电力系统保护与控制，2017，45（5）：65-72.
[21] 金红光，林汝谋．能的综合梯级利用与燃气轮机总能系统［M］．北京：科学出版社，2008.
[22] 孙秋野，王冰玉，黄博南，等．狭义能源互联网优化控制框架及实现［J］．中国电机工程学报，2015，35（18）：4571-4580.
[23] 聂晓华．一种基于卡尔曼滤波的电能质量扰动检测新方法［J］．中国电机工程学报，2017，37（22）：6649-6658.
[24] 张东霞，苗新，刘丽平，等．智能电网大数据技术发展研究［J］．中国电机工程学报，2015，35（1）：2-12.
[25] HE X, AI Q, QIU R C, et al. A big data architecture design for smart grids based on random matrix theory [J]. IEEE Transactions on Smart Grid, 2017, 8 (2): 674-686.
[26] YUAN Z, ZHAO C, DI Z, et al. Exact controllability of complex networks [J]. Nature Communications, 2013 (4): 2447.
[27] 刘烃，田决，王稼舟，等．信息物理融合系统综合安全威胁与防御研究［J］．自动化学报，2019，45（1）：5-24.
[28] 王睿，孙秋野，张化光．信息能源系统的信-物融合稳定性分析［J］．自动化学报，2021，1-10.
[29] LIANG G, WELLER S R, ZHAO J, et al. The 2015 ukraine blackout: Implications for false data injection attacks [J]. IEEE Transactions on Power Systems, 2017, 32 (4): 3317-3318.
[30] LIANG J, SANKAR L, KOSUT O. Vulnerability analysis and consequences of false data

injection attack on power system state estimation [J]. IEEE Transactions on Power Systems, 2016, 31 (5): 3864-3872.

[31] 冯晓萌, 孙秋野, 王冰玉, 等. 基于蠕虫传播和 FDI 的电力信息物理协同攻击策略 [J]. 自动化学报, 2020, 1-13.

[32] 王睿, 孙秋野, 张化光. 微电网的电流均衡/电压恢复自适应动态规划策略研究 [J]. 自动化学报, 2022, 48 (02): 479-491.

[33] WANG B, SUN Q, HAN R, et al. Consensus-based secondary frequency control under denial-of-service attacks of distributed generations for microgrids [J]. Journal of the Franklin Institute, 2021, 358 (1): 114-130.

[34] WANG R, SUN Q, HAN J, et al. Energy-management strategy of battery energy storage systems in DC microgrids: A distributed dynamic event-triggered H_∞ consensus control [J]. IEEE Transactions on Systems, Man, and Cybernetics: Systems, 2022, 52 (9): 5692-5701.

[35] 孙秋野, 胡杰, 胡旌伟, 等. 中国特色能源互联网三网融合及其“自-互-群”协同管控技术框架 [J]. 中国电机工程学报, 2021, 41 (01): 40-51+396.

[36] SUN Q, HAN R, ZHANG H, et al. A multiagent-based consensus algorithm for distributed coordinated control of distributed generators in the energy internet [J]. IEEE Transactions on Smart Grid, 2015, 6 (6): 3006-3019.

[37] ZHOU J, KIM S, ZHANG H, et al. Consensus-based distributed control for accurate reactive, harmonic, and imbalance power sharing in microgrids [J]. IEEE Transactions on Smart Grid, 2018, 9 (4): 2453-2467.

[38] HU J, SUN Q, WANG R, et al. Privacy-preserving sliding mode control for voltage restoration of AC microgrids based on output mask approach [J]. IEEE Transactions on Industrial Informatics, 2022, 18 (10): 6818-6827.

[39] 曾鸣, 杨雍琦, 李源非, 等. 能源互联网背景下新能源电力系统运营模式及关键技术初探 [J]. 中国电机工程学报, 2016, 36 (3): 681-691.

[40] SUN Q, ZHANG N, YOU S, et al. The dual control with consideration of security operation and economic efficiency for energy hub [J]. IEEE Transactions on Smart Grid, 2019, 10 (6): 5930-5941.

[41] WANG R, SUN Q, SUN C, et al. Vehicle-vehicle energy interaction converter of electric vehicles: A disturbance observer based sliding mode control algorithm [J]. IEEE Transactions on Vehicular Technology, 2021, 70 (10): 9910-9921.

[42] WEI W, LIU F, MEI S. Energy pricing and dispatch for smart grid retailers under demand response and market price uncertainty [J]. IEEE Transactions on Smart Grid, 2015, 6 (3): 1364-1374.

[43] PILZ M, AL-FAGIH L. Recent advances in local energy trading in the smart grid based on game-theoretic approaches [J]. IEEE Transactions on Smart Grid, 2019, 10 (2): 1363-1371.

[44] WANG H, HUANG T, LIAO X, et al. Reinforcement learning for constrained energy trading games with incomplete information [J]. IEEE Transactions on Cybernetics, 2017, 47 (10): 3404-3416.

[45] LEE J, GUO J, CHOI J K, et al. Distributed energy trading in microgrids: A game-theoretic model and its equilibrium analysis [J]. IEEE Transactions on Industrial Electronics, 2015, 62 (6): 3524-3533.

[46] 王毅, 张宁, 康重庆. 能源互联网中能量枢纽的优化规划与运行研究综述及展望 [J]. 中国电机工程学报, 2015, 35 (22): 5669-5681.

[47] ZHANG N, SUN Q, YANG L. A two-stage multi-objective optimal scheduling in the integrated energy system with we-energy modeling [J]. Energy, 2021, 215: 119121.

[48] SUN Q, FAN R, LI Y, et al. A distributed double-consensus algorithm for residential we-energy [J]. IEEE Transactions on Industrial Informatics, 2019, 15 (8): 4830-4842.

[49] YANG L, SUN Q, ZHANG N, et al. Optimal energy operation strategy for we-energy of energy internet based on hybrid reinforcement learning with human-in-the-loop [J]. IEEE Transactions on Systems, Man, and Cybernetics: Systems, 2022, 52 (1): 32-42.

[50] WANG D, SUN Q, LI Y, et al. Optimal energy routing design in energy internet with multiple energy routing centers using artificial neural network-based reinforcement learning method [J]. Applied Sciences, 2019, 9 (3): 520.